Hinweise zur Benutzung

W0298362

elemente

ist ein Lern- und Arbeitsbuch. Es dient sowohl der **unterrichtlichen Arbeit** als auch dem **Nachbereiten** und **Wiederholen** von Lerneinheiten. Das Buch kann jedoch den Unterricht nicht ersetzen. Das **Erleben von Experimenten** und die **eigene Auseinandersetzung mit deren Ergebnissen** sind unerlässlich. Wissen muss erarbeitet werden.

Eine geeignete Aufbereitung soll den Umgang mit dem Buch erleichtern. Zu diesem Zwecke sind verschiedene **Symbole** und **Kennzeichnungen** verwendet worden, die überall im Buch die gleiche Bedeutung haben:

Projekt. Zusammenhängende, leicht durchführbare Schülerexperimente, die das projektorientierte Arbeiten unterstützen.

Überprüfung und Vertiefung. Inhaltliche Vertiefungen und Aufgaben unterschiedlicher Schwierigkeit zur Überprüfung des Gelernten.

Arbeitsteil

Einige Substanzen, mit denen im Chemieunterricht umgegangen wird, sind als Gefahrstoffe eingestuft. Die alphabetische Liste der in diesem Buch vorkommenden Gefahrstoffe mit R- und S-Sätzen sowie weitere Hinweise sind im Anhang, ebenso Hinweise zur Entsorgung.

Vor der Durchführung eines Versuchs müssen mögliche Gefahrenquellen besprochen werden. Die geltenden Richtlinien zur Vermeidung von Unfällen beim Experimentieren sind zu beachten. Da chemisches Experimentieren grundsätzlich umsichtig erfolgen muss, wird auf die im Labor üblichen Verhaltensregeln, insbesondere auf die TRGS 450 „Umgang mit Gefahrstoffen im Schulbereich“, nicht jedesmal erneut hingewiesen. Das Tragen einer Schutzbrille beim Experimentieren ist unerlässlich, weitere notwendige Schutzmaßnahmen sind beim Versuch vermerkt.

Die Versuchsanleitungen sind nach Schüler- und Lehrerversuch unterschieden und enthalten in besonderen Fällen Hinweise auf mögliche Gefahren.

V **Schülerversuch.** Die allgemeinen Hinweise zur Vermeidung von Unfällen beim Experimentieren müssen bekannt sein.
Auch Schülerversuche sind nur auf Anweisung des Lehrers auszuführen.

V **Lehrerversuch**

! **Gefahrensymbol.** Bei Versuchen, die mit diesem Zeichen versehen sind, müssen vom Lehrer besondere Vorsichtsmaßnahmen getroffen werden.

A **Problem oder Arbeitsaufgabe**

▷ **Verweis auf Bild, Versuch oder Aufgabe**

↗ **Querverweis auf einen Text an anderer Stelle im Buch**

Fettdruck (schwarz) im Text **Wichtiger neuer Begriff**

(Hinterlegung im Text) Ergebnis vorangehender Überlegungen, Definition, kurz: **Merksatz**

Wichtigste Begriffe eines Kapitels

Inhaltsverzeichnis

Sicherheit beim Experimentieren

In Beruf und Alltag gibt es viele Stoffe, von denen beim leichtsinnigen Umgang zahlreiche Gefahren ausgehen. Bei der Verwendung muss man über mögliche Gefahren genau Bescheid wissen.
Deshalb ist es selbstverständlich, dass der Umgang mit Stoffen, die beispielsweise brennbar sein können, die vielleicht giftig wirken oder deren Abfälle nicht in den Abfluss gehören, besonderen Regeln unterliegt und entsprechende Kenntnisse erfordert.

Ein Maler muss wissen, wie er mit Farbverdünnern oder Pinselreinigern umgeht, in der chemischen Industrie gibt es besondere Sicherheitseinrichtungen.
Auch von manchen Haushaltsprodukten können bei unsachgemäßer Verwendung Gefahren ausgehen. Auf der Verpackung solcher Stoffe sind deshalb Warnhinweise vorgeschrieben.
Da im Chemieunterricht wie in großen Labors mit einer Vielzahl von Stoffen mit den unterschiedlichsten Eigenschaften gearbeitet wird, gibt es hierzu Kennzeichnungen, Sicherheitseinrichtungen und Regeln für den verantwortungsvollen, gefahrlosen Umgang.
Ihre Kenntnis und Beachtung sind die Voraussetzung für sicheres Experimentieren.

Sicherheit im Chemieunterricht

B 1 Ein Schülerarbeitsplatz

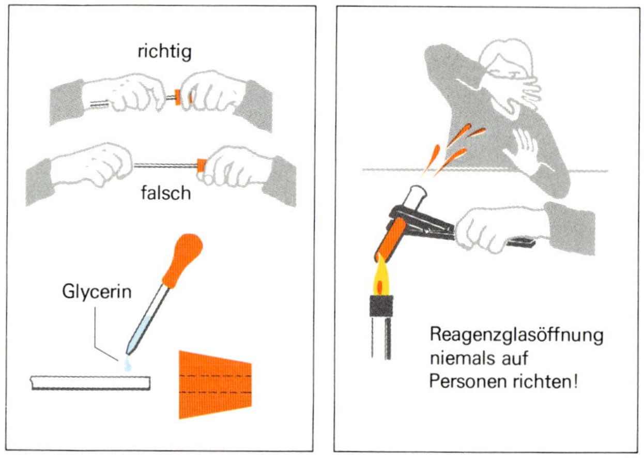

B 2 Richtiges Experimentieren verhindert Verletzungen

In der Chemie beschäftigt man sich mit Umwandlungen von Stoffen. Experimente, die diese Vorgänge zeigen, nehmen eine zentrale Stellung im Chemieunterricht ein. Um Experimente ohne Schaden an anderen und an sich selbst durchführen zu können, müssen Regeln beachtet werden. Diese Regeln betreffen sowohl das Verhalten im Unterrichtsraum als auch den Umgang mit gefährlichen Stoffen.

Verhalten im Chemieraum

Die Chemieräume dürfen nicht ohne Aufsicht des Fachlehrers bzw. der Fachlehrerin betreten werden.

Unerlaubtes Anfassen von Versuchsapparaturen, Experimentiergerät und Chemikaliengefäßen sowie Spielen an Schaltungen und Armaturen können zu Unfällen führen und sind daher zu unterlassen.

In Experimentierräumen ist Essen und Trinken nicht erlaubt.

Es ist wichtig zu wissen, wo sich der Verbandskasten, die Augenwaschflasche, die Feuerlöschdecke, der Feuerlöscher und der Not-Aus-Schalter befinden und wie sie zu bedienen sind.

Anweisungen des Fachlehrers müssen unbedingt befolgt werden.

Vor der Versuchsdurchführung

- Versuchsanleitung sorgfältig durchlesen oder Durchführung genau besprechen.
- Notwendige Geräte und Chemikalien vor der Durchführung auf dem Arbeitsplatz bereitstellen. Geräte auf Sauberkeit und einwandfreie Beschaffenheit überprüfen. Brenner, Geräte und Chemikalien in die Mitte des Labortisches stellen. Geräte vor dem Herunterrollen sichern.
- Die ausgehändigte Schutzausrüstung (Schutzbrille, Schutzhandschuhe) muss beim Experiment benutzt werden. Längere Haare werden mit einem Band zusammengefasst.

Regeln beim Experimentieren

Ordnung, Sauberkeit und Genauigkeit sind Grundvoraussetzungen für erfolgreiches Experimentieren.

Durch sorgfältiges und überlegtes Arbeiten erhält man bessere Versuchsergebnisse.

Beim Erhitzen von Flüssigkeiten kann es leicht zum plötzlichen Herausspritzen kommen (Siedeverzug). Das Reagenzglas wird daher höchstens bis zu einem Drittel gefüllt und beim Erwärmen vorsichtig bewegt (geschüttelt). Die Öffnung des Reagenzglases nie auf Personen richten (▷ B 2)!

Glasrohre (scharfe Kanten werden in der rauschenden Flamme des Brenners rundgeschmolzen) und Thermometer werden unter vorsichtigem Drehen in die Bohrung des Stopfens eingeführt. Vorher gibt man zur Verbesserung der Gleitfähigkeit einen Tropfen Glycerin auf das Glasrohr (▷ B 2).

Mit der Versuchsdurchführung beginnt man erst, wenn der Lehrer den Versuchsaufbau überprüft hat.

Geschmacks- und Geruchsproben darf man nur durchführen, wenn der Lehrer ausdrücklich dazu auffordert.

Nach der Versuchsdurchführung

- Alle Chemikalienreste in Abfallgefäße geben, die vom Lehrer bereitgestellt werden. Sie werden von ihm entsorgt.
- Gebrauchte Gefäße sorgfältig spülen, abtrocknen und wegräumen. Enge Gefäße, die sich innen nicht abtrocknen lassen, mit destilliertem Wasser nachspülen.
- Nach dem Abräumen der Geräte und Chemikalien den Labortisch abwischen; prüfen, ob Gas- und Wasserhähne geschlossen sind.
- Beschädigungen an Experimentiergeräten dem Lehrer melden.

Umgang mit Chemikalien. Sparsamer Verbrauch von Chemikalien vermindert Kosten, Gefahren und Umweltbelastungen.
Zur Entnahme von Chemikalien wird die Flasche mit dem Schild zur Hand genommen und geöffnet, der Stopfen wird umgekehrt auf den Tisch gelegt. Nach der Entnahme wird die Flasche sofort wieder verschlossen. Zur Entnahme fester Stoffe benutzt man einen Spatel; Chemikalien werden nie mit den Fingern angefasst.
Pipettieren mit dem Mund ist verboten, daher muss zur Entnahme flüssiger Stoffe eine Pipettierhilfe oder ein Saughütchen benutzt werden.
Nur einwandfreie Chemikalien ohne Verunreinigungen dürfen in die Vorratsflasche zurückgegeben werden.

Kennzeichnung von Chemikalien. Chemikalien dürfen nicht in Behältern für Lebensmittel aufbewahrt werden. Alle Chemikalienbehälter müssen eindeutig und dauerhaft beschriftet sein. Behälter mit Gefahrstoffen sind durch international gebräuchliche Gefahrensymbole gekennzeichnet (▷ B 3). Auf den Umgang mit Gefahrstoffen weisen zusätzlich die aufgedruckten Nummern der Gefahrenhinweise (R-Sätze, R: Risiko) und der Sicherheitsratschläge (S-Sätze) hin. Eine Liste der R- und S-Sätze befindet sich im Anhang.

B 2 Gefahrensymbole mit Erklärungen

Symbol	Gefahrenbezeichnung	Kennbuchstabe	Gefährlichkeitsmerkmale
	Sehr giftig	T^+	Dieser Stoff verursacht äußerst schwere Gesundheitsschäden; schon weniger als 25 mg pro kg Körpergewicht können bei Einnahme zum Tod führen.
	Giftig	T	Dieser Stoff kann erhebliche Gesundheitsschäden verursachen; 25 – 200 mg pro kg Körpergewicht können zum Tod führen.
	Gesundheitsschädlich	Xn	Dieser Stoff ist gesundheitsschädlich; 200 – 2000 mg pro kg Körpergewicht können tödlich sein.
	Reizend	Xi	Dieser Stoff hat Reizwirkung auf Haut und Schleimhäute; er kann Entzündungen auslösen.
	Ätzend	C	Dieser Stoff kann lebendes Gewebe zerstören.
	Explosionsgefährlich	E	Dieser Stoff kann unter bestimmten Bedingungen explodieren.
	Brand fördernd	O	Dieser Stoff ist Brand fördernd; er reagiert mit brennbaren Stoffen.
	Hoch entzündlich	F^+	Dieser Stoff ist selbstentzündlich; er kann bereits bei Temperaturen unter 0 °C entflammen.
	Leicht entzündlich	F	Dieser Stoff ist leicht entzündlich; er kann bei Temperaturen unter 21 °C entflammen. *Oder:* Dieser Stoff bildet explosionsfähige Gemische mit Luft. *Oder:* Dieser Stoff bildet, mit Wasser zusammengebracht, brennbare Gase.
	Umweltgefährlich	N	Dieser Stoff kann längerfristig schädliche Wirkungen auf die Umwelt haben. Er ist schädlich in Gewässern, Boden oder Luft und (sehr) giftig für Organismen.

B 3 Gefahrensymbole mit Erklärungen

A 1 Die Abbildung unten zeigt das Etikett einer älteren Flasche mit Korrekturflüssigkeit. Es fehlt das Gefahrensymbol. Stelle mit Hilfe der R- und S-Sätze und ▷ B 3 die richtige Kennzeichnung zusammen.

B 4 Richtige Kennzeichnung eines Gefahrstoffs auf dem Flaschenetikett

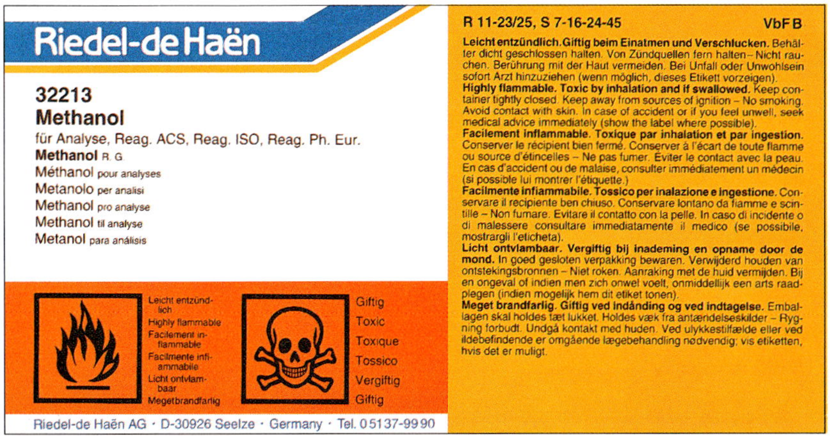

Projekt: Sicherheit im Umgang mit dem Gasbrenner

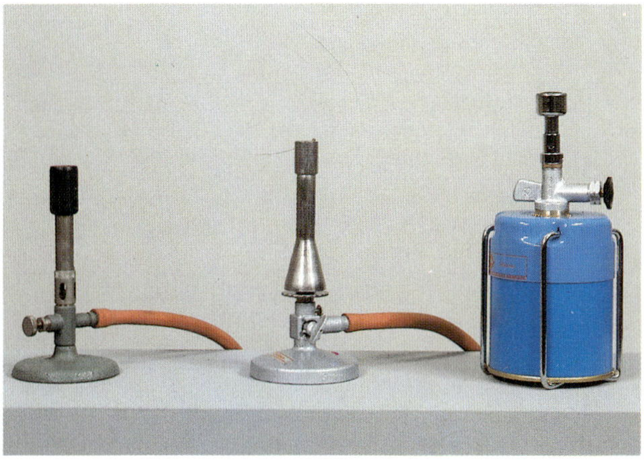

B 1 Verschiedene Typen von Gasbrennern: Bunsen-, Teclu-, Kartuschenbrenner

A 1 Zeichne einen Längsschnitt durch die rauschende Brennerflamme. Gib die drei Temperaturzonen und die in ihnen vorherrschenden Temperaturen an.

A 2 Was ist beim Erhitzen von Flüssigkeiten im Reagenzglas zu beachten? Schreibe die beiden wichtigsten Punkte auf.

A 3 Im chemischen Labor werden hauptsächlich drei Glassorten benutzt, die sich in ihren Erweichungstemperaturen unterscheiden (AR-Glas: oberhalb 700 °C, DURAN-Glas: 815 °C, SUPREMAX-Glas: 950 °C). Was wird geschehen, wenn man feste Substanzen in einem Glas aus AR-Glas in der heißen Zone der rauschenden Brennerflamme erhitzt?

B 2 Aufbau des Teclubrenners und Flammentemperaturen bei geöffneter Luftzufuhr

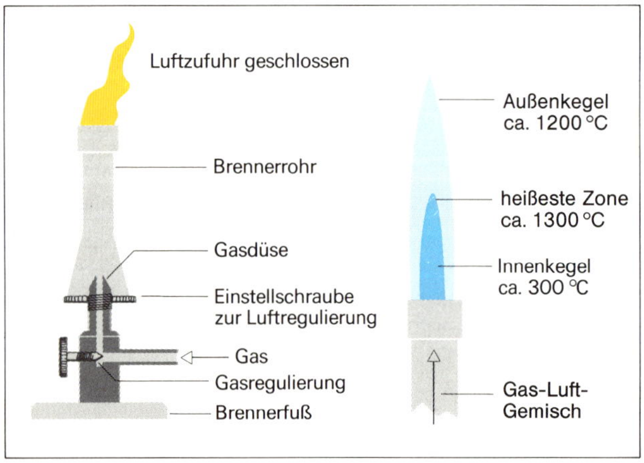

Für viele Experimente wird eine Wärmequelle benötigt. Im Chemieunterricht benutzt man hierzu meist den Gasbrenner. Das Arbeiten mit dem Gasbrenner ist nicht ganz ungefährlich. Unverbrannt ausströmendes Gas kann mit Luft ein explosives Gemisch bilden, außerdem besteht bei unachtsamem Umgang mit dem Brenner Brandgefahr. Es ist daher wichtig Aufbau und Wirkungsweise des Gasbrenners zu kennen, um vorschriftsmäßig mit ihm umgehen zu können.

Entzünden des Brenners

1. Schließe den Brenner an den Gashahn des Tisches an. Prüfe, ob die Luftzufuhr geschlossen ist.
2. Setze die Schutzbrille auf und halte Streichhölzer oder Feuerzeug bereit.
3. Öffne zuerst die Gaszufuhr am Tisch, dann am Brenner und entzünde das ausströmende Gas sofort.

Regulierung der Brennerflamme

Der Brenner zeigt bei geschlossener Luftzufuhr eine *leuchtende Flamme*; ihre Größe kann durch Verstellen der Gasregulierungsschraube geregelt werden.
Wird die Luftzufuhr etwas geöffnet, entsteht eine fast farblose, *nicht leuchtende Flamme*. Diese Flamme wird beim Erhitzen von Flüssigkeiten meist benutzt.
Bei weiterem Öffnen der Luftzufuhr entsteht die *rauschende Flamme*. Sie ist die heißeste Flamme, die mit dem Brenner erzeugt werden kann.

Bedienungsfehler

Wird bei nicht leuchtender oder rauschender Flamme die Gaszufuhr vermindert, kann sich die Flamme in das Brennerrohr bis zur Gasdüse zurückziehen und dort weiterbrennen. Das Brennerrohr wird dabei sehr heiß. In diesem Fall muss die Gaszufuhr am Tisch sofort geschlossen werden. Nach dem Erkalten des Brennerrohres und Schließen der Luftzufuhr wird der Brenner wieder entzündet.

Versuch 1 Wir zerlegen einen Gasbrenner

Geräte und Materialien:
Teclubrenner

Durchführung:
1. Entferne den Gasschlauch, nimm den Brenner in die Hand und prüfe, welche Teile beweglich sind.
2. Schraube das Brennerrohr, den Kamin, ab.
3. Schraube die Einstellschraube für die Luftregulierung ab, sie sitzt unter dem Brennerrohr.
4. Drehe die Schraube für die Gasregulierung so weit nach links, bis du sie auch ohne Drehen vor und zurück bewegen kannst. Ziehe sie vorsichtig aus der Führung heraus. Achtung! Du könntest den Dichtungsring beschädigen!

5. Lege alle Teile geordnet vor dich hin und skizziere sie in dein Heft.
6. Baue den Teclubrenner in der umgekehrten Reihenfolge wieder zusammen.
Vorher kannst du, wenn es nötig ist, die einzelnen Teile mit dem Lappen reinigen. Die Düse wird mit einer Pinselborste durchfahren.

Auswertung: Schreibe die Namen der Einzelteile des Brenners unter die entsprechende Zeichnung ins Heft.

Versuch 2 Wir lernen die Brennerflamme kennen

Geräte und Materialien: Teclubrenner, Magnesiastäbchen, Eisendrahtnetz, Tiegelzange

Durchführung: 1. Entzünde den Brenner nach Vorschrift.
2. Stelle durch langsames Öffnen der Luftzufuhr (Einstellschraube nach links drehen) die drei verschiedenen Brennerflammen ein.
Die folgenden Versuche zeigen dir die Temperaturzonen in der rauschenden Brennerflamme.
3. Halte ein Magnesiastäbchen über der Mitte des Brennerrohres in die Flamme. Durchfahre jetzt langsam die Flamme mit dem Stäbchen von unten nach oben.
4. Halte das Eisendrahtnetz mit Hilfe der Tiegelzange waagerecht knapp über die Brennerflamme, bis es teilweise glüht. Durchfahre jetzt mit dem Drahtnetz die Flamme langsam von oben nach unten. Halte anschließend das Drahtnetz auch senkrecht in die Flamme, bis es teilweise glüht.

Auswertung: Zeichne eine Skizze der rauschenden Brennerflamme im Längsschnitt in dein Heft. Kennzeichne mit den Farben Blau, Rot und Gelb die verschieden heißen Zonen der Flamme. Zeichne ebenfalls einen Querschnitt durch die Flamme in Höhe der Spitze des blauen Innenkegels und kennzeichne die Temperaturzonen farbig.

Versuch 3 Wir erhitzen Wasser im Reagenzglas

Geräte und Materialien: Brenner, Reagenzglas, Reagenzglasklammer, Wasser

Durchführung: 1. Fülle das Reagenzglas bis etwa zwei Fingerbreit unter dem Rand mit Wasser. Halte es mit Hilfe der Reagenzglasklammer ruhig in die entleuchtete Flamme.

Achte darauf, dass niemand in Richtung der Reagenzglasöffnung steht!

2. Um einen *Siedeverzug* wie in (1) zu vermeiden, fülle das Reagenzglas nun etwa zwei Fingerbreit mit Wasser. Halte es mit Hilfe der Reagenzglasklammer schräg in die Flamme und bewege (schüttle) es dabei aus dem Handgelenk. Lass etwa die Hälfte des eingefüllten Wassers verdampfen.

Versuch 4 Wir bearbeiten Glas

Geräte und Materialien:
Brenner, Glasstab, Glasrohr ($d \approx 7$ mm), Ampullensäge, Tiegelzange, Holzplatte

Durchführung:
1. *Herstellen eines Rührstabes.* Halte einen Glasstab mit einem Ende leicht schräg in die heiße Zone der rauschenden Flamme oberhalb des blauen Innenkegels. Wenn das Glas weich wird und zu einem Tropfen zusammenläuft, nimm den Stab aus der Flamme. Willst du einen Löffel bekommen, drücke das weiche Ende mit der Tiegelzange zusammen. Soll der Rührstab auch zum Zerkleinern der zu lösenden Kristalle dienen, drücke das weiche Ende sofort nach dem Herausnehmen aus der Flamme senkrecht auf eine Holzplatte o. Ä.
2. *Rundschmelzen eines Glasrohres.* Ritze ein Glasrohr mit der Ampullensäge an. Nimm es so in beide Hände, dass die innen liegenden Daumen an der angeritzten Stelle liegen. Ziehe mit leichtem Abknicken das Rohr auseinander. Halte nun das scharfkantige (Vorsicht) Ende der einen Rohrhälfte leicht schräg nach unten in die heiße Zone der rauschenden Flamme. Erhitze das Rohrende unter dauerndem Drehen, bis das Glas zu fließen beginnt.
3. *Blasen einer kleinen Kugel.* Halte ein Glasrohr (Mitte) waagerecht unter Drehen in die heiße Zone der Flamme, bis es erweicht. Lass die erweichte Stelle unter ständigem leichten Ziehen etwas zusammenfallen. Nimm nun das Glasrohr aus der Flamme und ziehe es auseinander. Trenne die beiden Hälften und erhitze eine Glasspitze wieder, bis sie zu einem Tropfen zusammenläuft. Schmilz den erhaltenen Boden unter ständigem Drehen rund. Wenn du das Glasrohr jetzt aus der Flamme nimmst und hineinbläst, kannst du eine Kugel erzeugen.

B3 Glasbläser bei der Herstellung von Laborgeräten. Als Wärmequelle dient der Gasbrenner

„Gestern haben wir den Unterschied zwischen Wasser und Wasserstoff kennen gelernt."

Stoffe und ihre Eigenschaften

Viele Stoffe sind uns aus dem Alltag bekannt. Sie begegnen uns als Werkstoffe, Baustoffe, Treibstoffe, Farbstoffe, Kunststoffe, Arzneistoffe und so weiter. Ihre Eigenschaften bestimmen ihren Verwendungszweck. So wird beispielsweise Stahl zur Herstellung von Werkzeugen verwendet, weil er hart und schlagfest ist.
Manche Stoffe liegen in reiner Form vor, andere sind miteinander vermischt. Oft stellt man sich auch nach speziellen Rezepten Gemische aus reinen Stoffen her.

In chemischen Labors werden zahlreiche Stoffe untersucht. Eine wichtige Aufgabe der dort arbeitenden Chemiker ist es durch Anwendung geeigneter Verfahren aus Gemischen reine Stoffe zu gewinnen.

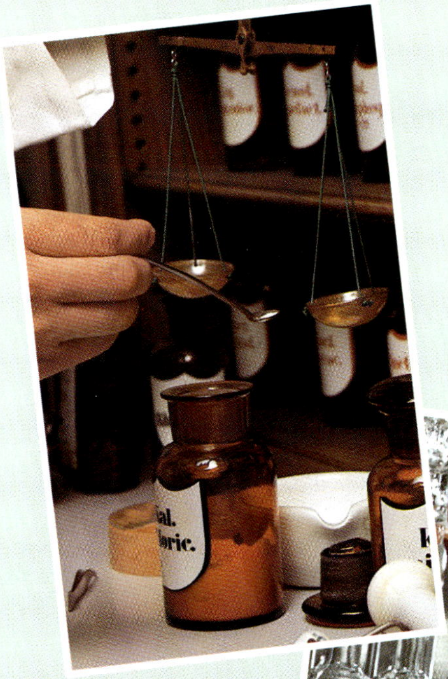

1.1 Einfache Möglichkeiten zur Unterscheidung von Stoffen

B 1 Gleiche Form – verschiedene Stoffe

B 2 Gleicher Stoff – verschiedene Formen

Alle Gegenstände bestehen aus Stoffen. Wir kommen täglich mit einer Vielzahl von Gegenständen in Berührung. Sie haben alle eine bestimmte Form oder Gestalt. In ▷ B 1 sind kugelförmige Gegenstände abgebildet. Sie bestehen aus unterschiedlichen Materialien. Solche Materialien nennt der Chemiker **Stoffe**. Dagegen zeigt ▷ B 2 Gegenstände von unterschiedlicher Form, die alle aus dem gleichen Stoff hergestellt wurden.
Zur genauen Beschreibung eines Gegenstandes gibt man sowohl den Stoff als auch seine Form an. Man spricht von einer Glaskugel, einem Eisendraht, einem Kupferblech. Neben den *Feststoffen* gehören zu den Stoffen auch die *Flüssigkeiten* wie Wasser und Benzin und die *Gase* wie Sauerstoff und Erdgas. Im Chemieunterricht untersucht man immer nur einen kleinen Teil eines Stoffes, eine **Stoffportion**.

Beim Vergleich verschiedener Stoffe fällt auf, dass sie unterschiedliche Eigenschaften besitzen. Diese Stoffeigenschaften sind unabhängig von der Form und der Größe der Stoffportion.

Aussehen. Untersucht man einen Stoff, nimmt man zuerst seine **Farbe** wahr. Metalle zeigen außer ihrer Farbe noch einen besonderen **Oberflächenglanz**, der sich häufig erst nach dem Bearbeiten der Oberfläche zeigt. Andere Stoffe kann man an ihrer **Kristallform** erkennen (▷ B 3). Als *Kristalle* werden Gegenstände bezeichnet, die ohne Bearbeitung glatte, glänzende Flächen und scharfe Ecken und Kanten aufweisen. Häufig muss man zur Untersuchung der Kristallform eine Lupe oder ein Mikroskop benutzen. Viele Stoffe kann man allerdings an ihrem Aussehen allein nicht sicher erkennen. So lässt sich z. B. Puderzucker kaum von anderen weißen Pulvern unterscheiden.

V 1 Untersuche folgende pulverförmig vorliegende Stoffe auf ihr Aussehen und beschreibe es: Kochsalz, Eisen, Schwefel, Zucker, Tafelkreide.

V 2 Prüfe vorsichtig den Geruch von Essig, Reinigungsbenzin, Spiritus, Salmiakgeist (stark verdünnt). Versuche den jeweiligen Geruch zu beschreiben.

A 1 Nenne Wörter, die den Begriff „Stoff" enthalten.

A 2 Welche Gegenstände bezeichnet man als Kristalle?

A 3 Warum ist es nicht erlaubt unbekannte Stoffe auf ihren Geschmack zu überprüfen?

A 4 Nenne drei Eigenschaften, die typisch für Eisen sind.

B 3 Unterschiedliche Kristallformen

B 4 Geruchsprobe durch Zufächeln mit der Hand

B 5 Chemikalienetikett mit Sicherheitsratschlägen

Salzsäure
25 %

C Ätzend

R 34 Verursacht Verätzungen

R 37 Reizt die Atmungsorgane

S 1/2 Unter Verschluss und für Kinder unzugänglich aufbewahren

S 26 Bei Berührung mit den Augen sofort gründlich mit Wasser abspülen und Arzt konsultieren

S 45 Bei Unfall oder Unwohlsein sofort Arzt hinzuziehen (wenn möglich, dieses Etikett vorzeigen)

Einfache Möglichkeiten zur Unterscheidung von Stoffen

Geschmack. Viele Stoffe wie z. B. Salz und Zucker erkennt man an ihrem besonderen Geschmack. Es gibt aber zahlreiche Stoffe, die Vergiftungen verursachen, selbst wenn sie nur in geringen Mengen in den Mund gelangen. Deshalb ist es sehr gefährlich den Geschmack unbekannter Stoffe zu untersuchen!

Geruch. Manche Gase oder Stoffe, die Dämpfe freisetzen, haben einen für sie typischen Geruch (▷ V 2). Viele Stoffe jedoch sind gesundheitsschädlich beim Einatmen, daher sollte man bei Geruchsproben sehr vorsichtig sein. Um kleine Stoffportionen in die Nase zu bekommen, fächelt man sie sich mit der Hand zu (▷ B4).

Geschmacks- und Geruchsproben werden im Chemieunterricht nur auf ausdrückliche Anweisung des Lehrers durchgeführt.

Verformbarkeit. Wachs oder Knetmasse lassen sich mit den Händen formen, sie sind verformbar. Versucht man dünne Stäbe aus Glas oder Eisen zu biegen, zeigen sie unterschiedliches Verhalten: Glas ist *spröde* und zerbricht, Eisen dagegen ist *biegsam*. Gegenstände aus Gummi sind zwar verformbar, nehmen aber anschließend wieder ihre ursprüngliche Gestalt an. Gummi ist *elastisch*.

Härte. Blei und Kerzenwachs lassen sich leicht ritzen, sie sind weich. Bei anderen Stoffen wie Glas oder Stahl gelingt das nicht so einfach, sie weisen eine größere Härte auf. Mit einem Diamanten kann man alle Stoffe ritzen, er ist der härteste Stoff, den wir kennen.

Elektrische Leitfähigkeit und Magnetismus. Untersucht man einen Eisendraht, einen Holzstab und eine Graphitmine (Bleistiftmine) auf ihre elektrische Leitfähigkeit (▷ B 8), so stellt man fest, dass nur der Eisendraht und die Graphitmine den elektrischen Strom leiten. Die Leitfähigkeit für den elektrischen Strom ist eine Eigenschaft der Metalle und von Graphit.
Die Metalle Eisen, Cobalt und Nickel lassen sich durch ihre Eigenschaft, vom Magneten angezogen zu werden, von anderen Metallen unterscheiden.

Stoffe erkennt man an ihren Eigenschaften. Stoffeigenschaften sind die Farbe, der Oberflächenglanz, die Kristallform, der Geschmack, der Geruch, die Verformbarkeit, die Härte, die elektrische Leitfähigkeit und der Magnetismus.

B 6 Verformbarkeit. Links: Schwefel ist spröde und zerbricht. Rechts: Kupfer lässt sich plastisch verformen

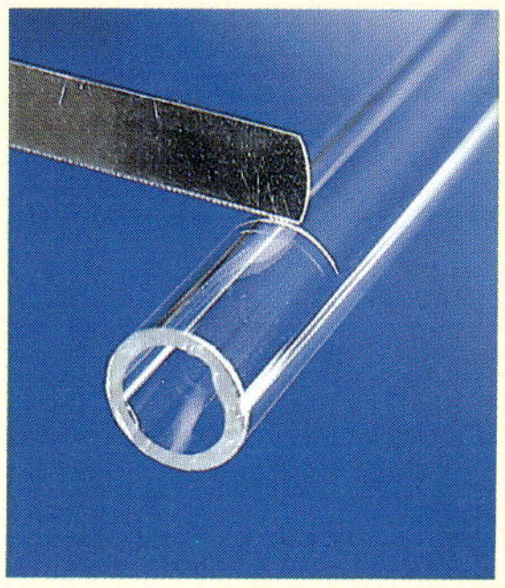

Stoffe	Härtestufe
Kerzenwachs Ton	sehr weich
Blei Kupfer Speckstein	weich
Eisen Ziegelstein Fensterglas	hart
Werkzeugstahl Quarz Diamant	sehr hart

B 7 Härte. Ritzversuche führen zu einer einfachen Ordnung

B 8 Versuchsanordnung zur Prüfung der elektrischen Leitfähigkeit bei festen Stoffen

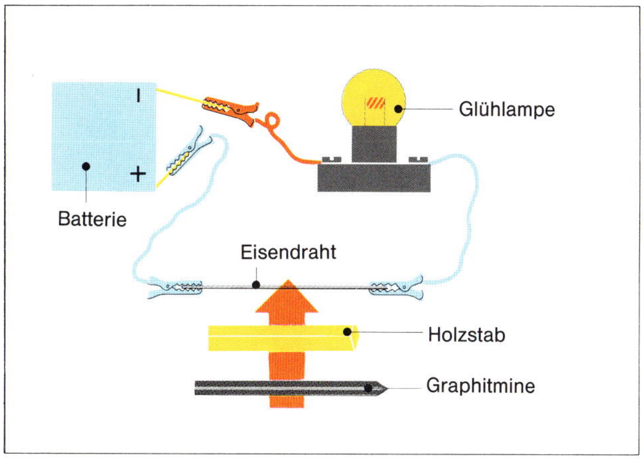

1.2 Veränderung von Stoffeigenschaften beim Erhitzen

KARAMELLBONBONS

Zutaten: Butter, Zucker, süße Sahne

1. Ein Eckchen Butter wird in einer kleinen Pfanne bei mittlerer Temperatur erhitzt, bis sie flüssig ist.
2. 1 Esslöffel Zucker wird hinzugefügt und gut mit der flüssigen Butter durchmischt.
3. Nun gibt man 2 Teelöffel süße Sahne hinzu und verrührt das Ganze gut.
4. Unter leichtem Schäumen wird die Masse allmählich braun und sämig. (Immer gut rühren!) Sie darf nicht zu dunkel werden, sonst wird der Karamell bitter!
5. Wenn das Gemisch hellbraun und cremig geworden ist, gibt man es mit einem Löffel auf Backpapier und lässt es erkalten.

B 1 Ein Rezept für Karamellbonbons zum Nachkochen

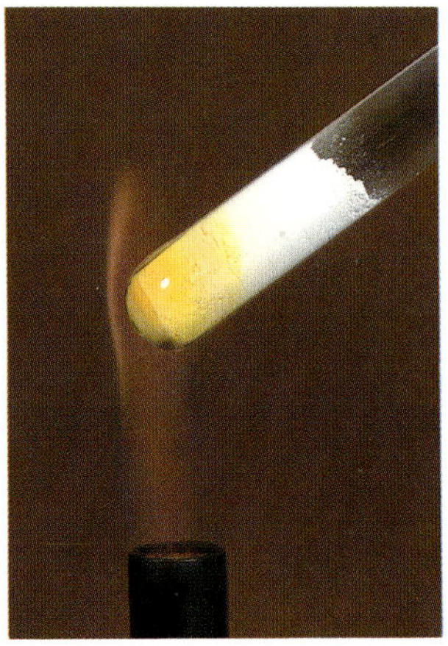

B 2 Farbänderung beim Erhitzen von Zinkoxid

B 3 Benzindämpfe sind leicht entzündlich

V 1 Erhitze ein Porzellanschiffchen in der heißen Zone der rauschenden Brennerflamme. Schreibe deine Beobachtungen auf.

A 1 Nenne die Stoffeigenschaften, in denen sich Zucker und Karamell unterscheiden.

A 2 Gib an, bei welchen der folgenden Vorgänge nur vorübergehende Veränderungen der Stoffeigenschaften auftreten:
a) Glas erweicht in der Hitze,
b) Porzellan glüht,
c) Holz verbrennt,
d) Zucker verkohlt,
e) Zinkoxid wird in der Hitze gelb.

Auch das Verhalten eines Stoffes beim Erhitzen kann ein erster Hinweis darauf sein, um welchen Stoff es sich handelt. Manche äußerlich ähnlich aussehenden Stoffe lassen sich voneinander unterscheiden, wenn sie erhitzt werden.

Eigenschaftsänderung beim Erhitzen. Hält man einen Glasstab in die heiße Zone der rauschenden Brennerflamme, glüht er nach einiger Zeit. Er wird weich und verformbar. Nach dem Abkühlen sind alle Stoffeigenschaften des Glases erhalten geblieben, nur seine Form hat sich verändert.
Ein Stab aus Plexiglas, äußerlich dem Glasstab zum Verwechseln ähnlich, brennt mit rußender Flamme, wenn man ihn erhitzt. Die Stoffeigenschaften des Plexiglases verschwinden.

Erhitzt man Zucker, so bildet sich zunächst eine braune, zähflüssige Masse, die nach Karamell riecht. Bei weiterem Erhitzen entsteht unter Rauchentwicklung ein schwarzer, poröser Stoff, der auch beim Abkühlen erhalten bleibt. Der entstandene Stoff hat keine Ähnlichkeit mehr mit dem Ausgangsstoff Zucker.
Führt man das gleiche Experiment mit Zinkoxid durch, einem weißen Pulver, das wie Puderzucker aussieht, macht man eine erstaunliche Feststellung: In der Hitze wird das Pulver gelb, nach dem Abkühlen ist es wieder weiß. Den Vorgang kann man beliebig oft wiederholen, Zinkoxid liegt immer wieder unverändert vor.

Während sich Glas und Zinkoxid beim Erhitzen nur vorübergehend verändern, treten bei Plexiglas und Zucker bleibende Veränderungen ein.

Brennbarkeit. Viele Stoffe beginnen zu brennen, wenn sie in eine Flamme gehalten werden. Ein Stück Papier entflammt auf diese Weise sofort. Zurück bleibt grauweiße Asche.
Nähert man einer Porzellanschale, die etwas Benzin enthält, einen brennenden Holzspan (▷ B 3), so springt die Flamme bereits über, bevor der Span die Flüssigkeit berührt. Über der Flüssigkeit haben sich Benzindämpfe gebildet, die rußend verbrennen, aber keine Asche hinterlassen.

Zum Entzünden eines Stoffes ist nicht unbedingt eine Flamme nötig. Brennbare Stoffe können sich allein durch Erhitzen entzünden, wenn sie eine bestimmte Temperatur, ihre **Zündtemperatur**, erreicht haben.

Stoffe erfahren beim Erhitzen vorübergehende oder bleibende Veränderungen ihrer Eigenschaften.

1.3 Exkurs: Das Versuchsprotokoll

In chemischen Labors und im Chemieunterricht wird häufig experimentiert. Die Versuche müssen *sorgfältig geplant* und *sicher durchgeführt* werden.
Zur ordnungsgemäßen Ausführung eines Experiments gehört die Anfertigung eines schriftlichen **Versuchsprotokolls**. Dies ist eine in chemischen Labors alltägliche Beschäftigung, die mit großer Genauigkeit ausgeübt wird (▷B 1). Auf diese Weise wird ein einmal ablaufendes Geschehen festgehalten und keine Einzelheit kann in Vergessenheit geraten. Das Experiment kann so jederzeit überprüft und wiederholt werden. Auch im Chemieunterricht werden Versuchsprotokolle angefertigt.

Wie man ein Versuchsprotokoll erstellt. Ein Versuchsprotokoll muss *deutlich gegliedert* werden, damit es übersichtlich ist. Die folgende Einteilung hat sich bewährt:

- ○ Aufgabe oder Fragestellung
- ○ Geräte und Chemikalien
- ○ Zeichnung des Versuchsaufbaus
- ○ Durchführung des Versuchs
- ○ Beobachtungen
- ○ Auswertung

Vor Beginn des Experiments wird die *Aufgabenstellung* notiert. Dann werden die *Geräte* und *Chemikalien* benannt, eine *Zeichnung des Versuchsaufbaus* angefertigt und die *Durchführung* des Versuchs festgelegt. Häufig ist es sinnvoll Aufbau und Durchführung des Versuchs unter einem Punkt zusammenzufassen.

Während des Versuchsablaufs ruht die Arbeit am Protokoll, das Versuchsgeschehen soll aufmerksam beobachtet werden.

Nach Beendigung des Experiments werden die *Beobachtungen* in der richtigen Reihenfolge und in übersichtlicher Form schriftlich niedergelegt. Dabei ist es häufig notwendig die mit den Beobachtungen in Zusammenhang stehenden *Tätigkeiten* mit aufzuführen.
Es ist unbedingt darauf zu achten, dass hier noch keine Deutungsversuche vorgenommen werden. Dies ist dem letzten Teil des Protokolls, der *Auswertung* des Experiments, vorbehalten.

Beobachtungen und Deutungen sind voneinander zu trennen.

Zuerst soll darüber nachgedacht werden, wie die aufgeschriebenen Beobachtungen *gedeutet* werden können. Dann wird das Ergebnis dieser Überlegungen ins Protokoll aufgenommen. Häufig lässt ein Experiment mehrere Deutungen zu. Auch dies wird im Protokoll vermerkt.

B 1 Laborantin beim Protokollieren eines Versuchs

B 2 Beispiel für ein Versuchsprotokoll. Es soll klar gegliedert sein und alle wichtigen Angaben enthalten

Versuchsprotokoll

Fragestellung: Was geschieht beim Erhitzen von Zinkoxid?

Geräte: Reagenzglas
Reagenzglasklammer
Brenner

Chemikalien: Zinkoxidpulver

Durchführung: Das zu etwa einem Drittel mit trockenem Zinkoxid gefüllte Reagenzglas wird mit dem unteren Teil in die heiße Zone der Brennerflamme gehalten.

Beobachtungen:
1. Das weiße, pulvrige Zinkoxid wird von unten her gelb.
2. Bei längerem Erhitzen wird der gesamte Inhalt gelb.
3. Nach dem Herausnehmen des Reagenzglases aus der Flamme geht die Gelbfärbung langsam zurück.
4. Nachdem alles wieder abgekühlt ist, sieht der Inhalt aus wie vorher: ein weißer, pulvriger Stoff.

Auswertung: Zinkoxid ist bei hohen Temperaturen gelb, bei Zimmertemperatur weiß. Seine Eigenschaften sind demnach bei hohen Temperaturen anders als bei Zimmertemperatur.
In dem Versuch ist der Stoff Zinkoxid offensichtlich nicht verändert worden.

1.4 Die Aggregatzustände der Stoffe

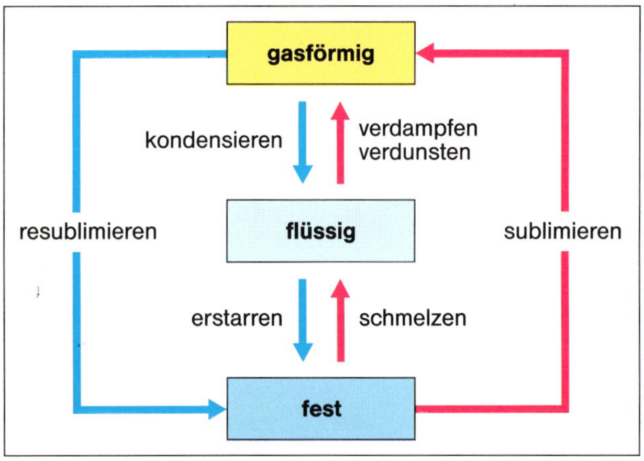

B 1 Die Aggregatzustände und die Übergänge zwischen ihnen

B 2 Raureif auf einer Pflanze

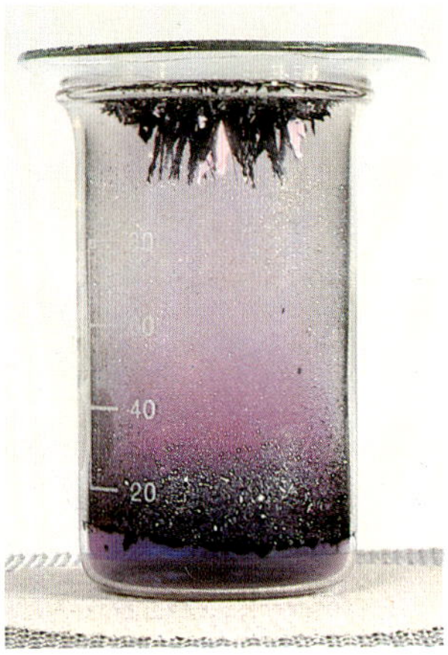

B 3 Iod sublimiert und resublimiert

V 1 Gib einige Iodkristalle in einen Weithals-Erlenmeyerkolben, decke mit einem Uhrglas ab und gib etwas Eiswasser darauf. Erwärme im Wasserbad. Nimm nach dem Abkühlen das Uhrglas vorsichtig ab und betrachte die Unterseite. Wie ist das Ergebnis zu erklären?

A 1 Welche Vorgänge werden mit folgenden Begriffen bezeichnet: Schmelzen, Erstarren, Verdampfen, Kondensieren, Sublimieren, Resublimieren?

A 2 Wenn an manchen schönen Wintertagen die Sonne auf schneebedeckte Felder scheint, kann man beobachten, dass immer mehr Schnee verschwindet, obgleich die Temperaturen bei Tag und Nacht weit unter dem Gefrierpunkt liegen. Erkläre, was tagsüber geschieht.

Wasser bei verschiedenen Temperaturen. Im Winter überziehen sich Flüsse und Seen mit einer festen Eisdecke. Tropfendes Wasser *erstarrt* zu Eiszapfen. Bei wärmerem Wetter *schmilzt* das Eis und es entsteht wieder flüssiges Wasser.
Wird Wasser erhitzt, so beginnt es zu sieden und *verdampft.* Dabei geht es in den gasförmigen Zustand über. Der entstehende Wasserdampf ist farblos. Wenn er sich abkühlt, entstehen winzige Tröpfchen flüssigen Wassers. Sie können weißen Nebel bilden. Der Wasserdampf ist *kondensiert.*
Wasser kommt also in drei Zustandsformen vor: *fest, flüssig* und *gasförmig* (Eis, flüssiges Wasser, Wasserdampf). Sie werden als die **Aggregatzustände** des Wassers bezeichnet.

Wasser verdunstet. Lässt man Wasser in einem geöffneten Gefäß einige Zeit stehen, so stellt man fest, dass es allmählich weniger wird. Es *verdunstet.* Wasser kann auch ohne zu sieden in den gasförmigen Zustand übergehen. Der in der Luft enthaltene Wasserdampf wird *Luftfeuchtigkeit* genannt.

Sublimation und Resublimation. Nasse Wäsche, die im Winter im Freien zum Trocknen auf die Leine gehängt wird, erstarrt zuerst durch gefrierendes Wasser und trocknet dann, ohne dass das Eis schmilzt.
Aus Eis ist unter Umgehung des flüssigen Zustandes unsichtbarer Wasserdampf geworden. Diesen Vorgang nennt man **Sublimation.**
An kalten Tagen sind oft Eisblumen an den Fenstern zu sehen. Sie entstehen dadurch, dass gasförmiges Wasser (Luftfeuchtigkeit) ohne Beteiligung des flüssigen Zustandes zu festem Eis wird. Dieser Vorgang heißt **Resublimation**. Auch die Bildung von Raureif ist auf diese Weise zu erklären (▷B 2).

Auch andere Stoffe können ihren Aggregatzustand ändern. Festes *Wachs* schmilzt, wenn es erwärmt wird, und verdampft bei weiterem Erhitzen.
Auch *Metalle* schmelzen bei höheren Temperaturen. Dies geschieht z. B. beim Löten mit Zinn. Nach dem Erkalten der Lötstelle sind die beiden Werkstücke durch das erstarrte Zinn fest miteinander verbunden.
Wird festes *Iod* erwärmt (▷V 1), so entsteht durch Sublimation violetter Ioddampf. Beim Abkühlen bildet sich daraus durch Resublimation wieder festes Iod (▷B 3).

Stoffe können in drei Aggregatzuständen vorkommen: fest, flüssig und gasförmig. Die Begriffe Schmelzen, Erstarren, Verdampfen, Kondensieren, Sublimieren und Resublimieren bezeichnen die Übergänge zwischen den Aggregatzuständen.

1.5 Schmelz- und Siedetemperatur

Manche der bisher behandelten Stoffeigenschaften (z. B. Geruch und Farbe) können nicht immer eindeutig beschrieben werden.
Für die Kennzeichnung von Stoffen werden deshalb die Eigenschaften bevorzugt, die *messbar* sind und mit *Zahlen* belegt werden können.

Bestimmung der Siedetemperatur. Um die **Siedetemperatur** des Wassers zu bestimmen, erhitzt man dieses und verfolgt den Temperaturverlauf (▷ V 1). Bei 100 °C beginnt das Sieden. Von nun an zeigt das Thermometer keine weitere Temperaturerhöhung an (▷ B 1). Oft werden allerdings abweichende Werte festgestellt. Die Siedetemperatur ist nämlich vom *Luftdruck* abhängig. Um vergleichen zu können, wird einheitlich die Siedetemperatur bei *Normdruck* (1013 hPa) angegeben.
Die Siedetemperaturen anderer Flüssigkeiten werden auf entsprechende Weise ermittelt. Siedetemperatur und **Kondensationstemperatur** stimmen überein.

Bestimmung der Schmelztemperatur. Zur Bestimmung der **Schmelztemperatur** eines Feststoffes wird im Reagenzglas eine kleine Portion, z. B. von Stearinsäure, erwärmt. Bei 71 °C beginnt der Schmelzvorgang. Von hier an erfolgt kein weiterer Anstieg der Temperatur, bis eine klare Schmelze entstanden ist. Erst dann erwärmt sich die Flüssigkeit weiter (▷ B 3).
Zur Kontrolle kann bei langsamer Abkühlung die **Erstarrungstemperatur** gemessen werden (▷ V 2).

Schmelz- und Erstarrungstemperatur, Siede- und Kondensationstemperatur sind messbare Eigenschaften vieler Stoffe und dienen zu deren Kennzeichnung.

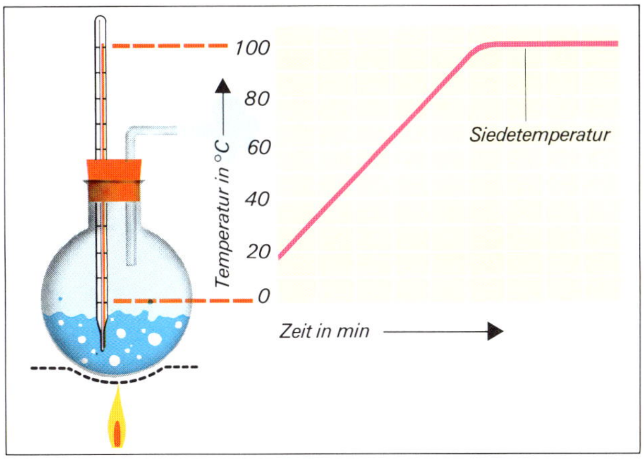

B 1 Siedetemperatur von Wasser und Temperaturverlauf beim Erhitzen

V 1 Erhitze nach ▷ B 1 Wasser bis zum Sieden (Siedesteinchen!). Notiere die Temperatur in regelmäßigen Zeitabständen. Erstelle ein Siedediagramm und bestimme daraus die Siedetemperatur.

V 2 Bringe in einem Reagenzglas etwas Stearinsäure im Wasserbad (95 °C) zum Schmelzen. Nimm das Glas einige Minuten danach aus dem Bad. Ermittle im Minutenabstand die Temperaturwerte bis zum Erstarren (jeweils umrühren!). Erstelle ein Diagramm und bestimme die Erstarrungstemperatur.

A 1 Welche der in ▷ B 2 aufgeführten Stoffe sind bei Zimmertemperatur (20 °C) fest, welche flüssig und welche gasförmig? Überprüfe anhand der Schmelz- und Siedetemperaturen.

B 2 Schmelz- und Siedetemperaturen einiger Stoffe bei Normdruck

Stoff	Schmelztemperatur (°C)	Siedetemperatur (°C)
Sauerstoff	−219	−183
Ether	−116	34
Alkohol	−117	78
Quecksilber	−39	356
Benzol	5	80
Glycerin	18	290
Stearinsäure	71	370
Schwefel	119	444
Blei	327	1740
Kochsalz	800	1461
Eisen	1535	2750

B 3 Schmelztemperatur von Stearinsäure. Während des Schmelzens ändert sich die Temperatur nicht

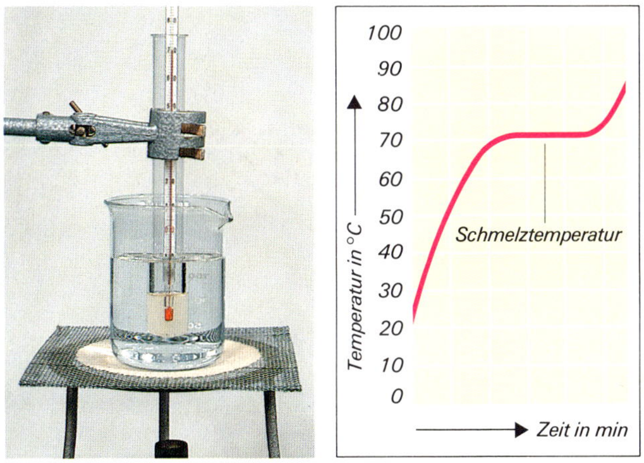

1.6 Dichte

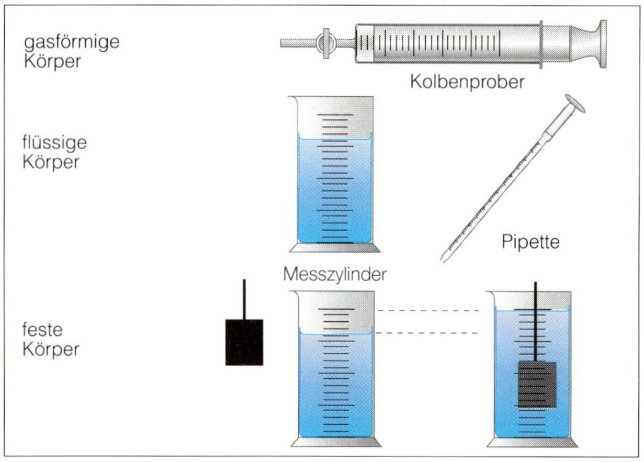

B 1 Bestimmung des Volumens von Körpern

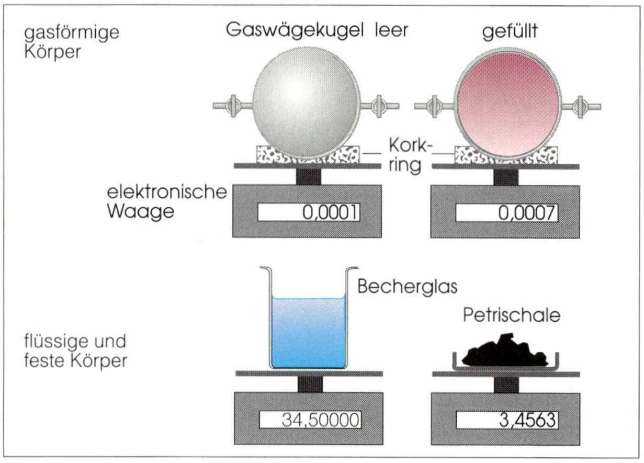

B 2 Bestimmung der Masse von Körpern

B 3 Volumen und Masse einiger flüssiger Körper im Diagramm

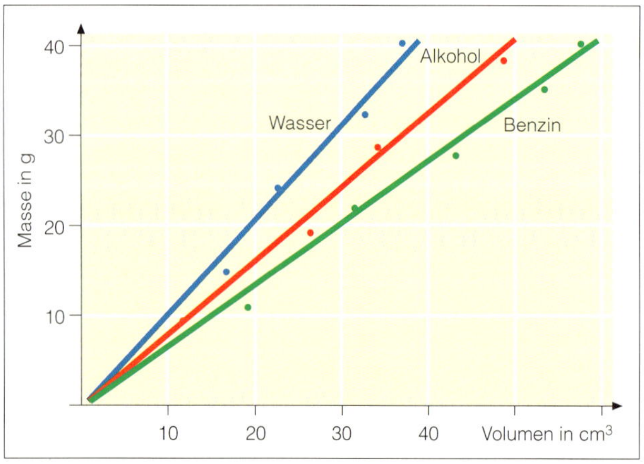

Nimmt man etwa gleich große Aluminium- und Bleistücke in die Hand, stellt man fest, dass das Bleistück schwerer ist. Der Grund dafür ist offensichtlich eine Stoffeigenschaft.

Die Dichte. Von jedem Stoff, gasförmig, flüssig oder fest, lässt sich ein beliebiges Volumen abmessen (▷B 1); das Volumen einer Stoffportion ist kein für den Stoff typisches Kennzeichen. Ebenso kann man durch Wägen die Masse einer Stoffportion bestimmen (▷B 2); auch die Masse ist keine Stoffeigenschaft. Bestimmt man die Volumina verschiedener Portionen des gleichen Stoffes und deren Massen und trägt diese in einem Diagramm auf (▷B 3), kann man eine Abhängigkeit der beiden Größen voneinander feststellen:

Wird das Volumen des Stoffes vergrößert, vergrößert sich auch seine Masse. Da der Graph im Diagramm eine Gerade ist, liegt eine proportionale Zuordnung von Masse und Volumen vor. Der Quotient aus Masse und Volumen ist also konstant. Er wird als *Dichte* bezeichnet.
Die meisten Stoffe unterscheiden sich in ihrer Dichte.

Die Dichte, der Quotient aus Masse und Volumen, ist eine Stoffeigenschaft. Sie wird meist in g/cm^3 angegeben.

$$\text{Dichte} = \frac{\text{Masse}}{\text{Volumen}} \qquad \varrho = \frac{m\,(\text{Stoffportion})}{V\,(\text{Stoffportion})}$$

z. B. $m\,(\text{Stoffportion}) = 181{,}7\ \text{g}$
$V\,(\text{Stoffportion}) = 23\ \text{cm}^3$

$$\varrho = \frac{181{,}7\ \text{g}}{23\ \text{cm}^3} = 7{,}9\ \frac{\text{g}}{\text{cm}^3}$$

B 4 Bestimmung der Dichte aus Masse und Volumen einer Stoffportion

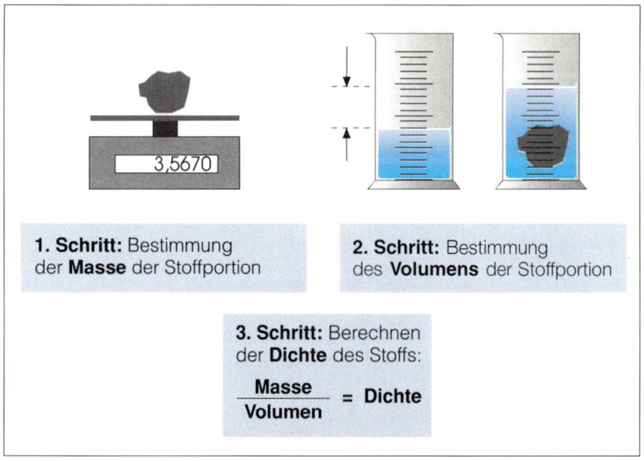

Dichtebestimmung von Feststoffen. Bestimmt man die Masse kompakter Würfel aus verschiedenen Stoffen mit einer Seitenlänge von $l = 1$ cm (▷B5), kann man daraus leicht die Dichte ermitteln, da das Volumen 1 cm^3 beträgt.
Der Zahlenwert der Masse dieser Stoffportion ist gleich dem Zahlenwert der Dichte des Stoffes.

Das Volumen von Würfeln mit anderen Seitenlängen oder von quaderförmigen Körpern lässt sich leicht mit Hilfe der Formel

$$V = l \cdot b \cdot h$$

$$\text{Volumen} = \text{Länge} \cdot \text{Breite} \cdot \text{Höhe}$$

berechnen. Nach der Wägung eines solchen Würfels kann man die Dichte des Stoffes berechnen.
Um die Dichte unregelmäßig geformter Körper bestimmen zu können, wird zuerst auf der Waage die Masse ermittelt. Dann wird sein Volumen durch Wasserverdrängung bestimmt (▷B4, ▷V1).

Dichtebestimmung von Flüssigkeiten. Zur Bestimmung der Dichte flüssiger Körper misst man mit einem Messzylinder oder einer Pipette das Volumen einer Flüssigkeitsportion (▷B1) ab und bestimmt durch Wägung deren Masse. Das Gefäß, das die Flüssigkeitsportion aufnimmt, muss dazu vorher gewogen werden; seine Masse wird nach der Wägung von der Gesamtmasse abgezogen.

Dichtebestimmung von Gasen. Diese Bestimmung wird mit einer Gaswägekugel ausgeführt. Zunächst wird mit einem Kolbenprober oder einer Wasserstrahlpumpe ein Teil der Luft aus der Gaswägekugel abgesaugt. Danach wird sie gewogen. Anschließend lässt man aus einem Kolbenprober eine Gasportion mit bekanntem Volumen einströmen. Nach erneuter Wägung der Kugel wird aus der Massendifferenz die Masse der Gasportion, die eingeströmt ist, berechnet. Die Dichte bestimmt man, indem man die erhaltene Masse durch das Volumen der Gasportion dividiert.
Da man bei Gasen sehr kleine Werte erhält, gibt man ihre Dichten auch in g/dm^3 (g/l) an. Dazu muss der Zahlenwert, der der Einheit g/cm^3 zugeordnet ist, mit dem Faktor 1000 multipliziert werden.

Da sich vor allem Gase bei Druckerniedrigung und Temperaturerhöhung ausdehnen, müssen die Dichten bei einheitlichem Druck und einheitlicher Temperatur angegeben werden, um vergleichbar zu sein. Tabellenwerte beziehen sich in der Regel auf einen Druck von 1013 hPa und eine Temperatur von 20 °C.

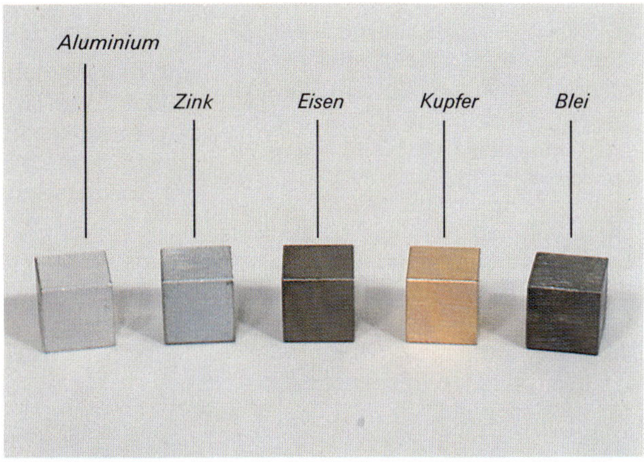

B 5 Kubikzentimeterwürfel einiger Stoffe. Wegen ihrer unterschiedlichen Dichte sind sie verschieden schwer

V 1 Bestimme durch Wägen die Masse eines Stücks Aluminium (z. B. von einem Profilstab).
Ermittle sein Volumen durch Wasserverdrängung.
Berechne die Dichte von Aluminium.

A 1 Ein Messzylinder, der 73 g wog, wurde mit 50 cm^3 Alkohol gefüllt. Die Waage zeigte nun 112,5 g an. Berechne die Dichte des Alkohols.

A 2 Die Dichte von Neutronensternen wird auf 1 000 000 000 000 000 g/cm^3 geschätzt.
Wie viel wiegt ein stecknadelkopfgroßes Stück ($V = 1$ mm^3) von diesem Material?

A 3 Blei hat eine Dichte von 11,4 g/cm^3. Welche Masse hat ein Bleistück mit dem Volumen 3 cm^3?

B 6 Dichten einiger Stoffe bei 20 °C und 1013 hPa

Stoff	Aggregatzustand	Dichte (g/cm^3)
Stickstoff	gasförmig	0,00117
Sauerstoff	gasförmig	0,00133
Alkohol	flüssig	0,79
Wasser	flüssig	1,0
Quecksilber	flüssig	13,55
Magnesium	fest	1,74
Schwefel	fest	2,07
Aluminium	fest	2,70
Zink	fest	7,14
Eisen	fest	7,87
Kupfer	fest	8,92
Silber	fest	10,5
Blei	fest	11,4
Gold	fest	19,32

1.7 Löslichkeit

V 1 Löse in etwa 50 ml Wasser drei Spatel Kochsalz (Natriumchlorid). Nimm von der erhaltenen Lösung genau 50 ml ab und wiege sie. Wiege ebenfalls 50 ml des verwendeten Wassers.

V 2 Gib von der in ▷V 1 erhaltenen Kochsalzlösung etwa zwei Fingerbreit in ein Reagenzglas und erhitze bis zum Sieden. Lass alles Wasser verdampfen. Was wäre beim Verdampfen von reinem Wasser zu beobachten?

V 3 Gib in ein Becherglas 100 g Wasser und löse unter Umrühren 30 g Kochsalz auf. Füge nach und nach Portionen von je 1 g hinzu, bis ein Bodenkörper bestehen bleibt. Wie viel Gramm Kochsalz lösen sich?

A 1 Alkohol löst sich unbegrenzt in Wasser. Kann man seine Löslichkeit bestimmen?

A 2 In 100 g Meerwasser sind 3,5 g Salz enthalten. Gib den Massenanteil des Salzes im Meerwasser an.

A 3 Nenne je drei in Wasser leicht lösliche, schwer lösliche und unlösliche Stoffe.

Wird Kochsalz in Wasser gegeben, so sind die Salzkristalle nach einiger Zeit nicht mehr zu sehen. Es ist aber noch vorhanden, wie eine Geschmacksprobe und die Versuche ▷V 1 und ▷V 2 zeigen. Man sagt, das Kochsalz hat sich **gelöst**. Dabei ist eine **Lösung**, Kochsalzlösung, entstanden. Außer vielen weiteren Feststoffen löst Wasser auch Flüssigkeiten und Gase, wie z. B. alkoholische Getränke und Mineralwasser zeigen. Gelöste Gase lassen sich durch Erhitzen der Lösung austreiben (▷B 1).

Fette, Öle und Lacke lassen sich in Wasser nicht lösen. Für diese Stoffe kann man häufig Benzin als **Lösungsmittel** verwenden. So kann man Fettflecken in der Kleidung mit Benzin entfernen (▷B 2). Nagellackentferner, Pinselreiniger und „Fleckenwasser" enthalten andere Flüssigkeiten als Lösungsmittel.

Flüssigkeiten, die Stoffe lösen, heißen Lösungsmittel. Gelöst werden können Feststoffe, Flüssigkeiten und Gase. Nicht jedes Lösungsmittel kann auch jeden Stoff lösen.

Löslichkeit in Wasser. Die wasserlöslichen Stoffe lösen sich nicht alle gleich gut in Wasser. *Leicht löslich* sind z. B. Zucker und Kochsalz, *schwer löslich* sind Stoffe wie Gips oder Löschkalk, in Wasser *unlöslich* sind z. B. Sand und Schwefel. Wie gut sich ein Stoff in Wasser löst, kann man an seiner *Löslichkeit* sehen. Sie ist eine für viele Stoffe typische Eigenschaft.

Die Bestimmung der Löslichkeit von Kochsalz in Wasser zeigt ▷V 3. Nach Zugabe von 36 g Kochsalz zu 100 g Wasser hat man eine **gesättigte Lösung** erhalten. Das Wasser nimmt kein Kochsalz mehr auf, man erkennt dies daran, dass keine Lösungsschlieren mehr zu beobachten sind. Der Feststoff setzt sich als **Bodenkörper** ab.

Die Löslichkeit ist eine messbare Stoffeigenschaft. Sie gibt an, wie viel Gramm eines Stoffes sich in 100 Gramm Lösungsmittel lösen.

B 1 Auch Luft löst sich in Wasser

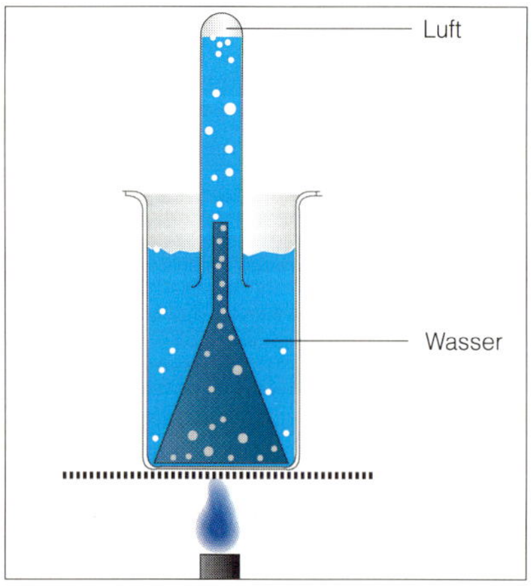

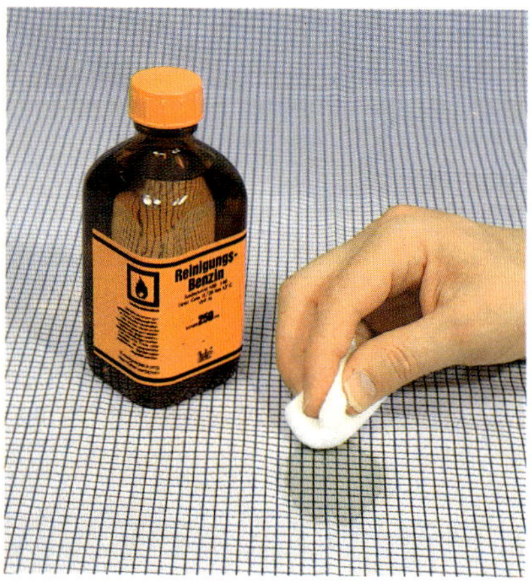

B 2 Fettfleckentfernung. Anwendung eines geeigneten Lösungsmittels

B 3 Löslichkeit einiger Stoffe in Wasser bei 20 °C

Stoff	Löslichkeit in g/100 g Wasser
Zucker	203,9
Kochsalz	35,88
Kaliumnitrat	31,66
Soda	21,66
Alaun	6,01
Gips	0,20
Löschkalk	0,12
Sauerstoff	0,0043
Stickstoff	0,0019
Kalkstein	0,0015

Löslichkeit

Den Gehalt an gelöstem Stoff in einer fertigen Lösung gibt man häufig in Prozent an. Sind z. B. 10 g Kochsalz in 100 g Kochsalzlösung enthalten, liegt eine 10-prozentige Lösung vor. Die Lösung hat einen Massenanteil des Salzes von 10 %.

Löslichkeit und Temperatur. Erwärmt man eine gesättigte wässrige Lösung von Kaliumnitrat (Salpeter), die noch etwas Bodenkörper enthält, so löst sich dieser auf. Beim Abkühlen bilden sich lange Kaliumnitratkristalle. Wiederholtes Erwärmen und Abkühlen zeigt dasselbe Ergebnis. In heißem Wasser löst sich demnach mehr Kaliumnitrat als in kaltem. Die Löslichkeit von Kaliumnitrat ist *temperaturabhängig*, sie nimmt beim Erwärmen zu. Auch bei anderen Stoffen wie z. B. Alaun (Kalium-aluminium-sulfat) ändert sich die Löslichkeit mit der Temperatur. Bei Kochsalz (Natriumchlorid) dagegen ist sie fast temperaturunabhängig (▷ B 4).
Tabellen mit Angaben über Löslichkeiten müssen immer einen Hinweis auf die Temperatur enthalten.

Bildung von Kristallen. Stoffe, deren Löslichkeit beim Erwärmen steigt, *kristallisieren aus*, wenn heiß gesättigte Lösungen sich abkühlen. Je langsamer die Abkühlung erfolgt, desto größere *Kristalle* entstehen.
Auch aus Lösungen von Salzen, deren Löslichkeit nicht stark temperaturabhängig ist, kann man Kristalle erhalten. Lässt man z. B. eine gesättigte Kochsalzlösung längere Zeit offen stehen, verdunstet das Lösungsmittel Wasser und aus der Lösung kristallisiert das Salz in würfelförmigen Kristallen aus (▷ V 3). Besonders schön gewachsene Kristalle erhält man, wenn man einen Kristall am Faden in die gesättigte Lösung hängt (▷ B 5). Auf diese Weise lassen sich auch aus Lösungen von Kupfersulfat, Alaun und anderen Stoffen *Kristalle züchten*.

B 5 Züchtung von Kristallen (Versuchsaufbau)

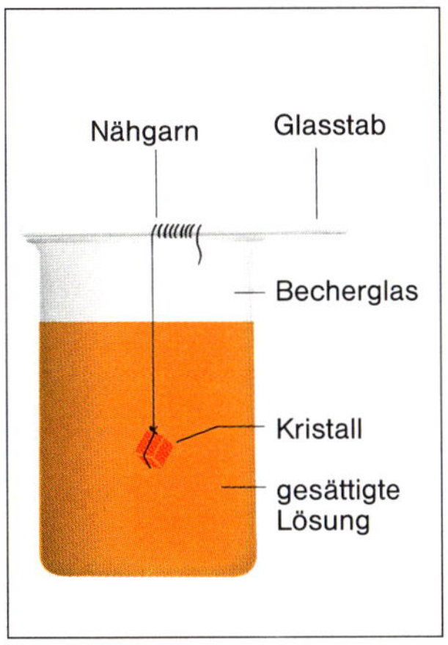

B 6 Gezüchteter Kristall aus Kupfersulfat

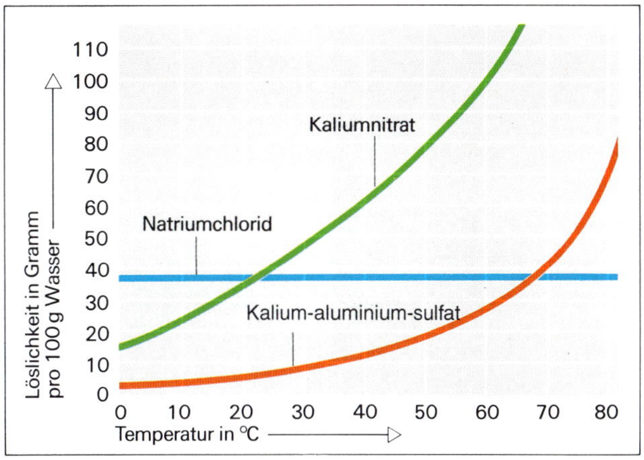

B 4 Einfluss der Temperatur auf die Löslichkeit verschiedener Stoffe in Wasser

V 1 Gib in zwei Reagenzgläser je 5 g Wasser. Füge 3 g Kochsalz bzw. Kaliumnitrat hinzu und erwärme die Gläser im Wasserbad auf 70 °C. Beobachte die Erscheinungen und erkläre sie mit Hilfe von ▷ B 4.

V 2 Gib zu 100 g Wasser 20 g Alaun, rühre gut um und erwärme, bis eine klare Lösung entsteht. Lass die Lösung anschließend wieder abkühlen. Erkläre deine Beobachtungen.

V 3 Gieße eine gesättigte Kochsalzlösung auf ein Uhrglas und stelle es an einen warmen Ort. Betrachte die Kristalle, die übrig bleiben, wenn das Wasser verdunstet ist.

V 4 Gib die in ▷ V 2 gewonnene kaltgesättigte Alaunlösung ohne Bodenkörper in eine flache Schale und warte, bis sich Kristalle bilden. Wähle einen großen Kristall aus, befestige ihn in der Schlaufe eines Perlonfadens und hänge ihn erneut in eine gesättigte Lösung ein. Stelle das Glas für einige Tage / Wochen an einen Ort mit möglichst gleich bleibender Temperatur. Entferne von Zeit zu Zeit vorsichtig Kristalle, die sich am Boden gebildet haben.

A 1 Wie viel Gramm Kaliumnitrat müssen wenigstens zu 50 g Wasser gegeben werden, um bei 40 °C (60 °C) eine gesättigte Lösung zu erzielen?

A 2 Eine warmgesättigte Lösung von Alaun in Wasser wurde im verschlossenen Gefäß über Nacht stehen gelassen. Am Morgen war ein Bodensatz sichtbar. Eine daneben stehende gesättigte Kochsalzlösung blieb unverändert. Erkläre!

1.8 Eigenschaftskombination und Steckbrief

B 1 Schwefelkristalle und Schwefelpulver

Wir haben bisher zahlreiche Stoffeigenschaften kennen gelernt. Manche treffen allerdings für mehrere Stoffe zu; ein einzelner Stoff ist durch die Angabe nur einer Stoffeigenschaft meist nicht zu identifizieren.

Erst mehrere Eigenschaften kennzeichnen einen Stoff. Um einen Stoff eindeutig zu beschreiben, muss man mehrere und für den Stoff typische Eigenschaften heranziehen. Am Beispiel des Schwefels lässt sich das gut zeigen. Schwefel erhält man meist in Form von gelben Kristallen oder als gelbes Pulver (▷ B 1). In dieser Form unterscheidet er sich nicht sehr von anderen gelben pulverförmigen Stoffen. Typisch für ihn aber ist sein Verhalten beim Erhitzen.

Schwefel schmilzt zunächst bei 119 °C zu einer honiggelben, leicht beweglichen Flüssigkeit, die bei weiterem Erhitzen rotbraun und zähflüssig wird. Schließlich nimmt die Beweglichkeit der Schmelze wieder zu, die Farbe wird noch dunkler. Bei einer Temperatur von 444 °C siedet die Schmelze, es entsteht rotbrauner Schwefeldampf. Im oberen Teil des Reagenzglases resublimiert Schwefeldampf zu gelbem Schwefelpulver.
Auch die Untersuchung der Brennbarkeit zeigt ein für Schwefel typisches Ergebnis: Schwefel verbrennt mit blauer Flamme, dabei entsteht ein stechend riechendes Gas.
Sein Aussehen, sein Verhalten beim Erhitzen, Brennbarkeit, Schmelz- und Siedetemperatur kennzeichnen den Stoff eindeutig als Schwefel. Nur bei ihm treten diese Eigenschaften kombiniert auf.

V 1 Erwärme Schwefel im Reagenzglas langsam bis zum Sieden. Beschreibe die Veränderungen.

V 2 Man entzündet eine Probe Schwefel in einem Verbrennungslöffel unter dem Abzug.

A 1 Stelle einen Steckbrief für Eisen (Kupfer, Kochsalz, Zucker) auf.

A 2 Welche Eigenschaften kennzeichnen einen Stoff?

A 3 Welche Eigenschaften eines Stoffes lassen sich nur mit Hilfe von Messgeräten ermitteln?

A 4 Nenne die gemeinsamen Eigenschaften von Eisen, Kupfer, Blei und Aluminium.

Jeder Stoff hat wenigstens eine für ihn typische Eigenschaftskombination.

B 2 Steckbrief für Schwefel

Zustandsform:	*fest*
Farbe:	*gelb*
Kristallform:	*rhombisch*
Geruch:	*geruchlos*
Verformbarkeit:	*spröde*
elektr. Leitfähigkeit:	*keine*
Löslichkeit:	*in Wasser nicht löslich, in Toluol löslich*
Schmelztemperatur:	*119 °C*
Siedetemperatur:	*444 °C (Dampf rotbraun)*
Dichte:	*2,07 g/cm^3*
Verhalten beim Erhitzen:	*schmilzt, typische Veränderungen in der Schmelze*
Brennbarkeit:	*brennt mit blauer Flamme*

Stellt man die Eigenschaften eines Stoffes zusammen, so erhält man seinen **Steckbrief**. Mit dessen Hilfe kann man den Stoff *identifizieren* und ihn von anderen Stoffen *unterscheiden*.

In einen Steckbrief sollten alle Eigenschaften aufgenommen werden, die wir bisher kennen gelernt haben: die Zustandsform, die Farbe, die Kristallform, der Geschmack (wenn möglich), der Geruch, die Härte, die Verformbarkeit, die elektrische Leitfähigkeit, die magnetischen Eigenschaften, die Schmelz- und die Siedetemperatur, die Löslichkeit, die Dichte, das Verhalten des Stoffes beim Erhitzen, seine Brennbarkeit.
Häufig reicht allerdings eine Auswahl zur Identifizierung des Stoffes schon aus.

1.9 Projekt: Wir erstellen einen Steckbrief

Der Steckbrief führt zur Entscheidung.

Durch einen Fingerabdruck kann eine Person eindeutig identifiziert werden. Auch zur Identifizierung eines Stoffes muss nach unverwechselbaren Kennzeichen gesucht werden. Dieses ist nicht so einfach. Die Unterschiede z. B. in der Farbe oder Dichte zwischen zwei Stoffen sind nicht immer so groß, dass die experimentellen Ergebnisse für eine eindeutige Zuordnung ausreichen. Werden mehrere Eigenschaften ermittelt, reicht der zusammengestellte Steckbrief zur Identifizierung meist aus.
Im Folgenden erhält deine Gruppe eine Probe Citronensäure oder Fruchtzucker. Es ist eure Aufgabe herauszufinden, welchen Stoff ihr ausgehändigt bekommen habt. Zur Identifizierung der Probe mit Hilfe der eigenen Versuchsergebnisse kann man ein Chemielexikon heranziehen. Es ist aber auch möglich, dass ein oder zwei Schülergruppen die Versuche mit der Citronensäure und dem Fruchtzucker durchführen. Durch einen Vergleich der Ergebnisse kann die unbekannte Probe dann identifiziert werden. Es sind zu jedem Versuch die Beobachtungen und Deutungen aufzuschreiben; diese sind zusammen mit den untersuchten Eigenschaften in einem Steckbrief zu sammeln.

Alle Versuche werden mit Citronensäure (Citronensäure-Monohydrat, krist.) bzw. Fruchtzucker (Fructose) durchgeführt.

Versuch 1 Aussehen der Probe

Geräte und Materialien: Schwarzes Papier, Spatel, Lupe

Durchführung: Gib einige Kristalle der Probe auf das Papier und betrachte sie unter der Lupe.

Versuch 2 Löslichkeit in Wasser und Benzin

Geräte und Chemikalien: Reagenzglasständer, 2 Reagenzgläser mit Stopfen, Spatel, dest. Wasser, Benzin

Durchführung: Gib in je ein Reagenzglas etwa 2 cm hoch dest. Wasser bzw. Benzin und je eine Spatelspitze der Probe. Verschließe das Reagenzglas und schüttle kräftig.

Versuch 3 Bestimmung der Dichte

Geräte und Materialien: Reibschale mit Pistill, Messzylinder (10 ml), Spatel, Waage

Durchführung: Zerreibe einen Teil der Probe. Wiege den Messzylinder. Gib portionsweise 2 ml der zerriebenen Probe in den Messzylinder, rüttle die Probe während des Einfüllens mehrmals zusammen. Bestimme die Masse des Messzylinders mit der 2-ml-Probe.

Versuch 4 Bestimmung der Schmelztemperatur

Geräte und Chemikalien:
Schutzbrille, Stativ, 2 Doppelmuffen, 2 Universalklemmen, Dreifuß, Keramik-Drahtnetz, Thermometer, Becherglas (200 ml, hohe Form), Reagenzglas, gesättigte Kochsalzlösung, Gasbrenner

Durchführung:
Gib in das Reagenzglas 2 Spatel der Probe und baue die Versuchsapparatur wie in der Skizze auf. Verfolge ständig die Temperatur und beobachte die Probe im Reagenzglas.
Es muss die Schutzbrille getragen werden!

Zusatzfrage:
Warum wird als Heizbad nicht Wasser, sondern eine Kochsalzlösung eingesetzt?

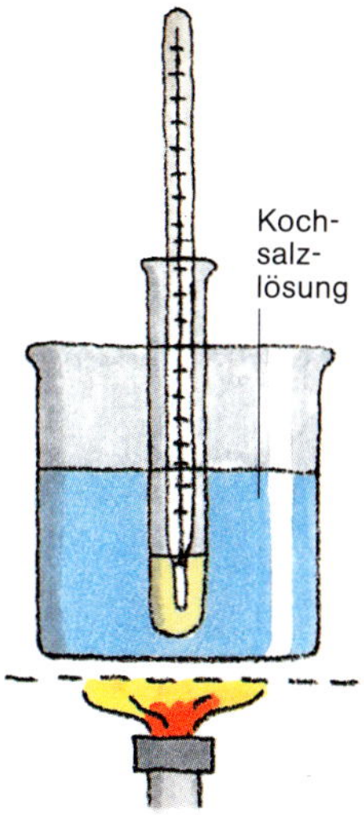

Versuch 5 Untersuchung der elektrischen Leitfähigkeit

Geräte und Materialien:
Batterie (4,5 V), Glühlampe (3,8 V, 0,07 A), Lampenfassung, 3 Experimentierkabel, 2 Krokodilklemmen, Leitfähigkeitsprüfer, Reagenzglas, Spatel, Glasstab, dest. Wasser

Durchführung:
Fülle in das Reagenzglas etwa 1 cm hoch die Probe. Baue die Schaltung nach der Abbildung in der Skizze auf. Stecke den Leitfähigkeitsprüfer in die Probe. Gib anschließend dest. Wasser in das Reagenzglas, schüttle. Prüfe die Leitfähigkeit der Lösung der Probe.

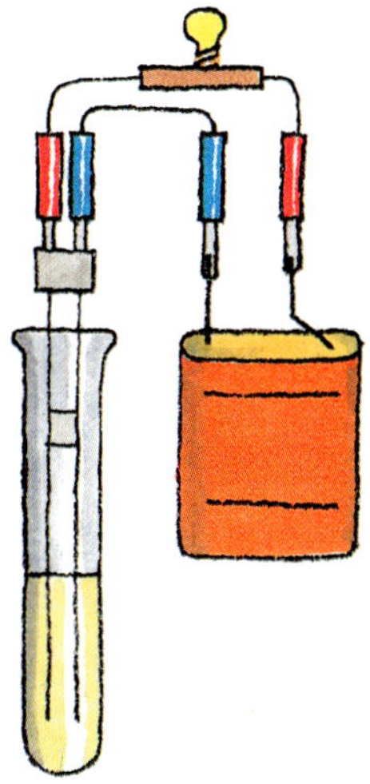

1.10 Stoffklassen

Eigenschaft	**Titan**	**Gold**
Zustandsform	fest	fest
Farbe / Oberfläche	grau glänzend	gelb glänzend
Härte	hart	weich
Verformbarkeit	gut	gut
elektrische Leitfähigkeit	gut	gut
Schmelztemperatur	1660 °C	1064 °C
Dichte	4,51 g/cm^3	19,32 g/cm^3

B 1 Steckbriefe von Titan und Gold

V 1 Prüfe Holz, Glas, Eisen, Kupfer, Styropor, Messing, Schwefel, Aluminium, Graphit auf
a) Glanz bei frisch bearbeiteter Oberfläche,
b) Verformbarkeit (Hammer, Schutzbrille), c) Wärmeleitfähigkeit, d) elektrische Leitfähigkeit.
Versuche die Stoffe in Gruppen zu ordnen.

A 1 Erstelle Steckbriefe für die Stoffe Aluminium, Blei, Eisen, Kochsalz (Natriumchlorid), Kaliumnitrat, Kupfersulfat, Sauerstoff, Schwefel und Wasser. Suche ähnliche Eigenschaftskombinationen heraus und bilde Gruppen.

A 2 Schreibe die Eigenschaften auf, die alle Metalle gemeinsam haben.

Vergleicht man die Steckbriefe einzelner Stoffe, findet man bei verschiedenen Stoffen gemeinsame Eigenschaftskombinationen (▷ B 1). Diese Stoffe kann man zu einer **Stoffklasse** zusammenfassen.

Drei wichtige Stoffklassen. Stoffe, die niedrige Schmelz- und Siedetemperaturen haben, werden zur Gruppe der **flüchtigen Stoffe** gerechnet. Die meisten dieser Stoffe sind bei Zimmertemperatur flüssig oder gasförmig, sie leiten den elektrischen Strom nicht. In diese Stoffklasse gehören z. B. Wasser, Alkohol und alle Gase.

Stoffe, die wie Kochsalz Kristalle bilden können, hart und spröde sind und eine hohe Schmelztemperatur haben, zählt man zur Stoffklasse der **Salze** (▷ B 2). Salze lösen sich im Allgemeinen in Wasser, wenn auch ihre Löslichkeiten recht unterschiedlich sind. Die wässrigen Lösungen der Salze können wie ihre Schmelzen den elektrischen Strom leiten. Außer Kochsalz gehören in diese Stoffklasse z. B. Kaliumnitrat, Alaun und Kupfersulfat.

Eine besondere Stoffklasse bilden die **Metalle**. Diese Stoffe haben als kompakte Stücke einen typischen Oberflächenglanz, sie sind verformbar durch Hämmern, Biegen, Walzen oder Ziehen, sie leiten den elektrischen Strom und zeigen eine gute Wärmeleitfähigkeit. In diese Stoffklasse gehört außer den bekannten Metallen wie Eisen, Kupfer, Gold und Silber auch das Quecksilber, das einzige bei Zimmertemperatur flüssige Metall (▷ B 3).

Nicht alle Stoffe können in diese drei Stoffklassen eingeordnet werden. So gehört Zucker z. B. nicht in die Stoffklasse der Salze, obwohl er Kristalle bildet und sich gut in Wasser löst. Seine wässrige Lösung leitet jedoch nicht den elektrischen Strom, beim Schmelzen zersetzt er sich.

B 2 Salze. Kristalle von Fluss-Spat, Pyrit, Calcit

B 3 Quecksilber, das einzige bei Zimmertemperatur flüssige Metall. Seine Dämpfe sind sehr giftig

1.11 Die Stoffklasse der Metalle

Metalle werden von Menschen schon seit mehreren tausend Jahren für Gebrauchs- und Schmuckgegenstände verwendet. Zwei Epochen der Menschheitsgeschichte tragen den Namen von Metallen: die *Bronzezeit* und die *Eisenzeit*.
Auch der Name „Chemie" hat sehr wahrscheinlich mit Metallen zu tun. Man vermutet den Ursprung des Wortes im altägyptischen „chemia", dem Namen der schwarzen Erde im Nildelta, mit deren Hilfe die Priester des Osiris zur Zeit der Pharaonen Gold und Silber herstellen wollten. Diese beiden Metalle hatten kultische Bedeutung.

Vorkommen der Metalle. Bis auf wenige Ausnahmen müssen die Metalle aus ihren **Erzen**, im Bergbau geförderten Mineralien, gewonnen werden. Die dazu notwendige Technologie mussten die Menschen erst über viele Jahrtausende erlernen. Gold und Silber gehören zu den wenigen Metallen, die man gediegen, d. h. in metallischer Form, an manchen Stellen findet (▷ B 1). Daher ist Gold bereits seit 10 000 Jahren, Silber seit 6000 Jahren bekannt. Das recht schwierig herzustellende Aluminium kennt man erst seit etwas mehr als hundert Jahren.
Auf die Art der Gewinnung der Metalle bzw. ihrer Erze deutet schon der Name „Metall" hin: „metallon" ist das griechische Wort für Grube oder Bergwerk.

Einteilung der Metalle. Ihre Seltenheit und ihre schon immer bedeutende Stellung z. B. als Schmuckmetall oder als Zahlungsmittel machen Gold und Silber sehr wertvoll. Aber nicht nur deshalb gehören sie zu den Edelmetallen. Im Gegensatz zu anderen Metallen behalten **Edelmetalle** ihren Glanz auch an feuchter Luft. Das **Halbedelmetall** Kupfer überzieht sich bei Wind und Wetter nach einiger Zeit mit einer schwarzen oder grünen Schicht. **Unedle Metalle** wie z. B. Eisen sind an feuchter Luft nicht lange unverändert beständig: Eisen rostet.

Die *Dichte* ist eine weitere Möglichkeit Metalle zu ordnen. So bezeichnet man Metalle, deren Dichte kleiner ist als 5 g/cm^3, als **Leichtmetalle**, alle übrigen als **Schwermetalle**. Die bekanntesten Leichtmetalle sind Magnesium und Aluminium, Beispiele für Schwermetalle sind Gold und Blei.

Legierungen. Werden verschiedene Metalle zusammengeschmolzen, so entstehen *Legierungen* (▷ B 3). Diese haben andere Eigenschaften als die reinen Metalle. Aus den recht weichen Metallen Kupfer und Zinn entsteht so die wesentlich härtere und bei niedrigeren Temperaturen schmelzende Bronze. In der Bronzezeit wurden aus ihr Skulpturen, Schmuckstücke und Werkzeuge hergestellt (▷ B 2).

B 1 Gold auf Quarzgestein

B 2 Bronzeplastik aus Ninive (um 2300 v. Chr.)

B 3 Legierungen

Name der Legierung / *Verwendungsbeispiele*	Zusammensetzung (Massenanteile)
Duraluminium *Fenster, Profile, Felgen, Fahrräder*	91,9 – 96,8 % Aluminium 2,5 – 5 % Kupfer 0,2 – 1,6 % Magnesium 0,5 – 1,5 % Mangan
Alpaka (Neusilber) *Modeschmuck, Kern von versilbertem Besteck*	30 – 70 % Kupfer 11 – 26 % Nickel 12 – 44 % Zink
Glockenbronze *Glocken, Skulpturen*	75 – 80 % Kupfer 20 – 25 % Zinn
Konstantan *Widerstandsdraht*	55 % Kupfer 45 % Nickel
Messing *Beschläge, Armaturen, Schrauben, Schmuck*	60 – 70 % Kupfer 30 – 40 % Zink
Münzmetall *Münzen, Schmuck*	80 – 90 % Silber 10 – 20 % Kupfer
Grauguss *Werkstücke, Öfen, Pfannen*	91,2 – 97,3 % Eisen 2 – 4 % Kohlenstoff 0,3 – 3 % Silicium 0,3 – 1,2 % Mangan 0,1 – 0,6 % Phosphor
Stahl (Edelstahl, V 2a) *„rostfreie" Gegenstände aus „Eisen", Besteck*	68 – 88 % Eisen 12 – 18 % Chrom 0 – 14 % Nickel

1.12 Projekt: Eigenschaften und Verwendung von Metallen

B 1 Barren aus **Aluminium**

B 2 Feuerverzinkung

B 3 Vergoldung an einem Hausgiebel

In diesem Kapitel werden einige Eigenschaften und Verwendungsmöglichkeiten von wenigen wichtigen Vertretern dieser mehr als 70 Metalle umfassenden Stoffklasse beschrieben.

Aluminium ist heute das wichtigste Leichtmetall. Es wird allerdings nur selten rein verwendet, z. B. in Form von Folien. Aus Legierungen des Aluminiums werden z. B. Fensterrahmen, Autofelgen, Leichtfahrräder und Flugzeuge hergestellt.
Aluminium wurde erst 1827 durch FRIEDRICH WÖHLER entdeckt. Auf der Weltausstellung in Paris 1855 war es eine Sensation. Da es nicht in großen Mengen hergestellt werden konnte, war es so wertvoll, dass am Hof NAPOLEONs III. das beste Essbesteck aus Aluminium bestand.

Blei ist weich und daher leicht verformbar. So wird es z. B. zur Abdichtung auf Dächern an Schornsteinen und Dachfenstern verwendet. Seine große Dichte nutzt man in Tauchergürteln und im Gardinenband als Beschwerung aus. Platten aus Blei befinden sich in Autobatterien. Weil es Röntgenstrahlen nicht durchlässt, braucht man es als Strahlungsschutz, z. B. in Bleischürzen beim Röntgen. Seit der Römerzeit wurde Blei als Rohrmaterial für Trinkwasserleitungen verwendet. Heute weiß man, dass Blei giftig ist, man stellt daher Trinkwasserleitungen aus Kupfer oder Kunststoff her.

Eisen ist das wichtigste Gebrauchsmetall. Man verwendet es schon seit einigen tausend Jahren, obwohl Gegenstände aus Eisen durch Rosten an feuchter Luft zerstört werden können. Zu seinem Schutz überzieht man Eisen mit Lack oder Zink. Die „Verzinkung" erfolgt entweder durch Eintauchen des Eisens in geschmolzenes Zink (Feuerverzinkung, ▷ B 2) oder mit Hilfe des elektrischen Stroms.

Zur Gewinnung von Gold macht man sich schon seit der Steinzeit die große Dichte des Metalls zunutze. Wie in dem Bild aus dem Jahre 1556 gezeigt, wäscht man das gemahlene Gestein oder den Fluss-Sand und spült die Anteile mit geringerer Dichte weg. Die Goldstückchen bleiben am Boden liegen. Seit dem Mittelalter, als man in Spanien aus dem dort geförderten Mineral Zinnober Quecksilber herstellen konnte, sammelte man kleine Goldflitter mit diesem flüssigen Metall. Das goldhaltige Gemenge wurde mit Quecksilber geknetet, wobei sich eine feste Legierung, Goldamalgam, bildete. Das überschüssige Quecksilber wurde durch ein Tuch gedrückt und so vom Goldamalgam getrennt. Dieses erhitzte man in Schmelztiegeln. Die Legierung trennte sich wieder, das leicht flüchtige Quecksilber verdampfte und das Gold blieb zurück.
Die Arbeiter wurden wegen des giftigen Quecksilbers – wie auch bei dessen Gewinnung in Spanien – häufig krank. 1796 schrieb man: „Diese Art Leute sind freilich vielen Übeln ausgesetzt und wenn sie das Zittern oder Krämpfe bekommen, so behalten sie zeitlebens diese Krankheiten". Wie lange dieses Leben dauerte, wird nicht gesagt. Auch heute wendet man dieses Verfahren noch manchmal in Südamerika und auf den Philippinen an.

Reines Eisen wird sehr selten verwendet. Häufig bestehen eiserne Gegenstände aus Legierungen des Eisens mit anderen Metallen und Kohlenstoff, den Stählen. Stahl, der aus Eisen, Nickel und Chrom besteht, rostet nicht, er heißt deshalb Edelstahl (↗ Kap. 1.11, ▷ B 3).

Gold ist ein sehr weiches Metall, das sich leicht zu Blattgold auswalzen lässt. Mit Blattgold vergoldet man Plastiken und besondere Teile an alten Bauwerken (▷ B 3). Für Schmuck verwendet man Gold mit Silber und/oder Kupfer legiert. Man kann so verschiedene Färbungen der Legierung erreichen (Weißgold, Rotgold). Die Zahl 585 auf einem Ring bedeutet, dass die Legierung zu 585 von 1000 Teilen aus Gold besteht. Auch in der Industrie wird Gold gebraucht. So sind z. B. elektrische Kontakte in Computern aus Gold. Gold dient auch als Geldanlage. Die Bundesrepublik Deutschland besaß 1991 Goldbarren im Wert von 13,7 Milliarden DM als sogenannte Devisenreserve.

Kupfer ist ein weiches, dehnbares Schwermetall, Kupferblech lässt sich durch Hämmern verformen (↗ Kap. 1.1). Beim Bauen wird Kupfer für Leitungsrohre, Dachrinnen und Verkleidungen gebraucht. Aufgrund seiner guten Leitfähigkeit für den elektrischen Strom verwendet man es in Elektrokabeln.
Kupfer ist Bestandteil vieler Legierungen (↗ Kap. 1.11, ▷ B 3). So ist z. B. Messing eine Legierung aus Kupfer und Zink. Man verwendet Messing für viele Gebrauchs- und Schmuckgegenstände. Armaturen sind aus verchromtem Messing.

Silber ist ein weiches Edelmetall. Weil es so weich ist, legiert man es meist mit anderen Metallen. Silberschmuck wird aus Silberlegierungen mit Kupfer hergestellt; der Silbergehalt lässt sich aus dem eingedrückten Stempel ermitteln. Die Zahl gibt den Silberanteil in 1000 Teilen Legierung an. Silberbesteck hat häufig nur eine Silberauflage. Die Zahl 90 bedeutet, dass 12 Esslöffel und -gabeln mit 90 g Silber überzogen sind. Mit Quecksilber legiertes Silber, Silberamalgam, wird für Zahnfüllungen verwendet.

Zink ist ein hellgraues Schwermetall, das an der Luft schnell seinen Glanz verliert. Zinkbleche werden als Dachrinnen und zum Abdichten beim Hausbau verwendet. Zink ist Bestandteil vieler Batterien. In den Legierungen Messing und Neusilber (↗ Kap. 1.11, ▷ B 3) ist es enthalten.

Zinn ist ein weiches, silberglänzendes Schwermetall mit einer Dichte von 7,3 g/cm^3. Es wird verwendet zur Herstellung von Zinntellern und -bechern, für Folien (Stanniol) und als Legierungsbestandteil in Bronze und Lötzinn. Mit Zinn überzogenes Eisen ist Weißblech, aus dem z. B. Dosen hergestellt werden.

Versuch 1 Wir untersuchen die Härte von Metallen

Geräte und Chemikalien:
(Glas-)Rohr $d = 1$ bis 1,5 cm, $l \approx 50$ cm, Holzplatte, Stahlstift (Stahlelektrode), kleine Metallbleche etwa gleicher Dicke, Lupe

Durchführung:
Lege ein Metallblech auf die Holzplatte und stelle das Rohr senkrecht darauf. Lass nun den Stahlstift durch das Rohr auf das Blech fallen. Verfahre ebenso mit den anderen Metallblechen. Achte darauf, dass du den Stift immer aus gleicher Höhe fallen lässt.

Aufgabe:
Prüfe die Eindrücke mit der Lupe und vergleiche sie miteinander.

Erweiterung:
Versuche mit der Ecke eines Metallblechs die Oberfläche eines anderen zu ritzen.

Aufgaben:
Stelle eine Rangfolge der Metalle von weich nach hart auf.
Vergleiche die Ergebnisse der beiden Versuche.

Versuch 2 Wir verbinden Metalle durch Löten

Beim Löten werden zwei Metallstücke durch Lötzinn, eine Legierung aus Zinn und Blei mit niedriger Schmelztemperatur (ca. 180 °C), verbunden. Die Verbindung gelingt jedoch nur, wenn die Metalloberfläche während des Lötvorgangs angeätzt wird. Man erreicht das durch Lötsalz (Ammoniumchlorid). Statt Lötzinn verwenden wir reines Zinn (Schmelztemperatur $t_{sm} = 232$ °C).

Geräte und Chemikalien:
Brenner, Tiegelzange, 2 Streifen Kupferblech, Zinn (granuliert), Ammoniumchlorid (Lötsalz)

Durchführung:
1. Lege ein Zinnkörnchen auf den Kupferblechstreifen. Halte beide Metalle mit Hilfe der Tiegelzange kurz in die heiße Zone der Brennerflamme, bis das Zinn schmilzt. Lass erkalten und klopfe das Blech mit der Kante auf den Tisch.
2. Streue einige Kriställchen Lötsalz auf das Kupferblech und erhitze kurz in der Flamme.
3. Streue wieder einige Kriställchen Lötsalz auf das Kupferblech und lege darauf ein Zinnkörnchen. Verfahre nun weiter wie in 1. beschrieben.
4. Nachdem du etwas Lötsalz auf das andere Kupferblech gegeben hast, lege den Streifen aus 3. mit der Zinnseite darauf. Presse beide Bleche mit der Tiegelzange zusammen und erhitze sie gemeinsam.

Aufgaben:
1. Fertige ein Versuchsprotokoll an. Schreibe deine Beobachtungen genau auf.
2. Welchen Vorteil hat man, wenn man statt Zinn die Legierung Lötzinn verwendet?

1.13 Reinstoff und Stoffgemisch

B 1 Granit, ein natürliches Stoffgemisch aus Feldspat, Quarz und Glimmer

B 2 Mischen von Beton aus Sand, Zement und Wasser

B 3 Chemikalienetikett mit Reinheitsangabe. Selbst reinste Stoffe enthalten meist noch Beimengungen anderer Stoffe

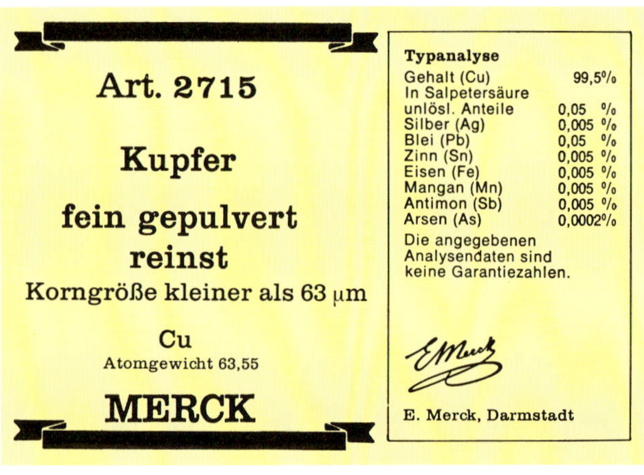

Art. 2715

Kupfer

fein gepulvert reinst

Korngröße kleiner als 63 µm

Cu

Atomgewicht 63,55

MERCK

Typanalyse

Gehalt (Cu)	99,5%
In Salpetersäure unlösl. Anteile	0,05 %
Silber (Ag)	0,005 %
Blei (Pb)	0,05 %
Zinn (Sn)	0,005 %
Eisen (Fe)	0,005 %
Mangan (Mn)	0,005 %
Antimon (Sb)	0,005 %
Arsen (As)	0,0002%

Die angegebenen Analysendaten sind keine Garantiezahlen.

E. Merck, Darmstadt

Stoffgemische in unserer Umwelt. Wir haben bisher zahlreiche Stoffe kennen gelernt und erfahren, dass Stoffe bestimmte Eigenschaften besitzen. Dabei haben wir meist Stoffe verwendet, die nicht mit anderen Stoffen vermischt waren. Der Chemiker bezeichnet solche Stoffe als **Reinstoffe**. Reinstoffe sind durch ihre messbaren Eigenschaften eindeutig gekennzeichnet.

Die Mehrzahl der Stoffe, die uns täglich begegnen, sind jedoch **Stoffgemische**. Sie bestehen aus verschiedenen Reinstoffen. So sieht man bereits mit bloßem Auge, dass der Stoff Granit (▷ B 1) nicht einheitlich aufgebaut ist. Bei näherem Betrachten erkennt man, dass er aus drei verschiedenen festen Bestandteilen besteht: aus rötlichem Feldspat, weißem Quarz und schwarzem Glimmer (▷ V 1). Granit ist ein Stoffgemisch, das in seine Bestandteile zerlegt werden kann (▷ V 3).
Steinsalz, Sandstein und Gartenerde sind Gemische von festen Stoffen, die ebenfalls in der Natur vorkommen. Für viele Zwecke im Alltag stellt man sich Stoffgemische her, beispielsweise beim Mischen von Farben und Zubereiten von Medikamenten, bei der Herstellung von Beton (▷ B 2), bei der Zubereitung von Speisen und bei der Herstellung von Teig.

Wie das Chemikalienetikett (▷ B 3) zeigt, enthalten selbst viele Reinstoffe, die im Chemielabor verwendet werden, immer noch geringe Mengen an Verunreinigungen. Die Herstellung von möglichst reinen Stoffen ist eine wichtige und schwierige Aufgabe des Chemikers.

Die Bestandteile eines Gemisches fester Stoffe kann man an ihren Eigenschaften erkennen. So erkennt man die Bestandteile des Granits an ihrer Farbe. Häufig reicht das Auge nicht mehr aus und man muss ein Mikroskop zu Hilfe nehmen (▷ V 4).

Die meisten Stoffe unserer Umwelt sind keine Reinstoffe, sondern Gemische von Reinstoffen.
In den Gemischen fester Stoffe bleiben die Eigenschaften der Reinstoffe erhalten.

Arten von Stoffgemischen. Reinstoffe treten in drei Aggregatzuständen auf. Man unterscheidet deshalb *verschiedene Arten* von Gemischen.
Ist ein fester, wasserunlöslicher Stoff in Wasser fein verteilt, handelt es sich um eine **Suspension (Aufschlämmung)**. So entsteht eine Suspension bei der Verteilung von Lehm oder Sand in Wasser. Nach einiger Zeit setzt sich der feste Bestandteil des Gemisches am Boden des Gefäßes ab (▷ B 4). Suspensionen entstehen auch, wenn feste, unlösliche Stoffe statt in Wasser in anderen flüssigen Stoffen fein verteilt werden.

B 4 Vergleich einiger Gemische. Nur Lösungen sind homogen

Stoffgemisch	Aggregatzustand der Reinstoffe	Benennung
Granit, Steinsalz	fest–fest	Feststoffgemisch
Lehmwasser Kochsalzlösung	fest–flüssig	Suspension Lösung
Fett-Tropfen in Milch Weinbrand	flüssig–flüssig	Emulsion Lösung
Flüssigkeitströpfchen in der Luft	flüssig–gasförmig	Nebel
Sprudel	fest–flüssig–gasförmig	Lösung
Ruß- und Staubkörnchen in der Luft	fest–gasförmig	Rauch

B 5 Einteilung und Benennung von Stoffgemischen nach dem Aggregatzustand der Bestandteile

Wasser und Speiseöl sind zwei nicht ineinander lösliche Flüssigkeiten. Schüttelt man Wasser mit Speiseöl, erhält man eine milchige Flüssigkeit, eine **Emulsion**. Emulsionen entstehen, wenn eine Flüssigkeit in feinen Tropfen in einer anderen Flüssigkeit verteilt wird. Die Öl-Wasser-Emulsion entmischt sich nach kurzer Zeit, das Öl scheidet sich über dem Wasser ab (▷ B 4). Eine über längere Zeit haltbare Emulsion ist Milch, ein Gemisch von Fett-Tröpfchen in Wasser.
Schweben feinste Flüssigkeitströpfchen in einem Gas, spricht man von einem **Nebel**. Ein Gemisch aus feinen Staubkörnchen in einem Gas nennt man **Rauch**.

Ein Stoffgemisch, bei dem die verschiedenen Bestandteile noch zu erkennen sind, ist *nicht einheitlich* aufgebaut. Man bezeichnet solche Stoffgemische als **heterogen** (griech. ungleichartig). Feste Stoffgemische, Suspensionen und Emulsionen sind heterogene Stoffgemische. Daneben gibt es Stoffgemische, bei denen man auch bei stärkster Vergrößerung mit dem Mikroskop keine einzelnen Bestandteile erkennen kann. Sie sehen völlig *einheitlich* aus. Diese Stoffgemische bezeichnet man als **homogen** (griech. gleichartig).

Die **Lösung** von blauem Kupfersulfat in Wasser ist ein homogenes Stoffgemisch (▷ B 4). Solche Lösungen haben wir bereits in ↗ Kap. 1.7 kennen gelernt. Lösungen entstehen auch, wenn zwei ineinander lösliche Flüssigkeiten vermischt werden (z. B. Alkohol und Wasser) oder ein gasförmiger Stoff sich in einer Flüssigkeit löst (z. B. Kohlenstoffdioxid im Sprudel).

Suspensionen und Emulsionen sind heterogene, Lösungen sind homogene Stoffgemische.

V 1 Untersuche Granit mit einer Lupe. Wie viele Bestandteile kannst du erkennen?

V 2 Untersuche auf die gleiche Weise Steinsalz.

V 3 Zerkleinere möglichst grobkörnigen Granit und sortiere mit einer Pinzette die verschiedenen Bestandteile.

V 4 Mische gleiche Portionen a) Eisen- und Schwefelpulver, b) Zucker und Kochsalz. Betrachte die Gemische unter dem Mikroskop. An welchen Eigenschaften kann man die Bestandteile erkennen?

V 5 Gib einige der folgenden Stoffe in Wasser und schüttle: Zucker, Sand, Kreidepulver, Speiseöl, Kochsalz, Benzin, Alkohol. Benenne die Gemische. Welche sind homogen, welche heterogen?

A 1 Ordne die folgenden Stoffe nach Reinstoffen und Stoffgemischen: Holz, Kupfer, Meerwasser, Limonade, Kochsalz, Papier, Aluminium, Apfelsaft, Leitungswasser, Schwefel, Milch, Tee.

A 2 Gib an, ob Aufschlämmungen oder Lösungen entstehen, wenn man folgende Stoffe mit Wasser schüttelt: a) Mehl, b) Sand, c) Zucker, d) Spülmittel, e) Kochsalz, f) Holzkohlepulver.

A 3 Zu welchem Gemischtyp gehört ein Gemisch aus a) Benzin und Wasser, b) Sand und Wasser, c) Alkohol und Wasser, d) Zucker und Wasser, e) Zucker und Mehl?

A 4 Begründe, warum ein Reinstoff homogen ist.

1.14 Überprüfung und Vertiefung

B 1 Zu Aufgabe 2

Stoff	Lösungsmittel Benzin	Lösungsmittel Wasser
Holzkohle	nein	nein
Öl, Fett	ja	nein
Kochsalz	nein	ja
Alkohol	ja	ja
Rohrzucker	nein	ja
Naphthalin	ja	nein
Kerzenwachs	ja	nein

B 2 Zu Aufgabe 7

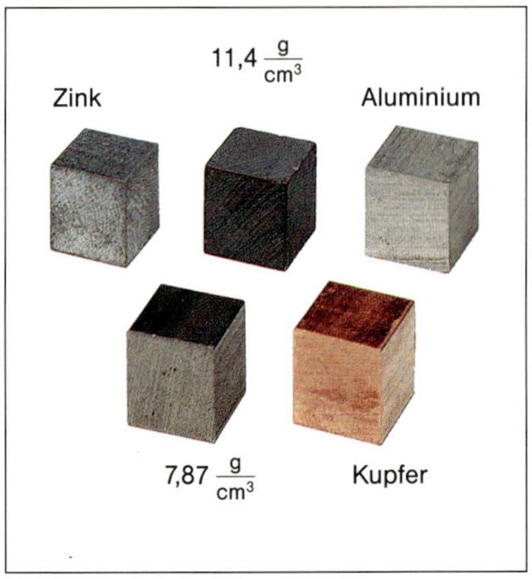

B 3 Zu Aufgabe 14

1 Gib die Stoffe an, die zur Herstellung eines Fahrrades verwendet werden.

2 Ein Becher wurde auf eine heiße Platte gestellt. Das Ergebnis siehst du in ▷ B 1. a) Du kannst sicher entscheiden, ob der Becher aus Glas oder Kunststoff besteht? Begründe deine Entscheidung.
b) Was ist beim Erhitzen des Bechers geschehen? Handelt es sich um eine vorübergehende oder bleibende Veränderung des Stoffes? Warum?

3 Beim Gefriertrocknen von Kaffee wird flüssiger Kaffee-Extrakt tiefgefroren und vermindertem Druck (Vakuum) ausgesetzt. Dabei verflüchtigt sich das Eis, zurück bleibt trockenes Kaffeepulver. Welcher Übergang zwischen Aggregatzuständen erfolgt hier?

4 Erkläre das Auftreten von Nebel beim Ausatmen in kalter Luft.

5 Erkläre, warum in Polargebieten keine Quecksilberthermometer verwendet werden können, sondern nur solche mit gefärbtem Alkohol.

6 Beim Erhitzen von Wasser entweicht die darin gelöste Luft (↗ Kap. 1.7, ▷ B 1). a) Was folgt daraus für die Löslichkeit von Luft in Wasser?
b) Wie verändert sich im Vergleich dazu die Löslichkeit von Alaun in Wasser bei steigender Temperatur?

7 In ▷ B 2 findest du eine Tabelle, in der Lösungseigenschaften von Benzin und Wasser aufgeführt sind. Versuche mit ihrer Hilfe zu ermitteln, worin sich Paraffin bzw. Kandis lösen.

8 Erläutere den Unterschied zwischen einer verdünnten und einer gesättigten Lösung.

9 Manchmal wird der Gehalt eines Stoffes in einer Lösung unter Verwendung der Einheit g/l angegeben. Was ist damit gemeint?

10 Auch aus verdünnter Kochsalzlösung kann man Kristalle züchten, es dauert nur länger. Warum? Beschreibe, was bis zum Auftreten der Kristalle geschieht.

11 22 cm³ eines Stoffes wiegen 298,1 g. Berechne seine Dichte. Um welchen Stoff könnte es sich handeln (↗ Kap. 1.6, ▷ B 6)?

12 Zur Bestimmung der Dichte eines Stoffes wurde die Masse einer Stoffportion zu $m = 14{,}7$ g bestimmt. Die Volumenmessung ergab $V = 7$ cm³. Um welchen Stoff handelt es sich vielleicht?

13 Zur Dichtebestimmung von Sauerstoff wurden 100 cm³ des Gases in eine evakuierte Gaswägekugel gefüllt. Die Massenzunahme betrug 0,136 g. Berechne die Dichte und vergleiche sie mit den Angaben von ↗ Kap. 1.6, ▷ B 6. Nenne mögliche Gründe für die Abweichung.

14 ▷ B 3 zeigt gleichgroße Würfel (1 cm³) aus verschiedenen Metallen. Bei einigen fehlt die Angabe der Dichte, bei anderen der Name. Finde die fehlenden Daten heraus.

15 100 cm³ Wasser mit einer Temperatur von 25 °C wiegen 99,70 g. Nimmt man Wasser, das 4 °C kalt ist, wiegen 100 cm³ 100 g. Erkläre.

16 Nenne die Aggregatzustände der Bestandteile von Suspensionen, Emulsionen, Feststoffgemischen, Lösungen. Gib jeweils ein Beispiel an.

Wichtige Begriffe

Gegenstand – Stoff, Stoffeigenschaften, Eigenschaftsänderungen vorübergehend/bleibend, Aggregatzustände, Zustandsänderungen, Schmelz-, Siedetemperatur, Lösung – Lösungsmittel, Löslichkeit, Temperaturabhängigkeit, Kristallbildung, Dichte, Eigenschaftskombination – Steckbrief, Stoffklassen, Reinstoff – Stoffgemisch, Arten von Stoffgemischen

Trennverfahren

In der Natur kommen viele Stoffe miteinander vermischt vor. Eine wichtige Aufgabe der Chemie ist es daraus Reinstoffe herzustellen.
Dabei wird die Auswahl der Trennverfahren durch die unterschiedlichen Eigenschaften der Stoffe und der Gemische bestimmt.
Geeignete Trennverfahren müssen z. B. gewählt werden, um Trinkwasser zu gewinnen oder Abwässer zu reinigen.
Die Müllsortierung und Wiederverwendung der Bestandteile hilft Rohstoffe zu sparen und entlastet die Deponien.

2.1 Vom Steinsalz zum Speisesalz

B 1 Steinsalz, ein natürliches Gemisch aus Kochsalz und Gestein

V 1 Zerkleinere rohes Steinsalz und gib reichlich Wasser hinzu. Statt Steinsalz kann auch eine Mischung von Kochsalz und Sand verwendet werden.
a) Dekantiere einen kleinen Teil der überstehenden Lösung.
b) Filtriere einen Teil der Flüssigkeit von ▷ V 1 a. Verwende dazu einen Glastrichter und ein rundes Filterpapier (▷ B 2). Prüfe Farbe und Geschmack des Filtrates. Bewahre das Filtrat für ▷ V 2 auf.

A 1 Eine Suspension von Sand in Wasser soll filtriert werden. Zeichne die Apparatur.

A 2 Gib an, worauf die Trennwirkung eines Papierfilters beim Filtrieren beruht.

In der Natur kommt Steinsalz in großen Lagerstätten vor. Untersucht man einen rohen Steinsalzbrocken, so erkennt man, dass Steinsalz ein *Gemisch aus Kochsalz und Gestein* ist (▷ B 1). Wie lässt sich daraus der Reinstoff Kochsalz abtrennen?

Steinsalz wird in seine Bestandteile zerlegt. Eine Trennung durch **Auslesen** aufgrund der unterschiedlichen *Farbe* der Gemischbestandteile wäre zu mühsam. Außerdem wäre eine vollständige Abtrennung nicht möglich.

Zur Trennung nutzt man die unterschiedlichen *Löslichkeiten* der Stoffe in Wasser aus. Kochsalz ist in Wasser sehr gut löslich, das Begleitgestein dagegen kaum. Gibt man zu zerkleinertem Steinsalz Wasser, erhält man eine Suspension. Das Kochsalz löst sich auf, das Begleitgestein setzt sich am Gefäßboden ab. Die überstehende Lösung schmeckt salzig.

Durch **Sedimentieren (Absetzen) lassen** und **Dekantieren (Abgießen)** erfolgt eine grobe Trennung von Salz und Gestein. Die Lösung ist jedoch noch durch Verunreinigungen getrübt.

Schneller und vollständiger erfolgt die Trennung der Salzlösung vom Gestein durch **Filtrieren** (▷ B 3). Ein Filter wirkt wie ein Sieb mit sehr feinen Poren. Die unlöslichen Bestandteile verbleiben aufgrund ihrer Größe als **Rückstand** auf dem Filter. Das gelöste Salz kann ungehindert die Filterporen passieren. Die hindurchgeflossene Lösung, das Filtrat, ist klar und schmeckt salzig (▷ V 1 b).

Durch Filtrieren können unlösliche Stoffe von gelösten Stoffen getrennt werden.

B 2 Falten eines runden Filterpapiers zum Einlegen in den Trichter

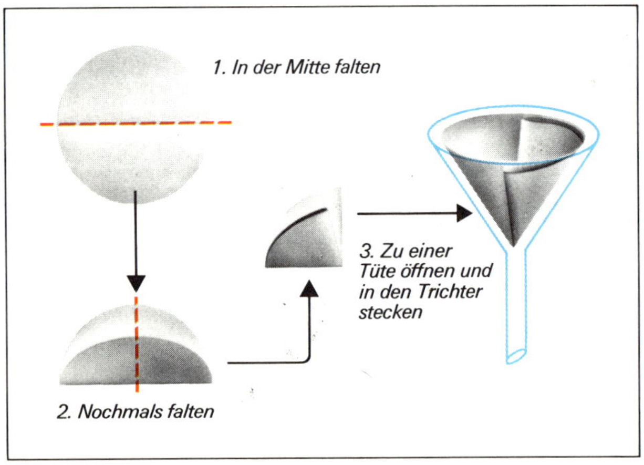

B 3 Filtrieren. Feststoff und Flüssigkeit werden durch das Filter getrennt

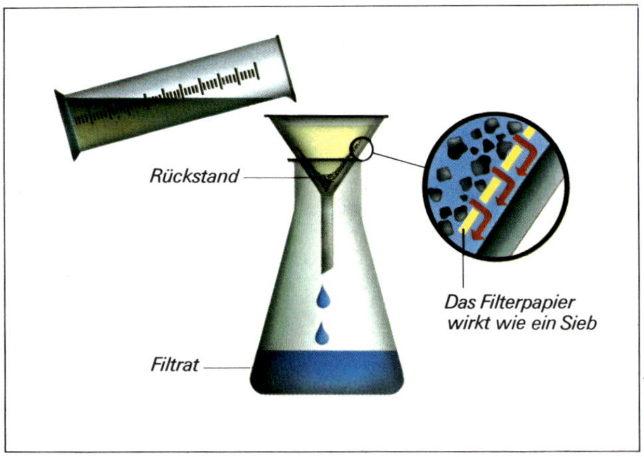

Vom Steinsalz zum Speisesalz

Wir gewinnen Kochsalz aus der Salzlösung. Um aus der Salzlösung das feste Kochsalz zu gewinnen, muss das Wasser entfernt werden. Durch Stehenlassen der Salzlösung an der Luft würde das Wasser nach einiger Zeit verdunsten. Diese Methode ist jedoch sehr zeitraubend. Schneller geht es, wenn man die Salzlösung bis zum Sieden erhitzt (▷V 2). Die unterschiedlichen Siedetemperaturen von Wasser (100 °C) und Kochsalz (1461 °C) erlauben eine Trennung. Es verdampft nur das Wasser. Beim vollständigen **Eindampfen** bleibt in der Schale das weiße Kochsalz zurück (▷B 4).

Durch Eindampfen können viele feste Stoffe aus Lösungen zurückgewonnen werden.

Es ist damit gelungen mit Hilfe zweier Trennverfahren, Filtrieren und Eindampfen, den Reinstoff Kochsalz vom Begleitgestein abzutrennen.

Industrielle Salzgewinnung. Sedimentieren und Eindampfen werden als Trennverfahren auch bei der Salzgewinnung in Salinen angewandt. Man leitet Wasser in eine Salzlagerstätte, wodurch das Salz gelöst wird und die unlöslichen Gesteinsbestandteile im entstehenden Hohlraum zu Boden sinken. Das mit Salz gesättigte Wasser, **Sole** genannt, wird herausgepumpt und in Verdampfungsapparaturen (▷B 5) eingedampft. Das so gewonnene **Siedesalz** wird vorwiegend als Speisesalz verwendet.
In südlichen Ländern gewinnt man unter Ausnutzung von Sonnenenergie **Meersalz** durch Verdunsten von Meerwasser (▷B 6).

Stoffgemische können durch geeignete Trennverfahren in Reinstoffe zerlegt werden.

B 4 Eindampfen. Der gelöste Stoff (Kochsalz, rechts) wird vom Lösungsmittel (Wasser) getrennt

V 2 Gib das farblose Filtrat von ▷V 1 in eine (schwarz glasierte) Porzellanschale und dampfe die Lösung vorsichtig ein (Schutzbrille!).

V 3 Stelle eine Kochsalzlösung her und dampfe sie vorsichtig in einer Porzellanschale ein (Schutzbrille!). Fertige ein Versuchsprotokoll an.

A 3 Warum ist die Gewinnung von Meersalz aus Nordseewasser in Salzgärten wirtschaftlich nicht sinnvoll?

A 4 Aus rohem Steinsalz soll reines Kochsalz hergestellt werden. Gib die notwendigen Schritte an und benenne die betreffenden Trennverfahren.

B 5 Blick in eine Saline. Die Sole wird in großen Apparaturen eingedampft. Das Salz setzt sich unten ab

B 6 Salzgewinnung in Salzgärten durch Verdunsten von Meerwasser

2.2 Trinkwasser aus Salzwasser

Neues Meerwasserentsalzungsprojekt

Madeira. Portugal wird mit technischer Unterstützung der Bundesrepublik auf der nördlich von Madeira gelegenen Atlantikinsel Porto Santo eine besonders wirtschaftliche Variante des Verdunstungsverfahrens zur Entsalzung von Meerwasser mit Hilfe von Sonnenenergie erproben. Auf Porto Santo leben etwa 3000 Menschen, die mit Trinkwasser versorgt werden müssen. Es fällt aber nur sehr wenig Regen. Die geringen Niederschläge fließen zudem durch den karstigen Boden ins Meer ab, ohne als Quellen zutage zu treten.
Wie in vielen Trockengebieten der Erde herrscht akuter Mangel an Süßwasser, besonders in den Sommermonaten. Die Verbesserung auch herkömmlicher Entsalzungsverfahren ist zu begrüßen, da weltweit sinkende Süßwasserreserven, steigende Bevölkerungszahlen und fortschreitende Industrialisierung immer häufiger den Rückgriff auf Meerwasser zur Trinkwasserversorgung erfordern.

B 1 Trinkwasser ist knapp in Trockengebieten. Es kann durch Entsalzung von Meerwasser gewonnen werden

V 1 Erhitze Kochsalzlösung in einem Becherglas zum Sieden (Siedesteine!). Halte mit einer Reagenzglasklammer ein gut gesäubertes Uhrglas in den Dampf. Prüfe Farbe und Geschmack der kondensierten Flüssigkeit.

V 2 Baue eine Apparatur nach ▷ B 3 auf und destilliere Kochsalzlösung (Schutzbrille!). Verwende dann eine gekühlte Vorlage nach ▷ B 4. Wie wirkt sich die Veränderung aus?

V 3 Baue eine Destillationsapparatur nach ▷ B 5 auf und destilliere a) Kochsalzlösung, b) Tinte. Vergleiche das Destillat mit der Ausgangslösung und fertige eine Zeichnung der Apparatur an.

Wegen seines hohen Salzgehaltes ist Meerwasser als Trinkwasser und zur Bewässerung nicht geeignet. So enthält ein Liter Nordseewasser 32 Gramm Salz. In vielen südlichen Ländern herrscht Trinkwassermangel, obwohl sie ans Meer grenzen. Es ist deshalb für die dort lebenden Menschen eine wichtige Aufgabe Meerwasser zu entsalzen.

Wie kann man aus einer Salzlösung *Trinkwasser* gewinnen? Durch Filtrieren ist eine Trennung nicht möglich. Dampft man die Salzlösung ein oder lässt das Wasser verdunsten, erfolgt zwar eine Trennung, das Wasser entweicht jedoch als Dampf. Wir müssen eine Apparatur bauen, mit der man den Wasserdampf *auffangen* und wieder *verflüssigen* kann.

Wir entwickeln eine Destillationsapparatur. Hält man in den Dampf von siedendem Salzwasser eine Glasplatte, so schlägt sich der Wasserdampf nieder, er kondensiert (▷ B 2). Das kondensierte Wasser schmeckt nicht mehr salzig (▷ V 1). Das Salz bleibt also im Siedegefäß zurück.

Auf diese Weise lässt sich nur wenig reines Wasser gewinnen. Günstiger ist es den Dampf in einem langen Glasrohr kondensieren zu lassen (▷ B 3). Die Ausbeute ist aber immer noch gering, weil sich das Rohr erwärmt und Wasserdampf entweicht. Ein besseres Ergebnis wird erreicht, wenn man das Auffanggefäß, die *Vorlage*, zusätzlich von außen mit kaltem Wasser kühlt (▷ B 4).

Eine weitere Verbesserung wird erzielt, wenn man das Kondensationsrohr mit einem Glasrohr umgibt, das mit Wasser gefüllt ist. In der Praxis verwendet man einen **Kühler** (▷ B 5). Sein *Kühlmantel* wird von unten her von kaltem Wasser durchströmt, so dass der Dampf mit einer immer kühler werdenden Gefäßwand in Berührung kommt *(Gegenstromprinzip)*.

B 2 Kondensation von Wasserdampf an kühler Glasplatte

B 3 Kondensation in luftgekühltem Glasrohr

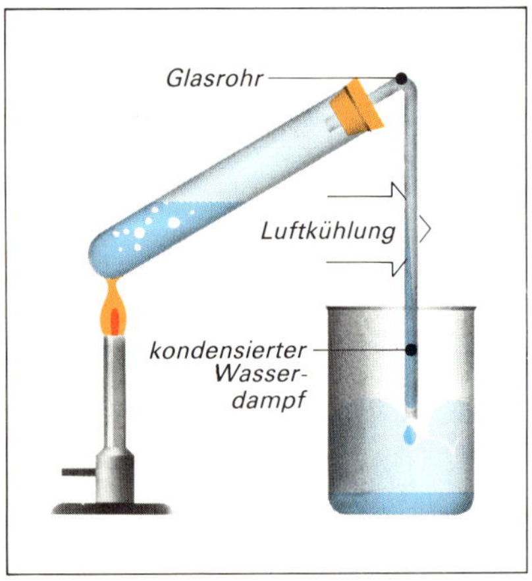

B 4 Kondensation in wassergekühlter Vorlage

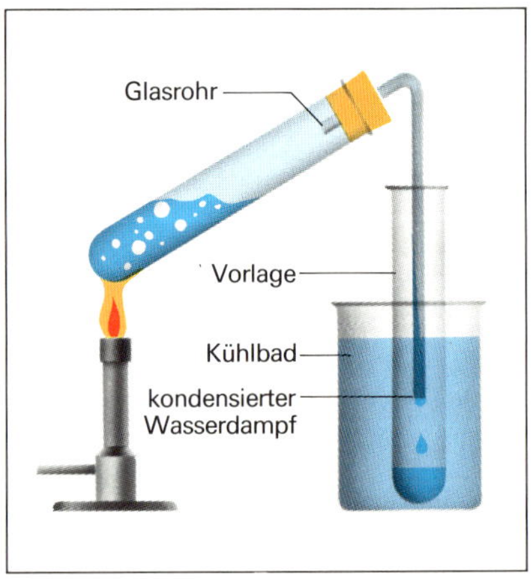

Man erhält **destilliertes Wasser** (von lat. destillare, herabträufeln). Es ist ein Reinstoff, der keine gelösten Stoffe mehr enthält.

Destilliertes Wasser hat im Vergleich zu Leitungswasser einen faden Geschmack und ist ungenießbar. Trinkwasser enthält geringe Mengen an gelösten Stoffen (▷ V 4). Diese Mineralsalze sind für den Menschen lebensnotwendig, sie verleihen dem Trinkwasser den typischen Geschmack.

Entsalzung von Meerwasser. In einigen südlichen Ländern wird die Destillation von Meerwasser zur Gewinnung von Trinkwasser angewandt. In großen Destillationsanlagen (▷ B 6) wird Meerwasser durch Sonneneinstrahlung erwärmt. Das verdampfte Wasser kondensiert an kühlen Teilen der Anlage und wird in Sammelrinnen aufgefangen (▷ B 7). Vor der Verwendung als Trinkwasser werden ihm geringe Mengen an Mineralsalzen zugefügt.

Trennung anderer Stoffgemische durch Destillation. Nicht nur eine Lösung von Kochsalz in Wasser, auch andere Stoffgemische lassen sich aufgrund unterschiedlicher Siedetemperaturen durch Destillation trennen.
Destilliert man z. B. ein *Gemisch aus Alkohol und Wasser*, gelingt die Trennung jedoch nicht vollständig, da die Siedetemperaturen der Mischungsbestandteile nahe beieinander liegen. Als Destillat sammelt sich hauptsächlich Alkohol (Siedetemperatur 78 °C), der aber noch Wasser enthält, das unterhalb seiner Siedetemperatur verdunstet ist.

Die Trennung eines Stoffgemisches durch Verdampfen und anschließendes Kondensieren heißt Destillation. Durch Destillation können Stoffe mit unterschiedlichen Siedetemperaturen getrennt werden.

B 6 Destillationsanlage zur Entsalzung von Meerwasser auf Porto Santo. Sonnenstrahlen liefern die erforderliche Wärme

V 4 Dampfe Leitungswasser in einer (schwarz glasierten) Porzellanschale oder im Reagenzglas vorsichtig ein. Ist Leitungswasser ein Reinstoff?

V 5 Man destilliert in einer Apparatur nach ▷ B 5 Rotwein. Die Vorlage wird mehrmals gewechselt. Prüfe die verschiedenen Destillate auf Geruch und Brennbarkeit. Deute das Ergebnis.

A 1 Welche Gemische lassen sich durch Destillation trennen? Begründe!

A 2 Vergleiche destilliertes Wasser, Meerwasser, Regenwasser (Geschmack, Reinstoff oder Stoffgemisch, Entstehungsweise).

B 5 Destillationsapparatur mit Gegenstromkühler. Der Wasserdampf kondensiert vollständig

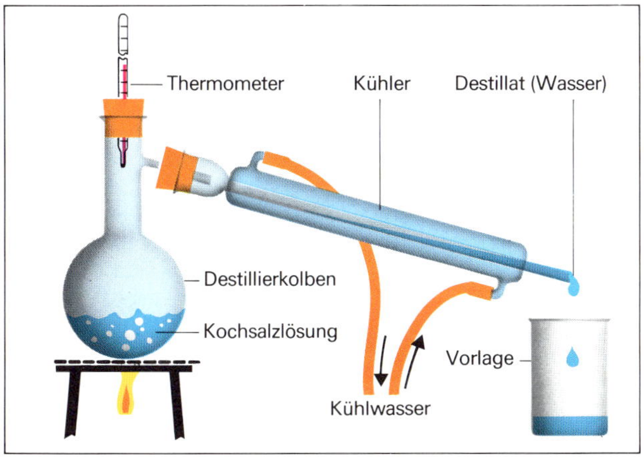

B 7 Schemabild einer Destillationsanlage zur Entsalzung von Meerwasser

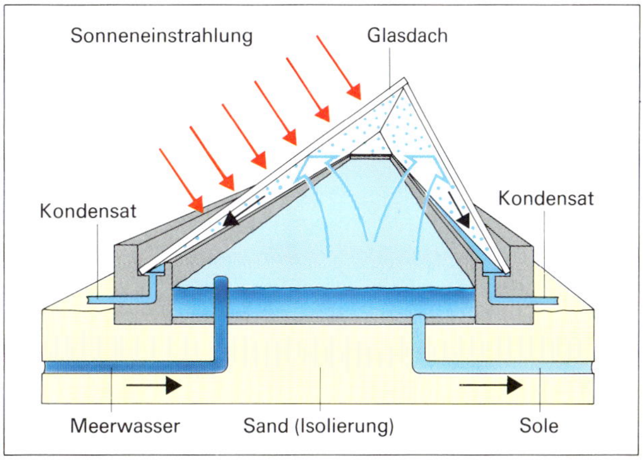

2.3 Exkurs: Bedeutung und Gefährdung des Wassers

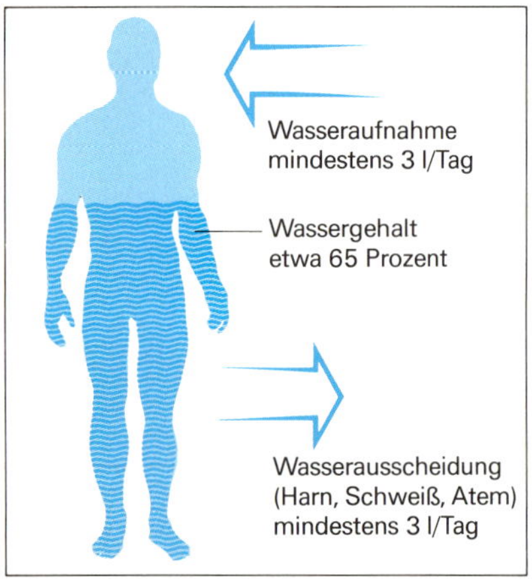

B 1 Wasserhaushalt eines Menschen

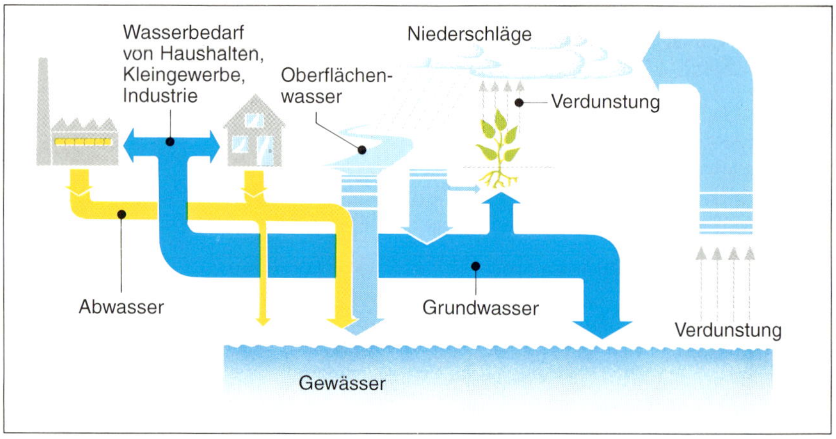

B 2 Wasserkreislauf. In der Natur vollzieht sich ein Kreislauf des Wassers, in den sich der Mensch eingeschaltet hat

	Liter
Duschen Baden	40
Wäsche waschen	40
WC	40
Körperpflege (ohne Baden)	15
Wohnungsreinigung	10
Geschirrspülen	7
Trinken und Kochen	6
Anteil am öffentlichen Verbrauch, z.B. Schwimmbäder	150

B 3 Durchschnittlicher Wasserverbrauch pro Person und Tag (Aufteilung)

B 4 Wasseranteil in Nahrungsmitteln

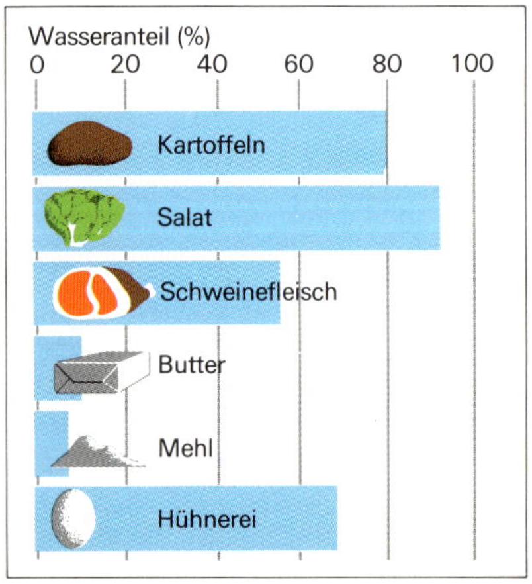

Ohne Wasser kein Leben. Der Körper der Pflanzen, Tiere und Menschen besteht zu einem großen Teil aus Wasser. Ein Erwachsener muss täglich mindestens 3 l Wasser mit der Nahrung aufnehmen, um seinen *Wasserbedarf* zu decken. Völliger Wasserentzug führt bereits nach wenigen Tagen zum Tode. Wasser erfüllt in den Körpern der Lebewesen wichtige Aufgaben. Es *löst* und *transportiert* die lebensnotwendigen und verbrauchten Stoffe. Durch Ausscheiden und Verdunsten regulieren viele Lebewesen ihren Wärmehaushalt.

Der Kreislauf des Wassers. Fast drei Viertel der Erdoberfläche sind von Ozeanen, Seen, Flüssen und Eis bedeckt. Die gesamte Wassermenge schätzt man auf 1,32 Milliarden Kubikkilometer. Davon befinden sich etwa 97 Prozent als Meerwasser in den Ozeanen, rund 2 Prozent liegen im Eis der Polargebiete und Gletscher fest und etwa 1 Prozent steht als Süßwasser zur Verfügung. Die Gesamtmenge des Wassers bleibt praktisch unverändert. Im Alltag spricht man zwar vom Wasserverbrauch, tatsächlich wird das Wasser nur für kurze Zeit einem *Kreislauf* entzogen.
Wasser verdunstet vom Erdboden, von Pflanzen- und Wasseroberflächen und wird von der Luft als Wasserdampf aufgenommen. In großen Höhen kondensiert Wasserdampf unter Bildung von Wolken. Als Niederschlag kehrt das Wasser zur Erdoberfläche zurück.

Etwa die Hälfte des Niederschlages verdunstet sofort wieder. Ein weiterer großer Teil der Niederschläge fließt direkt in Flüsse und Seen ab, die das Oberflächenwasser bilden. Nur ein Achtel des Gesamtniederschlages versickert im Erdreich und bildet über wasserundurchlässigen Schichten das Grundwasser.

Wasserverbrauch. Früher wurde das Trinkwasser nur aus Grundwasser gewonnen. Hohe Ansprüche an Lebensqualität und Hygiene haben den Tagesverbrauch weit über das lebensnotwendige Maß von 3 l auf ca. 300 l pro Person angehoben. Hinzu kommt der enorme Wasserverbrauch der Industrie.
Das Grundwasser reicht schon lange nicht mehr aus, es muss zusätzlich Oberflächenwasser eingesetzt werden. Bevor es als Trinkwasser in Frage kommt, muss es allerdings erst aufbereitet werden.
Es ist notwendig mit dem Trinkwasser sparsam umzugehen.

B 5 Aquarienbelüftung. Fische benötigen gelösten Sauerstoff zum Atmen

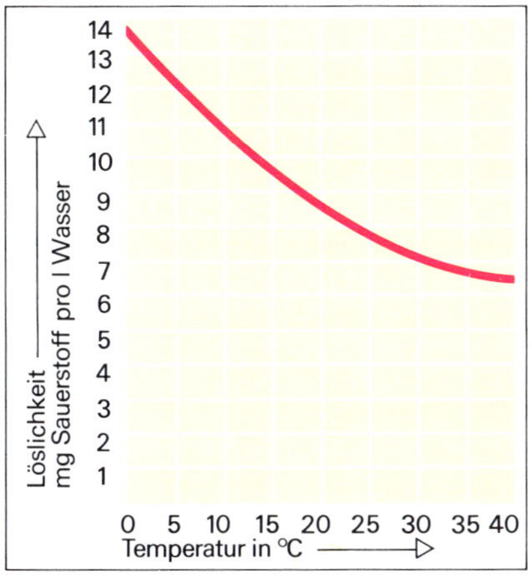

B 6 Löslichkeit von Sauerstoff in Wasser (bei Normdruck)

B 7 Kühltürme eines Kraftwerks zum Abkühlen des heißen Kühlwassers

Im Wasser gelöste Gase. Erwärmt man Leitungs- und Mineralwasser (▷ V 2), steigen *Gasblasen* hoch, lange bevor das Wasser siedet. In manchen Mineralwässern ist besonders viel *Kohlenstoffdioxid* gelöst. Sowohl im Leitungs- als auch im Fluss- und Seewasser sind *Gase der Luft* gelöst. Besonders wichtig für das Leben in Gewässern ist der *Sauerstoff*. Bei höheren Temperaturen löst Wasser weniger Sauerstoff als bei niedrigeren (▷ B 6). Deshalb kann eine starke Erwärmung des Wassers für Fische zu Sauerstoffmangel führen. Warme Abwässer von Industriebetrieben und Kraftwerken müssen deshalb vor dem Einleiten in Flüsse und Seen gekühlt werden (▷ B 7).

Gefährdung durch Abwasser. Viel stärker werden die Flüsse, Seen und Meere durch ungenügend oder überhaupt nicht gereinigte Abwässer gefährdet. Das Wasser nimmt Sauerstoff aus der Luft und von Wasserpflanzen auf. Er kann einen Teil der Abfallstoffe direkt zu ungefährlichen Stoffen oxidieren. Meistens unterhält der Sauerstoff aber Kleinstlebewesen, die einen Teil der Abfälle zu ungefährlichen Rückständen abbauen. Fäkalien und Waschmittelrückstände wirken als Dünger und steigern das Wachstum der Wasserpflanzen. Absterbende Pflanzen werden mit Hilfe des Sauerstoffs abgebaut.

Nehmen das Einleiten von Abwässern und das Pflanzenwachstum überhand, reicht der im Wasser gelöste Sauerstoff zum Abbau nicht mehr aus.
Zuerst sterben die Fische, dann alle weiteren Lebewesen.

Viele Abfallstoffe werden nur sehr langsam oder überhaupt nicht abgebaut. Dazu gehören Quecksilber- und andere Schwermetallsalze.
Nur die teure Reinigung aller Abwässer kann unsere stark gefährdeten Flüsse und Seen schützen.

V 1 Erhitze in Reagenzgläsern jeweils ca. 10 g verschiedener Obst- und Gemüsesorten gleichmäßig über der Sparflamme des Brenners. Halte während des Erhitzens ein trockenes Uhrglas über die Öffnung des Reagenzglases. Achte darauf, dass die Proben nicht verkohlen. Bestimme die Massen der Proben nach dem Erhitzen.

V 2 Erhitze in Bechergläsern Leitungswasser und abgestandenes Mineralwasser auf etwa 40 °C. Vergleiche die Gasentwicklung.

V 3 Sauge mit einer Einwegspritze ca. 5 ml a) abgestandenes Mineralwasser, b) frisch abgekochtes Wasser ein. Verschließe mit dem Daumen das Ansatzstück der Einwegspritze. Erzeuge durch Herausziehen des Stempels Unterdruck. Drücke anschließend den Stempel kräftig herunter. Beobachte genau die Gasentwicklung.

A 1 Warum werden Einkellerungskartoffeln nach längerer Lagerungszeit runzlig?

A 2 Wovon hängt die Löslichkeit von Sauerstoff in Wasser ab?

A 3 Wie groß ist die Löslichkeit von Sauerstoff in Wasser bei 0 °C, 10 °C, 20 °C, 25 °C und Normdruck? Siehe hierzu ▷ B 6.

A 4 Erläutere die in ▷ B 2 dargestellten Vorgänge. Welche Folgen hat der Verschluss des Bodens durch Gebäude, Straßen und Plätze?

2.4 Abwasserreinigung und Trinkwassergewinnung

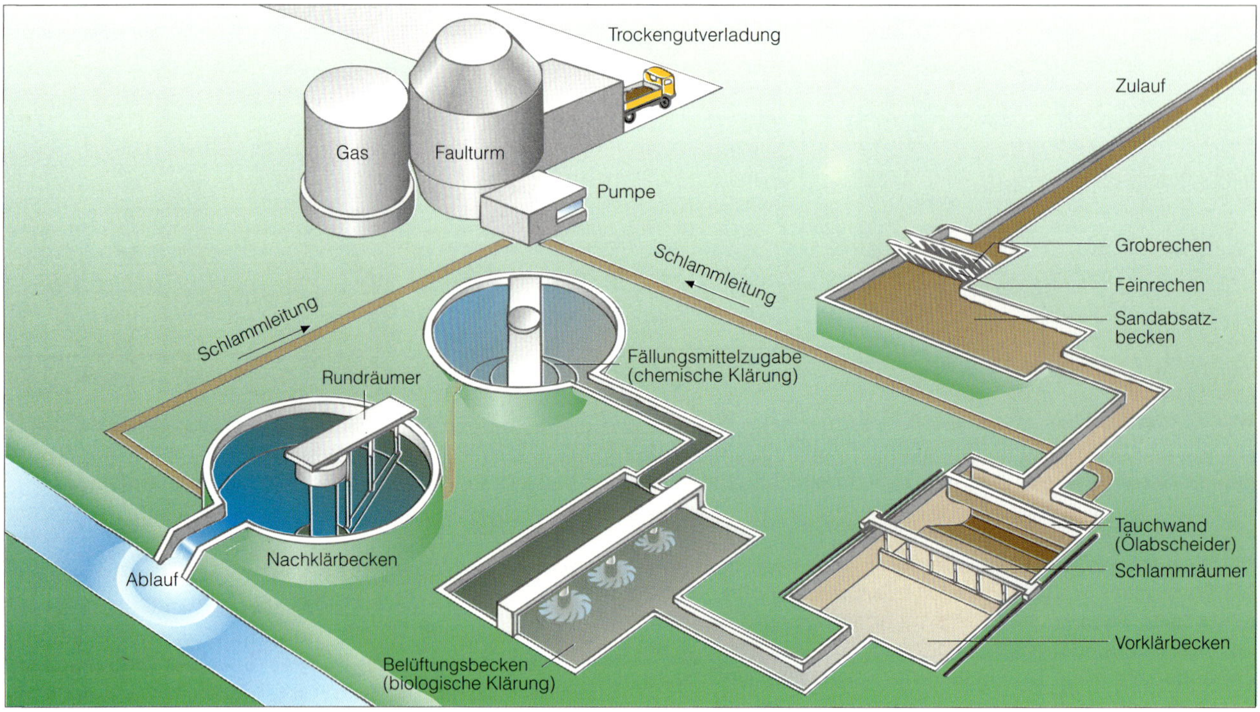

B 1 Schema einer dreistufigen Kläranlage. Wenn das Abwasser die mechanische, biologische und chemische Stufe durchlaufen hat, ist es zu ca. 95 % gereinigt

Die Kläranlage. In Kläranlagen erfolgt die Reinigung der Abwässer in mehreren Stufen. Die *erste Stufe* bildet die **mechanische Klärung**. Sie nutzt die Eigenschaft der ungelösten Stoffe aus sich in ruhendem oder langsam fließendem Wasser abzusetzen. Zunächst fließt das Abwasser durch **Grob-** und **Feinrechen**, die wie ein Kamm die groben Verunreinigungen zurückhalten. Im **Sandabsetzbecken** lagern sich die schweren, erdigen Bestandteile ab. Anschließend durchläuft es den **Ölabscheider**. Benzin und Heizöl sind in Wasser nur wenig löslich und schwimmen wegen ihrer geringen Dichte auf dem Wasser. Sie können hier abgetrennt werden. Schließlich gelangt das Abwasser in das **Vorklärbecken**, wo es ca. zwei Stunden verweilt. Die fein verteilten Schwebstoffe sinken zu Boden und bilden eine dicke Schlammschicht. Durch die mechanische Reinigung wird etwa ein Drittel der im Abwasser enthaltenen Schmutzstoffe entfernt.

Die *zweite Stufe* bildet die **biologische Klärung**. Hier laufen Vorgänge wie bei der Selbstreinigung der Gewässer ab, nur auf engstem Raum und viel rascher. Im **Belüftungsbecken** können die Kleinstlebewesen unter ständiger Luftsauerstoffzufuhr den größten Teil der im Abwasser enthaltenen Schmutzstoffe abbauen. Der benötigte Sauerstoff gelangt entweder von oben durch starke Verwirbelung oder von unten durch Einblasen von Pressluft in das Becken. Stark saure oder stark alkalische Abwässer müssen neutralisiert werden, bevor sie in die biologische Klärung gelangen, da sonst die Kleinstlebewesen getötet werden.

Die *dritte Stufe* bildet die **chemische Klärung**. Abwässer enthalten zunehmend Schadstoffe, die durch die biologische Klärung unvollständig oder gar nicht abgebaut werden. Durch Zusatz von *Fällungsmitteln* werden sie ausgeflockt. Die Flocken setzen sich in einem **Nachklärbecken** zusammen mit den Abbauprodukten und den Kleinstlebewesen der biologischen Klärung ab.
Das zu etwa 95 % geklärte Abwasser fließt in einen See oder Fluss ab.

Der **Klärschlamm**, der in den einzelnen Stufen anfällt, wird in einen Faulturm befördert. Dort wird der Schlamm von Bakterien unter Bildung von Faulgas vergoren. Das *Faulgas* ist brennbar und kann als Treibstoff für die Motoren der Pumpen und zur Heizung verwendet werden. Der ausgegorene Schlamm wird getrocknet und verbrannt oder gelagert (deponiert). Er kann auch, wenn er frei von giftigen Bestandteilen ist, als Dünger eingesetzt werden, da er wichtige Mineralstoffe enthält.

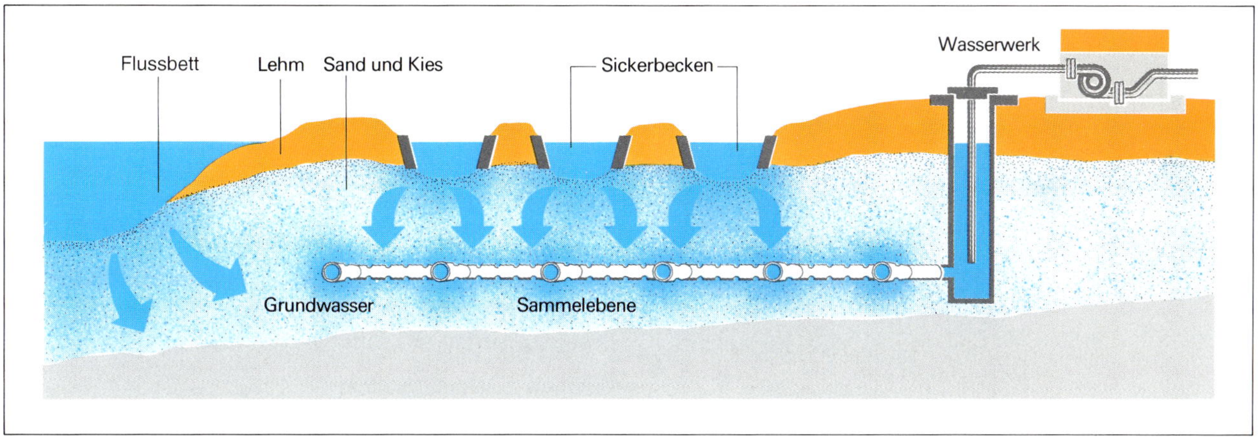

B 2 Filtration von Oberflächenwasser durch Sand- und Kiesschichten. Das so gereinigte Wasser wird anschließend noch weiter zu Trinkwasser aufbereitet

Trinkwassergewinnung. Trinkwasser soll klar, farb- und geruchlos sowie frei von Krankheitskeimen sein. *Grundwasser* entspricht diesen Anforderungen am besten. Das Grundwasservorkommen reicht bei uns zur Versorgung aber nicht mehr aus, es muss durch **Oberflächenwasser** ergänzt werden. Das Wasser unserer Flüsse und Seen ist aber stark verschmutzt. Man lässt es deshalb aus Sickerbecken (▷ B 2) langsam durch *Sand- und Kiesschichten* sickern, die wie ein riesengroßer Filter viele der Schmutzstoffe zurückhalten. Gelöste Verunreinigungen werden hierbei jedoch nicht entfernt. Das aus dem Grundwasser hochgepumpte Wasser muss deshalb noch große **Aktivkohlefilter** durchlaufen.

Aktivkohle kann durch Verkohlen von Holz gewonnen werden. Die winzigen Aktivkohlepartikelchen sind schwammige Gebilde mit vielen Hohlräumen (▷ B 3). Sie haben dadurch eine besonders große Oberfläche, an der viele Stoffe haften bleiben (▷ V 1). Dies bezeichnet man als **Adsorption**.
Das so gereinigte Wasser wird häufig zur Abtötung von Krankheitskeimen mit *Chlor* versetzt. Eine gute Belüftung verleiht dem Wasser einen frischen Geschmack.
Trinkwasser enthält noch Kalk, Eisenverbindungen und geringe Spuren anderer Stoffe gelöst.

Wasserschutzgebiete. Gebiete, die für die Versorgung der Bevölkerung von besonderer Bedeutung sind, werden Wasserschutzgebiete genannt und durch besondere Verkehrsschilder (▷ B 4) ausgewiesen. In ihnen ist alles verboten, was zur Verschmutzung des Grund- und Oberflächenwassers führen kann (z. B. Lagerung von Heizöl, Autowaschen). Die Beachtung der Wasserschutzgebiete ist ein wichtiger Teil des Umweltschutzes.

V 1 Gib in verschiedene Standzylinder a) verdünnte Methylenblaulösung, b) verdünnte Eosinlösung (rote Tinte), c) verdünntes Eau de Cologne, d) abgestandenes Blumenwasser oder einen Heuaufguss, e) Lösung von braunem Kandiszucker, f) Kochsalzlösung.
Füge 1 bis 2 Spatellöffel Aktivkohle hinzu, schüttle kräftig und filtriere durch einen Papierfilter. Prüfe die Filtrate anschließend auf Farbe, Geruch und bei den Proben e und f auch auf Geschmack. Deute das Ergebnis.

A 1 Welche Trennverfahren finden a) bei der Abwasserreinigung, b) bei der Trinkwassergewinnung Anwendung?

B 3 Aktivkohle bei 33 000facher Vergrößerung

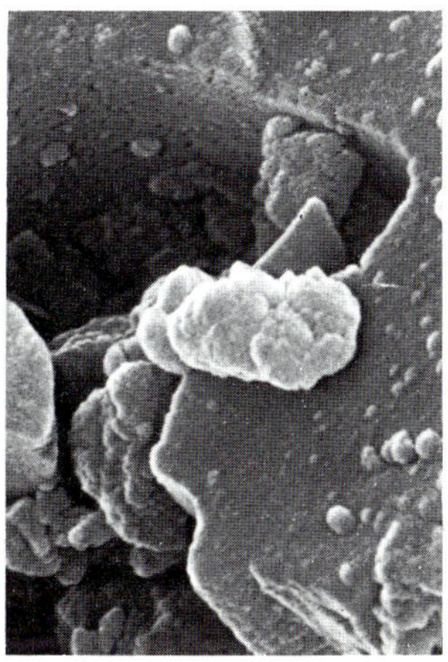

B 4 Wasserschutzgebiet, amtliches Verkehrsschild

2.5 Projekt: Untersuchung von Orangenlimonade

B 1 Orangenlimonade. Das Etikett gibt an, welche Zutaten bei der Herstellung verwendet werden

Limonaden sind süße, alkoholfreie, mit Kohlenstoffdioxid („Kohlensäure") versetzte Erfrischungsgetränke. Der Name leitet sich von dem italienischen Wort für Zitrone (Limone) ab.

Die meisten Limonaden werden aus einem sogenannten *Limonadengrundstoff* hergestellt. Er wird z. B. aus Zitronen oder Orangen gewonnen und kann verschiedene Zusatzstoffe enthalten. Dazu gehören Zucker, natürliche Aromastoffe, für den Genuss zugelassene Säuren (z. B. Citronensäure), Vitamin C, natürliche Farbstoffe (z. B. Carotin) und Stabilisator (Johannisbrotkernmehl). Er bewirkt, dass sich die feinen Stückchen aus dem Fruchtfleisch nicht am Boden absetzen.

Klare Limonaden enthalten keinen Limonadengrundstoff.

B 2 Arbeitsplatz mit Geräten zur Untersuchung von Limonade

Orangenlimonade ist beliebt, weil sie den Durst löscht, auf der Zunge prickelt, zugleich süß und säuerlich schmeckt und nach Orangen duftet. Es gibt keinen reinen Stoff, der alle diese Eigenschaften besitzt. Orangenlimonade ist ein Gemisch aus mehreren Stoffen.

In den folgenden Experimenten soll mit geeigneten Verfahren Orangenlimonade in verschiedene Bestandteile getrennt werden. Außerdem werden einige Inhaltsstoffe nachgewiesen.
Da im Verlauf der Untersuchungen auch eine Geschmacksprobe ausgeführt werden soll, ist ein sorgfältiges Arbeiten mit sauberen Geräten unerlässlich.

Versuch 1 Ausschütteln

Geräte und Chemikalien:
Glaskolben, Stopfen, Glasrohr, Schlauch, Becherglas, Kalkwasser

Durchführung:
Gib etwa 100 ml Limonade in einen Glaskolben. Schüttle kräftig und leite das entstehende Gas in ein Becherglas mit Kalkwasser.

Auswertung:
Notiere das Versuchsergebnis. Gib an, welcher Stoff abgetrennt wurde.

Versuch 2 Filtration

Geräte und Chemikalien:
Glastrichter, Filtriergestell, Becherglas, Filterpapier

Durchführung:
a) Filtriere etwa 20 ml Limonade unter Verwendung eines Filterpapiers.
b) Wiederhole die Filtration mit einer doppelten Lage Filterpapier.

Auswertung:
Überlege, wie der Ausgang des Experimentes zu erklären ist.

Versuch 3 Einsatz der Trennsäule

Geräte und Chemikalien:
Glasrohr (Durchmesser ca. 2 cm, Länge ca. 15 cm), Gummistopfen mit Bohrung, Glashahn, Glaswolle, Glasstab, Trichter, Becherglas, Tonerde

Durchführung:
Gib in ein senkrecht eingespanntes Glasrohr („Säule"), das unten mit einem Hahn verschlossen werden kann, einen Bausch Glaswolle oder Watte und drücke ihn mit einem Glasstab leicht an. Fülle nun etwa 4 cm hoch Tonerde ein und schlämme sie mit Wasser ein, bis sie vollständig durchfeuchtet ist. Lass überstehendes Wasser ablaufen und schließe dann den Hahn. Bedecke die Oberfläche der Tonerdefüllung locker mit einem weiteren Bausch Glaswolle und gib vorsichtig 20 ml ausgeschüttelte Limonade aus Versuch 1 in das Glasrohr und

lass sie durch die Tonerde laufen. Schütte die ersten 5 ml der ablaufenden Flüssigkeit weg und fange den übrigen Teil in einem Becherglas auf.

Auswertung:
Prüfe das Aussehen der Säule und des Filtrats und fertige eine Zeichnung der Versuchsapparatur an.

Versuch 4 Untersuchung des Filtrats

Geräte und Chemikalien:
Brenner, Dreifuß, Becherglas, Uhrglas, Teststäbchen für Vitamin C (Ascorbinsäure)

Durchführung:
a) Führe mit einem kleinen Teil der klaren Flüssigkeit vorsichtig eine Geschmacksprobe aus.
b) Tauche ein Vitamin-C-Teststäbchen in das Filtrat.
c) Gieße einen Teil des Filtrats auf ein Uhrglas, stelle es auf den Dreifuß und erhitze es vorsichtig über einer ganz kleinen Flamme.

Auswertung:
Notiere die Versuchsergebnisse und gib an, welche Stoffe nachgewiesen sind.

Versuch 5 Untersuchung der Oberfläche der Säule

Geräte und Chemikalien:
Glasstab, Spatel, Reagenzglas, Wasser

Durchführung:
Entferne den Glashahn und schiebe den Inhalt der Säule vorsichtig mit dem Glasstab nach oben, bis er etwa 3 mm weit aus dem Glasrohr herausschaut. Betrachte genau die Oberfläche. Hebe anschließend mit einem Spatel den herausragenden Teil der Füllung ab, gib ihn in ein Reagenzglas mit Wasser, schüttle und lass das Reagenzglas anschließend einige Minuten ruhig stehen.

Auswertung:
Gib an, welcher Teil der Limonade abgetrennt wurde.

Versuch 6 Untersuchung des gelben Teils der Säule

Geräte und Chemikalien:
Spatel, Becherglas (50 ml), Glasstab, kleines verschließbares Gläschen, Filterpapier, Tropfpipette, Pentan

Durchführung:
Schiebe mit dem Glasstab den gesamten gelben Teil der Säule heraus und gib ihn in ein kleines Becherglas. Gib etwa 2 bis 3 ml Pentan (Vorsicht! Leicht entflammbar!) hinzu und rühre um. Fülle die entstehende gelbe Flüssigkeit in ein kleines verschließbares Gläschen. Gib einen Tropfen davon mit einer Pipette auf ein Filterpapier, wedele kurz das Papier hin und her und setze einige weitere Tropfen auf dieselbe Stelle.

Auswertung:
Stelle nach dem vollständigen Verdunsten des Pentans Aussehen und Geruch des Filterpapiers an der Eintropfstelle fest. Gib an, welche Inhaltsstoffe der Limonade in der gelben Flüssigkeit vorliegen.

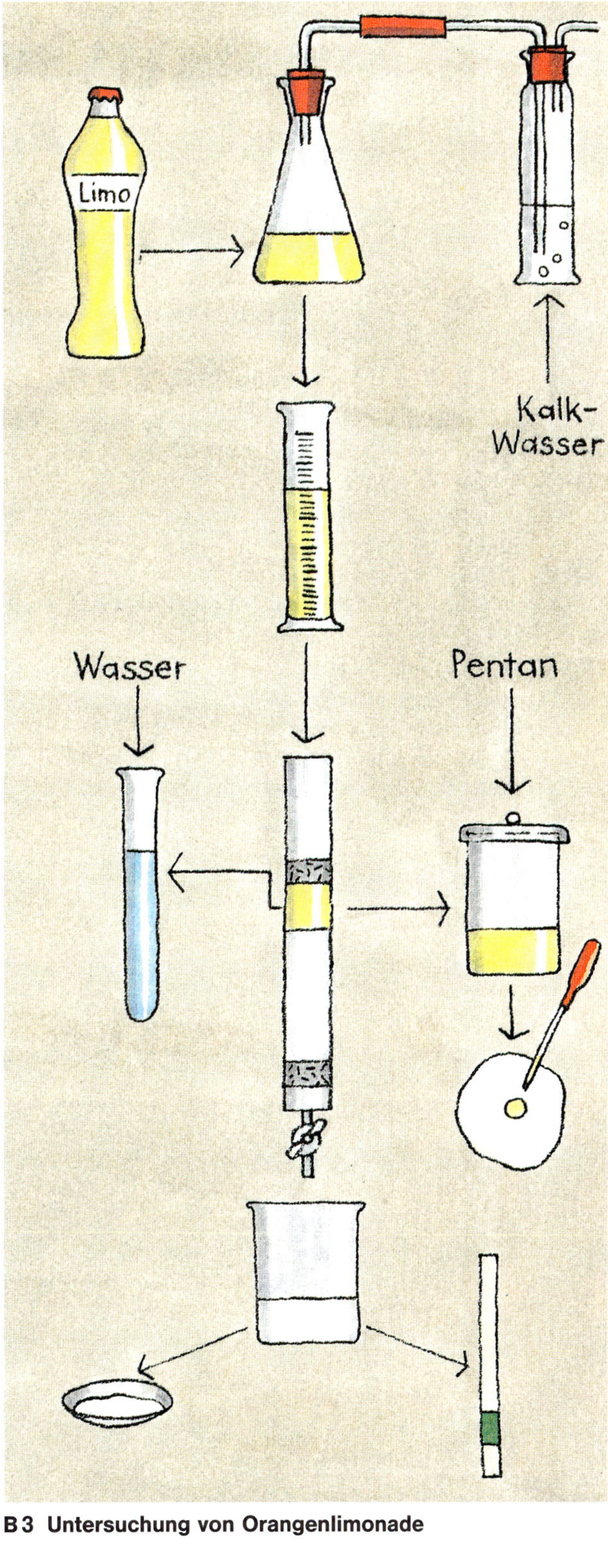

B 3 Untersuchung von Orangenlimonade

2.6 Weitere Trennverfahren

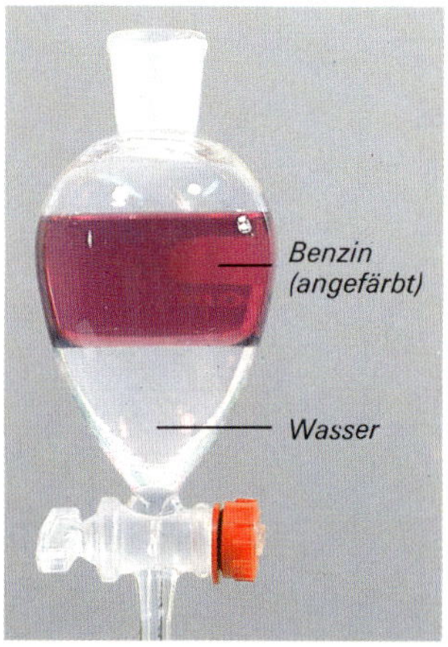

B 1 Trennung zweier Flüssigkeiten im Scheidetrichter

B 2 Zentrifugieren beschleunigt das Absetzen

V 1 Stelle im Becherglas eine Mischung aus Sand und Styroporkügelchen her und fülle mit Wasser auf. Erkläre deine Beobachtungen.

V 2 Untersuche die Zusammensetzung schwarzer und anderer Filzstiftfarben (▷ B 3). Der Papierdocht taucht in eine mit Wasser gefüllte Schale. Als Fließmittel kann auch ein Gemisch aus Wasser (2 Teile), Butanol (2 Teile) und Eisessig (1 Teil) verwendet werden. Protokolliere.

A 1 Warum lässt sich ein Gemisch aus Alkohol und Wasser im Scheidetrichter nicht trennen?

A 2 Worauf ist die in ▷ B 3 gezeigte Trennung von Farbstoffen zurückzuführen?

Feststoffe verschiedener *Dichten* können mit Hilfe einer Flüssigkeit getrennt werden, deren Dichte so gewählt ist, dass der eine Stoff nach oben steigt, während der andere zu Boden sinkt (**Schwimmtrennung**, ▷ V 1). Zwei ineinander nicht lösliche Flüssigkeiten lassen sich mit dem *Scheidetrichter* dadurch trennen, dass man die Flüssigkeit mit der größeren Dichte unten ablässt (▷ B 1).

Durch **Zentrifugieren** (▷ B 2) kann das Entmischen einer Suspension oder Emulsion beschleunigt werden.

Schwefel lässt sich aus schwefelhaltigem Gestein aufgrund seiner niedrigen *Schmelztemperatur* durch **Ausschmelzen** gewinnen. Auch das Auslassen von Fett beruht auf diesem Prinzip.

Beim **Extrahieren (Herauslösen)** nutzt man die unterschiedliche *Löslichkeit* der Gemischbestandteile aus. So kann Kochsalz aus Steinsalz herausgelöst (extrahiert) werden, ebenso Pflanzenfett aus Samen mit geeigneten Lösungsmitteln.

Mit Hilfe der **Chromatografie** (Hafttrennung) lassen sich *kleinste Portionen* von Gemischen schnell und schonend auftrennen. Trägt man Filzstiftfarbe um das Loch eines durchbohrten Rundfilters auf und tränkt dieses von innen mit einem Fließmittel, so entstehen verschiedene Farbzonen (▷ B 3, ▷ V 2). Der Farbstoff ist demnach ein Gemisch. Die Auftrennung kommt dadurch zustande, dass die einzelnen Farben an den Papierfasern unterschiedlich fest haften. Die Farbe mit der geringsten *Haftfestigkeit* wird vom Fließmittel am weitesten vom Ausgangspunkt wegbefördert. Da die Trennung auf Papier stattfindet, spricht man von **Papierchromatografie**.

B 3 Papierchromatografie. Schwarze Filzschreiberfarbe wird in einzelne Farbstoffe aufgetrennt

B 4 Einige wichtige Trennverfahren und ihre Anwendung

Trennverfahren	Anwendungsbeispiele	Unterschiedliche Eigenschaften
Ausschmelzen	Schwefelgewinnung	Schmelztemperatur
Magnettrennung	Müllsortierung	Magnetisierbarkeit
Schwimmtrennung	Erzaufbereitung	Dichte
Sedimentation	Abwasserreinigung	Dichte
Filtration	Wasserreinigung	Teilchengröße
Eindampfen	Salzsieden	Siedetemperatur
Entstaubung	Elektrofilter	Elektrische Anziehung
Zentrifugieren	Milchentrahmung	Dichte
Destillation	Weinbrennen	Siedetemperatur
Extraktion	Fettgewinnung	Löslichkeit
Chromatografie	Farbstofftrennung	Haftfähigkeit

2.7 Müllsortierung

Hausmüll ist ein Gemisch aus ganz verschiedenen Bestandteilen. Er enthält Küchenabfälle, Metalle, Kunststoffe, Holz, Papier, Glas und vieles mehr. Pro Kopf und Jahr produziert jeder Einwohner ca. 400 kg Müll. Es wird immer schwieriger für seine Ablagerung genügend große Deponieflächen (von lat. deponere, niederlegen) zu finden. Außerdem gehen mit ihm große Mengen an wiederverwertbaren Stoffen verloren.

Müllsortierung. Alle Bürger sind verpflichtet Hausmüll zu sortieren, um möglichst viele Bestandteile einer Wiederverwertung zuzuführen (Recycling). Metalle, Kunststoffe und Verbundstoffe werden in gelbe Tonnen bzw. Säcke gegeben. Andere Behälter dienen zur Aufnahme von Papier und Pappe. Außerdem werden kompostierbare Küchenabfälle und Glas getrennt entsorgt. Nur der Restmüll ist für die ursprüngliche Mülltonne bestimmt.
Der Inhalt der gelben Tonnen/Säcke wird in Müllsortierungsanlagen weiter aufgetrennt. Dabei finden sehr verschiedene Trennverfahren Anwendung. Sie müssen gewährleisten, dass auch falsch sortierte Gegenstände, z. B. Batterien, abgetrennt werden (▷ B 4).
Auf einem *Leseband* wird der Müll sortiert (▷ B 2). Sperrige Gegenstände und Plastikfolien werden entfernt. Durch *Elektromagnete* werden dem zerkleinerten Müll Eisenteile und auch Batterien entzogen. In einem *Windkanal* werden aus dem getrockneten Müll Papier und Pappe weggeblasen (Windsichten) und gesammelt. Durch *Mühlen* und *Siebe* werden die Müllbestandteile in Stufen zerkleinert und sortiert. Dabei werden kompostierbare organische Abfälle von nicht verwertbaren oder nur sehr schwer abtrennbaren Bestandteilen (z. B. Glasscherben) getrennt.

Verwendung der abgetrennten Bestandteile. Viele Müllbestandteile können problemlos wiederverwertet werden, z. B. Metalle. Auch das aus Abfällen gewonnene graue Papier („Umweltpapier") ist für viele Zwecke, z. B. Schulhefte, gut einzusetzen. Vermischtes Altglas ist dagegen nur eingeschränkt verwendbar. Aus ihm können nur sog. Buntgläser, aber keine farblosen Getränkeflaschen hergestellt werden. Für Kunststoffabfälle finden sich bisher nur wenige Verwendungsmöglichkeiten. Aus organischem Abfall kann Kompost hergestellt werden. Brennbare, aber nicht mehr verwendbare Bestandteile können zur Energiegewinnung verbrannt werden oder werden zusammen mit anderen unverwertbaren Resten einer Deponie zugeführt. Batterien werden wegen ihrer giftigen Inhaltsstoffe zu Sondermülldeponien gebracht.

Müllvermeidung. Die wichtigste Maßnahme zur Schonung der Rohstoffvorräte und der Umwelt ist die Vermeidung von Abfällen. Dazu gehört: auf Wegwerfgeschirr aus Pappe oder Plastik verzichten, keine Getränkedosen und Einwegflaschen, sondern Pfandflaschen benutzen, Waren ohne aufwendige Verpackung kaufen.

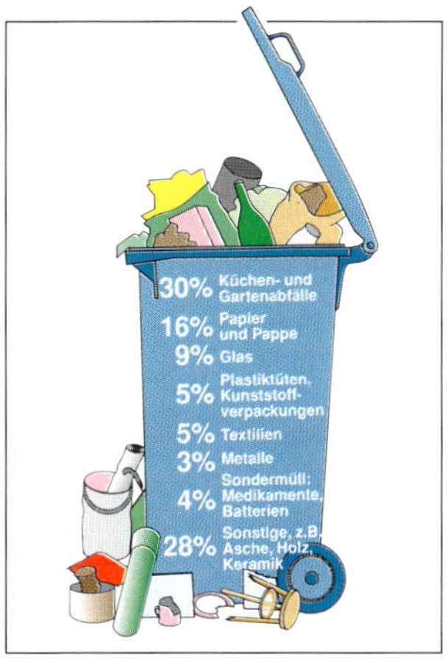

B 1 Zusammensetzung von Hausmüll

B 2 Müllsortierung von Hand

B 3 Getrenntes Sammeln von Altpapier, Altmetall und Glas

B 4 Hauptwege der Müllsortierung

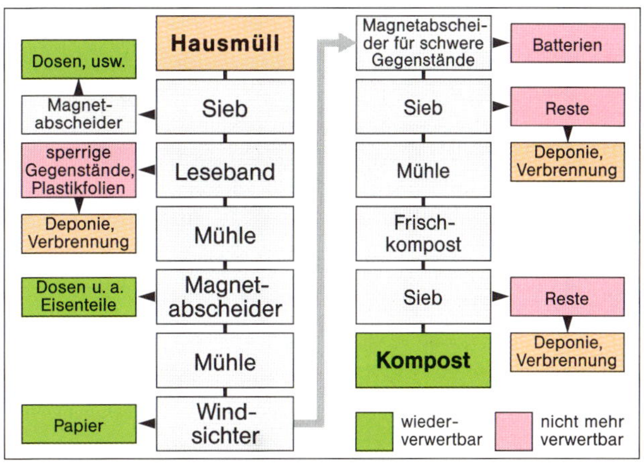

2.8 Projekt: Untersuchung von Lebensmittelfarbstoffen

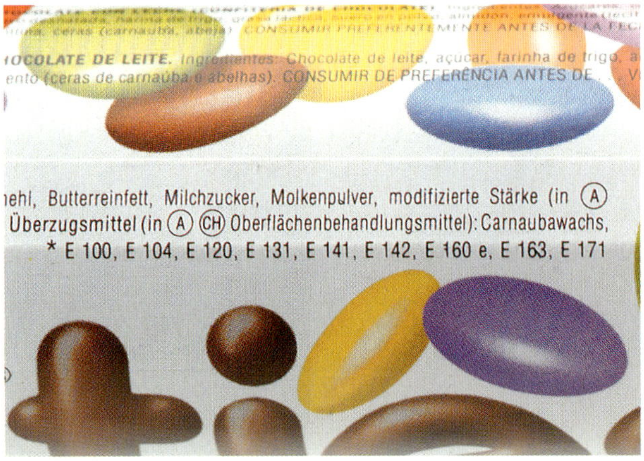

B 1 Etikett von Schokolinsen

E-Nr.	Name	Farbe	Herkunft
101	Lactoflavin	gelb	natürliches Vitamin
104	Chinolingelb	gelb	künstlicher Farbstoff
110	Gelborange S	gelborange	künstlicher Farbstoff
122	Azorubin	rot	künstlicher Farbstoff
124	Cochenillerot A	rot	künstlicher Farbstoff
127	Erythrosin	rot	künstlicher Farbstoff
131	Patentblau V	blau	künstlicher Farbstoff
132	Indigotin	blau	künstlicher Farbstoff
140	Chlorophyll	grün	natürliches Blattgrün
141	kupferhaltiges Chlorophyll	grün	natürliches Blattgrün
142	Brillantsäuregrün	blaugrün	künstlicher Farbstoff
151	Brillantschwarz BN	schwarz/violett	künstlicher Farbstoff
153	medizinischer Kohlenstoff	schwarz	Pflanzen
160	Carotin	orange	natürlicher Blattfarbstoff
161	Xanthophyll	gelb	natürlicher Blattfarbstoff
171	Titandioxid	weiß	Mineralstoff

B 2 Zugelassene Lebensmittelfarbstoffe. Die Liste ist nicht vollständig

B 3 Vorbereitung des Chromatografiepapiers

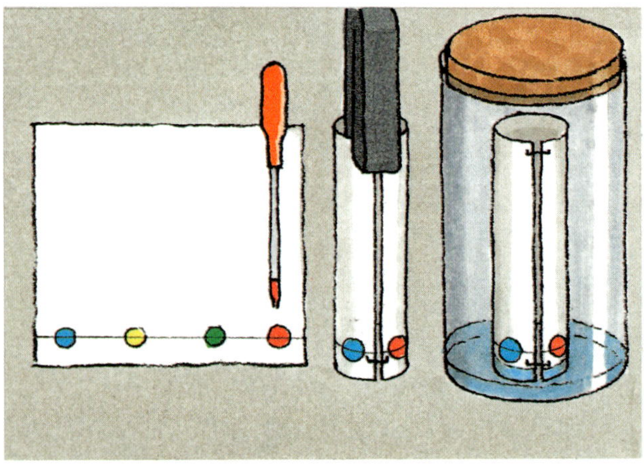

Viele Lebensmittel werden von ihren Herstellern mit Farbstoffen versetzt. Oft soll dadurch der natürliche Farbton, der z. B. durch Kochen verloren gegangen ist, wieder erreicht werden. Manche Zuckerwaren werden oberflächlich angefärbt, damit sie bunt und lustig aussehen.

Nur amtlich zugelassene Farbstoffe dürfen dabei verwendet werden. Sie müssen auf dem Warenetikett angeführt werden (▷ B 1) und sind an ihren in Europa einheitlichen E-Nummern zu erkennen (▷ B 2). Die Mehrzahl dieser Farbstoffe ist künstlich hergestellt.

Es ist eine reizvolle Aufgabe Farbstoffe aus Lebensmitteln herauszulösen und sie mit Hilfe der Papierchromatografie zu untersuchen. Häufig wird dabei die sog. aufsteigende Methode angewandt.

Als Untersuchungsobjekt eignen sich mit einer Zuckerglasur überzogene bunte Schokolinsen (z. B. Smarties) oder Lakritzstäbchen.

Versuch Papierchromatogramm von Schokolinsen

Geräte und Materialien: 2 Bechergläser (100 ml), Messzylinder (10 ml), Trennkammer (z. B. Marmeladenglas mit Deckel), Chromatografiepapier, Schere, Pasteurpipette, Föhn, Büroklammern bzw. Heftapparat, bunte Schokolinsen, Salzwasser (Massenanteil 1 %), Brennspiritus

Extraktion der Farbstoffe: Jeweils vier Linsen oder Stäbchen einer Farbsorte werden in einem kleinen Becherglas mit 2 ml Wasser übergossen und kurz geschüttelt. Sobald sich der größte Teil des Farbstoffs – und damit auch ein Teil der Zuckerglasur – abgelöst hat, wird die farbige Lösung durch Dekantieren abgetrennt. Ein zu langes Behandeln mit Wasser erhöht nur den unerwünschten Zuckeranteil der Lösung.

Fließmittel: Geeignet ist eine wässrige Kochsalzlösung mit einem Massenanteil von 1 %. Auch Brennspiritus (Vorsicht! Feuergefährlich!) ist als Fließmittel geeignet und führt zu einer guten Trennung.

Vorbereitung der Trennkammer: In die verschließbare Trennkammer wird eine Portion des Fließmittels gegeben, die so bemessen ist, dass der Boden des Gefäßes ca. 0,5 bis 1 cm hoch bedeckt ist.

Vorbereitung des Chromatografiepapiers: Von einem Bogen Chromatografiepapier werden mit einer Schere passende Stücke abgeschnitten. Höhe und Breite sollen so gewählt sein, dass sie zu einer Röhre geformt und in die Kammer gestellt werden können, ohne die Wand zu berühren. Etwa 2 cm über dem unteren Rand des Papiers wird mit einem weichen Bleistift eine dünne waagerechte Linie gezogen.

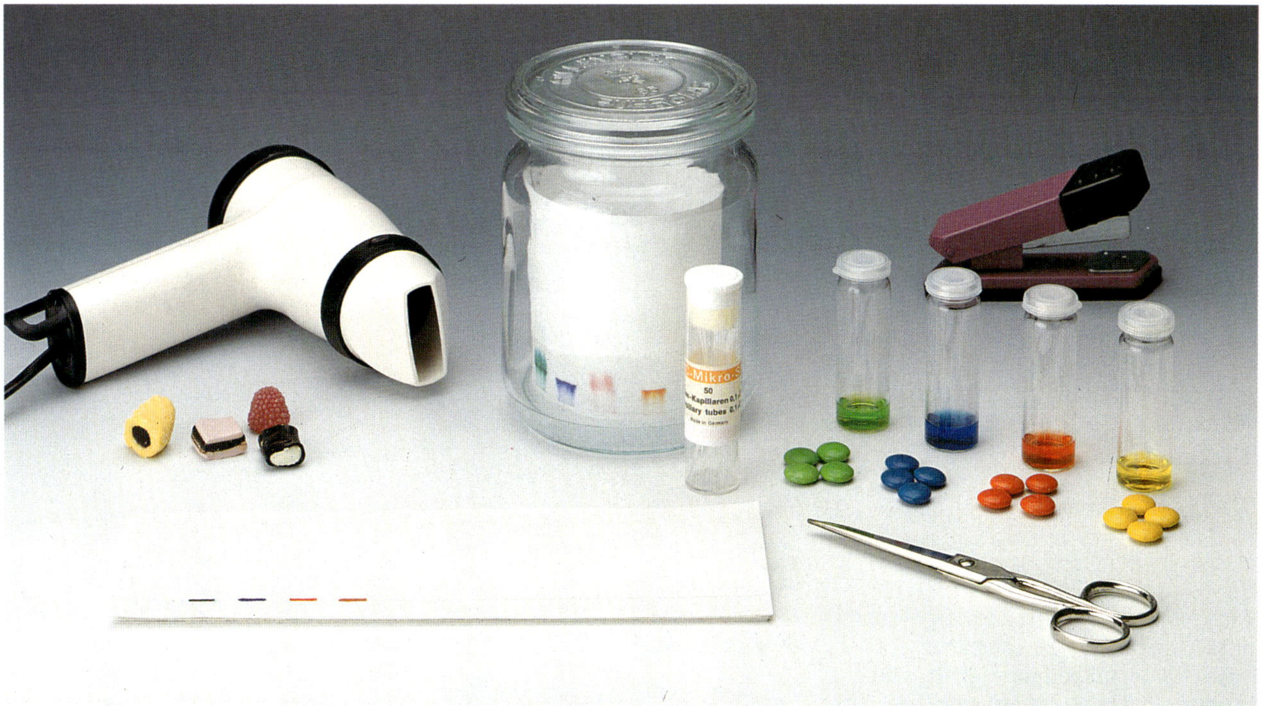

B 4 Arbeitsplatz zur Untersuchung von Lebensmittelfarbstoffen mit Hilfe der Papierchromatografie

(Andere Stifte sind wegen der in ihnen enthaltenen Farbstoffe ungeeignet.) Auf ihr werden in gleichmäßigen Abständen – mindestens 2 cm – so viele Punkte markiert, wie Farblösungen aufgetragen werden sollen. Die äußeren Punkte sollen auch 2 cm vom Rand entfernt liegen.

Auftragen der Farblösungen: Mit der kapillaren Spitze einer Pasteurpipette wird ein wenig Farblösung aufgenommen und anschließend kurz und sanft auf den ersten Markierungspunkt getupft. Dabei fließt eine kleine Portion aus, die einen Flecken von nicht mehr als 5 mm Durchmesser erzeugen soll. Am oberen Rand des Papiers über der Auftropfstelle wird vermerkt, welche Farblösung aufgetragen wurde.

Für jede weitere Farblösung wird eine eigene Pipette verwendet. Am Ende einer Serie werden die Farbflecken mit einem Föhn getrocknet.

Nun kann ein zweiter Durchgang erfolgen. Insgesamt sollen nicht mehr als vier Portionen der Farblösung auf eine Stelle getupft werden, da sonst der mitgeführte Zuckeranteil die Auftrennung behindert.

Entwicklung des Chromatogramms: Das getrocknete Chromatografiepapier wird mit einer Heftklammer so zu einer Röhre geformt, dass sich die Enden des Papiers nicht berühren. Diese Röhre wird mit den Farbflecken nach unten in die vorbereitete Kammer gestellt. Der Deckel wird geschlossen. Nun darf die Kammer nicht mehr bewegt werden.

Kurz bevor die Fließmittelfront die Oberkante des Papiers erreicht hat, bzw. nach einer Steighöhe von 10 cm (nach ca. 30 min) wird das Papier herausgenommen. Die Heftklammern werden entfernt und das Chromatogramm wird waagerecht zum Trocknen ausgebreitet.

Zur besseren Markierung der Farbflecken empfiehlt sich eine Umrandung mit dem Bleistift.

Lebensmittelchemikern ist es möglich aus der Steighöhe eines Fleckens zu ermitteln, um welchen Farbstoff es sich handelt.

Fehlerquellen und ihre Beseitigung

- zu dünne Farbflecken: erneute Extraktion mit weniger Flüssigkeit oder eine insgesamt größere Portion der Farblösung auftupfen.
- nicht gut getrennte Farbzonen: beim Auftupfen kleinere Farbflecken erzeugen oder Steighöhe vergrößern oder anderes Fließmittel ausprobieren.
- in der Längsrichtung verschmierte Farbzonen: kleinere Portion Farblösung auftragen oder Papier sorgfältiger trocknen.

2.9 Überprüfung und Vertiefung

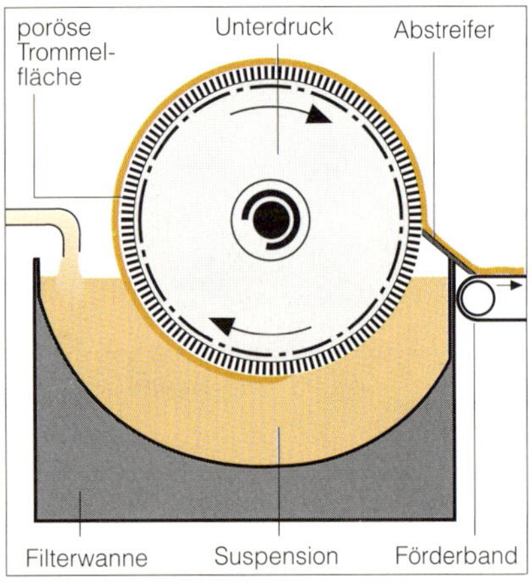

B 1 Zu Aufgabe 1

B 2 Zu Aufgabe 3

B 3 Zu Aufgabe 4

1 Die Saugfiltration ist ein Verfahren, das sich vor allem in technischen Anlagen, die einem Dauerbetrieb ausgesetzt sind, bewährt hat. Das Filtrat wird in das Innere einer rotierenden Trommel mit einer porösen Oberfläche gesaugt. Erläutere die Arbeitsweise der Apparatur (▷ B 1). Welcher Vorteil ergibt sich im Vergleich mit der Apparatur in ↗ Kap. 2.1, ▷ B 3?

2 Stelle zusammen, bei welchen aus dem Alltag bekannten Vorgängen die Destillation eine entscheidende Rolle bei einer Stofftrennung spielt.

B 4 Zu Aufgabe 6

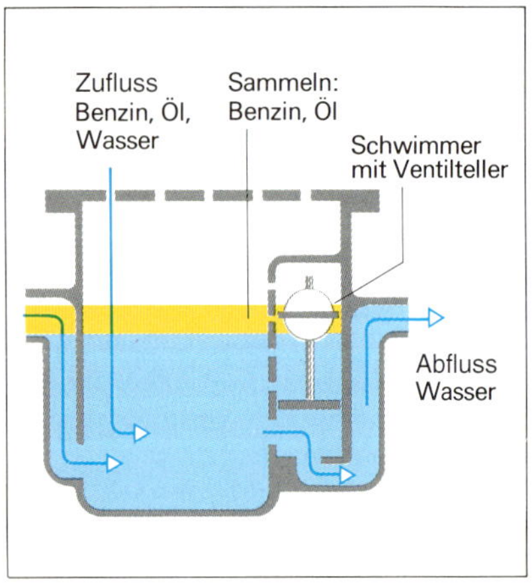

3 Warum findet man Zeitungsberichte über das Fischsterben (▷ B 2) in Gewässern hauptsächlich in den Sommermonaten?

4 Auf welche Weise gewinnt man beim Goldwaschen (▷ B 3) aus Schlamm, Steinen und Sand die winzigen Goldkörner?
Welche Stoffeigenschaft nutzt man dabei aus?

5 Abwasser gelangt in eine voll ausgebaute Kläranlage.
Gib die Stationen an, die nacheinander durchlaufen werden.
Welche Reinigungsvorgänge laufen jeweils ab?

6 Erläutere die Arbeitsweise eines Ölabscheiders (▷ B 4).

7 Gib an, wie man folgende Gemische trennen kann:
a) Schwefelpulver, Eisenspäne,
b) Sand, Eisenspäne, Kochsalz,
c) Sand, Sägespäne, Kochsalz, Wasser,
d) Sand und Iod.
Nenne jeweils die unterschiedlichen Stoffeigenschaften, die eine Trennung ermöglichen.

8 Welches Trennverfahren wird angewandt
a) beim Entfernen eines Fettflecks aus Textilien,
b) beim Zubereiten (Aufgießen) von Kaffee,
c) beim Entrahmen von Milch in der Milchzentrifuge?
Nenne weitere Trennverfahren, die im Alltag und in der Industrie Verwendung finden.

9 Schwefel kommt in der Natur als Bestandteil schwefelhaltigen Gesteins vor.
Mit welcher Methode kann daraus der Reinstoff Schwefel gewonnen werden?
Welche Stoffeigenschaft wird ausgenutzt?

Wichtige Begriffe

Destillieren
Filtrieren
Sedimentieren lassen
Dekantieren
Papierchromatografie
Scheidetrichter
Abwasserreinigung
Trinkwassergewinnung
Müllsortierung

Vom Aufbau der Stoffe

Bislang haben wir Stoffe auf ihre Eigenschaften untersucht und dabei Vorgänge kennen gelernt, an denen Stoffe beteiligt waren. Daraus lassen sich eine ganze Reihe von Fragen ableiten:
Warum tritt ein Stoff wie Wasser in verschiedenen Aggregatzuständen auf, die allein durch Temperaturänderung ineinander übergehen? Warum dehnen sich Stoffe beim Erwärmen aus und ändern dabei ihre Dichte? Was passiert beim Auflösen von Kochsalz und dem Auskristallisieren des Salzes beim Eindampfen der Lösung?

Der Naturwissenschaftler versucht oft eine Erklärung für eine Erscheinung dadurch zu finden, dass er sich ein möglichst einfaches Modell macht. So konnte man bereits vor langer Zeit den Wechsel von Tag und Nacht dadurch erklären, dass man sich die Erde als rotierende Kugel vorstellte, die von einer feststehenden Lichtquelle (Sonne) beleuchtet wird. Heute weiß man durch direkte Betrachtung der Erde vom Weltraum aus, dass die Modellvorstellung den Vorgang richtig gedeutet hat.

Wir wollen im Folgenden eine einfache Modellvorstellung vom Aufbau der Stoffe kennen lernen, die uns eine Antwort auf die eingangs gestellten Fragen erlaubt.

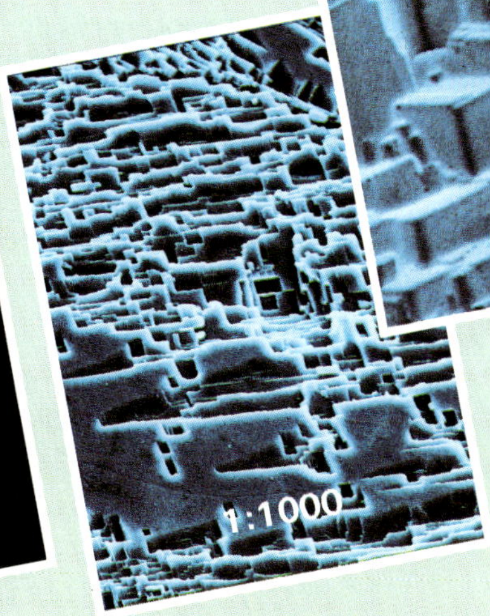

3.1 Stoffe bestehen aus kleinsten Teilchen

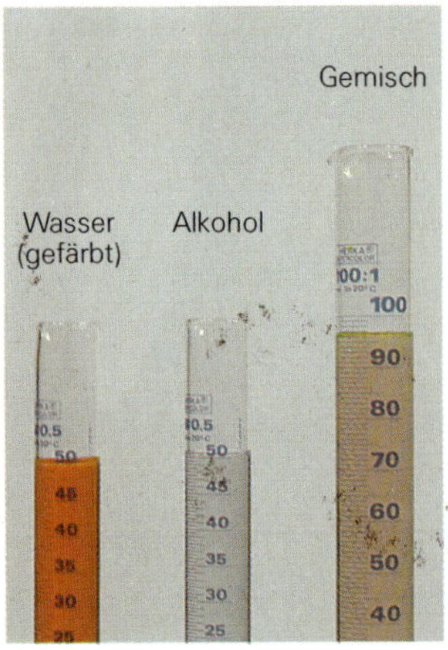

B 1 Volumenverringerung beim Mischen von Alkohol und Wasser

B 2 Modellversuch. Die kleineren Kugeln füllen die Lücken zwischen den größeren

V 1 a) Gieße 50 ml Alkohol zu 50 ml Wasser in einen Messzylinder und schüttle.
b) Gieße 50 ml Wasser zu 50 ml Wasser und schüttle.
c) Gieße 50 ml Alkohol zu 50 ml Alkohol, schüttle.
Lies die Volumina ab und vergleiche.

V 2 Wiederhole ▷ V 1 a mit 50 ml Erbsen und 50 ml Senfkörnern.
Lies das Volumen ab und erkläre.

Modell und Wirklichkeit. Um strömungsgünstige Autokarosserien zu entwickeln, genügen einfache Modelle aus Holz oder Gips (Bild unten). Sie erfassen nur jene Teile des wirklichen Autos, die für die Messung des Luftwiderstandes im Windkanal von Bedeutung sind.
Auch unser Kugelteilchenmodell gibt nur Teile der Wirklichkeit wieder. Es ist nur eine vereinfachte Vorstellung vom Aufbau der Stoffe, die aber viele Erscheinungen anschaulich erklären kann. So lässt sich selbst die Volumenverringerung beim Mischen von Alkohol und Wasser im Modellversuch mit Erbsen und Senfkörnern simulieren. Ob die unterschiedliche Größe der Kugelteilchen die einzige Erklärungsmöglichkeit hierfür ist, lässt sich aus diesem Versuch allerdings nicht ableiten. Modelle können immer nur Annäherungen an die Wirklichkeit sein.

Betrachtet man einen flüssigen Stoff, so scheint er räumlich lückenlos aufgebaut zu sein.
Gibt man 50 ml Alkohol zu 50 ml Wasser und schüttelt, macht man die erstaunliche Beobachtung, dass das Volumen des Gemisches nicht 100 ml, sondern nur 96 ml beträgt. Eigentlich erwartet man, dass sich die Volumina beim Zusammengießen addieren, wie dies beim Zusammengießen von Alkohol und Alkohol oder Wasser und Wasser auch geschieht (▷ V 1, ▷ B 1).

Die Teilchenvorstellung. Die im Versuch beobachtete Volumenverringerung lässt sich erklären, wenn man annimmt, dass die Stoffe Alkohol und Wasser aus **kleinsten Teilchen** aufgebaut sind, die z. B. die Form einer *Kugel* haben. Wenn die kleinsten Teilchen des Wassers und die des Alkohols untereinander gleich sind, sich aber voneinander durch ihre *Größe* unterscheiden, so können einige der kleineren Teilchen (z. B. die Wasserteilchen) in die Lücken zwischen den größeren Teilchen (z. B. den Alkoholteilchen) schlüpfen. Die Volumenverringerung kann damit gut erklärt werden (▷ V 2, ▷ B 2).

Alle Stoffe bestehen aus kleinsten Teilchen. Die am Beispiel der Volumenverringerung gewonnene Teilchenvorstellung ist von ganz allgemeiner Bedeutung.
Wir gehen von nun an davon aus, dass *alle Stoffe* aus *kleinsten kugelförmigen Teilchen* aufgebaut sind. Selbst wenn die kleinsten Teilchen dicht nebeneinander liegen und sich berühren, tritt *zwischen* ihnen *leerer Raum* auf, das heißt, dass zwischen den Teilchen nichts ist.
Die kleinsten Teilchen eines Reinstoffes sind *untereinander gleich*, sie haben *die gleiche Masse und Größe*. Kleinste Teilchen *verschiedener* Stoffe können sich voneinander in Masse und Größe *unterscheiden*.

Kugelteilchenmodell. Wegen ihrer geringen Größe kann man die kleinsten Teilchen selbst mit dem stärksten Mikroskop nicht einzeln wahrnehmen. Wir müssen uns deshalb bewusst sein, dass wir die kleinsten Teilchen nicht wirklichkeitsgetreu abbilden können, wir können nur Vorstellungen und vereinfachte Darstellungen, die Teile der Wirklichkeit angenähert wiedergeben, entwickeln.
Eine solche Vorstellung, wie wir sie uns über den Bau der Stoffe machen, nennt man ein **Modell**. Eine wesentliche Vereinfachung in unserer Modellvorstellung besteht in der Annahme der *kugelförmigen Gestalt* der kleinsten Teilchen. Man spricht deshalb auch einfach vom **Kugelteilchenmodell**.
Bei der Veranschaulichung und Darstellung von Modellen können Sachverhalte auftreten, die man nicht auf die kleinsten Teilchen übertragen darf. So haben Erbsen und Senfkörner eine Farbe, unser Modell sagt aber nichts über eine Farbe der kleinsten Teilchen eines Stoffes aus.

3.2 Die Bewegung der kleinsten Teilchen

Mit dem Kugelteilchenmodell lassen sich auch andere Erscheinungen wie Diffusion, Lösen und Kristallisieren sowie die Aggregatzustände erklären. Man muss dann allerdings das Modell etwas erweitern.

Die Eigenbewegung der kleinsten Teilchen. Im Jahre 1827 beobachtete der englische Botaniker R. BROWN unter dem Mikroskop, dass Blütenpollen in einem Wassertropfen Zitterbewegungen ausführten. Diese Erscheinung lässt sich mit der Annahme einer *Eigenbewegung der kleinsten Teilchen* deuten. Die kleinsten Teilchen der Flüssigkeit sind in ständiger Bewegung und stoßen dabei an die großen Blütenpollen, die unter dem Mikroskop sichtbar sind.

Parfüm und andere stark riechende Stoffe, die in einem offenen Gefäß auf dem Experimentiertisch stehen, sind nach einiger Zeit im ganzen Raum wahrnehmbar. Man könnte vermuten, dass Luftströmungen die Geruchsstoffe im Raum verteilen. Allerdings breitet sich Bromdampf in einem geschlossenen Standzylinder ohne Luftströmung vom Boden her aus, obwohl seine Dichte größer ist als die der ihn umgebenden Luft (▷V 1, ▷B 1). Eine solche *selbstständige Durchmischung* verschiedener Stoffe heißt **Diffusion**.
Auch die Diffusion kann man mit der Eigenbewegung der Teilchen erklären. Man nimmt an, dass die Durchmischung dadurch zustande kommt, dass die kleinsten Teilchen der Stoffe in zwischen ihnen vorhandene *leere Räume* hineinwandern. Ihre Bewegung ist dabei *regellos* und *ungeordnet*.

Lösen und Kristallisieren. Ebenso wie die Diffusion lassen sich die Vorgänge des *Lösens* und *Kristallisierens* mit dem Kugelteilchenmodell beschreiben.
Löst man Kochsalzkristalle in Wasser, kann man sich vorstellen, dass sich die kleinsten Teilchen des Wassers zwischen die kleinsten Teilchen des Kristalls schieben und deren Ablösung von der Oberfläche erleichtern. Die kleinsten Teilchen des Salzes verteilen sich dann aufgrund ihrer Eigenbewegung im Lösungsmittel (siehe auch ▷V 2). Lässt man das Wasser langsam verdunsten, kann man die Salzkristalle wieder zurückgewinnen. Wasserteilchen verschwinden aus der Lösung, die Abstände zwischen den kleinsten Teilchen des Salzes werden immer kleiner, schließlich lagern sie sich zu regelmäßigen Körpern zusammen. So entstehen aus den kleinsten Teilchen des Kochsalzes immer wieder würfelförmige Kristalle (▷V 4, ▷B 3).

Alle Stoffe sind aus kleinsten Teilchen aufgebaut. Die kleinsten Teilchen eines Reinstoffs sind untereinander gleich, sie haben die gleiche Masse und Größe. Die Teilchen sind in ständiger Bewegung, zwischen ihnen ist leerer Raum.

B 1 Diffusion. Links: Bromdampf/Luft. Rechts: Kaliumpermanganat/Wasser

V 1 Man bedeckt auf einer Glasplatte 1 bis 2 Tropfen Brom mit einem Standzylinder. Beobachte die Ausbreitung des Bromdampfes. (Abzug!)

V 2 Gib einige Kaliumpermanganat-Kristalle in Wasser und beobachte über längere Zeit. Vergleiche mit den Ergebnissen aus ▷V 1.

V 3 Betrachte einen Tropfen einer sehr stark mit Wasser verdünnten Tuschesuspension unter dem Mikroskop bei 400- bis 500facher Vergrößerung. Beschreibe deine Beobachtungen.

V 4 Stelle eine gesättigte Lösung aus 40 g Kochsalz (Spülmaschinensalz) und 100 ml Wasser her. Dekantiere die Lösung und lass diese an einem ruhigen Ort einige Zeit stehen. Was beobachtest du?

B 2 Lösungsvorgang in der Modellvorstellung

B 3 Kochsalzkristalle im Raster-Elektronenmikroskop

4.6 Überprüfung und Vertiefung

1 Unterscheide bei den folgenden Vorgängen zwischen Herstellung eines Stoffgemisches, Stofftrennverfahren, Änderung des Aggregatzustandes, chemischer Reaktion:
a) Kupfersulfid wird in die Elemente zerlegt. b) Salzwasser wird destilliert. c) Ein Kuchenteig wird aus Zucker, Milch, Mehl, Eiern und weiteren Zutaten hergestellt. d) Ein Kuchenteig wird gebacken. e) Benzin verdunstet. f) Wasser erstarrt zu Eis. g) Kaffee wird filtriert.
Worin liegt der entscheidende Unterschied zwischen einer chemischen Reaktion und der Vermischung oder Trennung von Stoffen?

B 1 Zu Aufgabe 4

2 Ein Sand-Schwefel-Gemisch kann durch kräftiges Erhitzen getrennt werden, nicht aber ein Gemisch aus Eisen und Schwefel. Begründe.

3 Erläutere den Unterschied zwischen Element und Verbindung an selbst gewählten Beispielen.

4 Wird ein Gemisch aus 4 g Schwefel- und 8 g Zinkpulver mit einer glühenden Nadel berührt, tritt eine sehr heftige Reaktion ein (▷ B 1; Schutzbrille! Abzug!).
Zurück bleibt ein bei hoher Temperatur gelber und nach dem Abkühlen weißer Stoff.

a) Welcher Stoff ist entstanden? Formuliere das Reaktionsschema.
b) Verläuft die Reaktion exotherm oder endotherm? Begründe.
c) Warum genügt es das Gemisch nur an einer Stelle zu erhitzen?

5 Viele Feststoffe glühen, wenn sie erhitzt werden. Ein Feststoff zeigt beim Erhitzen erst Rotglut, bei weiterer Zufuhr von Wärmeenergie Gelb- und schließlich sogar Weißglut. Farbe und Helligkeit glühender Körper hängen dabei nur von der Temperatur, nicht von dem Stoff ab (▷ B 2).

a) Welchen Schluss kann man daraus ziehen, dass Kupfer bei Gelbglut und Eisen erst bei Weißglut schmilzt?
b) Bei der Bildung von Silbersulfid aus den Elementen ist ein Glühen nur im verdunkelten Raum wahrzunehmen. Worauf ist es zurückzuführen, dass bei der Bildung von Eisensulfid ein viel kräftigeres und helleres Glühen als bei der Bildung von Silbersulfid zu beobachten ist?

6 Warum lässt sich Silbersulfid wesentlich leichter zerlegen als Eisensulfid?

B 2 Zu Aufgabe 5

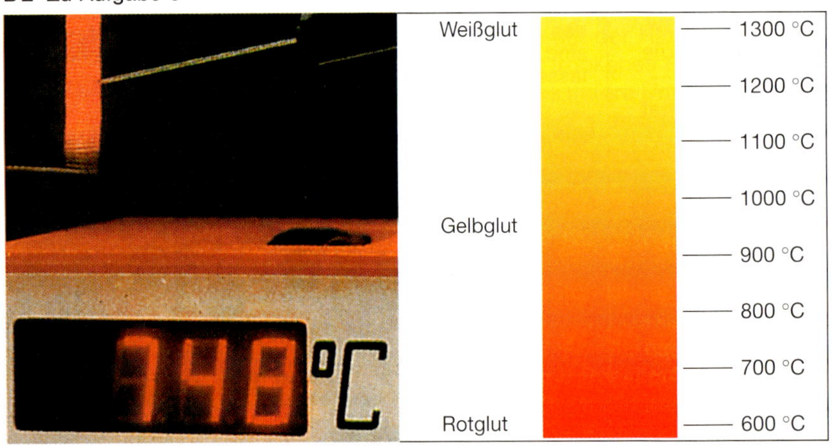

Wichtige Begriffe

Chemische Reaktion
Ausgangsstoff
Reaktionsprodukt
Sulfid
Reaktionsschema
Reaktionspfeil
Verbindung
Element / Grundstoff
exotherme Reaktion
endotherme Reaktion
Aktivierungsenergie
chemische Reaktion / Teilchenumgruppierung

Luft und Verbrennung

Verbrennungen sind alltägliche Erscheinungen. Sie begegnen uns in Form von Flammen oder als kaum sichtbare Glut.
Meist steht die dabei freigesetzte Wärme im Vordergrund, vielfach will man auch das erzeugte Licht nutzen.
Die meisten Verbrennungsvorgänge, die wir direkt beobachten können, finden an der Luft statt. Vieles deutet darauf hin, dass sie Einfluss auf die Verbrennung hat. Ein Windstoß bringt ein Feuer zum Aufglühen, mit einem Blasebalg kann ein Feuer entfacht werden.

Als Brennstoffe verwendet man brennbare Feststoffe, Flüssigkeiten und Gase. Zurück bleibt oft Asche. Es entstehen aber auch gasförmige Verbrennungsprodukte, die wir nicht sehen.
Wir wollen den Vorgang der Verbrennung einmal genauer untersuchen und dabei herausfinden, unter welchen Bedingungen Stoffe verbrennen und was dabei entsteht.

5.1 Die Verbrennung von Metallen

B 1 Magnesium verbrennt mit gleißender Flamme

B 2 Eisenwolle verbrennt ohne Flamme; sie verglüht

V 1 Man entzündet Magnesiumband (Zinkwolle) und beobachtet die auftretenden Veränderungen.

V 2 Entzünde etwas Eisenwolle und untersuche das Reaktionsprodukt.

V 3 Halte mit der Zange einen Eisennagel in die Flamme. Untersuche ihn nach dem Erkalten.

V 4 Man bläst Eisenpulver in die Brennerflamme (Schutzbrille!). Vergleiche die Heftigkeit der Reaktion mit jener in ▷ V 2 und ▷ V 3. Deute die Unterschiede.

A 1 Begründe, warum Metallpulver heftiger verbrennt als Metallwolle.

B 3 Zerteilung und Oberfläche. Beim Zerteilen eines Stoffes vergrößert sich seine Oberfläche

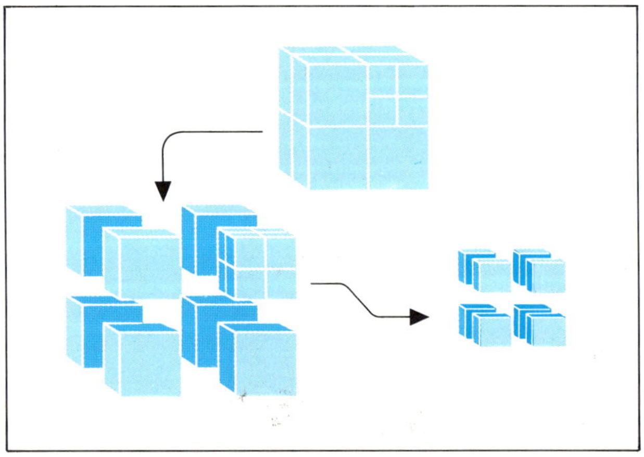

Heizungskeller sind mit Feuer hemmenden Türen aus Metallen versehen. Zylinder von Verbrennungsmotoren, Brennräume von Raketen und Rauchzüge in Heizungsanlagen sind aus Metall und brennen nicht, obwohl sie hohen Temperaturen ausgesetzt werden.

Manche Metalle brennen. Hält man dagegen *Magnesiumband* in die Flamme eines Brenners (▷ V 1), so entzündet es sich und verbrennt mit grellweißer Flamme und unter Abgabe von Wärme (▷ B 1). Zurück bleibt ein weißer, ascheartiger Stoff, der keine Ähnlichkeit mehr mit dem Metall hat. Ein neuer Stoff ist entstanden. Die Verbrennung von Magnesium ist eine chemische Reaktion.

Auch *Zinkwolle* verbrennt mit Flammenerscheinung und unter Abgabe von Wärme. Der neu entstandene Stoff sieht in der Hitze gelb und nach dem Abkühlen weiß aus.

Wird *Eisenwolle* entzündet (▷ V 2), so beobachtet man ein lebhaftes Aufglühen (▷ B 2). Es ist allerdings keine Flamme zu sehen. Zurück bleibt ein blauschwarzer, spröder Stoff. Auch das Eisen ist verbrannt. Da bei der Verbrennung keine Flamme zu beobachten war, sagt man, es ist *verglüht*. Es gibt aber auch Metalle (Platin, Gold), die nicht verbrennen.

Manche Metalle können verbrennen. Dabei entstehen unter Wärmeentwicklung neue Stoffe. Die Verbrennung ist eine chemische Reaktion.

Verbrennung und Zerteilungsgrad. Prüft man einen Eisen*nagel* auf Brennbarkeit (▷ V 3), so zeigt sich, dass er – im Gegensatz zu Eisenwolle – nicht brennt. Er überzieht sich lediglich mit einer dünnen, schwarzen Schicht.

Bläst man dagegen Eisen*pulver* (▷ V 4) in die Flamme eines Brenners, so verbrennt es unter Funkensprühen. Mit wachsendem Zerteilungsgrad reagiert Eisen bei der Verbrennung also heftiger.

Dies trifft auch für andere Metalle zu. So verbrennt *pulverisiertes* Magnesium in der Flamme mit grellem Lichtblitz und unter Abgabe von Wärme heftiger als Magnesium*band*.

Die Heftigkeit, mit der ein Stoff verbrennt, ist abhängig von seinem Zerteilungsgrad.

Wird eine Portion eines Feststoffes zerteilt, so bleibt zwar deren Masse erhalten, die *Oberfläche* vergrößert sich jedoch sehr stark (▷ B 3). Das deutet darauf hin, dass an der Verbrennung ein zweiter Stoff aus der unmittelbaren Umgebung beteiligt ist, der bei Zunahme der Oberfläche mit dem brennbaren Stoff besser in Kontakt treten kann.

5.2 Die Rolle der Luft bei der Verbrennung

Luft ermöglicht die Verbrennung. Wird Eisenwolle in einem Glasrohr entzündet (▷ V 1), so wandert die Glutzone hell aufleuchtend durch das Rohr, wenn *Luft* hindurchgesaugt wird. Bei *Unterbrechung* der Luftzufuhr erlischt das Glühen. Andere Metalle verhalten sich ähnlich. Luft ermöglicht die Verbrennung von Metallen.

Entzündet man Eisenwolle am Arm einer austarierten Waage, so neigt er sich zur Seite des brennenden Eisens und zeigt damit eine *Zunahme der Masse* an (▷ B 1). Es muss jedoch noch überprüft werden, ob die gesamte Luft oder nur ein Teil der Luft für die Massenzunahme verantwortlich ist.

Die Zusammensetzung der Luft. Um zu prüfen, ob die gesamte Luft bei der Verbrennung reagiert, verbrennen wir in einer geschlossenen Apparatur Eisenwolle in einer genau bekannten *Luftportion* (▷ V 3a, ▷ B 2). Es zeigt sich, dass das Volumen nur um etwa ein *Fünftel* abnimmt. Eine Wiederholung des Experiments mit einer größeren Portion Eisenwolle führt zum gleichen Ergebnis. Nur ein Teil der Luft reagiert also bei der Verbrennung.
Luft ist ein *Gasgemisch*. Der bei der Verbrennung reagierende Anteil der Luft heißt **Sauerstoff**.
In dem verbliebenen *Restgas* erstickt die Flamme eines Holzspans (▷ V 3b). Es besteht zum größten Teil aus **Stickstoff**.
Sehr genaue Untersuchungen haben ergeben, dass Luft in geringen Mengen noch andere Gase enthält (▷ B 3).

Luft ist ein Gasgemisch. Neben den Hauptbestandteilen Stickstoff und Sauerstoff enthält sie noch Edelgase und Kohlenstoffdioxid.

Metalle reagieren beim Verbrennen mit dem Sauerstoff der Luft.

B 1 Massenzunahme beim Verbrennen. Der Wägearm neigt sich zur Seite des brennenden Eisens

V 1 Fülle ein mit einer Wasserstrahlpumpe verbundenes Verbrennungsrohr mit Eisenwolle. Entzünde sie und sauge stoßweise Luft hindurch. Erkläre.

V 2 Entzünde einen Bausch Eisenwolle, der an einer austarierten Waage hängt. Beobachte den Wägearm und deute die Veränderung.

V 3 a) Baue eine Apparatur nach ▷ B 2 auf. Schiebe die eingeschlossene Luftportion (100 ml) mehrmals über die erhitzte Eisenwolle. Lies das Volumen des erkalteten Restgases ab und ermittle den Verbrauch. Zeichne die Versuchsapparatur.
b) Drücke das Restgas in einen Standzylinder und halte einen brennenden Holzspan hinein.

B 2 Ermittlung des Sauerstoffgehalts der Luft. Nur ein Fünftel der Luftportion nimmt an der Reaktion teil

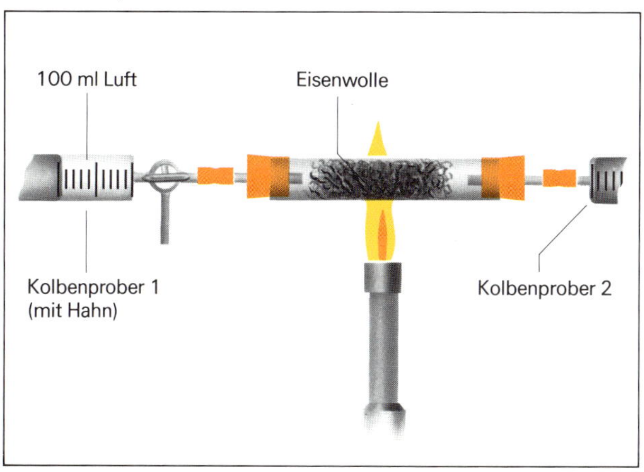

B 3 Zusammensetzung von Luft (Volumenanteile) ohne Berücksichtigung der Luftfeuchtigkeit, Werte gerundet

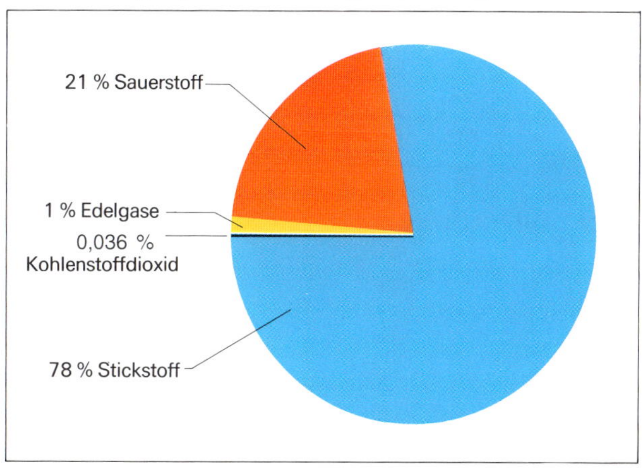

5.3 Sauerstoff und andere Luftbestandteile

B 1 **Flüssige Luft**

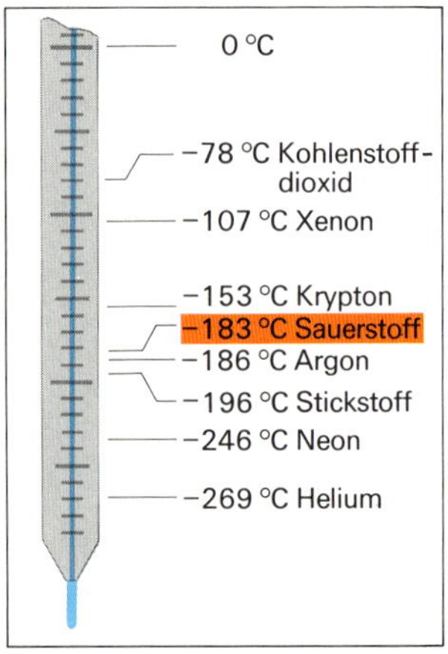

B 2 **Siedetemperaturen einiger Luftbestandteile**

Da Luft ein Gasgemisch ist, ist es möglich durch ein geeignetes Trennverfahren Sauerstoff und andere Bestandteile der Luft rein zu gewinnen.

Gewinnung von Sauerstoff aus der Luft. Wird eine Luftportion zusammengepresst, so steigt ihre Temperatur. Vergrößert man hingegen den Gasraum, so sinkt die Temperatur. Führt man die beim Zusammenpressen frei werdende Wärme ab und lässt die Luft sich wieder ausdehnen, so wird diese kälter als sie ursprünglich war. Durch mehrfaches Wiederholen des Vorganges werden so niedrige Temperaturen erreicht, dass die Luft kondensiert. Es entsteht *flüssige Luft*. Aus ihr lassen sich durch Destillation einzelne Luftbestandteile aufgrund ihrer unterschiedlichen Siedetemperaturen (▷ B 2) abtrennen. Nach diesem Prinzip wird reiner Sauerstoff gewonnen. Er kommt in blauen Stahlflaschen in den Handel. Darin steht er unter hohem Druck und darf nur über druckmindernde Ventile entnommen werden (▷ B 4).

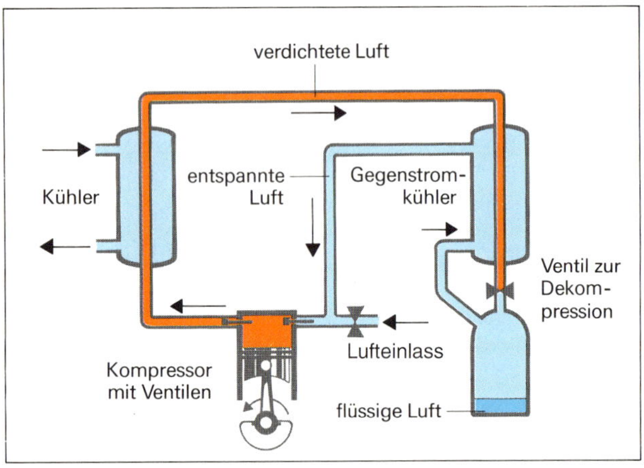

B 3 **Gewinnung flüssiger Luft** nach dem Lindeverfahren

B 4 **Sauerstoff-Flasche mit Druckminderungsventil** zur Gasentnahme

B 5 **Glimmspanprobe**

Eigenschaften und Nachweis. Sauerstoff ist ein farb-, geruch- und geschmackloses Gas. Wir können ihn mit den Sinnesorganen nicht wahrnehmen. Seine Dichte beträgt 1,33 g/l bei 20 °C, sie ist größer als die von Luft (1,19 g/l). Er unterhält die Verbrennung. Man nutzt diese Eigenschaft aus, um ihn nachzuweisen: Hält man einen an der Luft nur glimmenden Holzspan in Sauerstoff, so flammt er auf und brennt mit heller Flamme (▷ B 5).

Mit der Glimmspanprobe kann Sauerstoff nachgewiesen werden. Sie dient auch zur Unterscheidung von Sauerstoff, Luft und Stickstoff.

Bedeutung der Luftbestandteile. Die in der Luft enthaltenen Stoffe sind für das Leben auf der Erde und für die Technik von großer Bedeutung.

Sauerstoff wird von Menschen und Tieren zum Atmen benötigt. Auch bei Verbrennungsvorgängen, z. B. in Motoren oder Heizanlagen, wird der Luft Sauerstoff entzogen. In Krankenhäusern wird Sauerstoff in Reinform oder mit Luft vermischt zum Beatmen und Inhalieren verwendet (▷ B 7). Grüne Pflanzen hingegen produzieren Sauerstoff.

Stickstoff, der Hauptbestandteil der Luft, ist geruch-, geschmack- und farblos. Er ist sehr reaktionsträge. Eine Kerzenflamme oder die Flamme eines Holzspans erlischt, wenn nur Stickstoff anwesend ist. Stickstoffverbindungen werden von allen Lebewesen benötigt. Sie können, bis auf wenige Ausnahmen, den in der Luft enthaltenen Stickstoff nicht nutzen. Pflanzen nehmen Stickstoffverbindungen mit den Wurzeln aus dem Boden, Menschen und Tiere mit der Nahrung auf.

Farbe	farblos
Geruch	geruchlos
Geschmack	geschmacklos
Aggregatzustand bei Zimmertemp.	gasförmig
Dichte (20 °C)	1,33 g/l
Schmelztemperatur	– 219 °C
Siedetemperatur	– 183 °C
Brennbarkeit	brennt nicht, unterhält Verbrennung
Löslichkeit in Wasser (20 °C)	geringfügig (31 cm^3/l)

B 6 Eigenschaften von Sauerstoff

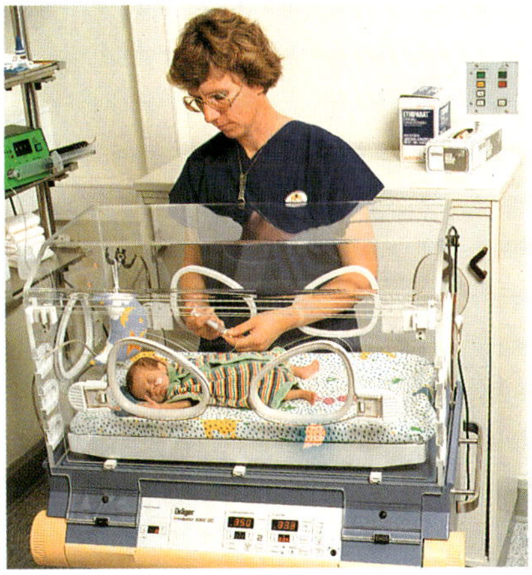

B 7 Sauerstoffeinsatz in der Medizin

V 1 Entzünde einen Holzspan an einem Ende, blase die Flamme aus und halte den nur noch glimmenden Holzspan in einen mit Sauerstoff gefüllten Standzylinder.

V 2 Befestige einen mit Sauerstoff gefüllten Zylinder mit der Öffnung nach oben, einen weiteren umgekehrt an einem Stativ. Entferne die Verschlüsse und führe nach einigen Minuten die Glimmspanprobe durch.
Wie ist das Ergebnis der Probe zu erklären?

A 1 Erläutere mit Hilfe von ▷ B 2 und ▷ B 3 die Gewinnung von Sauerstoff aus der Luft nach dem Lindeverfahren.

A 2 Durch Atmung und Verbrennung wird der Luft Sauerstoff entzogen. Wodurch wird dieser Verlust ausgeglichen?

A 3 Auf welchem Wege gelangen lebensnotwendige Stickstoffverbindungen in den Körper des Menschen?

A 4 Gib einige Verwendungsmöglichkeiten für Edelgase an.

Flüssiger Stickstoff ist heute ein unentbehrlicher Stoff in der Kältetechnik. Lebensmittel werden damit in kürzester Zeit tiefgefroren und haltbar gemacht. In der Medizin werden sogar Organe darin aufbewahrt.

Edelgase sind sehr reaktionsträge und nicht brennbar. Helium wird wegen seiner geringen Dichte als Füllgas für Luftschiffe und Ballons verwendet. Argon dient als Schutzgas beim Schweißen (▷ B 9). Es hält den Sauerstoff von der Schweißstelle ab und schützt das Metall vor der Verbrennung. Mit Neon und anderen Edelgasen gefüllte Leuchtstoffröhren spenden farbiges Licht (▷ B 10). Viele Glühlampen sind mit Krypton und Xenon gefüllt, um ein Durchbrennen der Glühwendel zu verhindern. Dadurch kann die Glühtemperatur auf etwa 2500 °C gesteigert und die Lichtausbeute erhöht werden.

Kohlenstoffdioxid ist lebensnotwendig für das Wachstum grüner Pflanzen. Sie nehmen Kohlenstoffdioxid und Wasser aus ihrer Umgebung auf und bauen daraus unter Ausnutzung des Sonnenlichts energiereiche Stoffe auf. Dabei geben sie zugleich Sauerstoff ab.

B 8 Stickstoff als Füllgas verhindert das Entstehen von Reifenbränden

B 9 Schutzgasschweißen. Das Edelgas Argon verhindert den Luftzutritt

B 10 Leuchtstoffröhren mit Edelgasfüllung verbreiten farbiges Licht

5.4 Metalle reagieren mit Sauerstoff

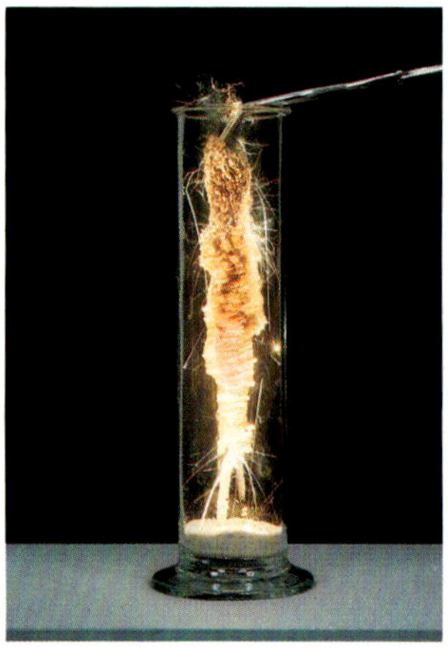

B 1 Eisenwolle verbrennt in Sauerstoff

B 2 Magnesium verbrennt in Sauerstoff

V 1 Man hält brennende Eisenwolle bzw. brennendes Magnesiumband in einen mit Sauerstoff gefüllten Standzylinder. (Vorsicht! Schutzbrille!)

V 2 Erhitze ein mehrfach gefaltetes Kupferblech in der Brennerflamme. Vergleiche anschließend Innen- und Außenseite. Deute die Beobachtungen.

V 3 Man bläst Pulver gleicher Korngröße der Metalle Eisen, Kupfer und Magnesium mit Sauerstoff in die nicht leuchtende Brennerflamme. (Schutzbrille!) Vergleiche die Heftigkeit der Reaktionen.

A 1 Formuliere einen Merksatz zur Unterscheidung von edlen und unedlen Metallen.

Ein Holzspan, der an der Luft nur glimmt, flammt in reinem Sauerstoff auf. Offensichtlich verläuft die Verbrennung in *reinem Sauerstoff heftiger* als an der Luft.

Verbrennung von Metallen in reinem Sauerstoff. Eisenwolle, die an der Luft nur verglüht, verbrennt in reinem Sauerstoff unter lebhaftem Funkensprühen (▷ V 1, ▷ B 1). Magnesium verbrennt darin sogar so heftig, dass das gesamte Reaktionsprodukt sich in Form eines weißen Rauches zeigt (▷ B 2). Die Reaktionsprodukte unterscheiden sich in beiden Fällen nicht von denen, die beim Erhitzen der Metalle an der Luft entstehen.

Die Oxidation. Eine Reaktion, bei der sich ein Stoff mit Sauerstoff verbindet, nennt man **Oxidation** (von griech./lat. oxygenium, Sauerstoff). Die dabei entstehenden Stoffe heißen **Oxide**. So bildet sich aus Eisen und Sauerstoff *Eisenoxid*, aus Magnesium und Sauerstoff *Magnesiumoxid*.

Eisen + Sauerstoff ⟶ Eisenoxid

Zur Kennzeichnung der *Aggregatzustände* der Ausgangsstoffe und Reaktionsprodukte können die folgenden *Kurzzeichen*: **s** für *fest (solid)*, **l** für *flüssig (liquid)* und **g** für *gasförmig (gaseous)* in Klammern hinter den jeweiligen Namen geschrieben werden.

Magnesium (s) + Sauerstoff (g) ⟶ Magnesiumoxid (s)

Auch ein Kupferblech überzieht sich in der Hitze mit einer Schicht aus schwarzem Kupferoxid (▷ V 2).
Oxide unterscheiden sich deutlich von den Metallen, aus denen sie entstehen (▷ B 3). Es sind spröde Stoffe mit hoher Schmelztemperatur. Manche werden als Farbpulver verwendet, z. B. Zinkoxid, rotes Bleioxid, Titandioxid (▷ B 4).

B 3 Eigenschaften einiger Metalle und ihrer Oxide im Vergleich

Metall Name	Eigenschaften	**Metalloxid** Name	Eigenschaften
Magnesium	silberglänzend; Schmelztemp. 649 °C	Magnesiumoxid	weiß, spröde; Schmelztemp. 2802 °C
Eisen	grau glänzend; Schmelztemp. 1535 °C	Eisenoxid	blauschwarz, spröde; Schmelztemp. 1594 °C
Zink	hellgrau glänzend; Schmelztemp. 419 °C	Zinkoxid	weiß, in der Hitze gelb; Schmelztemp. 1975 °C
Silber	silberglänzend; Schmelztemp. 962 °C	Silberoxid	schwarz, spröde; zersetzt sich ab 160 °C

B 4 Titandioxid wird wegen seines hervorragenden Aufhellungs- und Deckvermögens vielen Stoffen zugesetzt

Verwendung in:

Lackfarben
Kunststoffen
Textilfasern
Papier
Druckfarben
Korrekturflüssigkeit
Zahnpasta
Puder

Verbrauch 1992: über 2,8 Mio. Tonnen

Metalle reagieren mit Sauerstoff

Für die Reaktionen von Metallen mit Sauerstoff gilt allgemein:

Metall + Sauerstoff ⟶ Metalloxid

Bei den Oxidationen wird Energie in Form von Wärme und Licht frei. Es sind exotherm verlaufende Reaktionen.

Die Reaktion eines Stoffes mit Sauerstoff wird Oxidation genannt. Bei der Reaktion von Metallen mit Sauerstoff entstehen Metalloxide.

Das Bindungsbestreben der Metalle zu Sauerstoff. Bei den bisher beobachteten Reaktionen reagieren die Metalle offensichtlich unterschiedlich heftig. Da hierbei auch der Zerteilungsgrad eine wichtige Rolle spielt, kann ein Vergleich der Heftigkeiten nur mit Stoffportionen gleicher Korngröße durchgeführt werden.
Bläst man Pulver der Metalle Kupfer, Eisen bzw. Magnesium mit Sauerstoff durch die nicht leuchtende Brennerflamme (▷ V 3), so zeigen sich deutliche Unterschiede in der Helligkeit der Flamme und damit der Heftigkeit der Reaktion.
Von den untersuchten Metallen hat Magnesium das größte und Kupfer das geringste Bestreben mit Sauerstoff eine Verbindung zu bilden. Es ergibt sich die Reihenfolge:

Kupfer, Eisen, Magnesium ⟶

Von Kupfer zu Magnesium nimmt das Bindungsbestreben zu Sauerstoff zu (▷ B 5). Metalle, die ein großes Bindungsbestreben zu Sauerstoff haben, werden *unedle Metalle* genannt. Ihnen stehen die *Edelmetalle* gegenüber. Sie sind die einzigen Metalle, die man in der Natur gediegen finden kann. Von allen anderen Metallen findet man dort nur Verbindungen.

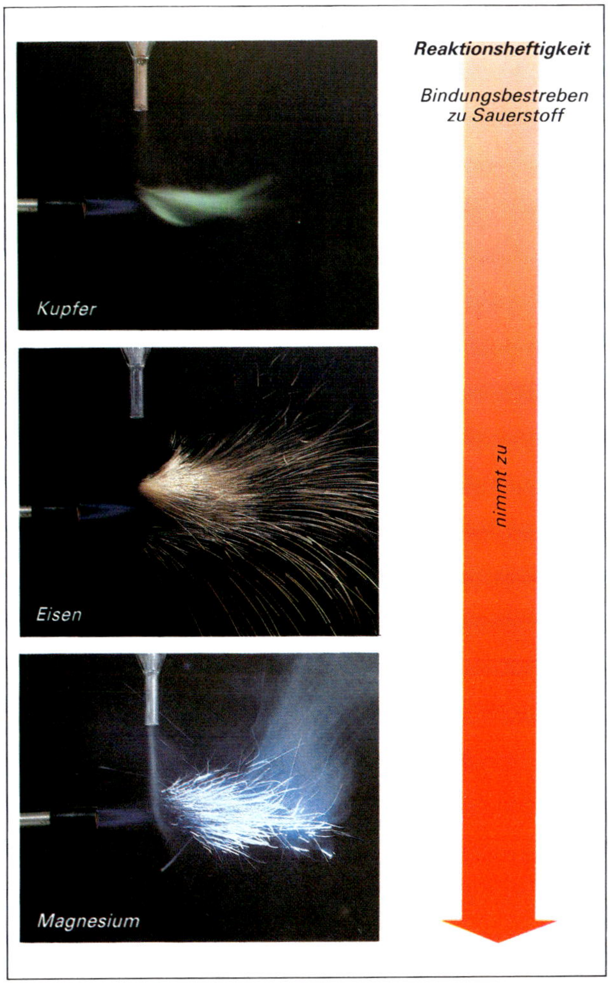

B 5 Reaktionsheftigkeit und Bindungsbestreben

B 6 Durchtrennen einer Eisenplatte mit einem Schneidbrenner

Auf Baustellen kann man oft beobachten, dass Eisenplatten oder Stahlträger mit Schneidbrennern zerteilt werden. Auch hier spielt die Bildung des Eisenoxids eine wichtige Rolle.
Zunächst erhitzt man das Metall mit der Brennerflamme bis zum Glühen. Anschließend schließt man die Zufuhr des brennbaren Gases und lässt nur noch reinen Sauerstoff auf die glühende Metalloberfläche strömen. Das Metall wird oxidiert, die dabei frei werdende Wärmeenergie führt zum weiteren Schmelzen des Metalls und seiner Reaktion mit Sauerstoff. Es bildet sich ein heftiger Funkenregen von verglühendem Eisen und weggeschleudertem Eisenoxid. Zurück bleibt ein schmaler Spalt.

5.5 Die Masse der Stoffe und die chemische Reaktion

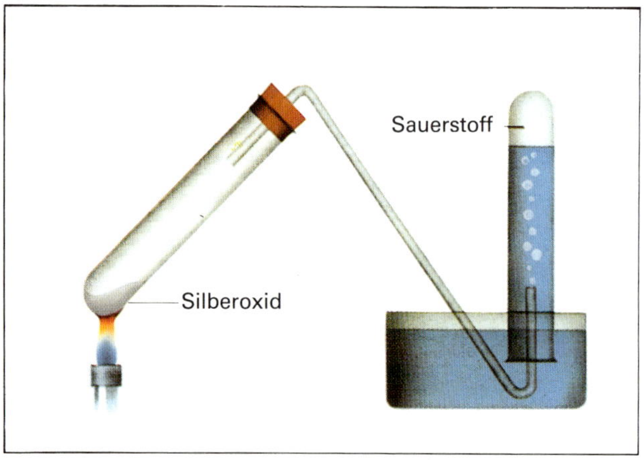

B 1 Silberoxid wird durch Wärmezufuhr zerlegt

V 1 Erhitze im Reagenzglas ca. 0,65 g Silberoxid (genau gewogen, Massendifferenz: Reagenzglas mit der Silberoxidportion und leeres Reagenzglas) und fange das entstehende Gas in einem Messzylinder über Wasser auf. a) Notiere das Volumen des Gases und führe mit ihm die Glimmspanprobe durch. b) Bestimme die Masse des Reagenzglases mit dem Reaktionsprodukt. c) Berechne die Masse des Gases aus dem Volumen und der Dichte. Vergleiche die Masse des Ausgangsstoffes mit der Masse der Reaktionsprodukte.

A 1 Verglüht Eisenwolle an der Luft, ist die Masse des Eisenoxids größer als die Masse der Eisenwolleportion. Widerspricht dies dem Gesetz von der Erhaltung der Masse? Begründe!

B 2 Massenerhaltung. Masse eines Blitzlämpchens vor (links) und nach dem Zünden

Viele Metalle reagieren mit Sauerstoff in einer exothermen Reaktion zu Metalloxiden. Was geschieht, wenn ein Metalloxid erhitzt wird?

Silberoxid wird erhitzt. Wird Silberoxidpulver langsam erhitzt (▷ V 1), so entweichen aus dem violettschwarzen Pulver Blasen. Die Stoffportion wird allmählich weiß und silbrig; glänzende Tröpfchen haften am Reagenzglas. Farbe und Glanz bleiben auch nach dem Abkühlen bestehen, es ist Silber entstanden. Neben dem Silber lässt sich auch Sauerstoff auffangen und nachweisen (▷ B 1). Die Verbindung Silberoxid ist also in einer endothermen Reaktion in die Elemente Silber und Sauerstoff zerlegt worden.

Silberoxid ⟶ Silber + Sauerstoff | endotherm

Jedes Metalloxid lässt sich in das Metall und Sauerstoff zerlegen. Da Silber nur ein geringes Bindungsbestreben zu Sauerstoff hat, zerfällt Silberoxid schon beim Erhitzen auf etwa 160 °C. Bei den meisten Metalloxiden gelingt dies erst bei so hohen Temperaturen, dass deren Zerlegung experimentell nur schwer zu erreichen ist.

Gesetz von der Erhaltung der Masse. Das Silber, das nach der Zerlegung zurückbleibt, weist eine geringere Masse auf als das Silberoxid, aus dem es entstanden ist. Dies ist auch nicht verwunderlich, es ist ja auch noch Sauerstoff gebildet worden. Will man die Masse der Silberoxidportion mit der Masse der Reaktionsprodukte vergleichen, muss neben der Masse des Feststoffes auch die Masse des Gases bestimmt werden. Aus dem Volumen und der Dichte des Sauerstoffs lässt sich leicht seine Masse bestimmen. Addiert man die Masse der Silberportion zu der Masse der Sauerstoffportion, dann zeigt sich, dass diese Gesamtmasse in etwa mit der Masse der Silberoxidportion übereinstimmt. Allerdings erfasst man mit der gewählten Versuchsanordnung nicht den gesamten Sauerstoff, da sich ein wenig Sauerstoff in der Sperrflüssigkeit, dem Wasser, löst.
Beim Zünden eines Blitzlämpchens wird die darin enthaltene Metallwolle oxidiert, die Masse des Lämpchens bleibt unverändert (▷ B 2). Bei der Reaktion in dem geschlossenen Lämpchen können Stoffe weder hinzukommen noch entweichen.
Will man bei einer *chemischen Reaktion* die *Massen aller Ausgangsstoffe* mit der *Masse aller Reaktionsprodukte* vergleichen, muss man die Reaktion in einer *geschlossenen Apparatur* durchführen. Dabei lässt sich bei einer *beliebigen Reaktion* auch mit sehr empfindlichen Waagen *keine Massenänderung* feststellen.

Bei jeder chemischen Reaktion ist die Masse der Reaktionsprodukte gleich der Masse der Ausgangsstoffe.

5.6 Nichtmetalle reagieren mit Sauerstoff

Oxidationsreaktionen haben wir bisher nur an Metallen untersucht. Die im Alltag verwendeten Brennstoffe enthalten Kohlenstoff und Kohlenstoffverbindungen. Kohlenstoff ist ein Element und gehört ebenso wie der Schwefel zu den Nichtmetallen, deren Verhalten gegenüber Sauerstoff wir im Folgenden untersuchen.

Schwefeldioxid. Erhitzt man Schwefel, so schmilzt er und entzündet sich. An der Luft verbrennt er mit nur schwach blauer Flamme und in reinem Sauerstoff mit *leuchtend blauer Flamme* (▷ B 2). Dabei bildet sich ein *farbloses, gasförmiges, giftiges Oxid* mit stechendem Geruch. Dieses Oxid wird **Schwefeldioxid** genannt.

Schwefel + Sauerstoff ⟶ Schwefeldioxid | exotherm

Schimmelpilze und Kleinlebewesen wie Bakterien werden durch Schwefeldioxid abgetötet, deshalb wird es zum Haltbarmachen von Trockenfrüchten eingesetzt. Die Verpackungen tragen dann den Hinweis „geschwefelt". Auch zur Desinfektion von Wein- und Bierfässern aus Holz wird es verwendet. Schwefeldioxid bleicht Blütenfarbstoffe und andere Farbstoffe (▷ V 1b).
Die Brennstoffe Kohle und Öl enthalten Verbindungen des Schwefels. Bei ihrer Verbrennung entsteht ebenfalls Schwefeldioxid, das unsere Umwelt gefährlich belastet. Deshalb müssen entweder die Schwefelverbindungen vor der Verbrennung aus den Brennstoffen oder das Schwefeldioxid aus den Abgasen entfernt werden.

Verbrennung von Kohlenstoff. Holzkohle besteht fast ausschließlich aus Kohlenstoff, daneben enthält sie noch geringe Anteile mineralischer Stoffe. Diese sind von den Bäumen aus dem Boden aufgenommen und bei der Gewinnung der Holzkohle aus dem Holz nicht entfernt worden. Zündet man Holzkohle an, so glüht sie bei Luftzufuhr hell auf und verglüht langsam. Zurück bleibt eine hellgraue, fast weiße Asche. Diese Asche ist nicht das Oxid des Kohlenstoffs, sondern der Rückstand der mineralischen Begleitstoffe der Holzkohle.
Bei der Verbrennung des Kohlenstoffs entsteht kein sichtbares Oxid, sondern das *gasförmige, farb-* und *geruchlose* **Kohlenstoffdioxid**.

Kohlenstoff + Sauerstoff ⟶ Kohlenstoffdioxid | exotherm

Nachweis von Kohlenstoffdioxid. Schüttelt man ein Gefäß, in dem sich Kohlenstoffdioxid und Kalkwasser befinden, so bildet sich in der Flüssigkeit ein Feststoff, der eine *Trübung* verursacht und nach einer Weile als *Niederschlag* ausfällt.

Die Trübung von Kalkwasser ist ein Nachweis für Kohlenstoffdioxid.

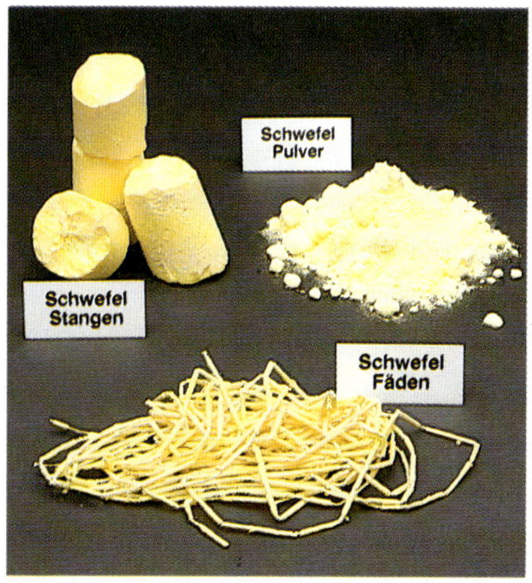

B 1 Handelsformen des Schwefels

B 2 Schwefel verbrennt in Sauerstoff

V 1 a) Schwefel wird in einem blanken Verbrennungslöffel unter dem Abzug entzündet und in einen mit Sauerstoff gefüllten Standzylinder eingeführt.
b) Anschließend wird eine rote Rose oder Nelke in den Zylinder gegeben. Für einige Minuten lässt man den Standzylinder abgedeckt stehen.

V 2 Entzünde ein Stück Holzkohle auf dem Verbrennungslöffel und senke es in einen kleinen Standzylinder, der mit Sauerstoff und einer kleinen Portion Kalkwasser gefüllt ist. Verschließe den Standzylinder und schüttle ihn. Erkläre die Beobachtungen.

A 1 Warum werden aus Brennstoffen wie Heizöl und Erdgas Schwefelverbindungen entfernt?

B 3 Holzkohle verbrennt in Sauerstoff

B 4 Kohlenstoffdioxid trübt Kalkwasser

B 5 Trockeneis beim Tiefkühlen von Lebensmitteln

V 3 Stelle in ein Glasbecken Kerzen verschiedener Länge und zünde sie an. Fülle mehrere große Bechergläser mit Kohlenstoffdioxid und gieße das Gas durch einen Trichter mit weiter Öffnung in das Glasbecken um.

A 2 Der gasförmige Anteil des Tabakrauches enthält etwa 73% Stickstoff, 10% Sauerstoff, 9,5% Kohlenstoffdioxid, 4,2% Kohlenstoffmonooxid und 3,3% andere Gase. Vergleiche mit Luft. Welche Schlussfolgerungen ziehst du?

Eigenschaften von Kohlenstoffdioxid. Die Dichte des Kohlenstoffdioxids (1,83 g/l bei 20 °C und 1013 hPa) ist etwa anderthalbmal so groß wie die der Luft. Das Kohlenstoffdioxid lässt sich deshalb umgießen wie eine Flüssigkeit und sammelt sich am Boden eines Raumes oder Gefäßes, wo es eine Kerzenflamme ersticken kann (▷ V 3). Es ist selbst nicht brennbar.

Verwendung von Kohlenstoffdioxid. Unter Druck verflüssigt kommt Kohlenstoffdioxid in grauen Stahlflaschen in den Handel. Erstarrtes Kohlenstoffdioxid wird wegen seines eisähnlichen Aussehens als Trockeneis bezeichnet. Festes Kohlenstoffdioxid wird bei Zimmertemperatur und 1013 hPa nicht flüssig, sondern es sublimiert. Dabei kühlt sich die Umgebung stark ab. Trockeneis wird deshalb zum Kühlen von Lebensmitteln (▷ B 5) bei deren Herstellung und Transport verwendet. Auch „künstlicher Nebel" kann mit Hilfe von Kohlenstoffdioxid hergestellt werden (▷ B 7).
Viele Mineralwässer enthalten „natürliches" Kohlenstoffdioxid gelöst, das z. B. bei vulkanischer Tätigkeit entstanden ist. Limonaden und manchen alkoholischen Getränken wird es zugesetzt, was ihnen einen erfrischenden Geschmack verleiht. Mit steigendem Druck nimmt die Löslichkeit von Kohlenstoffdioxid in Wasser zu, deshalb wird es in Getränke hineingepresst. Wird die Flasche geöffnet, sprudelt ein großer Teil des Kohlenstoffdioxids heraus. In Gaststätten drückt Kohlenstoffdioxid das Bier zum Zapfhahn und bildet mit dem Bier den Schaum.

Kohlenstoffmonooxid, ein gefährliches Gas. Verbrennen Kohlenstoff oder Kohlenstoffverbindungen bei ungenügender Luftzufuhr, so entsteht als Nebenprodukt das *giftige Kohlenstoffmonooxid*. Kohlenstoffmonooxid ist *farb-* und *geruchlos* und verbrennt mit blauer Flamme zu Kohlenstoffdioxid. Wird Kohlenstoffmonooxid eingeatmet, wird es durch den roten Farbstoff der Blutkörperchen gebunden. Sie können dadurch keinen Sauerstoff mehr transportieren und an die Körperzellen weitergeben. Vergiftungen äußern sich in Kopfschmerzen, Sehstörungen, Schwindelgefühl, Übelkeit und können zum Tode führen. Als Gegenmaßnahme bei Vergiftungen dient die sofortige Sauerstoffbeatmung.

Der Anteil an Kohlenstoffmonooxid und anderen gasförmigen Schadstoffen in der Luft kann mit einem *Gasspürgerät* (▷ B 6) gemessen werden. Dazu gehören eine *Pumpe* und spezielle *Messröhrchen* für die einzelnen Stoffe.

B 6 Ein Gasspürgerät besteht aus Pumpe und Messröhrchen

B 7 Künstlicher Nebel aus Trockeneis und Wasser

In Theatern oder in Diskotheken setzt man zur Erzeugung einer besonderen Stimmung häufig künstlichen Nebel ein. Dieser wird meist aus Trockeneis und Wasser hergestellt.
Dazu wird ein Drahtkorb mit Trockeneisstücken in heißes Wasser gesenkt. Sofort bildet sich Nebel, der mit einem Schlauch an den gewünschten Ort geleitet werden kann.

Erklärung: Das Trockeneis sublimiert in dem heißen Wasser sehr schnell. Dabei kühlt sich die feuchte Luft über dem Wasser ab, so dass der Wasserdampf zu feinen Tröpfchen kondensiert. Dieser Nebel wird aus der „Nebelmaschine" über den Schlauch herausgedrückt, weil das Kohlenstoffdioxidgas einen viel größeren Raum einnimmt als das Trockeneis.

5.7 Projekt: Untersuchung der Kerzenflamme

Versuch 1 Die Kerzenflamme

Materialien:
Kerze, Unterlage (z. B. Fliese), Zündhölzer

Aufgaben:
a) Entzünde eine Kerze und beobachte die Flamme. Welche Veränderungen hast du beobachtet?
b) Zeichne die Kerzenflamme. Wie viele Zonen kannst du erkennen?
(Hinweis: Die Zeichnungen der Kerzenflamme auf dieser Seite sind nicht genau genug!)
c) Blase die Flamme aus und beobachte etwa 1 Minute. Schreibe deine Beobachtungen auf.

Versuch 2 Was verbrennt in der Kerze?

Materialien:
Kerze, Unterlage, Zündhölzer, Glasrohr ($d = 6 - 8$ mm, $l = 6$ cm), Tiegelzange

Aufgaben:
a) Entzünde eine Kerze. Warte etwa 2 Minuten und blase dann die Flamme aus. Führe sogleich ein brennendes Streichholz in die Nähe des Dochtes. Schildere und deute deine Beobachtungen.
b) Halte ein Ende des Glasrohres mit der Tiegelzange unmittelbar über das Dochtende einer brennenden Kerze. Führe ein brennendes Streichholz an das andere Ende des Glasrohres. Schildere und deute deine Beobachtungen.
c) Was ist der Brennstoff der Kerze?

Versuch 3 Die Aufgabe des Dochtes

Materialien:
Schutzbrille, feuerfeste Unterlage, Porzellantiegel, dicker Baumwollfaden, Speiseöl, Tiegelzange

Aufgaben:
a) Halte den Baumwollfaden an einem Ende zwischen Daumen und Zeigefinger und lass das untere Ende in das Speiseöl hängen. Was fühlst du nach einiger Zeit?
b) Halte den Faden jetzt mit der Tiegelzange und führe ein brennendes Streichholz an das obere Ende des Fadens. Schildere deine Beobachtungen.
c) Welche Aufgaben hat der Docht der Kerze?

Versuch 4 Die Flammenzonen unterscheiden sich

Materialien:
Kerze, feuerfeste Unterlage, Zündhölzer, Holzspan

Aufgaben:
a) Halte einen Augenblick dünne Holzstäbchen mit ihren Mitten in verschiedene Höhen in eine Kerzenflamme.
b) Halte einen Streichholzkopf kurz in die dunkle Zone einer Kerzenflamme. Halte ihn dann ebenso kurz in die Spitze der Flamme.

Wo ist die Flamme der Kerze besonders heiß?

Versuch 5 Welche Stoffe entstehen bei der Verbrennung einer Kerze?

Geräte und Materialien:
Kerze, feuerfeste Unterlage, Zündhölzer, Trichter, U-Rohr mit Ansätzen und Stopfen, Gaswaschflasche, Schlauchstücke, Kalkwasser, Wasserstrahlpumpe

Aufgabe:
Eure Gruppe erhält vom Lehrer die obigen Geräte und Materialien. Bei der Verbrennung der Kerze entstehen neue Stoffe, die Reaktionsprodukte. Baut aus den obigen Geräten eine Apparatur zusammen, mit der die Reaktionsprodukte aufgefangen werden können. Stellt die Apparatur der Lehrerin oder dem Lehrer vor und führt dann den Versuch durch. Zeichnet auch die Apparatur.

Versuch 6 Warum leuchtet die Kerzenflamme?

Geräte und Materialien:
Kerze, feuerfeste Unterlage, Porzellanschale, Tiegelzange, Kohlepulver, Glasrohr mit Biegung, Zündhölzer

Aufgaben:
a) Zünde die Kerze an und halte in einem Abstand von etwa 1 cm über die Flamme eine Porzellanschale.
b) Blase eine Spatelspitze Kohlepulver in die Kerzenflamme.
c) Schildere deine Beobachtungen und beantworte die Frage zum Versuch.

5.8 Oxidationen in unserer Umwelt

Nahrungsmittel	Energiegehalt
0,2 l Apfelsaft	400 kJ
1 Karamellbonbon	84 kJ
0,2 l Cola	380 kJ
1 Scheibe Mischbrot (40 g)	420 kJ

Tätigkeit	Energieverbrauch
20 min Spazierengehen	100 kJ
5 min Schwimmen	100 kJ
2 min Fußballspiel	100 kJ
6 min Seilspringen	100 kJ

B 1 Energiegehalt und Energieverbrauch

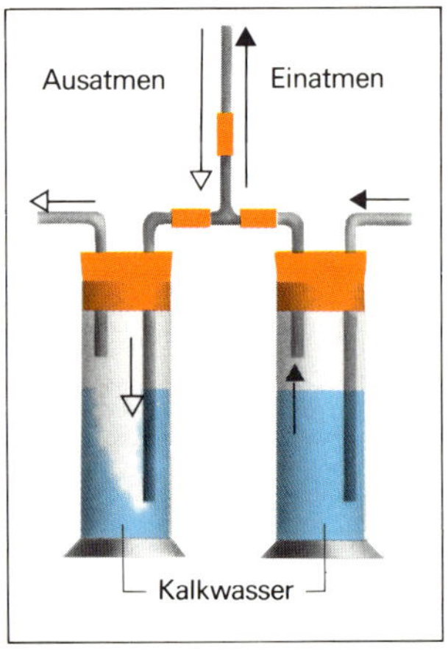

B 2 Kohlenstoffdioxid in ausgeatmeter Luft

V 1 Baue eine Apparatur nach ▷ B 2 auf. Fülle die Waschflaschen zur Hälfte mit Kalkwasser. Atme durch eine Flasche Luft ein (Austrittsrohr dabei verschließen) und durch die andere aus (Einlassrohr verschließen). Vergleiche die Trübung des Kalkwassers.

V 2 Fülle die Kuppe eines Reagenzglases mit angefeuchteter Eisenwolle und stelle es mit der Öffnung nach unten in ein Becherglas mit Wasser. Gleiche den Wasserspiegel in beiden Gefäßen aus und markiere das Luftvolumen im Reagenzglas. Ermittle die Volumenänderung nach einigen Tagen.

A 1 Worauf beruht es, dass die Körpertemperatur eines Menschen wesentlich höher ist als die Zimmertemperatur?

B 3 Sauerstoffverbrauch beim Rosten

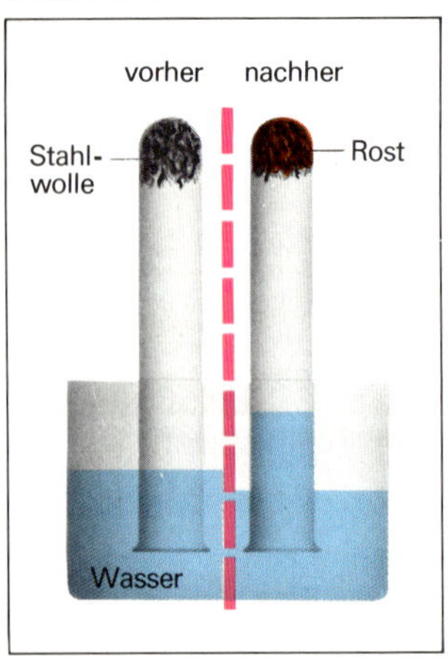

B 4 Mikroaufnahme von Rost

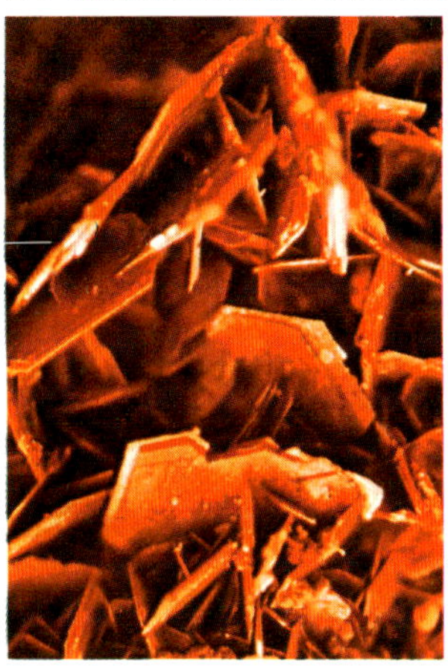

Oxidationsreaktionen spielen im Alltag und in der Natur eine bedeutende Rolle. Dabei steht meist die freigesetzte Energie im Vordergrund.

Brennstoffe liefern Energie für vielerlei Zwecke. Im Haushalt und in der Industrie werden große Mengen von Brennstoffen, die aus Kohlenstoff oder Kohlenstoffverbindungen bestehen (z. B. Kohle, Heizöl, Erdgas), verbrannt, um die *Wärme* für Heizzwecke zu gewinnen. Kraftwerke nutzen die Verbrennungswärme, um über Turbinen Generatoren zu betreiben, die *elektrischen Strom* erzeugen. In Verbrennungsmotoren werden Benzin oder andere Kraftstoffe verbrannt, um Maschinen, Autos und Flugzeuge *anzutreiben*. Mit Petroleumlampen und Gasleuchten wird das bei Verbrennungen entstehende *Licht* genutzt.

Energie zum Leben. Auch in unserem Körper finden Oxidationsvorgänge statt. Die *Nährstoffe* aus der Nahrung sind Kohlenstoffverbindungen (z. B. Fette, Kohlenhydrate). Sie werden durch den eingeatmeten Sauerstoff stufenweise oxidiert. Man bezeichnet diese Oxidation deshalb als **langsame** (oder **stille**) **Oxidation**. Die dabei ständig frei werdende Energie ermöglicht die Aufrechterhaltung der Körpertemperatur und die Arbeit des Organismus.

Bei der Oxidation der Nährstoffe im Körper entsteht auch *Kohlenstoffdioxid*. So enthält beim Menschen ein Liter ausgeatmete Luft etwa 160 ml Sauerstoff und 40 ml Kohlenstoffdioxid gegenüber 209 ml Sauerstoff und 0,3 ml Kohlenstoffdioxid in der eingeatmeten Luft. Die ausgeatmete Luft trübt Kalkwasser deshalb viel stärker als die eingeatmete Luft (▷ V 1, ▷ B 2).

Oxidation von Metallen. Auf Gegenständen aus Eisen, die mit feuchter Luft in Berührung kommen, bildet sich eine rotbraune *Rostschicht*. Im Experiment (▷ V 2, ▷ B 3) zeigt sich, dass nur etwa ein Fünftel der Luft an der Reaktion beteiligt ist. Das Eisen reagiert in der Feuchtigkeit mit dem Sauerstoff der Luft. Die bei der Reaktion ständig frei werdende Wärmeenergie ist kaum bemerkbar. Das *Rosten* gehört ebenfalls zu den *langsamen Oxidationen*.

Eine Rostschicht ist locker und porös (▷ B 4). Der Sauerstoff kann sie durchdringen und an das darunter liegende Metall gelangen, so dass selbst dicke Eisenteile im Laufe der Zeit durchrosten.

Auch andere Metalle verändern sich an der Luft. Dabei überziehen sie sich zum Teil mit einer festen, dichten Oxidschicht, die vor weiterer Oxidation schützt. So bewahrt eine Oxidschicht z. B. Blei, Aluminium und Zink vor weiterer Oxidation.

5.9 Projekt: Ermittlung der Grundlagen der Brandbekämpfung

Versuch 1 Möglichkeiten zum Löschen eines Brandes

Geräte und Materialien: Schutzbrille, feuerfeste Unterlage, Holzwolle, Tiegelzange, Zündhölzer, Keramik-Drahtnetz, Spritzflasche mit dest. Wasser

Durchführung: Gib einige kleinere Portionen der Holzwolle nebeneinander auf die feuerfeste Unterlage. Entzünde ein Knäuel. Suche nach mehreren Möglichkeiten, die Ausbreitung des Feuers mit den dir zur Verfügung gestellten Geräten und Materialien zu verhindern.

Auswertung: Wie viele Möglichkeiten hast du gefunden? Erkläre jeweils die Grundlagen.

Versuch 3 Ein wirksames Löschmittel

Geräte und Chemikalien: Schutzbrille, Kerze, Zündhölzer, Stopfen mit zwei Bohrungen, gewinkeltes Glasrohr, 2 Erlenmeyerkolben (50 ml), Einwegspritze (5 ml), Schlauchstück ($l = 17$ cm), Spatel, Reagenzglas, Reagenzglasklammer, Reagenzglasgestell, Holzspan, Natriumhydrogencarbonat, Salzsäure (3,65 %), Kalkwasser

Durchführung: a) Zünde die Kerze an. Gib in den Erlenmeyerkolben einen Spatel Natriumhydrogencarbonat. Halte den Erlenmeyerkolben so, dass die Öffnung des gewinkelten Glasrohres kurz über der Kerzenflamme ist. Spritze anschließend durch die zweite Bohrung des Stopfens 5 ml Salzsäure auf das Natriumhydrogencarbonat in dem Kolben. Achte darauf, dass die zweite Bohrung verschlossen bleibt.
b) Verfahre wie in a, aber leite das Gas über das Schlauchstück in ein Reagenzglas. Untersuche das Gas mit den dir bekannten Nachweisreaktionen.

Auswertung: a) Schildere und deute deine Beobachtungen.
b) Welches Gas ist zur Brandbekämpfung eingesetzt worden?

Versuch 4 Modell eines Kohlenstoffdioxid-Schaumlöschers

Geräte und Chemikalien: Schutzbrille, Erlenmeyerkolben (300 ml), Stopfen mit zwei Bohrungen, gebogenes Glasrohr, Einwegspritze (20 ml), Porzellanschale, feuerfeste Unterlage, kleines Reagenzglas, Holzwolle, Natriumhydrogencarbonat-Lösung (5 %), Salzsäure (3,65 %), Spülmittel

Durchführung: Gib in den Erlenmeyerkolben 100 ml Natriumhydrogencarbonat-Lösung und ca. 3 ml Spülmittel. Baue das Gerät entsprechend der Abbildung auf und gib in die Einwegspritze 15 ml Salzsäure. Drücke den Stempel in den Zylinder, so dass die Salzsäure zu der Flüssigkeit im Erlenmeyerkolben fließt. Achte darauf, dass die zweite Bohrung verschlossen bleibt. Richte das Glasrohr auf brennende Holzwolle in einer Porzellanschale.

Versuch 2 Ein erstaunliches Versuchsergebnis

Geräte und Materialien:

Kerze, dicker Kupferdraht, Tiegelzange, Zündhölzer

Durchführung:

Zünde die Kerze an. Wickle dir aus dem Kupferdraht eine Wendel und halte diese über die Flamme.

Auswertung:

Schildere und deute deine Beobachtungen.

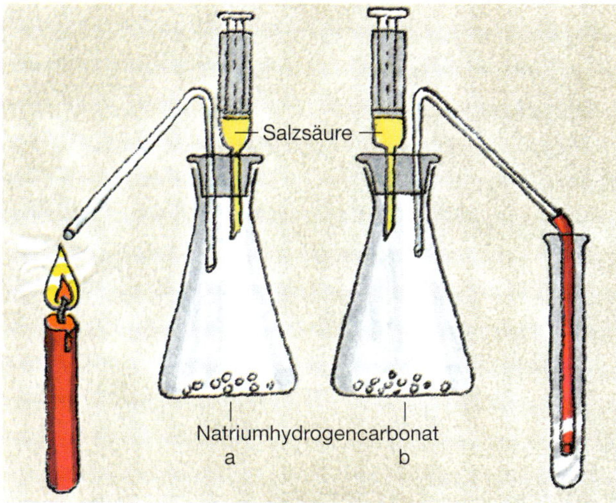

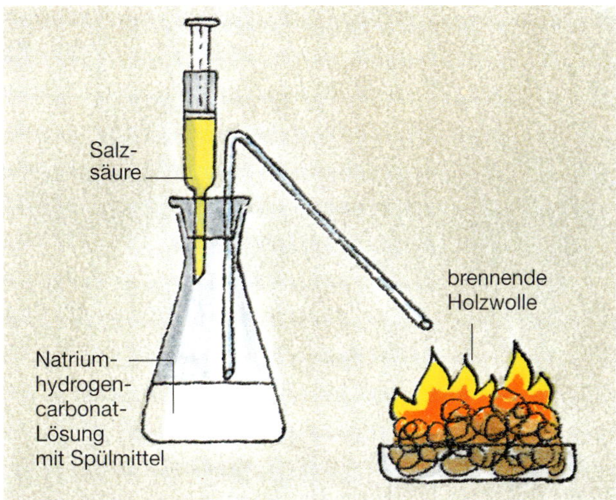

5.10 Brandbekämpfung – Verhinderung einer Oxidation

B 1 Löschen eines Brandes mit Schaum. Die Feuerwehrleute am Schaumlöscher werden mit Wasser gekühlt

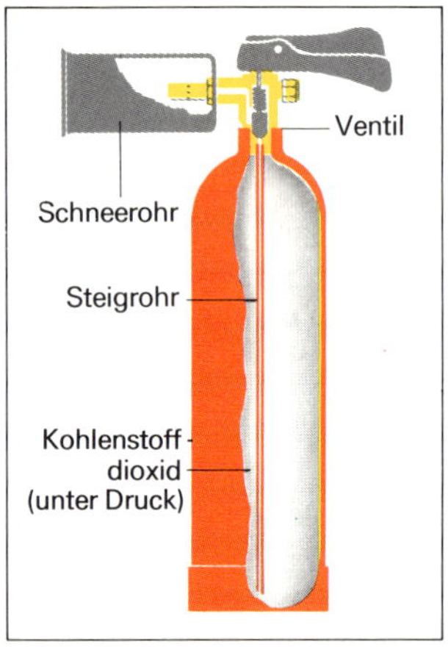

B 2 Aufbau eines Kohlenstoffdioxidlöschers

brennbarer Stoff	Zündtemperatur in °C
Ether	160
Benzin	220
trockenes Holz	250 – 350
Heizöl	350
Wachs	400
Alkohol	425
Papier	440
Stadtgas	560
Steinkohle	600 – 900
Erdgas	650
Koks	650 – 750

B 3 Zündtemperatur einiger brennbarer Stoffe

Immer wieder entstehen durch Brandstiftung, Unachtsamkeit oder Selbstentzündung Brände, die große Schäden anrichten und Menschen und Umwelt gefährden.

Entstehung eines Brandes. Die Entstehung eines Feuers ist an *drei Voraussetzungen* gebunden:

1. Es muss ein *brennbarer Stoff* vorhanden sein.

2. Damit sich ein brennbarer Stoff entzündet, muss seine *Zündtemperatur* (▷ B 3) erreicht sein. Bei dieser Temperatur kann sich der Stoff entzünden, ohne dass dazu eine Flamme nötig ist. Je *niedriger* die Zündtemperatur, desto *feuergefährlicher* ist der Stoff.

3. Es muss *Sauerstoff*, der meist aus der Luft stammt, an den brennbaren Stoff herankommen.

Löschen eines Brandes. Beim *Löschen* sorgt man dafür, dass mindestens *eine* der drei Voraussetzungen, die zur Verbrennung nötig sind, nicht mehr gegeben ist.

1. Entzug des brennbaren Stoffes. Nach Möglichkeit werden alle brennbaren Stoffe aus der Nähe des Feuers entfernt. Bei einem Waldbrand schlägt man deshalb Schneisen in den Wald.

2. Abkühlen unter die Zündtemperatur. Größere Brände werden meist mit Wasser bekämpft. Es kühlt die brennenden Teile so ab, dass die Zündtemperaturen der brennbaren Stoffe unterschritten werden. Gleichzeitig bildet sich ein Teppich aus Wasser und Wasserdampf über dem Brandherd und behindert die Luftzufuhr.

B 4 ABC-Löscher

B 5 Einteilung der brennbaren Stoffe in Brandklassen

A	B	C	D
Feste Stoffe, bei denen außer einer Flamme auch Glut entsteht	Flüssige und flüssig werdende Stoffe	Gasförmige Stoffe	Metalle und Legierungen
Holz, Stroh, Papier, Textilien, Kohle, Gummi	**Benzin, Fette, Teer, Alkohole, Lacke**	**Methan, Propan, Wasserstoff, Acetylen**	**Magnesium, Aluminium, Lithium, Natrium, Kalium u. deren Legierungen**

3. Entzug des Sauerstoffs. Bewährt hat sich Wasser zur Brandbekämpfung von vielen festen Stoffen. Benzin aber z. B. schwimmt auf Wasser und brennt dort weiter. In diesem Fall helfen andere Löschmittel.
Kohlenstoffdioxid aus Feuerlöschern (▷ B 2) verdrängt die Luft. Es hat den Vorteil, dass es aufgrund seiner hohen Dichte eine Schicht über dem Brandherd bildet, die der Luft den Zutritt zum Brandherd versperrt. Bei heftigen Bränden wird das Kohlenstoffdioxid so stark verwirbelt, dass es nicht mehr schützend wirkt. Deshalb verwendet man häufig die wirksameren Schaumlöscher. Der mit Kohlenstoffdioxid gefüllte Schaum bedeckt den brennenden Stoff, so dass das Feuer sofort erstickt. Der Inhalt von Pulverlöschern unterbricht meist schlagartig die Reaktion des brennbaren Stoffes mit Sauerstoff und bildet zusätzlich eine Decke über dem Brandherd. Bei einigen Löschpulvern entsteht in der Hitze noch Kohlenstoffdioxid.

Magnesium- und Aluminiumbrände können weder mit Wasser noch mit Kohlenstoffdioxid oder dem Inhalt von Pulverlöschern gelöscht werden, da die Metalle heftig mit diesen Löschmitteln reagieren. In diesem Fall bedeckt man den Brandherd mit Sand, Salz oder Zement. Die Feststoffe erwärmen sich stark, so dass sie z. T. schmelzen und verkrusten. Die harte Kruste unterbricht die Luftzufuhr.

Wenn die *Kleidung* eines *Menschen* brennt, kann man das Feuer mit einer Decke oder durch Wälzen auf dem Boden zum Erlöschen bringen.

Nach der Zugehörigkeit eines brennenden Stoffes zu einer der *vier Brandklassen* (▷ B 5) richtet sich die Wahl des einzusetzenden Feuerlöschmittels.

A 1 Informiere dich über die Geräte und Materialien im Chemieraum zur Brandbekämpfung und den Fluchtweg.

A 2 Warum sollen vor dem Verlassen eines Raumes, in dem ein Feuer ausgebrochen ist, die Fenster geschlossen werden, wenn dies ohne Gefährdung möglich ist?

A 3 Warum ist festes Kohlenstoffdioxid („Kohlensäureschnee"), das sich bei Einsatz eines Kohlenstoffdioxidlöschers (▷ B 2) bilden kann, ein wirksameres Löschmittel als Wasser?

A 4 Bläst man kräftig in eine Kerzenflamme, erlischt diese, ein Holzkohlefeuer hingegen glüht hell auf. Gib eine Erklärung für diesen Unterschied.

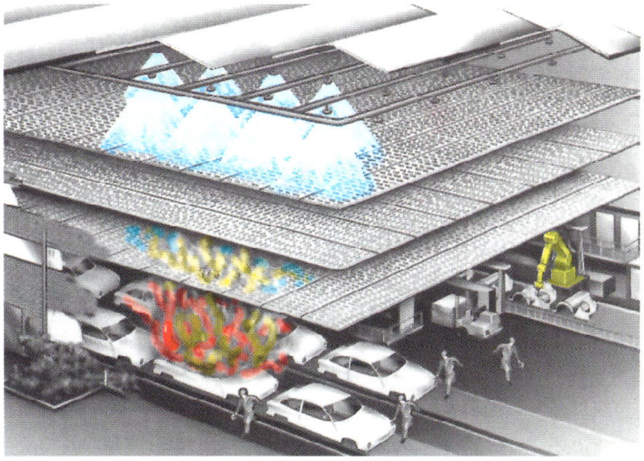

In vielen Kaufhäusern, Theaterräumen, Werkstätten und Lagerräumen sind zum Brandschutz Sprinkleranlagen (von engl. to sprinkle, sprühen) eingebaut.

Diese bestehen aus Druckwasserleitungen, die die zu schützenden Räume durchziehen. In regelmäßigen Abständen sind diese Leitungen mit Brausen, den Sprinklern, versehen.

Die Öffnungen der Sprinkler sind häufig durch Glasfässchen mit einer Flüssigkeit verschlossen. Bricht an einer Stelle des Raumes ein Brand aus, erwärmt sich die Flüssigkeit und dehnt sich aus, bis das Glasfässchen bei einer bestimmten Temperatur (z. B. 68 °C) platzt. Das Wasser strömt aus der Leitung, prallt auf den Sprühteller und regnet auf das Feuer. Dieses ist meist schon gelöscht, bevor die Feuerwehr eintrifft.

Sprinkleranlagen können auch ein anderes Löschmittel anstelle des Wassers enthalten. Die Sprinkler können auch durch eine niedrig schmelzende Metall-Legierung verschlossen sein.

B 6 Brandbekämpfung mit Sprinkleranlagen

5.11 Lösungen aus Oxiden und Wasser

B 1 Farbänderung von schwarzem Tee bei Zugabe von Zitronensaft

B 2 Farbumschlag bei Rotkohl. Bei Zusatz von Essig wird er intensiver rot

V 1 Füge zu schwarzem Tee etwas Zitronensaft und beobachte die auftretende Veränderung.

V 2 Schneide ein Rotkohlblatt in sehr kleine Stückchen. Koche diese etwa 5 Minuten in wenig Wasser. Gieße nach dem Abkühlen den Rotkohlsaft in einen Erlenmeyerkolben. Gib zu a) Essig, b) Seifenwasser und c) Kochsalz- oder Zuckerlösung jeweils einige Tropfen Rotkohlsaft, bis eine deutliche Farbe auftritt.
Schildere und deute die Beobachtungen.

V 3 Gib zu a) Essig, b) Seifenwasser und c) Kochsalz- oder Zuckerlösung einige Tropfen Bromthymolblau-Lösung. Welche Farbe zeigt dieser Indikator beim Vorliegen einer sauren, einer neutralen bzw. alkalischen Lösung?

B 3 Indikatoren zeigen durch den Wechsel ihrer Farben an, ob eine Lösung sauer, neutral oder alkalisch ist

Der Saft vieler Früchte, z. B. von Zitronen, Apfelsinen oder Weintrauben, schmeckt **sauer**. Auch mit Essig kann Speisen ein saurer Geschmack verliehen werden. Er wird durch Stoffe hervorgerufen, die im Wasser gelöst sind. Dagegen stellt man einen eigentümlich faden, unangenehmen Geschmack fest, wenn etwas Seifenlösung in den Mund gelangt. Sie fühlt sich glitschig an. Solche Lösungen werden **alkalisch** genannt.
Flüssigkeiten, die weder sauer noch alkalisch sind, wie z. B. reines Wasser, heißen **neutral**.

Wir werden im Folgenden die *Lösungen* einiger *Metall-* und *Nichtmetalloxide* in Wasser unter diesem Aspekt betrachten. Zugleich lernen wir Möglichkeiten kennen, um saure, neutrale und alkalische Lösungen gefahrlos und genau zu unterscheiden. Es gibt nämlich viele saure und alkalische Lösungen, deren Geschmack auf keinen Fall geprüft werden darf!

Indikatoren. Viele Farbstoffe ändern ihre Farbe, wenn sie mit sauren oder alkalischen Lösungen zusammengebracht werden. Versetzt man Tee mit Zitronensaft, so wird der Tee heller (▷ V 1, ▷ B 1). Auch der Farbstoff des Rotkohls verändert sich bei Zugabe von sauren Lösungen. Er wird intensiver rot (▷ B 2). Bei Zugabe von alkalischen Lösungen wird er dagegen grün (▷ V 2, ▷ B 3).

Solche Farbumschläge benutzt man dazu das Vorliegen saurer oder alkalischer Lösungen anzuzeigen. Stoffe, die hierfür geeignet sind, heißen **Indikatoren** (von lat. indicare, anzeigen).

Außer Indikatoren pflanzlichen Ursprungs verwendet man in chemischen Laboratorien auch künstlich hergestellte Indikatoren wie z. B. Bromthymolblau (▷ V 3, ▷ B 3).

Indikatoren zeigen durch ihre Farben an, ob Lösungen sauer, alkalisch oder neutral sind.

Ob Lösungen schwach oder stark sauer (bzw. alkalisch) sind, kann mit einem einzigen Indikator meist nicht unterschieden werden, da er nur einen deutlichen Farbumschlag zeigt. Dagegen kann man mit *Indikatorgemischen* beim Übergang von stark sauren über schwach saure und neutrale bis zu schwach und stark alkalischen Lösungen mehrere Farbumschläge erhalten. Diese Indikatorgemische heißen **Universalindikatoren**. Mit einem Universalindikator kann man also feststellen, wie stark sauer oder alkalisch eine Lösung ist.
Häufig werden *Indikatorpapiere* benutzt (▷ B 5). Sie sind durch einen Indikator oder ein Indikatorgemisch gefärbt.

Der pH-Wert. Zur noch genaueren Kennzeichnung dafür, wie stark sauer oder alkalisch eine Lösung ist, wird der pH-Wert angegeben. Neutrale Lösungen (z. B. eine Kochsalzlösung) und reines Wasser besitzen den pH-Wert 7.

Saure Lösungen haben einen pH-Wert, der *kleiner* als 7 ist. Alkalische Lösungen weisen einen pH-Wert auf, der *größer* als 7 ist. Die meistens verwendete pH-Skala reicht von 0 bis 14.

Der richtige pH-Wert von Gewässern und Böden ist für Pflanzen und Tiere lebenswichtig (▷ B 4). So muss für die Mehrzahl der Fische der pH-Wert der Gewässer zwischen 5 und 9,5 liegen. Enger ist der optimale pH-Bereich des Bodens, den Pflanzen für ihr Gedeihen benötigen.

Zur Bestimmung des pH-Wertes mit Universalindikatorpapier (▷ B 5) benetzt man dieses mit der zu prüfenden Lösung und vergleicht die Färbung des Papierstreifens mit der zugehörigen Farbskala.

> Der pH-Wert gibt an, wie stark sauer oder alkalisch eine Lösung ist.

Verhalten von Oxiden in Wasser. Prüft man Lösungen der Nichtmetalloxide Kohlenstoffdioxid oder Schwefeldioxid (▷ V 4) mit Indikatorpapier, so zeigt sich, dass sie sauer sind. Wird Calciumoxid in Wasser (▷ V 5) gegeben, ist die Lösung dagegen alkalisch.

> Nichtmetalloxide ergeben mit Wasser saure, Metalloxide dagegen alkalische Lösungen.

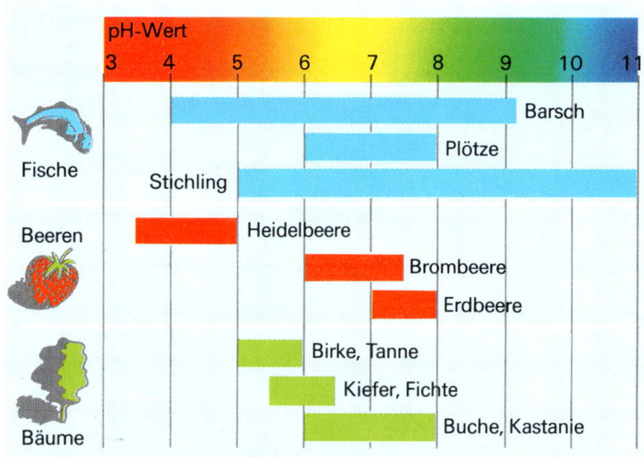

B 4 Der pH-Wert von Böden und Gewässern ist lebenswichtig für Pflanzen und Fische

V 4 Man verbrennt unter dem Abzug Schwefel in einem Standzylinder, der etwas Wasser enthält, und prüft nach dem Umschütteln die Flüssigkeit mit Indikatorpapier oder flüssigem Universalindikator.

V 5 Ermittle mit Universalindikatorpapier die pH-Werte a) einer wässrigen Suspension von Calciumoxid, b) von Sauerkraut und c) von Speiseessig.

A 1 Welche Vorzüge zeichnen einen Universalindikator gegenüber Bromthymolblau aus?

A 2 Welche Farbe weist eine Kohlenstoffdioxid-Lösung auf, die mit Bromthymolblau-Lösung versetzt worden ist?

A 3 Welchen pH-Wert hat eine neutrale Lösung?

B 5 Universalindikator zeigt einen abgestuften Farbumschlag. Durch einen Vergleich mit der dazugehörigen Farbskala wird der pH-Wert ermittelt

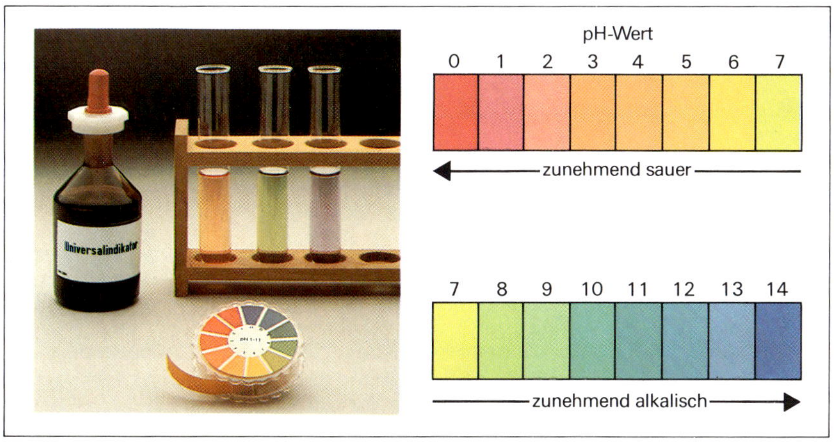

B 6 Oxide und Wasser. Es entsteht eine saure (links) bzw. alkalische Lösung

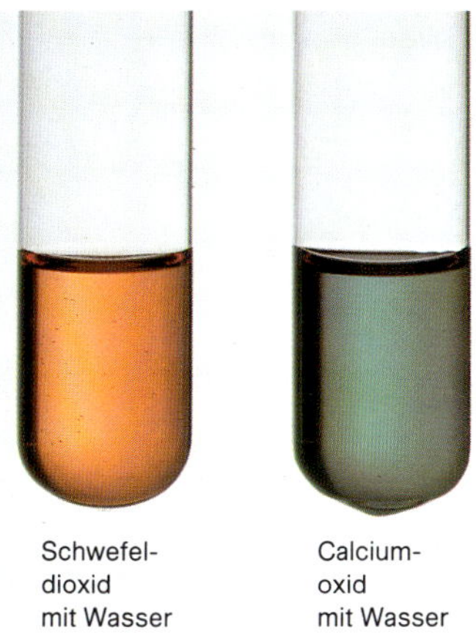

5.12 Luftverschmutzung durch Verbrennungsprodukte

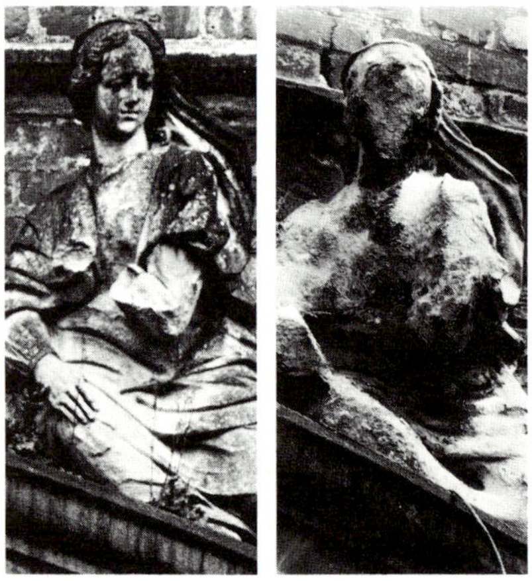

B 1 Schäden an Kunstwerken. Links: 1908. Rechts: 1969

A 1 Hauptverursacher der Luftverschmutzung durch Stickstoffoxide waren 1987 (▷ B 2) in der Bundesrepublik Deutschland nicht wie im Ruhrgebiet die Kraft- und Heizwerke, sondern der Straßenverkehr.
a) Gib eine Erklärung für diesen Unterschied.
b) Von welchen Faktoren hängen die Masse des Ausstoßes eines Schadstoffes und die Anteile der Verursacher ab?

Kohle, Erdgas, Heizöl und Benzin werden verbrannt, um die bei den Oxidationsreaktionen gebildete Wärmeenergie zu nutzen. Es werden aber auch Oxide gebildet. Diese „Abfallprodukte" werden überwiegend an die Luft abgegeben, so dass von ihnen Gefahren für Mensch und Umwelt ausgehen können.

Entstehung und Auswirkung einzelner Schadstoffe. Die Brennstoffe sind Gemische, die zum größten Teil Kohlenstoffverbindungen enthalten. Bei ihrer Verbrennung wird vor allem **Kohlenstoffdioxid** gebildet. Dieses Kohlenstoffdioxid ist für das Wachstum der grünen Pflanzen und damit für das gesamte Leben notwendig. Der seit der Industrialisierung ständig wachsende Einsatz an Brennstoffen wird aber wahrscheinlich schon um die Mitte des nächsten Jahrhunderts zu einer Verdoppelung der Kohlenstoffdioxid-Konzentration in der Atmosphäre führen. Dieses Gas ist aber auch mitverantwortlich für eine *Erwärmung* der *Erdatmosphäre*. Klimaforscher sagen eine Temperaturerhöhung zwischen 1,5 °C und 4,5 °C voraus, deren verheerende Folgen nur abgeschätzt werden können. Vorschläge zur Beseitigung des überschüssigen Kohlenstoffdioxids scheitern an den gewaltigen Mengen. Aus jeder Tonne Kohlenstoff entstehen bei der Verbrennung etwa 3,67 Tonnen Kohlenstoffdioxid.

Bei unvollständiger Verbrennung von Kohlenstoffverbindungen entsteht das giftige **Kohlenstoffmonooxid**, das schon in kleinen Mengen die Sauerstoffaufnahme des Blutes beeinträchtigt. Energiesparmaßnahmen, Verbesserungen bei Heizungsanlagen und Motoren und der Einsatz des Autoabgaskatalysators haben in Deutschland zu einer Verminderung der Mengen dieses Gases geführt.

Die Brennstoffe enthalten auch Schwefelverbindungen, bei deren Verbrennung **Schwefeldioxid** gebildet wird. Es reizt die Schleimhäute und schädigt die Atmungsorgane. Schwefeldioxid und andere Nichtmetalloxide bilden mit der Luftfeuchtigkeit sauren Regen, der im Verdacht steht Hauptverursacher des Waldsterbens zu sein. Gemische aus Luft und feinsten Säuretröpfchen, saure *Aerosole*, zerstören Metalle und auch Gesteine (▷ B 1).

B 2 Hauptverursacher der Luftverschmutzung im Ruhrgebiet

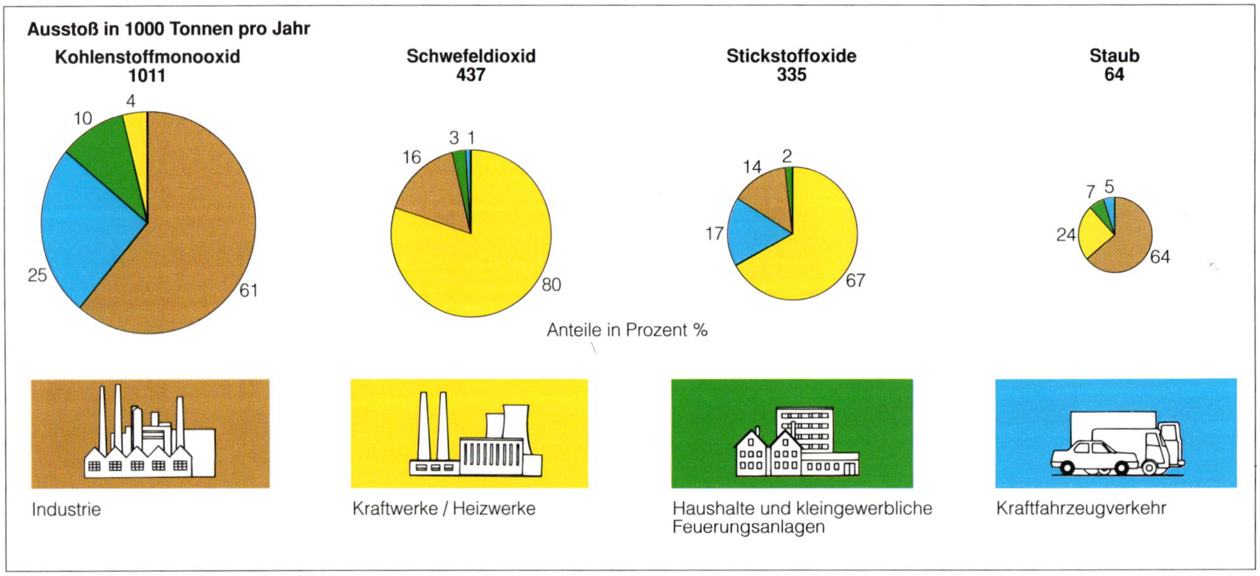

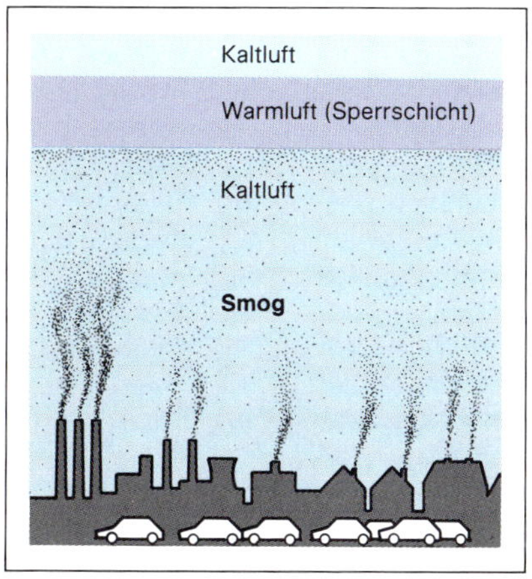

B 3 Smogbildung durch Inversionswetterlage

B 4 Mess-Stationen ermitteln ständig die Schadstoffbelastung der Luft

B 5 Einschränkungen des Straßenverkehrs bei Smogalarm

Bei hohen Temperaturen, wie sie bei Verbrennungen und Explosionen auftreten können, kann auch Stickstoff oxidiert werden, dabei bilden sich verschiedene **Stickstoffoxide**. Auch sie belasten wie das Schwefeldioxid auf vielfältige Weise die Umwelt.

Die bei Verbrennungsprozessen entstehenden **Feinstäube** schädigen die Atmungsorgane. Da der Durchmesser der Staubkörnchen unter 0,2 mm liegt, können sie sogar durch die Lungenbläschen ins Blut gelangen. Dies ist besonders gefährlich, weil die Stäube auch *Verbindungen giftiger Schwermetalle* (Blei, Cadmium, Zink) enthalten können.

Smog. Hohe Schadstoffkonzentrationen werden bei ungünstigen Wetterlagen nicht durch Luftbewegungen verringert. Liegt über einer kühleren Luftschicht eine Warmluftschicht, herrscht *Inversionswetterlage* (von lat. inversus, umgekehrt). Die warme Luft wirkt wie eine Sperrschicht und verhindert, dass die bodennahe Luft aufsteigen und sich verdünnen kann. Es bildet sich besonders über Ballungsgebieten eine Glocke aus Dunst, Staub und Abgasen; diese starke Luftverunreinigung wird als **Smog** bezeichnet (von engl. smoke, Rauch; fog, Nebel). Bei einer Smogsituation sind besonders Kleinkinder und Menschen bedroht, die an Erkrankungen von Herz, Kreislauf und Atmungsorganen leiden. Deshalb wird in Belastungsgebieten (z. B. Ruhrgebiet, Rhein-Main-Raum) der Anteil der Schadstoffe ständig gemessen (▷ B 4).
Beim Überschreiten bestimmter Grenzwerte des *Smogalarmplanes* (▷ B 6) kann Smogalarm ausgelöst werden. Dieser ermöglicht, abgestuft nach dem Grad der Schadstoffbelastung, die sofortige Einleitung von Maßnahmen zur Verminderung der Luftverunreinigung (▷ B 5).

B 6 Smogalarmplan

Schadstoffe	Alarmstufen und Grenzwerte (mg/m^3)		
	Vorwarnstufe	Alarmstufe 1	Alarmstufe 2
Schwefeldioxid	0,6	1,2	1,8
Stickstoffoxid	0,6	1,0	1,4
Kohlenstoffmonooxid	30	45	60
Indexwert	1,1	1,4	1,7

Der *Indexwert* ist die Summe der Konzentration von Schwefeldioxid und dem 2fachen der Konzentration von Schwebstaub. Er ist ein 24-Stunden-Mittelwert. Die übrigen Werte sind 3-Stunden-Mittelwerte.

Gegenmaßnahmen:

Bei der **Vorwarnstufe** ist alles zu unterlassen, was unnötig zur Luftverunreinigung beiträgt, wie z. B. Verbrennen von Abfällen, Betrieb offener Kamine, Beheizen von Schwimmbädern.

Bei **Alarmstufe 1** müssen Industrie und Gewerbe schwefelarme Brennstoffe verwenden. Es besteht ein Fahrverbot für Kraftfahrzeuge in Verkehrssperrgebieten von 6 bis 10 Uhr und von 15 bis 20 Uhr.

Bei **Alarmstufe 2** müssen bestimmte Industrieanlagen den Betrieb einstellen. In den Verkehrssperrgebieten besteht ein ganztägiges Fahrverbot für Kraftfahrzeuge mit Ausnahme von Polizei- und Rettungsfahrzeugen.

Wird einer der Grenzwerte über einen längeren Zeitraum überschritten, wird die jeweilige Alarmstufe ausgerufen.

5.13 Projekt: Bestimmung und Veränderung von pH-Werten

Versuch 1 pH-Werte von Lösungen aus Alltag und Haushalt

Geräte und Chemikalien: Schutzbrille, Uhrglas, Glasstab, Papierhandtuch, Becherglas, Reagenzgläser, Reagenzglasgestell, Messzylinder (10 ml), Spatel, Universalindikatorpapier, dest. Wasser, Essig, saures Mineralwasser, Kochsalz, Leitungswasser, Seifenlösung, Brausepulver, Backpulver, Fensterputzmittel, Backofenreiniger, Entkalker, Sanitärreiniger

Achtung: Sanitärreiniger und saure Lösungen oder Entkalker dürfen nicht zusammengegeben werden!

Durchführung: a) Erstelle dir in deinem Heft eine Tabelle wie unten.

b) Reiße kleine Stückchen Universalindikatorpapier ab. Lege ein Stückchen Papier an den Rand eines Uhrglases und gib dann mit dem Glasstab einen Tropfen Essig auf das Universalindikatorpapier. Spüle den Glasstab mit Wasser und trockne ihn dann mit dem Papierhandtuch. Fahre dann mit der nächsten Lösung fort. Bei den Feststoffen löse jeweils zwei Spatelspitzen in 10 ml dest. Wasser und bestimme die pH-Werte dieser Lösungen.

Auswertung: Vergleiche die Farbe des Indikatorpapieres jeweils mit der Farbskala. Bestimme den zugehörigen pH-Wert oder pH-Bereich. Zeichne die Farbe in die Tabelle deines Heftes.

pH-Wert / Prüflösung	**sauer**						**neutral**	**alkalisch**						
	mehr			weniger				weniger				mehr		
	1	2	3	4	5	6	7	8	9	10	11	12	13	14
Essig														
...														
...														
...														

Versuch 2 Was bewirkt das Kalken eines Bodens?

Geräte und Chemikalien:
Schutzbrille, Erlenmeyerkolben (100 ml), Trichter, Filterpapier, Glasstab, 2 Bechergläser (100 ml), Spatel, dest. Wasser, Universalindikatorpapier, Bodenprobe (z. B. entnommen unter einer Birke), Calciumoxid, Papierhandtuch

Durchführung:
Gib zu der Bodenprobe ein wenig dest. Wasser und rühre kräftig um. Dekantiere die Lösung und filtriere sie anschließend. Entnimm dem Filtrat einen Tropfen und lass diesen auf ein Stück Universalindikatorpapier fließen. Bestimme den pH-Wert. Gib zu dem Filtrat einige Spatelspitzen Calciumoxid und bestimme nach kurzem Schütteln erneut den pH-Wert. Achte darauf, dass kein Calciumoxid-Körnchen auf das Universalindikatorpapier fällt.

Auswertung:
a) Vergleiche die pH-Werte und deute die Änderung des pH-Wertes.
b) Erläutere, zu welchem Zweck manche Böden gekalkt werden.

Versuch 3 Modellversuch zur Ermittlung der benötigten Kalkmenge

Geräte und Chemikalien:
Schutzbrille, 2 Bechergläser (50 ml), Messzylinder (10 ml), Uhrglas, Glasstab, Spatel, Essig, dest. Wasser, Universalindikatorpapier, Calciumoxid, Papierhandtuch

Durchführung:
Gib in ein Becherglas 10 ml Essig und verdünne mit 10 ml dest. Wasser. Entnimm mit dem Glasstab einen Tropfen und streife ihn auf einem Stück Universalindikatorpapier ab. Bestimme den pH-Wert. Gib anschließend eine Spatelspitze Calciumoxid zum Essig, rühre um und bestimme erneut den pH-Wert. Achte darauf, dass mit dem Glasstab kein festes Calciumoxid auf das Indikatorpapier übertragen wird. Spüle nach jeder Flüssigkeitsentnahme den Glasstab und trockne ihn ab. Gib so viele Spatelspitzen Calciumoxid zu, bis sich die Farbe des Indikators nicht mehr ändert.

Auswertung:
a) Trage den pH-Wert der Lösung in Abhängigkeit zur Zahl der Spatelspitzen in eine Tabelle ein.
b) Bei welcher Zugabe von Calciumoxid war die Lösung neutral?

5.14 Überprüfung und Vertiefung

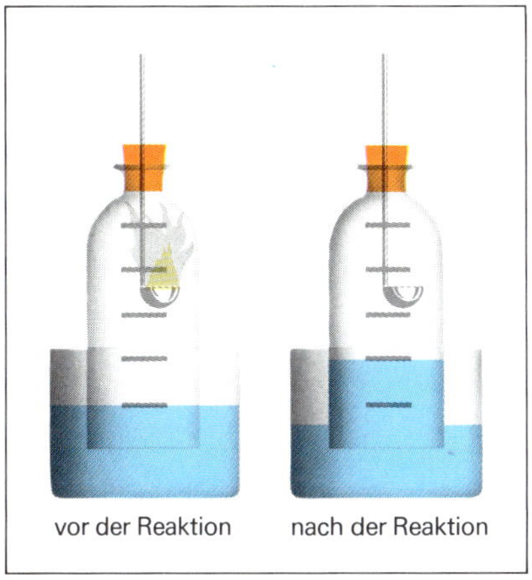

B 1 Zu Aufgabe 4

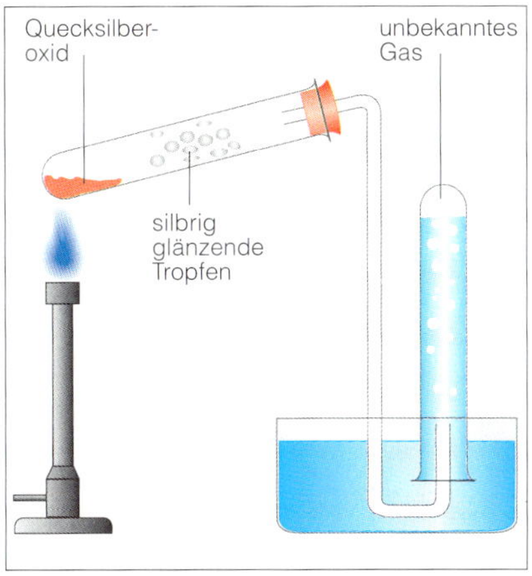

B 2 Zu Aufgabe 5

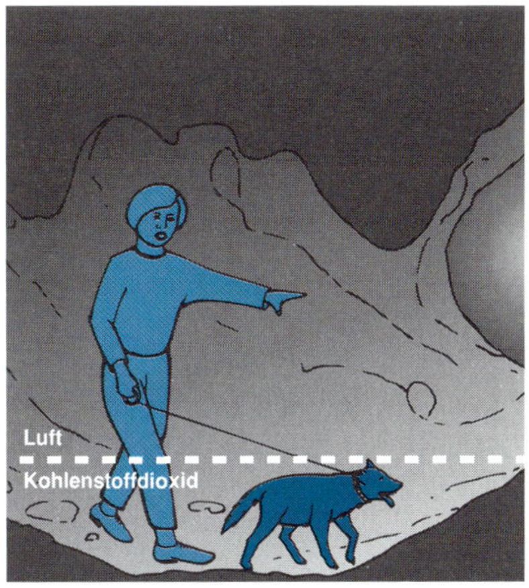

B 3 Zu Aufgabe 8

1 a) In Blitzlichtlampen verbrennen Metalle (Magnesium, Aluminium) in Form von Metallwolle. Mit welchem Gas muss der Glaskolben gefüllt sein, damit in kurzer Zeit sehr viel Licht erzeugt wird? Warum wird das Metall nicht als dickes Metallband eingesetzt? Erläutere deine Überlegungen kurz.
b) Eine Glühlampe spendet tausend Stunden Licht, ein Blitzlämpchen leuchtet nur den Bruchteil einer Sekunde auf.
Deute den Unterschied.

2 Warum leuchtet ein Knäuel angezündeter Eisenwolle beim Schwenken durch die Luft hell auf?

3 Obwohl Magnesium sehr heftig mit Sauerstoff reagieren kann, muss ein Magnesiumband doch zunächst stark erhitzt werden, bis es mit Sauerstoff reagiert. Warum muss das Magnesiumband zunächst stark erhitzt werden? Handelt es sich bei der Bildung von Magnesiumoxid aus den Elementen um eine exotherme oder endotherme Reaktion?

4 In eine wassergefüllte Wanne wird eine Glasglocke gestellt. Auf einem Verbrennungslöffel, der in einem durchbohrten Stopfen steckt, wird eine kleine Portion des Nichtmetalls Phosphor (rot) entzündet und die Glasglocke geschlossen. Der Phosphor verbrennt zu einem weißen Feststoff. Obwohl noch genügend Phosphor vorhanden ist, hört der Verbrennungsvorgang auf. Der Wasserspiegel steigt in der Glasglocke nach kurzer Zeit an (▷ B 1).
a) Um welchen Bruchteil nimmt das Gasvolumen in der Glasglocke ab?
b) Um welchen Stoff kann es sich bei dem weißen Feststoff handeln?
c) Warum steigt das Wasser in der Glasglocke an?
Erläutere deine Überlegungen.

5 Erhitzt man orangefarbenes Quecksilberoxid im Reagenzglas (▷ B 2), so wird die Stoffportion langsam kleiner. An kälteren Teilen des Glases setzen sich silbrig glänzende Tröpfchen ab. Gleichzeitig kann man ein Gas über Wasser als Sperrflüssigkeit auffangen. Hält man einen glimmenden Holzspan in das mit dem Gas gefüllte Reagenzglas, so flammt er hell auf und verbrennt mit heller Flamme.
a) Deute die Versuchsbeobachtungen.
b) Formuliere das Reaktionsschema.
c) Warum darf der Reagenzglasinhalt nicht in den Ausguss geschüttet werden?

6 a) Ist die Masse der bei der Zerlegung einer Quecksilberoxidportion gebildeten Quecksilberportion größer, kleiner oder gleich der Masse der eingesetzten Quecksilberoxidportion? Begründe kurz!
b) Bei der Zerlegung von 2,40 g Quecksilberoxid werden 2,22 g Quecksilber gebildet. Welche Masse hat die gebildete Sauerstoffportion? Welches Volumen nimmt diese Sauerstoffportion bei 20 °C ein, wenn die Dichte des Sauerstoffs 1,33 g/l beträgt?

7 Handelt es sich bei der Luft um eine Verbindung, ein Gemisch oder ein Element?
Begründe deine Entscheidung.

8 In der Nähe von Neapel gibt es eine Grotte (▷ B 3), in der Hunde und andere kleine Tiere nach einiger Zeit bewusstlos werden und ersticken können. Deshalb heißt diese Grotte auch Hundegrotte. Aus dem vulkanischen Gestein strömt Kohlenstoffdioxid in die Grotte.
a) Warum können in dieser Grotte Hunde ersticken, Erwachsene sich aber gefahrlos bewegen?
b) Warum betritt ein Kellermeister den Gärkeller mit einer brennenden Kerze, obwohl der Keller ausreichend beleuchtet ist?

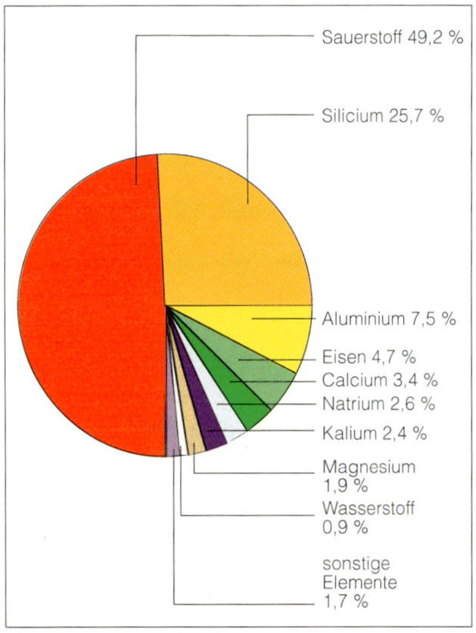

B4 Zu Aufgabe 9

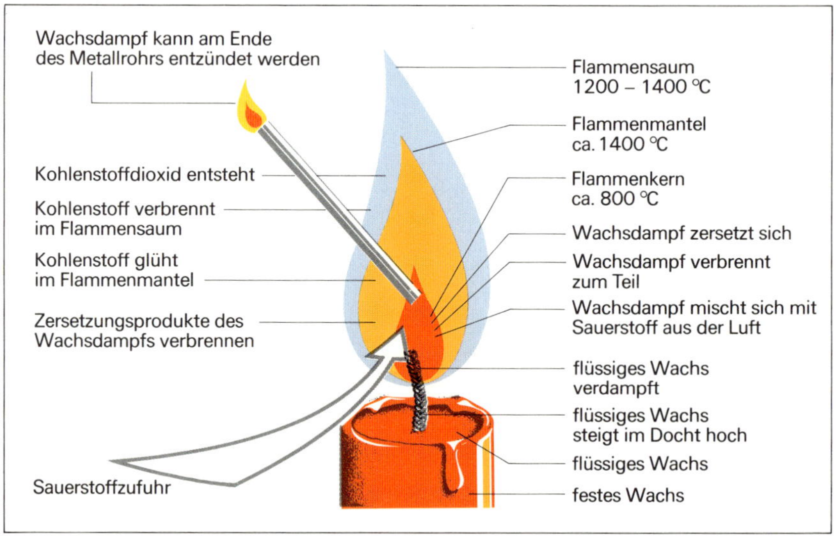

B5 Verbrennungsvorgang in der Kerzenflamme. Zu Aufgabe 14

9 Untersucht man die Zusammensetzung der Lufthülle (Atmosphäre), Wasserhülle (Hydrosphäre) und den Gesteinsmantel (Lithosphäre) der Erde, die unter dem Namen Erdrinde zusammengefasst werden, so erhält man die in ▷B4 angegebene Häufigkeit der Elemente. Allerdings kommen die meisten Elemente in der Natur in Verbindungen vor und können nur durch chemische Reaktionen aus ihnen gewonnen werden. Warum kommt Gold in der Erdrinde gediegen vor, Magnesium aber nur in Verbindungen?

10 Unter Brennen oder Verbrennen versteht man eine Stoffumwandlung mit Lichterscheinung; im engeren Sinne eine Stoffumwandlung mit Flammenerscheinung. Als Verglühen bezeichnet man eine Stoffumwandlung mit Lichterscheinung, aber ohne Flamme. Als Glühen wird die Lichtaussendung bei hohen Temperaturen, aber ohne Stoffumwandlung bezeichnet. Hoch erhitzter Sauerstoff sendet Licht aus.
Brennt oder glüht er?
Gib eine kurze Begründung.

11 Warum leuchtet die Flamme eines Gasbrenners bei geschlossener Luftzufuhr gelb?
Mit Hilfe welches Experimentes könntest du zeigen, dass deine Antwort zutrifft?

12 Beim Anzünden der Holzkohle im Gartengrill verwendet man oft feste oder flüssige Grillkohlenanzünder.
Welche Aufgaben haben diese Stoffe?
Warum muss man mit ihnen vorsichtig umgehen?

13 Warum darf man in einer geschlossenen Garage den Motor eines Autos nicht laufen lassen?

14 Bei einer Kerzenflamme sieht man einen gelbleuchtenden Flammenmantel umgeben von einem bläulichen Flammensaum (▷B5). Das Leuchten des Mantels entsteht durch glühenden Kohlenstoff, Ergebnis einer unvollständigen Verbrennung des Wachses. Im Flammensaum verbrennt dieser Kohlenstoff.
a) Zu welchem Stoff verbrennt der Kohlenstoff?
Wie könnte man dieses Verbrennungsprodukt nachweisen?
b) Warum kann am Ende des Metallrohres eine Tochterflamme entzündet werden?
c) Hält man ein 20 cm langes Metallrohr über das Dochtende der brennenden Kerze, kann man keine Tochterflamme entzünden.
Warum gelingt dieses mit diesem langen Metallrohr nicht?

15 Wie lässt sich prüfen, ob eine Wasserprobe sauer, alkalisch oder neutral ist?

Wichtige Begriffe

Oxidation
Metalloxide
Nichtmetalloxide
Zerteilungsgrad
langsame Oxidation
Glimmspanprobe
Element
Verbindung
Gesetz von der Erhaltung der Masse
Indikator
sauer
alkalisch
neutral
pH-Wert
Smog

Gewinnung von Metallen – Redoxreaktion

Im vergangenen Kapitel haben wir erfahren, dass sich Metalle mit Sauerstoff zu Metalloxiden verbinden. Metalloxide kommen in der Natur in Erzen vor. Aus ihnen werden in der Technik die Metalle gewonnen.
Die meisten Metalloxide lassen sich nur bei sehr hohen Temperaturen in das Metall und Sauerstoff spalten. Häufig ist es leichter, wenn zu dem Metalloxid ein Stoff mit einem großen Bindungsbestreben zu Sauerstoff gegeben wird.

Schon vor etwa 7000 Jahren haben Menschen es verstanden, aus Erzen Metalle zu gewinnen. Sie stellten daraus Waffen, Schmuck und Werkzeuge her. Die Metallgewinnung war eine Handwerkskunst. Die Erze wurden im Holzkohlefeuer unter kräftiger Luftzufuhr erhitzt. Dabei erreichte man bereits recht hohe Temperaturen. Die Holzkohle hatte noch eine andere Aufgabe: Sie war das Mittel, um aus dem Oxid das Metall zu gewinnen.
Wir wollen im Folgenden Metalle aus ihren Oxiden herstellen.

6.5 Stahlherstellung

B 1 Roheisen. Links: Probenahme beim Hochofenabstich. Rechts: Bruch des erstarrten spröden Roheisens

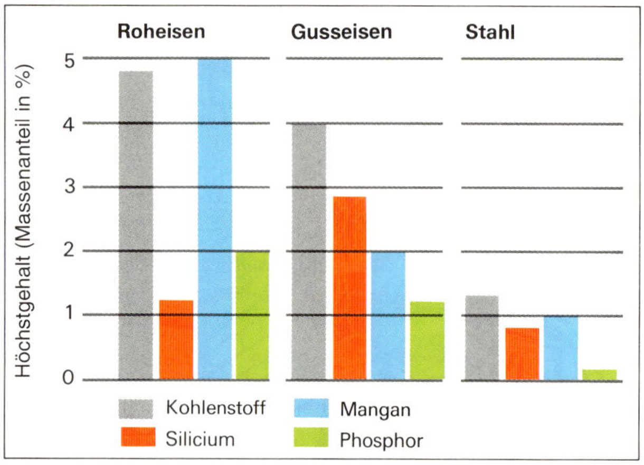

B 2 Zusammensetzung von Eisenwerkstoffen im Vergleich

B 3 Sauerstoffaufblasverfahren. Beschickung eines Konverters im Stahlwerk

Roheisen enthält bis zu 10 % Beimischungen (Kohlenstoff, Mangan, Phosphor, Silicium, Schwefel). Es ist hart und spröde (▷ B 1) und schmilzt beim Erhitzen plötzlich, ohne vorher zu erweichen. Roheisen kann weder geschmiedet noch gewalzt werden. Nur ein kleiner Teil des Roheisens wird deshalb in Gießereien zu Gusseisen verarbeitet. Man stellt daraus vor allem Maschinenfüße und Gehäuse her.

Vom Roheisen zum Stahl. Entzieht man dem Roheisen alle Beimischungen, erhält man reines Eisen. Es lässt sich als Werkstoff nicht verwenden, da es zu weich ist. Durch unvollständiges Entfernen der Beimischungen erhält man schmiedbaren, beim Erhitzen allmählich erweichenden **Stahl**. Er hat einen Kohlenstoffanteil von maximal 1,7 %. Das geschieht in Stahlwerken. Flüssiges Roheisen wird vom Hochofen in gut isolierten Transportbehältern, *„Torpedopfannen“*, angeliefert. Sie überbrücken auch große Entfernungen ohne nennenswerten Wärmeverlust. Zur Erzeugung von Stahl lässt man das Roheisen mit Sauerstoff reagieren. Bei diesem Prozess (*„Frischen“*) werden die unerwünschten Anteile oxidiert.

Sauerstoffaufblasverfahren. Das wichtigste Verfahren zur Stahlerzeugung ist das **Sauerstoffaufblasverfahren**. Es wird in einem schwenkbaren Gefäß, dem *Konverter* (▷ B 3), ausgeführt. Er kann bis zu 400 t Roheisen und Schrott aufnehmen. Aus einer Sauerstofflanze wird von oben unter hohem Druck ein Sauerstoffstrahl auf das Metallbad gerichtet. Während der Blaszeit von 10 bis 20 Minuten werden unter kräftiger Durchmischung die unerwünschten Begleitstoffe oxidiert. Sie haben ein größeres Bindungsbestreben zu Sauerstoff als Eisen und reagieren bevorzugt.
Bei diesem Prozess wird der Kohlenstoff zuletzt oxidiert. Deshalb kann durch die Länge der Blaszeit der gewünschte Kohlenstoffgehalt eingestellt werden. Gasförmige Oxide entweichen durch die Konverteröffnung, die anderen bilden mit zugegebenem Kalk eine Schlacke, die auf der Oberfläche schwimmt. Am Ende des Frischvorganges wird der Konverter gekippt. Der flüssige Stahl fließt durch ein Abstichloch aus. Die Schlacke wird durch Kippen des Konverters zur anderen Seite ausgegossen.
Der gesamte Vorgang dauert 30 bis 40 Minuten.

Elektrolichtbogenverfahren. In einem weiteren wichtigen Verfahren werden Elektroschmelzöfen eingesetzt, die bis zu 300 t Eisen (Schrott oder Roheisen), Erz und Zuschläge in einer feuerfest ausgemauerten Wanne aufnehmen können. Die elektrische Energie wird über Kohleelektroden zugeführt (▷ B 4). Sie erzeugen einen Lichtbogen, der das im Ofen liegende Material zum Schmelzen bringt. Das Eisenoxid, das in Erz und Schrott enthalten ist, oxidiert unerwünschte Beimischungen, vor allem den Kohlenstoff.

Dabei entstehen Kohlenstoffmonooxid und auf dem Metallbad schwimmende Schlacke. Sie wird mit einem Schieber von der Oberfläche abgezogen. Zum Ablassen des Stahls wird der Ofen in Kipplage gebracht. Der gesamte Vorgang dauert ca. 1,5 Stunden.
Bei diesem Verfahren kann der Kohlenstoffanteil der Schmelze sehr genau eingestellt werden. Außerdem können Legierungsbestandteile eingesetzt werden, die beim Aufblasverfahren oxidiert würden. Deshalb dient die Stahlherstellung im Lichtbogen zur Gewinnung hochwertiger Spezialstähle.

Ein Zusatz von Nickel gibt dem Stahl eine erhöhte Zähigkeit, Chromzusatz macht ihn besonders hart. Mit Chrom und Nickel legierte Stähle sind säurebeständig und rostfrei (Edelstahl). Stahlsorten mit Wolfram als Legierungsbestandteil können bis zur Rotglut erhitzt werden, ohne zu erweichen. Sie werden als Material für schnell laufende und sehr heiß werdende Maschinenteile verwendet.

Weiterverarbeitung. Flüssiger Stahl kann als Gussstahl in Formen gegossen werden und dient zur Herstellung von z. B. Schiffsschrauben und anderen Maschinenteilen. Der größere Teil des Stahls wird jedoch vergossen und in heißem Zustand weiterverarbeitet. Das wichtigste Verfahren ist das **Walzen**. Aus noch glühenden Blöcken oder Strängen werden auf vollautomatischen Walzstraßen z. B. Stahlträger (▷B 5) oder auch dünne Bleche hergestellt.
Das älteste Bearbeitungsverfahren ist das **Schmieden**, das durch Pressen erweitert wird. Beim Gesenkschmieden werden die Werkstücke in Hohlformen hineingeschlagen. So ist es möglich kompliziert gebaute Teile, z. B. Kurbelwellen für Kraftfahrzeuge (▷B 6), herzustellen.

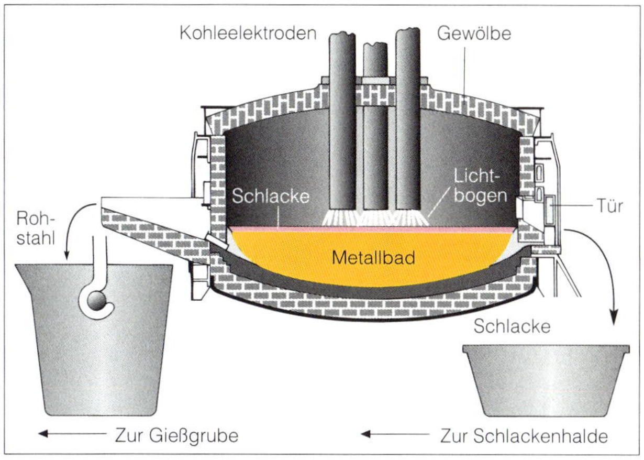

B 4 Elektroschmelzofen. Ein Lichtbogen erzeugt die zum Schmelzen des Inhaltes notwendige Temperatur

A 1 Berechne aus den Angaben in ▷B 2, wie viel Kilogramm Kohlenstoff, Silicium, Mangan und Phosphor in einer Tonne Roheisen bzw. Stahl enthalten sein können.

A 2 Welche chemischen Reaktionen laufen beim Frischen des Roheisens ab? Erstelle für die in ▷B 2 benannten Stoffe Reaktionsschemata.

A 3 Schildere den Ablauf der Vorgänge beim Sauerstoffaufblasverfahren.

A 4 Welches Oxidationsmittel wird beim Elektrolichtbogenverfahren eingesetzt? Erstelle für die in ▷B 2 benannten Stoffe Reaktionsschemata.

B 5 Walzen. Herstellung eines Doppel-T-Stahlträgers auf einer Walzstraße

B 6 Gesenkschmieden. Werdegang einer Kurbelwelle

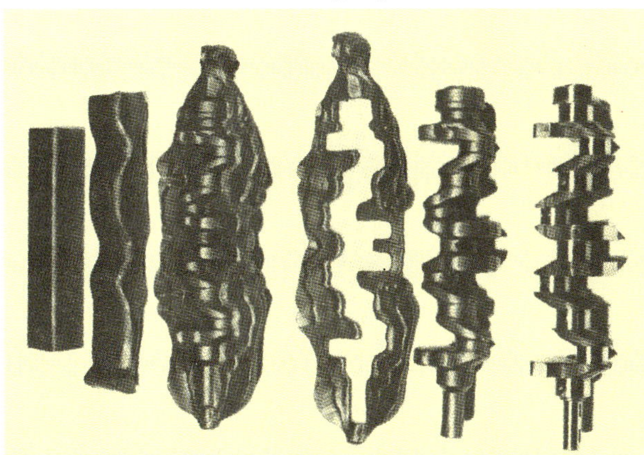

6.6 Überprüfung und Vertiefung

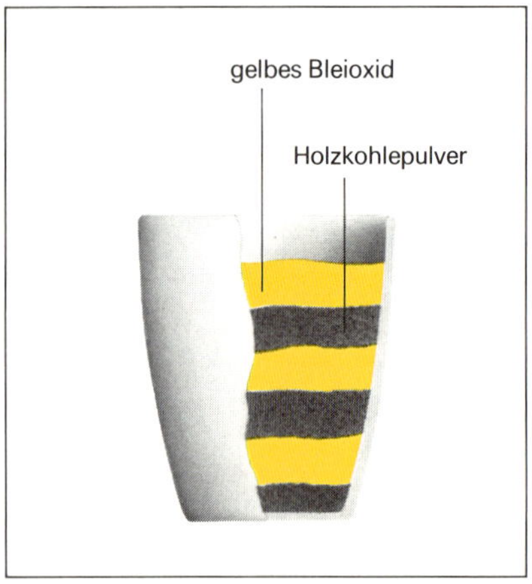

B 1 Zu Aufgabe 1

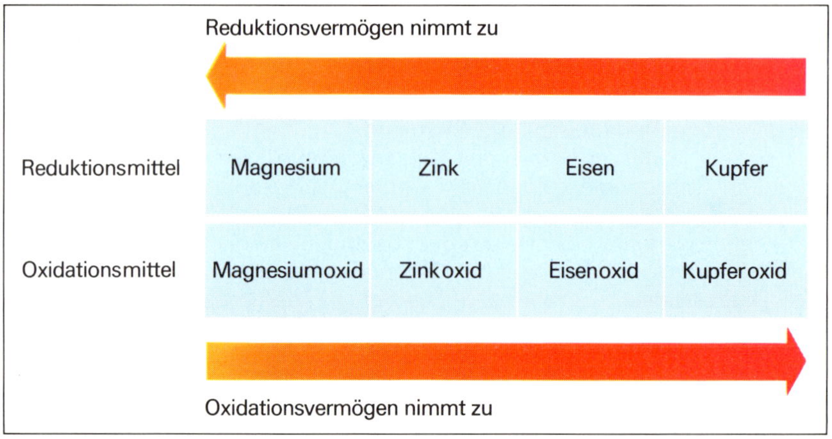

B 2 Redoxvermögen einiger Metall-Metalloxid-Paare

1 Erhitzt man einen Tiegel, in dem Holzkohlepulver und gelbes Bleioxid übereinander geschichtet worden sind (▷ B 1), einige Zeit in der nicht leuchtenden Brennerflamme, so bildet sich im Tiegel ein blaugrauer, metallisch glänzender, flüssiger Stoff, der beim Abkühlen erstarrt.
a) Um welchen Stoff handelt es sich?
b) Formuliere das Reaktionsschema.
c) Kennzeichne die Oxidation und Reduktion im Reaktionsschema.

2 Man kann die Metalle und ihre Oxide nach ihrer Fähigkeit andere Stoffe zu reduzieren bzw. zu oxidieren (Reduktions- bzw. Oxidationsvermögen) in einer Tabelle wie ▷ B 2 anordnen.
a) Mit welchen der in ▷ B 2 aufgeführten Metalle kann man Eisenoxid reduzieren?
b) Wo müsste Silber/Silberoxid in der Tabelle ▷ B 2 stehen?

B 3 Zu Aufgabe 8

3 Häufig liest man: „Um Eisen zu gewinnen, muss man es aus Gesteinen herausschmelzen".
Nimm zu dieser Aussage Stellung und berichtige sie.

4 Das Roheisen müsste eigentlich Rohstahl heißen. Warum wohl?

5 In einen Hochofen werden zwar Eisenerz und Koks eingefüllt, aber der im Koks enthaltene Kohlenstoff ist nicht das eigentliche Reduktionsmittel für Eisenoxid.
Erkläre diesen Zusammenhang.

6 Nenne zwei wichtige Verfahren zur Stahlherstellung und beschreibe ihr Wirkungsprinzip.

7 Früher hatten alle Fahrräder einen Stahlrahmen. Heute haben viele einen Rahmen aus Aluminium.
Welche Vorteile hat Aluminium gegenüber Stahl? Nenne weitere Beispiele dafür, dass Aluminium Stahl teilweise abgelöst hat.

8 Hält man ein brennendes Magnesiumband in einen mit Kohlenstoffdioxid gefüllten Standzylinder, so brennt das Magnesiumband weiter. Auf dem Boden und an den Wänden des Gefäßes setzen sich ein weißer und ein schwarzer pulveriger Stoff ab (▷ B 3).
a) Welche Stoffe haben sich gebildet?
b) Formuliere das Reaktionsschema.
c) An welcher Stelle in der Tabelle ▷ B 2 kann Kohlenstoff/Kohlenstoffdioxid stehen?
Warum setzt man im Hochofen Steinkohlenkoks und nicht Holzkohle ein?

Wichtige Begriffe

Reduktion
Redoxreaktion
Oxidationsmittel
Reduktionsmittel
Thermitverfahren
Chemische Vorgänge im Hochofen
Möller
Heißwind
Gichtgas
Eisen
Roheisen
Stahl
Sauerstoffaufblasverfahren
Elektrolichtbogenverfahren

Wasser

Ohne Wasser ist kein Leben auf unserer Erde denkbar. Wasser ist das wichtigste Lebensmittel für Mensch, Tier und Pflanze. Obwohl etwa drei Viertel der Erde von Wasser bedeckt sind, gibt es Gebiete, die infolge Wassermangels kaum genutzt werden können.
Wasser ist ein Stoff, mit dem wir täglich in Berührung kommen. Doch was ist Wasser chemisch gesehen?
Im Alltag spricht man häufig von Wasser als Element. Ob dies auch unserer Betrachtungsweise entspricht, werden wir prüfen.

Bei der Untersuchung des Wassers werden wir einen neuen Stoff kennen lernen. Außerdem werden wir erfahren, wie ein Katalysator chemische Reaktionen beeinflusst.

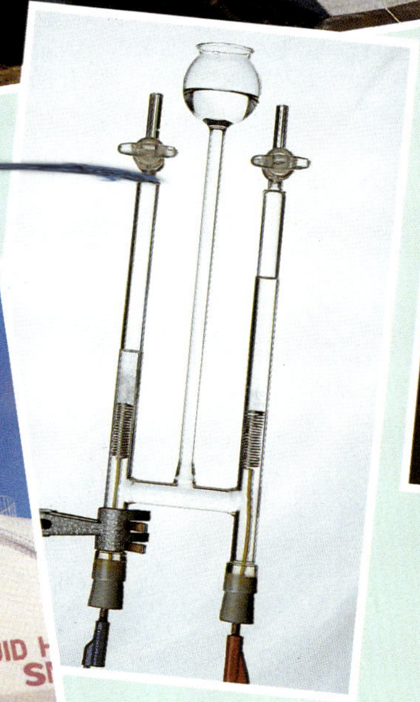

7.1 Wasser – Element oder Verbindung?

B 1 Nebelbildung am Auspuff. An kalten Tagen kondensiert Wasserdampf aus Autoabgasen

An kalten Wintertagen bilden sich hinter den Auspuffrohren von Kraftfahrzeugen weiße Nebelwolken (▷ B 1). Wenn im Chemieraum viele Gasflammen brennen, beschlagen manchmal die Fensterscheiben. Offenbar enthalten die Flammen der Gasbrenner und die Auspuffgase auch Wasserdampf, der an der kalten Luft oder den kalten Fensterscheiben zu Wassertröpfchen kondensiert.

Aufgrund dieser Beobachtungen kann man vermuten, dass bei der Verbrennung von Benzin und Brennergas Wasser gebildet wird. Diese Vermutung muss allerdings bestätigt werden.

Wasser – ein Verbrennungsprodukt. Ein Becherglas, das über eine Brennerflamme gehalten wird (▷ V 1), beschlägt mit einer farblosen Flüssigkeit (▷ B 2). Diese kleine Portion reicht jedoch für die Bestimmung der *Siedetemperatur* und *Dichte* nicht aus.
Lässt man die Brennerflamme längere Zeit unter einem Glastrichter brennen und saugt die Verbrennungsgase durch ein gut gekühltes Reagenzglas, so kondensiert bald eine größere Flüssigkeitsportion (▷ V 2, ▷ B 3). Die Siedetemperratur der Flüssigkeit beträgt 100 °C und die Dichte 1 g/cm^3.

Bei der Verbrennung des Brennergases entsteht Wasser.

Ein einfacher und schneller *Nachweis für Wasser* kann mit *weißem Kupfersulfat* durchgeführt werden. Es wird bei Berührung mit Wasser *blau* (▷ V 3, ▷ B 4). Hierfür genügen sehr kleine Wasserportionen.

Die Blaufärbung von weißem Kupfersulfat ist ein Nachweis für Wasser.

V 1 Halte über eine Brennerflamme ein trockenes Becherglas (▷ B 2).

V 2 Stelle den Gasbrenner nach ▷ B 3 unter einen Glastrichter und sauge mit der Wasserstrahlpumpe die heißen Verbrennungsgase ab.

V 3 Gib auf weißes Kupfersulfat im Reagenzglas etwas dest. Wasser. Wiederhole die Probe mit dem Flüssigkeitsbeschlag aus ▷ V 1 und ▷ V 2 sowie zum Vergleich mit Benzin. Deute das Ergebnis.

A 1 Überlege, wie man das bei der Verbrennung von Benzin entstehende Wasser nachweisen kann.

B 2 Kondensierte Flüssigkeit aus Verbrennungsgasen

B 3 Apparatur zum Sammeln des Kondensats aus der Brennerflamme

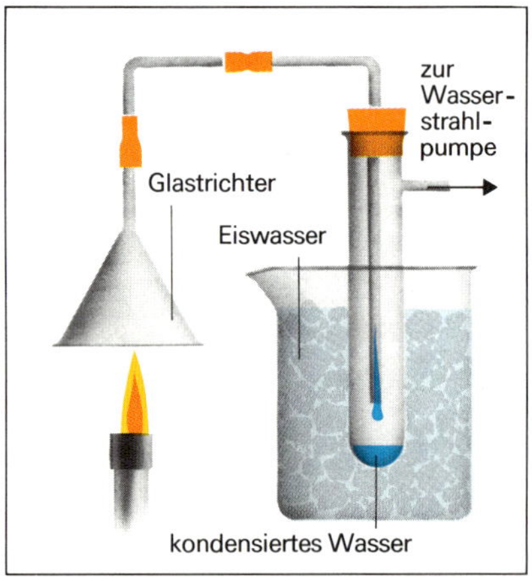

B 4 Wassernachweis. Weißes Kupfersulfat färbt sich blau

B 5 Magnesiumfackel. Magnesium brennt auch unter Wasser

B 6 Magnesium brennt im Wasserdampf weiter

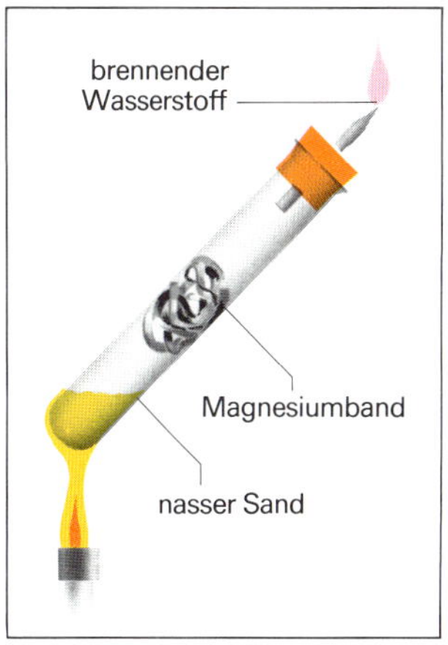

B 7 Wasserstoffbildung bei der Reaktion von Magnesium mit Wasser

Wasser – eine Sauerstoffverbindung? Zur Verbrennung eines Stoffes ist Sauerstoff notwendig. Ist Wasser also eine Verbindung des Sauerstoffs, ein Oxid?
In ↗ Kap. 6.1 haben wir erfahren, dass Oxiden der Sauerstoff entzogen werden kann. Man benötigt dazu einen Stoff mit besonders großem Bindungsbestreben zu Sauerstoff. Ein solcher Stoff ist *Magnesium*. In der Tat ist sein Bindungsbestreben zu Sauerstoff so groß, dass Magnesium sogar unter Wasser brennt (▷ B 5).

Hält man ein brennendes Magnesiumband in einen mit Wasserdampf gefüllten Kolben (▷ V 4), so verbrennt es unter Feuererscheinung zu Magnesiumoxid (▷ B 6). Das Magnesium kann den zur Verbrennung benötigten Sauerstoff nur dem Wasser entzogen haben, da bei unserem Experiment kein Luftsauerstoff zugegen war.
Bei sehr genauem Hinsehen kann man eine weitere Flamme beobachten. Rührt diese Flammenerscheinung vom brennenden Magnesium her oder ist neben Magnesiumoxid ein brennbares Gas entstanden? Um dies zu klären, leiten wir in einem weiteren Experiment (▷ V 5) Wasserdampf über erhitztes Magnesium. Getrennt vom heftig reagierenden Magnesium lässt sich an der Spitze des Glasrohrs ein brennbares Gas entzünden (▷ B 7). Bei seiner Verbrennung entsteht Wasserdampf.

Magnesium reagiert mit Wasser zu Magnesiumoxid und einem brennbaren Gas; Magnesium hat also der Verbindung Wasser den Sauerstoff entzogen.

Wasser ist eine Sauerstoffverbindung, ein Oxid.

Das brennbare Gas wird aufgrund seiner Entstehung aus Wasser als **Wasserstoff** bezeichnet.

V 4 In einem weithalsigen Rundkolben lässt man etwas Wasser sieden, bis die Luft aus dem Kolben verdrängt ist. Dann entzündet man ein 10 cm langes Magnesiumband und hält es mit der Tiegelzange in den wasserdampfgefüllten Kolben (Schutzbrille!).
Zum Vergleich führt man den Versuch mit einem brennenden Holzspan anstelle von Magnesium durch.

V 5 Man füllt in ein schwer schmelzbares Reagenzglas ca. 2 cm hoch Sand und tropft aus einer Pipette so viel Wasser zu, dass ein dicker Brei entsteht. In die Mitte des Reagenzglases schiebt man ein Knäuel aus blankgeschmirgeltem Magnesiumband und verschließt das Glas mit Stopfen und Gasableitungsrohr (Stahlwollesicherung!).
Man erhitzt das Magnesium bis zur beginnenden Rotglut und entwickelt gleichzeitig durch schwaches Erwärmen des nassen Sandes Wasserdampf. Wenn das Metall aufglüht, wird nur noch die Wasserdampfentwicklung fortgesetzt. An der Spitze des Gasableitungsrohres entzündet man das austretende Gas. (Schutzbrille! Schutzscheibe!)

A 2 Welches Verbrennungsprodukt entsteht, wenn das aus der Spitze des Gasableitungsrohres austretende Gas (▷ V 5, ▷ B 7) entzündet wird?
Wie kann es nachgewiesen werden?

A 3 Zeichne eine Versuchsapparatur, mit der man das bei der Reaktion von Magnesium mit Wasser entstandene Gas auffangen kann.

A 4 Ist Wasser ein Element oder eine Verbindung? Begründe deine Antwort.

7.2 Wasserstoff

B 1 Brennendes Luftschiff Hindenburg. Wasserstoff wurde früher als Füllgas für Luftschiffe verwendet

V 1 Zwei Reagenzgläser werden mit Wasserstoff gefüllt. Das eine wird mit der Öffnung nach oben, das andere umgekehrt festgehalten. Nach kurzer Zeit versucht man den Wasserstoff zu entzünden. (Schutzbrille!)

V 2 Man führt in einen mit Wasserstoff gefüllten, mit der Öffnung nach unten eingespannten dickwandigen Zylinder rasch eine brennende Kerze ein und zieht sie wieder heraus. (Schutzbrille! Schutzscheibe!) Erkläre die Beobachtungen.

A 1 Vergleiche die Eigenschaften von Sauerstoff, Stickstoff, Wasserstoff und Kohlenstoffdioxid und gib den Nachweis für jeden der Stoffe an.

Wasserstoff ist ebenso wie Sauerstoff ein *Element*. Wir wollen im Folgenden einige seiner Eigenschaften untersuchen und kennen lernen.

Eigenschaften des Wasserstoffs. Wasserstoff ist ein farb- und geruchloses Gas und deshalb mit unseren Sinnesorganen nicht wahrnehmbar.
Ein mit Wasserstoff gefüllter Ballon steigt auf. Wasserstoff muss also eine geringere Dichte als Luft besitzen. Er hat sogar die *geringste Dichte aller Elemente*. Ein Liter Luft ist ungefähr 14-mal so schwer wie ein Liter Wasserstoff, deshalb entweicht er auch sehr schnell aus einem Reagenzglas, dessen Öffnung nach oben und nicht nach unten gerichtet ist (▷ V 1).

Wegen seiner geringen Dichte wurde der Wasserstoff früher als Füllgas für Zeppeline verwendet. Als der mit 200 000 m^3 Wasserstoff gefüllte deutsche Zeppelin „Hindenburg“ am 6. Mai 1937 in Lakehurst (USA) in Brand geriet und innerhalb weniger Minuten völlig vernichtet wurde (▷ B 1), war dies zunächst das Ende der Zeppelinluftfahrt. Heute werden diese mit dem unbrennbaren Edelgas Helium gefüllten Luftschiffe wieder verstärkt eingesetzt.

Beim Einführen einer brennenden Kerze in einen mit Wasserstoff gefüllten Zylinder (▷ V 2) *entzündet* sich der Wasserstoff am Rand, weil dort der zur Verbrennung notwendige Sauerstoff vorhanden ist. Im Innern des Zylinders erlischt die Kerze, beim Herausziehen entzündet sie sich wieder (▷ B 2).

Wasserstoff hat die geringste Dichte aller Stoffe. Er ist brennbar, unterhält die Verbrennung jedoch nicht.

B 2 Eine Kerze erlischt in Wasserstoff. Dieser unterhält die Verbrennung nicht

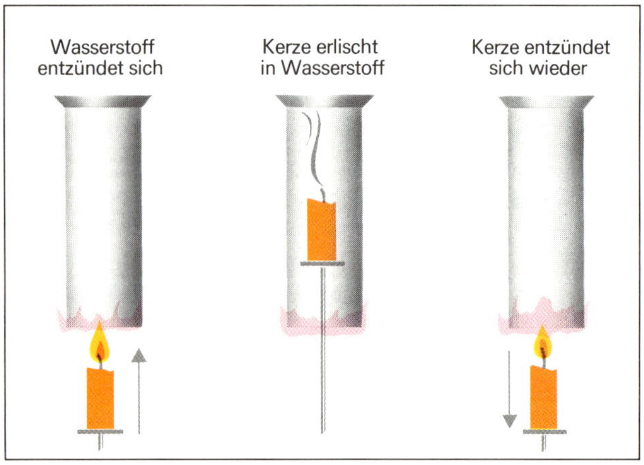

B 3 Eigenschaften des Wasserstoffs bei Normdruck

Stoffeigenschaft	Eigenschaft des Wasserstoffs
Farbe	farblos
Geruch	geruchlos
Geschmack	geschmacklos
Aggregatzustand bei Zimmertemperatur	gasförmig
Löslichkeit in Wasser	sehr gering
Brennbarkeit	brennbar, bildet mit Luft und Sauerstoff explosive Gemische
Schmelztemperatur	–259 °C
Siedetemperatur	–253 °C
Dichte (20 °C)	0,083 g/l

Gefahren beim Umgang mit Wasserstoff. Vermischt sich Wasserstoff mit Luft, so bildet sich ein Gemisch, das beim Zünden *explosionsartig* verbrennt (▷V 3, ▷B 5). Noch heftiger erfolgt die Verbrennung von Wasserstoff im Gemisch mit reinem Sauerstoff. Man bezeichnet solche explosiven Gasgemische als **Knallgas**.

Außer Wasserstoff können auch andere *brennbare Gase* wie Erdgas oder Campinggas und Dämpfe von brennbaren Flüssigkeiten wie Benzin und Alkohol mit Luft *explosive Gas-Luft-Gemische* bilden. Man muss die unerwünschte Entstehung solcher gefährlicher Gemische verhindern. Wo sie dennoch entstehen können (z. B. an Tankstellen und in Garagen), muss jede *Entzündungsmöglichkeit* (Rauchen, offenes Feuer, elektrische Funken) vermieden werden.

Gemische von brennbaren Gasen mit Luft können explodieren.

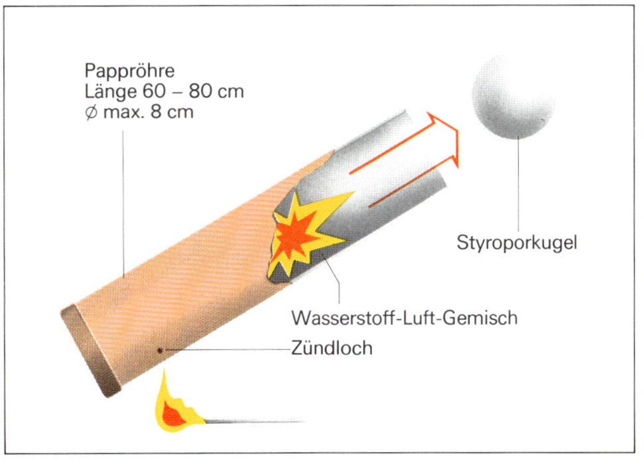

B 5 Wasserstoff-Luft-Gemische sind gefährlich. Sie verbrennen explosionsartig

Die Knallgasprobe. Wenn aus einer Apparatur Wasserstoff austritt, entzündet man ihn, um Explosionen zu vermeiden. Vor dem Entzünden muss jedoch unbedingt geprüft werden, ob reiner Wasserstoff oder das gefährliche Knallgas entströmt.
Hierzu füllt man am besten ein kleines Reagenzglas durch Wasserverdrängung mit dem aus der Apparatur ausströmenden Gas und nähert die nach unten weisende Öffnung des Reagenzglases der Brennerflamme (▷B 4, ▷B 6). Brennt das Gas *ruhig* ab, so handelt es sich um *reinen Wasserstoff*, der gefahrlos entzündet werden kann. Verbrennt es dagegen mit einem *pfeifenden Geräusch*, so liegt das gefährliche *Knallgas* vor. In diesem Fall wird die Probe so oft wiederholt, bis kein Geräusch mehr auftritt.

V 3 Man füllt eine einseitig verschlossene Pappröhre, in deren Zündloch ein Stopfen steckt, teilweise mit Wasserstoff, verschließt sie locker mit einer Styroporkugel und zündet das entstandene Gemisch mit einem brennenden Holzspan. (Rohröffnung nicht auf Personen richten! Schutzbrille!) ⚠

V 4 Man lässt Wasserstoff nach ▷B 4 durch ein mit Luft gefülltes Glasrohr strömen, fängt das entweichende Gas in vier Reagenzgläsern auf und hält sie mit der Öffnung an die Brennerflamme. (Schutzbrille!) ⚠

A 2 Bei der Ausführung der Knallgasprobe entsteht a) ein laut pfeifendes Geräusch, b) ein schwacher, dumpfer Ton. Welche Schlussfolgerung ist zu ziehen?

B 4 Herstellung eines Prüfgemischs zur Durchführung der Knallgasprobe

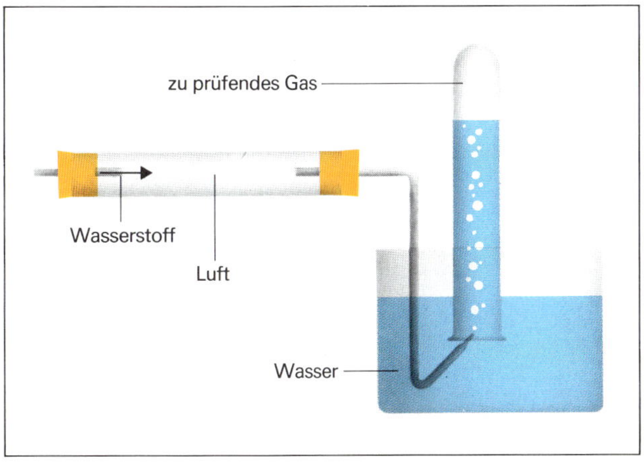

B 6 Knallgasprobe zur Prüfung auf explosive Wasserstoff-Luft-Gemische

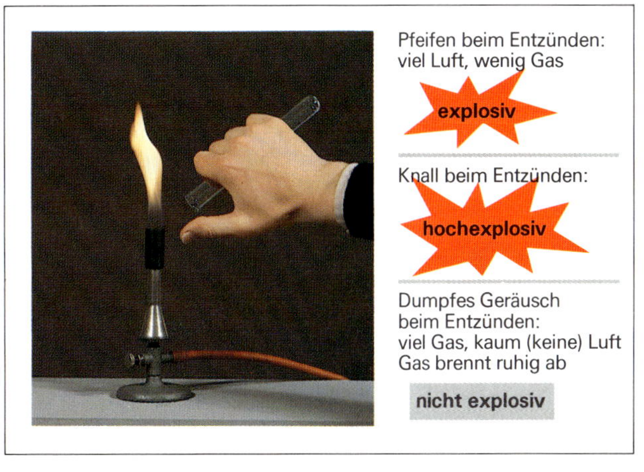

7.3 Bildung von Wasser

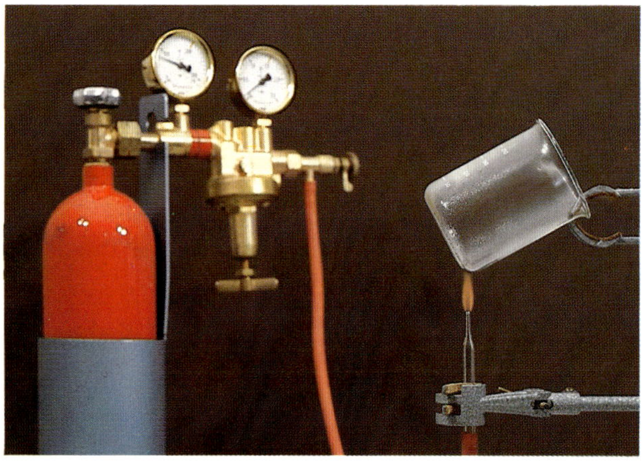

B1 Verbrennung von Wasserstoff an der Luft. Es bildet sich Wasser

V 1 Man hält ein trockenes Becherglas über eine Wasserstoff-Flamme. (Schutzbrille!)

V 2 Man entzündet Wasserstoff an einer Lötrohrdüse und führt die höchstens 1 cm hohe Flamme in die Apparatur nach ▷ B 2 ein, in die von der Seite her langsam Sauerstoff einströmt. Der Sauerstoffstrom wird so reguliert, dass mit einem glimmenden Holzspan am offenen Ende des U-Rohres Sauerstoff nachgewiesen werden kann. (Schutzscheibe! Schutzbrille!)
Führe mit der gewonnenen Flüssigkeit den Wassernachweis mit weißem Kupfersulfat durch.

A 1 Welche Vorteile hat es, wenn ein Auto mit Wasserstoff anstelle von Benzin angetrieben wird?

Bei der Untersuchung des Wassers in ↗ Kap. 7.1 haben wir festgestellt, dass die Verbindung Wasser mindestens aus *Sauerstoff* und *Wasserstoff* aufgebaut ist.
Ob jedoch die beiden Stoffe allein diese Verbindung aufbauen, können wir noch nicht entscheiden. Es ist möglich, dass bei der Reaktion von Magnesium mit Wasser noch andere Stoffe entstehen, die uns entgangen sind. Gelingt es aber nur aus Wasserstoff und Sauerstoff Wasser herzustellen, haben wir bewiesen, dass Wasser eine Verbindung aus diesen beiden Elementen ist.

Reaktion von Wasserstoff mit Sauerstoff. Sowohl beim Verbrennen von Wasserstoff an der Luft (▷ V 1) als auch in reinem Sauerstoff (▷ V 2) lässt sich eine farblose Flüssigkeit gewinnen. Die Prüfung mit weißem Kupfersulfat zeigt, dass es sich jeweils um *Wasser* handelt. Es hat sich durch Reaktion der beiden Elemente Wasserstoff und Sauerstoff gebildet. Wasser ist ein *Oxid des Wasserstoffs*, also **Wasserstoffoxid**. Bei seiner Bildung aus den Elementen wird viel Wärme frei.

Wasserstoff + Sauerstoff ⟶ Wasser(stoffoxid) | exotherm

Diese Reaktion wird in der Technik vielfältig genutzt. In Raketentriebwerken verbrennt man flüssigen Wasserstoff mit flüssigem Sauerstoff. Dabei entstehen hohe Temperaturen und Drücke. Das Verbrennungsprodukt Wasser strömt deshalb mit großer Geschwindigkeit aus der Düse der Rakete und bewirkt einen hohen Schub. Autoingenieuren ist es gelungen Wasserstoff anstelle von Benzin als Treibstoff einzusetzen. Dadurch könnte der Schadstoffgehalt der Luft erheblich vermindert werden.

Wasser ist eine Verbindung aus den Elementen Sauerstoff und Wasserstoff.

B2 Bildung von Wasser aus den Elementen. Wasserstoff und Sauerstoff verbinden sich in exothermer Reaktion

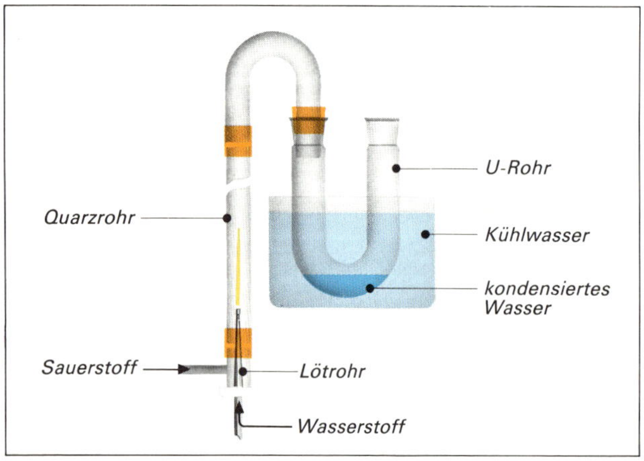

B3 Anwendung von Wasserstoff als Treibstoff. Woraus besteht wohl das Abgas dieses Kraftfahrzeugs?

7.4 Katalysator und Aktivierungsenergie

Bei Zimmertemperatur reagieren Wasserstoff und Sauerstoff gar nicht oder nur äußerst langsam miteinander. Ein Knallgasgemisch kann monatelang aufbewahrt werden, ohne dass eine messbare Wasserportion gebildet wird.

Knallgasgemisch und Aktivierungsenergie. Nach Zufuhr von Aktivierungsenergie, z. B. Entzünden durch die Brennerflamme oder durch einen Funken, reagieren Wasserstoff und Sauerstoff explosionsartig zu Wasser. Zur Aktivierung genügt es das Gasgemisch in einem kleinen Bereich zu erhitzen. Die Reaktion breitet sich vom Ort der Entzündung mit großer Geschwindigkeit aus.

Katalysatoren. Lässt man Wasserstoff über eine Dreiweg-Katalysatorperle strömen, so beobachtet man nach kurzer Zeit, dass die Perle zu glühen beginnt.
Schließlich entzündet sich der Wasserstoff oberhalb der Perle (▷ B 1) und verbrennt mit dem Sauerstoff der Luft zu Wasser.

Den Vorgang erklärt man sich so: Die Katalysatorperle enthält fein verteiltes Platin auf Aluminiumoxid als Trägermaterial. Ein Teil des mit dem Platin in Berührung kommenden Wasserstoffs haftet an der Oberfläche des Metalls. Dieser aktivierte Wasserstoff reagiert mit dem Sauerstoff der Luft. Die dabei frei werdende Wärme führt dazu, dass sich die Perle bis zur Rotglut erwärmt. Die Temperatur reicht aus, dass sich der ausströmende Wasserstoff entzündet. Nach der Reaktion liegt das Platin unverändert vor, es wird auch nicht verbraucht und kann immer wieder eingesetzt werden. Platin wirkt als Katalysator.

Mit Platin setzt die Reaktion von Wasserstoff und Sauerstoff schon bei Zimmertemperatur in merklichem Ausmaß ein, ohne Platin erst ab 400 °C bis 600 °C. Dies ist darauf zurückzuführen, dass mit Platin als Katalysator die Aktivierungsenergie der Reaktion kleiner ist als ohne.

Diese Wirkung des Platins nutzte bereits 1823 DÖBEREINER bei der Erfindung des ersten Feuerzeugs (▷ B 2) aus. Der Wasserstoff wurde hierbei aus Zink und verdünnter Schwefelsäure erzeugt und bei Luftzutritt an einem Platinschwamm entzündet.

Die am Beispiel von Platin und der Reaktion von Wasserstoff und Sauerstoff gewonnenen Einsichten lassen sich auch auf andere Reaktionen mit Katalysatoren übertragen.

Ein Katalysator setzt die Aktivierungsenergie einer chemischen Reaktion herab.
Durch ihn wird eine chemische Reaktion beschleunigt oder bei einer niedrigen Temperatur ermöglicht. Ein Katalysator nimmt an einer Reaktion teil, liegt aber nach der Reaktion unverändert vor.

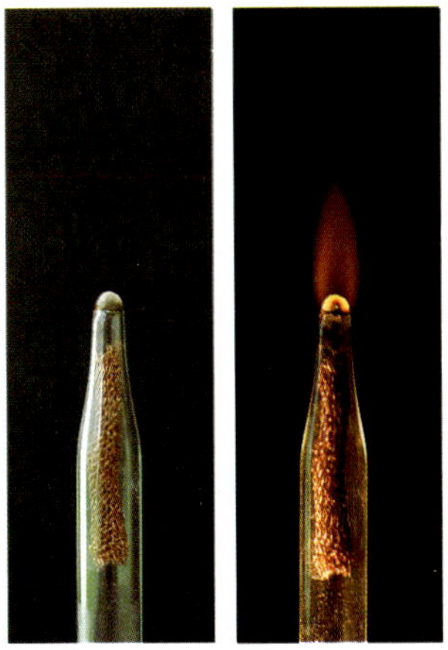

B 1 Entzündung von Wasserstoff am Platinkatalysator

B 2 Döbereinersche Zündmaschine, das erste Feuerzeug

V 1 Man legt eine Dreiweg-Katalysatorperle auf die Öffnung einer Glaspipette (▷ B 1), die als Rückschlagsicherung etwas Kupferwolle enthält. Von unten wird durch die Pipette mit ganz geringer Geschwindigkeit Wasserstoff zugeführt. Man regelt den Gasstrom so, dass die Perle zu glühen beginnt.

A 1 Beschreibe und interpretiere die Abbildung ▷ B 3, bei der es sich um die Veranschaulichung zum Ablauf einer chemischen Reaktion handelt.

A 2 Erläutere, warum die Katalysatorperle in ▷ B 1 zu glühen beginnt, wenn sie von Wasserstoff umspült wird.

B 3 Veranschaulichung der Wirkungsweise eines Katalysators. Die Aktivierungsenergie der Reaktionspartner wird herabgesetzt

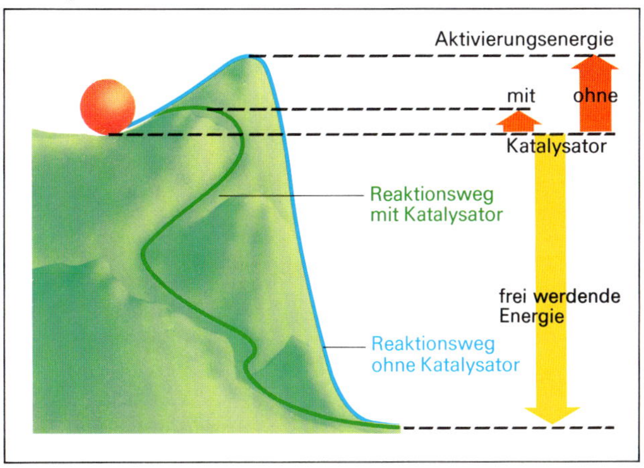

7.5 Überprüfung und Vertiefung

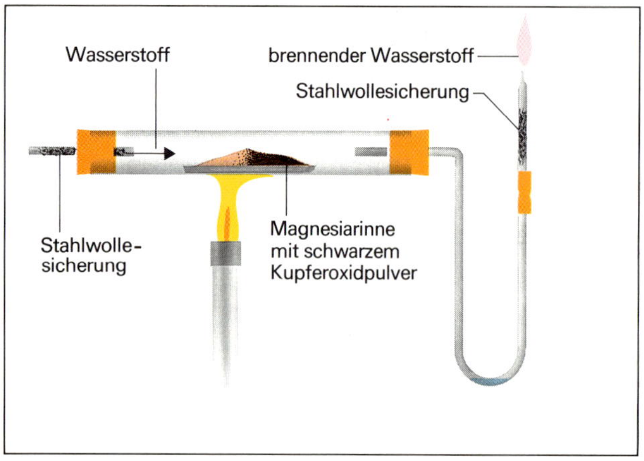

B1 Zu Aufgabe 2

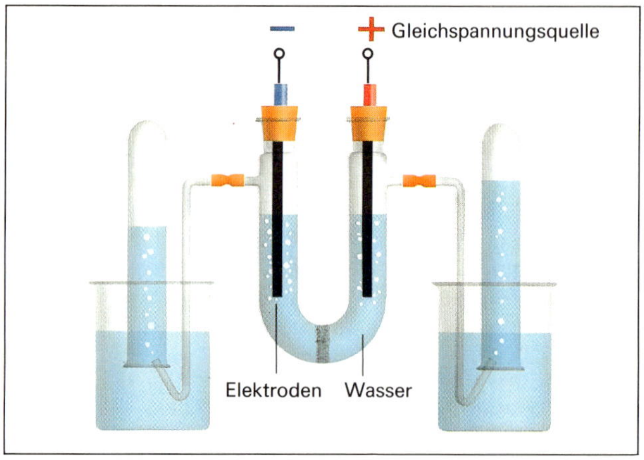

B2 Zu Aufgabe 3

1 Die Zerlegung einer chemischen Verbindung in die Elemente wird Analyse genannt. Die Herstellung von chemischen Verbindungen aus Elementen oder anderen Verbindungen nennt man Synthese (▷B3). Der Begriff Analyse wird auch bei der Untersuchung eines Gemisches gebraucht, wenn die einzelnen Bestandteile bestimmt werden.

Ordne den folgenden Vorgängen die Begriffe Analyse bzw. Synthese zu:

a) Aus Sauerstoff und Wasserstoff wird Wasser gebildet.

B3 Zu Aufgabe 1

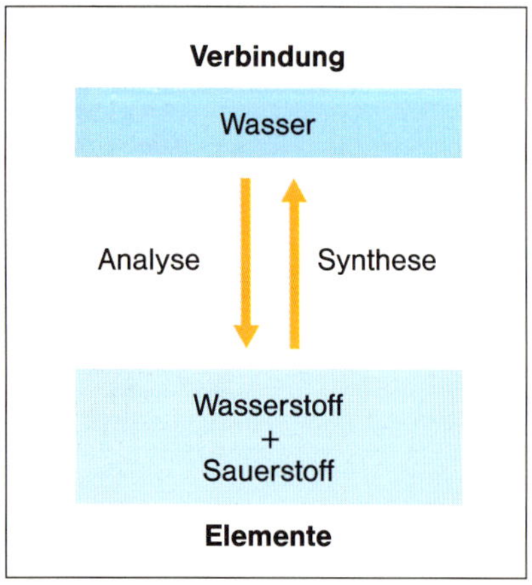

b) Aus Silberoxid entstehen Silber und Sauerstoff.
c) Kupferoxid und Eisen reagieren zu Kupfer und Eisenoxid.
d) Der Sauerstoffgehalt eines Gewässers wird bestimmt.
e) Ein Gemisch aus Zucker und Wasser wird hergestellt.
f) Eisen reagiert mit Schwefel zu Eisensulfid.

2 Man schichtet auf eine Magnesiarinne schwarzes Kupferoxid und schiebt sie in das Reaktionsrohr der Apparatur ▷B1. Anschließend leitet man Wasserstoff ein. Nach Verdrängung der Luft und Knallgasprobe mit negativem Ausgang entzündet man das Gas an der Glasrohrspitze und reguliert den Gasstrom so, dass der Wasserstoff mit kleiner Flamme brennt. Das Kupferoxid wird dort erhitzt, wo der Wasserstoff einströmt. Nach dem ersten Aufglühen kann man den Brenner entfernen, das Glühen wandert durch die ganze Stoffportion; gleichzeitig ändert sich die Farbe von Schwarz nach Hellrot. Im gewinkelten Glasrohr kondensiert eine farblose Flüssigkeit.
a) Welche neuen Stoffe sind entstanden?
Wie kann man die farblose Flüssigkeit identifizieren?
Formuliere das Reaktionsschema.
Kennzeichne den Oxidations- und den Reduktionsvorgang.
b) Warum kann man nach dem ersten Aufglühen den Brenner entfernen?

3 In einer Apparatur nach ▷B2 wird leitfähig gemachtes Wasser durch elektrischen Strom zerlegt (Elektrolyse).
Wie lassen sich die entstandenen Gase identifizieren?

4 Mit Hilfe des Katalysators eines Kraftfahrzeuges werden umweltgefährdende Stoffe z.T. in weniger gefährliche bzw. ungiftige Stoffe umgewandelt.
Worauf beruht die Wirksamkeit des Katalysators?
Warum erhitzt er sich?

Wichtige Begriffe

Wasserstoff, Eigenschaften
Zerlegung des Wassers
Wassernachweis
Knallgasprobe
Wasserstoffoxid
Aktivierungsenergie
Katalysator
Analyse/Synthese

Quantitative Beziehungen bei chemischen Reaktionen

In den vorangegangenen Kapiteln haben Stoffeigenschaften und Eigenschaftsänderungen bei chemischen Reaktionen eine Rolle gespielt. Die „Qualität" der Stoffe stand dabei im Vordergrund. Auch die Ermittlung quantitativer, d. h. messbarer Eigenschaften wie Schmelz- und Siedetemperatur oder Dichte diente vor allem der Stoffcharakterisierung.
Was geschieht aber bei einer chemischen Reaktion mit den Massen der eingesetzten Stoffportionen? Gibt es zwischen der Masse eines Reaktionsproduktes und der Masse eines Ausgangsstoffes eine Beziehung? Die Frage nach quantitativen Beziehungen zwischen Massen und anderen Größen bei chemischen Reaktionen führt auf Gesetze, die sich in Gleichungen formulieren lassen. Mit ihrer Hilfe kann z. B. der Bedarf an Ausgangsstoffen berechnet werden, wenn man eine bestimmte Menge eines Reaktionsproduktes herstellen will.
Bei Reaktionen zwischen Gasen können die Volumina der eingesetzten und der entstehenden Stoffe miteinander verglichen werden. Auch dabei ergeben sich bemerkenswerte Zusammenhänge.
Die Deutung der quantitativen Beziehungen durch das Teilchenmodell führt zu genaueren Modellvorstellungen, die sogar etwas über den Aufbau der Teilchen eines Stoffes aussagen. Darüber hinaus wird es uns möglich sein die genaue Masse der winzigen Teilchen anzugeben und auch die Teilchenanzahl in einer Stoffportion zu bestimmen.

8.1 Atome und ihre Masse

B 1 JOHN DALTON (1766 – 1844) und seine Atomvorstellung

A 1 Da die Samenkörner des Johannisbrotbaums eine kleine und ziemlich konstante Masse besitzen, wurden diese früher als Massestückchen zum Abwiegen von Diamanten verwendet. Auch heute noch gibt man die Masse von Diamanten in „Johannisbrotbaum-Sameneinheiten" (= Karat, von griech. kerátion, Johannisbrotbaumsamen) an. Die Masse von einem Karat ist heute festgelegt: 1 Karat = 0,2 g.
Der größte bisher gefundene Diamant hatte 3106 Karat. Wie groß ist seine Masse in Gramm?

A 2 Die Masse *m* eines unbekannten Atoms ist $m = 0{,}00000000000000000000001992$ g = 19,92 quadrillionstel Gramm. Berechne dessen Masse in u.
Um welches Atom handelt es sich?

Zur Beschreibung einer chemischen Reaktion und zur Erklärung des Gesetzes von der *Erhaltung der Masse* (↗ Kap. 5.5) haben wir das *Teilchenmodell* verwendet. Bei einer *chemischen Reaktion* gehen keine Teilchen verloren, es findet lediglich eine *Teilchenumgruppierung* statt (↗ Kap. 4.5).

Die Atomhypothese von DALTON. Die Existenz kleinster Teilchen wurde schon vor über 2000 Jahren von dem griechischen Philosophen DEMOKRIT (460 – 371 v. Chr.) angenommen. DEMOKRIT nannte diese Teilchen **Atome** (von griech. atomos, unteilbar). Er stellte sich diese als feste, runde, glatte und unveränderliche Teilchen vor. Der englische Gelehrte JOHN DALTON (1766 – 1844) entwickelte eine weiter gehende Vorstellung. Danach sind die *Atome eines Elements untereinander gleich*. Sie unterscheiden sich von den Atomen anderer Elemente in ihrer Größe und Masse (▷ B 1). Diese anschauliche Vorstellung von Atomen als winzigen Kügelchen mit bestimmter Masse bezeichnet man als **Dalton-Atommodell**.

Die Masse einer Stoffportion, z. B. einer Kupferportion, setzt sich zusammen aus der Masse aller ihrer Atome und lässt sich darstellen als Produkt aus der Anzahl *N* der Atome und der Masse *m* eines Atoms (▷ B 2), z. B.:

m (Kupferportion) = *N* (Kupferatome) · *m* (1 Kupferatom)

Die Masse eines Atoms ist unvorstellbar klein, entsprechend ist die Anzahl der Atome in einer Stoffportion unvorstellbar groß. DALTON hielt die Masse eines einzelnen Atoms für nicht messbar. Seine Versuche zeigten jedoch, dass das Wasserstoffatom im Vergleich zu anderen Atomen die geringste Masse besitzen musste. Die Masse des Wasserstoffatoms wählte DALTON als Bezugseinheit und berechnete, wievielmal so groß die Massen der Atome der anderen Elemente sind (relative Atommasse). Die Werte waren zum Teil noch sehr ungenau.

B 2 Stoffportion und Teilchenverband. Zusammenhang zwischen den Massen und der Teilchenanzahl

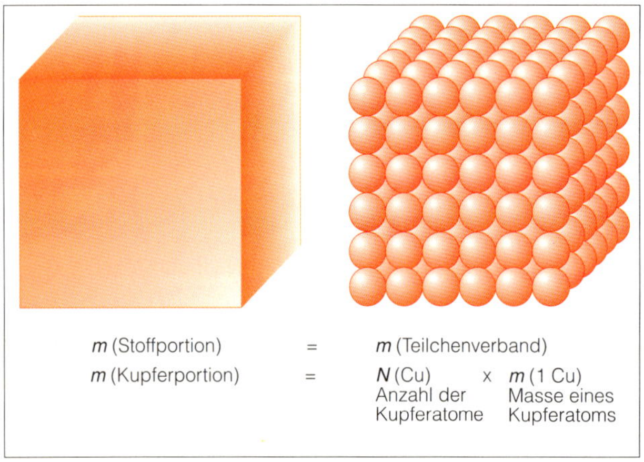

B 3 Zeichen von LAVOISIER

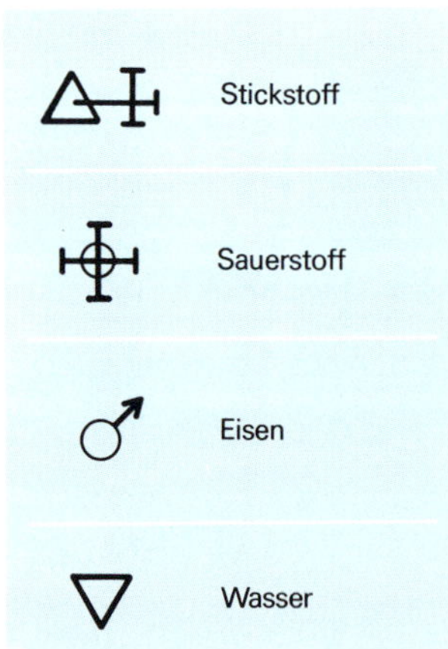

B 4 Zeichen von DALTON

Atome und ihre Masse

Die Masse von Atomen. Heute lassen sich die Massen einzelner Atome genau ermitteln. Das Prinzip des Verfahrens ist nebenstehend dargestellt. Für das Atom mit der geringsten Masse, das Wasserstoffatom, ergibt sich folgende Masse:

m (1 Wasserstoffatom) = 0,000000000000000000000001674 g

Da eine Angabe der Atommasse in Gramm sehr umständlich ist, wurde die **atomare Masseneinheit u** (von engl. unit, Einheit) eingeführt. Aus messtechnischen Gründen wählt man für die atomare Masseneinheit nicht die Masse des Wasserstoffatoms, sondern einen geringfügig davon abweichenden Wert:

$1\,u = 0{,}000000000000000000000001661\,g = 1{,}661 \cdot 10^{-24}\,g$

Für das Wasserstoffatom ergibt sich damit:

m (1 Wasserstoffatom) = 1,008 u

Ein Sauerstoffatom, m (1 Sauerstoffatom) = 16,00 u, besitzt demnach ungefähr die Masse von 16 Wasserstoffatomen (▷ B 6). Die Masse eines Atoms in der Einheit u gibt also ziemlich genau an, wievielmal so groß seine Masse ist wie die eines Wasserstoffatoms.

Chemische Zeichen. Um verschiedene Elemente und die dazugehörigen Atomarten zu kennzeichnen, verwendete DALTON Zeichen. Durch Kombination dieser Zeichen versuchte er die Zusammensetzung von Verbindungen anzugeben (▷ B 4). Gegenüber den Zeichen, die noch LAVOISIER verwendet hatte (▷ B 3), war dies ein Fortschritt. Heute verwendet man Zeichen, die sich meist von den lateinischen oder griechischen Elementnamen ableiten (▷ B 5). Damit die Zeichen eindeutig sind, ist es zweckmäßig sie nur zur Kennzeichnung von Atomen und nicht zur Abkürzung von Elementnamen zu verwenden.

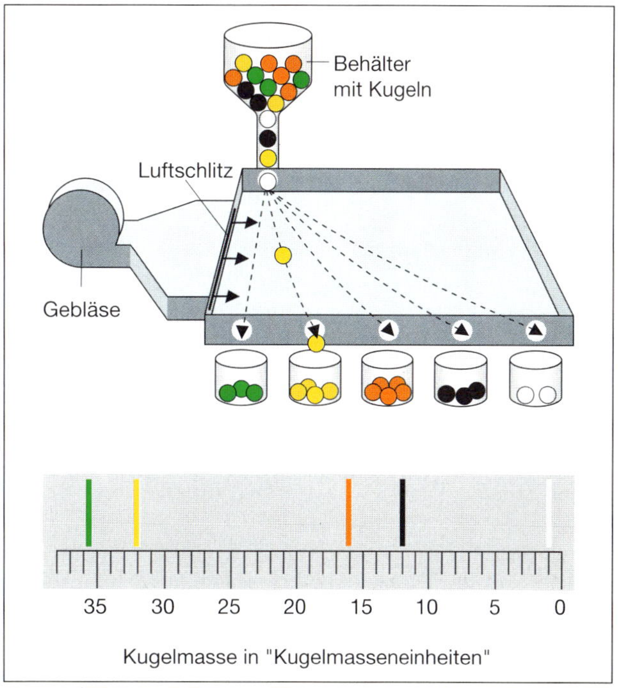

Im Modellversuch wird eine rollende Kugel durch eine seitlich wirkende Kraft umso stärker abgelenkt, je kleiner die Masse der Kugel ist. Kugeln gleicher Masse gelangen an dieselbe Stelle.
Im Gerät zur Bestimmung der Atommassen erhalten die Atome zunächst eine elektrische Ladung und werden dann beschleunigt. Die Teilchen erfahren durch elektrische und magnetische Kräfte eine Ablenkung, die von der Masse des Teilchens abhängt.
Die Masse eines geladenen Teilchens unterscheidet sich von der Masse des Atoms, aus dem es entsteht, nur geringfügig. Mit dem Dalton-Atommodell lässt sich die Entstehung geladener Teilchen noch nicht erklären. Lässt man die Atome auf einen Film auftreffen, kann man ihre Ablenkung sichtbar machen. Da Teilchen gleicher Masse gleich weit abgelenkt werden, ergibt sich ein Streifenmuster. Es heißt Massenspektrum.

B 5 Zeichen für Atome einiger Elemente und Atommassen

Elementname deutsch	lat./griech.	Zeichen für das Atom	Atommasse in u
Wasserstoff	(**H**ydrogenium)	H	1,008
Kohlenstoff	(**C**arboneum)	C	12,0
Stickstoff	(**N**itrogenium)	N	14,01
Sauerstoff	(**O**xygenium)	O	16,00
Magnesium	(**Mg**nesium)	Mg	24,31
Aluminium	(**Al**uminium)	Al	26,98
Schwefel	(**S**ulfur)	S	32,07
Eisen	(**Fe**rrum)	Fe	55,85
Kupfer	(**Cu**prum)	Cu	63,55
Zink	(**Z**i**n**cum)	Zn	65,39
Silber	(**Ag**entum)	Ag	107,87
Blei	(**P**lum**b**um)	Pb	207,2

B 6 Veranschaulichung verschiedener Atommassen.
m (1 Sauerstoffatom) = 16 · m (1 Wasserstoffatom)

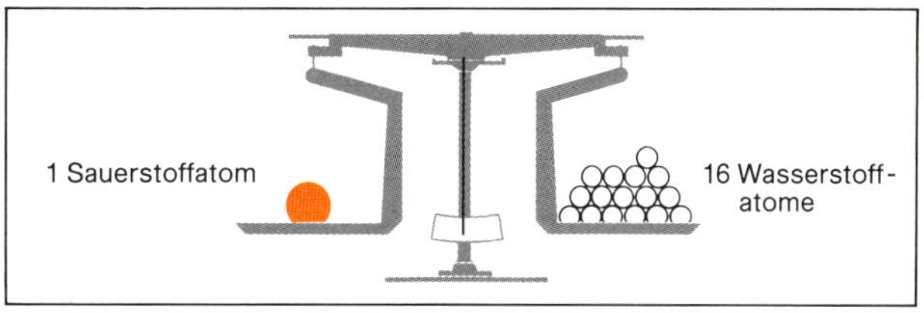

8.2 Die Verhältnisformel

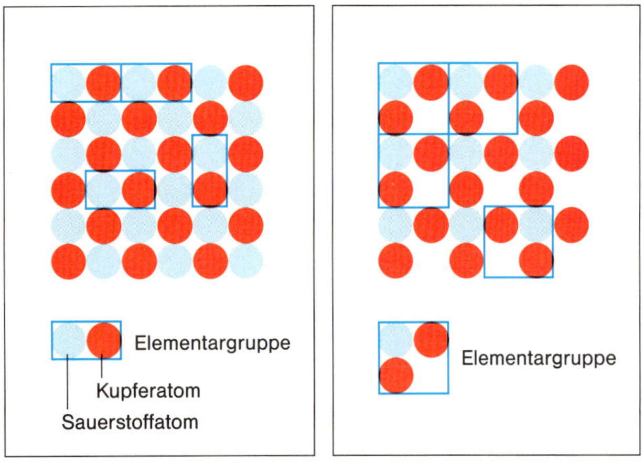

B 1 Elementarguppen in Atomverbänden.
$N(\mathrm{Cu}) : N(\mathrm{O}) = 1 : 1$ $N(\mathrm{Cu}) : N(\mathrm{O}) = 2 : 1$

A 1 Berechne das Massenverhältnis für eine Elementargruppe des roten Kupferoxids (Cu_2O_1). Vergleiche mit dem Massenverhältnis für eine Elementargruppe des schwarzen Kupferoxids.

A 2 Welche Masse hat die Kupferportion, die man aus 1 kg rotem Kupferoxid durch Reduktion gewinnen kann?

A 3 Die Verhältnisformel für das rote Eisenoxid ist Fe_2O_3. Welche Masse hat die Eisenportion, die sich aus 1 t dieses Oxids gewinnen lässt?

A 4 Die Verhältnisformel des grauen Eisenoxids ist Fe_3O_4. Welche Masse (in u) hat eine Elementargruppe dieses Oxids?

B 2 Räumliche Modelle von Atomverbänden.
a) Bleisulfid b) Pyrit

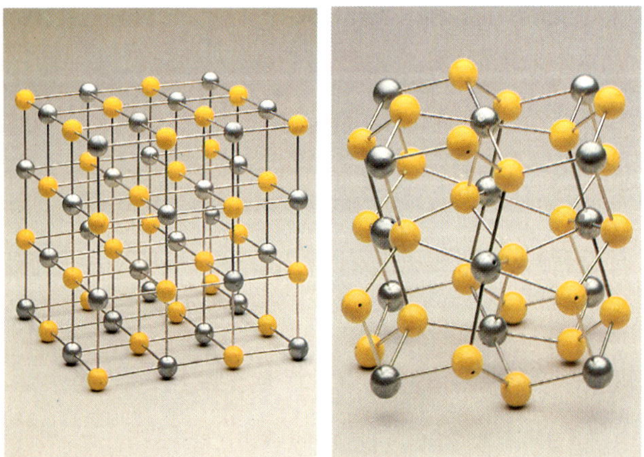

Mit dem Daltonschen Atommodell lässt sich die Bildung einer Verbindung aus den Elementen als Umgruppierung der Atome deuten. Wir wissen aber nicht, in welchem Anzahlverhältnis die Atome der verschiedenen Elemente in der Verbindung vertreten sind. Wir setzen auch zunächst voraus, dass das Verhältnis der Atome der Elemente in einer Verbindung nicht beliebig ist. Dass diese Voraussetzung berechtigt ist, wird in diesem Kapitel ebenfalls geklärt.

Elementargruppe und Verhältnisformel. Im schwarzen Kupferoxid liegen *gleich viele* Kupfer- und Sauerstoffatome vor. Auf jedes Kupferatom kommt ein Sauerstoffatom. Man kann sich also das schwarze Kupferoxid aus kleinen Einheiten mit je einem Kupfer- und einem Sauerstoffatom denken. Solche gedachten Einheiten nennt man *Elementargruppen*.

Kupfer- und Sauerstoffatome können jedoch in einem Oxid nicht nur im Anzahlverhältnis 1 : 1 vorliegen. Außer dem schwarzen Kupferoxid gibt es auch rotes Kupferoxid. Das rote Kupferoxid unterscheidet sich in vielen Eigenschaften vom schwarzen Kupferoxid. Im roten Kupferoxid kommen *auf ein Sauerstoffatom zwei Kupferatome*. Die Elementargruppe besteht hier also aus zwei Kupferatomen und einem Sauerstoffatom.

Offenbar hat das Anzahlverhältnis der verschiedenen Atomsorten in einer Verbindung entscheidenden Einfluss auf deren Eigenschaften. Beim *roten* und *schwarzen Kupferoxid* handelt es sich um *zwei verschiedene Stoffe*. Weitere Kupferoxide sind nicht bekannt. Um eine Verbindung eindeutig zu kennzeichnen, gibt man das Anzahlverhältnis ihrer Atomsorten an. Dieses beträgt für das schwarze Kupferoxid:

Anzahl der Kupferatome : Anzahl der Sauerstoffatome = 1 : 1

Oder mit dem Zeichen *N* für Anzahl:

$$N(\mathrm{Cu}) : N(\mathrm{O}) = 1 : 1$$

Dieses Anzahlverhältnis wird in der Chemie einfacher durch die **Verhältnisformel** eines Stoffes ausgedrückt. Für das schwarze Kupferoxid lautet sie: Cu_1O_1.
Die tief gestellten Zahlen hinter den Zeichen für die Atome geben das Anzahlverhältnis der Atome in der Verbindung an. Die Verhältnisformel für das rote Kupferoxid ist demnach Cu_2O_1.
In einer vereinfachten Schreibweise für Verhältnisformeln wird der Index 1 oft nicht geschrieben, also lauten die Formeln CuO und Cu_2O.

Räumliche Modelle der Atomverbände von Metallverbindungen (▷ B 2) lassen deutlich erkennen, dass keine abgegrenzten Atomgruppen vorliegen.
Damit auch die Kugeln im Innern des Verbandes sichtbar sind, wurden die Abstände zwischen den Kugeln im Verhältnis zu den Kugeldurchmessern größer gewählt.

Anzahlverhältnis und Massenverhältnis. Charakteristisch für das schwarze Kupferoxid ist das Anzahlverhältnis $N(\mathrm{Cu}) : N(\mathrm{O}) = 1 : 1$. In einer Elementargruppe kommt auf ein Kupferatom ein Sauerstoffatom. Ein solches Anzahlverhältnis lässt sich nicht durch Abzählen ermitteln oder überprüfen. Das Anzahlverhältnis der verschiedenen Atomsorten bestimmt jedoch zusammen mit den Atommassen das Massenverhältnis der Atomsorten in der Elementargruppe.
Mit m (1 Cu) = 63,5 u und m (1 O) = 16 u ergibt sich für eine Elementargruppe Cu_1O_1 folgendes Massenverhältnis:

$$\frac{1 \cdot m(1\,\mathrm{Cu})}{1 \cdot m(1\,\mathrm{O})} = \frac{1 \cdot 63{,}5\,\mathrm{u}}{1 \cdot 16\,\mathrm{u}} = \frac{3{,}97}{1}$$

Da man sich eine Verbindung aus vielen Elementargruppen aufgebaut denken kann, gilt dieses Massenverhältnis auch für den gesamten Stoff:

$$\frac{\text{Masse der Kupferatome in der Verbindung}}{\text{Masse der Sauerstoffatome in der Verbindung}} = \frac{3{,}97}{1}$$

Da bei der Bildung von schwarzem Kupferoxid aus Kupfer und Sauerstoff die Gesamtmasse erhalten bleibt (also keine Atome „verloren gehen"), muss für das Verhältnis der Massen der Ausgangsstoffe ebenfalls gelten:

$$\frac{m(\text{Kupferportion})}{m(\text{Sauerstoffportion})} = \frac{3{,}97}{1}$$

Durch experimentelle Überprüfung dieses Massenverhältnisses lässt sich somit das Anzahlverhältnis der Atomsorten und damit die Verhältnisformel bestätigen (▷ Versuch rechts).
Die Tatsache, dass bei der Bildung einer Verbindung die Elemente in einem bestimmten Massenverhältnis reagieren, wurde bereits 1799 von dem französischen Chemiker JOSEPH LOUIS PROUST (1754–1826) als Gesetz der konstanten Massenverhältnisse formuliert:

Das Massenverhältnis der Elemente, aus denen eine Verbindung entsteht, ist konstant.

Dem Gesetz der konstanten Massenverhältnisse entspricht auf der Ebene des Daltonschen Atommodells das Gesetz der konstanten Anzahlverhältnisse:

Das Anzahlverhältnis der Atome der Elemente ist in einer Verbindung konstant.

Der allgemeine Zusammenhang zwischen dem Massenverhältnis der Elemente und dem Anzahlverhältnis der Atomsorten ist in ▷ B3 am Beispiel der Bildung von Silbersulfid veranschaulicht.

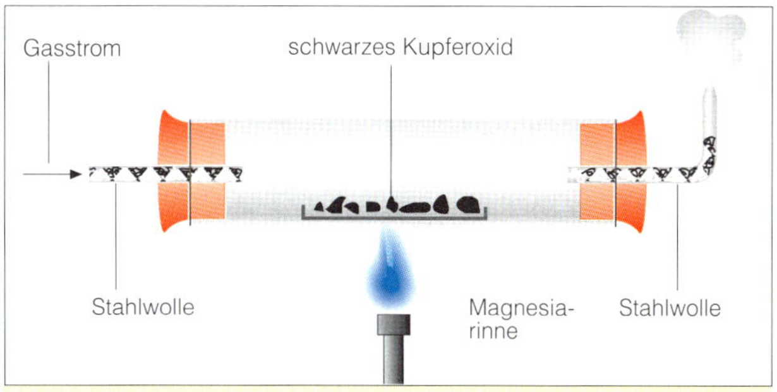

Wiege 0,5 g bis 1 g schwarzes Kupferoxid auf einer Magnesiarinne genau ab und gib diese in ein waagerecht eingespanntes Reaktionsrohr mit Gaszuleitung. Baue die Apparatur wie in der obigen Abbildung zusammen. Leite einen schwachen Brennergasstrom durch die Apparatur. Nach Verdrängen der Luft (Knallgasprobe!) wird das Gas an der Glasrohrspitze entzündet und das Kupferoxid kräftig erhitzt. Lass nach beendeter Reaktion das Reaktionsprodukt im Gasstrom abkühlen und bestimme anschließend seine Masse.
Berechne die Masse der Sauerstoffportion, indem du die Differenz zwischen der Masse der Kupferoxidportion und der Kupferportion bildest. Berechne anschließend das Massenverhältnis m(Kupferportion) : m(Sauerstoffportion) und vergleiche dieses mit dem aus der Verhältnisformel CuO berechneten Wert.

B3 Zusammenhang zwischen Massenverhältnis und Teilchenanzahlverhältnis

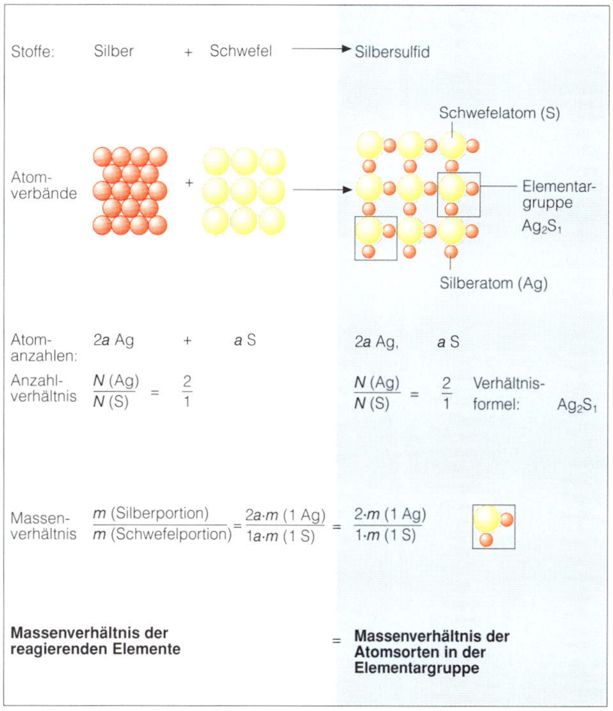

8.3 Projekt: Atomverbände aus Steckbausteinen

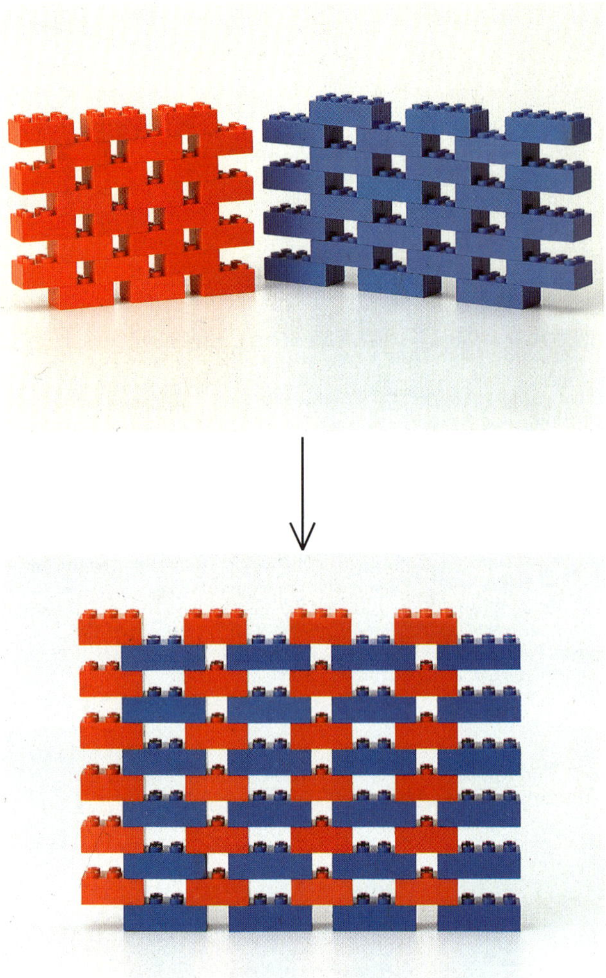

B 1 Modell einer Teilchenumgruppierung

B 2 Modell eines Atomverbandes mit ungleichen Teilchenanzahlen

Modelle sind wichtige Hilfsmittel bei der Erklärung naturwissenschaftlicher Gesetzmäßigkeiten. An unseren selbstgebauten Modellen können wir eine ganze Reihe von Sachverhalten bei der Bildung einer Verbindung aus zwei Elementen erklären und veranschaulichen.
Verbindungen kann man sich als Atomverbände vorstellen, in denen die verschiedenen Atomsorten in einem bestimmten Anzahlverhältnis vorliegen. Die kleinste Gruppe von Atomen, in denen dieses Anzahlverhältnis noch vorliegt, nennt man eine Elementargruppe (↗ Kap. 8.2).
Beim Bau eines Modells, ganz gleich welcher Art, müssen wir uns jedoch immer bewusst sein, dass es nie in allen Teilen eine Aussage über den tatsächlichen Aufbau eines Stoffes zulässt. So werden wir im Folgenden z. B. Modelle bauen, die flächig aufgebaut sind, während Atomverbände tatsächlich räumliche Gebilde darstellen. Auch stimmen die räumliche Zuordnung der Teilchen, deren Form, die Lücken, das Größenverhältnis der Bausteine usw. nicht mit der Wirklichkeit überein.

Aufgabe 1

Material: 12 A-Steine (6 Noppen), 24 B-Steine (8 Noppen). A- und B-Steine sollen sich in ihrer Farbe unterscheiden

Durchführung: Baue mit Steckbausteinen ein Modell eines Atomverbandes mit der Verhältnisformel AB_2. Es soll ein „flächiges“ Modell entstehen, d. h. alle Bausteine sollen sich in einer Ebene befinden (▷ B 1, das die Verhältnisformel AB veranschaulicht).
Es ist zweckmäßig zuerst Elementargruppen zu bauen und diese dann so zusammenzufügen, dass der gesamte Verband zusammenhält. Gleiche Bausteine sollen sich so wenig wie möglich berühren. Orientiere dich auch an ▷ B 1, ↗ Kap. 8.2.

Aufgabe 2

Material: 12 A-Steine (4 Noppen), 36 B-Steine (8 Noppen)

Durchführung: Baue wie in Aufgabe 1 beschrieben ein Modell eines Atomverbandes mit der Verhältnisformel AB_3.

Aufgabe 3

Material: A-Steine (4 Noppen) und B-Steine (8 Noppen)

Durchführung: a) Suche in dem in ▷ B 2 dargestellten Modell eines Atomverbandes eine Elementargruppe und baue sie nach.
b) Welche Verhältnisformel besitzt der Atomverband?
c) Wiege je einen A- und einen B-Stein und bestimme mit Hilfe des Anzahlverhältnisses *N*(A-Steine) : *N*(B-Steine) das Massenverhältnis der beiden Teilchensorten im Verband.
d) Welche Masse an A-Steinen muss man einkaufen, um zusammen mit 500 g B-Steinen ein Modell eines Atomverbandes mit der Verhältnisformel A_2B_3 bauen zu können?

8.4 Projekt: Ermittlung einer Verhältnisformel

Versuch Ermittlung der Verhältnisformel von Kupfersulfid

Bevor eine experimentelle Bestätigung einer Verhältnisformel erfolgt ist, sind noch viele verschiedene Verhältnisformeln denkbar, für Kupfersulfid z. B. Cu_1S_1, Cu_2S_1 oder Cu_1S_2. Zur Bestätigung einer dieser Möglichkeiten gehe wie folgt vor:

I. Berechne aus dem jeweiligen Anzahlverhältnis der Atome das Massenverhältnis der reagierenden Stoffportionen mit Hilfe folgender Beziehung (Atommassen siehe ▷ B 5, ↗ Kap. 8.1):

$$\frac{m\text{(Kupferportion)}}{m\text{(Schwefelportion)}} = \frac{N(\text{Cu}) \cdot m(1\ \text{Cu})}{N(\text{S}) \cdot m(1\ \text{S})}$$

II. Bestimme das tatsächliche Massenverhältnis durch folgenden Versuch:

Geräte und Materialien: Schutzbrille, Stativ, Doppelmuffe, Universalklemme, Waage (Ablesegenauigkeit 1 mg), Gasbrenner, 2 Reagenzgläser, Glaswolle / Steinwolle, Pinzette, Spatel, Schere, Filterpapier

Chemikalien: Kupferblech (0,1 mm dick), Schwefelpulver

Versuchsaufbau:

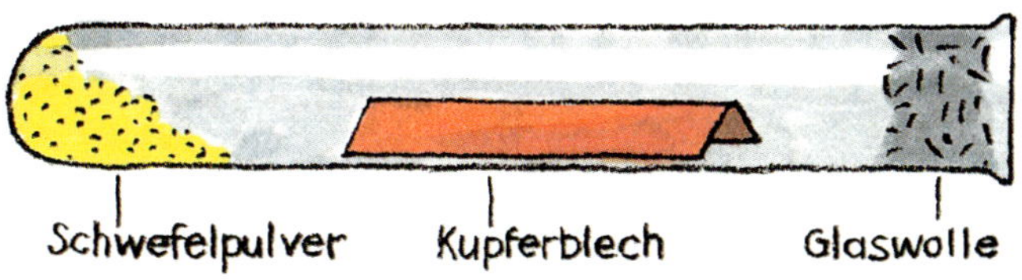

Durchführung: Gib in ein Reagenzglas etwa 1 g Schwefel und spanne das Reagenzglas waagerecht ein. Schiebe in die Mitte des Reagenzglases ein genau abgewogenes (etwa 0,5 g; 1 g; 1,5 g) Kupferblech. Das Kupferblech muss zuvor entlang der Mitte geknickt werden. Verschließe das Reagenzglas locker mit einem Glas- oder Steinwollebausch.
Erhitze anschließend das Kupferblech und dann den Schwefel, so dass der heiße Schwefeldampf über das heiße Kupferblech streicht.
Entferne nach der Reaktion den Kupfersulfidstreifen vorsichtig mit der Pinzette aus dem 1. Reagenzglas und gib ihn in ein 2. Reagenzglas, das ebenfalls wie das erste Reagenzglas verschlossen wird.
Erhitze das Reaktionsprodukt kräftig, um noch anhaftenden Schwefel zu entfernen.
Wäge das Reaktionsprodukt nach dem Abkühlen.

Auswertung: Lege in deinem Heft eine Tabelle nach folgendem Muster an:

Nr. der Gruppe	m(Kupfersulfid) in g	m(Kupfer) in g	m(Schwefel) in g	$\frac{m\text{(Kupfer)}}{m\text{(Schwefel)}}$
1				
2				
3				
			Mittelwert:	

1. Berechne die Masse der Schwefelportion.
2. Trage deine Werte in die Tabelle ein.
3. Übertrage die Werte der anderen Gruppen in deine Tabelle.
4. Berechne den Mittelwert.

III. Vergleiche das experimentell ermittelte Massenverhältnis mit den in I berechneten Werten.
Welche Verhältnisformel ist für Kupfersulfid zutreffend?

Problem: Vom Massenverhältnis zum Anzahlverhältnis und damit zur Verhältnisformel

Man kann eine Verhältnisformel auch ermitteln, ohne dass man erst Anzahlverhältnisse der verschiedenen Atomsorten für eine Verbindung formuliert. Dieser Weg soll am Beispiel der Bestimmung der Verhältnisformel des Silbersulfids vorgestellt werden.

Da das Anzahlverhältnis $N(\text{Ag}) : N(\text{S})$ noch unbekannt ist, lässt sich für die Elementargruppe zunächst nur der folgende Ausdruck formulieren:

$$\text{Massenverhältnis der Atome in der Elementargruppe} = \frac{N(\text{Ag}) \cdot m(1\ \text{Ag})}{N(\text{S}) \cdot m(1\ \text{S})}$$

Dieses Verhältnis ist identisch mit dem Massenverhältnis der zu Silbersulfid reagierenden Elemente:

$$\frac{N(\text{Ag}) \cdot m(1\ \text{Ag})}{N(\text{S}) \cdot m(1\ \text{S})} = \frac{m\text{(Silberportion)}}{m\text{(Schwefelportion)}}$$

Sind die Massen der Silber- und Schwefelportionen experimentell bestimmt worden, sind alle Größen der Gleichung außer $N(\text{Ag})$ und $N(\text{S})$ bekannt. Die Gleichung lässt sich dann umstellen:

$$\frac{N(\text{Ag}) \cdot m(1\ \text{Ag})}{N(\text{S}) \cdot m(1\ \text{S})} = \frac{m\text{(Silberportion)}}{m\text{(Schwefelportion)}} \quad \Big| \cdot m(1\ \text{S}) \quad \Big| : m(1\ \text{Ag})$$

$$\frac{N(\text{Ag})}{N(\text{S})} = \frac{m\text{(Silberportion)} \cdot m(1\ \text{S})}{m\text{(Schwefelportion)} \cdot m(1\ \text{Ag})}$$

Aufgabe: Bei der Zerlegung von 2,48 g Silbersulfid entstehen 2,16 g Silber und 0,32 g Schwefel. Welche Verhältnisformel hat Silbersulfid?

8.5 Vom Reaktionsschema zur Reaktionsgleichung

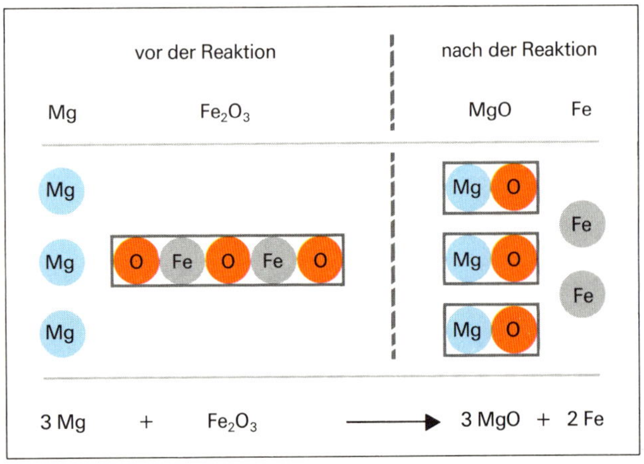

B1 Aufstellen einer Reaktionsgleichung mit Atomen und Elementargruppen. Die Anzahl und Art der Atome bleiben gleich

A 1 Bei der Zerlegung von 100 Elementargruppen Pyrit entstehen 100 Eisenatome und 200 Schwefelatome. Wie lautet die Verhältnisformel des Pyrits?

A 2 Die Verhältnisformel für a) Zinksulfid lautet Zn_1S_1, für b) Silbersulfid Ag_2S_1. Stelle die Reaktionsgleichungen für die Bildung der beiden Sulfide aus den Elementen auf.

A 3 Stelle mit Hilfe der dargestellten Schrittfolge die Reaktionsgleichungen für die Reaktionen a) von Silberoxid (Verhältnisformel: Ag_2O_1) mit Kupfer zu Silber und schwarzem Kupferoxid und b) von schwarzem Kupferoxid mit Aluminium zu Kupfer und Aluminiumoxid (Verhältnisformel: Al_2O_3) auf.

B2 Reaktionsgleichungen sind international verständlich

Deutsch:	Kupfer und Schwefel reagieren zu Kupfersulfid 2 Cu + S → Cu_2S
Englisch:	Copper and sulfur react to produce cuprous sulfide 2 Cu + S → Cu_2S
Griechisch:	Χαλκός και θείον αντιδρούν εις σουλφίδιον του χαλκού 2 Cu + S → Cu_2S
Russisch:	При реакции меди с серой образуется сульфид меди. 2 Cu + S → Cu_2S
Arabisch:	حامض الكبريت مع النحاس الأحمر = (ينتج من تفاعلهما) كبريتيد النحاس الأحمر 2 Cu + S → Cu_2S

Eine chemische Reaktion haben wir bisher mit Hilfe eines *Reaktionschemas* beschrieben, z. B.:

Kupfer + Schwefel ⟶ Kupfersulfid

Diese Schreibweise gibt uns jedoch keine Informationen darüber, in welchem Anzahlverhältnis die Teilchen reagieren. Im Folgenden werden wir eine Schreibweise kennen lernen, die uns auch darüber Auskunft geben kann.

Formelschreibweise für Reaktionen. Die Verhältnisformel von Kupfersulfid, die experimentell bestimmt wird, lautet: Cu_2S_1. Dieses bedeutet, dass in der Elementargruppe und damit in der gesamten Kupfersulfidportion auf zwei Kupferatome ein Schwefelatom kommt. Die Kupferatome und die Schwefelatome reagieren damit nur dann vollständig zu Kupfersulfid, wenn das Anzahlverhältnis der Kupferatome zu den Schwefelatomen in den Ausgangsstoffen ebenfalls 2 zu 1 ist.
Schreibt man in ein Reaktionsschema statt der Namen für die Stoffe die Zeichen und Formeln für die Atome und Verbindungen, muss man dafür sorgen, dass die *Anzahlen der Atome der einzelnen Atomsorten auf beiden Seiten des Reaktionspfeils gleich sind.*
Diese Schreibweise für eine chemische Reaktion heißt deshalb **Reaktionsgleichung**. Für die Bildung des Kupfersulfids aus den Elementen lautet die Reaktionsgleichung:

$$2\,Cu + 1\,S \longrightarrow 1\,Cu_2S_1$$

Für schwerer aufzustellende Reaktionsgleichungen ist es günstig nach folgenden Schritten vorzugehen (▷B 1):

1. Schritt:
Aufstellen des Reaktionsschemas z. B.

rotes Eisenoxid + Magnesium ⟶
Eisen + Magnesiumoxid

2. Schritt:
Zuordnung der Zeichen für die Atome und der Verhältnisformeln zu den Stoffnamen

Fe_2O_3 + Mg | Fe + Mg_1O_1

Damit erhält man noch **keine** Reaktions**gleichung**, da die Anzahlen der entsprechenden Atome vor und nach der Reaktion nicht gleich sind.

3. Schritt:
Einfügen der Multiplikatoren: „Einrichten von Gleichungen"

Durch Vervielfachung der Atome und Elementargruppen erhält man die Reaktionsgleichung.

$$1\,Fe_2O_3 + 3\,Mg \longrightarrow 2\,Fe + 3\,Mg_1O_1$$

Beachte: Beim Einrichten der Reaktionsgleichung darf die Verhältnisformel für eine Elementargruppe **nicht** verändert werden, da sie durch das Atomanzahlverhältnis in der Verbindung festgelegt ist.

8.6 Moleküle und molekulare Stoffe

Bei der Untersuchung der Zusammensetzung einiger Verbindungen, wie z. B. Kupfersulfid, haben wir uns deren Aufbau aus Elementargruppen vorgestellt. Alle diese Stoffe sind Feststoffe, die erst bei sehr hohen Temperaturen schmelzen (▷ B 1). Dies trifft auch für eine Vielzahl weiterer Stoffe zu, die wir aus unserer Umgebung kennen, wie z. B. Kochsalz, oder die Stoffe, aus denen sich Gesteine zusammensetzen.
Aus dem Chemieunterricht und dem Alltag kennen wir jedoch auch viele Stoffe, die sich davon stark unterscheiden, wie z. B. Wasser, Stickstoff oder Kerzenwachs. Diese sind bei Zimmertemperatur entweder gasförmig oder flüssig oder lassen sich, sofern es Feststoffe sind, sehr leicht schmelzen. Manche dieser Stoffe verdunsten, wenn man sie offen stehen lässt, alle besitzen relativ niedrige Siedetemperaturen (▷ B 1). Diese großen Unterschiede in den Eigenschaften sind auf einen wichtigen Unterschied im Aufbau dieser Stoffgruppen zurückzuführen.

Moleküle. Die Elementargruppe Cu_2S kann man sich als Baueinheit des Atomverbands des Kupfersulfids denken. Sie lässt sich jedoch *beliebig* aus dem riesigen Atomverband herausgreifen, d. h. es ist nicht festgelegt, welche der Kupferatome, die ein Schwefelatom umgeben, zu dieser Elementargruppe gehören (▷ B 2). Bei Stoffen wie Wasser oder Alkohol ist die Zusammenfassung von Atomen zu einer Gruppe *nicht beliebig*, da tatsächlich Gruppen vorliegen, in denen die jeweiligen Atome sehr fest miteinander verbunden sind, während der Zusammenhalt der Gruppen untereinander schwach ist. Solche Gruppen von zwei oder mehreren fest miteinander verbundenen Atomen nennt man **Moleküle**. Stoffe, die aus Molekülen aufgebaut sind, nennt man *molekulare Stoffe*. Beim Schmelzen werden die Kräfte *zwischen* den Molekülen zum Teil überwunden, die Moleküle bleiben jedoch *als zusammengesetzte Teilchen erhalten* und bewegen sich als Ganzes in der Flüssigkeit (▷ B 2).
Dagegen können sich die verschiedenen Atomsorten, z. B. in geschmolzenem Kupfersulfid, *in der Schmelze bewegen*, ohne an ein bestimmtes Nachbaratom gebunden zu sein. Auch beim Verdampfen eines molekularen Stoffes bleiben die Atome eines Moleküls zusammen. Die Gasteilchen sind einzelne Moleküle.
Nicht nur Verbindungen, sondern auch Elemente können molekulare Stoffe sein. So sind z. B. die Gasteilchen von Stickstoff zweiatomige Moleküle (N_2-Moleküle). Die Größe der Moleküle kann *von Stoff zu Stoff* sehr unterschiedlich sein. Moleküle können zweiatomig sein, wie z. B. beim Stickstoff, oder auch aus mehreren Atomen bestehen. Um die Zusammensetzung eines Moleküls anzugeben, verwendet man die **Molekülformel**. So gibt z. B. C_4H_{10}, die Molekülformel von Feuerzeuggas, an, dass ein Molekül dieses Stoffes aus 4 Kohlenstoffatomen und 10 Wasserstoffatomen besteht. Seine *Verhältnisformel* dagegen wäre C_2H_5.

Stoff	Schmelztemp. in °C
Kupferoxid, rot	1230
Kupferoxid, schwarz	1330
Eisenoxid, grau	1594
Magnesiumoxid	2802
Kupfersulfid	1130
Eisensulfid	1193
Kochsalz	800

Stoff	Schmelztemp. in °C	Siedetemp. in °C
Wasser	0	100
Alkohol	−117	78
Benzin (Gemisch, je nach Zusammensetzung)	−130 bis −57	40 bis 140
Stickstoff	−210	−196
Ether	−116	34
Glycerin	18	290
Kerzenwachs (Gemisch, je nach Zusammensetzung)	38 bis 50	Zersetzung

B 1 Schmelz- und Siedetemperaturen einiger Stoffe

A 1 Ein Molekül von Kohlenstoffdioxid hat die Masse 44 u. Gib die Molekülformel an.

A 2 Was bedeuten die folgenden Zeichen:
$1\,H_2$, $2\,H$, N_2, CuO, $1\,Fe_2O_3$?

B 2 Moleküle und Elementargruppen. Bei der Änderung des Aggregatzustandes bleiben die Moleküle erhalten

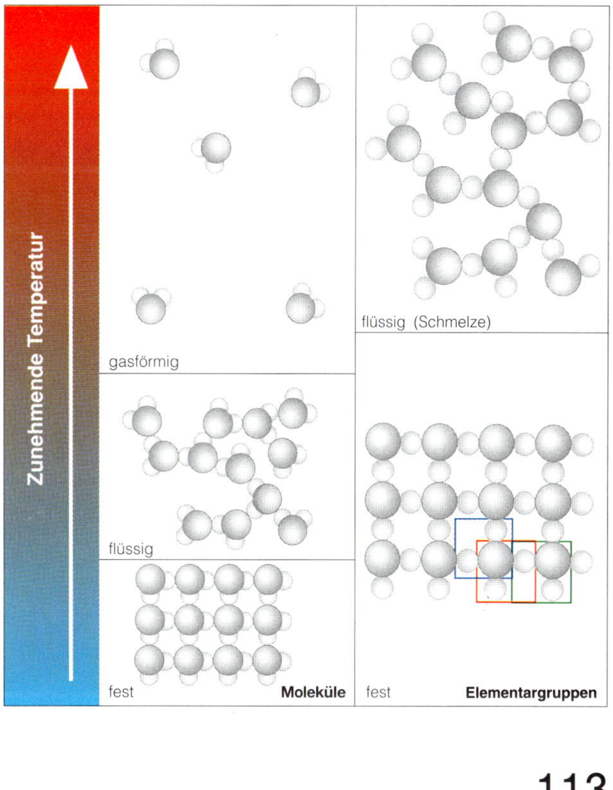

8.7 Teilchenanzahl und Stoffmenge

Stoffportionen mit gleichen Teilchenanzahlen. Die Reaktionsgleichung für die Reaktion von Eisen mit Schwefel lautet:

$$1\,Fe + 1\,S \longrightarrow Fe_1S_1$$

Sie gibt an, dass Eisen- und Schwefelatome in gleichen Anzahlen miteinander reagieren. Zwar kann jede beliebige Eisenportion oder Schwefelportion eingesetzt werden, diese reagieren jedoch nur dann vollständig zu Eisensulfid, wenn die Schwefelportion aus gleich vielen Schwefelatomen besteht, wie die Eisenportion Eisenatome enthält. Für diese Reaktion gilt also:

Anzahl der Eisenatome = Anzahl der Schwefelatome

Kurz: $N(\text{Fe}) = N(\text{S})$

Die Masse der reagierenden Eisenportion lässt sich berechnen aus der Anzahl und der Masse der enthaltenen Eisenatome:

$$m(\text{Eisenportion}) = N(\text{Fe}) \cdot m(1\,\text{Fe})$$

Entsprechend gilt:

$$m(\text{Schwefelportion}) = N(\text{S}) \cdot m(1\,\text{S})$$

Daraus ergibt sich für das Massenverhältnis der reagierenden Stoffportionen:

$$\frac{m(\text{Eisenportion})}{m(\text{Schwefelportion})} = \frac{N(\text{Fe}) \cdot \text{m}(1\,\text{Fe})}{N(\text{S}) \cdot \text{m}(1\,\text{S})} = \frac{N(\text{Fe}) \cdot 56\,\text{u}}{N(\text{S}) \cdot 32\,\text{u}}$$

Für die durch die Reaktionsgleichung gegebene Bedingung $N(\text{Fe}) = N(\text{S})$ ergibt sich:

$$\frac{m(\text{Eisenportion})}{m(\text{Schwefelportion})} = \frac{56}{32}$$

Das heißt: 56 g Eisen und 32 g Schwefel oder jeweils gleiche Vielfache bzw. Bruchteile dieser Massen enthalten *jeweils gleich viele Atome.*

Sind die Atommassen bekannt, kann man also Massen für Elementportionen angeben, die *jeweils gleich viele Atome* enthalten. Es ist zweckmäßig, die Masse so zu wählen, dass ihr Zahlenwert dem der Atommassen entspricht, z. B. 12 g Kohlenstoff, 27 g Aluminium, 63,5 g Kupfer.

Teilchenanzahl in Stoffportionen. Wie groß ist nun die Anzahl der Atome in diesen Stoffportionen? Genauso wie sich die Anzahl von Schrauben berechnen lässt, wenn man z.B 1 kg Schrauben gekauft hat und die Masse einer einzelnen Schraube kennt, kann man auch die Anzahl von Atomen in einer Stoffportion berechnen, wenn man deren Masse und die Masse eines einzelnen Atoms kennt:

$$\text{Teilchenanzahl } N = \frac{m(\text{Stoffportion})}{m(1\,\text{Teilchen})}$$

Für die Anzahl von Kohlenstoffatomen in 12 g Kohlenstoff ergibt sich:

$$N(\text{C}) = \frac{12\,\text{g}}{12\,\text{u}}$$

Mit $1\,\text{g} = 6{,}02 \cdot 10^{23}\text{u}$ erhält man

$$N(\text{C}) = \frac{12 \cdot 6{,}02 \cdot 10^{23}\text{u}}{12\,\text{u}} = 6{,}02 \cdot 10^{23}$$

Diese Zahl ist auch der Umrechnungsfaktor zwischen der Masseneinheit Gramm und der atomaren Masseneinheit u. Dieselbe Zahl gibt auch die Anzahl von Atomen an, die in 27 g Aluminium, 63,5 g Kupfer, 56 g Eisen usw. enthalten sind. Mit Hilfe der Verhältnisformel lassen sich auch Stoffportionen von Verbindungen angeben, die dieselbe Anzahl von Elementargruppen oder Molekülen enthalten, wie 12 g Kohlenstoff, 27 g Aluminium usw.

Die Zahl $6{,}02 \cdot 10^{23}$ ist geradezu unvorstellbar groß (▷ B 1). So müsste z. B. ein Computer, der in der Lage ist pro Sekunde 1 Million Atome zu zählen, mehr als 19 Milliarden Jahre arbeiten, um $6 \cdot 10^{23}$ Atome zu zählen.

B 1 Veranschaulichung der Teilchenanzahl $N_L = 6{,}02 \cdot 10^{23}$

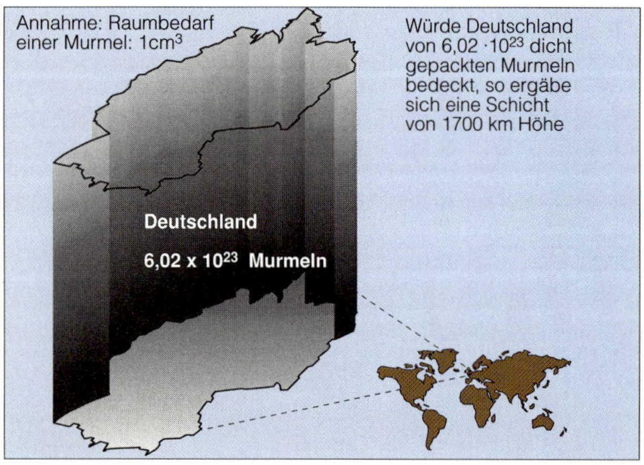

B 2 Teilchenanzahl und Stoffmenge von Stoffportionen

Stoffportionen	Teilchen/ Elementargruppe	Teilchenmasse in u	Teilchenanzahl N	Stoffmenge n
12 g Kohlenstoff	C	12	$6{,}02 \cdot 10^{23}$	$n(\text{C}) = 1\,\text{mol}$
32 g Schwefel	S	32	$6{,}02 \cdot 10^{23}$	$n(\text{S}) = 1\,\text{mol}$
14,3 g rotes Kupferoxid	Cu_2O	143	$0{,}1 \cdot 6{,}02 \cdot 10^{23}$	$n(Cu_2O) = 0{,}1\,\text{mol}$
56 g Stickstoff	N_2	28	$2 \cdot 6{,}02 \cdot 10^{23}$	$n(N_2) = 2\,\text{mol}$

Die Stoffmenge n und ihre Einheit. Um eine Stoffportion bestimmen zu können, benötigt man die Angabe des Stoffes und die Größe der Stoffportion. Als Größenangaben dienten bisher die Masse oder das Volumen. Natürlich könnte man die Größe einer Stoffportion auch mit Hilfe der Teilchenanzahl angeben. Da diese jedoch selbst in sehr kleinen Stoffportionen riesig groß ist, fasst man eine sehr große Anzahl zu einer neuen Einheit zusammen. So wie man z. B. 12 Stück zu der „Zähleinheit Dutzend" oder 144 Stück zu einem „Gros" zusammenfassen kann, bilden $6{,}02 \cdot 10^{23}$ Stück die Einheit „Mol" (Einheitenzeichen mol). Wie „Gramm" eine Einheit zur Angabe der „Masse m" ist und „Liter" eine Einheit zur Angabe des „Volumens V", ist „Mol" die Einheit zur Angabe der **Stoffmenge** n.

Für eine bestimmte Stoffportion ist die Angabe der Stoffmenge nur möglich, wenn auch die Teilchenart (Atome, Moleküle) bzw. Elementargruppen angegeben wird (▷ B 2).

Mit der Stoffmenge n besitzen wir neben der Masse und dem Volumen eine weitere Größe zur Bestimmung einer Stoffportion.

Eine Stoffportion mit der Stoffmenge $n = 1$ mol enthält $6{,}02 \cdot 10^{23}$ Teilchen.

Dies sind also ebenso viele Teilchen, wie z. B. Atome in 12 g Kohlenstoff enthalten sind.

Diese Anzahl wird auch als *Loschmidt-Zahl* N_L bezeichnet, nach dem Physiker JOSEPH LOSCHMIDT, der sie als erster näherungsweise bestimmt hat.

B 3 Zusammenhang zwischen Stoffmenge und Masse bei verschiedenen Stoffen. Die Masse ist zur Stoffmenge proportional

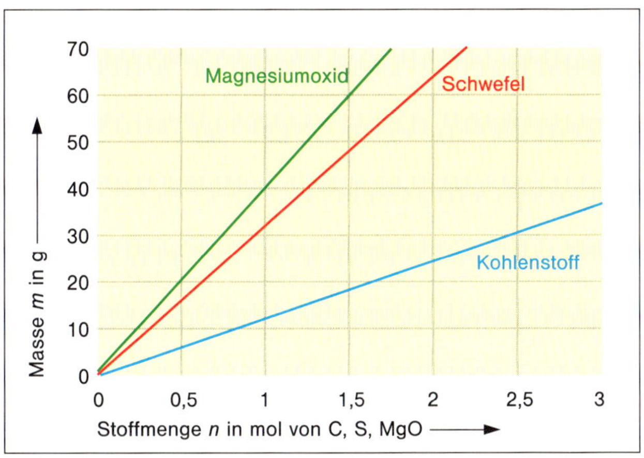

Die molare Masse. Stoffmengen können nicht durch Abzählen der Teilchen bestimmt werden. Da zwischen der Stoffmenge und der Masse einer Stoffportion ein Zusammenhang besteht, ist es möglich die Stoffmenge über die Bestimmung der Masse zu ermitteln. So besitzt z. B. eine Kohlenstoffportion mit $m = 12$ g die Stoffmenge $n(C) = 1$ mol, eine Schwefelportion mit $m = 32$ g die Stoffmenge $n(S) = 1$ mol. Natürlich besitzt eine Schwefelportion mit der doppelten bzw. dreifachen Masse eine doppelte bzw. dreifache Stoffmenge (▷ B 3). Unabhängig von der Größe der Schwefelportion erhält man immer denselben Wert, wenn man ihre Masse durch ihre Stoffmenge dividiert:

$$\frac{m(\text{Schwefelportion})}{n(\text{S})} = 32\,\frac{\text{g}}{\text{mol}}$$

Entsprechend ergibt sich für jede Kohlenstoffportion:

$$\frac{m(\text{Kohlenstoffportion})}{n(\text{C})} = 12\,\frac{\text{g}}{\text{mol}}$$

Für jeden Stoff (genauer: jede Teilchenart) erhält man auf diese Weise einen typischen Wert. Den Quotienten aus der Masse m und der Stoffmenge n einer Stoffportion nennt man **molare Masse** M:

$$M = \frac{m}{n} \qquad \text{Einheit: } \frac{\text{Gramm}}{\text{Mol}} \left(\frac{\text{g}}{\text{mol}}\right)$$

Für die molare Masse eines Stoffes (einer Teilchenart) ergibt sich der gleiche Zahlenwert wie für die Masse eines Teilchens bzw. einer Elementargruppe in u oder für $6{,}02 \cdot 10^{23}$ Teilchen bzw. Elementargruppen in Gramm:

$$m(1\,\text{Al}) = 27\,\text{u} \qquad m(6{,}02 \cdot 10^{23}\,\text{Al}) = 27\,\text{g} \qquad M(\text{Al}) = 27\,\frac{\text{g}}{\text{mol}}$$

$$m(1\,\text{MgO}) = 40\,\text{u} \qquad m(6{,}02 \cdot 10^{23}\,\text{MgO}) = 40\,\text{g} \qquad M(\text{MgO}) = 40\,\frac{\text{g}}{\text{mol}}$$

A 1 Die Verpackung eines Kaugummis enthält etwa 80 mg Aluminium. Berechne die Anzahl der Atome.

A 2 Die Oberfläche der Erde beträgt etwa 510 Millionen km². Wie viele Kohlenstoffatome müssten auf einen Quadratmillimeter entfallen, wenn 12 g Kohlenstoff gleichmäßig über die gesamte Fläche verteilt würden?

A 3 Berechne die Masse einer Kupfersulfidportion mit der Stoffmenge $n = 2{,}5$ mol.

A 4 Berechne für 28,6 g rotes Kupferoxid die Stoffmenge $n(Cu_2O)$. Wie groß sind die Stoffmengen n(Cu) und n(O) für die in der Stoffportion enthaltenen Kupferatome und Sauerstoffatome?

8.13 Überprüfung und Vertiefung

1 Das Massenverhältnis der bei der Zerlegung von Quecksilberoxid entstehenden Elementportionen von Quecksilber und Sauerstoff beträgt 25 : 2. Welches Sauerstoffvolumen erhält man aus 5,4 g Quecksilberoxid? Die Dichte von Sauerstoff beträgt: $\varrho = 1{,}33$ g/l.

2 Eine Wasserstoffportion hat die Masse 4 g.
a) Welches Volumen nimmt diese Portion bei Normbedingungen ein?
b) Welches Volumen nimmt diese Portion bei Zimmertemperatur und Normdruck ein?

3 Eine Elementargruppe Magnesiumoxid hat die Masse 40,3 u. Welche Verhältnisformel hat die Verbindung?

4 Welches Volumen erhält man bei 35 °C und 980 hPa für eine Luftportion mit einem Normvolumen von 1 l? Welche Dichte ergibt sich ($\varrho_n = 1{,}29$ g/l)?

5 Welches Volumen hat die entstehende flüssige Wasserportion, wenn 1 l Wasserstoff (0,09 g) mit Sauerstoff reagiert?

6 Zwei Gase, die beide aus zweiatomigen Molekülen (A_2 und B_2) bestehen, reagieren im Volumenverhältnis 1 : 1. Bei der Entstehung des gasförmigen Reaktionsprodukts erfolgt keine Volumenänderung. Welches ist die einfachste mögliche Molekülformel?

7 Die in ▷ B 2 abgebildeten Feststoff- und Flüssigkeitsportionen besitzen die gleiche Stoffmenge und bestehen aus den gleichen Teilchenanzahlen wie die in ▷ B 3 modellhaft dargestellten Gase. (Jedes gezeichnete Teilchen steht für 10^{23} Stück.) Um welchen Faktor vergrößert sich das Volumen der Wasserportion, wenn diese bei Normbedingungen vollständig verdunstet?

8 Zeige, dass die Teilchen des Edelgases Neon Atome sind. Verwende dazu ϱ_n(Neon) = 0,90 g/l und ϱ_n(Stickstoff) = 1,25 g/l.

9 Berechne die Stoffmengen $n(H_2)$ für 1 l Wasserstoff (bei Normbedingungen) und $n(H_2O)$ für 1 l Wasser (bei 4 °C).

10 Ein Luftballon enthält bei Zimmertemperatur und Normdruck 4,8 l Helium.
a) Welche Stoffmenge hat die Heliumportion?
b) Wie viele Heliumatome enthält der Luftballon?
c) Welche Masse hat die Heliumportion?
d) Welche Größen (V, n, N, m) ändern sich, wenn der Ballon aufsteigt?

11 Vergleiche ▷ B 2, ↗ Kap. 8.11 mit ▷ B 1. Zeichne selbst ein Diagramm für weitere Feststoffe. Entnimm die erforderlichen Dichten einer Tabelle.

12 Die Hitzespaltung eines Gases ergibt Kohlenstoff und Wasserstoff. Die Dichte des untersuchten Gases ist ϱ_n(Gas) = 0,717 g/l. Ermittle die Molekülformel.

B 1 Das molare Volumen. Zusammenhang zwischen Stoffmenge und Volumen. Zu Aufgabe 11

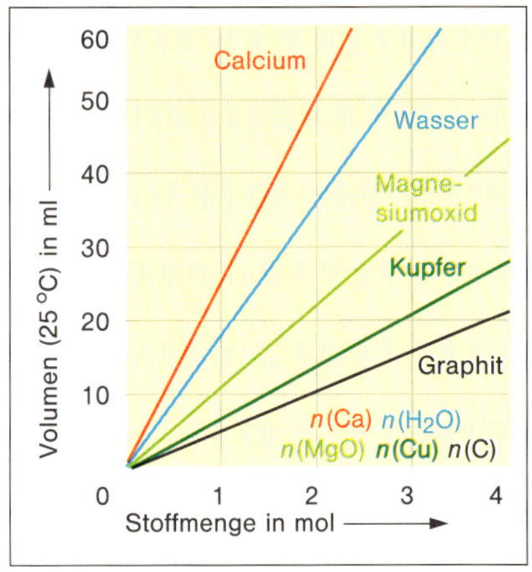

B 2 Zu Aufgabe 7

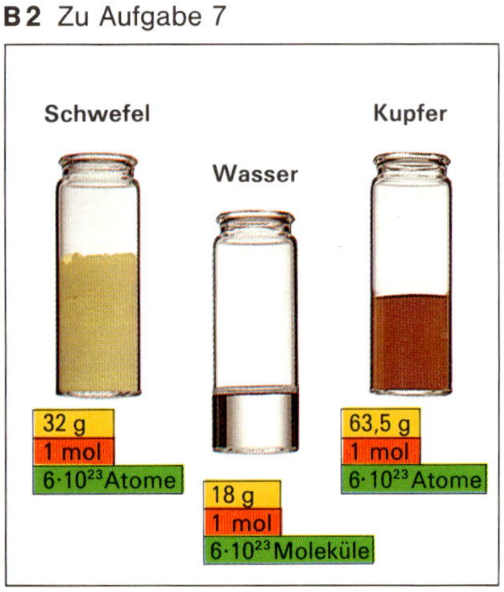

B 3 Zu Aufgabe 7

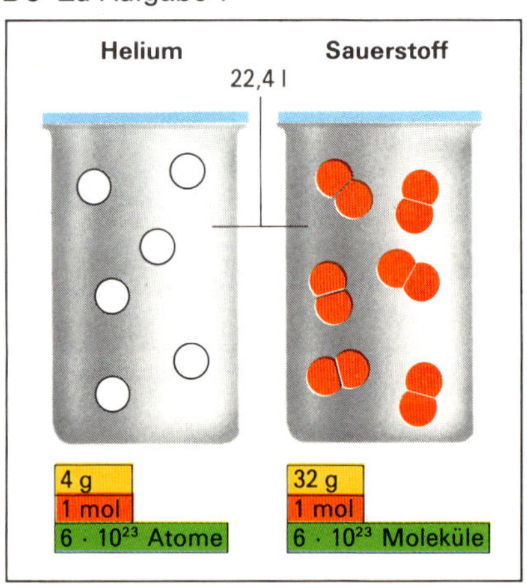

Wichtige Begriffe

Atommasse und ihre Einheit, Zeichen für Atome, Elementargruppe, Verhältnisformel, Reaktionsgleichung, Molekül, Teilchenanzahl und Stoffmenge, molare Masse, Normbedingungen, Volumengesetz, Satz von Avogadro, Molekülformel, molares Volumen, Berechnung von Massen und Volumina von Stoffportionen

Alkali- und Erdalkalimetalle

Die Elemente, die wir bisher kennen gelernt haben, konnten wir in Metalle und Nichtmetalle unterteilen. Den Metallen sind gemeinsam metallischer Glanz, gute Leitfähigkeit für elektrischen Strom und Wärme sowie ihre Verformbarkeit. Sie lassen sich darüber hinaus aufgrund anderer Eigenschaften weiter in Gruppen unterteilen.

Zwei solcher Gruppen bilden die Alkalimetalle und Erdalkalimetalle. Sie sind durch eine Reihe außergewöhnlicher Eigenschaften gekennzeichnet.
So kann Natrium, ein Alkalimetall, im Dampfzustand unter Energiezufuhr ein intensiv gelbes Licht ausstrahlen. Da es Nebel durchdringt, nutzt man es zur Straßenbeleuchtung. Ungewöhnlich ist auch das große Reaktionsvermögen z. B. gegenüber Wasser, das beim Natrium zur Bildung von Natronlauge führt. Sie findet im Alltag u. a. beim Abbeizen von Farbanstrichen Verwendung.

Wir werden einige wichtige Alkalimetalle sowie das Erdalkalimetall Calcium kennen lernen und ihre Eigenschaften und Reaktionsweisen untersuchen und vergleichen.

9.1 Natrium – ein außergewöhnliches Metall

V 1 Von einem Stück Natrium wird in einer Petrischale unter Benzin eine Scheibe abgeschnitten. Beobachte die Schnittfläche. (Schutzbrille!)

V 2 Man erhitzt in einem Reagenzglas langsam ein Stück Natrium (etwa 1 cm^3) unter Paraffinöl. Beobachte die Veränderungen des Natriumstücks. (Schutzbrille!)

V 3 Man prüft die elektrische Leitfähigkeit eines Natriumstücks aus der Vorratsflasche. Dazu berührt man zunächst mit den beiden Elektroden die Oberfläche. Danach werden die Elektroden in das Natriumstück gesteckt. (Schutzbrille!)

V 4 Auf ein Uhrglas legt man ein mit Wasser getränktes Filterpapier, stellt es in eine Glasschale und gibt mit einer Pinzette ein kleines, krustenfreies Natriumstückchen darauf. Unter Verwendung von Abstandhaltern wird die Schale mit einer Glasplatte abgedeckt. (Vorsicht, das Reaktionsprodukt zerspritzt! Schutzscheibe! Schutzbrille!)

V 5 Eine große runde Glaswanne wird zu einem Viertel mit Wasser gefüllt und auf den Arbeitsprojektor gestellt. Man wirft ein sorgfältig entrindetes, etwa linsengroßes Stückchen Natrium in die Wanne und deckt diese sofort unter Verwendung von Abstandhaltern mit einer Glasplatte ab. (Um zu verhindern, dass das Natrium an der Glaswand haftet, gibt man zuvor einige Tropfen Spülmittel in das Wasser. Vorsicht, das Reaktionsprodukt zerspritzt! Schutzscheibe! Schutzbrille!)

V 6 ▷V 5 wird wiederholt, vorher gibt man jedoch zusätzlich etwas Phenolphthaleinlösung in das Wasser.

Unter den Stoffen im Chemikalienschrank fällt Natrium auf. Die grauen Blöcke werden in einer Flasche unter einer Flüssigkeit aufbewahrt. Die Flasche ist mit zwei Gefahrensymbolen gekennzeichnet: das eine zeigt eine Flamme, das andere das Symbol für ätzende Gefahrstoffe (↗ Kapiteleinstiegseite). Das Element Natrium hat einige besondere Eigenschaften, die wir bisher noch nicht kennen gelernt haben.

Natrium hat außergewöhnliche Eigenschaften. Bei Zimmertemperatur ist Natrium fest. Die Natriumstücke werden unter Paraffinöl oder Petroleum aufbewahrt, sie sind mit einer grauen, manchmal hellbraunen Kruste überzogen. Natrium ist weich und lässt sich gut verformen. Es lässt sich sogar mit dem Messer schneiden (▷V 1, ▷B 1). Die frische Schnittfläche glänzt silbrig. Den Glanz sieht man besonders gut, wenn ein Natriumstück unter Paraffinöl erhitzt wird. Bei 98 °C schmilzt Natrium; die graue Kruste, von der es überzogen war, hebt sich dabei ab, und es entsteht eine silberglänzende Kugel (▷V 2, ▷B 2).

Natrium leitet den elektrischen Strom (▷V 3, ▷B 3). Glanz, Verformbarkeit und elektrische Leitfähigkeit zeigen, dass Natrium ein Metall ist. Im Vergleich zu vielen anderen Metallen besitzt Natrium eine sehr geringe Dichte (0,97 g/cm^3). Selbst das Leichtmetall Aluminium hat eine dreimal so große Dichte wie Natrium.

Wird ein Natriumstück an der Luft geschnitten, glänzt die Schnittfläche nur kurz, sie überzieht sich mit einem mattgrauen Belag. Natrium reagiert mit dem Sauerstoff der Luft. Erhitzt man ein Natriumstück ohne das schützende Paraffinöl, schmilzt das Natrium zunächst und verbrennt dann mit gelber Flamme.

B 1 Schneiden von Natrium an der Luft. Die Schnittfläche glänzt nur kurz

B 2 Natrium schmilzt in Paraffinöl zu einer silbrig glänzenden Kugel

B 3 Prüfung der elektrischen Leitfähigkeit von festem Natrium

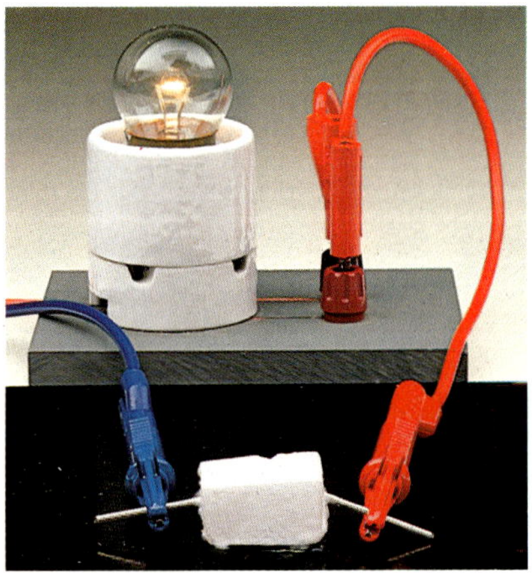

Natrium reagiert mit Wasser. Legt man ein kleines entrindetes Stückchen Natrium auf ein feuchtes Filterpapier (▷ V 4), schmilzt das Natrium zunächst zu einer Kugel und entzündet sich dann. Offensichtlich reagiert Natrium mit Wasser.

Lässt man ein Natriumstückchen mit einer größeren Wasserportion reagieren (▷ V 5), kann man beobachten, wie sich aus dem kantigen Stückchen sofort eine Kugel bildet, die sich auf der Wasseroberfläche hin- und herbewegt. Die Kugel wird schnell kleiner und verschwindet.

Man kann vermuten, dass die Natriumkugel auf einem Gaspolster über die Wasseroberfläche saust, das vielleicht von einem bei der Reaktion entstehenden Gas gebildet wird. Drückt man ein Natriumstück mit einem Sieblöffel unter Wasser, kann man tatsächlich eine Gasentwicklung beobachten. Das in einem Reagenzglas aufgefangene Gas ist Wasserstoff (▷ V 7, ▷ B 5).

Während die Natriumkugel über die Wasseroberfläche saust, kann man im Wasser die Bildung von Schlieren beobachten. Ein weiteres Reaktionsprodukt ist offensichtlich wasserlöslich. Das Eindampfen einer Probe der Lösung führt zu einem weißen Feststoff, dem zweiten Reaktionsprodukt.

Versetzt man die Lösung mit einer Lösung des Indikators Phenolphthalein, färbt sich dieser rotviolett. Die Lösung ist alkalisch. Wie sich die alkalische Lösung im Laufe der Reaktion des Natriums mit Wasser bildet, kann man beobachten, wenn man ▷ V 5 mit Indikatorzusatz durchführt (▷ V 6, ▷ B 6).

Die Reaktion von Natrium mit Wasser ist sehr heftig. Wird die bei der exothermen Reaktion entstehende Wärme nicht schnell genug vom Wasser aufgenommen, erhitzt sich das Natriumstück so stark, dass es sich entzündet und zusammen mit dem Wasserstoff verbrennt (▷ B 4).

B 4 Die Reaktion von Natrium mit Wasser verläuft stark exotherm. Das Natrium kann sich dabei entzünden

V 7 Ein etwa linsengroßes Stück Natrium mit **frischen** (!) Schnittflächen wird in einen Sieblöffel gegeben und in einer Wanne unter Wasser gedrückt. Das entstehende Gas wird in einem großen Reagenzglas aufgefangen (▷ B 5). Mit dem Gas führt man die Knallgasprobe durch. (Schutzscheibe! Schutzbrille!) ⚠

A 1 Beschreibe die außergewöhnlichen Eigenschaften von Natrium.

A 2 Woran erkennt man, dass bei der Reaktion von Natrium mit Wasser ein Stoff entsteht, der eine alkalische Lösung erzeugt?

A 3 Warum kann ein Natriumbrand nicht mit Wasser gelöscht werden?

B 5 Auffangen des Wasserstoffs aus der Reaktion von Natrium mit Wasser

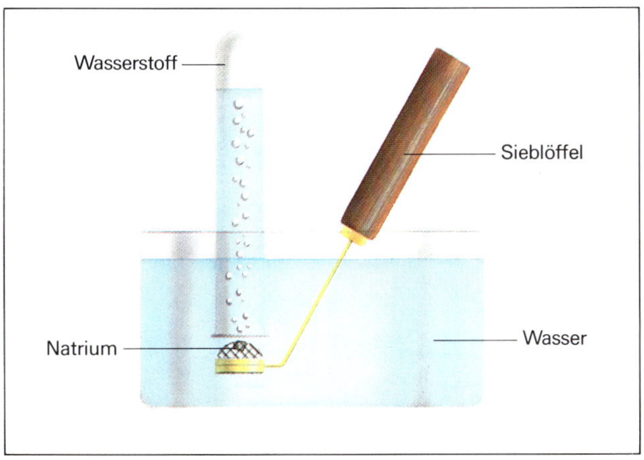

B 6 Natrium reagiert mit Wasser. Es entsteht eine alkalische Lösung

9.2 Natriumhydroxid und Natronlauge

B 1 Eindampfen der alkalischen Lösung aus der Reaktion von Natrium mit Wasser. Es bleibt ein Feststoff zurück

V 1 Man lässt ein kleines krustenfreies Natriumstückchen in einer Porzellanschale mit wenig Wasser reagieren und dampft die entstandene Lösung ein. Dann prüft man, ob sich das Reaktionsprodukt in Wasser löst, und gibt zu einer Probe etwas Indikatorlösung.

V 2 In ein schräg eingespanntes Reagenzglas gibt man 20 bis 25 Natriumhydroxidplätzchen und etwa 2 g Eisenpulver. Man verschließt das Reagenzglas mit einem durchbohrten Stopfen, der ein gebogenes Glasrohr enthält, und verbindet es mit einem Kolbenprober. Das Gemisch wird stark erhitzt (▷ B 2). Nachdem man etwa 50 ml Gas erhalten hat, lässt man erkalten und führt mit einem Teil des Gases die Knallgasprobe durch. (Schutzscheibe! Schutzbrille!)

Bei der Reaktion von Natrium mit Wasser entstehen Wasserstoff und eine alkalische Lösung, aus der nach dem Eindampfen ein weißer Feststoff zurückbleibt (▷ B 1). Dieser lässt sich leicht wieder in Wasser lösen, die Lösung ist alkalisch (▷ V 1).
In der neu entstandenen Verbindung könnten die Natriumatome in den Wassermolekülen jeweils beide Wasserstoffatome oder auch nur ein Wasserstoffatom ersetzt haben. Bei dem festen Reaktionsprodukt handelt es sich dann entweder um Natriumoxid oder um eine Verbindung aus Natrium, Sauerstoff und Wasserstoff.
Wir wollen nun der Frage nachgehen, wie der neue Stoff zusammengesetzt ist.

Natriumhydroxid. Erhitzt man den Feststoff, der bei der Reaktion von Natrium mit Wasser entsteht, zusammen mit Eisenpulver, entsteht ein Gas, das man als Wasserstoff identifizieren kann (▷ V 2). Offensichtlich stammt der Wasserstoff aus dem untersuchten Reaktionsprodukt. Der bei der Reaktion von Natrium mit Wasser entstandene Stoff muss also eine *Natrium-Wasserstoff-Sauerstoff-Verbindung* sein. Sie heißt *Natriumhydroxid*. Ihre Verhältnisformel ist **NaOH**.
Die Reaktionsgleichung für die Reaktion von Natrium mit Wasser lautet:

$$2\,Na + 2\,H_2O \longrightarrow 2\,NaOH + H_2$$

Im Handel erhält man Natiumhydroxid meist in Form kleiner Körner, Schuppen oder Plätzchen. Lässt man Natriumhydroxidplätzchen an der Luft stehen, so zerfließen sie langsam (▷ V 3, ▷ B 3).
Natriumhydroxid entzieht der Luft Wasserdampf, man sagt, es ist *hygroskopisch* (von griech. hygros, feucht und griech. skopein, ausspähen, auf etwas gerichtet sein).

B 2 Erhitzen eines Gemisches aus Natriumhydroxid und Eisenpulver

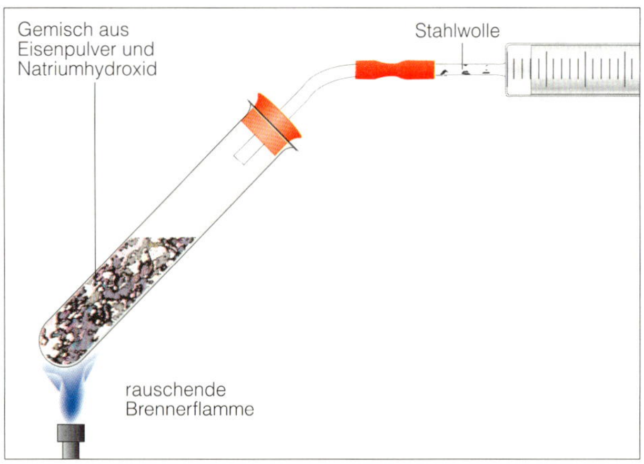

B 3 Festes Natriumhydroxid zerfließt an der Luft. Es ist hygroskopisch

Natriumhydroxid kann starke Verätzungen auf der Haut verursachen. Besonders gefährdet sind Schleimhäute und Augen. Einen Hinweis auf die ätzende Wirkung des Natriumhydroxids finden wir in der alten Bezeichnung *Ätznatron*. Früher erhielt man Natriumhydroxid aus Natron – man machte Natron *ätzend* – oder Soda; dann hieß es *kaustifizierte Soda*, d. h. „ätzend gemachte" Soda. Viele Abflussreiniger enthalten Natriumhydroxid (↗ Kap. 9.6), da die mit Wasser entstehende alkalische Lösung Haare und andere organische Stoffe in weitgehend wasserlösliche Verbindungen überführt (▷ V 5).

Natronlauge. Löst man Natriumhydroxid-Plätzchen in wenig Wasser, so stellt man eine Temperaturerhöhung fest (▷ V 4). Der Lösungsvorgang verläuft also unter Abgabe von Wärmeenergie. Die alkalische Natriumhydroxidlösung nennt man auch *Natronlauge*. Enthält diese einen großen Anteil an gelöstem Natriumhydroxid, spricht man von konzentrierter Natronlauge.
Wie Natriumhydroxid, so wirkt auch dessen konzentrierte Lösung ätzend auf Haut und Schleimhäute. Beim Umgang mit Natronlauge müssen deshalb die Augen durch eine Schutzbrille geschützt werden. Gelangt Natronlauge auf die Haut, fühlt sich diese glitschig an, da die Hautoberfläche sofort angegriffen wird. Die Natronlauge muss mit viel Wasser abgespült werden. Beim Umgang mit konzentrierter Natronlauge sind Schutzhandschuhe erforderlich (siehe auch ▷ V 5).

Natronlauge wird in großen Mengen erzeugt. Der größte Teil wird bei der Herstellung von Aluminium, Farben, Kunststoffen, Papier, Seife und Textilien eingesetzt.
Eine 3 %ige Natronlauge benutzen Bäcker bei der Herstellung von Laugengebäck. Dazu wird der Teig kurz in die Lauge getaucht (▷ B 5). Sie wird beim Backvorgang in ungefährliche Stoffe umgewandelt.

V 3 Auf eine Uhrglasschale gibt man etwa 30 Natriumhydroxidplätzchen, stellt sie unbedeckt auf eine Waage und bestimmt die Masse. Nach einiger Zeit bestimmt man die Masse erneut.
Beschreibe, wie sich die Plätzchen verändert haben.

V 4 ⚠ In ein Reagenzglas füllt man ca. 5 ml Wasser und misst die Temperatur. Man gibt 1 g Natriumhydroxid (ca. 10 Plätzchen) hinzu, rührt und verfolgt die Temperaturänderung (Schutzbrille!). Eine Probe verdünnt man mit etwas Wasser und gibt Indikatorlösung hinzu.

V 5 ⚠ In einem Reagenzglas werden zu wenig Natronlauge ($w = 33\,\%$) einige Haare gegeben. Die Mischung wird kurz erhitzt (Schutzhandschuhe! Schutzbrille!). Beschreibe die auftretenden Veränderungen.

A 1 Welcher Versuch zeigt, dass das feste Reaktionsprodukt der Reaktion von Natrium mit Wasser außer den Elementen Natrium und Sauerstoff auch Wasserstoff enthält?

A 2 Erläutere den Unterschied zwischen Natriumhydroxid und Natronlauge.

A 3 Warum nennt man Natriumhydroxid auch Ätznatron?

A 4 Erkläre, warum man beim Umgang mit Natronlauge äußerst vorsichtig sein muss.

A 5 Ein Laborant hat vergessen, die Vorratsflasche für Natriumhydroxid fest zu verschließen. Nach einigen Wochen ist der Inhalt zusammengebacken. Was ist geschehen?

A 6 Natronlauge ist Bestandteil von Backofenreinigern. Was soll sie bei der Reinigung bewirken?

B 4 Manche Backofenreiniger enthalten Lösungen von Alkalimetallhydroxid

B 5 Laugenbrezeln werden vor dem Backen kurz in verdünnte Natronlauge getaucht

9.3 Die Elementgruppe der Alkalimetalle

B 1 Alkalimetalle. Rubidium (Mitte) und Caesium (rechts) werden in Glas eingeschmolzen, die anderen unter Paraffinöl aufbewahrt

V 1 a) Man wirft ein entrindetes, ungefähr erbsengroßes Stück Lithium in eine runde, zur Hälfte mit Wasser gefüllte Glaswanne. (Schutzbrille!)
b) Von einem kleinen Stück Kalium wird die Kruste sorgfältig entfernt. Man wirft ein etwa linsengroßes Stück in eine große, runde Glaswanne, die zur Hälfte mit Wasser gefüllt ist. Über der Glaswanne muss sich im Abstand von einigen Zentimetern eine Glasscheibe befinden, um hochspritzendes Reaktionsprodukt zurückzuhalten. (Schutzscheibe! Schutzbrille!)
c) Die in a und b entstandenen Lösungen werden mit Phenolphthaleinlösung geprüft.

V 2 Ein linsengroßes, entrindetes Stück Lithium gibt man in ein großes Reagenzglas, das zu einem Drittel mit Wasser gefüllt ist. Der Öffnung nähert man eine Flamme. (Schutzscheibe! Schutzbrille! Abzug!)

V 3 Auf ein Keramik-Drahtnetz legt man je ein frisch geschnittenes Stückchen Lithium, Natrium und Kalium gleicher Größe. Ein Brenner mit rauschender Flamme wird so unter das Drahtnetz gestellt, dass alle Stückchen gleich weit von der erhitzten Stelle entfernt sind. (Schutzscheibe! Schutzbrille! Abzug!)

A 1 Erkläre die Beobachtung, dass sich die Schnittflächen von Kalium, Lithium und Natrium an der Luft mit einem Belag überziehen.

A 2 Bei der Reaktion mit Wasser entzündet sich Kalium sofort, Lithium dagegen nicht. Nenne mögliche Gründe für diesen Unterschied!

Außer Natrium gibt es weitere Elemente, die ähnliche Eigenschaften wie dieses Metall aufweisen. So bewahrt man auch die Elemente Lithium und Kalium in Paraffinöl auf. Die dunklen Lithiumstücke schwimmen auf der Flüssigkeit, Lithium hat von allen bei Zimmertemperatur festen Stoffen die geringste Dichte. Die Elemente Rubidium und Caesium sind so reaktionsfreudig, dass sie in Glasampullen eingeschmolzen aufbewahrt werden (▷ B 1).

Die Eigenschaften von Lithium, Kalium, Rubidium und Caesium. Lithium und Kalium lassen sich wie Natrium schneiden. Dabei fällt auf, dass Lithium im Vergleich zu Natrium wesentlich zäher, Kalium deutlich weicher ist. Die metallisch glänzenden Schnittflächen überziehen sich an der Luft schnell mit einem Belag. Dieser bildet sich bei Kalium fast momentan, bei Lithium wesentlich langsamer. Wird Caesium mit der Luft in Berührung gebracht, entzündet es sich sofort.

Wie Natrium reagieren auch Lithium, Kalium, Rubidium und Caesium mit Wasser. Wirft man ein Lithiumstück in Wasser, schwimmt es zischend hin und her, ohne dabei zu schmelzen. Die Reaktion verläuft deutlich langsamer als bei Natrium. Kalium dagegen reagiert wesentlich heftiger mit Wasser. Gelangt ein Kaliumstückchen in Wasser, schmilzt es sofort zu einer Kugel, entzündet sich und brennt gemeinsam mit dem entstehenden Wasserstoff mit hellvioletter Flamme (▷ V 1, ▷ B 3). Rubidium und Caesium reagieren mit Wasser momentan und äußerst heftig.
In den exotherm verlaufenden Reaktionen der Elemente mit Wasser entstehen jeweils Wasserstoff und die entsprechenden Hydroxide, die sich in Wasser lösen und alkalische Lösungen bilden (▷ V 1, ▷ V 2). Für diese Hydroxide ergibt sich jeweils das gleiche Anzahlverhältnis der Atome wie im Natriumhydroxid. Für die Reaktionen von Lithium und Kalium mit Wasser lassen sich folgende Reaktionsgleichungen formulieren:

$$2\,Li + 2\,H_2O \longrightarrow 2\,LiOH + H_2$$

$$2\,K + 2\,H_2O \longrightarrow 2\,KOH + H_2$$

Die in den Reaktionen gebildeten wasserlöslichen Verbindungen **Lithiumhydroxid** und **Kaliumhydroxid**, auch Ätzkali genannt, sind farblose, bei Zimmertemperatur feste Stoffe. Sie haben ähnliche Eigenschaften wie Natriumhydroxid. Mit Wasser bilden auch sie alkalische Lösungen. Die Lösung von Kaliumhydroxid nennt man auch **Kalilauge**.

Auch Lithium und Kalium verbrennen beim Erhitzen an der Luft. Die Entzündungstemperatur nimmt in der Reihe Lithium, Natrium, Kalium ab (▷ V 3).

Die Elementgruppe der Alkalimetalle

Lithium, Natrium, Kalium, Rubidium und Caesium bilden eine Elementgruppe. Sowohl die Elemente Lithium, Natrium, Kalium, Rubidium und Caesium als auch ihre Verbindungen zeigen eine auffallende Ähnlichkeit in ihren Eigenschaften. Man fasst sie zu einer **Elementgruppe** zusammen und nennt sie **Alkalimetalle**. Der Name *al-kali* ist das arabische Wort für Pottasche, ein Stoff, den man aus der beim Verbrennen von Pflanzen zurückbleibenden Asche gewinnen kann. Pottasche und Natron (von ägyptisch neter, Laugensalz), Verbindungen von Kalium und Natrium, sind schon seit mehreren tausend Jahren bekannt. Die Elemente Kalium und Natrium wurden als erste Alkalimetalle 1807 von HUMPHRY DAVY (1778 – 1829) entdeckt.
In der Natur kommen die Alkalimetalle nicht elementar vor, man findet nur Alkalimetallverbindungen. Auch in der Zusammensetzung ihrer Verbindungen zeigt sich die Ähnlichkeit der Alkalimetalle, wie man z. B. an den Verhältnisformeln der Alkalimetallhydroxide sehen kann: LiOH, NaOH, KOH, RbOH, CsOH.
Alle Alkalimetallhydroxide bilden mit Wasser alkalische Lösungen. Viele Eigenschaften der Alkalimetalle ändern sich regelmäßig in der Reihe vom Lithium zum Caesium (▷ B 4).

Flammenfärbung. Natrium brennt mit intensiv gelber Flamme. Bringt man eine beliebige Natriumverbindung in die nicht leuchtende Brennerflamme, leuchtet diese in derselben Farbe. Auch die übrigen Alkalimetalle und ihre Verbindungen erzeugen jeweils charakteristische Flammenfarben (▷ B 2, ▷ V 4). Man nutzt diese Eigenschaft zum *Nachweis* der jeweiligen Elemente aus. Die Namen zweier Alkalimetalle stammen von diesen Farben: Rubidium (von lat. rubidus, dunkelrot), Caesium (von lat. caesius, himmelblau).

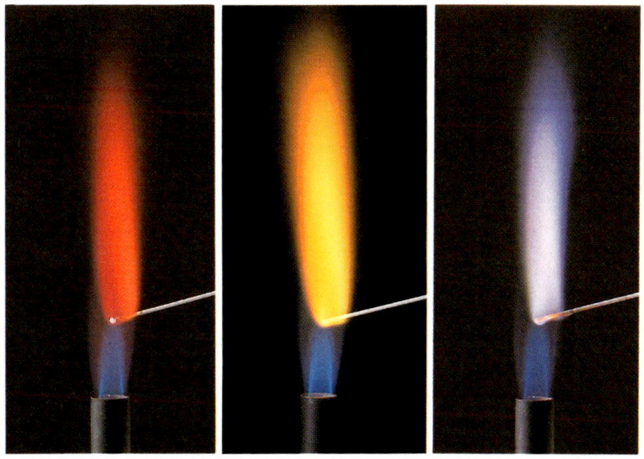

B 2 Flammenfärbung durch Verbindungen der Alkalimetalle Lithium, Natrium und Kalium (von links nach rechts)

V 4 Auf Uhrgläsern werden geringe Mengen von Verbindungen der verschiedenen Alkalimetalle bereitgestellt. Erhitze die Spitze eines Magnesiastäbchens in der rauschenden Brennerflamme zur Rotglut und berühre damit eine der Stoffproben. Halte das Stäbchen mit dem anhaftenden Stoff wieder in die Flamme und erhitze stark. Bevor der Versuch mit einer weiteren Verbindung durchgeführt wird, muss die Spitze des Stäbchens abgebrochen werden, um die bereits untersuchte Verbindung vollständig zu entfernen.

V 5 Eine Glasampulle mit Caesium wird kurze Zeit in der Hand erwärmt und anschließend leicht geschüttelt.

B 3 Reaktion von Kalium mit Wasser unter Flammenerscheinung

B 4 Eigenschaften der Alkalimetalle im Vergleich. Viele Eigenschaften, in denen sich die Alkalimetalle ähnlich sind, ändern sich in regelmäßiger Weise

Element	Zeichen für das Atom	Atommasse in u	Dichte in g/cm³ (20 °C)	Schmelztemperatur in °C	Siedetemperatur in °C	Härte	Entzündungstemp.	Heftigkeit d. Reaktion mit Wasser	Flammenfärbung
Lithium	Li	6,9	0,53	180	1342				karminrot
Natrium	Na	23,0	0,97	98	883				gelb
Kalium	K	39,1	0,86	63	760	nimmt ab ↓	nimmt ab ↓	nimmt zu ↓	violett
Rubidium	Rb	85,5	1,53	39	686				dunkelrot
Caesium	Cs	132,9	1,88	28	669				blau

9.4 Erdalkalimetalle

V 1 Halte ein Calciumkorn mit der Pinzette und reibe es auf Schleifpapier.

V 2 Ein Stückchen Calcium wird auf einer Magnesiarinne stark erhitzt. (Schutzbrille! Schutzscheibe! Abzug!)

V 3 Fülle ein Reagenzglas mit Wasser und wirf ein großes Calciumkorn hinein. (Schutzbrille!)

V 4 a) Bringe ein Stückchen Calcium mit der Pinzette unter die Öffnung eines wassergefüllten, umgestülpten Reagenzglases. Ein Becherglas dient als pneumatische Wanne. Wiederhole den Versuch so lange, bis das Reagenzglas mit Gas gefüllt ist. Halte das Reagenzglas mit der Öffnung über eine Flamme. (Schutzbrille!)
b) Filtriere die Flüssigkeit von a. Prüfe das Filtrat mit Phenolphthaleinlösung.

V 5 Bringe ein Stück abgeschliffenes Magnesiumband in ein Reagenzglas mit Wasser. Beobachte etwa zwei Minuten und füge dann Phenolphthaleinlösung zu.

Mit den Alkalimetallen haben wir eine Gruppe von Elementen kennen gelernt, die sich in vielen Eigenschaften ähnlich sind. Die Elemente *Beryllium*, *Magnesium*, *Calcium*, *Strontium*, *Barium* und *Radium* werden ebenfalls zu einer Elementgruppe, den *Erdalkalimetallen*, zusammengefasst. Der Name drückt aus, dass diese Elemente Eigenschaften besitzen, die denen der Alkalimetalle ähnlich sind. Es bestehen jedoch auch wesentliche Unterschiede. Als einen wichtigen Vertreter dieser Elementgruppe werden wir das **Calcium** kennen lernen.

Das Element Calcium. Im Labor verwendet man Calcium meist in Form von Körnern oder Spänen, die häufig unter Paraffinöl aufbewahrt werden. Reines Calcium glänzt silbrig und leitet den elektrischen Strom. Calcium ist ein Metall. Wird es an der Luft aufbewahrt, überzieht es sich mit einem matten, grauen Belag, der sich abschleifen lässt (▷ V 1). Die glänzende Fläche wird nach einiger Zeit wieder matt. Wird ein Calciumkorn stark erhitzt, brennt es mit heller, rötlicher Flamme (▷ V 2). Dabei entsteht ein weißer Rauch. Calcium reagiert mit Sauerstoff zu festem, weißem Calciumoxid mit der Verhältnisformel **CaO**. Die Reaktionsgleichung lautet:

$$2\,Ca + O_2 \longrightarrow 2\,CaO$$

Calcium reagiert mit Wasser unter Bildung eines brennbaren Gases: Wasserstoff (▷ V 3, ▷ V 4, ▷ B 2). Zurück bleibt eine Suspension. Durch Filtration erhält man einen weißen Feststoff und eine alkalische Lösung, wie der Test mit Phenolphthaleinlösung zeigt. Der Feststoff ist eine Calcium-Sauerstoff-Wasserstoff-Verbindung mit der Verhältnisformel CaO_2H_2. Gibt man diesen Feststoff in Wasser, erhält man wieder eine alkalische Lösung. Dieses Verhalten kennen wir von den Alkalimetallhydroxiden. Auch dieser Feststoff ist ein Hydroxid: **Calciumhydroxid**. Das Entstehen der alkalischen Lösung ist hier wie bei den Alkalimetallhydroxiden auf die **OH-Atomgruppe** zurückzuführen. Für die Verhältnisformel schreibt man deshalb **$Ca(OH)_2$**. Damit ergibt sich als Reaktionsgleichung:

$$Ca + 2\,H_2O \longrightarrow Ca(OH)_2 + H_2$$

B 1 Calciumkörner

B 2 Reaktion mit Wasser. Links: Calcium. Rechts: Magnesium

B 3 Herstellen von Kalkwasser aus einer Suspension von Calciumhydroxid

Calciumhydroxid entsteht ebenfalls bei der Reaktion von Calciumoxid und Wasser in exothermer Reaktion:

$$CaO + H_2O \longrightarrow Ca(OH)_2$$

Die Löslichkeit des Calciumhydroxids in Wasser ist gering. Die aus einer Suspension von Calciumhydroxid in Wasser durch Filtration erhaltene Calciumhydroxidlösung nenn man auch *Kalkwasser* (▷ B 3). Es kann zum Nachweis von Kohlenstoffdioxid dienen (↗ Kap. 5.6).

Die Elementgruppe der Erdalkalimetalle. Ähnliche Reaktionen wie bei Calcium kann man auch bei Magnesium beobachten. Bei Aufbewahrung an Luft wird die Metalloberfläche nach längerer Zeit matt, es brennt mit greller, weißer Flamme. Wie Calcium reagiert auch Magnesium mit Wasser, die Reaktion ist jedoch nicht so heftig (▷ B 2). Das in dieser Reaktion gebildete Magnesiumhydroxid ist noch weniger in Wasser löslich als Calciumhydroxid. Im Gegensatz zu Calciumoxid reagiert Magnesiumoxid kaum mit Wasser.
Strontium und Barium sind wesentlich reaktionsbereiter gegenüber Sauerstoff und Wasser, so dass man sie unter Paraffinöl aufbewahren muss. In ihrem Verhalten sind sie den Alkalimetallen noch ähnlicher als Calcium und Magnesium.
Alle Erdalkalimetalle bilden Oxide, in denen das Anzahlverhältnis 1 : 1 ist. In ihren Hydroxiden findet man pro Erdalkalimetallatom zwei OH-Gruppen. Die Verhältnisformeln entsprechen also denen des Calciumoxids (CaO) bzw. des Calciumhydroxids ($Ca(OH)_2$).
Ordnet man die Erdalkalimetalle nach steigender Atommasse, stellt man bei Calcium, Strontium und Barium eine regelmäßige Abstufung vieler Eigenschaften fest (▷ B 5). Magnesium weicht teilweise von dieser Regelmäßigkeit ab. Beryllium nimmt eine deutliche Sonderstellung in der Gruppe der Erdalkalimetalle ein.

V 6 „Bengalisches Feuer“: In zwei Präparategläser werden vorbereitend eingewogen: a) 4 g Zinkstaub, b) 4 g Ammoniumnitrat, 1 g Ammoniumchlorid und 0,5 g Strontiumnitrat. Der Inhalt der beiden Gläser wird zu Versuchsbeginn auf einer feuerfesten Platte gut gemischt und aufgehäuft. (Vorsicht! Auf Ausschluss von Feuchtigkeit achten! Vorzeitige Reaktion möglich!) Anschließend bespritzt man die Mischung mit einigen Tropfen Wasser (z. B. durch Schütteln der nassen Hand). (Abzug! Schutzbrille!)
(Eine grüne Flamme kann man bei Verwendung von Bariumnitrat statt Strontiumnitrat erhalten.)

A 1 Vergleiche in einer Tabelle die Eigenschaften des Calciums mit denen des Natriums.

A 2 Eine Suspension von Calciumhydroxid nennt man auch „Kalkmilch“. Erkläre, warum sie sich mit Phenolphthalein rot färbt.

A 3 Magnesium verbrennt in Sauerstoff mit hell leuchtender Flamme zu Magnesiumoxid. Formuliere die Reaktionsgleichung für die Reaktion.

A 4 Mit Magnesiumoxid („Magnesia“) reibt man sich im Sport beim Reckturnen die Hände ein. Warum kann man Magnesiumoxid verwenden, Calciumoxid hingegen nicht?

A 5 Strontium- und Bariumverbindungen werden in Feuerwerksraketen zum Erzeugen der bunten Sterne verwendet. Mit Strontiumsalzen erhält man rote, mit Bariumsalzen grüne Sterne. Welche Stoffe würdest du zum Erzeugen von gelben und hell weiß leuchtenden Sternen einsetzen?

B 4 Farbiges Feuerwerk durch Erdalkalimetallverbindungen

B 5 Eigenschaften der Erdalkalimetalle im Vergleich

Element	Zeichen für das Atom	Atommasse in u	Dichte in g/cm^3 (20 °C)	Schmelztemperatur in °C	Härte	Heftigkeit d. Reaktion mit Wasser	Flammenfärbung	Verhältnisformel des Oxids	Verhältnisformel des Hydroxids
Magnesium	Mg	24,3	1,74	649	↑ nimmt zu		–	MgO	$Mg(OH)_2$
Calcium	Ca	40,1	1,54	839		↓ nimmt zu	orange	CaO	$Ca(OH)_2$
Strontium	Sr	87,6	2,60	769	↓ nimmt zu		karminrot	SrO	$Sr(OH)_2$
Barium	Ba	137,3	3,51	725			grün	BaO	$Ba(OH)_2$

9.7 Überprüfung und Vertiefung

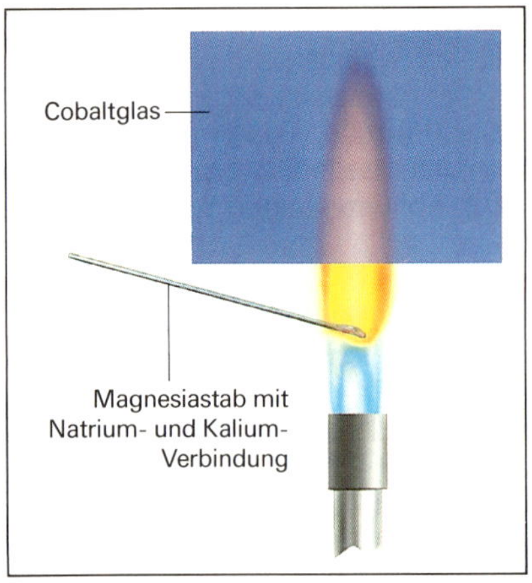

B 1 Zu Aufgabe 1

B 2 Zu Aufgabe 6

1 Um Kaliumverbindungen, die häufig durch Spuren von Verbindungen eines anderen Alkalimetalls verunreinigt sind, an ihrer Flammenfärbung zu erkennen, betrachtet man die Flamme durch ein Cobaltglas. Dieses blaue Glas hält gelbes Licht zurück (▷B 1). Welche Verunreinigungen stören den Kaliumnachweis?

2 Frische Schnittflächen eines Natriumstücks überziehen sich an feuchter Luft sofort mit einem Belag. In völlig trockener Luft kann man den Glanz längere Zeit beobachten. Was schließt du aus diesen Beobachtungen?

B 3 Zu Aufgabe 7

3 Häufig werden Lösungsmittel, in denen nur noch sehr wenig Wasser gelöst ist, im chemischen Labor mit Natrium „getrocknet". Natrium wird dazu als Draht verwendet, der mit Hilfe einer Natriumpresse in die betreffende Flüssigkeit eingepresst wird. Sobald der frische, glänzende Draht in die Flüssigkeit fällt, steigen Gasbläschen auf. Erkläre, was hier geschieht.

4 Die Alkali- und Erdalkalimetalle kommen in der Natur nicht elementar vor, dagegen gibt es viele Alkali- und Erdalkalimetallverbindungen. Erkläre.

5 Warum enthalten Abflussreiniger Natriumhydroxid und nicht das billigere Calciumhydroxid?

6 Das intensiv gelbe Licht einer Natriumflamme erhält man auch mit einer *Natriumdampflampe*, die manchmal in Straßenlampen verwendet wird. Hierbei handelt es sich um eine Glasröhre, in der sich gasförmiges Natrium unter geringem Druck befindet. Beim Einschalten beobachtet man zunächst ein schwach violettes Licht, da die Lampe zum „Zünden" ein weiteres, leicht verdampfbares Alkalimetall enthält (▷B 2). Um welches Metall könnte es sich handeln?

7 Tropft man Wasser auf Calciumoxidstücke, so erfolgt eine beachtliche Temperaturerhöhung (▷B 3). Die Stücke zerfallen zu einem weißen Pulver. Benenne das Reaktionsprodukt und formuliere die Reaktionsgleichung.

8 Das Hydroxid des Erdalkalimetalls Barium ist wie Calciumhydroxid nur mäßig in Wasser löslich. Seine wässrige Lösung heißt Barytwasser. Wie Kalkwasser kann man auch Barytwasser zum Nachweis von Kohlenstoffdioxid einsetzen: Beim Einleiten von Kohlenstoffdioxid entsteht auch hier eine Trübung.
Welche Formel hat Bariumhydroxid? Was wird man bei Zugabe von Phenolphthaleinlösung zu Barytwasser beobachten?

Wichtige Begriffe
- Natrium
- Natronlauge
- Hydroxide
- alkalische Lösung
- Lithium
- Kalium
- Alkalimetalle
- Elementgruppe
- Calcium, Magnesium
- Erdalkalimetalle

Halogene

Auch Nichtmetalle können aufgrund ähnlicher Eigenschaften zu Gruppen zusammengefasst werden. So bilden die Elemente Fluor, Chlor, Brom und Iod die Elementgruppe der Halogene. Sie sind ähnlich wie die Alkalimetalle sehr reaktionsfähig.

Das Element Chlor begegnet uns bereits im Alltag. Es wird in Schwimmbädern in geringen Mengen dem Wasser zugesetzt, um Bakterien und andere Krankheitserreger abzutöten. Halogenlampen enthalten etwas Iod, das eine besonders große Helligkeit der Glühwendel ermöglicht.

Da die Halogene sehr reaktionsfähig sind, kommen jedoch überwiegend ihre Verbindungen vor. Zu ihnen gehören so bekannte Stoffe wie das Kochsalz, aber auch die bei der Zahnpflege verwendeten Fluorverbindungen. Einige Verbindungen der Halogene sind sehr lichtempfindlich und dienen deshalb zur Herstellung fotografischer Schichten.

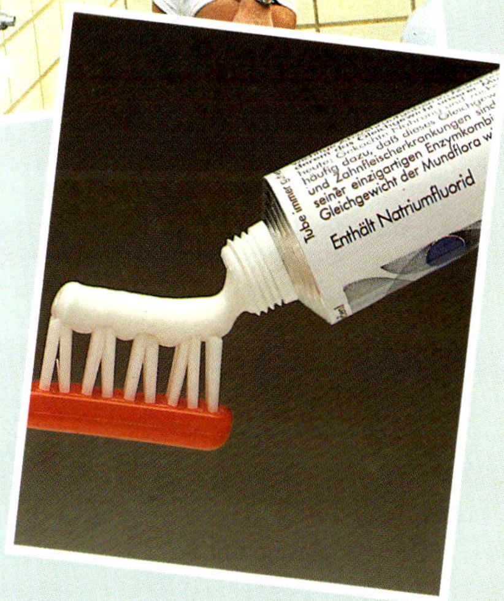

B 1 Halogene Chlor, Brom, Iod (von links) und ihre Farben im gasförmigen Zustand

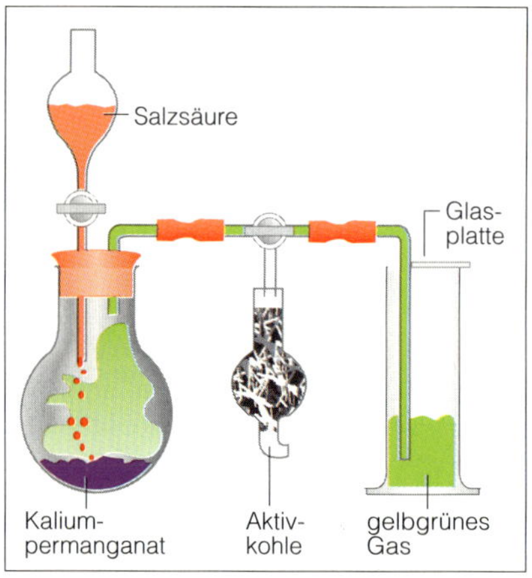

B 2 Herstellung von Chlor aus Kaliumpermanganat

B 3 Bleichende Wirkung von Chlor

⚠ **V 1** In einem Gasentwicklungsgerät lässt man halbkonzentrierte Salzsäure mit Calciumhypochlorit oder Kaliumpermanganat (▷ B 2) reagieren. Das entstehende Chlor leitet man in Standzylinder, die sofort mit Glasplatten verschlossen werden.
(Vorsicht! Abzug!)
Um das Austreten von überschüssigem Chlor aus der Apparatur zu verhindern, wird es durch ein mit Aktivkohle gefülltes Rohr geleitet und adsorbiert.

⚠ **V 2** a) In ein Gefäß mit Chlor gibt man farbige Blüten oder ein mit Lackmus angefärbtes, feuchtes Filterpapier (Abzug!).
b) Etwas Methylrotlösung wird in einen Zylinder gegeben, der mit Chlor gefüllt ist (Abzug!).

⚠ **V 3** Man gibt in ein mit Bromdampf (Chlor) gefülltes Gefäß etwas Aktivkohle und schüttelt. (Abzug!)

V 4 a) Versuche durch Schütteln etwas Iod in Wasser zu lösen.
b) Wiederhole den Versuch mit Alkohol (Brennspiritus) als Lösungsmittel.

A 1 Welches Volumen an Chlor benötigt man, um 1 l Schwimmbadwasser zu chloren?

A 2 Berechne das Volumen an Chlor (Bromdampf), das im Chemieraum bei Beachtung der MAK-Werte höchstens enthalten sein darf.

A 3 Der Umgang mit Iod ist weniger gefährlich als der mit anderen Halogenen. Der MAK-Wert (Einheit ml/m^3) ist aber genauso hoch wie der von Brom und Fluor. Wie ist das zu erklären?

Die Elemente *Fluor*, *Chlor*, *Brom* und *Iod* gehören zu der *Elementgruppe* der **Halogene**. Es sind Nichtmetalle, die alle giftig bis sehr giftig sind. Deshalb erfordert der Umgang mit ihnen große Vorsicht.

Chlor. Das bekannteste Halogen ist das Chlor. Es ist ein stechend riechendes, gelbgrünes Gas, das seinen Namen von dieser Farbe erhalten hat (von griech. chloros, grün). Die Dichte des Gases beträgt 2,99 g/l bei 20 °C und 1013 hPa. In 100 g Wasser lösen sich 0,74 g Chlor, das entspricht einem Volumen von 0,23 l.
Chlor kann im Labor aus seinen Verbindungen hergestellt werden (▷ B 2, ▷ V 1).

Giftwirkung von Chlor. Eingeatmetes Chlor verätzt die Schleimhäute der Atemwege und die Lungenbläschen. Beim Experimentieren sind daher besondere Vorsichtsmaßnahmen erforderlich, die verhindern, dass Chlorgas die Apparatur verlässt und in die Atemluft gelangt. Experimente werden deswegen entweder unter dem Abzug ausgeführt oder es werden Aktivkohlefilter auf die Öffnungen der Apparatur aufgesetzt. Solche Filter befreien auch in Atemschutzgeräten die Luft von eventuell vorhandenem Chlor.

Verwendung. Viele Farbstoffe werden von Chlor zerstört und dadurch ausgebleicht. Auf dieser Eigenschaft beruht auch der Einsatz von Chlor zum Bleichen von Papier und Textilien. Chlorbleichlaugen und manche Haushaltsreiniger (▷ B 4) enthalten Chlorverbindungen, aus denen elementares Chlor abgespalten werden kann.
Ein wichtiger Einsatzbereich für Chlor liegt in der Wasseraufbereitung. Wegen seiner keimtötenden Wirkung wird es dem Trinkwasser zugesetzt. Es enthält etwa 0,1 mg Chlor in 1 l Wasser. Diese Konzentration reicht

VORSICHT

Nicht zusammen mit Säuren und sauren Reinigern, z. B. WC-Reinigern und Entkalkern, verwenden. Es können gefährliche Chlordämpfe entstehen.

Bei Spritzern in die Augen sofort mit Wasser ausspülen. Bei irrtümlicher Einnahme viel Wasser oder Milch trinken. In beiden Fällen sofort Arzt aufsuchen.

B 4 Sanitärreiniger können gefährliche Chlorverbindungen enthalten. Die Vorsichtsmaßregeln sind zu beachten

Name, Molekülformel	Atommasse (u)	Schmelztemperatur (°C)	Siedetemperatur (°C)	Dichte bei 20°C (g/ml)	Farbe des Gases
Fluor, F_2	19	−219	−188	0,00158	hellgelb
Chlor, Cl_2	35,5	−101	−35	0,00299	gelbgrün
Brom, Br_2	80	−7	59	3,12	rotbraun
Iod, I_2	127	113	184	4,93	violett

B 5 Eigenschaften der Halogene im Vergleich

im Allgemeinen aus, um Bakterien abzutöten, gefährdet aber andererseits nicht die Gesundheit der Menschen. Das Wasser vieler Schwimmbäder wird ebenfalls gechlort. Hier kann die Konzentration 0,3 bis 0,6 mg/l betragen. Von der chemischen Industrie wird Chlor zur Herstellung von Kunststoffen, z. B. Polyvinylchlorid (PVC), gebraucht.

Brom ist eine leicht verdunstende, rotbraune, sehr giftige Flüssigkeit. Der unangenehme Geruch der Bromdämpfe (von griech. bromos, übel riechend) hat dem Element den Namen gegeben. Bei Kontakt mit Brom kann es zu starker Reizung der Augen und der Atmungsorgane kommen, auf der Haut entstehen tief gehende Verätzungen.

Iod ist bei Zimmertemperatur ein Feststoff, der in Form von metallisch glänzenden, grauschwarzen Plättchen vorliegt. Bereits bei geringer Erwärmung sublimiert er merklich. Dabei entsteht violetter Ioddampf. Der Farbe des Dampfes (von griech. iodes, veilchenblau) verdankt es seinen Namen. Ioddämpfe sind giftig.
Eine Lösung von Iod in Alkohol („Iodtinktur") wurde früher zur Desinfektion von Wunden eingesetzt.

Fluor ist ein hellgrünes Gas mit einem chlorähnlichen Geruch. Es verursacht schwere Verätzungen der Atemwege und der Haut. Wegen seiner außerordentlichen Reaktionsfähigkeit ist im Umgang mit Fluor größte Vorsicht geboten. Viele Stoffe reagieren mit Fluor unter Flammenerscheinung. Weil es auch Glas zerstört, wird es in Kupfergefäßen aufbewahrt.

Halogene bestehen aus zweiatomigen Molekülen F_2, Cl_2, Br_2 und I_2.

Der MAK-Wert. Beschäftigte in Laboratorien und Produktionsanlagen, in denen mit Halogenen oder anderen Gefahrstoffen gearbeitet wird, müssen vor den Auswirkungen giftiger Stoffe in der Atemluft geschützt werden. Auch sehr kleine Anteile giftiger Stoffe, die mit dem Geruchssinn nicht wahrgenommen werden, können die Gesundheit beeinträchtigen.
Dem Schutz der Gesundheit am Arbeitsplatz dienen die MAK-Werte (**m**aximale **A**rbeitsplatz**k**onzentrationen). Sie geben die höchstzulässige Konzentration eines Arbeitsstoffes als Gas, Dampf oder Schwebstoff in der Luft am Arbeitsplatz an. Bei Einhaltung der Werte wird bei einer wöchentlichen Arbeitszeit von 40 Stunden nach dem gegenwärtigen Stand der Wissenschaft auch bei langfristiger Einwirkung die Gesundheit im Allgemeinen nicht beeinträchtigt.
Die MAK-Werte werden immer wieder überprüft und neu festgesetzt, wenn es medizinisch erforderlich und messtechnisch möglich ist. In jährlich neu erscheinenden Listen werden die MAK-Werte aller untersuchten Stoffe veröffentlicht.
MAK-Werte werden in den Einheiten mg/m^3 oder ml/m^3 (ppm, part per million) angegeben.

Tabelle der MAK-Werte der Halogene (Stand 1997)

Halogen	MAK-Wert mg/m^3	MAK-Wert ml/m^3
Fluor	0,2	0,1
Chlor	1,5	0,5
Brom	0,7	0,1
Iod	1	0,1

10.2 Halogene sind Salzbildner

B 1 Natrium reagiert heftig mit Chlor

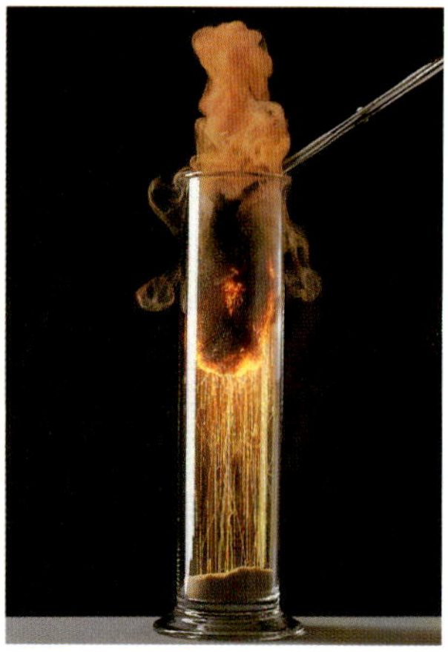

B 2 Reaktion von Eisenwolle mit Chlor

⚠ **V 1** a) In ein bis zum Erweichen erhitztes Reagenzglas wird ein Loch ca. 2 cm oberhalb des Bodens geblasen. Ein entkrustetes, erbsengroßes Stück Natrium wird darin erhitzt. Kurz bevor sich das Natrium entzündet, bringt man das Reagenzglas in einen Zylinder mit Chlor. (Abzug! Schutzbrille!)
b) Der entstandene weiße Stoff wird mit möglichst wenig Wasser herausgelöst. Einen Tropfen gibt man auf einen Objektträger, lässt das Wasser verdunsten und betrachtet den Rückstand unter dem Mikroskop.

⚠ **V 2** Ein Standzylinder, dessen Boden eine Sandschicht bedeckt, wird mit Chlor gefüllt. In den Zylinder wird erhitzte Eisenwolle getaucht. Der Versuch wird mit einem erhitzten Kupferblech wiederholt. (Abzug!)

B 3 Reaktion von Brom mit Aluminium

B 4 Bromwasser reagiert mit Kupfer

Halogene sind sehr reaktionsfreudige Elemente. Wir wollen prüfen, welche Reaktionen ablaufen, wenn sie mit verschiedenen Metallen, z. B. dem reaktionsfreudigen Natrium zusammengebracht werden.

Bildung von Kochsalz. Lässt man Chlorgas auf geschmolzenes Natrium einwirken (▷ B 1, ▷ V 1), so setzt unter Aussendung von gelbem Licht eine heftige Reaktion ein. Dabei verschwindet die für das Chlor charakteristische Farbe des Gases und es entsteht ein *weißer Feststoff*, der als **Kochsalz** identifiziert werden kann. Die chemische Bezeichnung für Kochsalz ist **Natriumchlorid**.

Natrium + Chlor ⟶ Natriumchlorid

$2\,Na + Cl_2 \longrightarrow 2\,NaCl$

Im Gegensatz zu den Ausgangsstoffen ist Natriumchlorid ein ziemlich ungefährlicher Stoff, den jeder Mensch täglich, allerdings nur in kleinen Mengen, mit der Nahrung aufnehmen muss.

Auch andere Metalle reagieren mit Chlor. Die Reaktionsprodukte von Metallen mit Chlor heißen **Metallchloride**. Mit Eisen erhält man *Eisenchlorid* (▷ B 2), mit Kupfer *Kupferchlorid*.

$2\,Fe + 3\,Cl_2 \longrightarrow 2\,FeCl_3$

$Cu + Cl_2 \longrightarrow CuCl_2$

Alle drei Reaktionen verlaufen exotherm, jedoch mit unterschiedlicher Heftigkeit. Die Metalle besitzen offensichtlich ein *unterschiedliches Bindungsbestreben* zu Chlor. Von den eingesetzten Metallen ist das Bindungsbestreben bei Natrium am größten, bei Kupfer am kleinsten. Die Metalle verhalten sich in ihrem Bindungsbestreben zu Chlor ähnlich wie zu Sauerstoff.

Bromide und Iodide. Auch Brom und Iod reagieren mit Metallen. Aluminium und Brom bilden in einer exothermen Reaktion *Aluminiumbromid* (▷ B 3, ▷ V 3):

$2\,Al + 3\,Br_2 \longrightarrow 2\,AlBr_3$

Kupfer reagiert mit in Wasser gelöstem Brom (Bromwasser) zu löslichem *Kupferbromid* (▷ B 4, ▷ V 4).
Aus Magnesium und Iod entsteht in einer exothermen Reaktion *Magnesiumiodid* unter der katalytischen Wirkung von Wasser (▷ V 5).

$Mg + I_2 \longrightarrow MgI_2$

Salze. Die Reaktionsprodukte aus Metallen und Halogenen, die **Metallhalogenide**, sind feste Stoffe mit hohen Schmelztemperaturen. Viele lösen sich gut in Wasser. Sie haben ähnliche Eigenschaften wie Natriumchlorid („Salz"). Man zählt sie zur Stoffklasse der **Salze**. Dies erklärt auch die Bezeichnung *Halogen:* **Salzbildner** (von griech. hals, Salz und griech. gennan, bilden).

Diese *Salze* entstehen in Reaktionen von *Nichtmetallen* mit *Metallen*. Zu ihnen zählen auch *Oxide* und *Sulfide*. Bei der Benennung der Salze wird zuerst das Metall genannt, danach folgt die Stammsilbe aus dem griechischen bzw. lateinischen Namen des Nichtmetalls mit angehängter Endung **-id**.

Bindungsbestreben der Halogene. Die unterschiedliche Heftigkeit der Reaktionen von Chlor, Brom und Iod mit jeweils demselben Metall (▷B 5, ▷V 6) zeigt, dass die Halogene ein unterschiedliches Bindungsbestreben zu Metallen haben. Das Bindungsbestreben nimmt vom Chlor über Brom zum Iod hin ab.

Halogene reagieren mit Metallen in exothermen Reaktionen zu Halogeniden. Das Bindungsbestreben nimmt hierbei von Chlor über Brom zu Iod hin ab.

Nachweis von Halogeniden. Gibt man zu Lösungen von Chloriden Silbernitratlösung, fällt jeweils ein weißer, flockiger Niederschlag aus (▷B 6). Alle diese Niederschläge bestehen aus *Silberchlorid* (AgCl). Entsprechend erhält man mit Lösungen von Bromiden bzw. Iodiden weißgelbes *Silberbromid* (AgBr) bzw. gelbes *Silberiodid* (AgI) (▷V 7). Man kann also durch Zusatz von Silbernitratlösung zu der Lösung eines Halogenids an dem auftretenden Niederschlag erkennen, welches Halogenid vorliegt.

Silbernitratlösung ist ein Nachweismittel für Chloride, Bromide und Iodide. Es entstehen unterschiedlich aussehende Niederschläge des entsprechenden schwer löslichen Silberhalogenids.

V 3 In ein Reagenzglas füllt man ca. 1 cm hoch Brom (Abzug!) und stellt es in Sand. Hinzu gibt man ein angeschmirgeltes Aluminiumblech (ca. 1 cm x 3 cm). Abzug schließen!

V 4 Man gibt im Reagenzglas zu Bromwasser etwas Kupferpulver bzw. Zinkpulver und schüttelt kräftig (Abzug!). Beobachte die Farbänderung.

V 5 Man verreibt ca. 1 g Magnesiumpulver mit ca. 2 g Iod und bildet daraus einen flachen Kegel. Man tropft etwas Wasser auf das Gemisch. (Abzug!)

V 6 Man hält eine Kupferfolie (Blattmetall) in je einen Standzylinder mit Chlor-, Brom- und Ioddampf (Abzug!). Vergleiche die Reaktionsabläufe.

V 7 Stelle jeweils eine Lösung von Natriumchlorid, Kaliumchlorid, Calciumchlorid, Natriumbromid, Kaliumbromid, Natriumiodid und Kaliumiodid in dest. Wasser her und gib in jedes Reagenzglas einige Tropfen Silbernitratlösung. (Vorsicht! Silbernitratlösung darf nicht in die Augen gelangen!)
Schildere die Beobachtungen.

A 1 Formuliere für die Reaktionen von Aluminium mit Chlor und Kupfer mit Brom die Reaktionsgleichungen. Die Formel für Aluminiumchlorid ist: $AlCl_3$, die für Kupferbromid: $CuBr_2$.

A 2 Die Formeln einiger Alkali- und Erdalkalihalogenide lauten: LiCl, NaBr, $MgCl_2$, KI, $CaBr_2$, MgI_2.
Gib die Namen der Verbindungen an.
Welche der Verbindungen sind Alkali-, welche Erdalkalihalogenide? Was fällt bei einem Vergleich der Formeln auf?

B 5 Reaktion von Halogenen mit Kupfer. Die Reaktionsfähigkeit nimmt von Chlor (links) über Brom zu Iod ab

B 6 Chloridnachweis. Chloridlösungen, mit Silbernitratlösung versetzt, ergeben einen weißen Silberchloridniederschlag

10.3 Natriumchlorid – ein wichtiges Salz

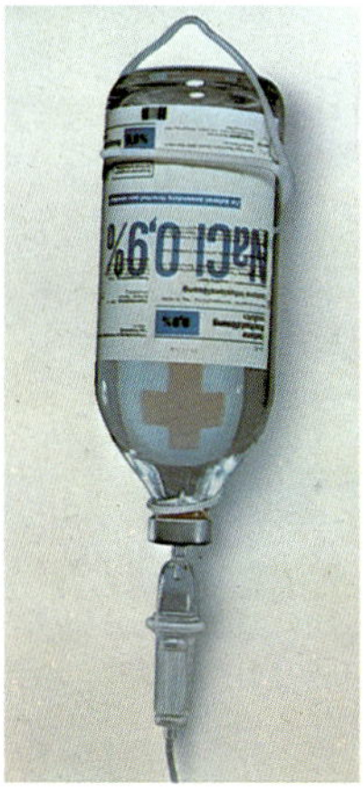

B 1 Physiologische Kochsalzlösung

B 2 Kochsalz im Alltag. Oben: Speisesalz. Unten: Streusalz (eingefärbt)

B 3 Entstehung einer Salzlagerstätte

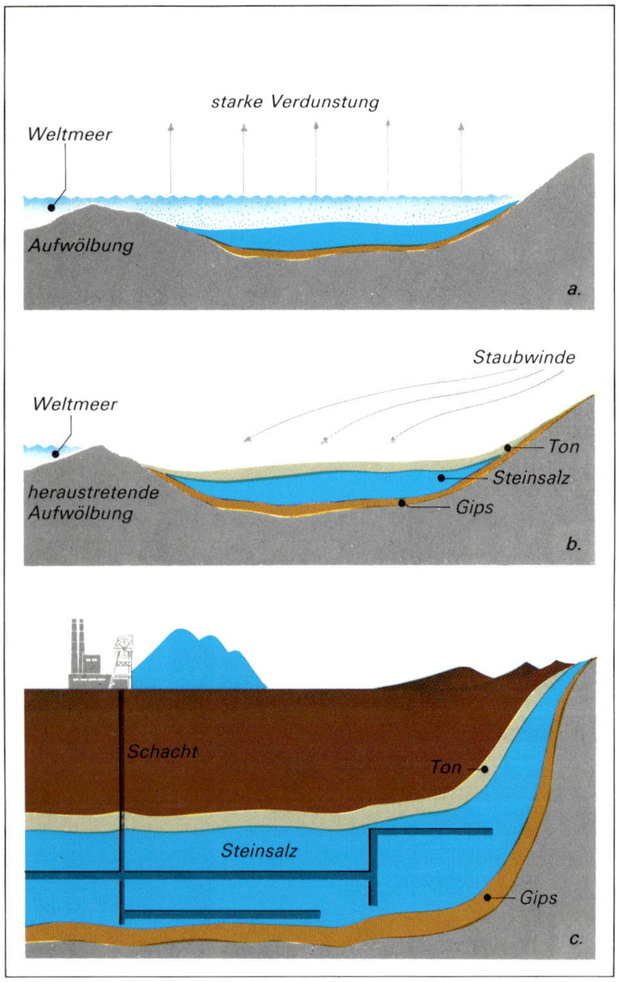

Kochsalz war früher ein sehr kostbarer Stoff. Viele Städte verdankten ihren Reichtum dem Salzvorkommen oder dem Salzhandel. Die Salzstraßen stellten wichtige Handelswege dar, auf denen das Salz über weite Entfernungen in Europa transportiert wurde. Siedlungen, deren Gründung mit dem Salz in Verbindung stehen, erkennen wir an den Silben -salz, -sulz oder -hall in der Ortsbezeichnung.

Bedeutung und Verwendung. Kochsalz wird zur geschmacklichen Verbesserung unserer Speisen eingesetzt. Darüber hinaus ist es ein lebenswichtiger Stoff, von dem der Mensch täglich 2 bis 3 g aufnehmen muss. Im Körper ist Kochsalz z. B. notwendig für die Funktion des Nervensystems und die Produktion von Magensäure. Eine zu salzreiche Ernährung ist andererseits aber schädlich und kann zahlreiche Krankheiten, z. B. einen zu hohen Blutdruck, verursachen.
In der Medizin wird die *„Physiologische Kochsalzlösung"* (▷ B 1) eingesetzt, die in Notfällen bei hohem Blutverlust einem Verletzten als Blutersatzstoff übertragen wird. Sie enthält 9 g Kochsalz pro Liter. Dies entspricht etwa dem Salzgehalt des Blutes.

Kochsalz ist ein *Konservierungsstoff*, der die Lebensfähigkeit vieler Mikroorganismen einschränkt (z. B. bei Pökelfleisch und Salzheringen).

Große Bedeutung kommt dem Natriumchlorid im Winter als Hauptbestandteil des *Streusalzes* zu. Zur Unterscheidung von Speisesalz wird ihm meistens ein Farbstoff zugesetzt. Bei Zusatz von Salz beginnt Eis zu tauen. Dabei sinkt die Temperatur der entstehenden Salzlösung ab (▷ V 1). Salzwasser erstarrt erst bei niedrigerer Temperatur als reines Wasser. Der Einsatz von Streusalz ist allerdings bedenklich. Mit Schmelz- und Regenwasser gelangt es ins Erdreich und kann auf diesem Wege die Wurzeln von Pflanzen schädigen und sie zum Absterben bringen. Außerdem begünstigt Streusalz die Korrosion an Fahrzeugen.

Über 90 % des geförderten Kochsalzes werden in der chemischen Industrie als Rohstoff für die Herstellung zahlreicher Produkte, z. B. Natrium, Chlor und Natronlauge, verwendet.

Entstehung und Vorkommen. Die gewaltigen Salzlagerstätten sind Meeresablagerungen vergangener Erdzeitalter. Die großen Salzlager Deutschlands entstanden vor ca. 200 Millionen Jahren, als große Teile des Landes von Meeren bedeckt waren.
Kochsalz ist der Hauptbestandteil der im Meer gelösten Salze, die durch Verwitterung von Gestein ins Wasser gelangten und mit den Flüssen ins Meer transportiert

wurden. Durch Aufwölbungen am Meeresgrund entstanden flache Becken, in denen bei dem damals herrschenden heißen Klima das Wasser schnell verdunstete, so dass ständig frisches Meerwasser nachströmte. Dadurch nahm der Salzgehalt in den Becken zu. Zuerst begannen sich schwer lösliche Salze, z. B. Gips, dann aber auch das Kochsalz am Boden abzusetzen (▷ B 3a).

Wurden die Becken vom Meer abgetrennt, so trockneten sie vollständig aus. Staub und Sand bedeckten die entstandenen Salzschichten und schützten sie vor Witterungseinflüssen (▷ B 3b). Bei einer anschließenden Landsenkung konnte das Becken erneut überflutet werden und der Vorgang wiederholte sich. Im Laufe der Jahrmillionen senkten sich die Salzschichten weiter ab und wurden von neuen Gesteinsschichten überdeckt (▷ B 3c).

Gewinnung. Die Produktion von Kochsalz erfolgte in Mitteleuropa zuerst an den Stellen, an denen *Solequellen* zutage traten. Das Wasser der Sole wurde verdampft (Salzsiederei).
Heute erfolgt der Abbau von Natriumchlorid zumeist in Bergwerken (▷ B 4). Auf eine Abstützung der dabei entstehenden Hohlräume (Kavernen) kann man verzichten, da das nicht abgebaute umgebende Salz fest und dicht ist. Oft löst man auch das Salz mit Wasser aus dem Lager und dampft das salzhaltige Wasser zur Gewinnung von Siedesalz ein.
Speziell hergestellte *Salzkavernen* werden zur Vorratshaltung von Erdöl eingesetzt.

In südlichen Ländern kann durch Verdunsten von Meerwasser in Salzgärten (↗ Kap. 2.1) Meersalz gewonnen werden.

Speicherung von Erdöl in einem Salzstock. Um die Sicherheit und Regelmäßigkeit der Versorgung mit Erdöl zu gewährleisten, werden große Mengen an Erdöl gelagert. Dazu eignen sich besonders Hohlräume (Kavernen) in unterirdischen Salzlagerstätten, da sie für Erdöl undurchlässig sind.

Herstellung einer Kaverne. Der ausgewählte Salzstock wird angebohrt und mit Hilfe eines doppelten Rohrstranges ausgespült. Durch ein inneres Rohr (hier nicht dargestellt) wird Wasser (Seewasser) eingeleitet. Es löst das Salz aus der Lagerstätte und wird, nachdem es durch den äußeren Rohrstrang ausgetreten ist (Sole), dem Meer zugeleitet.

Erdölspeicherung. Wenn Erdöl eingelagert wird, verdrängt es von oben her die in der Kaverne befindliche Sole. Zur Entnahme von Erdöl (nur in Notzeiten) wird Seewasser hineingepumpt.

Maße einer Salzkaverne

Höhe:	bis 400 m
Breite:	bis 50 m
Gesamtvolumen:	ca. 300 000 m^3
Nutzvolumen:	ca. 250 000 m^3

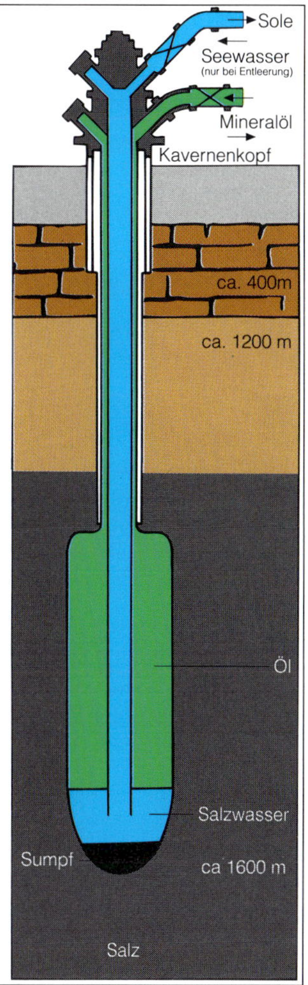

B 4 Abbau von Steinsalz unter Tage

V 1 Mische Eisstückchen und Streusalz im Verhältnis 2 : 1 und bestimme die Temperatur des Gemisches.

A 1 Früher setzte man Sole vor dem Eindampfen dem Einfluss von Sonne und Wind aus und ließ sie oftmals über hohe, aus Reisig bestehende Wände fließen. Welchen Zweck hatten diese sogenannten Gradierwerke?

A 2 Erläutere die in ▷ B 3 dargestellten Vorgänge, die zur Bildung einer Salzlagerstätte geführt haben.

A 3 Gib an, was man unter physiologischer Kochsalzlösung versteht.

10.4 Salzsäure

⚠ **V 1** Konz. Salzsäure wird erhitzt (Schutzbrille!). Das entstehende Gas wird mit einem doppelt rechtwinklig gebogenen Glasrohr und einem umgedrehten Trichter zunächst auf Wasser, dann auf Wasser mit zugesetztem Universalindikator geleitet.

⚠ **V 2** In einem Gasentwickler wird auf Natriumchlorid konz. Schwefelsäure (Schutzbrille!) getropft. Das entstehende Gas leitet man auf Wasser, das mit Universalindikator angefärbt wurde.

V 3 Gib zu verd. Salzsäure einige Tropfen Silbernitratlösung.

V 4 Gib in ein Reagenzglas verdünnte Salzsäure und füge ein Stück Magnesiumband (Spatelspitze Eisenpulver) zu. Fange das entstehende Gas durch Wasserverdrängung in einem Reagenzglas auf und führe die Knallgasprobe aus. (Schutzbrille!)

⚠ **V 5** Wasserstoff wird an der Luft entzündet. Die Flamme wird langsam in einen Standzylinder mit Chlor getaucht. (Abzug!)
Nach Beendigung der Reaktion spritzt man etwas Wasser hinein, verschließt den Zylinder sofort mit einer Glasplatte und schüttelt. Danach gibt man Universalindikator hinzu.

⚠ **V 6** Wie in ▷V 2 stellt man Chlorwasserstoff her und füllt damit einen trockenen Rundkolben. Als Verschluss dient ein durchbohrter Gummistopfen mit einem ausgezogenen Glasrohr (Spitze nach innen). Der Kolben wird in ein Gefäß mit Wasser getaucht, das mit Universalindikator angefärbt wurde.
(Schutzbrille! Schutzscheibe!)

Eine im Labor häufig gebrauchte Säure ist *Salzsäure*, eine farblose, stark ätzende Flüssigkeit. Man verwendet sie z.B. zum Reinigen oxidierter Metalle („Lötwasser") und zum Entfernen von Kalkbelägen. Um Verwechslungen und ihren Folgen vorzubeugen, muss sie, wie alle Chemikalien, in ordnungsgemäß gekennzeichneten Gefäßen aufbewahrt werden, keinesfalls in Getränkeflaschen.

Stark verdünnte Salzsäure (ca. 0,3%) ist Bestandteil des Magensaftes. Ein Überschuss an Salzsäure verursacht „Sodbrennen".

Untersuchung von Salzsäure. Öffnet man eine Flasche mit konzentrierter Salzsäure, so bilden sich Nebel. Es entweicht ein stechend riechendes, farbloses Gas, das mit der Feuchtigkeit der Luft Nebel entstehen lässt. Ein angefeuchtetes Indikatorpapier färbt sich rot (▷B 1).

Erhitzt man konzentrierte Salzsäure (▷V 1) und leitet das entweichende Gas auf eine Wasseroberfläche, kann man beobachten, dass sich Schlieren bilden. Wegen seiner großen Dichte sinkt das Gas herab und löst sich im Wasser. Ein zugesetzter Indikator zeigt an, dass eine saure Lösung vorliegt. Die Vermutung liegt nahe, dass wieder Salzsäure entstanden ist.

Zusammensetzung der Salzsäure. Im Labor kann man Salzsäure herstellen, indem man Schwefelsäure auf Natriumchlorid („Salz") tropft (▷B 3, ▷V 2) und das entstehende Gas auf Wasser leitet. Diese Methode ist auch von historischer Bedeutung und hat der Salzsäure ihren Namen gegeben.
Die Art der Herstellung deutet darauf hin, dass Salzsäure eine Verbindung des Natriums oder ein Chlorid ist.

Gibt man zu Salzsäure Silbernitratlösung (▷V 3), fällt ein flockiger, weißer Niederschlag von Silberchlorid aus.

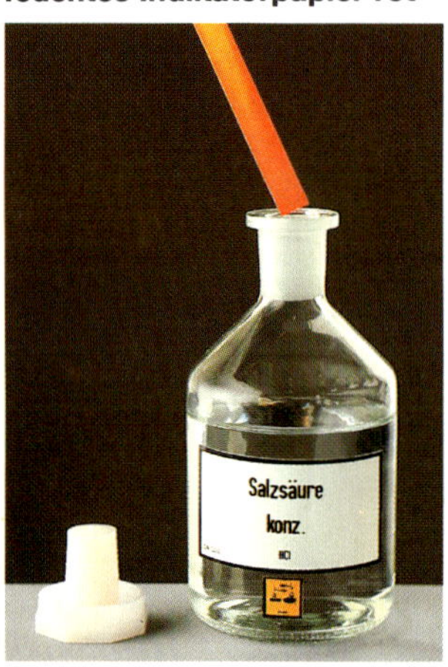

B 1 Salzsäuregas färbt feuchtes Indikatorpapier rot

B 2 Reaktion von Chlor mit Wasserstoff

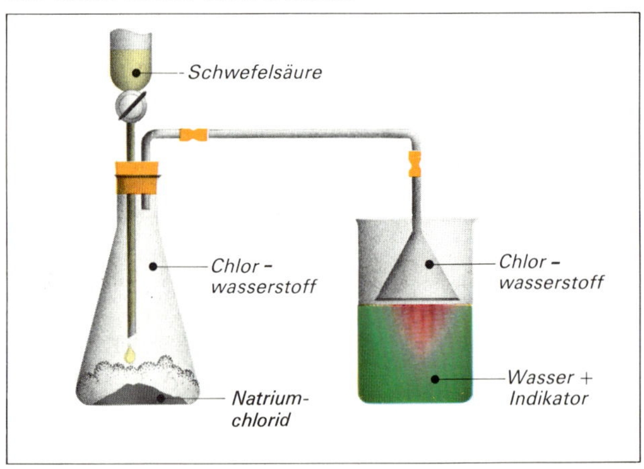

B 3 Herstellung von Chlorwasserstoff aus Natriumchlorid und konzentrierter Schwefelsäure

Salzsäure enthält offenbar ein gelöstes Chlorid. Wegen des Aggregatzustandes des Salzsäuregases kann es sich hierbei nicht um ein salzartiges Metallchlorid handeln.
Da Salzsäure mit vielen Metallen unter Bildung von Wasserstoff (▷ V 4) reagiert, lässt sich vermuten, dass das gelöste Salzsäuregas eine Verbindung des Chlors und des Wasserstoffs ist. Allerdings könnte der freigesetzte Wasserstoff auch aus dem Wasser stammen.
Ein Experiment soll zeigen, welche Vermutung richtig ist.

Herstellung von Salzsäure aus Wasserstoff und Chlor. Taucht man eine Wasserstoff-Flamme langsam in einen mit Chlor gefüllten Zylinder (▷ B 2, ▷ V 5), so beobachtet man, dass der Wasserstoff mit fahlweißer Flamme weiterbrennt. Mit zunehmender Eintauchtiefe verschwindet die Farbe des Chlors. Es entsteht ein farbloses Gas, das mit Feuchtigkeit, die im Zylinder enthalten ist, Nebel bildet.
Das in der Reaktion von Wasserstoff mit Chlor entstandene Gas heißt **Chlorwasserstoff**.

Wasserstoff + Chlor ⟶ Chlorwasserstoff

$$H_2 + Cl_2 \longrightarrow 2\,HCl$$

Setzt man Wasser und Universalindikator hinzu, beobachtet man eine Rotfärbung. Chlorwasserstoff besitzt dieselben Eigenschaften wie das Salzsäuregas. Beide Gase sind identisch.

Die Lösung von Chlorwasserstoffgas in Wasser heißt Salzsäure.

Löslichkeit des Chlorwasserstoffs in Wasser. In welchem Ausmaß sich Chlorwasserstoff in Wasser löst, zeigt der „Springbrunnenversuch" (▷ B 4, ▷ V 6). Anfänglich steigt das Wasser im Glasrohr sehr langsam hoch. Wenn aber die ersten Wassertropfen in den mit Chlorwasserstoff gefüllten Kolben gelangen, löst sich in ihnen ein großer Teil der Chlorwasserstoffportion. Dadurch entsteht ein starker Unterdruck, der den Springbrunnen entstehen lässt. Ein Liter Wasser bei 0 °C und einem Druck von 1013 hPa kann etwa 500 l Chlorwasserstoff aufnehmen. Verglichen mit anderen Gasen ist diese Löslichkeit ungewöhnlich groß. Bei gleichen Bedingungen lösen sich etwa 0,05 l Sauerstoff bzw. 1 l Kohlenstoffdioxid. Bei der Aufnahme von Chlorwasserstoff in Wasser wird Wärme frei (▷ B 5).

Andere Halogenwasserstoffverbindungen. Ähnlich wie Chlor reagieren auch die anderen Halogene mit Wasserstoff. Die dabei entstehenden *Halogenwasserstoffverbindungen* bilden mit Wasser *Bromwasserstoffsäure* bzw. *Iodwasserstoffsäure*. *Fluorwasserstoffsäure* (Fluss-Säure) muss in Gefäßen aus Kunststoff aufbewahrt werden, da sie mit Glas zu einer löslichen Verbindung reagiert.

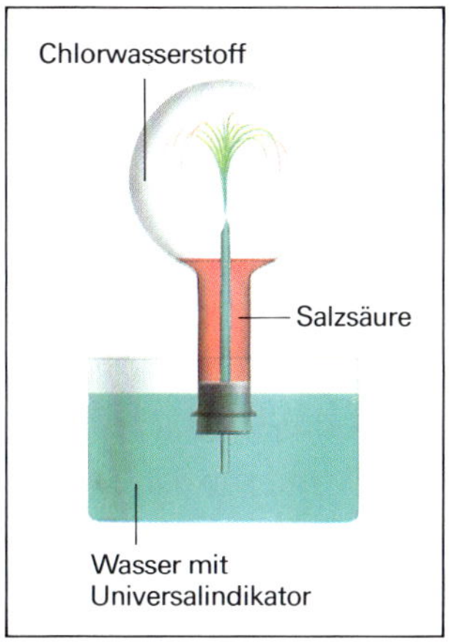

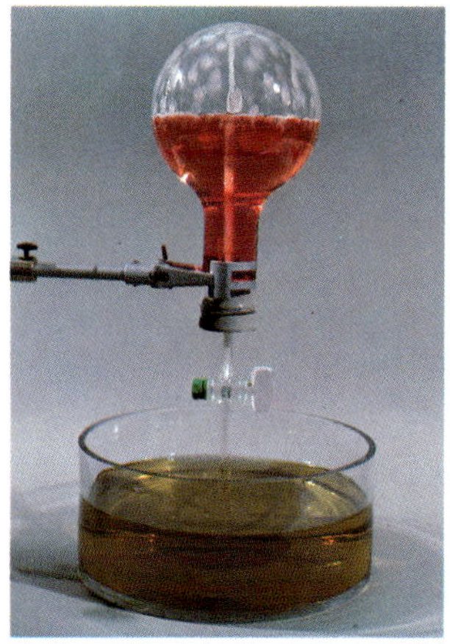

B 4 Der Springbrunnenversuch beruht auf der außerordentlich guten Aufnahmefähigkeit von Wasser für Chlorwasserstoff

A 1 Gib zwei Methoden zur Herstellung von Salzsäure an.

A 2 Erkläre das Zustandekommen des Springbrunnens in ▷ B 4 in Einzelschritten.

A 3 Warum kann man durch Eindampfen von konz. (37 %iger) Salzsäure keine 100 %ige (wasserfreie) Salzsäure erhalten?

A 4 Was kann geschehen, wenn in ▷ B 3 der Glastrichter in das Wasser eintaucht?

A 5 Zur Kennzeichnung von Laborgeräten kann farblose „Glasätztinte" verwendet werden. Was enthält sie möglicherweise?

B 5 Reaktion von Chlorwasserstoff mit Wasser. Es wird Wärme frei

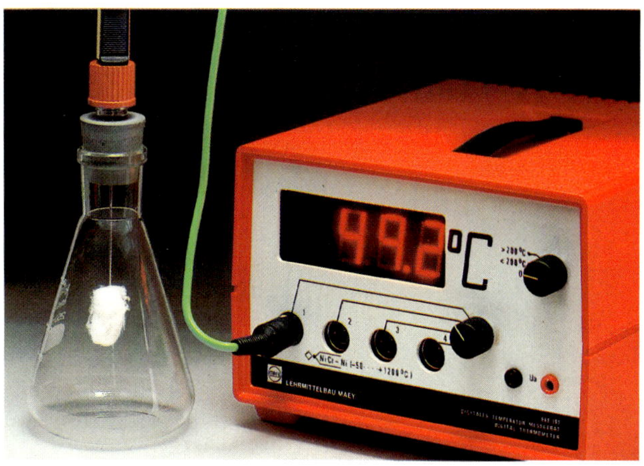

10.5 Projekt: Fotografie

Licht kann Stoffe verändern.
Stellt man frisch hergestellte Niederschläge von Silberhalogeniden ins Sonnenlicht, färben sie sich dunkel. Unter der Einwirkung des Lichtes wird z. B. Silberbromid in Silber und Brom gespalten:

$$2\,AgBr \longrightarrow 2\,Ag + Br_2$$

Das entstandene feinst verteilte Silber ruft die Dunkelfärbung hervor. Silberhalogenide können somit die Einwirkung eines Lichtsignals speichern und werden deshalb in der Fotografie eingesetzt.
Reaktionen, die unter Einfluss von Licht verlaufen, bezeichnet man als **fotochemische Reaktionen.**

Belichten.
Die lichtempfindliche Schicht auf Schwarzweißfilmen und -fotopapieren enthält eine in Gelatine eingebettete Suspension von Silberchlorid und Silberbromid. Beim Fotografieren (Belichten) werden in den Körnchen der Schicht, auf die das Licht trifft, die Silbersalze in Silber (**Silberkeime**) und Halogene umgewandelt. Das Ausmaß der Reaktion ist von Intensität und Einwirkungsdauer des Lichtes abhängig. Die entstehende Silberportion ist allerdings zu gering, um sichtbar zu sein. Der Film trägt ein verborgenes, **latentes** Bild.

Entwickeln.
Um das latente Bild sichtbar zu machen, müssen die Silbersalzkörner mit den Silberkeimen durch den Entwickler weiter in Silber umgewandelt werden. Dieser Prozess läuft nur an denjenigen Körnchen rasch, an denen bereits Silberkeime vorhanden sind. Das bei der Belichtung entstandene Silber wirkt als Katalysator. Dabei wird das Bild sichtbar. Es ist ein **Negativ**, bei dem helle und dunkle Stellen vertauscht sind.

Die Einwirkung des alkalischen Entwicklers kann bei dem erwünschten Schwärzungsgrad durch verdünnte Säuren (Essigsäure) beendet werden (Stoppbad).

Fixieren.
Ehe das Negativ ans Licht gebracht wird, müssen die restlichen Silbersalzkörner entfernt werden, da sonst allmählich der ganze Film geschwärzt würde. Die Fixiersalzlösung reagiert mit den Silbersalzen, greift aber elementares Silber nicht an. Erst das fixierte Bild darf dem Tageslicht ausgesetzt werden.

Positivbilder.
Durch das Negativ hindurch wird ein Fotopapier belichtet. Es entsteht ein wirklichkeitsgetreues positives Bild **(Positiv)**, das natürlich ebenfalls entwickelt und fixiert werden muss.

B 1 Stadien der Bildentstehung auf einem Negativfilm

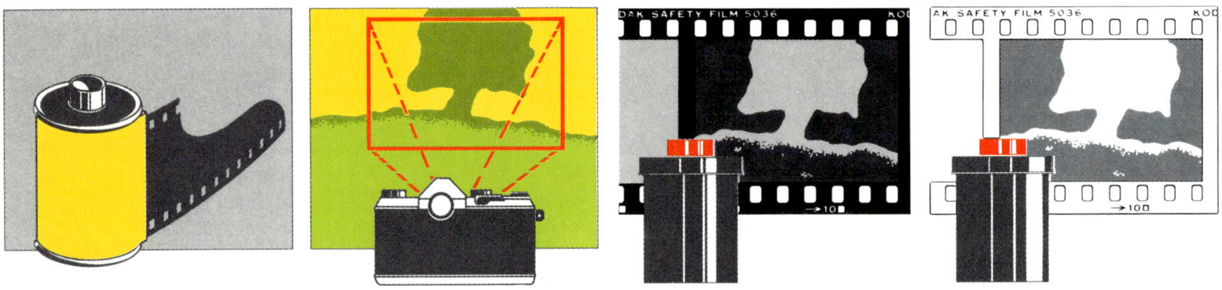

Die *lichtempfindliche Schicht* des Films enthält fein gekörntes Silberbromid.

Beim *Belichten* wird in den vom Licht getroffenen Körnern Silberbromid teilweise in Silber und Brom umgewandelt. Es entsteht ein verborgenes, *latentes Bild.*

Beim *Entwickeln* werden die belichteten Silberbromidkörner vollständig in Silber umgewandelt. Das Bild wird als Negativ *sichtbar.* Es ist noch nicht lichtbeständig.

Durch das *Fixieren* werden die nicht belichteten Silberbromidkörner herausgelöst. Das Negativ kann jetzt dem Licht ausgesetzt und zur Herstellung positiver Bilder verwendet werden.

Fotografie

Vorversuche (Schutzbrille! Schutzhandschuhe!)

1. Zu einer Lösung von Kaliumbromid wird Silbernitratlösung gegeben (Vorsicht! Silbernitratlösung darf nicht in die Augen gelangen!). Die entstandene Suspension wird sogleich auf vier Reagenzgläser verteilt. Zwei davon werden sofort in einen dunklen Schrank gestellt, die anderen beiden dem hellen Licht ausgesetzt.

2. Je eine beleuchtete und eine unbeleuchtete Silberbromid-Suspension aus dem Vorversuch 1 wird mit Entwicklerlösung versetzt.

3. Je eine beleuchtete und eine unbeleuchtete Silberbromid-Suspension aus dem Vorversuch 1 wird mit Fixiersalzlösung versetzt.

Versuch Herstellung von Bildern auf fotografischem Wege (Schutzbrille! Schutzhandschuhe!)

Zunächst werden drei Lösungen vorbereitet:

Lösung A: 5 g Gelatine in 50 ml heißem Wasser (ca. 60 °C).

Lösung B: 1 g Silbernitrat in 25 ml kaltem Wasser.

Lösung C: 0,7 g Kaliumbromid und ein kleiner Kristall Kaliumsulfid (Katalysator, Steigerung der Lichtempfindlichkeit) in 25 ml kaltem Wasser.

Zur Herstellung der lichtempfindlichen Schicht wird der Arbeitsraum verdunkelt und mit unwirksamem roten Licht beleuchtet. Nun werden aus zwei Büretten gleichzeitig die Lösungen A und B unter ständigem Rühren zur Lösung C gegeben. Die Aufschlämmung des entstehenden Silberbromidniederschlages wird vorsichtig auf saubere Glasplatten gegeben. Zur Erzeugung einer möglichst gleichmäßigen Beschichtung werden die Platten kurz hin- und hergeschwenkt, dann unterseits abgewischt und in einen lichtdichten Schrank gestellt.

Während die beschichteten Platten trocknen, werden Entwickler-, Stopp- und Fixierbad vorbereitet. Für die Erzeugung fotografischer Bilder werden aus schwarzem Karton oder aus Metallfolie Figuren ausgeschnitten, die im wieder abgedunkelten Raum auf einige Platten gelegt werden. Für etwa 20 Sekunden (die richtige Belichtungszeit muss ausprobiert werden) werden diese Platten auf einer dunklen Unterlage der hellen Raumbeleuchtung ausgesetzt.

Anschließend werden die Platten so lange in die Entwicklerlösung gelegt, bis sich das helle Abbild der Figur deutlich von der dunklen Umgebung abhebt. Nach kurzer Verweilzeit im Stoppbad wird die Platte in das Fixierbad gelegt.

Um ein vorbildgetreues Positiv zu erhalten, wird das Negativ auf eine frische Platte gelegt. Belichtung und Entwicklung werden nun erneut durchgeführt.

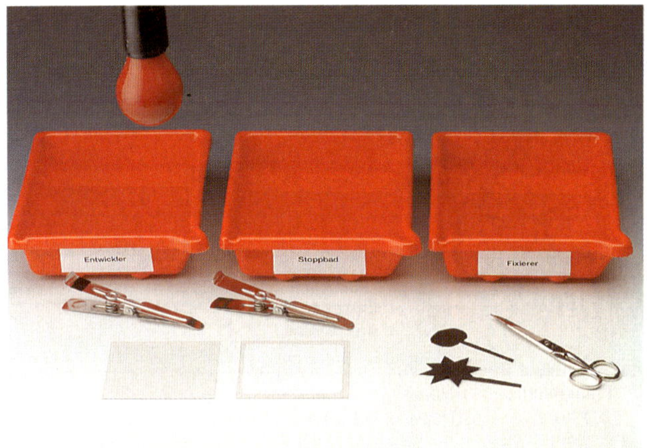

B 2 Fotoarbeiten im Chemieübungsraum

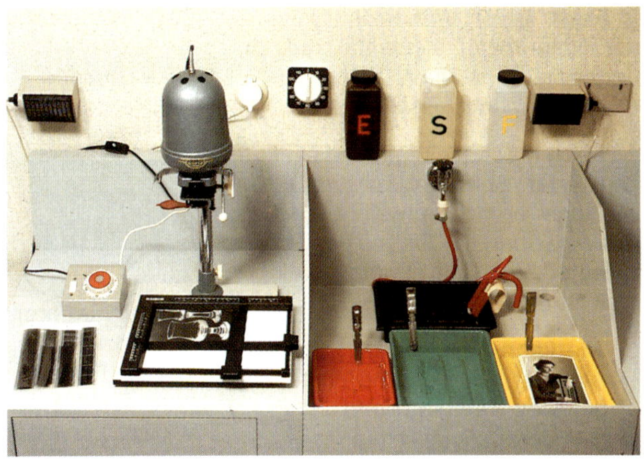

B 3 Fotolabor zur Herstellung von Positivbildern

B 4 Hell- und Dunkelverteilung auf einem Negativ (links) und dem dazugehörenden Positiv (rechts)

11.6 Atomhülle – Energie der Elektronen

Das Atom besteht aus einem *Atomkern* und der *Atomhülle*, die von Elektronen gebildet wird. Man nennt diese auch **Elektronenhülle**. Die Anzahl der Elektronen in der Hülle ist gleich der Anzahl der Protonen im Kern. Atome sind deshalb insgesamt elektrisch neutral. Die Elektronen bewegen sich sehr schnell in einem kugelförmigen Raum, der den Kern umgibt. Die Bewegung eines Elektrons verhindert, dass es auf den Kern fällt. Da die Veränderungen der Atome bei chemischen Reaktionen nur in der Elektronenhülle erfolgen, wollen wir nun deren Bau näher betrachten. Dazu sollen die Atome zunächst als isolierte Teilchen behandelt werden.

Die Energie eines Elektrons in der Hülle. Da sich ein Elektron in der Hülle bewegt, besitzt es Bewegungsenergie. Außerdem hat das Elektron Lageenergie, die umso größer ist, je weiter es vom Kern entfernt ist. Diese Tatsache können wir uns am Beispiel von zwei entgegengesetzt geladenen Kugeln erklären. Um eine geladene Kugel K 1 von einer festsitzenden, entgegengesetzt geladenen Kugel K 2 zu entfernen, muss zur Überwindung der Anziehungskraft Arbeit verrichtet werden. Diese Arbeit ist umso größer, je weiter die Ladungen voneinander entfernt werden. Dabei nimmt die Lageenergie von K 1 zu. Man kann diesen Vorgang mit dem Anheben eines Gegenstandes vergleichen, dessen Lageenergie umso größer wird, je größer die verrichtete Hubarbeit ist.
Das Elektron in der Hülle des Wasserstoffatoms besitzt eine bestimmte Gesamtenergie aus Bewegungsenergie und Lageenergie, die das Elektron nicht abgibt. Die Energie des Elektrons kann jedoch durch Energiezufuhr erhöht werden. Das Elektron verweilt allerdings nur sehr kurze Zeit in einem höheren Energiezustand und fällt dann wieder unter Energieabgabe in den Ausgangszustand zurück. Diesen Zustand kleinstmöglicher Energie eines Elektrons im Atom nennt man **Grundzustand**.

Die Bildung von Ionen aus Atomen. Unter bestimmten Bedingungen können auch Gase den elektrischen Strom leiten. Schaltet man eine Leuchtstoffröhre ein, so fließt durch die Gasfüllung ein Strom. Es bewegen sich also geladene Teilchen, die aus den neutralen Teilchen entstehen müssen. Verwendet man eine Leuchtstoffröhre mit Heliumfüllung, so werden von Heliumatomen Elektronen abgespalten und es entstehen positiv geladene Heliumatome. Durch Abspaltung von Elektronen aus einem Atom entstehen *positiv geladene Atome*, da die positive Kernladung nicht mehr durch die negative Ladung der Elektronenhülle ausgeglichen wird. Atome, die nach außen als geladene Teilchen wirken, nennt man **Ionen** (von griech. ion, das Wandernde; ein Ion bewegt sich – „wandert" – wegen seiner Ladung im elektrischen Feld). Zur Kennzeichnung eines Ions verwendet man das Zeichen für das Atom und gibt zusätzlich die Ladung des Ions in Elementarladungen an, z. B. He^{+}, He^{2+} (▷ B 1). Die Abspaltung eines Elektrons aus einem Teilchen wird **Ionisierung** genannt.

Ionisierungsenergie. Die Ionisierungsenergie ist der Energiebetrag, der gerade ausreicht, um die Energie eines Elektrons so weit zu erhöhen, dass es den Anziehungsbereich des Kerns verlassen kann (▷ B 2).
Damit die Energiebeträge für die Ionisierung verschiedener Atomsorten vergleichbar sind, müssen die Angaben für jeweils gleiche Teilchenanzahlen erfolgen. Häufig wird die Ionisierungsenergie auf die Stoffmenge n = 1 mol bezogen. Die Ionisierungsenergie für Wasserstoffatome beträgt 1,313 MJ/mol (1 MJ/mol = 1000 kJ/mol).

B 1 Abspaltung von Elektronen aus Heliumatomen. Es entstehen positiv geladene Heliumionen

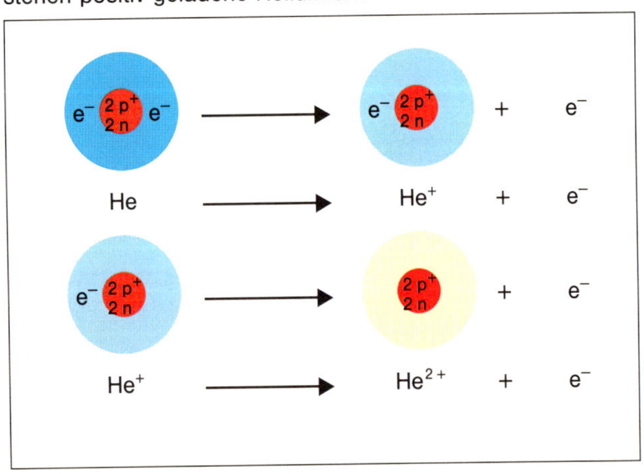

B 2 Ionisierungsenergie. Wird sie dem Elektron zugeführt, kann es den Anziehungsbereich des Kerns verlassen

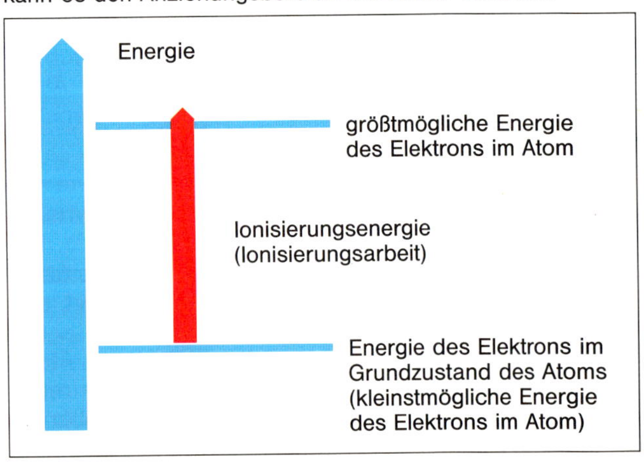

Ein Elektron wird vom Kern umso stärker angezogen, je größer dessen Ladung ist. Man müsste also erwarten, dass die Energie für die Abspaltung eines Elektrons mit steigender Kernladungszahl der Atome zunimmt, wenn alle Elektronen etwa die gleiche Entfernung zum Kern hätten. Durch die experimentell ermittelten Ionisierungsenergien wird diese Erwartung nur zum Teil bestätigt.

In ▷B3 erkennen wir, dass die Ionisierungsenergien bis zu den Atomen der Edelgase ansteigen und bei den darauf folgenden Alkalimetallatomen stark abfallen. Ein Elektron wird vom Kern umso stärker festgehalten, je geringer die Entfernung des Elektrons vom Kern ist. Beim Vergleich der Kernabstände von Elektronen müssen wir beachten, dass es sich dabei um mittlere Abstände handelt. Wie wir bereits wissen, bewegt sich ein Elektron in der Atomhülle und erfüllt einen kugelförmigen Raum um den Kern. Der Grund für die kleine Ionisierungsenergie der Alkalimetallatome ist, dass das betrachtete Elektron bei den Alkalimetallatomen im Mittel weiter vom Kern entfernt ist als bei den Edelgasatomen mit der um 1 kleineren Kernladungszahl. Um aus einem Ion ein weiteres Elektron abzuspalten, muss ein Energiebetrag aufgewendet werden, der größer ist als die Ionisierungsenergie für das zuerst abgespaltene Elektron. Die Abspaltung eines weiteren Elektrons muss gegen die stärkere Anziehung des positiv geladenen Ions erfolgen. Für jedes weitere abzutrennende Elektron wird die Ionisierungsenergie jeweils größer.

In ▷B4 sind die Ionisierungsenergien für alle Elektronen des Aluminiumatoms dargestellt. Auffällig ist ein zweimaliges sprunghaftes Ansteigen der Ionisierungsenergie. Von den 13 Elektronen des Aluminiumatoms verbleiben nach der ersten Ionisierung noch 12 Elektronen. Das zuerst abgespaltene Elektron erhält die Nummer 13, das zuletzt abgespaltene Elektron, das am stärksten vom Kern festgehalten wird, die Nummer 1. Diese Nummerierung ermöglicht übersichtlichere Vergleiche der Elektronenhüllen der verschiedenen Atomsorten.

Entfernt man, wie für das Aluminiumatom beschrieben, auch bei anderen Atomsorten jeweils ein Elektron nach dem anderen durch Zufuhr der entsprechenden Ionisierungsenergien, so kann man feststellen, dass bei jeder Atomsorte die Ionisierungsenergie bei Elektronen gleicher Nummer stark ansteigt. Bei den Atomen aller Elemente mit ausreichender Elektronenzahl findet man diesen sprunghaften Anstieg zwischen den Elektronen Nr. 11 und 10 und den Elektronen Nr. 3 und 2. Diese Ergebnisse geben Hinweise auf ein gemeinsames Bauprinzip für die Elektronenhüllen aller Atome.

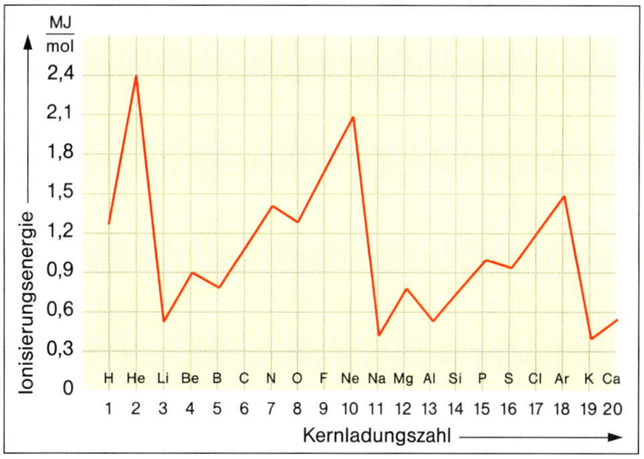

B3 Erste Ionisierungsenergien für die Atome mit den Kernladungszahlen 1 bis 20

A 1 Im Folgenden sind die aufzuwendenden Energiebeträge (in MJ/mol) für die schrittweise Ionisierung der Atome verschiedener Elemente aufgeführt, beginnend mit dem jeweils zuerst entfernten Elektron:
Mg: 0,7; 1,5; 7,7; 11; 14; 18; 22; 26; 32; 36; 170; 189
Na: 0,5; 5; 7; 10; 13; 17; 20; 26; 29; 141; 159
C: 1,1; 2,4; 4,6; 6,2; 38; 47
a) Ordne den einzelnen Beträgen die Nummer des jeweils entfernten Elektrons zu. Das zuerst entfernte Elektron erhält die höchste Nummer.
b) Übertrage die Werte in ein Diagramm. Abszisse: Elektronennummer, beginnend mit 1; Ordinate: Ionisierungsenergie (1 cm ≙ 10 MJ/mol). Verbinde die zum selben Atom gehörenden Werte und vergleiche die so erhaltenen Kurven.

B4 Ionisierungsenergien für alle Elektronen des Aluminiumatoms

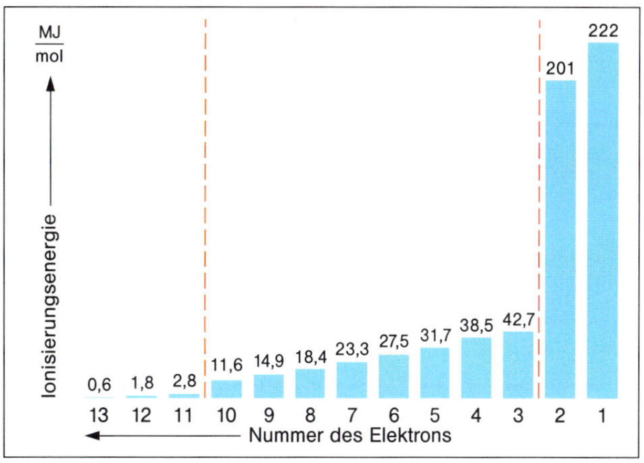

11.7 Energiestufen- und Schalenmodell der Atomhülle

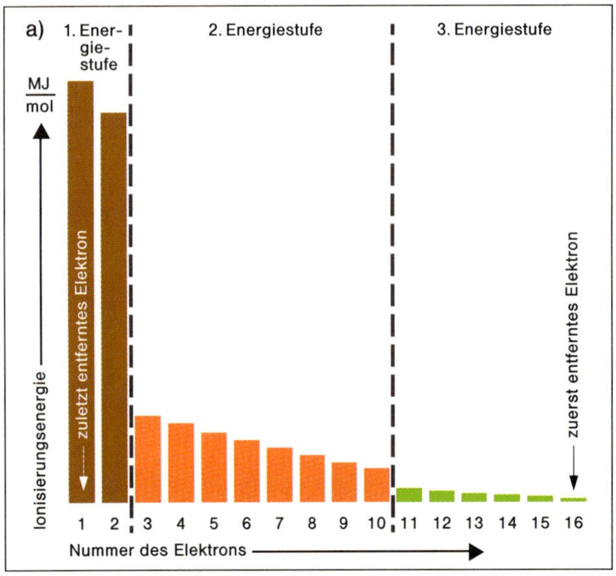

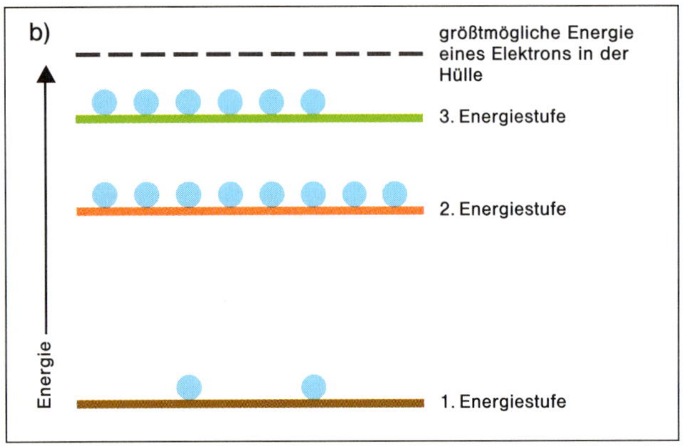

B 1 Ionisierungsenergien (a) und Energiestufen (b) für die Elektronen des Schwefelatoms

Energiestufen der Atome in der Atomhülle. Die Ionisierungsenergien für die Elektronen eines Atoms geben Hinweise auf Energieunterschiede der Elektronen im Atom. Ist zur Abspaltung von Elektronen ein hoher Energiebetrag erforderlich, so haben die Elektronen im Atom eine niedrige Energie. Umgekehrt bedeutet eine kleine Ionisierungsenergie höhere Energie der Elektronen im Atom.

In ▷B 1a sind die Ionisierungsenergien für alle Elektronen des Schwefelatoms dargestellt. Auch hier ist ein zweimaliges *sprunghaftes Ansteigen* der Ionisierungsenergie erkennbar. Dieser Sprung erfolgt wieder bei den Ionisierungsenergien für die Elektronen Nr. 2 und 3 sowie Nr. 10 und 11. Die Ionisierungsenergien für die Elektronen des Schwefelatoms lassen auf eine sprunghafte Änderung der Energie der Elektronen im Atom schließen. Im Schwefelatom gibt es *drei Gruppen* von Elektronen, die sich in ihrer Energie stark voneinander unterscheiden. Aus den Ionisierungsenergien lassen sich jedoch keine Energieunterschiede für die Elektronen *einer* Gruppe ableiten.
Auch für Elektronen gleicher Energie im Atom steigt die Ionisierungsenergie an, wenn die Elektronen nacheinander abgespalten werden. Die Abspaltung jeweils eines weiteren Elektrons muss gegen die Anziehung durch das zurückbleibende Ion erfolgen, dessen Ladung bei jeder Elektronenabspaltung weiter zunimmt.

Die Elektronen einer Gruppe, die sich durch eine sprunghafte Änderung der Ionisierungsenergien abgrenzen lässt, werden einer **Energiestufe** zugeordnet. Die verschiedenen Gruppen von Elektronen im Atom lassen sich also verschiedenen Energiestufen zuordnen (▷B 1b).

B 2 Energiestufen. Die Elektronen der Atome lassen sich verschiedenen Energiestufen zuordnen

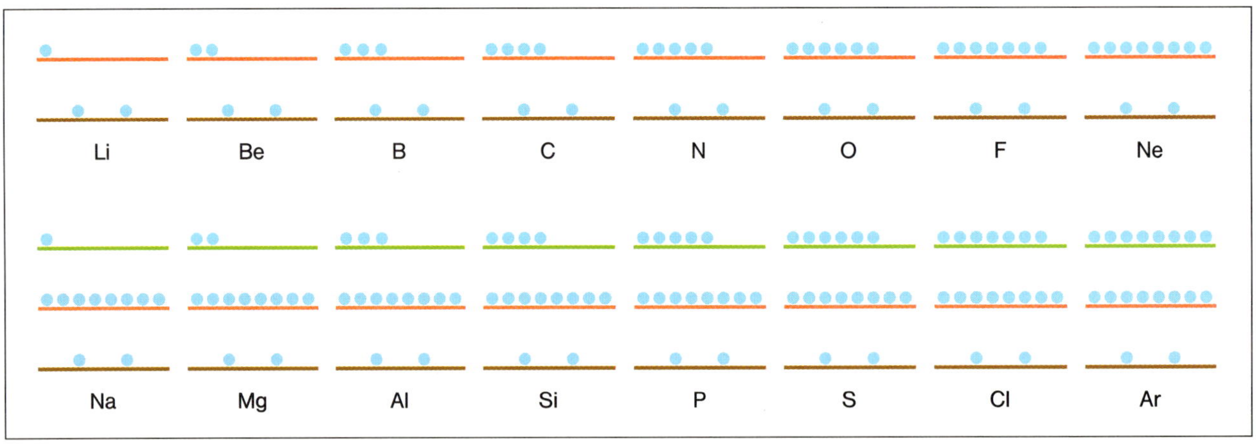

Energiestufen- und Schalenmodell der Atomhülle

Für *alle* Atomsorten lassen sich Gruppen von Elektronen verschiedenen Energiestufen zuordnen. In ▷ B 2 ist dies für die Atome mit 3 bis 18 Elektronen veranschaulicht. Wir erkennen, dass die erste Energiestufe jeweils nur die beiden Elektronen mit der geringsten Energie umfasst. Die energiereicheren Elektronen bilden die zweite Energiestufe, die höchstens 8 Elektronen umfassen kann. Enthält eine Atomhülle mehr als 10 Elektronen, werden weitere, höhere Energiestufen aufgebaut.

Die Atomhüllen der verschiedenen Atomsorten haben ein gemeinsames Bauprinzip. Sie haben die gleichen maximalen Elektronenanzahlen auf den entsprechenden Energiestufen. Diese liegen bei den verschiedenen Atomen nicht auf der gleichen Höhe. Auch die Abstände zwischen den Stufen sind verschieden. Sie sind in ▷ B 2 zur besseren Übersicht jedoch gleich groß dargestellt.

Schalenmodell der Atomhülle. Der den Atomkern umgebende kugelförmige Raum, in dem sich ein Elektron bewegt, kann verschieden groß sein. Seine Ausdehnung nimmt mit steigender Energie des Elektrons zu. Der Bewegungsraum eines Elektrons mit niedriger Energie hat einen kleineren Durchmesser als der Bewegungsraum eines Elektrons mit höherer Energie. Wir können uns die Bewegungsräume verschiedener Elektronen in einem Atom vorstellen als verschieden große Kugeln mit einem gemeinsamen Mittelpunkt, dem Atomkern.
Um ein übersichtlicheres Modell zu erhalten, kann man die Bewegungsräume von Elektronen derselben Energiestufe zu einem gemeinsamen Bewegungsraum zusammenfassen. Die Hülle eines Atoms, dessen Elektronen zu drei verschiedenen Energiestufen gehören, kann man damit durch drei konzentrische Kugeln veranschaulichen (▷ B 3). Die Elektronen der zweiten Energiestufe bewegen sich hauptsächlich in dem Raum zwischen der ersten und der zweiten Kugelfläche. Dieser Raum ist eine Kugelschale. Ebenso bewegen sich die Elektronen der dritten Energiestufe in der anschließenden Kugelschale. Entsprechendes gilt für die Elektronen der höheren Energiestufen. Diese Modellvorstellung vom Bau der Atomhülle nennt man **Schalenmodell**. In ▷ B 4 sind Schalenmodelle verschiedener Atome dargestellt.

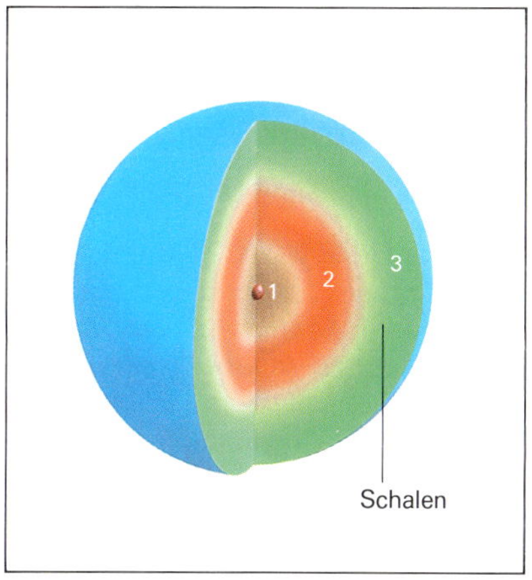

B 3 Modell einer Atomhülle für Elektronen in drei verschiedenen Energiestufen

A 1 a) Welchen Energiestufen lassen sich die Elektronen im Wasserstoff- und im Heliumatom zuordnen? b) Zeichne das Schalenmodell des Wasserstoff- und des Heliumatoms (Schnittbild).

A 2 a) Welche Gemeinsamkeiten haben die Hüllen der Atome, die in ▷ B 4 jeweils untereinander stehen?
b) Welche Gemeinsamkeiten bestehen bei den Atomen, die in einer Reihe (nebeneinander) stehen?

B 4 Schalenmodell der Atomhülle. Die Elektronen der verschiedenen Energiestufen sind den entsprechenden Kugelschalen zugeordnet. Diese sind bei den verschiedenen Atomen zur besseren Übersicht gleich groß dargestellt

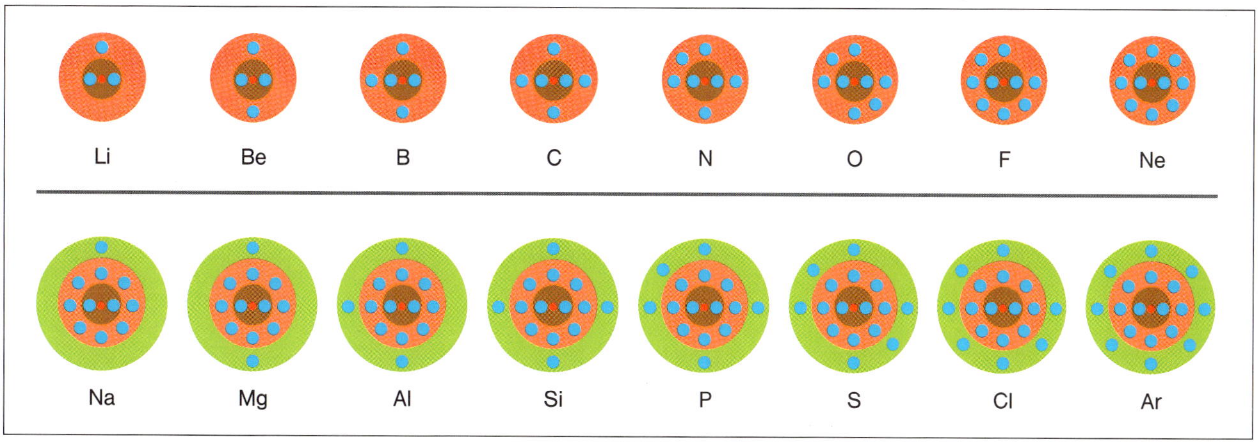

11.8 Atombau und Periodensystem

Unsere bisherigen Betrachtungen zeigen, dass offenbar ein Zusammenhang besteht zwischen der Stellung der Elemente im Periodensystem und dem Bau ihrer Atome. Entscheidend für diesen Zusammenhang ist der Aufbau der Atomhülle.

Periodensystem der Elemente und Atomarten. In ▷ B 1 entspricht die Anordnung der Atome der Anordnung der jeweiligen Elemente im Periodensystem. Wir erkennen, dass die Atome in einer Reihe jeweils die gleiche Anzahl von Schalen besitzen. Beim Übergang vom Edelgasatom zum Alkalimetallatom wird eine neue Schale aufgebaut. Die untereinander stehenden Atome unterscheiden sich in der Anzahl der Schalen, besitzen jedoch in der äußersten Schale die gleiche Anzahl von Elektronen. Nur das Heliumatom weicht davon ab.

Die in ▷ B 1 nicht aufgeführten Atome der Hauptgruppenelemente zeigen dasselbe Aufbauprinzip. So besitzt z. B. ein Bariumatom (Ba) (6. Periode, II. Hauptgruppe) sechs Schalen. Die äußerste Schale umfasst zwei Elektronen. Die Nummer der Periode, in der ein Element steht, und die Anzahl der Schalen seiner Atome stimmen überein. Die Nummer der Hauptgruppe entspricht der Elektronenanzahl auf der äußersten Schale.

Außenelektronen. Die Ähnlichkeit von Elementen derselben Hauptgruppe beruht auf einer Gemeinsamkeit im Aufbau ihrer Atome. Offensichtlich spielt dabei die Anzahl der Schalen keine entscheidende Rolle, da sich die Elemente einer Periode stark voneinander unterscheiden. Es fällt auf, dass z. B. bei allen Atomen der Alkalimetalle die äußerste Schale nur von *einem* Elektron gebildet wird. Auch bei den Atomen der übrigen Elementgruppen umfasst die äußerste Schale jeweils gleiche Elektronenanzahlen. Die Elektronen der äußersten Schale eines Atoms nennt man *Außenelektronen*. Sie bestimmen die charakteristischen Eigenschaften der Elemente einer Gruppe. Deshalb genügt es häufig, für ein Atom nur die Außenelektronen anzugeben. Sie können durch Punkte um das Zeichen für das Atom dargestellt werden (▷ B 2). Die Elektronen der inneren Schalen bilden zusammen mit dem Atomkern den **Atomrumpf**.

Besonders auffällig ist, dass die Atome der reaktionsfreudigen Halogene nur ein Außenelektron weniger besitzen als die Atome der Edelgase, von denen nur Krypton und Xenon in besonderen Fällen reagieren. Das Heliumatom weicht in der Anzahl der Außenelektronen von den übrigen Edelgasatomen ab. Es besitzt jedoch wie diese die größtmögliche Anzahl von Außenelektronen.

B 1 Schalenaufbau der Atome und Periodensystem der Atomarten. Man erkennt den Zusammenhang zwischen der Periode und der Anzahl der Schalen. Es sind nur die Elektronen der äußersten Schale eingezeichnet

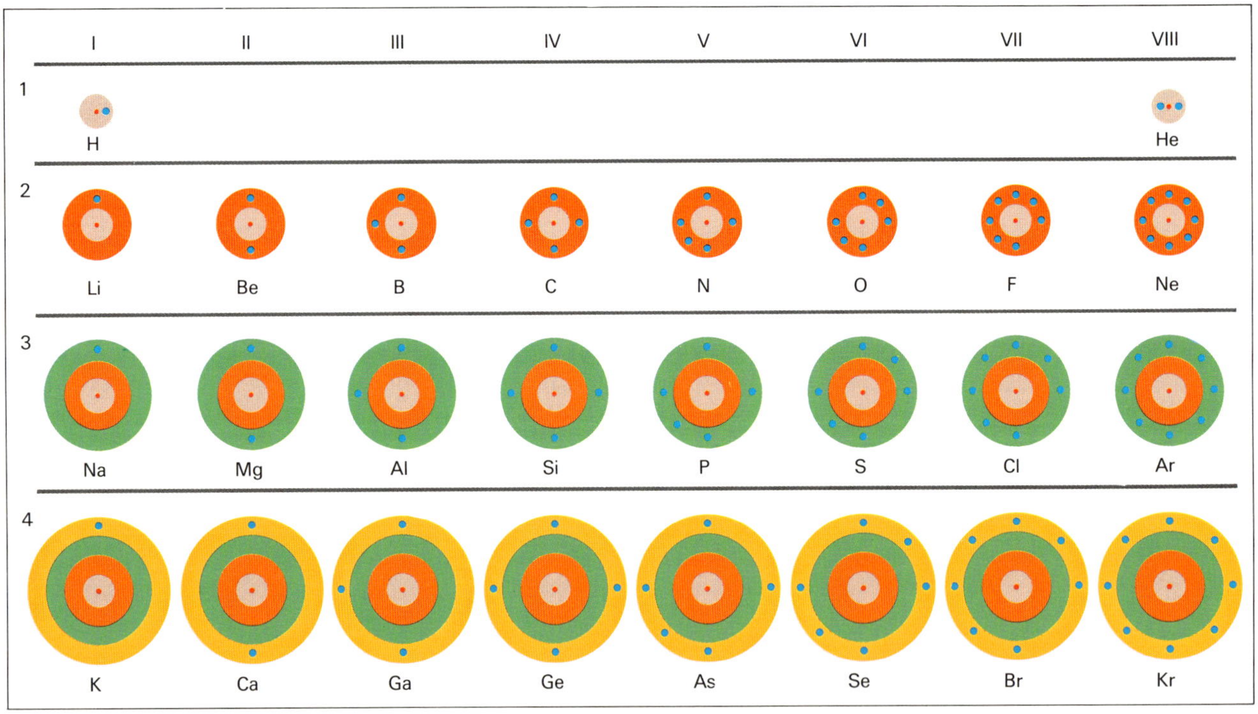

Trotz gleicher Anzahl der Außenelektronen des Wasserstoffatoms und der Alkalimetallatome wird der Wasserstoff nicht in die Elementgruppe der Alkalimetalle eingeordnet. Die Sonderstellung des Wasserstoffs erklärt man damit, dass das Elektron des Wasserstoffatoms durch die Nähe des Atomkerns wesentlich stärker angezogen wird als das Außenelektron eines Alkalimetallatoms. Dies bestätigt ein Vergleich der Ionisierungsenergie des Wasserstoffatoms mit den Ionisierungsenergien der Alkalimetallatome (↗ Kap. 11.6, ▷ B 3). Ferner ist das Wasserstoffatom das einzige Atom, von dem nach Abspaltung eines Elektrons nur noch der Atomkern übrigbleibt, der ja viel kleiner ist als das Atom selbst. Bei keinem anderen Atom bedeutet die Abspaltung eines Elektrons eine so einschneidende Größenänderung.

Vergleich der Größe verschiedener Atome. Betrachtet man verschiedene Atome mit gleicher Anzahl von Außenelektronen, so stellt man fest, dass ein Atom umso größer ist, je mehr Schalen es besitzt (↗ Kap. 11.9, ▷ B 1). Im Periodensystem der Atomarten nimmt in einer *Gruppe* die Größe der Atome in der Regel von oben nach unten zu.
Trotz gleicher Anzahl von Schalen nimmt die Größe der Atome in einer *Periode* von links nach rechts ab, was in ▷ B 1 nicht berücksichtigt ist. Dies ist auf die zunehmende Anziehung der Elektronenhülle durch die steigende Ladung des Kerns zurückzuführen. Erst beim Aufbau einer neuen Schale bei den Alkalimetallatomen erfolgt eine sprunghafte Vergrößerung.

Nebengruppenelemente. Im Periodensystem sind die Elemente nach steigender Kernladungszahl geordnet. Dies entspricht der Anordnung der Atome nach steigender Elektronenzahl. In dem in ↗ Kap. 11.1, ▷ B 8 dargestellten Periodensystem stellen wir jedoch fest, dass auf das Calciumatom (Ca) mit 20 Elektronen das Galliumatom (Ga) mit 31 Elektronen folgt. Weitere Lücken finden wir auch nach $_{38}$Sr und $_{56}$Ba. In diesem Periodensystem sind in der 4. und 5. Periode je 10 Atome nicht berücksichtigt. In der 6. Periode fehlen 24 Atome. Im Periodensystem im Anhang sind jeweils 10 dieser Atomsorten in den **Nebengruppen** aufgeführt. Bei diesen Atomen wird die zweitäußerste Schale durch zusätzliche Elektronen erweitert. Nur für die zweite Schale beträgt die maximal mögliche Elektronenanzahl 8. Sie wird bei den folgenden Schalen immer größer.

▷ B 3 zeigt die Verteilung der Elektronen für die Atome der *Hauptgruppenelemente* der 4. Periode und die Einordnung der Atome der entsprechenden *Nebengruppenelemente*. Eine Reihe von 10 Nebengruppenelementen folgt jeweils auf die Erdalkalimetalle Calcium und Strontium. Auf die Elemente Lanthan (6. Periode) und Actinium (7. Periode) folgen jeweils weitere 14 Elemente (↗ Periodensystem im Anhang).

Gruppen

Perioden	I	II	III	IV	V	VI	VII	VIII
1	H•							He:
2	Li•	Be	B	C	N	O	F	Ne
3	Na•	Mg	Al	Si	P	S	Cl	Ar
4	K•	Ca	Ga	Ge	As	Se	Br	Kr
5	Rb•	Sr	In	Sn	Sb	Te	I	Xe
6	Cs•	Ba	Tl	Pb	Bi	Po	At	Rn
7	Fr•	Ra						

B 2 Außenelektronen. Ihre Anzahl entspricht der Gruppennummer (mit Ausnahme des Heliumatoms)

A 1 Welche Gemeinsamkeiten besitzen die Atome a) derselben Hauptgruppe, b) derselben Periode?

A 2 Zeichne den Schalenaufbau eines Iodatoms mit seinen Außenelektronen.

A 3 Wodurch unterscheidet sich ein Heliumatom von den übrigen Edelgasatomen?

A 4 Wasserstoff gehört nicht zu den Alkalimetallen, steht aber wie diese in der ersten Hauptgruppe. Gib dafür eine Begründung.

A 5 Alle Elemente der Nebengruppen gehören zur Stoffgruppe der Metalle. Suche im Periodensystem im Anhang nach bekannten Metallen und nenne einige Beispiele für deren Verwendung.

B 3 Anzahl und Verteilung der Elektronen der Atome der 4. Periode

Gruppe		I	II		III	IV	V	VI	VII	VIII
Ordnungszahl		19	20	21 bis 30	31	32	33	34	35	36
Zeichen		K	Ca	weitere 10 Atome	Ga	Ge	As	Se	Br	Kr
1. Schale	Anzahl der Elektronen	2	2		2	2	2	2	2	2
2. Schale	Anzahl der Elektronen	8	8		8	8	8	8	8	8
3. Schale	Anzahl der Elektronen	8	8	weitere 10 Elektronen	18	18	18	18	18	18
4. Schale	Anzahl der Elektronen	1	2		3	4	5	6	7	8

11.9 Überprüfung und Vertiefung

1 Nenne Eigenschaften einiger Edelgase. Welche Verwendungsmöglichkeiten ergeben sich daraus?

2 Im System der Elemente von MENDELEJEW aus dem Jahre 1869 steht hinter der Atommasse des Telluratoms (Te) ein Fragezeichen. Nenne mögliche Gründe.

3 Das Edelgas Radon ist ein α-Strahler. Durch den Zerfall von Radonatomen, aus denen dadurch neue Atome entstehen, verringert sich die Masse einer Radonportion ständig. In ▷B2 ist diese Massenabnahme dargestellt. Welche Halbwertszeit lässt sich aus dem Diagramm entnehmen? Welcher Bruchteil der Ausgangsmasse liegt nach drei Halbwertszeiten noch vor?

4 Beim Zerfall des Radonatoms ^{220}Rn wird ein α-Teilchen ausgesandt. Bezeichne exakt den dabei zurückbleibenden Atomkern.

5 a) Beschreibe die Strahlenarten, die von einer radioaktiven Substanz ausgehen können.
b) Beschreibe zwei mögliche Vorgehensweisen, um die von einer radioaktiven Substanz ausgehende Strahlung zu identifizieren.
c) Aus welchen Elementarteilchen bestehen die Teilchen der α-Strahlen?

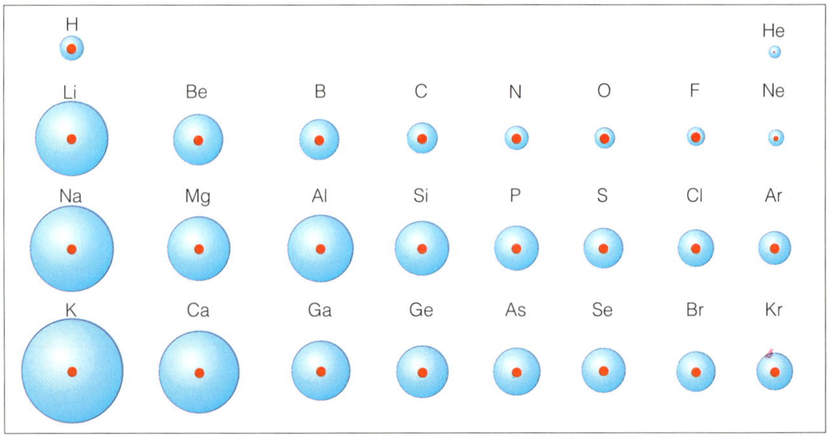

B 1 Durchmesser verschiedener Atome. Die Atome der Hauptgruppenelemente der ersten vier Perioden sind im richtigen Größenverhältnis gezeichnet. Zu Aufgabe 11

6 Das Element Chlor besteht aus zwei Atomsorten mit den Massen 35 u und 37 u. Die mittlere Atommasse beträgt 35,5 u. Berechne den Anteil der Teilchen der beiden Isotope im Element.

7 Vergleiche ▷B3 mit ↗Kap. 11.6, ▷B3.
Welche Unterschiede bestehen? Gib dafür eine Erklärung.

8 Das Calciumatom hat die Kernladungszahl 20. Gib die Verteilung der Elektronen auf die verschiedenen Energiestufen an.

9 Die Atome $_{29}Cu$, $_{47}Ag$ und $_{79}Au$ stehen in derselben Nebengruppe.
a) Welche Gemeinsamkeiten haben die Hüllen dieser Atome? Gib dazu die Anzahl der Elektronen in den Schalen an.
b) Worin unterscheiden sich diese Atome?

10 Ab welchem Atom ist die 3. Schale vollständig besetzt?

11 Erkläre die Veränderung der Atomdurchmesser innerhalb einer Gruppe (▷B1) und innerhalb einer Periode.

B 2 Zu Aufgabe 3

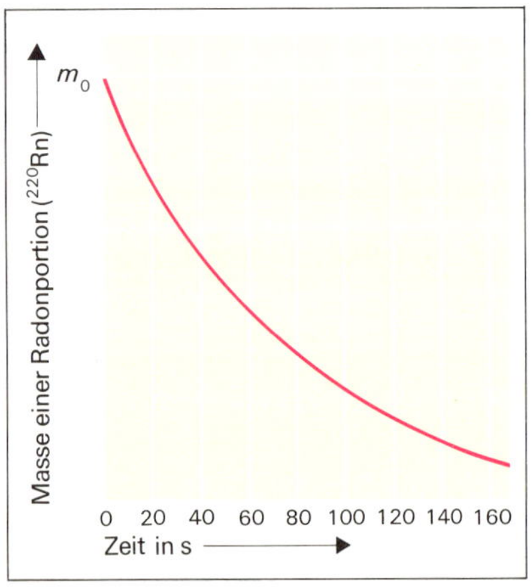

B 3 Ionisierungsenergien für die Abspaltung eines zweiten Elektrons. Zu Aufgabe 7

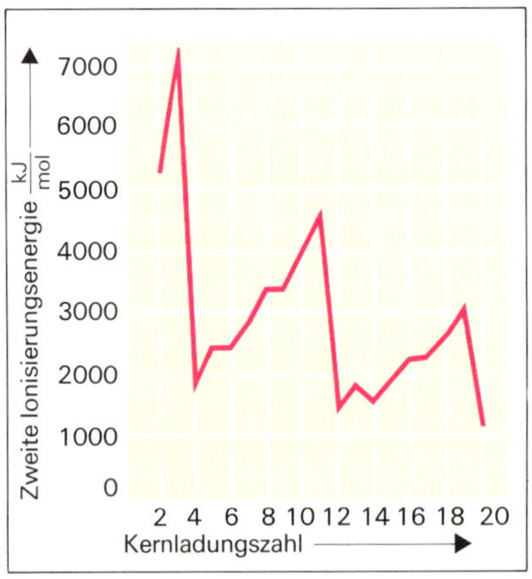

Wichtige Begriffe
Edelgase
Periodensystem
Ordnungszahl
Hauptgruppen
Nebengruppen
Perioden
Radioaktivität
Elementarteilchen
Proton, Elektron
Neutron
Rutherford-Experiment
Kern-Hülle-Modell
Isotope
Schalenmodell
Außenelektronen

Elektronenübergänge und Ionenbindung

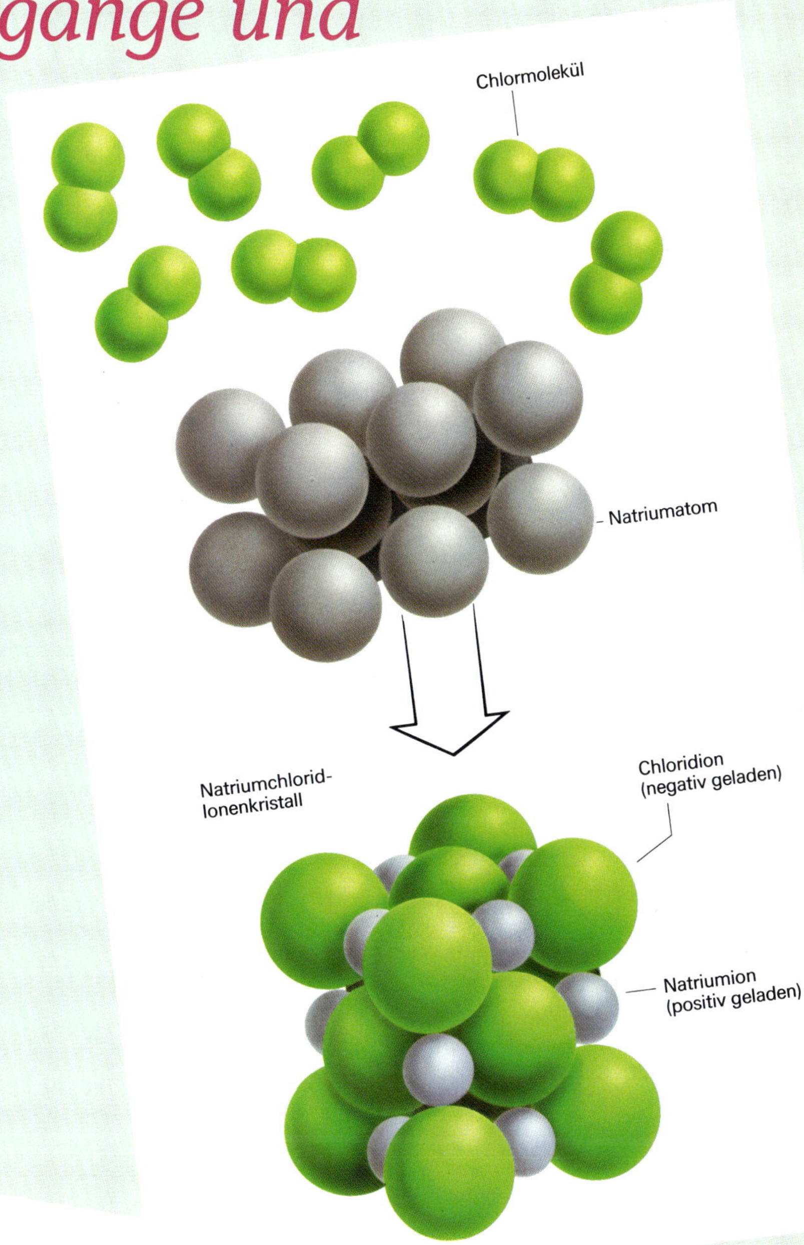

Bei der Behandlung des Atombaus haben wir einzelne, voneinander getrennte Atome betrachtet. Isolierte Atome kommen bei Zimmertemperatur jedoch nur selten, z. B. bei den Edelgasen vor. Bei den meisten Elementen sind Atome miteinander verbunden und dadurch in der Elektronenhülle verändert. Auch bei der Entstehung von Verbindungen verändern sich die Elektronenhüllen der Atome.

Wir werden uns zunächst mit der Salzbildung aus den Elementen befassen. Dabei werden wir erfahren, wie durch die Abgabe und Aufnahme von Elektronen entgegengesetzt geladene Teilchen, die Ionen, entstehen. Aus der Anordnung der Ionen und den Kräften, die zwischen ihnen wirken, lassen sich wichtige Eigenschaften der Salze verstehen.

Auch bei der Gewinnung von Metallen und der Herstellung von Metallüberzügen aus Salzschmelzen und Salzlösungen mit Hilfe des elektrischen Stroms finden Elektronenübergänge statt. Viele Metalle können überhaupt nur so in großtechnischem Maßstab wirtschaftlich gewonnen werden. Elektronenübergänge laufen auch bei der Gewinnung elektrischer Energie durch chemische Reaktionen, z. B. in Batterien, ab.

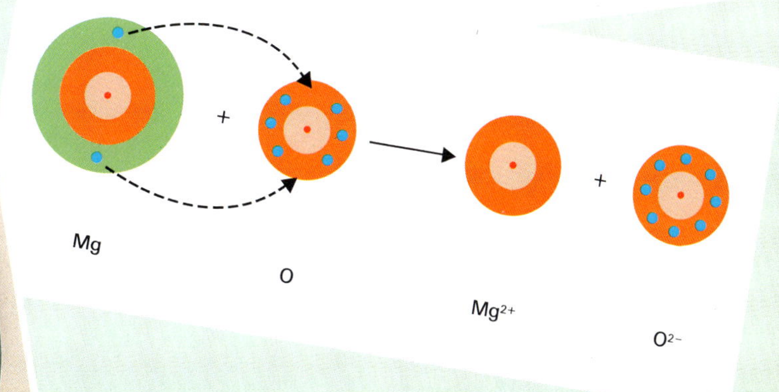

12.1 Ionen in Lösungen und Schmelzen von Salzen

V 1 a) Drücke zwei Elektroden auf einen Kochsalzkristall. Prüfe die elektrische Leitfähigkeit des Feststoffes.
b) Löse in je einem Reagenzglas etwas Natriumchlorid, Kaliumiodid, Zinkchlorid und Zucker in dest. Wasser. Gib in ein weiteres Reagenzglas dest. Wasser. Prüfe nacheinander, beginnend mit dem Wasser, die elektrische Leitfähigkeit der Flüssigkeiten. Der Leitfähigkeitsprüfer muss nach jedem Versuch abgespült werden. Den Versuchsaufbau zeigt ▷ B 1. Schildere deine Beobachtungen.

V 2 Versuchsaufbau wie in ▷ B 2. Fülle in ein U-Rohr eine Zinkiodidlösung. Verschließe die beiden Schenkel mit je einem Stopfen, in dem eine Graphitelektrode steckt. Verbinde die Elektroden mit den Polen einer Gleichspannungsquelle und schalte eine Glühlampe (0,1 A) in den Stromkreis. Erhöhe langsam die Spannung, bis das Lämpchen leuchtet. Schalte nach einigen Minuten den Strom ab. Schildere und deute die Beobachtungen.

V 3 In einem großen Reagenzglas wird Bleichlorid (dem etwas Kaliumchlorid zugesetzt ist) geschmolzen. In die Schmelze taucht man zwei Graphitelektroden. Die Kathode steckt in einem Glasrohr und taucht tiefer ein. (Die Zuleitungen müssen vor der Hitze geschützt werden.) Man elektrolysiert die Schmelze mit ca. 4 Ampere 5 bis 10 Minuten. (Abzug!)

A 1 Woran erkennt man, dass es sich bei der Elektrolyse einer Zinkiodidlösung um eine chemische Reaktion handelt?

A 2 Welcher Stoff entsteht bei der Elektrolyse einer Zinkchloridschmelze an der positiv geladenen Elektrode?

Metalle unterscheiden sich von Nichtmetallen mit Ausnahme des Graphits dadurch, dass die Metalle im festen Zustand den elektrischen Strom gut leiten. Dabei bewegen sich Elektronen im Metall. Wie aber verhalten sich Salze, die Verbindungen aus Metallen und Nichtmetallen, bei Leitfähigkeitsuntersuchungen?

Leiten Salze den elektrischen Strom? Drückt man zwei mit einer Spannungsquelle verbundene Stäbe aus einem Metall oder Graphit, zwei Elektroden, an ein festes Stück Salz (▷ V 1a), kann man keine elektrische Leitfähigkeit feststellen. Taucht man dagegen die Elektroden in eine Salzlösung (▷ V 1b), erkennt man, dass sie den elektrischen Strom leitet. Dies bedeutet, dass sich in der Lösung geladene Teilchen bewegen müssen. Im Folgenden wollen wir untersuchen, um welche Teilchen es sich dabei handelt.

Elektrolyse einer Salzlösung. Bei der Prüfung der elektrischen Leitfähigkeit kann man häufig an den Elektroden die Bildung von Gasbläschen und Schlieren beobachten. Um die stoffliche Veränderung an den Elektroden besser untersuchen zu können, taucht man zwei Graphitstäbe als Elektroden z. B. in eine Zinkiodidlösung (▷ V 2). Wird eine Gleichspannung angelegt, fließt ein elektrischer Strom. An einer Elektrode bildet sich Zink, an der anderen Iod (▷ B 2). Mit Hilfe des elektrischen Stroms entstehen aus einer wässrigen Zinkiodidlösung also Zink und Iod.

Eine chemische Reaktion, die durch den elektrischen Strom bewirkt wird, nennt man Elektrolyse.

In der Zinkiodidlösung liegen geladene Teilchen vor. Bei der Elektrolyse dieser Lösung entsteht das Zink an der

B 1 Prüfung der elektrischen Leitfähigkeit verschiedener Lösungen

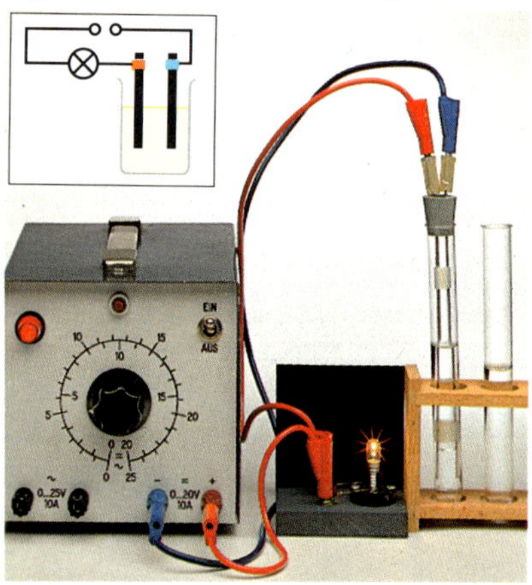

B 2 Elektrolyse einer wässrigen Lösung von Zinkiodid

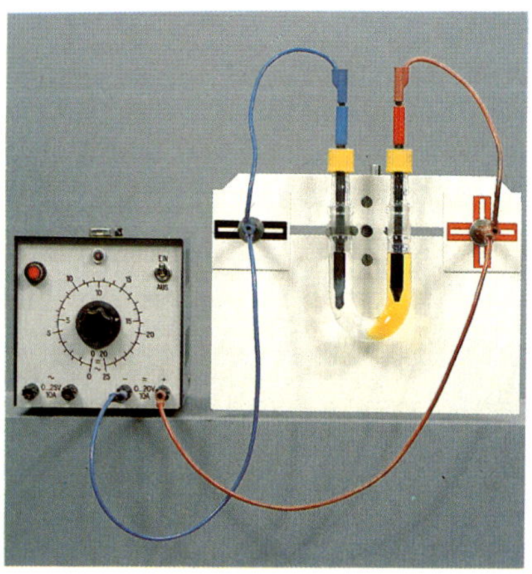

B 3 Schmelzflusselektrolyse von Bleichlorid

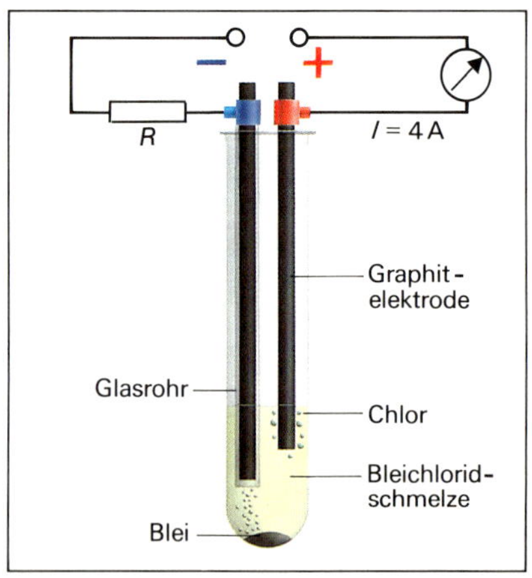

Elektrode, die mit dem Minuspol der Spannungsquelle verbunden und deshalb negativ geladen ist. Da sich entgegengesetzt geladene Körper anziehen, müssen von ihm positiv geladene Zinkteilchen aus der Lösung angezogen werden und zu ihr wandern. Zu der positiv geladenen Elektrode wandern die negativ geladenen Iodidteilchen (▷B4). Solche positiv und negativ geladenen Teilchen werden **Ionen** (von griech. ion, das Wandernde) genannt, z. B. Zink- und Iodidionen.

Ionen sind Atome (oder auch Moleküle), die elektrisch positiv oder negativ geladen sind.

Nicht nur in einer Zinkiodidlösung, sondern auch in wässrigen Lösungen von anderen Metallhalogeniden liegen *positiv geladene Metallionen* und *negativ geladene Halogenidionen* vor. Die entgegengesetzt geladenen Ionen lagern sich in der Lösung nicht zusammen, weil sie von Wassermolekülen umgeben und dadurch voneinander getrennt sind.

Elektrolyse einer Salzschmelze. Nicht nur wässrige Salzlösungen enthalten Ionen, auch die *festen Salze* selbst sind aus *Ionen* aufgebaut. Allerdings leiten die festen Salze den elektrischen Strom nicht, weil in ihnen die Ionen nicht beweglich sind. Erst durch das Schmelzen des Salzes werden die Ionen des Feststoffs beweglich, und dadurch leitet die Schmelze den elektrischen Strom. So erhält man z. B. bei der Schmelzflusselektrolyse von Bleichlorid (▷V3) Chlorgas und eine Kugel aus metallischem Blei (▷B3).

Sichtbare Ionenwanderung. Bei der Elektrolyse bewegen sich die Ionen zu den Elektroden. Man bezeichnet diesen Vorgang auch als *Ionenwanderung*. Die blaue Farbe von Lösungen einiger Kupferverbindungen beruht auf dem Vorliegen von Kupferionen. Die gelbe Farbe einer Kaliumchromatlösung wird durch die negativ geladenen Chromationen verursacht. Eine Lösung, die Kupfer- und Chromationen enthält, zeigt die Mischfarbe Grün. Legt man eine Gleichspannung an (▷V4 und ▷V5), wird die Ionenwanderung durch Farbzonen sichtbar, die sich auf die Elektroden zubewegen (▷B5).

Ionenverbindungen. Metallhalogenide bauen sich aus positiv geladenen Metallionen und negativ geladenen Halogenidionen auf. Wie die Metallhalogenide sind auch viele andere *Metall-Nichtmetall-Verbindungen* (z. B. Kupfersulfid) aus *Ionen* aufgebaut. Diese *Ionenverbindungen* bezeichnet man wie die Halogenide als **Salze**.

Salze sind aus positiv und negativ geladenen Ionen aufgebaut.

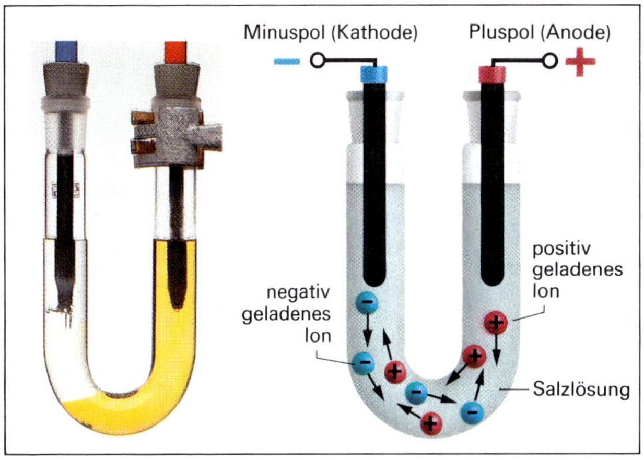

B4 Elektrolyse. Positiv geladene Ionen wandern zur negativ geladenen, negativ geladene Ionen zur positiv geladenen Elektrode

V 4 Man stellt eine Lösung von Kupfersulfat, der Ammoniak zugesetzt wurde, und eine Kaliumchromatlösung her (Schutzhandschuhe). Die vereinigten Lösungen werden in den mittleren Schenkel eines Doppel-U-Rohres gefüllt. Seine Schenkel sind durch poröse Wände voneinander getrennt. Die äußeren Schenkel enthalten Kaliumnitratlösung und jeweils eine Platinelektrode. An die Elektroden wird eine Gleichspannung von 40 Volt angelegt (Vorsicht!).

V 5 Man gibt einen Tropfen einer Lösung, die Kupfer- und Chromationen enthält, auf die Mitte eines Filtrierpapierstreifens, der zuvor mit Kaliumnitratlösung getränkt wurde. Man legt wie in ▷B5 rechts gezeigt eine Gleichspannung von 20 Volt an (Vorsicht!).

B5 Ionenwanderung. Kupferionen wandern zur Kathode, Chromationen zur Anode

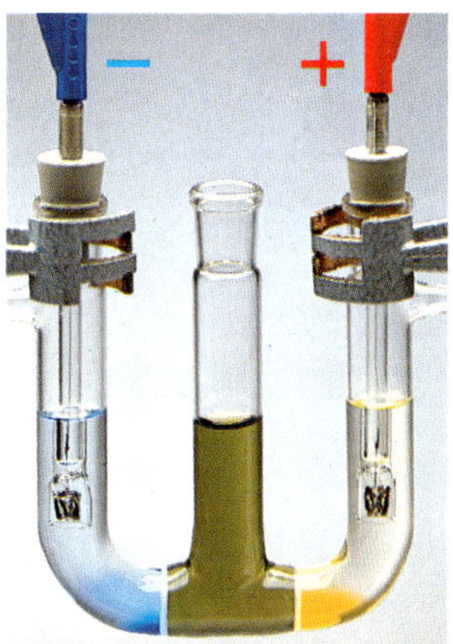

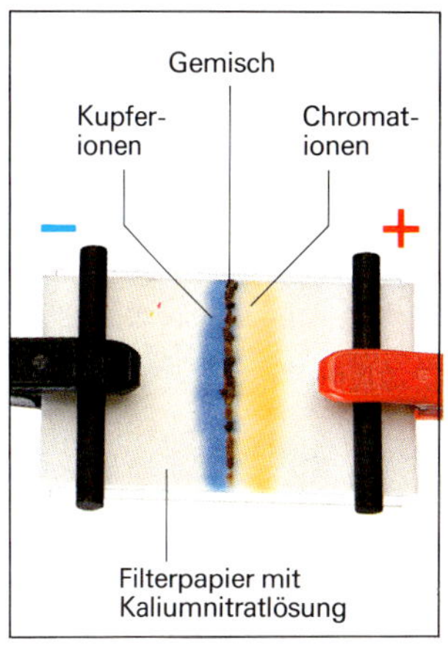

12.2 Ionenbildung und Ionengitter

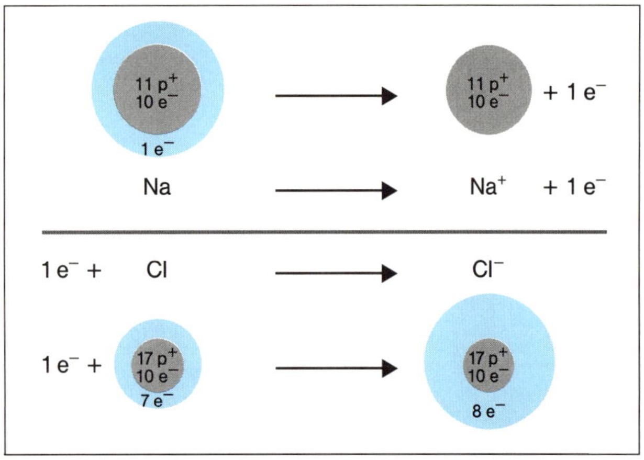

B 1 Ionen entstehen durch Abgabe oder Aufnahme von Elektronen

V 1 In einen mit Chlor gefüllten Standzylinder wird ein frisch entkrustetes, kleines Natriumstück gegeben. Der Standzylinder verbleibt verschlossen ein bis zwei Tage unter dem Abzug. Man löst den entstandenen spröden Stoff in Wasser (Achtung! Natriumreste können mit Wasser reagieren! Schutzbrille!) und lässt die Lösung einige Tage an einem ruhigen Ort stehen. Betrachte die entstandenen Kristalle unter der Lupe.

A 1 Vergleiche die Protonen-, Neutronen- und Elektronenanzahlen eines Natriumatoms mit denen eines Natriumions. Wodurch unterscheidet sich das Ion von dem Atom?
Führe diesen Vergleich auch für ein Chloratom und ein Chloridion durch.

B 2 Elektronenverteilung in der Hülle von Atomen, zugehörigen Ionen und entsprechenden Edelgasatomen

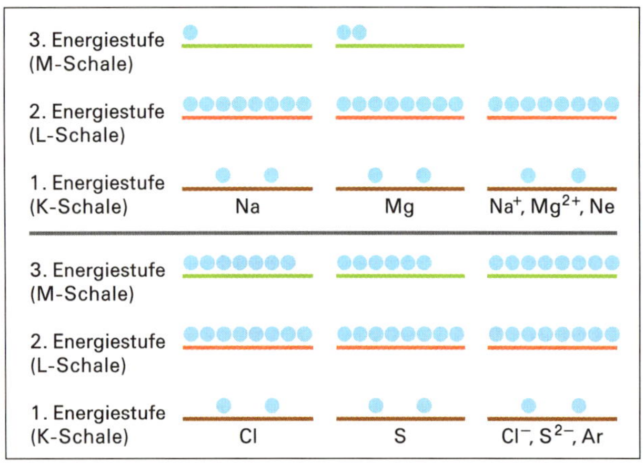

Salzschmelzen und Salzlösungen leiten den elektrischen Strom. Diese Leitfähigkeit beruht auf dem Vorhandensein beweglicher Ionen. Auch im festen Zustand bestehen Salze aus Ionen. An der Bildung von Natriumchlorid aus den Elementen (▷ V 1) lässt sich die Ionenbildung mit dem Schalenmodell gut erklären.

Bildung von Ionen. Die Natriumionen entstehen dadurch, dass Natriumatome jeweils ihr *Außenelektron* abgeben. Somit wird die positive Ladung des Kerns durch die Ladung der Elektronen der Hülle nicht mehr ausgeglichen. Das *Natriumion* wirkt nach außen wie ein *einfach positiv geladenes Teilchen* (▷ B 1). Das Zeichen für dieses Ion ist Na^+. Ein *Chloridion* ist *einfach negativ geladen*, Symbol Cl^-. Es entsteht aus einem Chloratom dadurch, dass dieses ein *Elektron* in seine *äußere Schale* aufnimmt.

Nicht nur Natrium und Chlor, auch viele andere *Metalle* und *Nichtmetalle* bilden *Ionenverbindungen*. Dabei geben die Metallatome die Elektronen ab, die von den Nichtmetallatomen aufgenommen werden.

Metallatome geben bei der Salzbildung Elektronen ab, dabei entstehen positiv geladene Ionen. Nichtmetallatome nehmen Elektronen auf, sie bilden negativ geladene Ionen.

Ionenladung und Edelgasschale. Bei der Reaktion eines Alkalimetalls mit einem Halogen entstehen immer einfach positiv geladene Metallionen und einfach negativ geladene Halogenidionen. Ein Natriumatom gibt sein einzelnes Außenelektron ab. Danach weist das so entstandene *Natriumion die gleiche Elektronenanzahl und -verteilung* auf wie ein Atom des im Periodensystem vor ihm stehenden *Edelgases Neon*. Ein *Chloratom* erhält durch die *Aufnahme eines Elektrons* die *Elektronenhülle* eines Atoms des *Edelgases Argon*.
Reagieren Erdalkalimetalle zu Ionenverbindungen, entstehen aus den Metallatomen durch Abgabe der beiden Außenelektronen zweifach positiv geladene Ionen. Diese haben wieder jeweils die Elektronenhülle eines Edelgasatoms (▷ B 2).
Außer den Halogenen reagieren auch Sauerstoff und Schwefel mit Metallen zu Ionenverbindungen. Die Nichtmetallatome nehmen dabei jeweils zwei Elektronen auf. Die zweifach negativ geladenen Ionen besitzen auch hier die Elektronenhülle eines Edelgasatoms.

Bilden sich also aus Atomen durch Abgabe oder Aufnahme von Elektronen Ionen, so weisen die Ionen meist die gleiche Elektronenanzahl und -verteilung auf den Schalen wie ein Edelgasatom auf. Diesen Zusammenhang bezeichnet man deshalb als **Edelgasregel**.

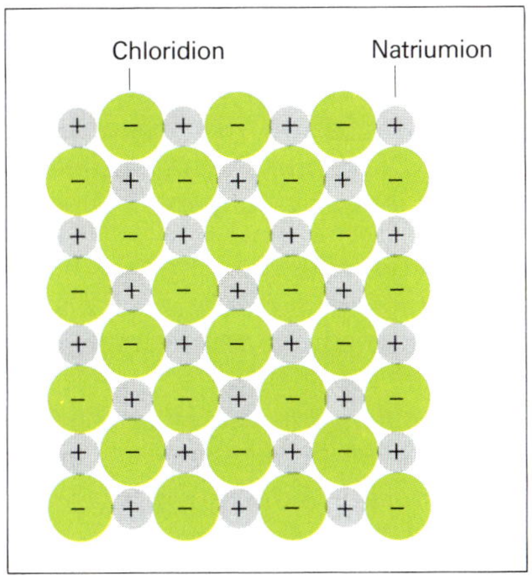

B 3 Schnitt durch den Ionenverband aus Natrium- und Chloridionen

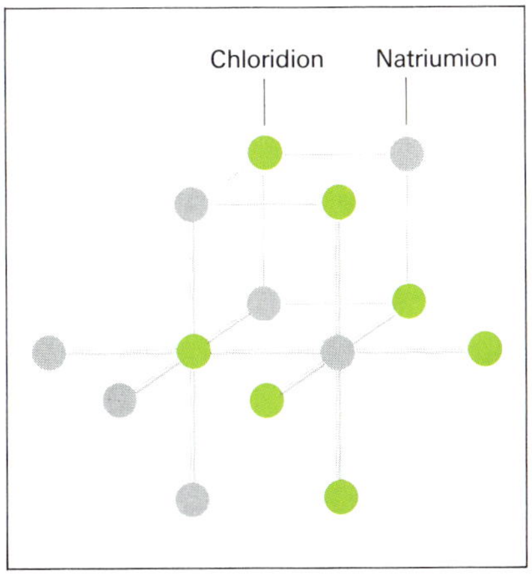

B 4 Räumliche Anordnung der Natrium- und Chloridionen im Ionenverband

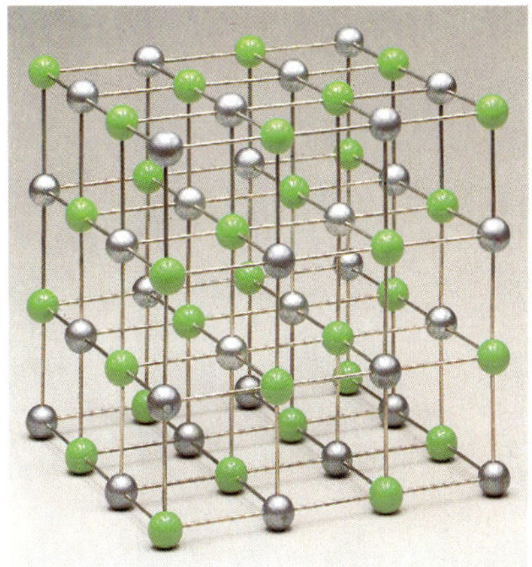

B 5 Gittermodell des Ionengitters von Natriumchlorid

Das Natriumchloridgitter. Ein Natriumion und ein Chloridion ziehen sich gegenseitig an. Da Ladungen nach allen Richtungen im Raum wirken, können von einem positiv geladenen Natriumion mehrere benachbarte negativ geladene Chloridionen angezogen werden. Ebenso kann ein Chloridion mehrere benachbarte Natriumionen anziehen. Ionen mit gleichnamiger Ladung stoßen sich dagegen ab. Die Bindung, die auf der Anziehung entgegengesetzt geladener Ionen beruht, bezeichnet man als **Ionenbindung**.

Bei der Reaktion von Natrium mit Chlor entsteht eine riesige Anzahl von Natriumionen und Chloridionen. Diese gruppieren sich so, dass sich eine *größtmögliche Anziehung* und *geringstmögliche Abstoßung* ergibt. Es bildet sich ein *Ionenverband*, in dem die Ionen regelmäßig angeordnet sind. ▷ B 3 zeigt einen Schnitt durch einen Ionenverband aus Natrium- und Chloridionen. In ▷ B 4 ist die räumliche Anordnung dieser Ionen zu erkennen. Ein Natriumion ist von sechs Chloridionen umgeben, um jedes Chloridion ordnen sich sechs Natriumionen. Jedes Ion hat also sechs nächste Nachbarn. Insgesamt ist die *Anzahl* der *Natriumionen* in einem großen *Ionenverband gleich* der *Anzahl* der *Chloridionen*, die *Verhältnisformel* ist NaCl.

Die regelmäßige Anordnung der Ionen in einem Ionenverband nennt man **Ionengitter**. In ▷ B 5 ist ein Ausschnitt aus dem Ionengitter des Natriumchlorids dargestellt. Dieses Gittermodell lässt erkennen, dass die Ionen an den Ecken von Würfeln sitzen, die durch die Verbindungslinien zwischen den Mittelpunkten der Ionen gebildet werden.
Berücksichtigt man, dass die Natriumionen nur etwa den halben Durchmesser der Chloridionen haben, und beachtet man außerdem die tatsächlichen Abstände zwischen den Ionen, so ergibt sich das Modell in ▷ B 6. Auch hier ergeben sich Begrenzungsflächen, die miteinander rechte Winkel bilden, wie wir sie auch bei Natriumchloridkristallen erkennen (▷ B 7).

Es gibt eine ganze Reihe von Ionenverbindungen, bei denen die Ionen so angeordnet sind wie die Natrium- und Chloridionen im festen Natriumchlorid. Dazu gehören viele Halogenide, z. B. Lithiumchlorid, Kaliumchlorid, Kaliumbromid. Man sagt, diese Ionenverbindungen haben eine *Natriumchloridstruktur*.

B 6 Raumerfüllung im Natriumchloridgitter

B 7 Natriumchloridkristalle

12.3 Aufbau und Eigenschaften von Ionenverbindungen

B 1 Spalten eines Kochsalzkristalls. Gleichartig geladene Ionen stoßen sich beim Vorbeigleiten ab

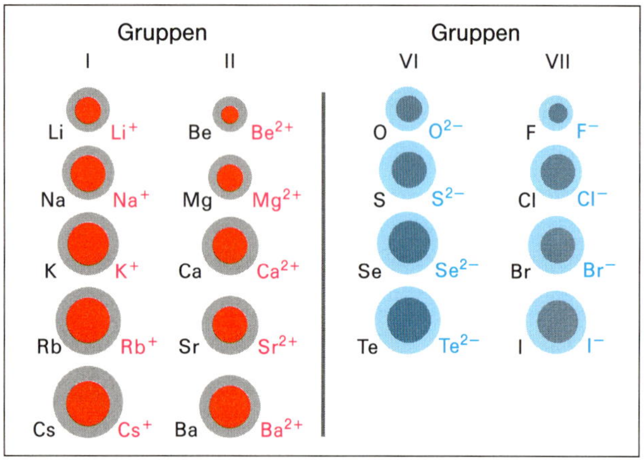

B 2 Vergleich der Radien von Atomen und Ionen der Elemente der 1., 2., 6. und 7. Hauptgruppe

B 3 Schmelztemperaturen einiger Salze mit Natriumchloridstruktur (in °C)

LiF 870				
NaF 992	NaCl 800	NaBr 747	NaI 650	MgO 2800
	KCl 770	KBr 730	KI 686	CaO 2570
			RbI 647	SrO 2430
				BaO 1920

Ionenverbindungen (Salze) haben einige charakteristische Eigenschaften. Salzschmelzen und Salzlösungen leiten den elektrischen Strom. Salzkristalle sind hart und spröde. Zum Schmelzen von Salzen sind meist hohe Temperaturen erforderlich. Diese Eigenschaften lassen sich mit dem Aufbau der Ionenverbindungen erklären.

Eigenschaften von Ionenverbindungen. Kochsalzkristalle lassen sich nicht verformen, sondern zerspringen in viele kleine Kristalle, wenn man mit dem Hammer auf sie schlägt. Diese *Sprödigkeit* resultiert daraus, dass bei der *Verschiebung* der *Schichten* um den Durchmesser eines Ions *gleichgeladene Ionen* nebeneinander liegen. Die *Abstoßungskräfte* überwiegen, die Schichten stoßen sich ab, der Kristall spaltet sich (▷ B 1).

Die *hohen Schmelztemperaturen* der *Ionenverbindungen* (▷ B 3) lassen erkennen, dass *zwischen* den *Ionen* im Ionengitter *starke Anziehungskräfte* wirken. Bei Temperaturerhöhung, also bei Energiezufuhr, schwingen die Ionen immer stärker um ihre Gitterplätze. Erst bei hohen Temperaturen können die Ionen diese Plätze verlassen, das Gitter bricht zusammen, das Salz schmilzt. Die Schmelze enthält als Ladungsträger bewegliche Ionen. Auch beim Lösen eines Salzes in Wasser verlassen die Ionen ihre Gitterplätze. Die frei beweglichen Ionen sind von Wassermolekülen umhüllt.

In der Reihe Kaliumchlorid, Kaliumbromid und Kaliumiodid nehmen die Schmelztemperaturen ab (▷ B 3). Dies gilt auch für die entsprechenden Natriumhalogenide.

Diese Regelmäßigkeit in der Abstufung der Schmelztemperaturen kann man erklären, wenn man die Anziehungskräfte zwischen den Ionen verschiedener Größe vergleicht. Die Anziehungskräfte sind umso größer,

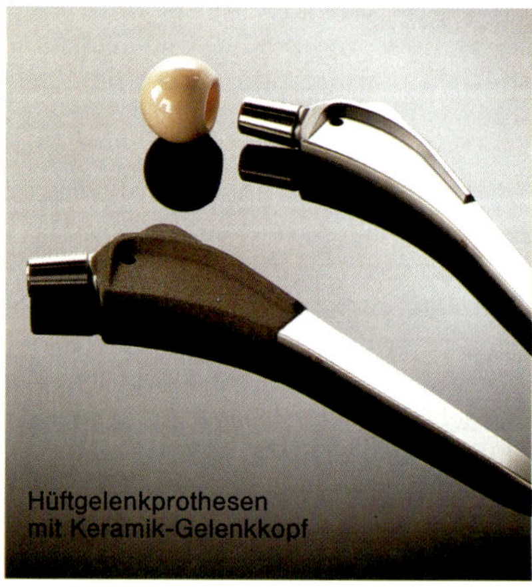

Hüftgelenkprothesen mit Keramik-Gelenkkopf

Aluminiumoxid ist eine Ionenverbindung, die sehr vielseitig verwendet wird. Als weißes, oberflächenreiches Pulver ist es ein ausgezeichnetes Anlagerungsmittel (Adsorbens) z. B. für Farbstoffe in der Chromatografie. Beim Erhitzen auf 1100 °C und darüber verbackt das Pulver und bildet eine Aluminiumoxidkeramik von hoher Verschleißfestigkeit und Temperaturbeständigkeit, die zur Auskleidung von Industrieöfen, als Trägermaterial für Katalysatoren, in Werkzeugen zur Feinschleiferei und in Maschinenteilen der Textil- und Drahtindustrie Verwendung findet.
Auch Hüftgelenkprothesen und Zahnimplantate werden aus Aluminiumoxidkeramik hergestellt. Beim „Einpflanzen" überziehen sich die Implantate mit einer Eiweißschicht, die körpereigene Abwehr stößt die Implantate deshalb nicht ab. Aluminiumoxid ist also auch im höchsten Maße körperverträglich.

je geringer der Abstand zwischen den Mittelpunkten der Ionen ist. Auch Abstoßungskräfte zwischen gleichnamig geladenen Ionen beeinflussen die Schmelztemperatur, besonders wenn große negativ geladene Ionen durch kleine positiv geladene Ionen getrennt sind. Dieser Einfluss zeigt sich beim Vergleich der Schmelztemperaturen von Natrium- und Kaliumiodid. Die Schmelztemperaturen der Erdalkalimetalloxide unterscheiden sich stark von denen der Alkalimetallhalogenide. Die sehr hohen Schmelztemperaturen der Erdalkalimetalloxide lassen sich auf die großen Anziehungskräfte zurückführen, die zwischen den jeweils zweifach geladenen Ionen wirken.

Die Anziehungskräfte zwischen Ionen sind umso größer, je höher deren Ladung und je geringer der Abstand zwischen ihren Mittelpunkten ist.

Ionenladung und Formeln von Ionenverbindungen. Die Ladung der positiv und die der negativ geladenen Ionen bestimmen gemeinsam das Anzahlverhältnis der Ionen im Gitter. Die *Anzahl der positiven Ladungen* muss mit der *Anzahl der negativen Ladungen* übereinstimmen. Bei gleicher Ladungszahl der positiv und negativ geladenen Ionen ergeben sich Verhältnisformeln wie: NaCl, LiBr, MgO, CaS. Bei der Kombination von einfach und zweifach geladenen Ionen erhält man z. B. folgende Verhältnisformeln: Li_2O, $MgCl_2$, Na_2S.

Gitterbildung und Energie. Geschmolzenes Natrium reagiert heftig mit Chlor unter Abgabe von Licht und Wärme. Was ist die Ursache dafür, dass diese Reaktion exotherm verläuft?
Um Natriumatome aus einem Atomverband zu isolieren, ist Energie erforderlich, ebenso zur Spaltung von Chlormolekülen in Chloratome. Zur Bildung von Natriumionen muss Energie zugeführt werden, während bei der Bildung von Chloridionen Energie frei wird. Für die Bildung von Natriumionen und Chloridionen aus den Elementen muss insgesamt ein hoher Energiebetrag aufgebracht werden. Bei der Bildung des Ionengitters aus den einzelnen Ionen wird aber sehr viel Energie, die **Gitterenergie**, frei. Diese Energie ist die Ursache dafür, dass die Reaktion von Natrium und Chlor insgesamt exotherm verläuft (▷ B 4).

A 1 a) Gib eine Erklärung dafür, dass ein Salzkristall spröde ist. b) Warum bilden die möglichen Spaltebenen bei Natriumchlorid Winkel von 90°?

A 2 Vergleiche die Radien der Atome und Ionen in ▷ B 2. Welche Aussagen lassen sich machen?

A 3 Warum weist Natriumchlorid eine höhere Schmelztemperatur als Natriumiodid auf?

A 4 Für das Aufstellen der Verhältnisformel einer Ionenverbindung kann a) das Aufschreiben der Zeichen für die Ionen und b) das anschließende Ausgleichen der Ladungen eine Hilfe darstellen. Z. B. Verhältnisformel von Natriumsulfid (c):

a) Na^+, S^{2-} b) $\begin{matrix} Na^+ \\ Na^+ \end{matrix} S^{2-}$ c) Na_2S

Stelle die Verhältnisformeln auf für: Lithiumiodid, Natriumoxid, Aluminiumoxid.

A 5 Erkläre, warum die Bildung von Natriumchlorid aus den Elementen eine exotherme Reaktion ist, obwohl für die Bildung der Ionen ein hoher Energiebetrag aufgebracht werden muss.

B 4 Bildung des Natriumchloridgitters. Die Reaktion eines Verbands aus Natriumatomen mit Chlormolekülen lässt sich in gedachte Teilschritte zerlegen

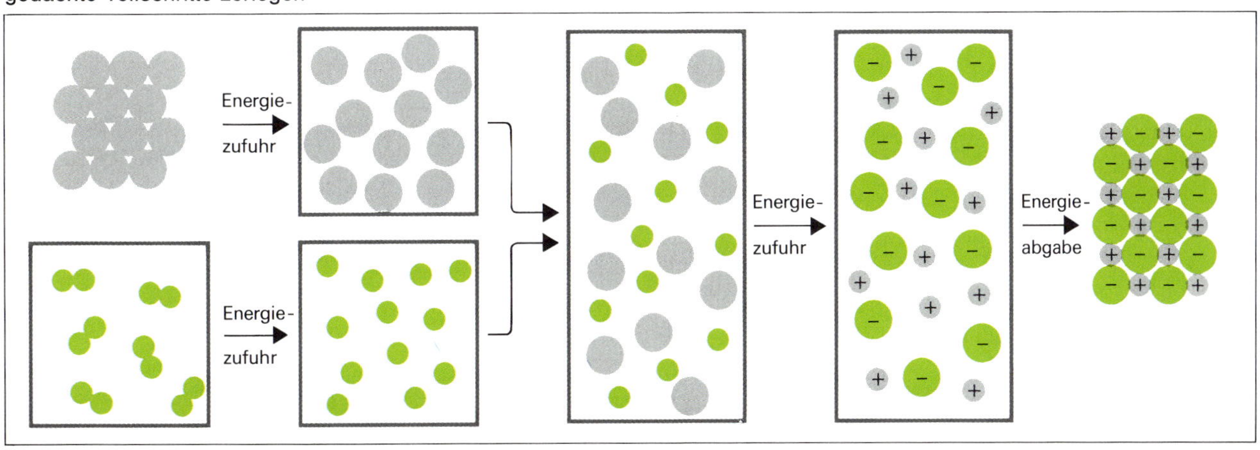

B 1 Magnesium reagiert an der Luft mit Sauerstoff

B 2 Magnesium reagiert mit Chlor

V 1 Man entzündet ein Stück Magnesiumband und taucht es in einen Standzylinder mit Chlor, dessen Boden mit Sand bedeckt ist (Abzug!).

A 1 a) Kupfer reagiert mit Schwefel zu Kupfersulfid (Verhältnisformel: Cu_2S). Kennzeichne wie in ▷ B 3 die Elektronenübergänge.
b) Calcium reagiert mit Brom zu Calciumbromid. Kennzeichne wie in ▷ B 3 die Elektronenübergänge.

A 2 Rotes Eisenoxid (Verhältnisformel: Fe_2O_3) reagiert mit Aluminium in einer stark exothermen Reaktion. Stelle die Reaktionsgleichung auf und kennzeichne die Elektronenabgabe und Elektronenaufnahme.

B 3 Elektronenübergänge von Metallatomen zu Nichtmetallatomen führen zur Bildung von Ionen

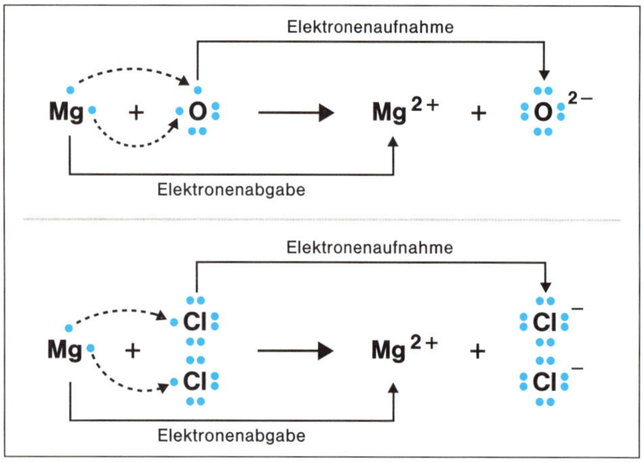

Hält man ein brennendes Magnesiumband in Sauerstoff (▷ B 1) oder in Chlor (▷ V 1, ▷ B 2), so bildet sich in beiden Fällen unter Aufleuchten ein spröder Feststoff, der zum Teil als Rauch entweicht. Die *Ähnlichkeit beider Reaktionen* lässt sich verstehen, wenn man die *Vorgänge auf der Teilchenebene* betrachtet.

Elektronenabgabe und Elektronenaufnahme. Bei der Verbrennung von Magnesium entsteht Magnesiumoxid. Dieses ist eine Ionenverbindung. Jedes Magnesiumatom gibt bei dieser Reaktion die beiden Elektronen der äußeren Schale ab, es bilden sich zweifach positiv geladene Magnesiumionen. Auch bei der Bildung von Magnesiumchlorid entstehen aus (neutralen) Magnesiumatomen durch Elektronenabgabe Magnesiumionen.
Die von den Magnesiumatomen abgegebenen Elektronen werden von den Nichtmetallatomen der Reaktionspartner aufgenommen. Im ersten Fall nimmt ein Sauerstoffatom jeweils zwei Elektronen in seine äußere Schale auf, es entsteht ein doppelt negativ geladenes Oxidion. Da bei der Chloridbildung ein Chloratom nur ein Elektron in seine äußere Schale aufnimmt, müssen die beiden vom Magnesiumatom abgegebenen Elektronen auf zwei Chloratome übertragen werden. Bei der Bildung eines Magnesiumions entstehen zwei einfach negativ geladene Chloridionen.
Die *Oxid-* und *Chloridbildung* stimmen darin überein, dass *Außenelektronen* der *Metallatome* auf *Nichtmetallatome übertragen* werden (▷ B 3). Durch diesen Elektronenübergang entstehen Ionen, die ein Salz bilden.

Redoxreaktionen und Elektronenübertragung. Schwarzes Kupferoxid reagiert mit Eisen zu Eisenoxid und Kupfer. Hierbei ist das Kupferoxid reduziert und das Eisen oxidiert worden. Auch bei dieser *Redoxreaktion* finden *Elektronenübergänge* statt. Die Eisenatome geben Elektronen ab, es bilden sich positiv geladene Eisenionen. Die Kupferionen des Kupferoxids nehmen die Elektronen auf, es entstehen Kupferatome.
Redoxreaktionen, an denen Metalle und Salze beteiligt sind, *sind auf der Teilchenebene Elektronenübertragungsreaktionen*.

Elektronenübertragungen in Lösungen. Elektronenübertragungen können auch ohne Erhitzen des Reaktionsgemisches stattfinden, wenn man Metalle auf Salzlösungen einwirken lässt, die Ionen anderer Metalle enthalten. Ein Eisennagel überzieht sich in einer Kupfersalzlösung mit einer Kupferschicht (▷ B 4). Die Kupferionen nehmen Elektronen auf, es bilden sich Kupferatome.

Elektronenaufnahme: $Cu^{2+} + 2\,e^- \longrightarrow Cu$

Die Elektronen werden hier von den Eisenatomen geliefert.

B 4 Eisennagel in Kupfersulfatlösung

B 5 Kupferblech in Silbernitratlösung

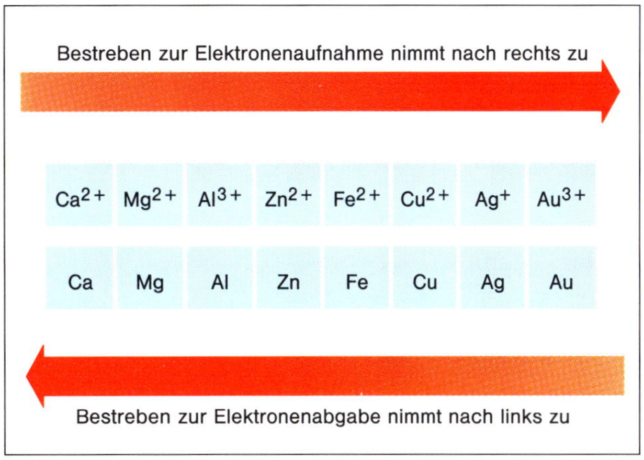

B 6 Reihe der Metallionen und Metallatome

Die Eisenatome geben Elektronen ab es entstehen positiv geladene Eisenionen. Dampft man die Lösung ein, bleibt ein Eisensalz zurück.

Elektronenabgabe: $Fe \longrightarrow Fe^{2+} + 2\,e^-$

Zwischen den *Eisenatomen* und den *Kupferionen* finden also *Elektronenübertragungen* statt:

Elektronenübertragung: $Fe + Cu^{2+} \longrightarrow Fe^{2+} + Cu$

Gibt man umgekehrt ein Kupferblech in eine Eisensalzlösung, so scheidet sich kein Eisen ab. Kupferatome haben also ein geringeres Bestreben als Eisenatome, Elektronen abzugeben. Taucht man dagegen ein Kupferblech in eine Silbersalzlösung, so überzieht es sich mit einer grauen bis schwarzen Schicht von fein verteiltem Silber (▷ B 5). Die Kupferatome geben Elektronen ab und bilden Kupferionen, während die Silberionen Elektronen aufnehmen und Atome bilden.

Führt man entsprechende Versuche mit anderen Metallen und Metallsalzlösungen durch, so erhält man insgesamt eine Reihe (▷ B 6), in der links unedle Metalle und rechts Edelmetalle stehen. Aus einem Atom, das leicht Elektronen abgibt, entsteht ein Ion, das schwer Elektronen aufnimmt. Ebenso gehört zu einem Atom, das nur schwer Elektronen abgibt, ein Ion, das leicht Elektronen aufnimmt.
In dieser Reihe sind die Metallatome und Metallionen so angeordnet, dass das Atom eines Metalls an die rechts von ihm stehenden Ionen der Metalle Elektronen abgeben kann. Ist diese Reihe einmal aufgestellt, kann man also aus ihr ablesen, ob eine ins Auge gefasste Reaktion überhaupt stattfinden kann.

V 2 a) Stelle einen blank geschmirgelten Eisennagel in eine Kupfersulfatlösung. Schildere deine Beobachtungen und deute diese.
Hinweis: Fe^{2+}-Ionen können dadurch nachgewiesen werden, dass man zwei bis drei Tropfen der Lösung, in der man Fe^{2+}-Ionen vermutet, zu einer wässrigen Lösung von rotem Blutlaugensalz tropft. Eine tiefblaue Farbe der Lösung ist ein Nachweis für das Vorliegen von Fe^{2+}-Ionen.
b) Stelle ein Kupferblech in eine Silbernitratlösung. Schildere und deute deine Beobachtungen.

V 3 Stelle je zwei kleine Bechergläser mit Silbernitrat-, Zinkchlorid- und Kupfersulfatlösung bereit. Schmirgele je zwei Blechstücke der Metalle Silber, Zink und Kupfer blank. Tauche jeweils ein Blechstück in die Salzlösungen der anderen beiden Metalle.
a) Schildere deine Beobachtungen und deute diese.
b) Ordne die Metalle danach, wie leicht die Metallatome Elektronen abgeben und die Metallionen Elektronen aufnehmen.

A 3 Findet eine Reaktion statt, wenn ein Kupferblech in eine Calciumchloridlösung taucht? Begründe (▷ B 6).

A 4 An welche Metallionen können Kupferatome Elektronen abgeben? Von welchen Metallatomen können Kupferionen Elektronen übernehmen?

A 5 Gibt man zu einer Silbernitratlösung einige Tropfen einer Natriumchloridlösung, bildet sich sofort ein weißer Niederschlag von Silberchlorid. Stellt man ein Zinkblech in eine Silbernitratlösung und tropft nach einiger Zeit Natriumchloridlösung zu, bildet sich kein Niederschlag. Deute diese Beobachtungen.

12.5 Elektrolyse

V 1 Versuchsaufbau wie in ▷ B 1. Fülle in ein U-Rohr eine Kupferchloridlösung. Verschließe die beiden Schenkel mit je einem Stopfen, in dem eine Graphitelektrode steckt. Verbinde die Elektroden mit den Polen einer Gleichspannungsquelle und schalte eine Glühlampe (0,1 A) in den Stromkreis. Verschließe das Röhrchen an der Anodenseite des U-Rohres mit einem Luftballon oder einem Röhrchen mit Aktivkohle. Erhöhe langsam die Spannung, bis das Lämpchen leuchtet. Nimm nach etwa 5 Minuten den Luftballon bzw. das Röhrchen mit Aktivkohle kurz ab und halte ein angefeuchtetes Indikatorpapier an die Rohröffnung. Schalte den Strom ab und nimm die Kathode aus der Lösung. (Abzug!)

A 1 Welcher Unterschied besteht zwischen der Anode und der Kathode?

A 2 Welche Stoffe entstehen bei der Elektrolyse einer wässrigen Zinkiodidlösung? Formuliere die Kathoden- und Anodenreaktion.

A 3 Wie kann Kalium aus Kaliumchlorid gewonnen werden?

Bei Leitfähigkeitsuntersuchungen von Salzlösungen (↗ Kap. 12.1) konnten wir an den Elektroden Stoffabscheidungen beobachten. Inzwischen wissen wir, dass wässrige Salzlösungen bewegliche Ionen enthalten. Wir werden jetzt die Vorgänge an den Elektroden bei einer Elektrolyse genauer betrachten.

Elektrolyse einer wässrigen Kupferchloridlösung. In eine Kupferchloridlösung tauchen zwei Elektroden, die mit den Polen einer Gleichspannungsquelle leitend verbunden sind (▷ V 1). An der Elektrode, die mit dem Minuspol verbunden und deshalb negativ geladen ist, beobachtet man die Abscheidung von rötlichbraunem Kupfer (▷ B 1). Diese Elektrode, die **Kathode**, besitzt einen Elektronenüberschuss und zieht *positiv geladene Ionen* **(Kationen)** an. In unserem Beispiel sind dies Cu^{2+}-Ionen. Ein an der Kathode ankommendes Kupferion erhält aus ihr zwei Elektronen. Durch die Aufnahme von zwei Elektronen entsteht aus einem Kupferion ein Kupferatom.

Kathodenreaktion: $Cu^{2+} + 2\,e^- \longrightarrow Cu$

An der Elektrode, die mit dem Pluspol verbunden und deshalb positiv geladen ist, beobachtet man die Entwicklung von Chlor. An dieser Elektrode, der **Anode**, herrscht *Elektronenmangel*, sie zieht *negativ geladene Ionen* **(Anionen)** an. In unserem Versuch sind dies Cl^--Ionen (Chloridionen). Die ankommenden Chloridionen geben jeweils ein Elektron an die Anode ab; die entstehenden Chloratome vereinigen sich zu Chlormolekülen.

Anodenreaktion: $2\,Cl^- \longrightarrow 2\,Cl + 2\,e^-$ $\qquad 2\,Cl \longrightarrow Cl_2$

Durch die Elektrolyse wird das Kupferchlorid in die Elemente zerlegt. An der Kathode werden dabei so viele Elektronen abgegeben, wie an der Anode aufgenommen werden. Die Gleichspannungsquelle muss der Kathode ständig so viele Elektronen nachliefern, wie sie der Anode entzieht. Die Gleichspannungsquelle hat demnach die Funktion einer Elektronenpumpe.

Bei der Elektrolyse werden positiv geladene Ionen von der Kathode angezogen und nehmen dort Elektronen auf. Negativ geladene Ionen geben an die Anode Elektronen ab.

B 1 Elektrolyse einer wässrigen Lösung von Kupferchlorid

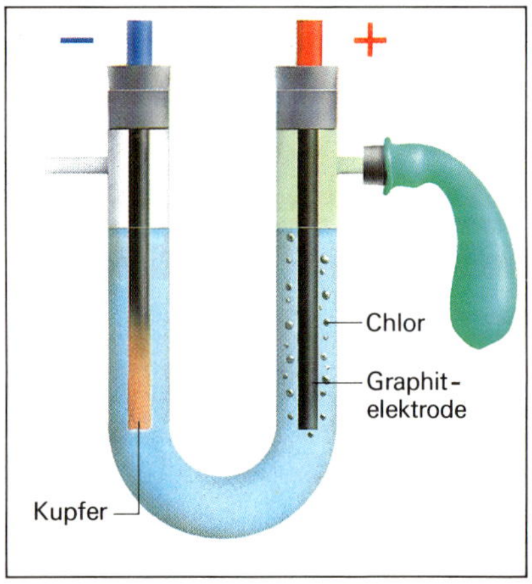

B 2 Schema der Vorgänge bei einer Elektrolyse

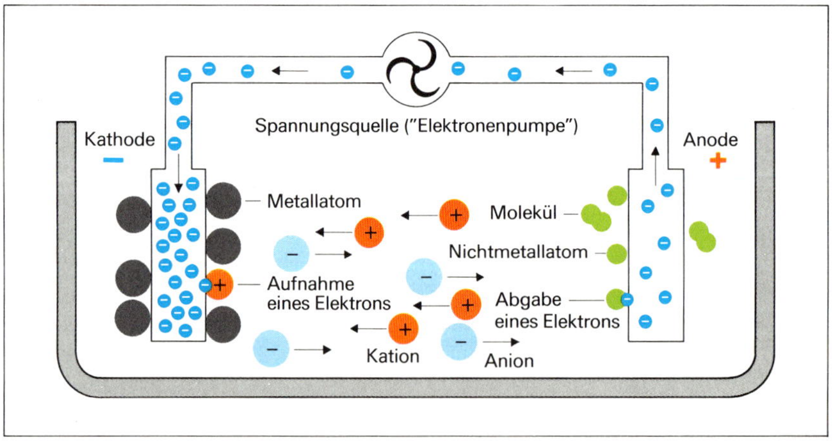

Natriumgewinnung durch Elektrolyse. Metalle wie Natrium, Lithium, Kalium oder auch Magnesium werden in der Technik meist aus ihren *Salzschmelzen* elektrolytisch gewonnen.
So wird z. B. die Elektrolyse einer Natriumchloridschmelze in einer „Downs-Zelle“ (▷ B 3) durchgeführt. Diese Zelle umfasst einen mit feuerfesten Steinen ausgemauerten Kessel. In diesen taucht von unten eine Graphitanode, die von einer Eisenkathode ringförmig umschlossen ist. Eine Glocke aus Eisenblech, an deren unterem Rand ein ringförmiges Drahtnetz angebracht ist, überdeckt Anode und Kathode. Der Schmelze wird Calciumchlorid zugegeben, damit die Schmelztemperatur von Natriumchlorid auf ca. 600 °C erniedrigt wird. In der Schmelze werden an der Kathode aus Natriumionen Natriumatome gebildet. Das metallische Natrium sammelt sich im rinnenförmigen Rand der Glocke. Hieraus kann es entnommen werden. An der Anode werden die Chloridionen entladen. Das sich bildende Chlorgas wird durch die Eisenglocke abgeleitet.

Aluminiumgewinnung. Aluminium ist zwar ein sehr unedles Leichtmetall, dennoch braucht es keinen Korrosionsschutz. Es ist wegen seiner nur etwa $\frac{2}{10\,000}$ mm dicken, aber sehr dichten Oxidschicht ausreichend korrosionsbeständig und somit ein vielseitig einsetzbares Metall (▷ B 4). Es kann *durch Elektrolyse aus geschmolzenem Aluminiumoxid* gewonnen werden.

Aluminiumoxid wird zunächst aus Bauxit hergestellt. Dieser ist ein Gemisch von wasserhaltigem Aluminiumoxid mit Eisenoxid und Sand. Reines Aluminiumoxid („Tonerde“) hat mit 2050 °C eine sehr hohe Schmelztemperatur. Deshalb löst man es in geschmolzenem Kryolith (Natrium-aluminium-fluorid Na_3AlF_6). Die Schmelze, deren Temperatur etwa 950 °C beträgt, wird in Wannen aus Kohle, die gleichzeitig als Kathode dienen, mit einer Spannung von 5 V bis 6 V und einer Stromstärke von bis zu 200 000 A elektrolysiert. Als Anode verwendet man dicke Kohleblöcke (▷ B 5). Der an ihnen entstehende Sauerstoff reagiert mit dem Kohlenstoff zu Kohlenstoffdioxid und Kohlenstoffmonooxid, deshalb nutzen sich diese Elektroden ab und müssen erneuert werden. Das in der Wanne abgeschiedene flüssige Aluminium wird durch die darüber liegende Schmelze vor der Oxidation durch den Luftsauerstoff geschützt. Von Zeit zu Zeit wird das Aluminium aus der Wanne abgesaugt; zur Reinigung wird es dann meist noch umgeschmolzen.

Die Herstellung von Aluminium erfordert sehr viel Energie (für 1 t Aluminium etwa 15 000 kWh). Durch *Recycling* von Aluminiumabfällen können Energie und Rohstoffe gespart werden.

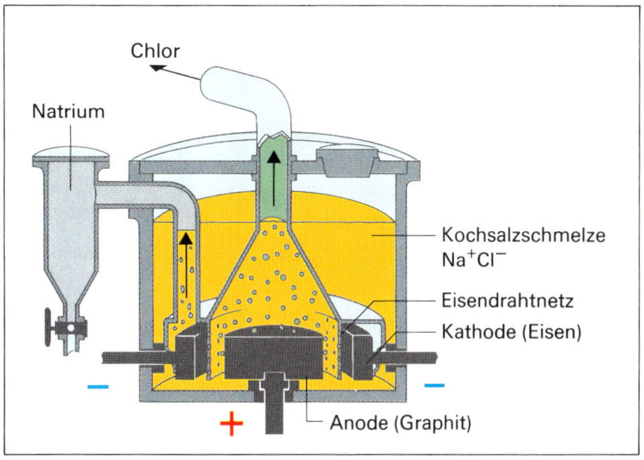

B 3 Technische Natriumgewinnung

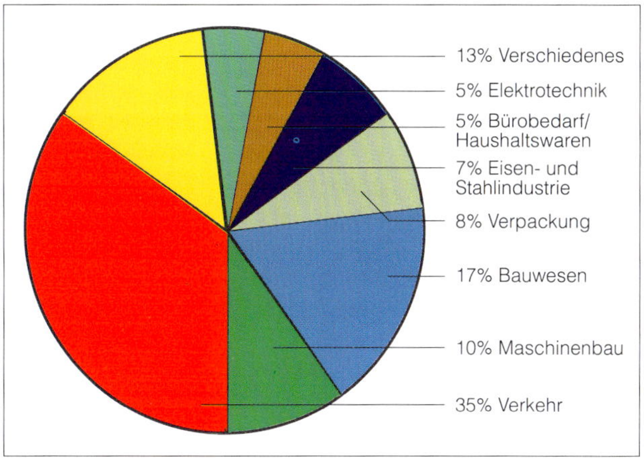

B 4 Verwendung von Aluminium in Deutschland

B 5 Schema eines Elektrolyseofens zur Gewinnung von Aluminium aus Aluminiumoxid

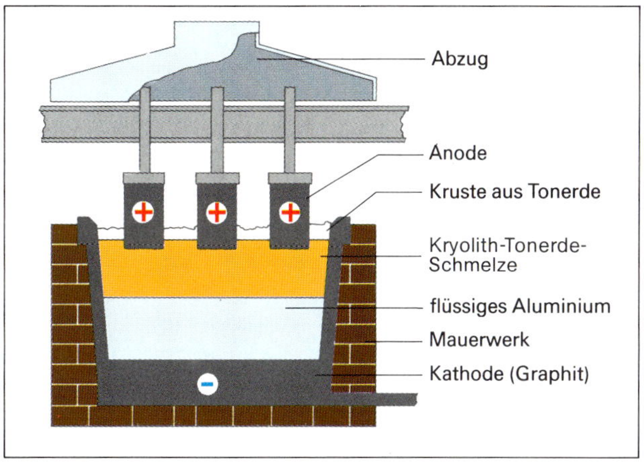

12.6 Projekt: Metallüberzüge durch Elektrolyse

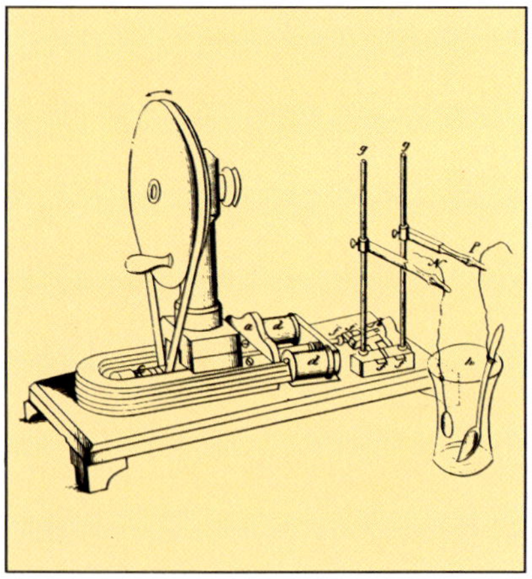

B 1 Galvanisches Versilbern und Vergolden um 1865

A 1 Hochwertige Brillengestelle werden galvanisch vergoldet. Welche Elektrode bildet das Brillengestell?

A 2 Ein Eisennagel überzieht sich in einer Kupfersalzlösung mit einer Kupferschicht. Warum werden Gegenstände nicht einfach durch Eintauchen in eine Kupfersalzlösung, sondern durch Galvanisieren verkupfert?

A 3 Beschreibe die Reaktionen, die beim Versilbern eines Kupferbleches ablaufen.

Viele Gegenstände aus Alltag und Technik werden durch Metallüberzüge gegen Umwelteinflüsse geschützt. Metallüberzüge können Gegenständen auch Glanz und ein eindrucksvolles Aussehen verleihen.

Galvanisieren

In der Technik wird die Abscheidung von Metallen zum Verkupfern, Vernickeln, Verchromen, Versilbern oder Vergolden durch Elektrolyse ihrer Salzlösungen erreicht. Dabei werden die Gegenstände aus den unedlen Metallen als Kathode geschaltet. Die in der Lösung enthaltenen Ionen des edleren Metalls wandern zur Kathode, nehmen Elektronen aus der Kathode auf, werden dadurch entladen und setzen sich als Metallatome auf der Kathode ab. Der Metallüberzug ist oft nur wenige Hundertstel Millimeter dick.

Um die Konzentration der Metallionen in der Lösung konstant zu halten, kann man eine Anode aus dem Überzugsmetall verwenden. An dieser entstehen und gehen dann genauso viele Ionen in die Lösung, wie an der Kathode Atome des Metalls abgeschieden werden (▷ B 2).

Das Abscheiden von Metallüberzügen mit Hilfe des elektrischen Stroms nennt man Galvanisieren.

Neben den Ionen des Metalls, von dem die Kathode überzogen werden soll, enthält die Salzlösung noch Zusätze. Diese sollen dazu beitragen, dass ein möglichst gleichmäßiger und halbglänzender oder hochglänzender Metallüberzug entsteht. Es lassen sich auch nichtmetallische Gegenstände mit einem Metall überziehen. Dazu werden die Gegenstände zunächst elektrisch leitend gemacht (z. B. durch Aufbringen von Graphitpulver oder einem metallhaltigen Leitlack ▷ B 3), so dass sie dann als Kathode geschaltet werden können. Bevor Gegenstände verchromt, versilbert oder vergoldet werden, werden sie meist zunächst vernickelt. Ein Fahrradlenker aus Stahl wird z. B. zunächst verkupfert, damit er nicht rostet. Kupfer aber bildet mit Stoffen aus der Luft einen dunklen oder gar grünen Belag. Da sich eine Chromschicht nicht direkt auf Kupfer auftragen lässt, wird der Fahrradlenker anschließend vernickelt und erhält erst dann einen dünnen, glänzenden und harten Chromüberzug.

B 2 Schema einer elektrolytischen Verkupferung

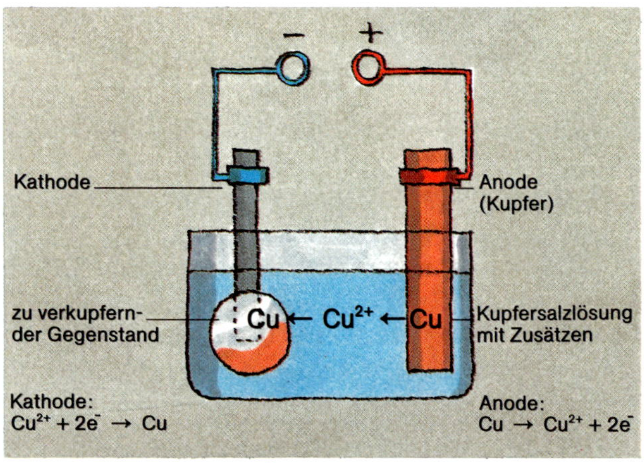

B 3 Walnuss mit Holzgrundierung (links). Auftragen des Silberleitlacks (Mitte). Verkupferte Walnuss (rechts)

Versuch 1 Versilbern eines Kupferblechs

Geräte und Materialien:
Schutzbrille, Silberblech, Kupferblech, 2 Bechergläser (150 ml), Spannungsquelle, Spannungsmessgerät, 4 Experimentierkabel, 2 Krokodilklemmen, Waage, Stativ, 2 Doppelmuffen, 2 Universalklemmen, Messzlinder (100 ml), Pipette (1 ml), Spatel, Glasstab, Papierhandtuch

Chemikalien:
verdünnte Salpetersäure ($c(HNO_3) = 1$ mol/l), Silbernitratlösung ($c(AgNO_3) =$ 0,01 mol/l), Thioharnstoff, dest. Wasser

Durchführung:
1. Löse in 100 ml Silbernitratlösung (Vorsicht! Silbernitratlösung darf nicht in die Augen gelangen!) 5 g Thioharnstoff und 1 ml verd. Salpetersäure. 2. Stelle das Kupferblech zur Reinigung einige Minuten in verd. Salpetersäure. 3. Baue den Versuch wie in ▷ B 4 auf. Achte darauf, dass das Kupferblech mit dem Minuspol und das Silberblech mit dem Pluspol verbunden ist. Die beiden Bleche dürfen sich nicht berühren. 4. Steigere die Spannung vorsichtig auf etwa 1 V und elektrolysiere etwa 5 min. 5. Ziehe das Blech aus der Lösung und spritze es mit dest. Wasser ab. 6. Trockne das Blech ab und poliere es mit einem weichen Tuch oder einem Papierhandtuch.

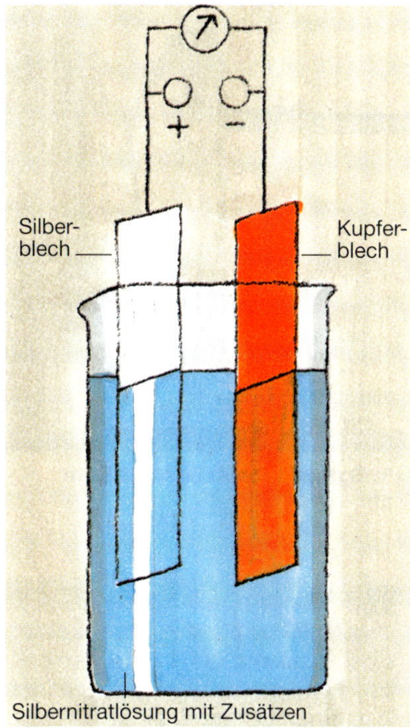

B 4 Versilbern eines Kupferblechs

Versuch 2 Verkupfern einer Walnuss

Geräte und Materialien:
Schutzbrille, 2 Bechergläser (200 ml), 2 Bechergläser (100 ml), Kupferblech, dicker Kupferdraht ($d = 1{,}5$ mm), 3 Experimentierkabel, Spannungsquelle, Stromstärkemessgerät, Glasstab, Waage, Stativ, Doppelmuffe, Universalklemme, 2 Krokodilklemmen, Messzylinder, Papierhandtuch, Spatel, Haarpinsel, Messingbürste

Chemikalien:
Blaues Kupfersulfat ($CuSO_4 \cdot 5\,H_2O$), verdünnte Schwefelsäure ($c(H_2SO_4) =$ 0,5 mol/l), Ethanol, Silberleitlack, Seifenlauge, dünnflüssige Holzgrundierung, dest. Wasser

Durchführung:
1. Spieße die Walnuss auf den dicken Kupferdraht und tauche sie zur Versiegelung in die Holzgrundierung. Lass die Grundierung anschließend trocknen. 2. Streiche mit einem feinen Haarpinsel Silberleitlack auf die versiegelte Oberfläche und lass auch den Leitlack trocknen. 3. Schneide ein Kupferblech so aus, dass es in das Becherglas (200 ml) gedrückt werden kann und später die Walnuss ringförmig umgibt. Stelle eine Lösung aus 20 g blauem Kupfersulfat, 75 ml dest. Wasser, 75 ml verd. Schwefelsäure und 20 ml Ethanol her und gib diese in das Becherglas mit der Kupferelektrode. 4. Hänge die Walnuss in die Lösung. Achte darauf, dass sie nicht das Kupferblech berührt. 5. Verbinde die Kupferelektrode mit dem Pluspol und die Walnuss mit dem Minuspol der Spannungsquelle. Schalte ein Stromstärkemessgerät in den Stromkreis. Reguliere die Spannung so, dass ein Strom von etwa 150 mA fließt. Lass die Verkupferung etwa 15 Stunden ablaufen. 6. Nimm die verkupferte Nuss aus der Lösung und wasche sie kräftig mit Seifenlauge ab. Tauche die Nuss dann noch in dest. Wasser und lass sie trocknen. 7. Poliere die verkupferte Nuss mit einer Messingbürste, bis der gewünschte Glanz eintritt. 8. Bewahre die Elektrolytlösung für weitere Verkupferungsversuche auf. 9. Die verkupferte Nuss kann auch noch durch einen Überzug aus einem farblosen oder farbigen Tauchlack dauerhaft vor der Oxidation geschützt werden.

B 5 Verkupfern einer Walnuss

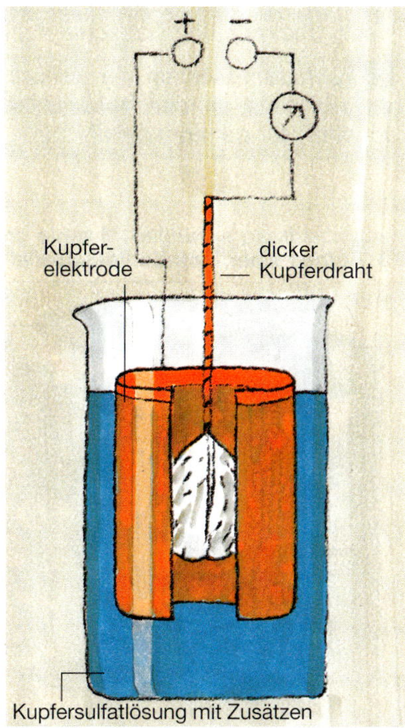

12.9 Überprüfung und Vertiefung

Ionenradien in pm (1 pm = 10^{-12} m)

Li^+ 60	Be^{2+} 31	O^{2-} 140	F^- 136
Na^+ 95	Mg^{2+} 65	S^{2-} 184	Cl^- 181
K^+ 133	Ca^{2+} 99	Se^{2-} 198	Br^- 195
Rb^+ 148	Sr^{2+} 113	Te^{2-} 211	I^- 216
Cs^+ 169	Ba^{2+} 135		

B 1 Zu Aufgabe 4 und Aufgabe 6

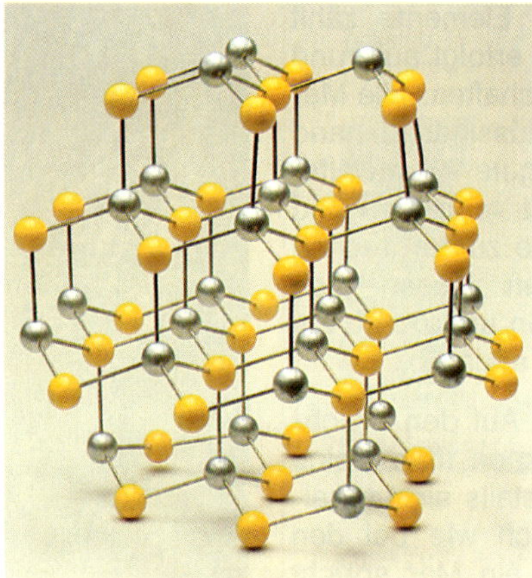

B 2 Zu Aufgabe 5a

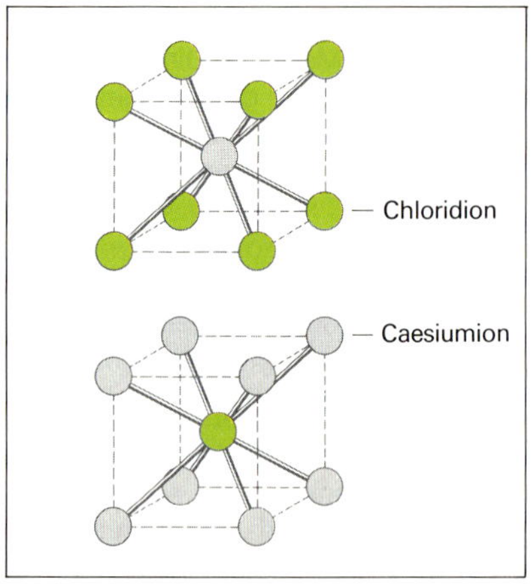

B 3 Zu Aufgabe 5b

Gitterenergien in kJ/mol

LiF −1039	LiCl −850	LiBr −802	LiI −742	
NaF −920	NaCl −780	NaBr −740	NaI −692	MgO −3929
KF −816	KCl −710	KBr −680	KI −639	CaO −3477
RbF −780	RbCl −686	RbBr −558	RbI −621	SrO −3205
CsF −749	CsCl −651	CsBr −630	CsI −599	BaO −3042

B 4 Zu Aufgabe 6

1 Magnesiumoxid ist eine Ionenverbindung. Erläutere die Ionenbildung. Vergleiche die Protonen-, Neutronen- und Elektronenanzahlen der Atome und Ionen miteinander. Welche Edelgasatome weisen die gleiche Elektronenanordnung auf wie Magnesium- und Oxidionen?

2 Gib die Elektronenanzahl und -verteilung für die folgenden Ionen an:
Na^+, Mg^{2+}, Al^{3+}, N^{3-}, O^{2-}, F^-.
Wie viele Elektronen sind in der äußeren Schale dieser Ionen?

3 Gleiche Elementpaare können verschiedene Verbindungen bilden, so gibt es z. B. zwei Kupferoxide mit den Verhältnisformeln Cu_2O bzw. CuO. Man kann diese Verbindungen nach ihren Farben benennen: rotes Kupferoxid bzw. schwarzes Kupferoxid. Bei einer systematischen Benennungsweise steht hinter dem Namen für das Metall eine römische Zahl, die der Ionenladung des Metallions in der Verbindung entspricht. Das rote Kupferoxid (Cu_2O) heißt Kupfer(I)-oxid, schwarzes Kupferoxid (CuO) Kupfer(II)-oxid.
a) Benenne entsprechend die Stoffe, zu denen die folgenden Verhältnisformeln gehören: FeO, Fe_2O_3, PbO, PbO_2.
b) Gib die Verhältnisformeln für die folgenden Verbindungen an:
Eisen(II)-bromid, Quecksilber(I)-chlorid.

4 Positiv geladene Ionen (Kationen) und negativ geladene Ionen (Anionen) mit gleicher Ladungszahl können in einem Ionenverband nur dann eine Natriumchloridstruktur bilden, wenn das Radienverhältnis r(Kation) : r(Anion) größer als 0,414 ist. Ermittle mit Hilfe der in ▷ B 1 angegebenen Ionenradien, welche Salze keine Natriumchloridstruktur bilden können.

5 a) Wie viele Sulfidionen umgeben ein Zinkion als nächste Nachbarn im Zinksulfidgitter (Zinkblende, ▷ B 2)?
b) Von wie vielen entgegengesetzt geladenen Ionen als nächsten Nachbarn ist jedes Kation bzw. Anion im Caesiumchloridgitter umgeben (▷ B 3)?

6 Die Energie, die bei der Bildung eines Ionengitters aus den isolierten Ionen entsteht, heißt Gitterenergie.
a) Welche Regeln lassen sich aus der Tabelle in ▷ B 4 ableiten?
b) Suche nach Ursachen mit Hilfe von ▷ B 1.

7 Bei der Elektrolyse einer Lösung von Bleichlorid (Verhältnisformel: $PbCl_2$) bildet sich an einer Elektrode ein „Bleibaum".
An welcher Elektrode scheidet sich das Blei ab?
Welches Element entsteht an der anderen Elektrode?
Formuliere die Elektrodenreaktionen.

Wichtige Begriffe

Ion (Anion, Kation), Ionenladung, Edelgasregel, Ionengitter, Ionenbindung, Elektronenaustauschreaktion, Elektrolyse, Galvanisieren, galvanische Zelle, Metallbindung

Atombindung und molekulare Stoffe

*Wir haben den Aufbau einiger Salze aus Ionen kennen gelernt und konnten damit typische Eigenschaften dieser Stoffe, z. B. ihre hohe Schmelztemperatur und ihre sehr hohe Siedetemperatur, erklären.
Wir kennen aber auch Stoffe mit grundsätzlich anderen Eigenschaften. Wasserstoff, Sauerstoff und Stickstoff sind Gase, Brom und Iod gehen leicht in den Gaszustand über. All diesen Stoffen ist gemeinsam, dass sie aus Molekülen bestehen, die nur aus wenigen Atomen aufgebaut sind. Zu den molekularen Stoffen zählen fast alle Nichtmetalle unter den Elementen sowie eine Vielzahl von Verbindungen.*

Die leichte Verdampfbarkeit molekularer Stoffe weist darauf hin, dass zwischen den Molekülen nur geringe Kräfte wirken. Die Moleküle selbst bleiben aber auch im Gaszustand erhalten. Die Atome in den Molekülen müssen also fest aneinander gebunden sein.

Wir wollen der Frage nachgehen, wie neutrale Atome in einem Molekül zusammenhalten und hierzu uns bereits bekannte, einfache Moleküle behandeln. Dabei werden wir auch erfahren, wie sich viele Molekülformeln mit einer einfachen Regel ableiten lassen. Mit Hilfe der Molekülformeln können wir den räumlichen Bau der Moleküle erschließen und gelangen dadurch zu einem Verständnis wichtiger Eigenschaften einzelner molekularer Stoffe.

Wir werden auch sehen, dass ein so vertrauter Stoff wie Wasser einige ungewöhnliche Eigenschaften besitzt, die ebenfalls auf den Bau der Moleküle zurückgeführt werden können.

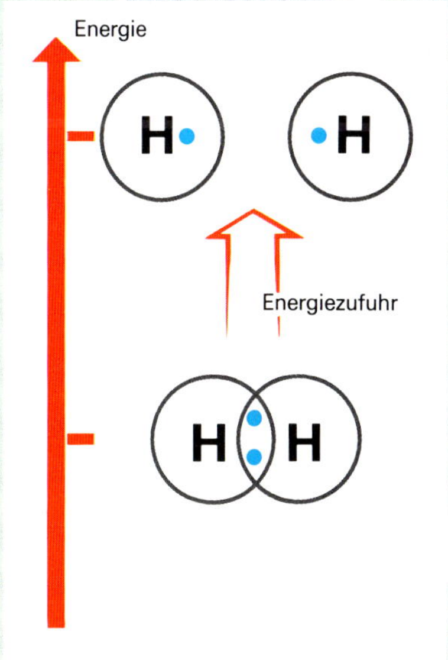

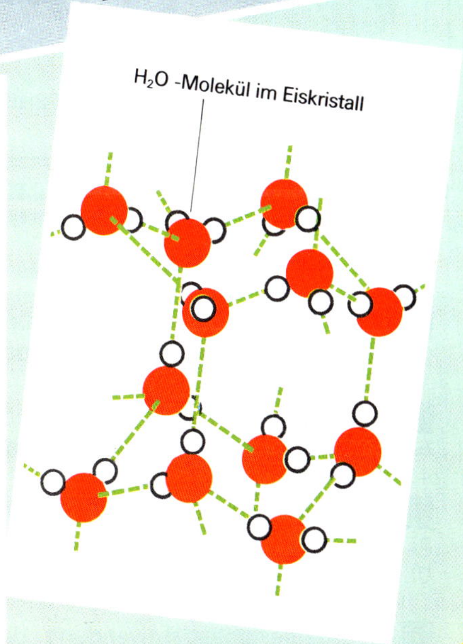

13.3 Die polare Atombindung

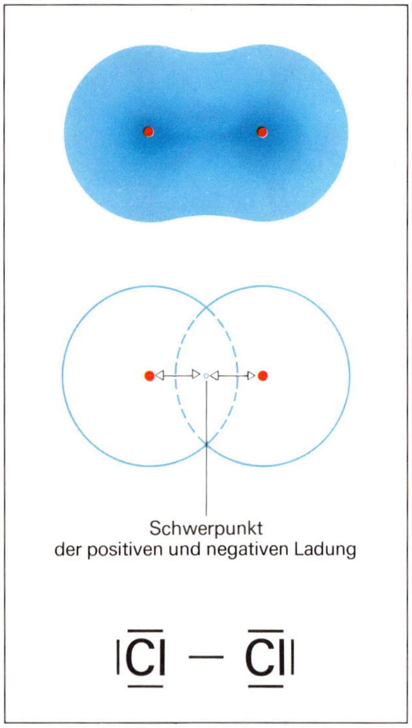

B 1 Chlormolekül: Ladungsschwerpunkte fallen zusammen

B 2 Chlorwasserstoffmolekül: Ladungsschwerpunkte fallen nicht zusammen

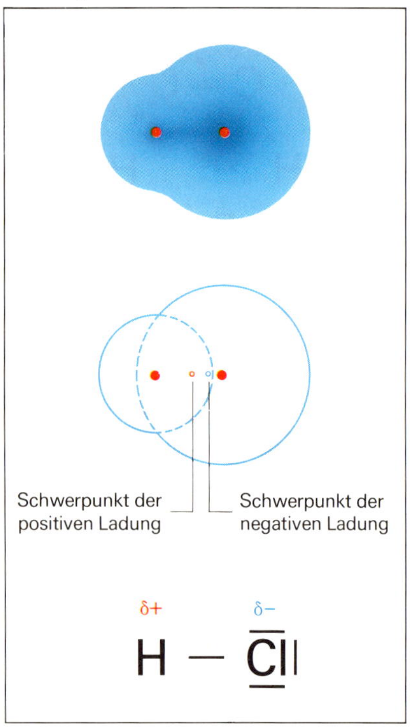

Die Bindung zwischen den Atomen im Chlormolekül erfolgt durch eine gemeinsame Elektronenwolke, die von zwei Elektronen gebildet wird. Sie bewegen sich im Anziehungsbereich der Kerne. Die Bildung der Bindung führt zu einer Verdichtung der negativen Ladung zwischen den Kernen (▷ B 1 oben). Die bindende Elektronenwolke ist symmetrisch um beide Kerne angeordnet. Das Zentrum der negativen Ladung liegt also an derselben Stelle wie das Zentrum der positiven Ladung beider Kerne (▷ B 1 Mitte). Man sagt, beide *Ladungsschwerpunkte* fallen zusammen.

Die polare Bindung im Chlorwasserstoffmolekül. Die bindende Elektronenwolke im Chlorwasserstoffmolekül befindet sich im Anziehungsbereich von Kernen mit sehr unterschiedlicher Ladungszahl. Die Bindungselektronen werden also von den beiden Kernen *unterschiedlich* stark angezogen, die Elektronenwolke ist zum Chloratom verschoben (▷ B 2 oben), obwohl beim Chloratom die Wirkung der Kernladung durch innere Elektronenschalen abgeschwächt wird. Dadurch fallen die Schwerpunkte der positiven und der negativen Ladung nicht mehr zusammen. Dies ist in ▷ B 2 Mitte schematisch dargestellt. Durch die nicht symmetrische Verteilung der Bindungselektronen besitzt das Chloratom einen Überschuss an negativer Ladung. Diese zusätzliche Ladung ist jedoch kleiner als eine negative Elementarladung und wird deshalb als *negative Teilladung* (Zeichen: $\delta-$) bezeichnet. Entsprechend besitzt das Wasserstoffatom die gleich große *positive Teilladung* $\delta+$ (▷ B 2 unten). Das Chlorwasserstoffmolekül hat also ein positives und ein negatives Ende und ist damit ein **Dipolmolekül**.

In Molekülen können Teilladungen vorliegen, wenn zwei unterschiedliche Atome durch eine Atombindung miteinander verbunden sind. Diese Bindung bezeichnet man als **polare Atombindung**.

Elektronegativität. Das Vorzeichen und die Größe der Teilladung eines gebundenen Atoms wird durch seine Anziehungskraft auf die Bindungselektronen bestimmt. Diese Anziehung hängt ab von der Ladung des Atomkerns und der Anzahl der Elektronenschalen. Bei gleicher Anzahl von Schalen werden die Außenelektronen und damit auch die Bindungselektronen umso stärker angezogen, je größer die Ladung des Kerns ist.

B 3 Elektronegativitätswerte von Atomen der Hauptgruppenelemente

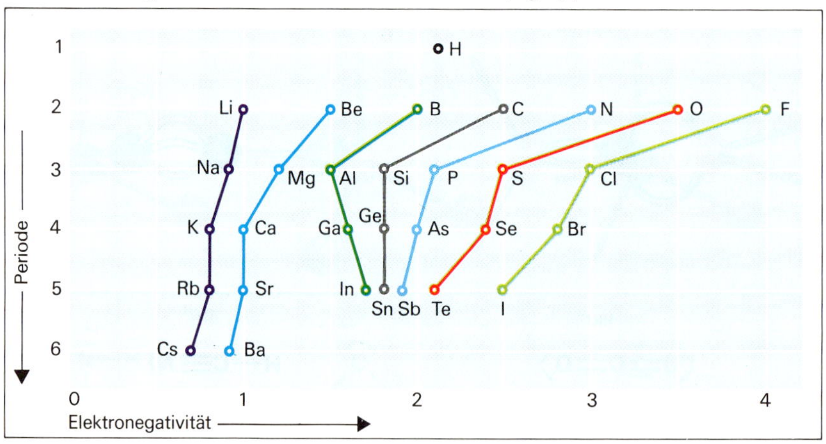

Die polare Atombindung

Mit zunehmender Anzahl der Schalen wird die Anziehung zwischen Kern und Außenelektronen schwächer. Um die Fähigkeit eines Atoms, Bindungselektronen anzuziehen, mit anderen Atomen vergleichen zu können, hat man den Begriff der **Elektronegativität** eingeführt. Die Elektronegativität eines Atoms wird durch eine Zahl angegeben. Da von allen Atomen das Fluoratom die Elektronen einer Atombindung am stärksten anzuziehen vermag, wurde ihm der größte Elektronegativitätswert zugeordnet. Dafür wählte man die Zahl 4. Die Elektronegativität nimmt bei den Atomen einer Periode von links nach rechts zu, in einer Hauptgruppe dagegen von oben nach unten ab (▷ B 3). Da auch Metallatome Atombindungen ausbilden können, wurden auch ihnen Elektronegativitätswerte zugeordnet.
Sind zwei Atome miteinander verbunden, so besitzt das elektronegativere die negative Teilladung. Die Bindung ist in der Regel umso polarer, je größer die Differenz der Elektronegativitätswerte ist.

Dipolmoleküle. Alle *Halogenwasserstoffmoleküle* sind wie das Chlorwasserstoffmolekül Dipole. Da die Elektronegativität vom Fluoratom zum Iodatom abnimmt, ist das Fluorwasserstoffmolekül von allen Halogenwasserstoffmolekülen der stärkste Dipol.

Im Kohlenstoffdioxidmolekül liegen zwei polare Bindungen vor. Die elektronegativeren Sauerstoffatome tragen jeweils eine negative Teilladung. Das Kohlenstoffatom trägt die positive Teilladung, die so groß ist wie der Betrag der beiden negativen Teilladungen zusammen. Bei der Angabe von Teilladungen wird nur das Vorzeichen, jedoch nicht die Größe der Ladung berücksichtigt (▷ B 4).
Obwohl die Bindungen im Kohlenstoffdioxidmolekül polar sind, ist es kein Dipol, da der Schwerpunkt der negativen Teilladungen mit dem Zentrum der positiven Teilladung zusammenfällt (▷ B 4). Dies ist bei allen Molekülen der Fall, bei denen die Teilladungen symmetrisch angeordnet sind. Auch das tetraedrisch gebaute CCl_4-Molekül ist deshalb kein Dipol.

Durch den gewinkelten Bau des *Wassermoleküls* liegen die positiven Teilladungen auf einer Seite des Moleküls. Ihr Schwerpunkt liegt auf der Winkelhalbierenden des Bindungswinkels und fällt nicht mit dem der negativen Teilladung zusammen. Das *Wassermolekül* ist also ein *Dipol*. Ein Wasserstrahl wird durch einen elektrisch aufgeladenen Stab deutlich abgelenkt, während Tetrachlormethan (CCl_4) keine sichtbare Ablenkung erfährt. Ist der Stab z. B. negativ geladen, orientieren sich die Wassermoleküle so, dass die positive Ladung zum Stab zeigt. Dadurch überwiegt die Anziehungskraft (▷ B 5). Der Versuch bekräftigt die Vorstellung, dass Wasser aus Dipolmolekülen besteht.

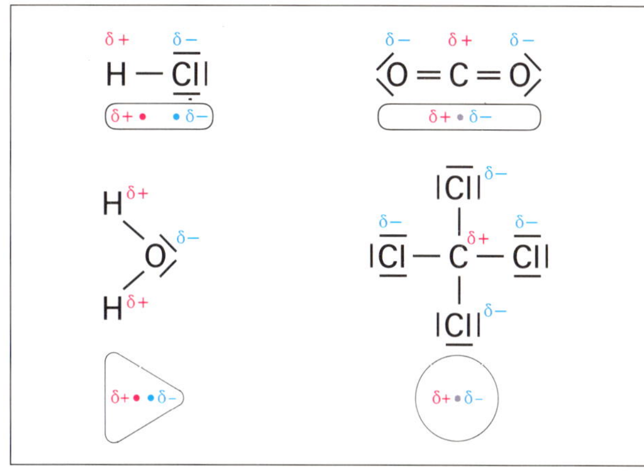

B 4 Ladungsverteilung in Molekülen. Die Schwerpunkte der Ladungen sind durch Punkte gekennzeichnet.

A 1 Was versteht man unter Elektronegativität?

A 2 Ermittle aus der Tabelle ▷ B 3 die Elektronegativitäten der Atome
a) der 7. Hauptgruppe,
b) der 2. Periode.
Erkläre die jeweils erkennbare Tendenz.

A 3 Was bedeuten die Zeichen $\delta-$ / $\delta+$, die Atomsymbolen in Strukturformeln zugeordnet werden?

A 4 Welche der in ↗ Kap. 13.1, ▷ B 4 abgebildeten Moleküle sind Dipole? Begründe!

A 5 Ordne die folgenden Bindungen nach steigender Polarität: N—H, C—H, F—H, O—H.

B 5 Ablenkung eines Wasserstrahls durch einen geladenen Stab. Links: Experiment; rechts: Deutung im Modell

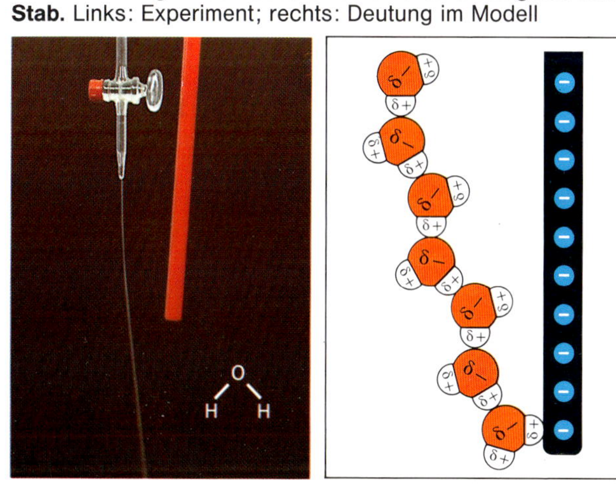

13.10 Überprüfung und Vertiefung

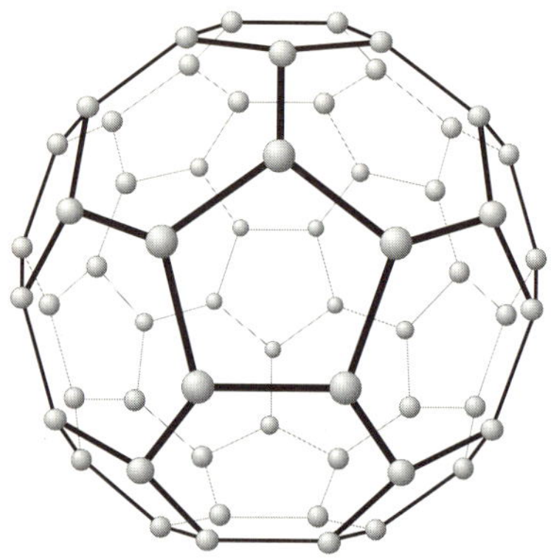

Eine dritte Modifikation des Kohlenstoffs

In neuerer Zeit gelang es Forschern eine dritte Modifikation des Kohlenstoffs herzustellen. Reiner Kohlenstoff, der unter dem Einfluss von Laserstrahlen oder im elektrischen Lichtbogen verdampft, kann sich an kalten Flächen als gelber Film abscheiden. Er enthält käfigartig gebaute Moleküle aus Kohlenstoffatomen.

Nach einem amerikanischen Ingenieur (Buckminster Fuller), der durch den Bau von Kuppeln bekannt geworden ist, werden sie Fullerene genannt.

Das bekannteste unter ihnen ist das Buckminsterfulleren, ein aus 60 C-Atomen aufgebautes kugelförmiges Molekül mit einer hohen Symmetrie. Jedes Atom ist ähnlich wie im Graphit mit drei Nachbaratomen verbunden. In Ringen zu fünf oder sechs Atomen bilden sie eine Struktur, wie sie von einem Fußball her bekannt ist. Das vierte Elektron eines jeden C-Atoms ist ähnlich wie beim Graphit über die ganze Oberfläche beweglich.

In Fullerenmoleküle lassen sich Atome „einschweißen" und auf diese Weise „verpacken".

Verbindungen von Metallatomen und Fullerenmolekülen lassen interessante Möglichkeiten des Einsatzes im Bereich mikroelektronischer Bauteile erwarten.

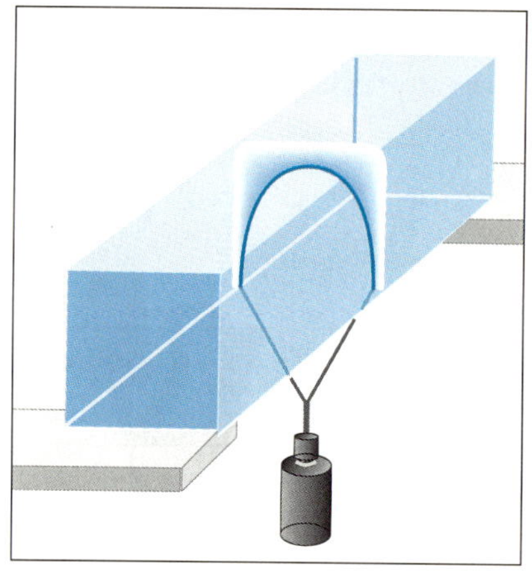

B 1 Zu Aufgabe 6

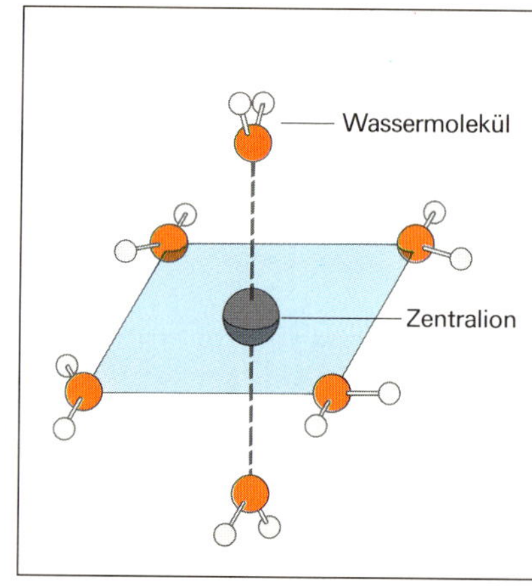

B 2 Zu Aufgabe 9

1 Gib die Strukturformeln folgender Moleküle an:
H_2S, CF_4, NH_3, $CHCl_3$.
Trage in die Strukturformeln die Teilladungen der Atome ein.
Welche dieser Moleküle sind Dipole?

2 Ordne folgende Atome nach steigender Elektronegativität:
a) O, F, H, Na, S, Al,
b) Br, C, O, H, Cl, Mg.

3 Ordne folgende Bindungen nach steigender Polarität:
Cl–H, O–H, C–H, F–H, Br–H.

4 In ↗ Kap. 13.3, ▷ B 3 sind keine Elektronegativitätswerte für Edelgase aufgeführt. Woran liegt das?

5 Ordne die Siedetemperaturen (in °C) –269, –196, –183, –85, 20 folgenden Stoffen zu:
Sauerstoff, Chlorwasserstoff, Fluorwasserstoff, Helium, Stickstoff.

6 Schlingt man bei einer Temperatur unterhalb von 0 °C eine Drahtschlaufe um einen Eisblock und hängt ein Gewicht daran, so wandert der Draht langsam durch den Eisblock, ohne ihn zu zerteilen (▷ B 1). Erkläre diese Erscheinung mit der Gitterstruktur des Eises.

7 Zwischen einem HF-Molekül und einem H_2O-Molekül kann sich eine Wasserstoffbrücke ausbilden, ebenso zwischen einem NH_3- und einem H_2O-Molekül.
Zeichne die Strukturformeln der Moleküle und die sie verbindende Wasserstoffbrücke.

8 In welchen Eigenschaften unterscheiden sich molekulare Stoffe von den Salzen?

9 ▷ B 2 zeigt die räumliche Anordnung der Wassermoleküle um ein Calciumion im Gitter des Hexahydrats von Calciumchlorid.
Welcher Körper ergibt sich, wenn man die Zentren der Sauerstoffatome miteinander verbindet?
Welche räumlichen Anordnungen der Wassermoleküle könnten in Di-, Tetra- und Octahydraten vorliegen?

Wichtige Begriffe

Atombindung, Elektronenpaarbindung, bindendes Elektronenpaar, freies Elektronenpaar, Edelgasregel, Strukturformel, polare Atombindung, Elektronegativität, Dipolmolekül, Wasserstoffbrücke, Hydratation, Salzhydrat, Modifikation, Diamantgitter, Graphitgitter, Molekülgitter des Eises

Saure und alkalische Lösungen

Saure und alkalische Lösungen ergeben mit Indikatoren charakteristische Farben und weisen auch sonst untereinander gemeinsame Eigenschaften auf. Zunächst werden wir den Gründen für die gemeinsamen Eigenschaften nachgehen.

Sowohl alkalische als auch saure Lösungen können die Lebensbedingungen für Fische, Pflanzen und Mikroorganismen in Gewässern gefährden; diese Lösungen dürfen deshalb auch nicht einfach ins Abwasser geschüttet werden. Wie sauer oder alkalisch eine Lösung bzw. ein Gewässer ist, lässt sich am pH-Wert ablesen. Saure und alkalische Lösungen können sich in ihrer Wirkung jedoch aufheben, dabei spielen auch die Konzentrationen der Lösungen eine wichtige Rolle. Wir werden zunächst die Grundlagen dafür kennen lernen, warum saure und alkalische Lösungen sich in ihrer Wirkung aufheben.
Für ein tiefer gehendes Verständnis muss man sich mit einer sinnvollen Größe für die Konzentration beschäftigen. Damit kann man dann allerdings die Konzentrationen vieler saurer und alkalischer Lösungen selbst bestimmen.

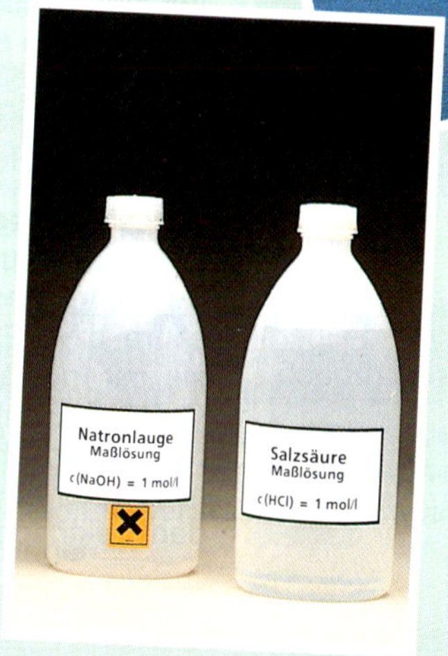

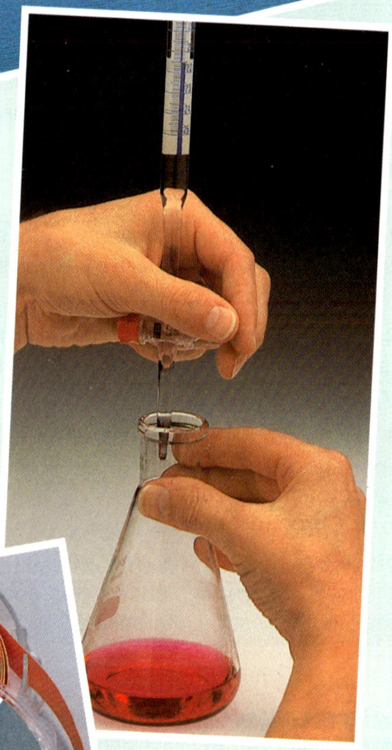

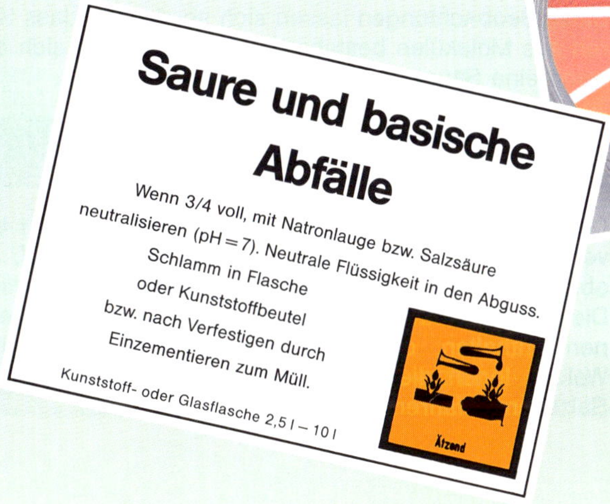

14.9 Die historische Entwicklung des Säure-Base-Begriffs

R. BOYLE (1627 - 1691)

A. L. LAVOISIER (1743 - 1794)

H. DAVY (1778 - 1829)

	Säuren	Basen
O. TACKE (TACHENIUS), 1666, R. BOYLE, 1678	schmecken sauer, färben bestimmte Pflanzenfarbstoffe rot	färben bestimmte Pflanzenfarbstoffe blau, heben die Wirkung von Säuren auf
G. F. ROUELLE 1764	–	reagieren mit Säuren unter Salzbildung
A. L. LAVOISIER 1778	enthalten Sauerstoff	–
H. DAVY 1816	enthalten Wasserstoff	–
J. v. LIEBIG 1838	enthalten Wasserstoff, der durch Metall ersetzbar ist	–
S. ARRHENIUS 1887	Stoffe, die beim Auflösen in Wasser, in Wasserstoffionen (H^+-Ionen) und Säurerestionen zerfallen	Stoffe, die beim Auflösen in Wasser, in Hydroxidionen (OH^--Ionen) und Metallionen zerfallen
J. N. BRÖNSTED 1923	Teilchen, die Protonen abgeben können	Teilchen, die Protonen aufnehmen (binden) können

J. v. LIEBIG (1803 - 1873)

S. ARRHENIUS (1859 - 1927)

J. N. BRÖNSTED (1879 - 1947)

Unsere heutige Vorstellung von der Zusammensetzung saurer und alkalischer Lösungen hat sich erst allmählich entwickelt.

Ältere Säure-Base-Begriffe. Schon im Altertum war der Essig bekannt. „Essig" und „sauer" sind Begriffe, die von den Griechen fast gleichbedeutend gebraucht wurden. Das griechische Wort für Essig ist *oxos*, für sauer *oxys*. Im 17. Jahrhundert wurde eine erste allgemeine Definition für Säuren von R. BOYLE eingeführt. Für ihn war die Farbänderung einiger Pflanzenfarbstoffe (Indikatoren) bei Zugabe von Säuren ein wesentliches Kennzeichen von Säuren. Andere, wie z. B. der westfälische Chemiker O. TACKE (TACHENIUS), legten besonderes Gewicht auf die Fähigkeit der Säuren die Wirkung von alkalischen Lösungen aufzuheben. Später lernte man Stoffe kennen, die zwar keine alkalischen Lösungen, aber mit Säuren Salze bilden (z. B. Kupferoxid). Etwa ab 1730 tritt in Frankreich für diese Stoffe die Bezeichnung *Base* auf, da sie die *Basis* für die *Salzbildung* sind. A. L. LAVOISIER, der Begründer der wissenschaftlichen Chemie, beobachtete, dass sich Nichtmetalle beim Verbrennen mit einem Bestandteil der Luft zu Stoffen verbinden, die sich in Wasser zu Säuren lösen. Den bei der Verbrennung gebundenen Luftbestandteil nannte er „gas oxygene", d. h. sauermachendes Gas. Im Deutschen wurde dafür der Name Sauerstoff eingeführt. Nach LAVOISIER enthielten alle *Säuren Sauerstoff*. Ende des 18. Jahrhunderts war die Zusammensetzung einiger Säuren (z. B. Milchsäure, Citronensäure, Blausäure) bekannt. Fest stand damit, dass alle bisher bekannten Säuren Wasserstoffverbindungen, aber nicht unbedingt Sauerstoffverbindungen sind. In einem wichtigen Zeitschriftenartikel aus dem Jahre 1838 über Säuren stellte J. v. LIEBIG fest, dass *Säuren Wasserstoffverbindungen* sind, in welchen *Wasserstoff durch Metalle ersetzt* werden kann.

Der Säure-Base-Begriff nach S. ARRHENIUS. Im 19. Jahrhundert wurden viele chemische Reaktionen unter dem Einfluss des elektrischen Stroms untersucht. 1887 führte S. ARRHENIUS auf der Grundlage vieler Experimente und Beobachtungen die elektrische Leitfähigkeit saurer Lösungen darauf zurück, dass die Moleküle von Säuren sich im Wasser in Wasserstoffionen und Säurerestionen spalten. Die Wasserstoffionen sind entscheidend für die typischen Merkmale saurer Lösungen. Basen sind Verbindungen, die in Wasser in Hydroxidionen und Metallionen zerfallen. Die Hydroxidionen sind entscheidend für die Merkmale alkalischer Lösungen. Bei der Neutralisation verbinden sich die Wasserstoff- und die Hydroxidionen zu Wasser.

$$H^+ + OH^- \longrightarrow H_2O$$

Die Säurerestionen der Säure und die Metallionen der Base spielen für die Neutralisation keine Rolle.

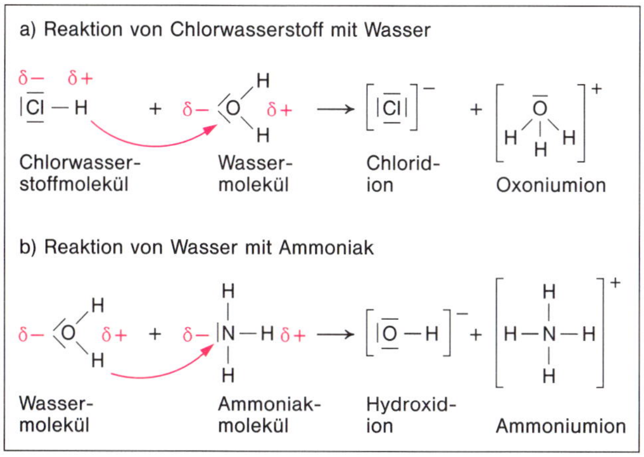

B 1 Säure-Base-Reaktionen als Protonenübertragungsreaktionen

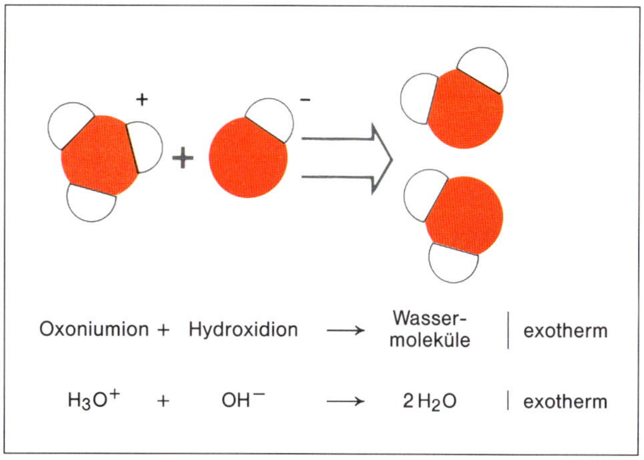

B 2 Neutralisation im Modell. Oxonium- und Hydroxidionen verbinden sich zu Wassermolekülen

Der Säure-Base-Begriff nach J. N. BRÖNSTED. Eine Schwäche der Arrhenius-Theorie bildet die Beschränkung des Base-Begriffs auf Hydroxidverbindungen. Viele Stoffe, z. B. auch Ammoniak, bilden alkalische Lösungen, ohne Hydroxidverbindungen zu sein. Nach ARRHENIUS spalten sich bei Zugabe von Chlorwasserstoff zu Wasser die Chlorwasserstoffmoleküle in Wasserstoffionen und Chloridionen: $HCl \longrightarrow H^+ + Cl^-$.

Tatsächlich enthält aber verdünnte Salzsäure keine freien H^+-Ionen. Ein H^+-Ion ist identisch mit einem Proton. Da das Proton keine Elektronenhülle besitzt, ist es mehr als 10 000-mal kleiner als alle anderen Ionen. Daher besitzt es eine sehr hohe Ladungsdichte und kommt in wässriger Lösung nicht frei vor.
Protonen können nur abgegeben werden, wenn ein Reaktionspartner sie aufnimmt. Dieser muss ein freies Elektronenpaar zur Bindung zur Verfügung stellen und eine große Anziehungskraft auf Protonen ausüben. Die stark polaren Wassermoleküle besitzen diese Eigenschaft, die unpolaren Moleküle z. B. des Heptans nicht (▷ V 1). Das aus einem Proton und einem Wassermolekül gebildete *Oxoniumion* (H_3O^+-Ion) ist wie auch andere Ionen in wässrigen Lösungen von Wassermolekülen umhüllt (hydratisiert, ▷ B 3).
Auch bei der Salzbildung aus Chlorwasserstoff- und Ammoniakgas und beim Einleiten von Ammoniak in Wasser finden Protonenabgabe und -aufnahme statt (▷ B 1). Um solche Reaktionen gleichberechtigt behandeln zu können, wurde der Säure- und Base-Begriff von J. N. BRÖNSTED 1923 neu gefasst.

Teilchen, die bei Reaktionen Protonen abgeben, nennt man Brönsted-Säuren (Protonendonatoren). Teilchen, die bei Reaktionen Protonen binden, nennt man Brönsted-Basen (Protonenakzeptoren).

Der Begriff Donator geht zurück auf lat. donare, spenden; der Begriff Akzeptor auf lat. accipere, aufnehmen. Die Voraussetzung für die Reaktion als Protonendonator ist ein im Teilchen gebundenes Wasserstoffatom; der Protonenakzeptor muss ein freies Elektronenpaar zur Bindung des Protons aufweisen. Die Begriffe Säure und Base beschreiben nach den BRÖNSTED-Definitionen keine Stoffklassen, sondern Funktionen von Teilchen.
Die Neutralisationsreaktion ist nur ein besonderer Fall für eine Säure-Base-Reaktion nach BRÖNSTED (▷ B 2).

V 1 a) Chlorwasserstoff wird in Heptan eingeleitet. Dabei wird vor und während des Versuchs die elektrische Leitfähigkeit der Lösung bestimmt.
b) Der Versuch wird mit dest. Wasser anstelle von Heptan zum Vergleich durchgeführt.
(Abzug! Schutzbrille! Vorsicht, der Chlorwasserstoff darf nur *auf* Wasser geleitet werden.)

A 1 Nach ARRHENIUS ist Natriumhydroxid eine Base. Was ist nach BRÖNSTED die Base?

B 3 $H_3O^+(aq)$-Ion

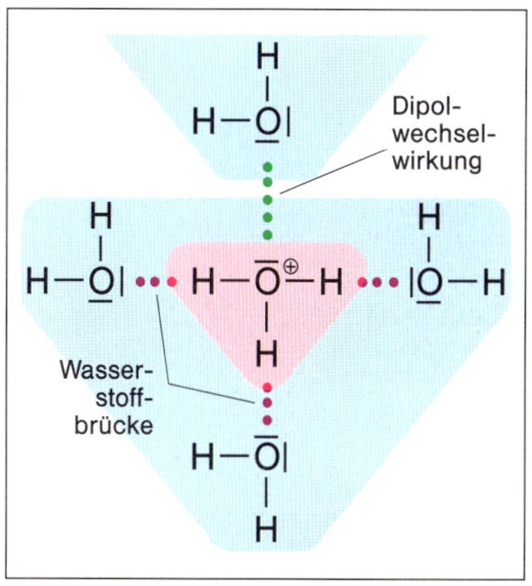

14.10 Überprüfung und Vertiefung

1 Schlage vier unterschiedliche Möglichkeiten vor Natriumchlorid herzustellen und formuliere hierfür die Reaktionsgleichungen.

2 Saure und alkalische Lösungen leiten ebenso wie die Lösungen von Salzen den elektrischen Strom.
Worauf beruht die elektrische Leitfähigkeit dieser Lösungen?
Worauf beruht die elektrische Leitfähigkeit von Metallen und Graphit?

3 Zur Neutralisation von 100 ml Natronlauge der Konzentration $c(NaOH) = 1\ mol/l$ benötigt man 100 ml Salzsäure der Konzentration $c(HCl) = 1\ mol/l$. Um die gleiche Portion Kalkwasser der Konzentration $c(Ca(OH)_2) = 1\ mol/l$ zu neutralisieren, benötigt man 200 ml Salzsäure der Konzentration $c(HCl) = 1\ mol/l$. Gib eine Erklärung für diesen Unterschied.

4 a) Werte die Tabelle von dem Computerbildschirm (rechts) aus, indem du die Temperatur (*y*-Achse) in Abhängigkeit vom Volumen der zugegebenen Salzsäure (*x*-Achse) in ein Diagramm einträgst.
b) Stelle die Reaktionsgleichung für diese Neutralisation auf.
c) Deute die Kurve.
d) Welche Stoffmengenkonzentration hatte die Natronlauge?

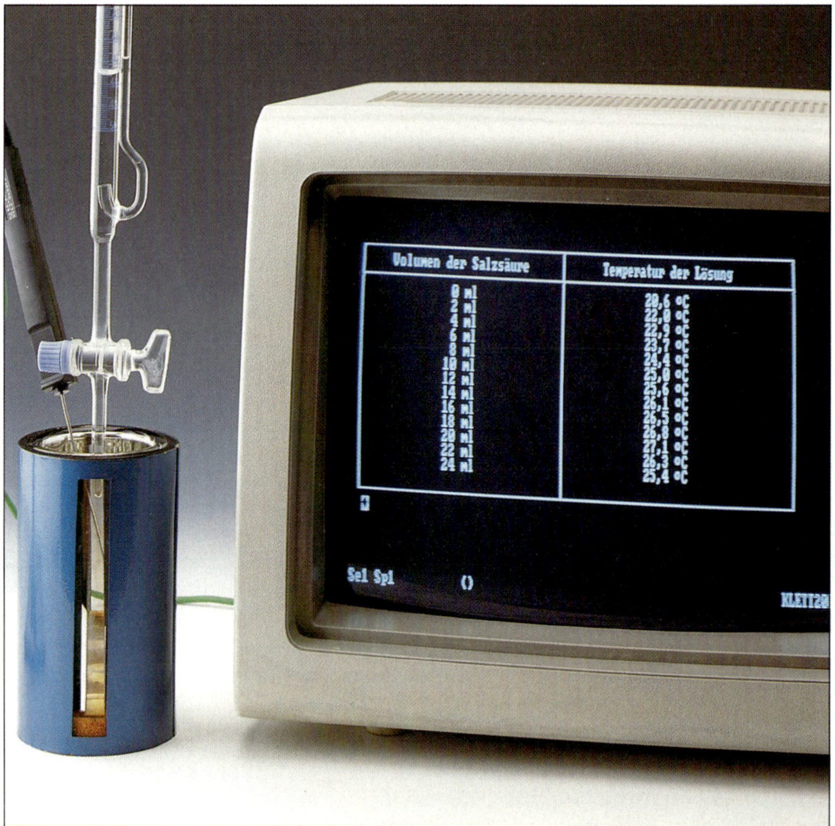

Messwerterfassung mit dem Computer

Der Computer wird heute in jedem größeren Labor für unterschiedliche Aufgaben eingesetzt.

Mit Hilfe eines *Computers*, eines *Programms* und eines *Analog-Digital-Wandlers* (AD-Wandler) können auch die meisten im Unterricht anfallenden Messwerte erfasst und bearbeitet werden. Am Beispiel einer **thermometrischen Titration** lässt sich der Einsatz des Computers gut erläutern.

Bei der Zugabe von Salzsäure zu Natronlauge ist eine Temperaturerhöhung messbar. Die Neutralisation lässt sich deshalb über die Messung der Temperatur des Reaktionsgemisches verfolgen. Zur Aufnahme einer solchen Titrationskurve müssen gleichzeitig die Temperatur der Lösung und das Volumen der zugegebenen Salzsäure gemessen werden. Zur Temperaturmessung wird ein elektronisches Thermometer verwendet, das über einen Ausgang verfügt, an den der AD-Wandler angeschlossen wird.

Über den Ausgang wird ein Signal, das der gemessenen Temperatur proportional ist, an den AD-Wandler abgegeben. Dieser ordnet dem der Temperatur analogen Signal ein digitales Signal zu, denn Computer können nur diese verarbeiten.

Das Volumen der zugegebenen Salzsäure wird über die Zeit erfasst, indem man die Salzsäure mit konstanter Tropfgeschwindigkeit zu der Natronlauge fließen lässt. Der Computer errechnet aus dem Volumen der zugegebenen Salzsäure und der Zeit die Volumenachse.

Die gemessenen Temperaturen können auf dem Bildschirm angezeigt, in einer Tabelle zusammen mit dem Volumen der Maßlösung oder sofort in einer Grafik dargestellt werden. Die auf dem Bildschirm festgehaltenen Messwerte sind bei der Titration von 20 ml Natronlauge mit Salzsäure der Konzentration $c(HCl) = 1\ mol/l$ festgehalten worden.

Wichtige Begriffe

- hydratisiertes Wasserstoff-ion ($H^+(aq)$)
- Oxoniumion (H_3O^+-Ion)
- Säurerestion
- Salzbildung saurer Lösungen
- Hydroxidion (OH^--Ion)
- Ammoniak
- Salmiakgeist
- Salmiak
- Neutralisation
- pH-Wert saurer, alkalischer und neutraler Lösungen
- Stoffmengenkonzentration
- Titration
- Säure-Base-Begriff
  - nach ARRHENIUS
  - nach BRÖNSTED

Wichtige Säuren und ihre Salze

In fast allen Bereichen der Chemie spielen Säuren und saure Lösungen eine bedeutende Rolle. Allen in diesem Kapitel besprochenen Säuren ist eines gemeinsam: Sie entstehen durch Reaktion eines Nichtmetalloxids mit Wasser, sind also Sauerstoffverbindungen. Wie alle Säuren können sie auch Salze bilden.

Schwefelsäure und Salpetersäure sind wichtige Grundstoffe zur Herstellung vieler Produkte für Technik und Alltag, z. B. Waschrohstoffe, Farb-, Kunst- und Sprengstoffe. Auch die Salze dieser Säuren, die zum Teil in der Natur vorkommen, finden breite Anwendung. Zur Produktion der Säuren werden die entsprechenden Nichtmetalloxide in großtechnischen Verfahren gezielt hergestellt. Sie entstehen jedoch auch ungewollt bei vielen Verbrennungsvorgängen und bilden zusammen mit dem Wasser der Atmosphäre diese Säuren, die auf die Umwelt schädigend wirken.

Auch die Phosphorsäure und ihre Salze sind von großer Bedeutung, z. B. im Stoffwechsel von Organismen. Zu große Mengen der Salze führen in der Natur zu Umweltproblemen.

Die Kohlensäure, die aus Kohlenstoffdioxid entsteht, ist vor allem wegen ihrer Salze von Bedeutung. Sie bilden ganze Gebirge und mit ihren Eigenschaften geben sie manchen Landschaften ihr typisches Aussehen.

15.3 Technische Herstellung der Schwefelsäure

Land	Schwefelsäure-Produktion in Mio. t
USA	39,2
GUS	24
Volksrepublik China	13,1
Japan	7,1
Marokko	6,5
Indien	4,7
Kanada	3,9
Brasilien	3,6
Frankreich	3,6
Tunesien	3,5
Deutschland	3,4
Mexiko	3,3
Welt	ca. 150,5

B 1 Produktion von Schwefelsäure 1991

A 1 Bei der technischen Schwefeltrioxidherstellung muss das Gasgemisch immer nach Durchströmen einer Kontaktschicht über Wärmeaustauscher geleitet werden. Erkläre.

A 2 Welche Vorteile besitzt das Doppelkontaktverfahren?

Schwefelsäure ist ein sehr wichtiges Produkt der chemischen Industrie. Insgesamt wurden 1991 etwa 150 Millionen Tonnen produziert, davon 3,4 Millionen Tonnen in Deutschland (▷ B 1).

Das Kontaktverfahren. Die Herstellung der Schwefelsäure erfolgt heute großtechnisch nach dem Kontaktverfahren (Kontakt: ältere Bezeichnung für Katalysator) (▷ B 2 und ▷ B 3). Der Katalysator ist notwendig, damit bei den erforderlichen Reaktionsbedingungen die Reaktion zügig abläuft. Der Produktionsprozess lässt sich in drei Stufen untergliedern:

1. Stufe: **Gewinnung von Schwefeldioxid.** Der wichtigste Ausgangsstoff für die Schwefelsäuresynthese ist elementarer Schwefel, der aus Schwefellagern stammt oder bei der Erdöl- bzw. Erdgasaufbereitung anfällt. Der Schwefel wird zunächst in einem Ofen geschmolzen, dann mit Luft zerstäubt und zu Schwefeldioxid verbrannt:

$$S + O_2 \longrightarrow SO_2 \quad | \text{ exotherm}$$

Schwefeldioxid fällt auch als Nebenprodukt beim „Abrösten" (Erhitzen unter Luftzufuhr) von sulfidischen Erzen an. Hierbei werden u. a. Kupfer-, Zink- und Bleisulfid eingesetzt, in der Vergangenheit war es auch Pyrit (FeS_2).

$$2\,PbS + 3\,O_2 \longrightarrow 2\,PbO + 2\,SO_2 \quad | \text{ exotherm}$$

Aus den so gewonnenen Oxiden werden im Verhüttungsprozess die entsprechenden Metalle hergestellt. Das beim Rösten in großen Mengen anfallende Umweltgift Schwefeldioxid darf nicht an die Umgebung abgegeben werden. Daher sind diesen Metallhütten Schwefelsäureanlagen zur sinnvollen Verwendung des Schwefeldioxids angeschlossen. Der größte Teil der in Deutschland erzeugten Schwefelsäure wird auf der Basis der Verbrennung elementaren Schwefels gewonnen.

Die Verbrennung von Schwefel ist exotherm. Die Abgase müssen deshalb zunächst in einem Abhitzekessel gekühlt werden. Anschließend erfolgt ein gründlicher *Reinigungsprozess* (elektrostatische Filtration, Gaswäsche), um sie von Fremdstoffen zu befreien, die mit dem Katalysator reagieren und ihn

B 2 Schema der technischen Schwefelsäureherstellung nach dem Doppelkontaktverfahren

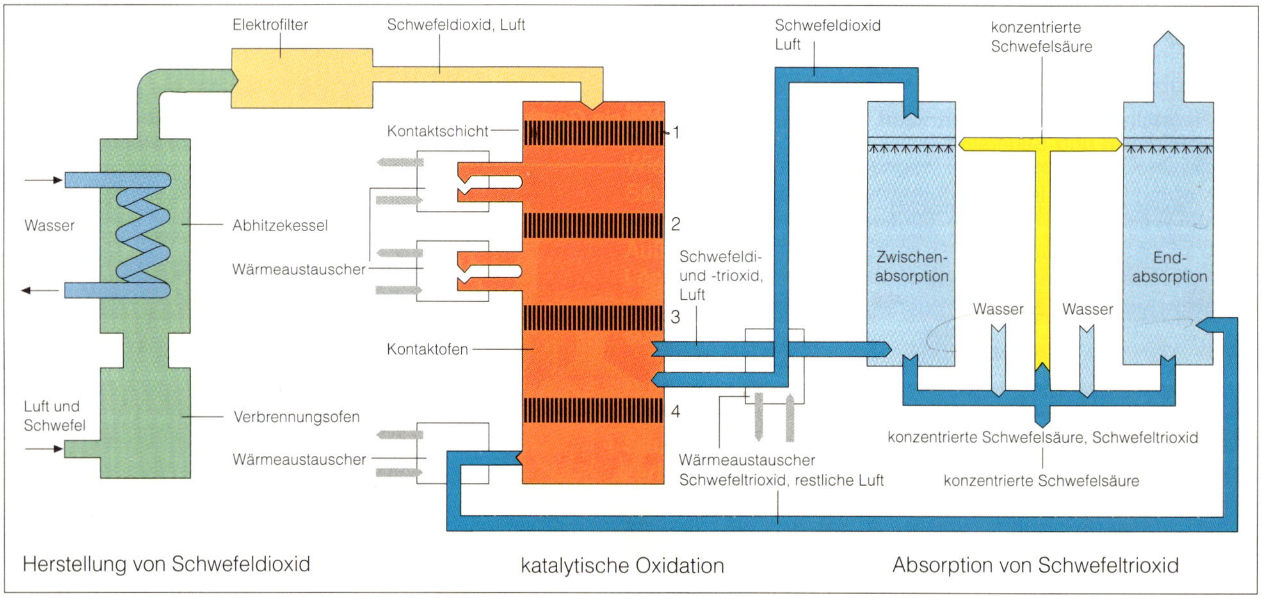

Technische Herstellung der Schwefelsäure

dadurch unwirksam machen können *(Katalysatorgifte)*. Das getrocknete Schwefeldioxid-Luft-Gemisch wird dann in einen *Kontaktofen* geleitet, wo der entscheidende Verfahrensschritt, die Oxidation zu Schwefeltrioxid, erfolgt.

2. Stufe: **Katalytische Oxidation von Schwefeldioxid.** Schwefeltrioxid beginnt ab 400 °C in Schwefeldioxid und Sauerstoff zu zerfallen. Deshalb muss man bei der Oxidation niedrige Temperaturen einhalten. Auch dann entstehen größere Schwefeltrioxidmengen nur bei Anwendung von *Katalysatoren* („Kontakten"). In der Technik verwendet man hierfür *Vanadiumoxid* (V_2O_5). Das Gasgemisch wird bei ca. 430 °C auf die *erste Kontaktschicht* geleitet. Durch die exotherme Reaktion heizt sich das Gasgemisch weiter auf. Es muss nach Verlassen der Kontaktschichten wieder auf 430 °C abgekühlt werden. Dies erfolgt in *Wärmeaustauschern*. Dabei wird die Wärme in Anlagen mit Röstgaserzeugung an frisch zur Reaktion herbeigeführtes Gas abgegeben, damit es auf die entsprechende Reaktionstemperatur gebracht wird. In Anlagen mit Schwefelverbrennung wird die Wärme vor allem zur Gewinnung von Dampf genutzt. Zwischen der zweiten und dritten Kontaktschicht gelangen die Gase in einen *Zwischenabsorber*, wo das bislang entstandene Schwefeltrioxid aus dem Gemisch entfernt wird. Anschließend werden die Restgase wieder auf Reaktionstemperatur gebracht und in den *Kontaktofen* zurückgeführt.
In Anlagen mit diesem **Doppelkontaktverfahren** werden ca. 99,7 % des eingesetzten Schwefeldioxids zu Schwefeltrioxid umgesetzt. Damit kann die Ausbeute erhöht und die Belastung der Umwelt durch nicht umgesetztes Schwefeldioxid niedrig gehalten werden.

3. Stufe: **Reaktion des Schwefeltrioxids zu Schwefelsäure.** Das Schwefeltrioxid wird in den *Absorptionstürmen* in konzentrierte Schwefelsäure eingeleitet, da es von der Schwefelsäure besser aufgenommen wird als von Wasser. Durch ständige Wasserzufuhr kann der Massenanteil der Schwefelsäure auf 98 % gehalten werden.

Recycling von Schwefelsäure. In vielen großtechnischen Prozessen dient die Schwefelsäure nur als Hilfsstoff oder zur Bildung von Zwischenprodukten, so dass am Ende der Reaktion eine mehr oder weniger stark verunreinigte, verdünnte Schwefelsäure vorliegt, die entsorgt werden muss. Hierbei geht man immer mehr dazu über die Lösungen wieder aufzukonzentrieren, zu reinigen und wieder dem Produktionsprozess zuzuführen. Sind die Schwefelsäurelösungen zu stark verunreinigt, kann ein Recycling über die **thermische Spaltung** der Abfallschwefelsäure erfolgen, einem stark endothermen Vorgang. Dieser läuft bei Temperaturen zwischen 1000 °C und 1300 °C in Spaltöfen ab, die mit feuer- und säurefester Keramik ausgekleidet sind. Diese Temperaturen werden erreicht, indem die Schwefelsäure in etwa 1800 °C heißen Ölbrennergasen zerstäubt wird. Bei der Spaltung entstehen Wasserdampf, Sauerstoff und Schwefeldioxid, das nach Abkühlen und Reinigen wieder der Schwefeltrioxid- bzw. Schwefelsäuresynthese zugeführt wird.

B3 Anlage zur großtechnischen Herstellung von Schwefelsäure nach dem Doppelkontaktverfahren. Der Kontaktofen befindet sich im rechten Teil des Bildes

15.7 Saurer Regen – Entstehung und Wirkung

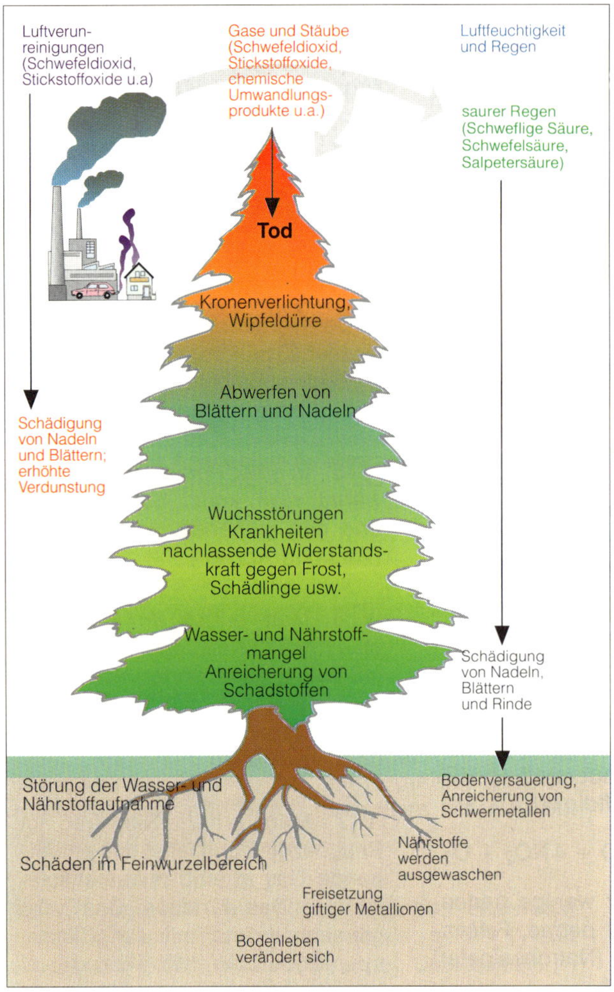

B 1 Entstehung und Wirkung von saurem Regen

Da Kohle, Erdöl und Erdölprodukte (z. B. Benzin, Diesel- und Heizöl) u. a. Schwefelverbindungen enthalten, entsteht bei deren Verbrennung auch *Schwefeldioxid*. Vor allem bei hohen Verbrennungstemperaturen bilden sich aus dem in der Luft enthaltenen Stickstoff *Stickstoffoxide*.

Diese Oxide reagieren mit der Luftfeuchtigkeit zu *Salpetersäure* bzw. *Schwefliger Säure*, wobei diese unter der katalytischen Einwirkung von Stäuben teilweise zu *Schwefelsäure* weiterreagiert. Diese Säuren liegen dann in feinster Verteilung in der Luft vor (z. B. als winzige Tröpfchen, Aerosole). Durch den Regen werden diese aus der Luft ausgewaschen, so dass eine saure Lösung, der **saure Regen,** entsteht (▷ B 1). Der saure Regen stört das biologische Gleichgewicht im Boden und in Gewässern. Die Schadwirkung zeigt sich an Fischen, Pflanzen und auch an Bauwerken (↗ Kap. 5.12, ▷ B 1).

Saurer Regen und Waldsterben. Der saure Regen gilt als ein Verursacher des *Waldsterbens*. Nach heutigen Erkenntnissen ist die *Gesamtheit der Luftverschmutzungen* für das Waldsterben verantwortlich. Als mögliche Auslöser oder Verstärker werden auch *Schwermetallverbindungen*, *Ozon* und *Fotooxidantien* genannt. Letztere entstehen aus Stickstoffoxiden und Kohlenwasserstoffen unter Einfluss des Sonnenlichts. Insgesamt kennt man etwa 3000 Verbindungen, die zur Luftverschmutzung beitragen. Über die genauen Zusammenhänge von Luftverschmutzung und Waldsterben gibt es jedoch verschiedene Theorien. Ziemlich sicher ist, dass beim Waldsterben mehrere Faktoren zusammenwirken, z. B. Luftschadstoffe, Übersäuerung, Nährstoffmangel, tierische Schädlinge (z. B. Borkenkäfer) und Mikroorganismen.

V 1 Man leitet in ein Becherglas mit Kressekeimlingen Schwefeldioxid bzw. Stickstoffdioxid und lässt das Gas längere Zeit einwirken. (Abzug!)

V 2 Man gibt in zwei Petrischalen mit angefeuchtetem Filterpapier je 25 Kressesamen und stellt eine davon in eine Plastiktüte und füllt sie mit Autoabgasen. Nach 60 min nimmt man die Schale heraus. Vergleiche nach 2 bis 3 Tagen die Spross- und Wurzellänge der Keimlinge der beiden Schalen.

B 2 pH-Werte von saurem Regen im Vergleich

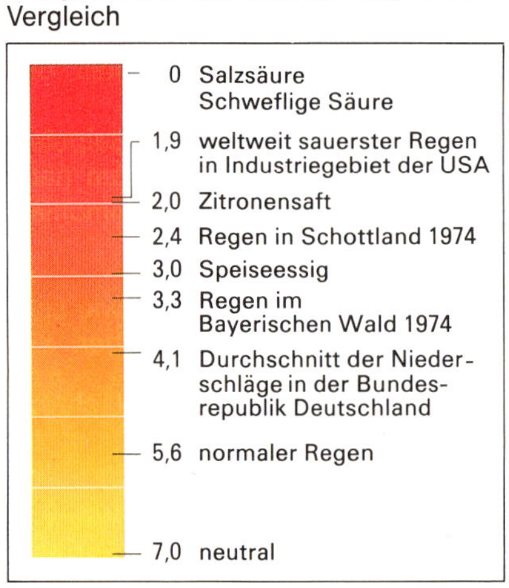

B 3 Waldsterben als Folge des sauren Regens und anderer Luftschadstoffe

Die Wirkung von saurem Regen auf Bäume. Durch die Übersäuerung des Bodens wird zunächst seine natürliche Zusammensetzung gestört. So tötet die saure Lösung nützliche Bodenbakterien ab und setzt über chemische Reaktionen schädliche Stoffe wie z. B. giftige Schwermetallionen frei, die zuvor in Form unschädlicher, nicht löslicher Verbindungen im Boden vorhanden waren. Als Folge dieser Veränderungen sterben die Feinwurzeln ab und es kommt zu Störungen im Wasser- und Nährstoffhaushalt. Die Widerstandskraft der Bäume wird geschwächt, sie werden anfällig für Krankheiten. Natürliche Belastungen wie Trockenperioden, Frost und Schädlingsbefall, die unter normalen Verhältnissen den Bäumen in der Regel wenig anhaben, wirken sich nun wesentlich stärker aus. Durch den sauren Regen werden nicht nur Jungbäume im Aufwachsen behindert, sondern auch ausgewachsene Bäume erheblich geschädigt. Äußerlich sind diese Schädigungen zunächst an Blatt- und Nadelabwurf, dann an Wipfeldürre und Kronenverlichtung zu erkennen. Schließlich sterben die Bäume ab (▷ B 1, ▷ B 3).

Luftverunreinigungen schädigen mehrfach. Neben der Schädigung durch sauren Regen können gasförmige Schadstoffe auch direkt auf Nadeln und Blätter der Bäume einwirken. So kann über die Spaltöffnungen Schwefeldioxid in das Blattinnere eindringen und sich dort mit Wasser zu Schwefliger Säure verbinden. Diese zerstört den für die Fotosynthese wichtigen Pflanzenfarbstoff Chlorophyll und die Zellmembranen (▷ V 1 und ▷ V 2).

Die Folgen eines großflächigen Waldsterbens sind unabsehbar, v. a. für den Schutz des Grundwassers, die Speicherung der Niederschläge, das Klima, die Vermeidung von Bodenerosion und die Beschaffenheit der Luft.

Gegenmaßnahmen. Als direkte Maßnahme gegen die Wirkung des sauren Regens wird versucht z. B. durch „Kalken" von Böden und Gewässern den pH-Wert anzuheben (↗ Kap. 5.13 und 14.5). Die auf lange Sicht einzige wirksame Maßnahme ist die *Verringerung* des *Schadstoffausstoßes* bei Verbrennungen. Dies kann z. B. durch Verwendung umweltfreundlicher Brennstoffe und durch Verbesserungen des Verbrennungsvorgangs erreicht werden. Durch neue Verbrennungstechniken in Kraftwerken, wie z. B. die **Wirbelschichtfeuerung**, kann die *Verbrennungstemperatur* und damit der *Ausstoß* an *Stickstoffoxiden* gesenkt werden. Bei dieser Feuerungsart gelingt es gleichzeitig durch Zugabe von Kalkmehl das Schwefeldioxid zu Gips reagieren zu lassen. Dasselbe Prinzip wird auch in den **Rauchgasentschwefelungsanlagen** angewandt (▷ B 4, ▷ B 5). In diesen Anlagen werden die schwefeldioxidhaltigen Rauchgase mit einer Suspension von Calciumhydroxid oder Kalk besprüht. Das entstehende Calciumsulfit bzw. -hydrogensulfit wird durch Luft zu Calciumsulfat, Gips, oxidiert (▷ B 5), der teilweise in Gips- und Zementwerken weiterverarbeitet wird.

Die Stickstoffoxide (NO_x) können in einer **Rauchgas-„Entstickungsanlage"** (DENOX-Anlage) weitgehend entfernt werden (▷ B 4). Die Stickstoffoxide reagieren mit zugesetztem Ammoniak zu Stickstoff und Wasser. Ferner muss eine deutliche Verminderung der Schadstoffemission bei *Kraftfahrzeugen* erreicht werden. Hierzu werden Autos mit **Abgaskatalysatoren** ausgerüstet. Die Schadstoffe reagieren an einer katalytisch wirksamen Edelmetalloberfläche miteinander bzw. mit Sauerstoff, dessen Anteil über eine Mess-Sonde geregelt wird, zu Wasserdampf, Kohlenstoffdioxid und Stickstoff. Voraussetzung ist *bleifreies Benzin*, da Blei und Bleiverbindungen als *Katalysatorgift* wirken.

B 4 Kohlekraftwerk mit Rauchgasentschwefelungs- und Entstickungsanlage

B 5 Schema der Rauchgasentschwefelung eines Kraftwerks. Aus Schwefeldioxid, Sauerstoff und Kalk entsteht Gips

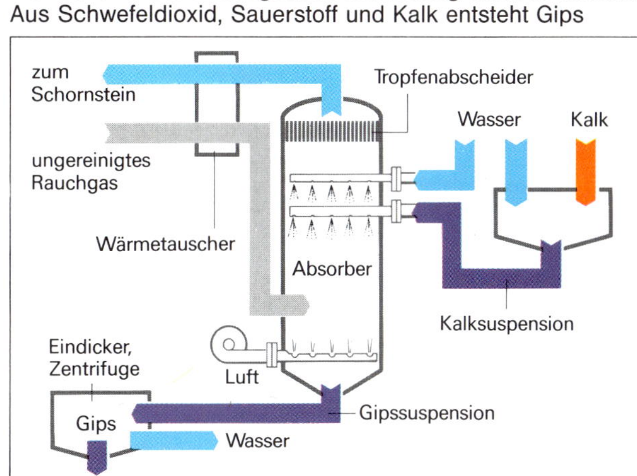

15.10 Carbonate und Hydrogencarbonate

Name	Formel	Verwendung
Natriumcarbonat (Soda)	$Na_2CO_3 \cdot 10\,H_2O$	bei der Herstellung von Glas, Seife und Waschmitteln, Farbstoffen
Natriumhydrogencarbonat (Natron)	$NaHCO_3$	bei der Herstellung von Brause- und Backpulver; in Feuerlöschern; als Mittel gegen Sodbrennen
Kaliumcarbonat (Pottasche)	K_2CO_3	bei der Herstellung von Kaliseifen (Schmierseifen) und Glas
Calciumcarbonat (Kalk)	$CaCO_3$	als Baustein und Schotter; bei der Herstellung von Zement, Branntkalk, Löschkalk und Düngemitteln

B 1 Wichtige Carbonate und Hydrogencarbonate

V 1 Leite Kohlenstoffdioxid in Kalkwasser.

V 2 Gieße verdünnte Calciumchloridlösung und Natriumcarbonatlösung zusammen.

V 3 a) Gib zu wässriger Natriumcarbonat- bzw. Natriumhydrogencarbonatlösung etwas verdünnte Salzsäure. Prüfe das entstehende Gas mit Kalkwasser. b) Tropfe verdünnte Salzsäure auf Kalkstein, ein Schneckenhaus, eine Muschelschale, Korallenskelettstückchen, Eierschalen und auf verschiedene Gesteins- und Bodenproben.

A 1 Stelle die Reaktionsgleichungen für folgende Reaktionen auf: a) Calciumchlorid und Natriumcarbonat, b) Natriumhydrogencarbonat und Salzsäure, c) Natriumcarbonat und Salzsäure.

B 2 Kalksteinbruch bei Beckum. Die Gesteinsschichten sind gut erkennbar

Kohlensäure bildet zwei Reihen von Salzen. Kohlensäurelösungen enthalten zwei verschiedene Säurerestionen, Hydrogencarbonat- und Carbonationen. Dementsprechend gibt es auch zwei Reihen von Salzen. Salze mit dem Säurerestion HCO_3^- heißen **Hydrogencarbonate**, die mit CO_3^{2-}-Ionen **Carbonate**. Zur Herstellung dieser Salze ist die Reaktion der Säurelösung mit unedlen Metallen oder Metalloxiden *ungeeignet*, da Kohlensäure nur *wenig stärker* als Wasser auf Metalle einwirkt. Dies hat jedoch andererseits den Vorteil, dass von dieser Säurelösung in der Umwelt hervorgerufene Korrosionsvorgänge nur *sehr langsam* verlaufen.
Zur Herstellung der Salze geht man von *Hydroxidlösungen* aus, die mit Kohlensäure umgesetzt werden. Dazu wird Kohlenstoffdioxid in die Lösungen eingeleitet. Besonders wichtig ist die entsprechende Reaktion mit Kalkwasser, bei der schwer lösliches **Calciumcarbonat**, *Kalk*, ausfällt (▷ V 1). Das Auftreten dieses weißen Niederschlags von Calciumcarbonat ist ein Nachweis für Kohlenstoffdioxid und Kohlensäurelösung.

$$Ca^{2+}(aq) + 2\,OH^-(aq) + CO_2(g) \longrightarrow CaCO_3(s) + H_2O(l)$$

Nach längerem Einleiten von Kohlenstoffdioxid löst sich der Niederschlag wieder auf. Es muss eine Reaktion abgelaufen sein, bei der aus Calciumcarbonat eine leicht lösliche Verbindung entstanden ist; es handelt sich um **Calciumhydrogencarbonat**.

$$CaCO_3(s) + CO_2(g) + H_2O(l) \longrightarrow Ca^{2+}(aq) + 2\,HCO_3^-(aq)$$

Alle Carbonate mit Ausnahme der Alkalimetallcarbonate sind in Wasser schwer löslich (▷ V 2).

Vorkommen der Carbonate und Hydrogencarbonate. Diese Verbindungen sind in der Natur in großen Mengen anzutreffen. *Kalkstein* (der im Wesentlichen aus Calciumcarbonat besteht) und *Dolomit* (vor allem aus dem Doppelsalz Calcium-magnesium-carbonat, $MgCa(CO_3)_2$ zusammengesetzt) bilden ganze Gebirgsmassive, wie z. B. die Kalkalpen. Auch *Kreide-Kalk*, *Jura-Kalk* (Schwäbische Alb), *Muschelkalk* und *Travertin* bestehen zum größten Teil aus Calciumcarbonat. *Kalkspat* (Calcit), dessen Kristalle durch ihre Doppelbrechung des Lichts bekannt sind, ist ganz reines Calciumcarbonat. *Marmor* und *Tropfstein* sind ebenfalls fast reines Calciumcarbonat.
Soda (Natriumcarbonat) und Natron (Natriumhydrogencarbonat) kommen in den Salzseen und Salzpfannen vieler Trockengebiete vor und werden dort bei anhaltender Trockenheit ausgeschieden (▷ B 3), z. B. in Ägypten (Natrontal), Ost-Afrika, USA (Nevada) und Mexiko. Eisenspat (Eisencarbonat, $FeCO_3$), Manganspat (Mangancarbonat, $MnCO_3$) und Zinkspat (Galmei, Zinkcarbonat, $ZnCO_3$) sind wichtige Erze.

Wichtige Carbonate und Hydrogencarbonate. Eine Übersicht über die Verwendung der Carbonate und Hydrogencarbonate bietet ▷ B 1. Neben Kalk ist Soda das von der Menge her wichtigste Carbonat. Bis vor ca. 150 Jahren wurde sie aus bestimmten Salzseen gewonnen. Heute wird Soda in einem technischen Prozess hergestellt. Natriumcarbonat kommt wasserfrei oder als Salzhydrat, $NaCO_3 \cdot 10\,H_2O$, *Kristallsoda*, in den Handel. In Deutschland werden jährlich etwa 1,5 Millionen Tonnen Soda hergestellt.
Kaliumcarbonat findet ähnliche Verwendung wie Soda. Es wird auch als *Pottasche* bezeichnet, da man es früher in großen Töpfen (Pötten) aus Holzasche durch Auslaugen (Herauslösen) gewonnen hat (▷ V 4).

Reaktion mit sauren Lösungen. Durch saure Lösungen werden Carbonate und Hydrogencarbonate zersetzt; dabei entweicht Kohlenstoffdioxid (▷ V 3). Wegen der leicht wahrnehmbaren Entwicklung des Gases (Aufschäumen) dient diese Reaktion als *Nachweis für Kalkstein* und andere Carbonate (▷ V 3b):

$$CaCO_3 + 2\,H^+(aq) \longrightarrow Ca^{2+}(aq) + H_2O + CO_2$$

Die Eigenschaft der Carbonate und Hydrogencarbonate mit sauren Lösungen zu reagieren, wobei Kohlenstoffdioxid entsteht, macht man sich häufig zunutze. So verwendete man früher Natron gegen Sodbrennen (Überschuss an Salzsäure im Magen). Auch beim *Entkalken* von Geräten und Töpfen wird diese Reaktion angewandt. Natriumhydrogencarbonat verwendet man zur Herstellung von *Back-* und *Brausepulver* (▷ B 4). Sie enthalten Gemische aus Natron und festen Säuren. Da sich erst mit Wasser $H^+(aq)$-Ionen bilden, sind die trockenen Gemische beständig. Auch in *Feuerlöschern* findet Natriumhydrogencarbonat Verwendung. Das entstehende Kohlenstoffdioxid ist beim *Schaum-* oder *Nasslöscher* Treibgas und Löschmittel zugleich.

Reaktionen beim Erwärmen. Da die Hydrogencarbonate schon bei mäßigem Erhitzen unter Freisetzung von Kohlenstoffdioxid zerfallen, verwendet man Natriumhydrogencarbonat auch in *Pulver-* oder *Trockenlöschern* (▷ V 5). Das in die Flammen geblasene Natron bildet bei den herrschenden Temperaturen Kohlenstoffdioxid, das die Flamme erstickt.

$$2\,NaHCO_3 \longrightarrow Na_2CO_3 + H_2O + CO_2$$

Ammoniumhydrogencarbonat ist ein Bestandteil des *„Hirschhornsalzes"*, das beim Backen als *Treibmittel* zur Lockerung des Teigs verwendet wird.
Zur Spaltung der Carbonate durch Erwärmen sind wesentlich höhere Temperaturen erforderlich (↗ Kap. 15.12).

B 3 Natronsee in Ostafrika

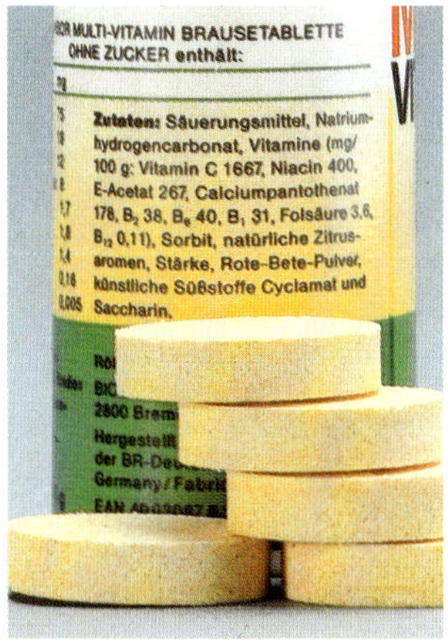

B 4 Natriumhydrogencarbonat im Haushalt

V 4 Erhitze in einem Porzellantiegel zerkleinerte und getrocknete Pflanzenteile bis zu einer gleichmäßigen hellgrauen Färbung. Gib etwas Pflanzenasche in ein Reagenzglas, versetze mit einigen Tropfen verd. Salzsäure und halte einen Tropfen Kalkwasser an einem Glasstab über das Gemisch.

V 5 Erhitze Natriumhydrogencarbonat in einem Reagenzglas. Leite das entstehende Gas in ein Becherglas, in dem eine brennende Kerze steht.

12 000 Livres für „künstliche" Soda!

Im Jahre 1775 veranstaltete die französische Akademie der Wissenschaften ein Preisausschreiben für ein neues Verfahren zur Herstellung von Soda. Wegen der ständig zunehmenden Nachfrage nach Glas, Textilien und Seifen war auch der Bedarf an Soda, die zu deren Herstellung und Bearbeitung benötigt wird, stark angestiegen. Wasserlösliche Carbonate wurden seit alters her entweder aus natürlichen Vorkommen in „Natronseen" gewonnen (Soda) oder durch Veraschung von Pflanzen hergestellt (Pottasche). Dies hatte eine immer weiter fortschreitende Abholzung der Wälder zur Folge, die sich mit dieser Geschwindigkeit nicht erneuern konnten. Auch die Erkenntnis, dass auch durch Veraschung von Seepflanzen Soda gewonnen werden konnte, brachte keine Verbesserung der Lage. Allein Frankreich importierte jährlich für 20 bis 30 Mill. Franc „Seepflanzen-Soda" aus Spanien.

NICOLAS LEBLANC und seinen Mitarbeitern gelang es nach Jahren ein Verfahren zur Sodaherstellung aus Kochsalz zu finden. Wegen der inzwischen durch die französische Revolution eingetretenen politischen Veränderungen hat LEBLANC den Preis nie erhalten. Das Leblanc-Verfahren wird seit mehr als 100 Jahren nicht mehr verwendet. Allerdings ist heute noch beim Solvay-Verfahren Kochsalz einer der Ausgangsstoffe. Dabei entstehen jedoch weniger Nebenprodukte.

15.11 Projekt: Untersuchung von Brausepulver und Backpulver

Brausepulver wird gern probiert, weil es auf der Zunge prickelt, sauer und zugleich süß schmeckt. Eine solche Kombination dürfte vermutlich von *mehreren* Stoffen, einem Stoffgemisch, herrühren. Brausepulver kann man sich selbst herstellen.

Dazu benötigt man Citronensäure oder Weinsäure, Natron und Zucker. Diese Zutaten erhält man in einer Drogerie oder Apotheke, Zucker in jedem Lebensmittelgeschäft. Da es sich um Lebensmittel oder Lebensmittelzusatzstoffe handelt, dürfen mit ihnen auch Geschmacksproben durchgeführt werden.

Werden die Versuche im Unterricht durchgeführt, müssen alle Geräte und Materialien peinlich sauber sein, es dürfen sich keine Chemikalienreste auf dem Experimentiertisch befinden. Zur Sicherheit kann man den Experimentiertisch auch mit Zeitungspapier abdecken.

Zwei Stoffe des Brausepulvergemisches kommen auch in anderen Stoffgemischen des Alltags vor. Die Durchführung der folgenden Versuche lässt auch ihre Zusammensetzung verstehen.

Versuch 1 Untersuchung von Brausepulver

Geräte und Materialien: 1 Blatt glattes Papier, Zahnstocher, Lupe, Glasstab, Papierhandtuch, Brausepulver

Durchführung und Aufgaben: Gib auf das Papier eine Probe Brausepulver und sortiere mit dem Zahnstocher die Bestandteile. Betrachte diese unter der Lupe. Tupfe von einem Bestandteil mit dem angefeuchteten Glasstab eine Probe auf und nimm sie mit der Zungenspitze auf. Führe diese Geschmacksprobe auch mit den übrigen Bestandteilen durch. Der Glasstab wird nach jeder Probe abgespült. Wie viele Stoffe lassen sich erkennen? Beschreibe ihr Aussehen und ihren Geschmack.

Versuch 2 Aussehen und Geschmack der einzelnen Bestandteile des Brausepulvers

Geräte und Materialien: 1 Blatt schwarzes Papier, Lupe, Glasstab, Papierhandtuch, Citronen- oder Weinsäure, Natron, Zucker

Durchführung und Aufgaben: Gib auf das Papier jeweils eine sehr kleine Portion Säure, Natron und Zucker. Betrachte die Stoffe unter der Lupe. Führe mit den Stoffen die Geschmacksproben wie in Versuch 1 durch. Beschreibe das Aussehen und den Geschmack der Stoffe.

Versuch 3 Zusammenwirken der einzelnen Stoffe des Brausepulvers

Geräte und Materialien: 3 Bechergläser (100 ml), Spatel, Glasstab, Citronen- oder Weinsäure, Natron, Zucker

Durchführung und Aufgaben: Fülle jedes der drei Bechergläser bis zur Hälfte mit Leitungswasser. Gib in das 1. Becherglas je eine Spatelspitze Säure und Zucker, in das 2. Becherglas je eine Spatelspitze Natron und Zucker, in das 3. Becherglas je eine Spatelspitze Säure und Natron. Rühre jeweils kurz um.
Schildere deine Beobachtungen und beantworte die folgenden *Fragen:*

a) Wie kommt das „Prickeln" zustande, wenn Brausepulver in Wasser geschüttet wird?
b) Welche Reaktion führt zur Bildung des Gases?

Versuch 4 Mischen eines schmackhaften Brausepulvers

Geräte und Materialien: 3 Bechergläser (100ml), 3 Schnappdeckelgläser, Spatel, Glasstab, Citronen- oder Weinsäure, Natron, Zucker

Durchführung und Aufgaben: Gib in die drei Schnappdeckelgläser zunächst jeweils ein Gemisch aus zwei Spatelspitzen Säure und einer Spatelspitze Natron. Gib in das 1. Glas dann einen Spatel Zucker, in das 2. zwei Spatel Zucker, in das 3. drei Spatel Zucker. Schüttle die Schnappdeckelgläser, so dass die Stoffe gut vermischt sind und schütte sie dann in je ein Becherglas mit 50 ml Leitungswasser. Rühre und probiere die Lösungen. Welche Brause schmeckt am besten? Wie könnte man den Geschmack noch verbessern?

Versuch 5 Eine Brause mit Geschmack

Geräte und Materialien: Becherglas (100ml), schmackhaftes Brausepulver aus Versuch 4, Kirschsirup oder Himbeersirup oder Zitronensaft, Glasstab

Durchführung: Löse das schmackhafte Brausepulver in 50 ml Leitungswasser auf. Gib dann eine kleine Portion eines Sirups oder des Zitronensaftes zu. Rühre um und probiere.

Aus einem Lexikon: Brauselimonadewürfel oder -pulver enthalten Zucker oder Süßstoff, eine natürliche oder künstliche Fruchtessenz, Weinsäure oder Citronensäure und Natron.

Fragen:

1. Warum ist der Zucker im Brausepulver meist fast vollständig durch Süßstoff ersetzt?
2. Welche der obigen Stoffe rufen den Waldmeister- oder Orangen-Geschmack der Brauselimonade hervor?

Untersuchung von Brausepulver und Backpulver

Getreideerzeugnisse wie Brot und Gebäck sind wohlschmeckende und bekömmliche Nahrungsmittel. Ihre Bekömmlichkeit beruht auf ihrer porösen und aufgelockerten Beschaffenheit, die das Kauen erleichtert und den Verdauungssäften raschen Zutritt ermöglicht. Das Gas, das ein Aufgehen des Teiges hervorruft, wird durch einen Gärungsvorgang (Sauer- oder Hefeteig) oder durch eine chemische Reaktion des Backpulvers hervorgerufen. Die Wirkungsweise des Backpulvers ergibt sich aus seiner Zusammensetzung, der wir im Folgenden nachgehen werden.

Versuch 6 Entstehung und Nachweis des Gases aus Backpulver

Geräte und Materialien: 2 Reagenzgläser, durchbohrter Stopfen mit Gasableitungsrohr, Stativ, 2 Doppelmuffen, 2 Stativklemmen, Becherglas (250 ml), Spatel, heißes Wasser, Kalkwasser (frisch filtriert)

Durchführung: a) Befestige ein Reagenzglas am Stativ und fülle es zu einem Drittel mit dest. Wasser. Gib einen Spatel Backpulver in das Wasser und schüttle kurz. Beobachte den Reagenzglasinhalt einige Minuten. Erwärme die Suspension dann mit sehr heißem Wasser. Beobachte wiederum einige Minuten.

b) Spüle das Reagenzglas und befestige es erneut am Stativ, fülle es zu einem Drittel mit dest. Wasser und gib zwei Spatel Backpulver in das Wasser. Verschließe anschließend mit dem Stopfen mit Ableitungsrohr. Befestige ein Reagenzglas mit Kalkwasser so an dem Stativ, dass das Ableitungsrohr in das Kalkwasser ragt. Erwärme die Backpulver-Suspension mit heißem Wasser.

Aufgaben: 1. Schildere und deute die Beobachtungen.

2. Angabe eines Backpulverherstellers: „Bei einem guten Backtriebmittel (Backpulver) sollte der schon beim Anrühren des Teiges einsetzende Vortrieb im richtigen Verhältnis zum Nachtrieb (Ofentrieb) stehen. Der überwiegende Teil des Gesamttriebes sollte auf den Nachtrieb entfallen." Welcher Teil von Versuch a entspricht dem Vortrieb, welcher dem Nachtrieb?

3. Warum sollte Backpulver kühl und trocken gelagert werden?

Zwei Beispiele für Backpulvermischungen

I)		II)	
11,2 g	Reinweinstein	6,6 g	Natriumpyrophosphat
5,0 g	Natriumhydrogencarbonat	5,0 g	Natriumhydrogencarbonat
3,8 g	Maisstärke	8,4 g	Maisstärke

Reinweinstein (Kaliumhydrogentartrat, $C_4H_4O_6KH$) und Natriumpyrophosphat ($Na_2H_2P_2O_7$) sind saure Salze, die mit Wasser saure Lösungen bilden. Auf den Backpulverpackungen werden diese als Säuerungsmittel bezeichnet.

Natriumhydrogencarbonat ist das Backtriebmittel. Maisstärke dient als „Trennmittel".

Versuch 7 Bestimmung des Volumens und der Masse des Kohlenstoffdioxids aus Backpulver

Geräte und Materialien: Kolbenprober (100 ml), Stativ, Doppelmuffe, Stativklemme, Erlenmeyerkolben (100 ml), durchbohrter Stopfen mit Glasrohr, Schlauchstück, Gummistopfen, Waage, Becherglas (400 ml), Filterpapier, Thermometer, Messzylinder (50 ml), heißes Wasser, Backpulver, Essigsäure ($c = 1$ mol/l)

Durchführung: 1. Zunächst wird der Inhalt des Backpulverpäckchens gewogen.

2. Die Apparatur wird wie in der Abbildung aufgebaut.

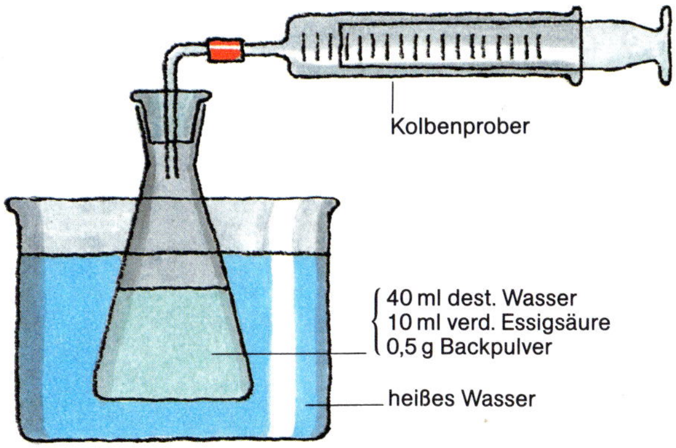

Der Erlenmeyerkolben wird mit 40 ml dest. Wasser und 10 ml verd. Essigsäure gefüllt (Die Essigsäure beschleunigt die Gasentwicklung, verfälscht sie aber nicht!). In die Lösung werden etwa 0,5 g Backpulver (genau gewogen) geschüttet, anschließend wird der Erlenmeyerkolben sofort mit dem durchbohrten Stopfen verschlossen und kräftig geschüttelt. Dann wird er für etwa 2 Minuten in heißes Wasser (mind. 90 °C) gestellt. Der Kolben wird wieder kräftig geschüttelt. Nach dem Abkühlen auf Zimmertemperatur wird das Volumen des Kohlenstoffdioxids am Kolbenprober abgelesen.

Aufgaben: 1. Berechne mit Hilfe des Volumens und der Dichte ($\varrho = 1{,}83$ g/l) die Masse des Kohlenstoffdioxids.

2. Backpulver sollte in der für 500 g Mehl bestimmten Menge mindestens 2,35 g und höchstens 3,0 g „wirksames Kohlenstoffdioxid" enthalten. Hat sich aus dem untersuchten Backpulver genügend Kohlenstoffdioxid austreiben lassen?

15.12 Natürlicher und technischer Kreislauf des Kalks

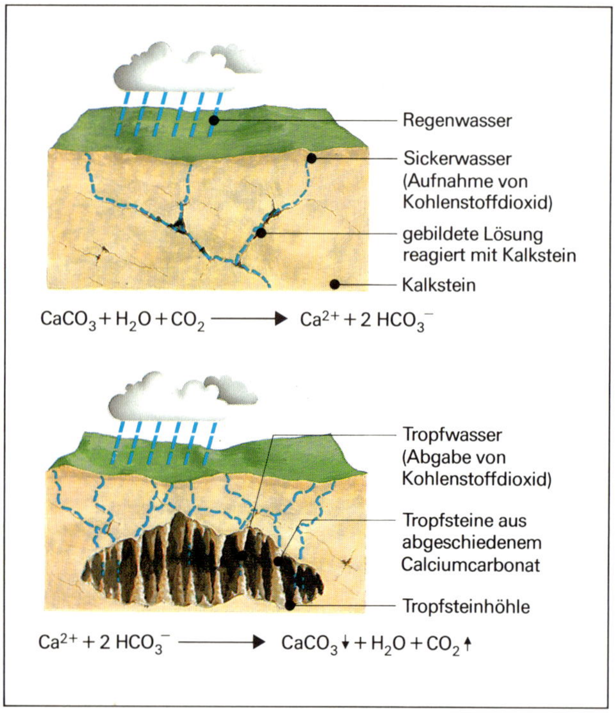

B 1 Kreislauf des Kalks in der Natur

V 1 a) Leite in Kalkwasser so lange Kohlenstoffdioxid ein, bis sich der anfänglich gebildete Niederschlag von Calciumcarbonat wieder aufgelöst hat.
b) Erhitze die Lösung von a.

V 2 a) Verdampfe Leitungswasser im Reagenzglas.
b) Schüttle gleich große Portionen dest. Wasser und Leitungswasser mit der gleichen Menge verd. Seifenlösung. Beobachte das Ausmaß der Schaumbildung.

V 3 Wiederhole ▷ V 2b mit Regenwasser, Mineralwasser, gekochtem Wasser und Leitungswasser, dem zuvor Soda zugesetzt wurde.

V 4 In einem waagerecht eingespannten Quarz-Reagenzglas werden Calciumcarbonatstückchen kräftig erhitzt. Von der Öffnung des Reagenzglases führt ein gewinkeltes Glasrohr in Kalkwasser.

A 1 Wie lässt sich Kalkgestein von anderem Gestein unterscheiden?

A 2 Formuliere die Reaktionsgleichung für die Enthärtung von hartem Wasser mit Soda.

A 3 Welcher Stoff verbleibt als Rückstand beim Eindampfen einer Lösung von Calciumhydrogencarbonat?

Kalk (Calciumcarbonat) ist als Gestein in der Natur weit verbreitet (↗ Kap. 15.10). Es handelt sich meist um *Meeresablagerungen* (Sedimentgesteine). Bei ihrer Bildung waren viele Arten von Organismen beteiligt, wie Muscheln, Korallen, Schnecken, Ammoniten, Seelilien u. a. Deren Strukturen (Versteinerungen) sind in vielen Kalkgesteinen noch erkennbar. Die Kristalle des *Marmors* haben sich nachträglich aus solchen Ablagerungen in der Tiefe der Erdrinde bei hohen Temperaturen und hohem Druck gebildet.
Kalkstein findet Verwendung als Baustein und zur Herstellung von Zement, Brannt- und Löschkalk.

Der natürliche Kreislauf des Kalks. In Landschaften wie z. B. der Schwäbischen Alb, deren Untergrund aus Kalkstein besteht, findet man häufig Spalten und Höhlen im Gestein. Sie entstehen durch die Wirkung des Wassers. Calciumcarbonat ist zwar ein schwer lösliches Salz; leitet man jedoch *Kohlenstoffdioxid* in eine frisch gefällte *Calciumcarbonatsuspension* ein, so erhält man nach kurzer Zeit eine *klare Lösung*, die Ca^{2+}- und HCO_3^--Ionen enthält (▷ V 1 a).
In der Natur vollzieht sich die Reaktion von Calciumcarbonat zum Hydrogencarbonat ständig (▷ B 1). Regenwasser nimmt beim Durchgang durch die Luft und den Humus des Bodens Kohlenstoffdioxid auf, so dass es auf Kalkgestein einwirken und tiefe Furchen, Spalten und Höhlen bilden kann. *Verdunstet* an anderen Stellen das Wasser der Calciumhydrogencarbonatlösung, so entweicht Kohlenstoffdioxid und es fällt wieder Calciumcarbonat aus (▷ V 1 b):

$$Ca^{2+}(aq) + 2\ HCO_3^-(aq) \longrightarrow CaCO_3(s) + H_2O(l) + CO_2(g)$$

Dieser Vorgang zeigt sich in der Natur bei der Bildung von *Tropfsteinen* (▷ B 2) oder *Kalksinterterrassen* (▷ B 3), wo beim Herabstürzen des Wassers viel Kohlenstoffdioxid frei wird.

Hartes und weiches Wasser. Durch die Calciumhydrogencarbonat-Bildung sowie Auslaugungsvorgänge in Salzlagern und Gesteinen sind *Salze im Wasser gelöst* (▷ V 2a). Schüttelt man destilliertes Wasser einerseits und Leitungswasser andererseits mit Seifenlösung, so beobachtet man unterschiedlich starke Schaumbildungen (▷ V 2b). Bei starker Schaumbildung spricht man von **weichem Wasser**, bei wenig Schaum von **hartem Wasser**. Die **Wasserhärte** wird durch gelöste Calcium-, Magnesium- und teilweise auch Eisensalze bedingt. Man unterscheidet dabei die **vorübergehende Härte** (Carbonathärte oder temporäre Härte) und die **bleibende Härte** (permanente Härte), die vor allem durch Sulfate hervorgerufen wird. Ursache der Carbonathärte sind die Hydrogencarbonationen; beim Erhitzen der Lösung bildet sich schwer lösliches Calciumcarbonat, das sich als *Kesselstein* in Töpfen oder Heizkesseln festsetzt (▷ B 4).

Natürlicher und technischer Kreislauf des Kalks

B 2 Höhle mit Tropfsteinen an Boden und Decke

B 3 Kalksinterterrassen in Pamukkale (Türkei)

B 4 Kalkablagerungen in einem Wasserleitungsrohr

Waschen mit hartem Wasser *erhöht* durch Bildung von waschinaktiver, schwer löslicher Kalkseife den Seifenverbrauch. Erst nachdem alle Calciumionen ausgefällt sind, kann sich die Waschwirkung der Seife entfalten. Aus diesem Grund hat man früher der Waschlösung als *Enthärtungsmittel* Soda zugesetzt (▷ V 3). Die Carbonationen reagieren dabei mit den Calciumionen zu schwer löslichem Calciumcarbonat. Heute benutzt man andere Enthärter, die meist schon in den Waschmitteln enthalten sind.

Der technische Kreislauf des Kalks. In der Technik wird in Steinbrüchen abgebautes Calciumcarbonat auf ca. 1000 °C erhitzt. Dabei zerfällt es in Kohlenstoffdioxid und Calciumoxid (▷ V 4 und ▷ V 5):

$$CaCO_3(s) \xrightarrow{1000\,°C} CaO(s) + CO_2(g)$$

Dieser Vorgang heißt **Kalkbrennen**. Calciumoxid wird auch als **gebrannter Kalk** oder **Branntkalk** bezeichnet. Gebrannter Kalk und Wasser reagieren stark exotherm zu Calciumhydroxid (▷ V 5), das **gelöschter Kalk** oder **Löschkalk** heißt (**Kalklöschen**). Seine wässrige Suspension wird auch **Kalkmilch** genannt.
Mischt man Löschkalk mit Sand und Wasser, so erhält man **Kalkmörtel**. Vor der Erfindung des Zements wurde er als Bindemittel zwischen Mauersteinen verwendet. Zum *Abbinden* muss Kalkmörtel Kohlenstoffdioxid aus der Luft aufnehmen (▷ V 6), wobei wieder Calciumcarbonat entsteht (▷ B 5). Die Kalkkriställchen bilden dabei mit den Sandkörnern ein festes Gefüge. Das Abbinden kann bei dicken Mauern Jahre dauern. In dieser Zeit sind die Mauern immer etwas feucht. Heute wird Kalkmörtel vor allem für den Außenputz von Gebäuden verwendet.

V 5 Man erhitzt im Röhrenofen einige Marmorstückchen ca. 30 min auf 1000 °C und lässt im Exsikkator erkalten. Dann gibt man tropfenweise Wasser auf das Produkt und misst dessen Temperatur.

V 6 Mische einen Teil Löschkalk mit drei Teilen Sand und Wasser. Lass eine Probe davon einige Tage an der Luft, eine andere in einem mit Kohlenstoffdioxid gefüllten Einmachglas stehen. Ermittle jeweils die Dauer bis zum Verfestigen des Mörtels. Tropfe nach dem Erhärten verdünnte Salzsäure auf beide Proben.

A 4 Stelle die Reaktionsgleichungen auf für
a) Kalklöschen, b) Abbinden von Löschkalk.

B 5 Der technische Kreislauf des Kalks

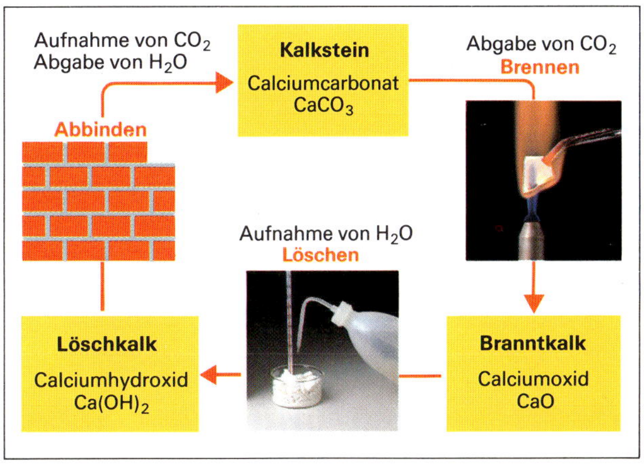

15.13 Projekt: Kalkgehalt und Wasserhärte

Bestimmung des Kalkgehalts. Für die Beurteilung eines Bodens hinsichtlich seiner Eignung für eine bestimmte landwirtschaftliche Nutzungsart und für eine sinnvolle und gezielte Düngung (↗ Kap. 16) spielt der Kalkgehalt eine wichtige Rolle. Auch hängt die Belastbarkeit eines Bodens durch sauren Regen wesentlich von seinem Kalkgehalt ab (↗ Kap. 15.7). Dieser stammt aus der Verwitterung von kalkhaltigem Gestein, auf dem der Boden entstanden ist. Letztlich stammt dieser Kalk aus Meeresablagerungen von Organismen, wie z. B. Muschelschalen und Schneckengehäusen.

Zur *Bestimmung des Kalkgehalts* kann z. B. die Reaktion von Kalk mit Salzsäure herangezogen werden. Dabei entweicht Kohlenstoffdioxid:

$$CaCO_3(s) + 2\,H^+(aq) + 2\,Cl^-(aq) \longrightarrow Ca^{2+}(aq) + 2\,Cl^-(aq) + H_2O(l) + CO_2(g)$$

Die Masse des Kalks in der Probe kann z. B. durch Bestimmung des Verbrauchs an Salzsäure bzw. $H^+(aq)$-Ionen berechnet werden.

Versuch 1 Bestimmung des Kalkgehalts durch Rücktitration

Grundlagen: Damit eine vollständige Reaktion des Kalks gewährleistet ist, wird die Probe mit einem Überschuss an Salzsäure umgesetzt, deren Konzentration bekannt ist. Um festzustellen, wie viel Salzsäure für die Reaktion verbraucht wurde, wird der noch verbliebene Rest mit Natronlauge titriert.

Geräte und Chemikalien: Schutzbrille, Reibschale mit Pistill, Spatel, Weithals-Erlenmeyerkolben (200 ml), Messpipette (20 ml) mit Pipettierhilfe, Bürette am Stativ, elektronische Waage

B 1 Materialien zur Kalkbestimmung

Getrocknete kalkhaltige Proben (z. B. Kalkstein, Bodenproben, Muschelschalen, Schneckenhäuser, Eierschalen usw.), Salzsäure ($c(H^+(aq))$ = 1 mol/l), Natronlauge ($c(OH^-)$ = 1 mol/l), Phenolphthaleinlösung

Durchführung: Pulverisiere die zu untersuchende Probe im Mörser, wiege davon etwa 0,5 g genau in den Erlenmeyerkolben ab und füge 20 ml Salzsäure zu. Koche nach beendeter Gasentwicklung die Lösung kurz auf und gib anschließend 5 Tropfen Phenolphthaleinlösung dazu. Lies den Stand der Natronlauge in der Bürette ab und tropfe diese langsam unter Umschwenken in den Erlenmeyerkolben bis zum Farbumschlag nach schwach Rosa. Ein weißes Papier unter dem Kolben erleichtert das Erkennen. Lies den Endstand an der Bürette ab und berechne den Verbrauch an Natronlauge.

Auswertung: a) Da die Salzsäure und die Natronlauge in derselben Konzentration eingesetzt werden, neutralisieren sich gleiche Volumina der beiden Lösungen. Das Volumen der zugegebenen Natronlauge entspricht somit dem Volumen der Salzsäure, die nach beendeter Reaktion mit dem Kalk übrig geblieben ist. Demnach ist:

$$V(\text{Salzsäure, reag.}) = 20\,\text{ml} - V(\text{Natronlauge})$$

Berechne das Volumen der Salzsäureportion, welche mit dem Kalk reagiert hat.

b) Berechne die Masse des Kalks in der Probe: 0,05 g Kalk reagieren mit 1 ml Salzsäure ($c(H^+(aq))$ = 1 mol/l).

$$m(\text{Kalk}) = V(\text{Salzsäure, reag.}) \cdot 0{,}05\,\text{g/ml}$$

c) Berechne den Massenanteil *w* des Kalks in Prozent der Probe:

$$w(\text{Kalk}) = \frac{m(\text{Kalk})}{m(\text{Probe})} \cdot 100\,\%$$

Bestimmung der Wasserhärte. Hartes Wasser (↗ Kap. 15.12) bringt in vielen Einsatzbereichen Probleme mit sich. Beim Erhitzen, z. B. in Boilern, Heizungen und Haushaltsgeräten, scheidet sich Kalk ab, der zum einen die Leitungen verengt und andererseits als Überzug auf Heizelementen zu einem höheren Energieverbrauch führt. Beim Waschen mit Seife führt hartes Wasser zur Bildung schwer löslicher Kalkseife und somit zu einem Mehrverbrauch. Ferner ist auch hier die Abscheidung von Kalkkristallen im Textilgewebe unerwünscht. Um geeignete Vorkehrungen treffen zu können, wie z. B. den Einbau von Enthärtungsanlagen oder die richtige Dosierung von Enthärtern beim Waschen, ist es wichtig die Wasserhärte zu kennen.

Temporäre und permanente Härte bilden die **Gesamthärte** des Wassers. Sie wird oft noch in **Härtegraden** (**Grad deutscher Härte**, Einheitenzeichen °**dH**) angegeben. 1 °dH entspricht einer Calciumionenkonzentration $c(Ca^{2+})$ = 0,1783 mmol/l, die z. B. durch Lösen von 10 mg Calciumoxid in 1 l Wasser erreicht wird.

Die Wasserhärte ist je nach geologischem Untergrund sehr unterschiedlich (▷ B 2).

Versuch 2 Bestimmung der Carbonat- bzw. Gesamthärte mit Reagenziensätzen bzw. Teststäbchen

Geräte und Chemikalien: Verschiedene Wasserproben (z. B. Leitungswasser, Regenwasser, Quell- und Teichwasser usw.), Reagenziensätze oder Teststäbchen zur Bestimmung der Carbonat- bzw. Gesamthärte

Durchführung: Untersuche die Wasserproben entsprechend den Herstellerangaben.

Versuch 3 Bestimmung der Gesamthärte mit einer Seifenlösung

Grundlagen: Der Seifenverbrauch durch die Bildung von schwer löslichen Calcium- und Magnesiumsalzen ist proportional zur Wasserhärte. Solange bei Zusatz von Seifenlösung diese Salze entstehen, besitzt sie keine Waschwirkung, was daran zu erkennen ist, dass keine Schaumbildung erfolgt. Bei bekanntem Gehalt der bis zur Schaumbildung zugesetzten Seifenlösung lässt sich ein Zusammenhang herstellen zwischen dem Verbrauch an Seifenlösung und der Wasserhärte.

Geräte und Chemikalien: Erlenmeyerkolben (250 ml), Stopfen, Messzylinder (100 ml), Bürette
Seifenlösung nach BOUTRON-BOUDET oder PELLET, Wasserproben wie bei Versuch 2

Durchführung: Nach BOUTRON-BOUDET: Gib 40 ml der Probe in den Erlenmeyerkolben. Setze erst milliliterweise, dann kleinere Portionen Seifenlösung aus der Bürette zu. Verschließe und schüttle den Erlenmeyerkolben nach jeder Zugabe kräftig. Die Bildung von „Kalkseife" ist beendet, wenn sich 5 mm hoch Schaum bildet, der bestehen bleibt. Lies das Volumen der verbrauchten Seifenlösung an der Bürette ab. Wiederhole den Versuch zweimal und ermittle den Mittelwert.
Nach PELLET: Durchführung wie oben, jedoch mit 100 ml Probe.

Hinweis: Bei Wasserhärten über 12 °dH behindert die große Menge der gebildeten Kalkseife die Schaumbildung auch nach dem Endpunkt, so dass dieser schwer zu bestimmen ist. In diesem Fall muss die Probe mit destilliertem Wasser verdünnt werden (BOUTRON-BOUDET: 20 ml Probe + 20 ml dest. Wasser; PELLET: 50 ml Probe + 50 ml dest. Wasser).

Auswertung: Ermittle aus dem Volumen der verbrauchten Seifenlösung die Wasserhärte der Probe nach folgenden Beziehungen:
BOUTRON-BOUDET (bei Verwendung von 40 ml Probe):
1 ml Seifenlösung entspricht 5 °dH.
PELLET (bei Verwendung von 100 ml Probe):
1 ml Seifenlösung entspricht 1 °dH.

Versuch 4 Bestimmung der Gesamthärte durch Titration mit einer „Komplexsalzlösung"

Grundlagen: Die käuflichen „Komplexsalzlösungen" Titriplex B (Fa. Merck) oder Idranal B (Fa. Riedel) enthalten Ionen, die mit den Calcium- und Magnesiumionen der Wasserprobe zu einer löslichen Verbindung reagieren und diese dadurch binden. Am Farbumschlag eines zugesetzten Indikators erkennt man, wann alle Calcium- und Magnesiumionen gebunden sind.

Geräte und Chemikalien: Schutzbrille, Erlenmeyerkolben (250 ml), Messzylinder (100 ml), Messpipette (10 ml), Pipettierhilfe, Bürette
Komplexsalzlösung (Idranal-B- oder Titriplex-B-Lösung), Indikator-Puffer-Tabletten, Ammoniaklösung ($w = 25\,\%$), dest. Wasser, Wasserproben

Durchführung: Gib mit dem Messzylinder 50 ml Probe und 50 ml dest. Wasser in den Erlenmeyerkolben. Löse darin zwei Indikator-Puffer-Tabletten und füge 2 ml der Ammoniaklösung zu. Tropfe aus der Bürette langsam und unter Umschwenken Komplexsalzlösung zu, bis die Farbe des Indikators von Rot nach Grün umschlägt. Lies das Volumen der verbrauchten Lösung an der Bürette ab. Wiederhole den Versuch zweimal und errechne den Mittelwert.

Auswertung: Ermittle aus dem Volumen der verbrauchten Lösung die Wasserhärte der Probe. Beachte, dass die Probe bei der Durchführung auf die halbe Konzentration verdünnt wurde. Es gilt folgende Beziehung (bei Verwendung von 100 ml Probe):
1 ml Komplexsalzlösung entspricht 1 °dH.

B 2 Gestein und Wasserhärte

Gestein	Ort	Wasserhärte (°dH)
Buntsandstein	Kaiserslautern	1
Grundgebirge (Granit, Gneis)	Freiburg i. B.	1,5
Quarzite, Grauwacken (Harz)	Braunschweig	2,5
Basalt (Vogelsberg)	Frankfurt a. M.	5
Ruhrschotter	Essen	9
Braunkohlensande	Kiel	16
Eiszeitl. Sande	Hamburg	20
Keuper	Tübingen	25
Muschelkalk	Würzburg	37
–	Bodenseewasser	ca. 10

B 3 Härtebereiche des Wassers

Härtebereich	Härte (°dH)
1 weich	0 – 7
2 mittelhart	7 – 14
3 hart	14 – 21
4 sehr hart	über 21

B 1 Zu Aufgabe 1

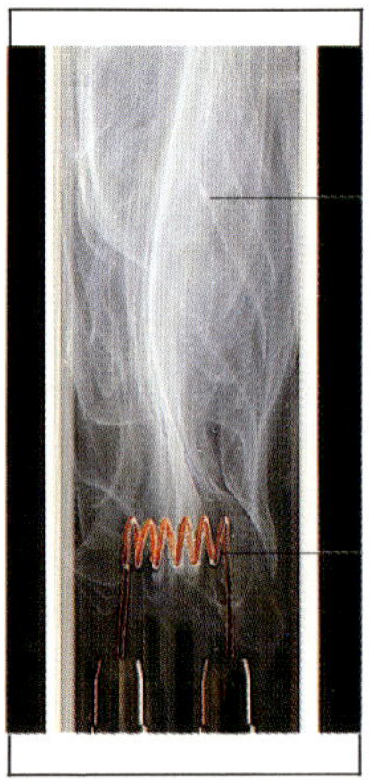

B 2 Zu Aufg. 2

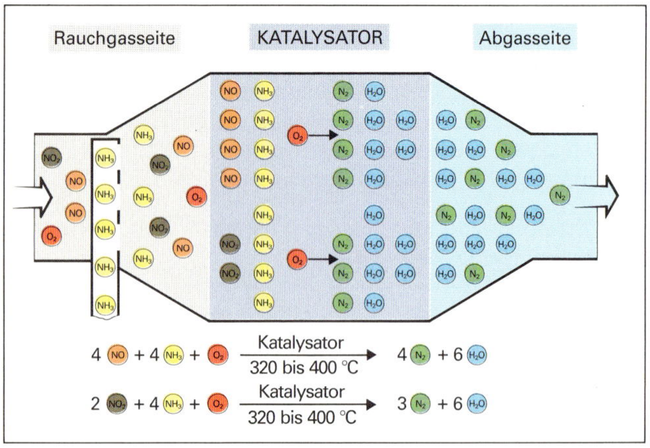

B 3 Zu Aufgabe 3

1 Erkläre, warum es bei Gewittern zur Bildung von Salpetersäure in der Luft kommt (▷ B 1).

2 Hält man eine (elektrisch beheizte) weißglühende Platinwendel in ein Gefäß mit Sauerstoff und Schwefeldioxid, so ist zunächst keine Veränderung zu beobachten. Bei Abkühlung der Wendel auf schwache Rotglut erfolgt am Draht die Bildung eines weißen Rauches (▷ B 2).
a) Erkläre diese Beobachtung.
b) Wo wird diese Reaktion technisch eingesetzt?

3 Zur Verringerung des Gehalts an Stickstoffoxiden in den Abgasen von Kraftwerken werden „Entstickungsanlagen" (DENOX-Anlagen) eingesetzt. ▷ B 3 zeigt ein Funktionsschema einer solchen Anlage.
Beschreibe die dabei ablaufenden Reaktionen.

4 Deute: Zu Schwefliger Säure wird Wasserstoffperoxid (wirkt oxidierend) gegeben. Die Lösung riecht anschließend nicht mehr nach Schwefeldioxid und mit Bariumchloridlösung fällt ein feinkristalliner weißer Niederschlag aus.

5 Welche Vorgänge laufen beim Brennen und Abbinden von Gips ab?

6 Erkläre folgende Vorgänge: Blaues Kupfersulfat wird beim Erhitzen weiß. Bei weiterem, stärkerem Erhitzen tritt weißer Rauch auf und ein schwarzer Stoff bleibt zurück.
Formuliere für den letzten Vorgang die Reaktionsgleichung.

7 Ein Metall reagiert mit Salpetersäure. Die entstehende Lösung gibt mit Kochsalzlösung einen weißen, käsigen Niederschlag. Um welches Metall könnte es sich handeln?

8 a) Welche Faktoren sind nach heutigem Kenntnisstand Verursacher des Waldsterbens?
b) Durch welche Maßnahmen lässt sich die Schadstoffemission verringern?

9 Vielen Metallhütten, die Kupfer, Blei oder Zink gewinnen, sind Anlagen zur Schwefelsäureherstellung angeschlossen. Welche Vorteile bietet dieses Verbundverfahren?

10 Ist das Aufschäumen beim Auftropfen von Salzsäure auf einen Gesteinsbrocken ein eindeutiger Nachweis für Calciumcarbonat? Begründe!

11 Beschreibe einen Versuch, mit dem man den Carbonatanteil einer Bodenprobe bestimmen kann.

12 In Rohbauten, die mit Kalkmörtel gemauert werden, stellt man manchmal Koksöfen auf. Warum ist dies besonders günstig?

13 In vielen Geräten, in denen Wasser erwärmt wird (z. B. Kaffeemaschinen, Boiler, Kochtöpfe) bildet sich „Kesselstein".
a) Worauf ist dies zurückzuführen?
b) Wie lässt sich Kesselstein mühelos entfernen?

14 Formuliere die Reaktionsgleichungen für den Vorgang, der bei der Bildung von Tropfsteinen abläuft.

15 Bilde die Verhältnisformeln folgender Salze: Natriumsulfit, Calciumdihydrogenphosphat, Magnesiumnitrat, Aluminiumsulfat.

Wichtige Begriffe

Schwefeldioxid, Schweflige Säure, Hydrogensulfite, Sulfite, Schwefeltrioxid, Schwefelsäure, Kontaktverfahren, Hydrogensulfate, Sulfate, Salpetersäure, Nitrate, Luftverbrennung, Oxidation von Ammoniak, saurer Regen, Waldsterben, Rauchgasentschwefelung, Phosphorsäure, Phosphate, Kohlenstoffdioxid, Kohlensäure, Hydrogencarbonate, Carbonate, Kreislauf des Kalks, Wasserhärte.

Düngemittel

Angesichts der wachsenden Weltbevölkerung und des immer noch in vielen Teilen der Welt herrschenden Hungers spielt die Ernährung der mittlerweile über fünf Milliarden Menschen eine immer größere Rolle.

Im 19. Jahrhundert erkannte der Chemiker JUSTUS VON LIEBIG, dass die Pflanzen zum Wachsen Mineralstoffe benötigen. Seither konnten durch gezielten Einsatz von Mineraldüngern die Ernteerträge erheblich gesteigert werden.

Die Verwendung von Mineraldüngern birgt aber auch Gefahren. Aus überdüngten Böden können Düngesalze ausgeschwemmt werden. Diese können über das Grundwasser ins Trinkwasser gelangen und so unsere Gesundheit beeinträchtigen. Im Oberflächenwasser führen ausgewaschene Düngesalze zu übermäßigem Algenwachstum, das in der Folge Flüsse und Seen zum „Umkippen" bringen kann.

Wir werden in diesem Kapitel einiges über Zusammensetzung und Wirkungsweise der Mineraldünger erfahren, uns aber auch mit den Problemen der Belastung der Gewässer mit Düngesalzen beschäftigen.

Bilanz des Hungers in der Welt

Bremen (dpa). Jährlich verhungern auf der Erde 40 Millionen Menschen, fas 1 Milliarde sind unterernährt. Nach Schätzungen von Fachleuten auf dem 4. Welternährungstag in Bremen wird sich die Lage wegen der Bevölkerungsexplosion in den Entwicklungsländern noch drastisch verschärfen. Die Nahrungsmittelproduktion müsste erheblich gesteigert werden, um die Menschheit ausreichend zu ernähren.

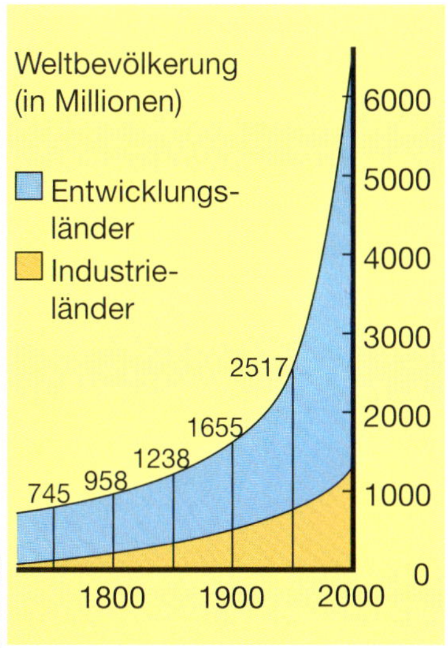

„Als Prinzip des Ackerbaus muß angesehen werden, daß der Boden in vollem Maße wieder erhält, was ihm genommen wurde."

16.1 Pflanzennährstoffe und Düngung

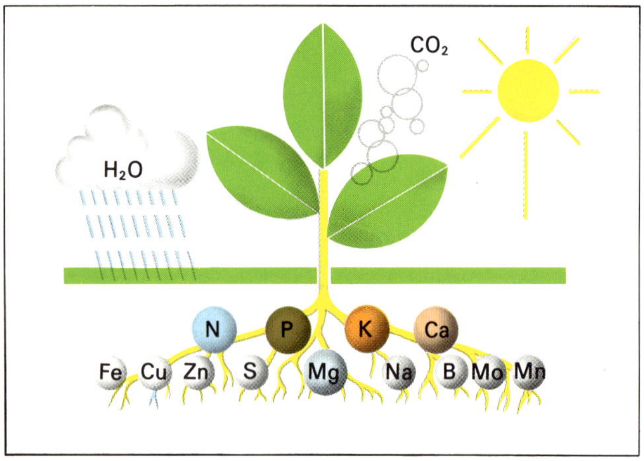

B 1 Lebensgrundlage der Pflanze. Neben Licht, Wärme, Wasser und Kohlenstoffdioxid benötigt sie noch Mineralstoffe

V 1 Gib zu Holzkohlenasche verdünnte Salzsäure und filtriere vom Rückstand ab (Schutzbrille!). Führe mit dem Filtrat Nachweisproben auf Kalium-, Phosphat- und Sulfationen durch. Prüfe mit Teststäbchen auf Calcium- und Eisenionen.

V 2 Schlämme Garten- oder Ackerboden mit dest. Wasser auf und filtriere. Prüfe das Filtrat auf Kalium-, Ammonium-, Nitrat-, Phosphat-, Sulfat- (vorher Salzsäure zusetzen) und Chloridionen (vorher Salpetersäure zusetzen). (Schutzbrille!)
Wiederhole die Nachweisreaktionen mit Teststäbchen bzw. Reagenziensätzen und prüfe zusätzlich auf Eisen- und Calciumionen.

B 2 Düngung mit Gülle

Die Bevölkerung der Erde wird bis zum Jahr 2000 voraussichtlich bis auf fast 7 Milliarden anwachsen. Bereits jetzt verhungern jedoch Millionen von Menschen oder leiden an Unterernährung. Eine ausreichende Ernährung kann nur erreicht werden, wenn die nutzbaren Flächen bestmöglich bewirtschaftet werden. Ihr Ertrag hängt u. a. stark vom Ausmaß der **Düngung** ab.

Nährstoffe der Pflanzen. Pflanzen benötigen zum Wachstum neben Licht und Wärme zahlreiche Stoffe: *Kohlenstoffdioxid* aus der Luft benötigen sie zum Aufbau von Kohlenstoffverbindungen. Alle übrigen Substanzen, *Wasser* und *Mineralstoffe*, stammen aus dem Boden (▷ V 2). Die Mineralstoffe liegen als Salze vor und werden im gelösten Zustand von den Wurzeln aufgenommen. Neben *Stickstoffverbindungen* benötigt die Pflanze *Phosphate, Sulfate, Kalium-, Calcium-, Magnesium-* und *Eisenionen*, ferner in geringen Portionen *Schwermetallionen (Spurenelemente)*, z. B. Kupfer-, Mangan-, Zink- und Molybdänionen.

Warum gedüngt werden muss. Die Mineralstoffe durchlaufen in der unberührten Natur *einen geschlossenen Kreislauf*. Aus ihnen wird Pflanzensubstanz aufgebaut, die beim Absterben der Pflanze wieder in den Boden zurückgelangt. Auf landwirtschaftlich intensiv genutzten Flächen werden die Stoffe mit der Ernte diesem *Kreislauf entzogen* (▷ B 3). Der Boden verarmt rasch an Nährsalzen, die Erträge nehmen ab. Daher müssen ihm die verloren gegangenen Salze durch *Wirtschaftsdünger* (Mist, Jauche, Kompost) oder industriell hergestellte *Mineraldünger* wieder zugeführt werden.

Der Chemiker JUSTUS VON LIEBIG (1803 – 1873) erkannte, dass hierbei nicht nur die Menge, sondern auch die Art der verwendeten Dünger von entscheidender Bedeutung ist.

B 3 Nährsalzentzug in kg/ha durch eine gute Ernte. Die Salze müssen dem Boden durch Düngung wieder zugeführt werden. Die Zahlenangaben legen N, P_2O_5, K_2O zugrunde

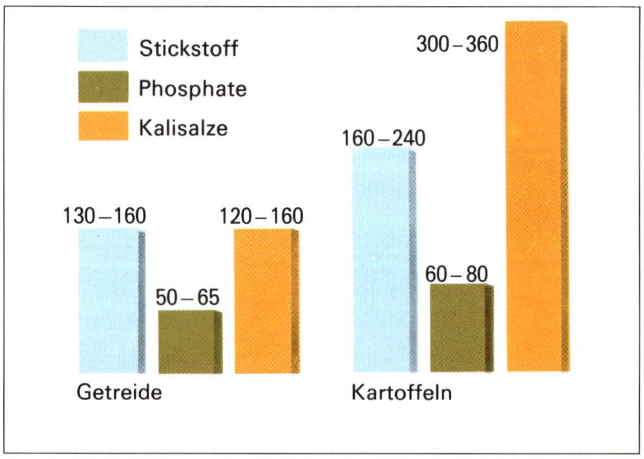

16.2 Der Kreislauf des Stickstoffs

In der Natur existieren zahlreiche Stoffkreisläufe, z. B. für Wasser und Sauerstoff. Auch für Stickstoffatome in ihren Verbindungen kann man solch einen Kreislauf beschreiben.

Wege des Stickstoffs. Stickstoffverbindungen dienen den Pflanzen zum Aufbau von Eiweißstoffen. Nur wenige Pflanzen, die Leguminosen wie z. B. Lupinen oder Klee, können mit Hilfe von Bakterien in ihren Wurzeln (Knöllchenbakterien) Stickstoff aus der Luft nutzen. Alle anderen sind auf Stickstoffverbindungen (Nitrat- oder Ammoniumionen) aus dem Boden angewiesen. Tiere und Menschen können körpereigenes Eiweiß aus pflanzlicher Nahrung aufbauen.

Ausscheidungen von Tieren und Menschen sowie abgestorbene Pflanzen und Überreste von Tieren werden im Boden durch Bakterien zu Ammoniak und Ammoniumsalzen abgebaut. Diese können wieder zu Nitraten oxidiert werden. LIEBIG beschreibt diesen Prozess in seinem 1840 erschienenen Buch *„Die Organische Chemie in ihrer Anwendung auf Agrikultur und Physiologie“* (▷ B 2).

Ein Teil des Ammoniaks wird diesem Kreislauf durch Bakterien entzogen, die ihn zu Stickstoff umwandeln. Der gebildete Stickstoff wird an die Atmosphäre abgegeben. Bei Gewittern können in Blitzen aus Stickstoff und Sauerstoff Stickstoffoxide entstehen. Diese können zu Salpetersäure reagieren und mit dem Regenwasser in den Boden gelangen.

Der Stickstoffkreislauf wird durch die *landwirtschaftliche Nutzung* gestört, da ein großer Teil der Nährstoffe mit den Nahrungspflanzen weggeführt wird. Mit der *Wirtschaftsdüngung* durch Mist oder Gülle wurde früher versucht dem Boden die entzogenen Nährstoffe wieder zuzuführen. Ferner sollte mit der sog. *Dreifelderwirtschaft* (Winter-, Sommergetreide, Brache im dreijährigen Wechsel) eine einseitige Auslaugung verhindert und eine Erholung des Bodens erreicht werden. Daraus entstand später die *Fruchtwechselwirtschaft*, die anstelle der Brache Hack- oder Futterpflanzen zur Bodenverbesserung vorsah.

Seit dem grundlegenden Werk J. VON LIEBIGs gewann die *Mineraldüngung*, vor allem zur Steigerung der Erträge, immer mehr an Bedeutung. Bis zum Anfang des 20. Jahrhunderts stand nur der hauptsächlich in Chile abgebaute Natronsalpeter (Natriumnitrat) zur Verfügung. Über die Ammoniak-Synthese nach dem Haber-Bosch-Verfahren gelingt es heute aus dem Luftstickstoff Nitrate und andere als Düngemittel verwendete Stickstoffverbindungen herzustellen. Heute werden 85 % der Ammoniakproduktion auf der Welt zu Düngemitteln verarbeitet.

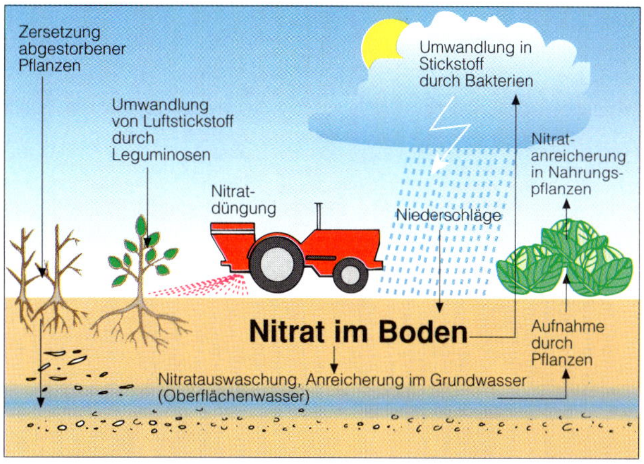

B 1 Wege des Stickstoffs

A 1 Beschreibe, auf welchen Wegen Nitrat den Boden verlassen kann.

A 2 Stickstoffoxide in der Luft werden nicht nur in Blitzen erzeugt, sie entstehen auch in Verbrennungsanlagen und Motoren. Der jährliche Anteil des durch sie in den Boden und damit auch in die Flüsse gelangten Nitrats liegt bei 100 kg pro ha. Erkundige dich nach Möglichkeiten diesen Stickstoffeintrag zu senken.

A 3 In der „ökologischen Landwirtschaft“ verzichtet man weitgehend auf Mineraldünger. Wie kann man dem Boden die notwendigen Stickstoffverbindungen auf andere Weise zuführen?

B 2 Text JUSTUS VON LIEBIGs über den Kreislauf der Stoffe aus dem Jahre 1840 (Auszug)

Kohlenſäure, Ammoniak und Waſſer enthalten in ihren Elementen die Bedingungen zur Erzeugung aller Thier- und Pflanzenſtoffe, während ihres Lebens. Kohlenſäure, Ammoniak und Waſſer ſind die letzten Producte des chemiſchen Prozeſſes ihrer Fäulniß und Verweſung. Alle die zahlloſen, in ihren Eigenſchaften ſo unendlich verſchiedenen, Producte der Lebenskraft nehmen nach dem Tode die urſprünglichen Formen wieder an, aus denen ſie gebildet worden ſind. Der Tod, die völlige Auflöſung einer untergegangenen Generation, ist die Quelle des Lebens für eine neue.

16.3 Mineraldünger

B 1 Das Minimumgesetz LIEBIGs. Die kürzeste Fassdaube entspricht dem Nährstoff, an dem es am stärksten mangelt

B 2 Mineraldünger beim Einsatz in der Landwirtschaft

Die richtige Anwendung von Mineraldüngern soll es ermöglichen der Pflanze jeweils die Nährsalze zukommen zu lassen, die sie zum Gedeihen braucht. Die Untersuchungen LIEBIGs zeigten, dass es nicht genügt dem Boden Düngemittel unbestimmter Zusammensetzung zu geben. Sein *Minimumgesetz* beschreibt anschaulich die Notwendigkeit gezielter Düngung. Es besagt, dass die Pflanzen nur in dem Maße gedeihen, wie es der am wenigsten vorhandene Nährstoff zulässt. LIEBIG hat zur Veranschaulichung seines Gesetzes das Fassbeispiel (▷ B 1) gebraucht. Die kürzeste Daube steht für den am wenigsten vorhandenen Nährstoff.

Wichtige Dünger. Mineraldünger (▷ B 4) ermöglichen es mit den Salzen zu düngen, die die Pflanze braucht und die im Boden fehlen. So werden für das Wachstum der Pflanze *Stickstoffverbindungen*, wie Nitrate und Ammoniumsalze, benötigt. *Phosphate* sind für Blütenbildung und die Entwicklung von Früchten und Samen unerlässlich. *Kalium-* und *Calciumionen* haben Einfluss auf den Wasserhaushalt der Pflanze, *Magnesiumionen* werden für die Bildung von Chlorophyll gebraucht. Häufig werden Volldünger wie *Nitrophoska®* (NPK-Dünger) verwendet. Sie enthalten Nährsalze in einem Mischungsverhältnis, das auf *durchschnittliche Böden* abgestimmt ist.

Richtiges Düngen ist wichtig. In der gewerblichen Bodennutzung ist es zur Verringerung der Umweltbelastung wichtig durch regelmäßige Bodenuntersuchungen den jeweiligen Düngerbedarf zu ermitteln. Genau dosierte Düngung zum richtigen Zeitpunkt kann die Qualität der Pflanzen erhöhen und den Ernteertrag steigern. Im *Kompost*, der aus abgestorbenen Pflanzen entsteht, liegen die Nährsalze meist in einem ausgewogenen Verhältnis vor. In den Gärten ist Düngen mit Kompost die umweltverträglichste Methode.

B 3 Wege zum Mineraldünger

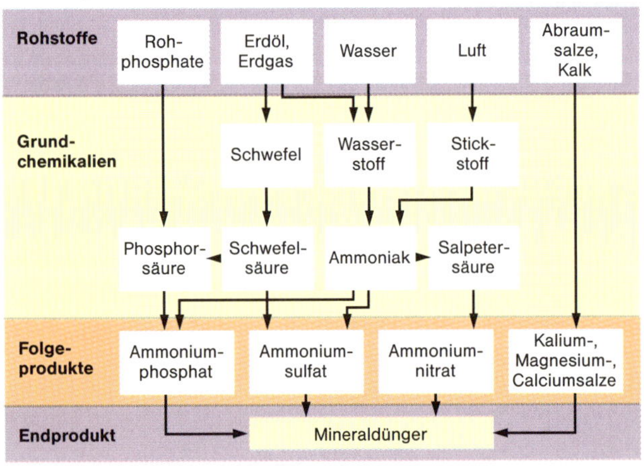

B 4 Zusammensetzung einiger wichtiger Mineraldünger

Düngerart Handelsname (Beispiele)	Bestandteile	Nährstoffgehalt in % N	P (als P_2O_5)	K (als K_2O)
N-Dünger Ammonsulfat-salpeter 26	$(NH_4)_2SO_4$ NH_4NO_3	} 26		
P-Dünger Superphosphat	$Ca(H_2PO_4)_2$ $CaSO_4$		} 18	
K-Dünger Kaliumchlorid	KCl			50
NPK-Dünger Nitrophoska®, Rustica® usw.	NH_4NO_3 $(NH_4)_2HPO_4$ $CaHPO_4$ KCl $Ca(H_2PO_4)_2$ $CaSO_4$	13	13	21

16.4 Projekt: Die Untersuchung eines Volldüngers

B 1 Ein Volldünger

Ein Volldünger ist ein mineralischer Dünger mit Düngesalzen in einem Mischungsverhältnis, das auf durchschnittliche Böden abgestimmt ist.

Er enthält Stickstoffverbindungen, wie Nitrate und Ammoniumverbindungen, Phosphate und Sulfate. Als Kationen liegen in diesen Salzen außer Ammonium- meist Kalium-, Magnesium- und Calciumionen vor.

Die zu Körnern verarbeiteten Gemische enthalten Salze, die sich unterschiedlich gut in Wasser lösen. So lösen sich Ammonium- und Kaliumsalze gut, Magnesium- und Calciumverbindungen meist weniger gut in Wasser.

Wir werden in diesem Projekt einen Volldünger auf die Anwesenheit von Kalium-, Calcium-, Eisen- und Ammonium-Kationen sowie von Nitrat-, Sulfat- und Phosphat-Anionen überprüfen.

Um die Ergebnisse der Analyse in einer Übersicht festzuhalten, sollte man ein *Prüfprotokoll* anfertigen. Dazu schreibt man die durchgeführten Nachweisreaktionen tabellarisch auf und notiert jeweils, ob der Test positiv oder negativ ausfällt.

Bevor man mit der Analyse beginnt, muss man sich eine wässrige Lösung des Düngers herstellen. Dazu löst man eine Probe des Düngers in destilliertem Wasser und filtriert, falls die Lösung noch trübe ist.

Versuch 1 Nachweis von Kaliumionen
Geräte und Chemikalien: Magnesiastäbchen, Cobaltglas, Brenner
Durchführung: Befeuchte ein Magnesiastäbchen mit der Düngerlösung und halte es in die nicht leuchtende Brennerflamme. Eine violette Flammenfärbung zeigt die Anwesenheit von Kaliumionen an. Ist die Flamme durch Natriumionen gelb gefärbt, betrachte sie durch ein Cobaltglas.

Versuch 2 Nachweis von Calciumionen
Geräte und Chemikalien: Reagenzglas, Essigsäure ($c = 2$ mol/l), Ammoniumoxalatlösung (gesättigt)
Durchführung: Gib zu ca. 2 ml der Probe 1 ml Essigsäure und versetze mit 5 Tropfen Ammoniumoxalatlösung. Eine sofortige Ausfällung zeigt größere Mengen Calciumionen an; bei geringeren Konzentrationen tritt die Fällung erst nach längerem Stehen oder nach Erwärmen auf.

Versuch 3 Nachweis von Eisenionen
Geräte und Chemikalien: Reagenzgläser, Kaliumhexacyanoferrat(III)-Lösung (Massenkonzentration $\beta = 0{,}5$ g/(100 ml)), Kaliumhexacyanoferrat(II)-Lösung ($\beta = 0{,}5$ g/(100 ml))
Durchführung: Gib zu 10 ml der Probe 0,5 ml der Kaliumhexacyanoferrat(III)-Lösung. Ein tiefblauer Niederschlag von Turnbulls Blau zeigt Eisen(II)-Ionen an.
Gib zu 10 ml der Probe 0,5 ml Kaliumhexacyanoferrat(II)-Lösung. Ein tiefblauer Niederschlag von Berliner Blau zeigt Eisen(III)-Ionen an.

Versuch 4 Nachweis von Ammoniumionen
Geräte und Chemikalien: Schutzbrille, Reagenzglas, Brenner, Natriumhydroxidplätzchen, Indikatorpapier
Durchführung: Mische im Reagenzglas eine Probe des Düngers *(fest)* mit einigen Natriumhydroxidplätzchen (Schutzbrille!). Erhitze das Gemisch in der Brennerflamme. Halte über die Reagenzglasmündung ein Stück angefeuchtetes Indikatorpapier. Blaufärbung zeigt Ammoniak an, der aus den Ammoniumionen entsteht.

Versuch 5 Nachweis von Nitrationen
Geräte und Chemikalien: Reagenzglas, Teststäbchen Nitrat-Test
Durchführung: nach Gebrauchsanweisung

Versuch 6 Nachweis von Phosphationen
Geräte und Chemikalien: Schutzbrille, Reagenzglas, Ammoniummolybdatlösung (1 g Ammoniummolybdat in 10 ml Wasser + 10 ml Schwefelsäure ($w \approx 30\,\%$)), Natriumchlorid, Zinnfolie
Durchführung: Gib zu 10 ml der Probe eine Spatelspitze Natriumchlorid und versetze sie mit 5 Tropfen der Ammoniummolybdatlösung. Nach Zugabe eines Streifens Zinnfolie färbt sich die Lösung bei Anwesenheit von Phosphationen blau.

Versuch 7 Nachweis von Sulfationen
Geräte und Chemikalien: Reagenzglas, Brenner, Salzsäure ($c = 2$ mol/l), Bariumchloridlösung ($\beta = 10$ g/(100 ml))
Durchführung: Gib zu ca. 2 ml der Probe 1 ml Salzsäure und 5 Tropfen Bariumchloridlösung. Ein feinkristalliner Niederschlag oder, bei geringeren Konzentrationen, eine weiße Trübung zeigt Sulfationen an. Evtl. muss etwas erwärmt werden.

16.5 Belastung der Umwelt durch Nitrate und Phosphate

Sorgen um Nitrat im Wasser

Stuttgart. Der steigende Nitratgehalt im Grund- und Trinkwasser und die damit verbundene Gefahr für die Gesundheit bereiten zunehmend Sorge. Viele der etwa 4000 Grundwassererfassungen in Baden-Württemberg überschreiten den Grenzwert der Trinkwasserverordnung für Nitrat von 50 mg/l zum Teil noch erheblich. Hauptursache ist die intensive Düngung in der Landwirtschaft. Abhängig von Düngermenge, Bodenart und Bepflanzung wird Nitrat aus dem Boden gewaschen und gelangt über das Grundwasser ins Trinkwasser. Ein Forschungsprogramm soll der Nitratbelastung langfristig entgegenwirken. Als Sofortmaßnahmen kommen in Betracht: Mischen mit nitratärmerem Wasser, Anschluss an die öffentliche Wasserversorgung oder Aufbereitung des Grundwassers.

B 1 Bericht aus einer Tageszeitung

V 1 Untersuche bei unterschiedlicher Witterung gesammelte Wasserproben aus Bächen und Flüssen mit Teststäbchen bzw. Reagenziensätzen auf den Gehalt von Ammonium-, Nitrat- und Phosphationen.

V 2 a) Stelle mit Teststäbchen den Nitratgehalt von konventionell bzw. biologisch-dynamisch erzeugten Karotten bzw. Roten Beten fest. Verarbeite dazu das Material zu einem Brei und nimm ihn mit dest. Wasser auf. Untersuche anschließend das Filtrat. Störende Färbungen können durch Schütteln mit Clarocarbon F und anschließendes Filtrieren beseitigt werden.
b) Wiederhole den Versuch mit käuflichem Karotten- bzw. Rote-Bete-Saft.

Wassergefährdung durch Überdüngung. Trotz der großen Bedeutung der Mineraldüngung bringt diese auch Gefahren mit sich, vor allem wenn Düngemittel bei sehr intensiv betriebener Landwirtschaft oder intensiv betriebenem Gartenbau in zu großer Menge eingesetzt werden. Überschüssige Nährsalze können den *Boden versalzen* bzw. werden durch das Regenwasser aus dem Boden ausgewaschen und gelangen ins *Grund- und Oberflächenwasser* (▷ V 1). Dort können sie u. a. zur *Belastung der Trinkwasserreserven*, z. B. durch die sehr leicht löslichen Nitrate (▷ B 1 und ▷ B 2), und zur *Veränderung der Oberflächengewässer* führen (▷ B 4). Zu einer Auswaschung der Nitrate kommt es vor allem dann, wenn zuviel gedüngt wird oder wenn zu Zeiten gedüngt wird, in denen der Nitratbedarf der Pflanze gering ist (▷ B 3) bzw. wenn hohe Sickerwassermengen anfallen, z. B. bei Düngung auf stark durchlässigen Böden bei darauf folgenden Niederschlägen.

Ferner kann die Überdüngung zu einer Anreicherung von Nitraten in der Pflanze und somit in unserer Nahrung führen. Bestimmte Pflanzen *können Nitrat speichern* (z. B. Spinat, Rote Bete, Kopfsalat, ▷ V 2). In Abkehr von einer verstärkten Mineraldüngung sowie Verwendung chemischer Pflanzenschutzmittel hat sich der *„biologische Landbau“* entwickelt, mit der Absicht weniger belastete Produkte anzubieten. Dabei wird auf Höchsterträge verzichtet.

Durch Nitrat reduzierende Bakterien entstehen *Nitritionen*, die mit dem Hämoglobin der roten Blutkörperchen eine Verbindung eingehen. *Dadurch wird eine weitere Sauerstoffaufnahme beeinträchtigt.* Besonders gefährdet sind hierbei Säuglinge. Aus Nitraten können im Körper auch Krebs erregende Stoffe entstehen.

B 2 Nitratnachweis in einer Trinkwasserprobe

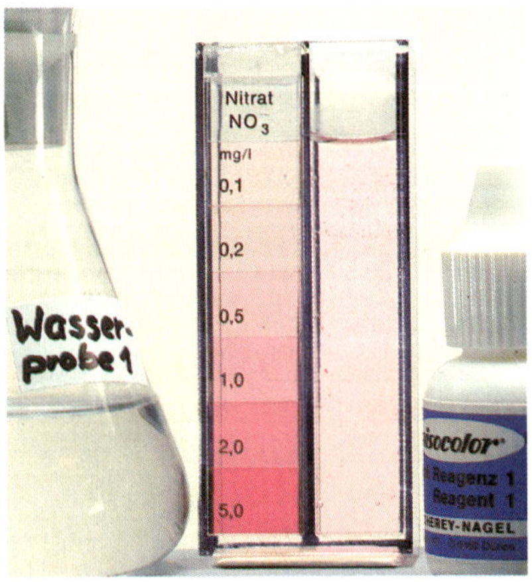

B 3 Stickstoffbedarf einiger Pflanzen während des Wachstums

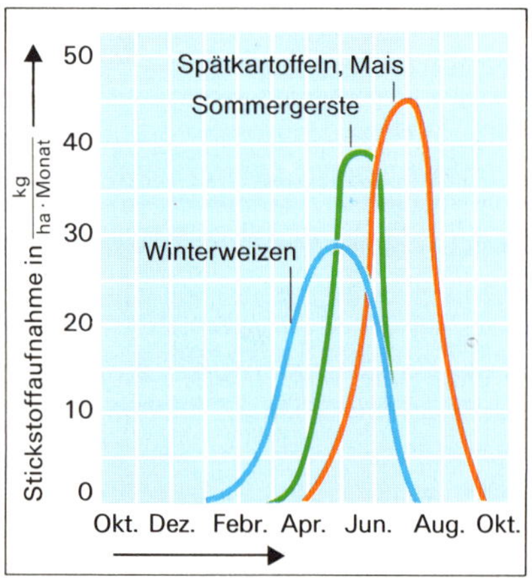

B 4 Eutrophierter See mit starkem Algenwachstum

Umweltgefährdung durch Phosphate. Häusliche Abwässer enthalten neben Phosphaten aus Fäkalien häufig noch Phosphate aus Wasch- und Reinigungsmitteln (▷V3). In den meisten Kläranlagen werden sie nicht entfernt und gelangen so, wie die ausgewaschenen Phosphate aus überdüngten Ackerböden, in die Gewässer (▷V1). So stammen etwa 25 % der Phosphate, die in unsere Gewässer gelangen, aus Ackerböden, 35 % aus Fäkalien, 20 % aus Gewerbe und Industrie und weitere 20 % aus Wasch- und Reinigungsmitteln.

Die große Zufuhr an Nährstoffen hat ein starkes Pflanzenwachstum zur Folge (▷V5). Diesen Vorgang nennt man **Eutrophierung** (Überdüngung, ▷B4). Übermäßiges Pflanzenwachstum aber führt zu übermäßiger Vermehrung tierischer Kleinorganismen, die den Sauerstoff des Gewässers verbrauchen. Pflanzen und tierische Organismen sterben ab und sinken auf den Boden. Bei ihrer Zersetzung wird zusätzlich Sauerstoff verbraucht. Schließlich tritt Fäulnis ein, wobei Giftstoffe, u. a. auch Schwefelwasserstoff, entstehen. Diese bringen *alles Leben zum Absterben* (▷B6). Man sagt, das Gewässer „kippt um".

Die Phosphatbelastung kann durch Gebrauch *phosphatarmer Waschmittel* eingedämmt werden. In den Natrium-aluminium-silicaten (z. B. Sasil) wurde ein vermutlich unbedenklicher Ersatzstoff gefunden. *Chemische Reinigungsstufen in Kläranlagen* und zurückhaltende Düngung können weiterhin den Phosphatgehalt der Gewässer senken.

B5 Phosphatarmes Waschmittel

V 3 Eine Waschmittellösung wird mit Salpetersäure gekocht und auf Phosphationen geprüft. (Schutzbrille!)

V 4 Gib zu einer Wasserprobe bzw. zu einer Kaliumdihydrogenphosphatlösung 10 %ige Eisen(III)-chlorid-Lösung.

V 5 Bringe zu 100 ml dest. Wasser bzw. zu 100 ml Nährlösung I (1 g Kaliumnitrat; 0,25 g Magnesiumsulfat; 0,015 g Calciumchlorid in 1 l dest. Wasser) bzw. zu 100 ml Nährlösung II (wie Nährlösung I, zusätzlich 0,5 g Natriumdihydrogenphosphat und 0,08 g Dinatriumhydrogenphosphat) je 2 ml Algensuspension. Verschließe die Gefäße mit Watte und stelle sie an Nordfenstern ab. Schüttle täglich kräftig durch (2 bis 4 Wochen).

B6 Eutrophierung eines Gewässers durch Phosphate. Links: Normales Gewässer. Mitte: Starkes Pflanzenwachstum durch eingeleitete Phosphate. Rechts: Das Gewässer ist „umgekippt"

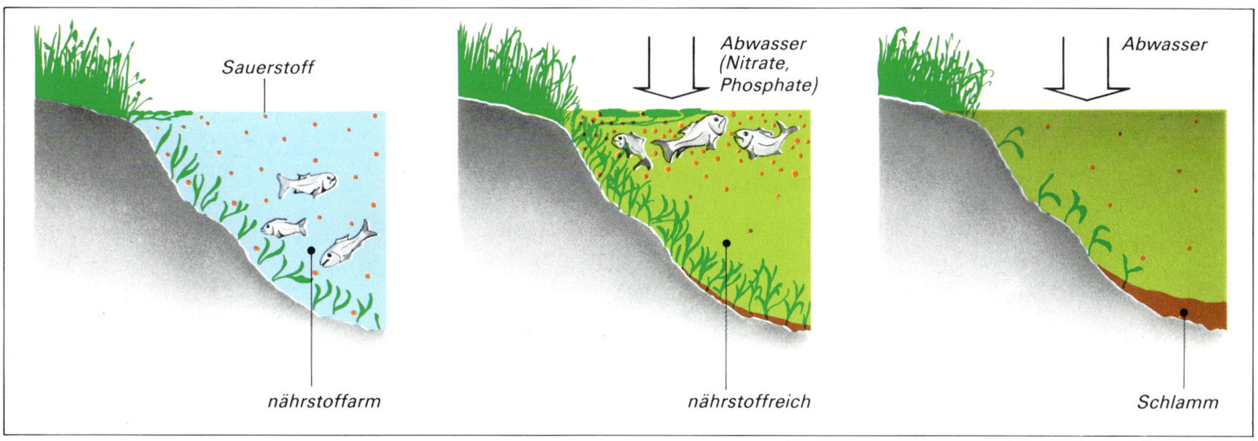

16.6 Projekt: Die Untersuchung eines Bodens

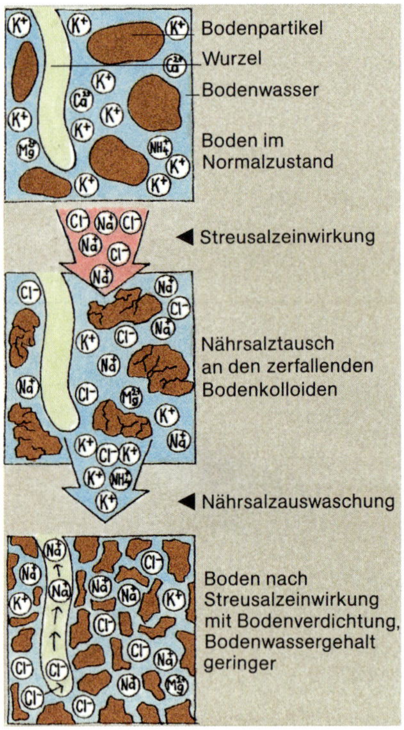

B 1 Streusalz verändert Bodenstruktur und Nährsalzzusammensetzung

B 2 Bodenprofil

Der Boden ist ein Teil der belebten oberen Erdkruste. Er steht in Verbindung sowohl mit den unter ihm liegenden Sand- und Gesteinsschichten und dem darin vorhandenen Grundwasser als auch mit der Atmosphäre. Er ist Lebensraum für viele Pflanzen und Tiere. Der größte Teil der menschlichen Ernährung hängt vom Boden ab.

Eingriffe durch den Menschen beeinflussen die Bodenstruktur und damit auch die Pflanzen, die in und auf ihm wachsen. Ein Beispiel ist der Einfluss des häufig als Streusalz im Winter verwendeten Natriumchlorids auf Bodenstruktur und Nährsalzangebot für die Pflanzen (▷ B 1).

Boden entsteht als Umwandlungsprodukt von Gesteinen und organischen Substanzen durch das Zusammenwirken von Klima, Wasser, Vegetation und Organismen. An seinem Aufbau sind Tonmineralien (Verbindungen von Silicium, Sauerstoff, Aluminium, Eisen, Calcium, Magnesium, Kalium und Natrium) und Humusstoffe (abgestorbene pflanzliche und tierische Stoffe und deren Abbauprodukte) beteiligt (▷ B 2).

In der **Bodenanalytik** werden die Konzentrationen von Nährstoffen der Pflanzen und von Schadstoffen im Boden bestimmt. Sie ist ein wichtiges Mittel zur Beurteilung von Böden in der Landwirtschaft und bei der Bestimmung von „Altlasten“.

Die Probenahme. Die Bodenproben werden aus der durchwurzelten Zone entnommen, und zwar bei Grünland aus einer Tiefe bis zu 10 cm, bei Acker- oder Gartenboden aus bis zu 30 cm Tiefe. Zur Probenahme eignet sich ein *Bohrstock* oder ein Spaten. Die Probe wird in einen sauberen, luftdicht verschließbaren Plastikbeutel gegeben und mit *Datum*, *Nutzungsart* und *Bodentiefe* gekennzeichnet. Mit einer Fingerprobe kann man erste Aussagen über die Bodenart machen (▷ B 3).

Bodenextrakte. Für die Bestimmung der Nährstoffe im Boden müssen diese in Lösung gebracht werden. Dazu stellt man Auszüge (Extrakte) her. Ein Extrakt mit Calciumchloridlösung dient zur Bestimmung von pH-Wert, Nitrit-, Nitrat- und Ammoniumionen, ein Extrakt mit Calciumlactatlösung wird zur Bestimmung von Phosphat- und Kaliumionen verwendet. Die Ionennachweise können mit Hilfe von Teststäbchen erfolgen. Die Bestimmung des pH-Werts und des Kalkgehalts sowie die Beobachtung der Ionenaustauscherfunktion des Bodens werden in diesem Projekt durchgeführt.

B 3 Erkennen der Bodenart mit der Fingerprobe

Bodenart	Bindigkeit und Verformbarkeit	Aussehen
Sand	nicht bindig/nicht formbar/körnig haftet nicht in Fingerrillen	
lehmiger Sand	nicht bindig/nicht formbar	
stark lehmiger Sand	bindig/formbar/nicht ausrollbar	stumpf
toniger Sand	bindig/formbar	
Schluff	nicht bindig/schlecht formbar haftet in Fingerrillen/sandig/mehlig	
sandiger Lehm	mittelbindig/ausrollbar	stumpf
toniger Lehm	stark bindig/ausrollbar	stumpf
lehmiger Ton	mittelbindig/ausrollbar	glänzend
Ton	sehr stark bindig/ausrollbar gut formbar/klebrig/plastisch	glänzend
sandiger Ton	bindig/ausrollbar	

Die Untersuchung eines Bodens

Versuch 1 Die Bestimmung des pH-Wertes

Information: Vom Säuregrad des Bodens, also vom pH-Wert, hängt es ab, wie gut die Nährstoffe für die Pflanzen verfügbar sind. Der optimale pH-Wert liegt für die meisten Pflanzen bei pH = 6,5. Ein schwach alkalischer Boden bindet Mangan- und Eisenionen an Phosphat- und Hydroxidionen. Diese Verbindungen sind schwer löslich und somit von der Pflanze nur schwer zu verwerten. Unterhalb pH = 6 werden Phosphationen im Boden fixiert, andere Nährstoffe wie Calcium-, Kalium- oder Magnesiumverbindungen werden zum Teil ausgewaschen. Unterhalb pH = 4,5 werden die meisten Pflanzennährstoffe löslich und ausgewaschen. In sauren Böden setzt zudem Vertorfung ein.

Geräte und Chemikalien: Becher(glas), Messzylinder, Waage, pH-Meter oder Teststäbchen, Spatel, Glasstab, Calciumchloridlösung ($c(CaCl_2) = 0{,}0125$ mol/l), Bodenproben

Durchführung: Vermische in einem Becher 100 g Bodenprobe und 100 ml Calciumchloridlösung und rühre das Gemisch ca. 1 min lang mit dem Glasstab. Nachdem die Suspension weitere 5 min gestanden hat, wird filtriert. Bestimme anschließend den pH-Wert.

Versuch 2 Die Bestimmung des Kalkgehalts

Geräte und Chemikalien: Schutzbrille, elektronische Waage (Ablesbarkeit 10 mg), Erlenmeyerkolben (200 ml), Becherglas (100 ml), Spatel, Bodenproben (ca. 1 Std. bei 105 °C im Trockenschrank getrocknet), verd. Salzsäure ($c(HCl) = 2$ mol/l, vom Lehrer vorher durch Zugabe von ca. 1 g gekörntem Marmor pro 100 ml Salzsäure mit Kohlenstoffdioxid gesättigt)

Durchführung: Wiege im Erlenmeyerkolben ca. 20 g der Bodenprobe ab und notiere den genauen Wert. Gib in das Becherglas etwa 50 ml der verd. Salzsäure. Stelle beide Gefäße auf die Waage und stelle die Anzeige auf null. Gieße die Salzsäure zur Bodenprobe, stelle das Becherglas wieder zum Erlenmeyerkolben auf die Waage und verfolge die Massenabnahme. Blase nach Beendigung der Gasentwicklung kräftig in den Erlenmeyerkolben, um das noch im Kolben verbliebene Kohlenstoffdioxid zu entfernen. Notiere anschließend den genauen Wert der Massenabnahme.

Auswertung: Die Massenabnahme ist auf das entwichene Kohlenstoffdioxid zurückzuführen. 1 g Kohlenstoffdioxid entsteht aus 2,27 g Kalk. Berechne die Masse des Kalks in der Bodenprobe und den Massenanteil *w* in Prozent.

$$w = \frac{m(\text{Kalk})}{m(\text{Bodenprobe})} \cdot 100\,\%$$

Versuch 3 Der Ackerboden als Ionenaustauscher

Information: Im Boden werden Kationen an Tonmineralien und Humusstoffen adsorbiert. Versauerung des Bodens führt zu einem Austausch der adsorbierten Ionen gegen Wasserstoffionen. Es kommt zur Auswaschung.

Geräte und Chemikalien: Blumentopf, Watte, 2 Bechergläser (250 ml), 3 Bechergläser (50 ml), Stativ mit Ring, Messzylinder, Bodenprobe, Eisen(III)-chlorid-Lösung ($w(FeCl_3) = 0{,}4\,\%$), Schwefelsäure ($c = 1$ mol/l), Kaliumthiocyanat-Lösung ($w(KSCN) = 10\,\%$)

Durchführung: Fülle den Blumentopf mit der Bodenprobe, lege zuvor etwas Watte auf das Abflussloch. Hänge ihn in den Stativring und stelle ein Becherglas darunter. Übergieße die vorher angefeuchtete Bodenprobe mit 100 ml Eisen(III)-chlorid-Lösung. Prüfe die durchgelaufene Flüssigkeit mit 2 bis 3 Tropfen Kaliumthiocyanat-Lösung auf Fe^{3+}-Ionen (eine rote Färbung zeigt Fe^{3+}-Ionen an). Spüle mit ca. 100 ml Wasser nach. Fange die Spüllösung portionsweise in den kleinen Bechergläsern auf, prüfe sie jeweils auf Fe^{3+}-Ionen. Nimm ein neues Becherglas und gib 50 ml Schwefelsäure auf die Probe. Gieße Wasser nach, prüfe die ablaufende Lösung erneut auf Fe^{3+}-Ionen.

B 4 Arbeitsschema zur Bodenanalyse

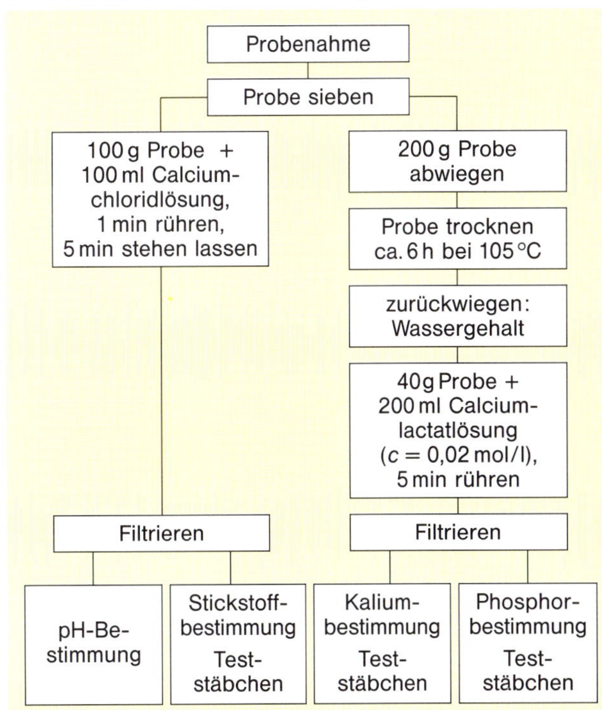

16.7 Überprüfung und Vertiefung

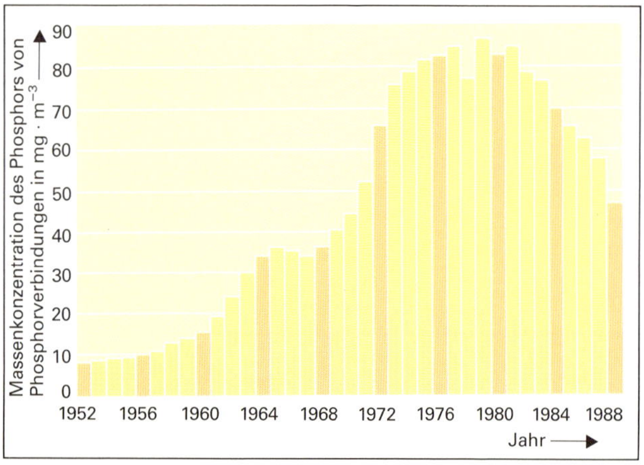

B 1 Entwicklung der Phosphatkonzentration im Bodensee. Zu Aufgabe 1

Untersuchung	Befund	
Bodenart	mittlerer Lössboden	
pH-Wert	5,2	
Kalkzustand Stufe Bedarf	 A (niedrig) 68 kg CaO/Ar	
Mineralgehalt (mg/100 g Boden)		Klasse
– Phosphat (als P_2O_5)	7	A
– Kalium (als K_2O)	16	B
– Magnesium	11	B
Empfehlung: Boden kalken, Phosphatdüngung verstärken		

B 2 Zu Aufgabe 6

Wird ein Boden nicht oder nicht mehr landwirtschaftlich genutzt, wachsen nur die Pflanzen auf ihm, die bei den vorliegenden Bedingungen bevorzugt gedeihen und sich so gegen Konkurrenten durchsetzen können.

Solche, für bestimmte Böden typische Pflanzen nennt man *Zeigerpflanzen*. Aus ihrem Auftreten lassen sich Rückschlüsse auf den Nährstoffgehalt und die Beschaffenheit des Bodens ziehen. In der Tabelle sind einige Böden mit ihren charakteristischen Pflanzengesellschaften dargestellt.

Bodenzustand	Zeigerpflanzen
Nährstoffreicher Boden (vor allem Stickstoffverbindungen)	Franzosenkraut Brennnessel Hirtentäschelkraut Melde
Boden arm an Stickstoffverbindungen	Hornkraut Hungerblümchen Mauerpfeffer Ziest
Boden reich an Kaliumverbindungen	Roter Fingerhut Bärenklau
Boden reich an Magnesiumverbindungen	Roter Fingerhut Gamander Nieswurz
Humusreicher Boden	Vogelmiere Ehrenpreis Echte Kamille Brennnessel
Kalkarmer Boden	Stiefmütterchen Sauerklee Hundskamille Adlerfarn
Kalkreicher Boden	Leinkraut Wiesensalbei Löwenzahn

1 In ▷ B 1 ist die Entwicklung der Phosphatkonzentration im Bodensee von 1952 bis 1988 dargestellt. Interpretiere die entstandene Kurve.

2 In einem natürlichen Pflanzenbestand sind im Boden alle Nährstoffe vorhanden. Wird Ackerbau betrieben, müssen den Pflanzen Nährstoffe durch Düngung des Bodens zugeführt werden. Warum ist Düngen nur beim Eingriff des Menschen in die Natur nötig?

3 Außer Humus bestimmt auch der Kalkgehalt des Bodens das Pflanzenwachstum. Beide fördern die *Krümelstruktur* des Bodens, die ein Verschlämmen verhindert. Kalk wird dem Boden häufig durch Calciumoxid (Branntkalk) zugeführt. Welche Vorsichtsmaßnahmen sind beim Kalken mit Calciumoxid zu beachten? Warum wirkt Calciumoxid schneller als das durch Muschelkalk zugeführte Calciumcarbonat?

4 Stelle die Zusammensetzung handelsüblicher Volldünger fest. Sie ist auf den Säcken abgedruckt. Vergleiche die Zusammensetzung „mineralischer" und „organischer" Dünger.

5 Eine „Großvieheinheit", das entspricht einer Kuh oder sieben Schweinen oder 50 Hühnern, produziert je nach Tierart und Fütterung zwischen 50 und 100 kg Stickstoffverbindungen jährlich. Davon gehen je nach Gülleart 20 bis 40 kg in Gasform (als Ammoniak) auf dem Weg vom Tier zum Feld verloren. Berechne den Anteil an Stickstoffverbindungen, die ein landwirtschaftlicher Betrieb mit 50 Kühen durch Mist oder Gülle auf die Felder ausbringt.

6 Viele Bauern lassen Bodenuntersuchungen (▷ B 2) durchführen. Warum ist dies für den Ernteertrag und zugleich für die Umwelt wichtig?

7 Am 21. September 1921 versuchte man in Oppau bei Ludwigshafen zusammengebackenes Ammoniumnitrat in einem Düngemittelsilo durch eine kleine Sprengung zu lockern. Es kam zu einer verheerenden Explosion. 600 Menschen kamen ums Leben. Die Explosion hinterließ einen Trichter von 60 m Durchmesser. Welche Stoffe können bei der Explosion von Ammoniumnitrat entstehen?

Wichtige Begriffe

Düngung, Pflanzennährstoffe, Stoffkreisläufe, Stickstoffkreislauf, Minimumgesetz von LIEBIG, Mineraldünger, Volldünger, Humus, Überdüngung, Nitratproblem, Eutrophierung

Organische Chemie

Achter Abschnitt.
Organische Chemie.
Vegetabilische Substanzen.

Einleitung.

Einige der einfachen Stoffe, deren Eigenschaften wir im ersten Bande untersucht haben, verbinden sich in der Natur in andern Verhältnissen mit einander, als sie in der unorganischen Körperwelt angetroffen werden, und als wir sie durch Kunst und auf directem Wege zu vereinigen im Stande sind. Es entstehen dadurch verschiedene eigenthümliche Substanzen, welche wir mit dem Namen der organischen bezeichnen, und welche sich dann weiter unter einander verbinden.

Die auf solche Weise entstandenen Körper nennen wir Pflanzen, oder organische Substanzen des Pflanzenreichs; sie haben einen eigenthümlichen innern und äufsern Bau, eine besondere Structur, und unterscheiden sich von den unorganischen Stoffen dadurch, dafs wir ihren Anfang, ihre Entwicklung, ihr Wachsthum, ihre Zu- und Abnahme, und endlich ihre gänzliche Auflösung oder Zerstörung wahrnehmen können.

Die unorganischen Stoffe hingegen existirten schon vor uns, und bleiben unveränderlich, ohne in ihrem Wesen vernichtet zu werden, in welche Verbindungen unter einander sie auch immerhin treten mögen.

Die Elemente der organischen Stoffe können zwar auch nicht zerstört oder vernichtet werden, allein es ist uns doch bis jetzt noch nicht gelungen, einen individuellen organischen Körper, welcher einmal zerstört wurde, und seine Bestandtheile der unorganischen Natur zurückgegeben hatte, durch die Kunst so wieder herzustellen, wie die Natur ihn hervorbrachte.

Das Wesen solcher vegetirenden Körper ist daher nicht in den unorganischen Elementen derselben zu suchen, sondern nur in dem, was wir mit dem allgemeinen Ausdrucke *Lebenskraft* bezeichnen, eine Kraft, von welcher wir freilich nur sehr dunkle Begriffe haben. Defshalb können auch diese organischen Wesen nur unter Mitwirkung der Lebenskraft hervortreten, und gewissermafsen auch nur so lange bestehen, als die Lebenskraft in ihnen wirksam ist.

Nur einer geringen Zahl der unorganischen Elemente kommt das Vermögen zu, sich der Lebenskraft zu assimiliren, ihr als Material oder als Vehikel zu Verbindungen im Allgemeinen, und den Pflanzen insbesondere zur Nahrung zu dienen; diese Elemente sind vorzüglich der Kohlenstoff, Wasserstoff und der Sauerstoff, zu welchem sich in den animalischen und auch in einigen vegetabilischen Substanzen noch der Stickstoff gesellt. Aufser diesen werden in den Gebilden der organischen Natur oft noch schwache Spuren von Schwefel, Phosphor, Chlor, Magnesia, Kalk, Kali, Natron, Eisen, Mangan, Kupfer und Nickel angetroffen.

Die vier zuerst genannten Elemente treten unter gewissen Verhältnissen zusammen, und bilden, wenn je drei derselben zusammentreten, *ternäre*, oder wenn alle vier beisammen sind, *quaternäre*, oder wenn nur zwei derselben sich vereinen, was aber nur selten der Fall ist, *binäre* Verbindungen.

Aus einem Lehrbuch der Chemie von 1826

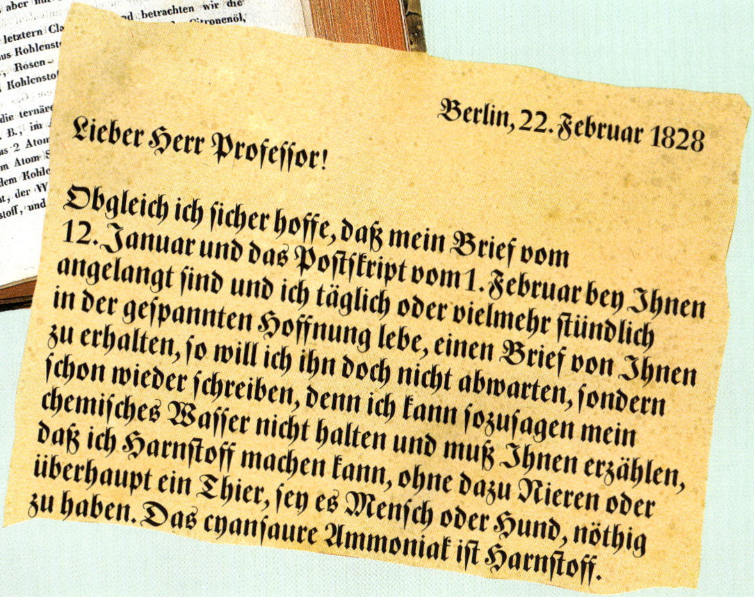

Berlin, 22. Februar 1828

Lieber Herr Professor!

Obgleich ich sicher hoffe, daß mein Brief vom 12. Januar und das Postskript vom 1. Februar bey Ihnen angelangt sind und ich täglich oder vielmehr stündlich in der gespannten Hoffnung lebe, einen Brief von Ihnen zu erhalten, so will ich ihn doch nicht abwarten, sondern schon wieder schreiben, denn ich kann sozusagen mein chemisches Wasser nicht halten und muß Ihnen erzählen, daß ich Harnstoff machen kann, ohne dazu Nieren oder überhaupt ein Thier, sey es Mensch oder Hund, nöthig zu haben. Das cyansaure Ammoniak ist Harnstoff.

Brief von WÖHLER an BERZELIUS (Auszug)

FRIEDRICH WÖHLER
1800 – 1882

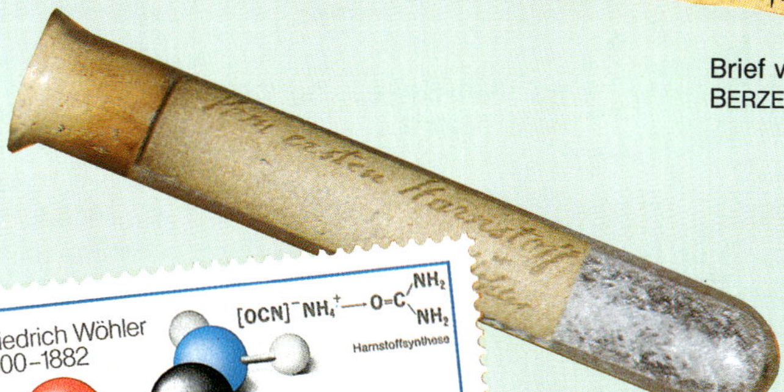

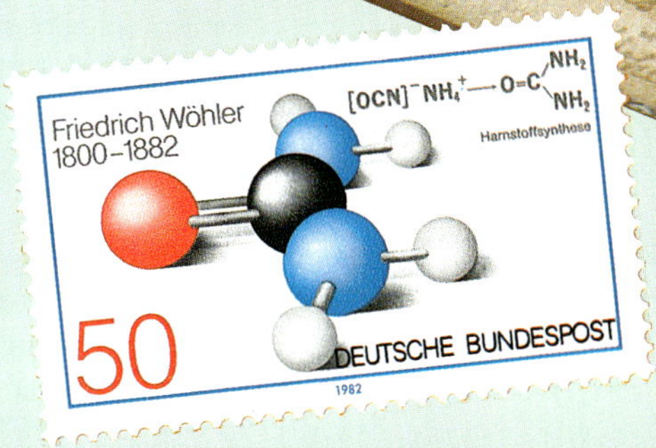

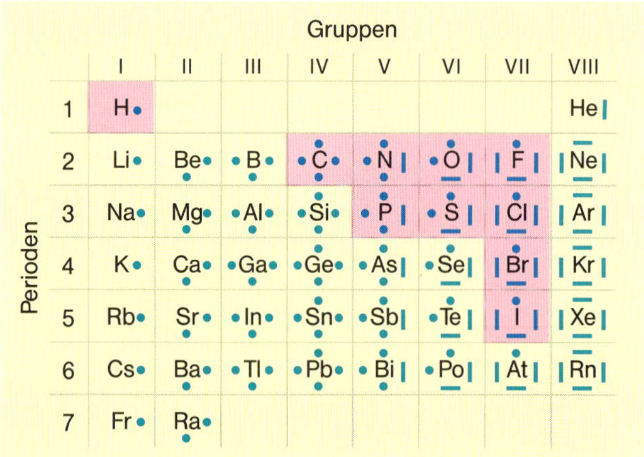

B 1 Häufige Elemente in organischen Verbindungen. In über 10 Millionen organischer Verbindungen treten die Atome nur weniger Elemente auf

A 1 Wenn ein Kohlenstoffatom vier Elektronen abgäbe bzw. aufnähme, würde sich ein C^{4+}- bzw. C^{4-}-Ion bilden. Welche Atome hätten die gleichen Elektronenanordnungen wie diese Ionen?

A 2 Die experimentelle Untersuchung einer organischen Verbindung hat ergeben, dass die Moleküle dieser Verbindung aus Kohlenstoff-, Wasserstoff- und Sauerstoffatomen aufgebaut sind. Ein Molekül hat die Masse 46 u.
a) Ermittle mögliche Summenformeln.
b) Baue mit Hilfe eines Molekülbaukastens verschiedene mögliche Molekülmodelle.
Wie viele verschiedene Molekülmodelle lassen sich zusammenbauen?

B 2 Modelle für Atome organischer Moleküle

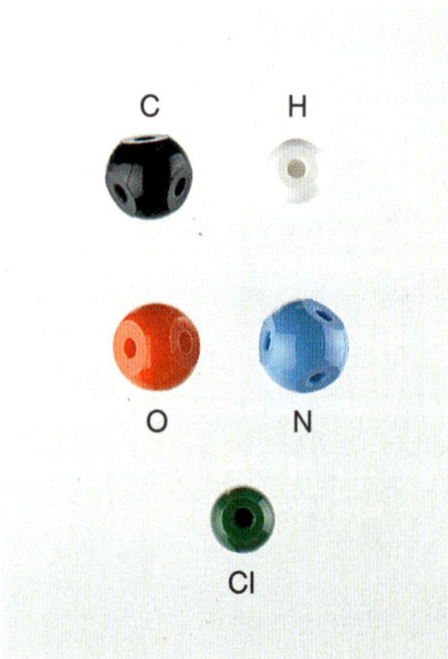

B 3 Vierbindigkeit des Kohlenstoffatoms

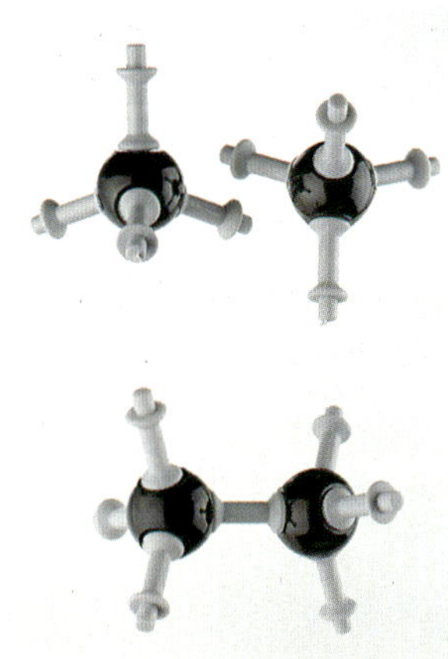

Noch zu Beginn des 19. Jahrhunderts glaubten die Chemiker, dass viele Verbindungen wie Zucker, Fette und Harnstoff nur in lebenden Körpern aufgebaut werden könnten, aber niemals in den Geräten eines Laboratoriums. In den Organismen sollte eine besondere *Lebenskraft*, die *vis vitalis*, wirksam sein. Vor diesem Hintergrund wurde 1806 von dem schwedischen Chemiker BERZELIUS (1779 – 1848) der Begriff **„organische Chemie"** für die Chemie der Stoffe eingeführt, die von *Organismen* hergestellt werden. Der organischen Chemie stand die *anorganische*, damals noch unorganische Chemie genannt, gegenüber. Die Auffassung von einem grundsätzlichen Unterschied zwischen organischer und anorganischer Chemie wurde 1828 durch die *Harnstoffsynthese* widerlegt. Dem deutschen Chemiker FRIEDRICH WÖHLER (1800 – 1882) gelang es aus Cyansäure und Ammoniak Harnstoff zu erhalten. Er hatte also im Laboratorium eine organische Verbindung hergestellt; damit war die Lehre von der „vis vitalis" erschüttert.

Organische Verbindungen. Die organische Chemie ist schon lange nicht mehr auf Verbindungen der belebten Natur beschränkt. Heute zählt man zur organischen Chemie die Verbindungen, die aus *Kohlenstoff* und weiteren Elementen – die häufigsten sind neben dem Kohlenstoff: *Wasserstoff*, *Sauerstoff* und *Stickstoff* – aufgebaut sind. Neben diesen vier Elementen spielen noch Schwefel, Phosphor, die Halogene und einige Metalle (Eisen, Magnesium, Kupfer) in manchen organischen Verbindungen eine Rolle.
Auffallend ist, dass nur wenige Elemente mehr als 10 Millionen organischer Verbindungen bilden. Dagegen sind von allen übrigen Elementen zusammen „nur" einige Hunderttausend Verbindungen bekannt.

Die organische Chemie ist die Chemie der Kohlenstoffverbindungen.

Die Sonderstellung des Kohlenstoffatoms. Das Kohlenstoffatom steht in der 2. Periode und IV. Gruppe des Periodensystems. Sollte es ein Ion mit der Elektronenanordnung eines Edelgasatoms bilden, müsste es vier Elektronen aufnehmen oder abgeben. Die bei der Aufnahme oder Abgabe von vier Elektronen zu überwindenden Abstoßungs- bzw. Anziehungskräfte sind so groß, dass in der Regel keine vierfach positiv oder negativ geladenen Kohlenstoffionen gebildet werden. Das Kohlenstoffatom bildet auch meist keine niedriger geladenen Ionen. Es geht aber aufgrund seiner vier Einzelelektronen auf der Außenschale vier Atombindungen (Elektronenpaarbindungen) ein. Man sagt, es ist *„vierbindig"*. Diese Vierbindigkeit ermöglicht eine große Vielfalt der Bildung von Verbindungen. Dazu kommt, dass *Kohlenstoffatome untereinander Bindungen* eingehen können und dabei vielfältige Verknüpfungen möglich sind.

Welche Atomsorten gibt es in organischen Verbindungen?

Bei der Untersuchung einer organischen Verbindung versucht man herauszufinden, aus welchen Atomsorten die Verbindung aufgebaut ist.

Nachweis von Kohlenstoff- und Wasserstoffatomen in Verbindungen. Beim Erhitzen von manchen organischen Verbindungen wie z. B. Zucker bleibt Kohlenstoff zurück. Hier ist es offensichtlich, dass am Aufbau der Moleküle der Verbindung Kohlenstoffatome beteiligt sind. Die meisten organischen Verbindungen können verbrannt werden. Häufig leuchtet die Flamme durch die in ihr glühenden Kohlenstoffpartikel oder sie rußt gar. Auch dieses ist ein sehr direkter Hinweis auf Kohlenstoffatome. Verbrennt eine Verbindung vollständig, zeigt sich kein Kohlenstoff, aber es bildet sich Kohlenstoffdioxid. Leitet man die bei der Verbrennung gebildeten Gase in Kalkwasser ein (▷B 1), entsteht ein weißer Niederschlag von Calciumcarbonat.

$$CO_2(g) + Ca^{2+}(aq) + 2\,OH^-(aq) \longrightarrow CaCO_3(s) + H_2O(l)$$

Meist bildet sich bei der Verbrennung der organischen Verbindung auch Wasser, das an kalten Stellen kondensiert und mit *weißem Kupfersulfat* zu *blauem Kupfersulfat* reagiert.

$$CuSO_4(s) + 5\,H_2O(l) \longrightarrow CuSO_4 \cdot 5\,H_2O(s)$$

Entstehen *Kohlenstoffdioxid* und *Wasser* bei der Verbrennung einer Verbindung, weist dies auf *Kohlenstoff-* und *Wasserstoffatome* in den Verbindungen hin. Zur Oxidation organischer Verbindungen wird häufig schwarzes Kupferoxid eingesetzt.

Nachweis von Sauerstoffverbindungen. Das Entstehen eines Oxids bei der Reaktion einer organischen Verbindung unter Ausschluss von Sauerstoff lässt auf Sauerstoffatome in der Verbindung schließen. So entsteht bei der Reaktion von Alkohol mit Magnesium Magnesiumoxid (▷V 1, ▷B 2).

Nachweis von weiteren Atomsorten in Verbindungen. Beim Erhitzen einer *organischen Halogenverbindung* mit einem *Kupferdraht* bilden sich flüchtige *Kupferhalogenide*, die der entleuchteten *Flamme* eine *grüne* bis *blaugrüne Farbe* verleihen. Dieser Nachweis wird nach dem Chemiker F. BEILSTEIN als Beilsteinprobe bezeichnet.
Aus vielen *organischen Stickstoffverbindungen* entwickelt sich beim Erhitzen mit Natriumhydroxid *Ammoniak*, das ein feuchtes Indikatorpapier blau färbt und mit Chlorwasserstoff einen weißen Rauch bildet. Ebenso wie Stickstoffatome können *Schwefelatome* in organischen Verbindungen nachgewiesen werden, wenn sie mit Natronlauge erhitzt werden. Es entstehen *Sulfidionen* (S^{2-}-Ionen), die mit *Bleiionen* (Pb^{2+}-Ionen) einen schwarzen Niederschlag von Bleisulfid bilden.

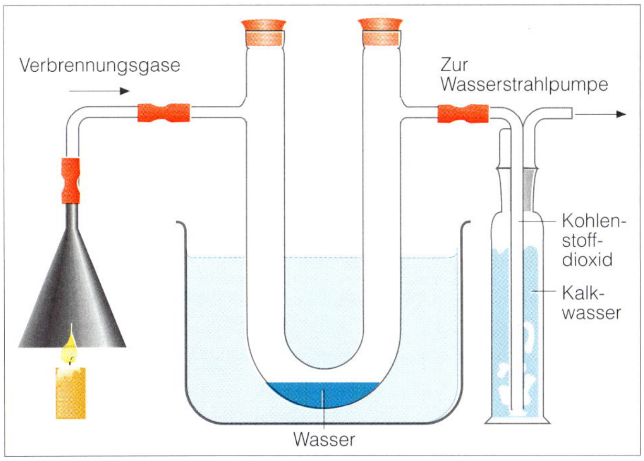

B 1 Nachweis von Kohlenstoffdioxid und Wasser als Verbrennungsprodukte organischer Verbindungen

V 1 In ein Reagenzglas füllt man 2 cm hoch Sand und tränkt diesen mit Alkohol, dann baut man die Apparatur wie in ▷B 2 zusammen. Zunächst wird das Magnesiumpulver stark erhitzt, danach werden durch gleichzeitiges schwaches Erhitzen des Sandes Alkoholdämpfe über das erhitzte Magnesium geleitet. Die am Rohr entweichenden Gase werden entzündet (Schutzbrille! Schutzscheibe!). Das feste Reaktionsprodukt gibt man in Wasser und prüft die Lösung mit Indikatorpapier.

A 1 Kalkwasser reagiert mit Kohlenstoffdioxid zu Calciumcarbonat und Wasser. Gibt man zu der Suspension verdünnte Salzsäure, verschwindet der Niederschlag. Deute diesen Sachverhalt.

B 2 Nachweis der Sauerstoffatome. Die organische Verbindung oxidiert Magnesium

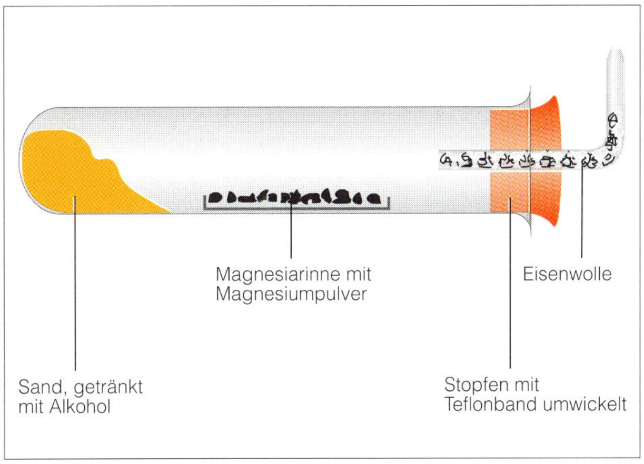

Projekt: Qualitative Analyse organischer Verbindungen

Versuch 1 Nachweis der Kohlenstoff- und Wasserstoffatome

Geräte und Chemikalien: Schutzbrille, Porzellanschale, Weithals-Erlenmeyerkolben (250 ml) mit Stopfen, Reagenzglas, durchbohrter Stopfen mit Gasableitungsrohr, Stativ, Doppelmuffe, Universalklemme, Becherglas (100 ml), Gasbrenner, Spatel, frisch filtriertes Kalkwasser, Kupferoxid in Drahtform, weißes Kupfersulfat, Isopropylalkohol, Puderzucker

Durchführung: a) Gib 2 ml bis 3 ml Isopropylalkohol in die Porzellanschale und entzünde ihn. Halte den Weithals-Erlenmeyerkolben mit der Öffnung nach unten über die Flamme. Schütte dann etwas Kalkwasser in den Kolben, verschließe und schüttle kräftig.

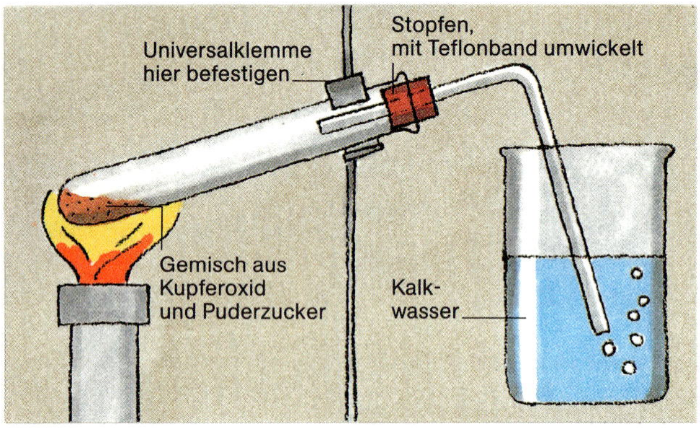

b) Vermische in dem Reagenzglas eine Spatelspitze Puderzucker mit etwa dem zehnfachen Volumen Kupferoxid. Verschließe das Reagenzglas mit dem durchbohrten Stopfen mit dem Gasableitungsrohr und befestige das Reagenzglas so an dem Stativ, dass das Gasableitungsrohr in das Kalkwasser ragt. Nimm den Brenner in die Hand und erhitze das Reaktionsgemisch kräftig. Ziehe kurz vor dem Ende des Erhitzens durch Anheben des Stativs das Gasableitungsrohr aus dem Kalkwasser. Gib nach dem Abkühlen zu den Flüssigkeitströpfchen in dem Reagenzglas bzw. Gasableitungsrohr einige Körnchen weißes Kupfersulfat.

Aufgaben: a) Schildere und deute die Beobachtungen.
b) Formuliere für die Nachweisreaktionen die Reaktionsgleichungen.
c) Warum muss bei b das Gasableitungsrohr vor dem Ende des Erhitzens aus dem Kalkwasser gezogen werden?

Versuch 2 Nachweis der Halogenatome

Geräte und Chemikalien: Schutzbrille, Gasbrenner, Tiegelzange, dicker Kupferdraht, Stückchen PVC, Keramik-Drahtnetz als Ablage

Das Experiment ist unter dem Abzug durchzuführen!

Durchführung: Halte den Kupferdraht mit der Tiegelzange und glühe ihn aus. Spieße das Stückchen PVC mit dem Kupferdraht auf und bringe es in die nicht leuchtende Brennerflamme.

Aufgaben: a) Schildere die Beobachtungen.
b) Wie könntest du experimentell überprüfen, dass die Flammenfärbung durch Kupferhalogenide hervorgerufen wird?

Versuch 3 Hinweis auf Sauerstoffatome

Geräte und Chemikalien: 2 Reagenzgläser, Reagenzglasständer, Spatel, Iod, Heptan, Isopropylalkohol

Information: Eine Lösung von Iod in flüssigen Sauerstoffverbindungen ist gelb bis braun, eine Lösung von Iod in Nichtsauerstoffverbindungen in der Regel rotviolett bis violett. Ausnahmen bilden einige Schwefel- und Stickstoffverbindungen, die für uns aber keine Rolle spielen.

Durchführung: Gib zu etwa 1 ml Heptan bzw. Isopropylalkohol jeweils einen kleinen Iodkristall und schüttle.

Aufgabe: Welches ist die Sauerstoffverbindung?

Versuch 4 Nachweis der Stickstoffatome und der Schwefelatome

Geräte und Chemikalien: Schutzbrille, Gasbrenner, Reagenzglas, Reagenzglasklammer, Spatel, Pinzette, konz. Natronlauge in einer Tropfflasche (Massenanteil etwa 30 %), gekochtes Eiweiß, Universalindikatorpapier, Bleiacetatlösung in Tropfflasche

Es muss eine Schutzbrille getragen werden! Durch Natriumhydroxid können schwere Verätzungen hervorgerufen werden! Es kann auch noch zum Herausspritzen heißer Lauge kommen, wenn das Reagenzglas schon aus der Flamme genommen worden ist!
Die Bleiacetatlösung ist giftig!

Durchführung: a) Erhitze in dem Reagenzglas eine kleine Portion gekochtes Hühnereiweiß mit etwa 3 ml konz. Natronlauge kurz zum Sieden. Nimm das Reagenzglas aus der Flamme.
b) Halte mit der Pinzette ein feuchtes Indikatorpapier in die entweichenden Dämpfe über der Reagenzglasöffnung.
c) Gib zu der abgekühlten Lösung einige Tropfen Bleiacetatlösung.

Aufgaben: a) Schildere die Beobachtungen und deute sie.
b) Hält man in die Dämpfe über der Reagenzglasöffnung einen Glasstab mit einem Tropfen konz. Salzsäure, bildet sich Rauch. Deute diese Beobachtung.

Kohlenwasserstoffe – Energieträger und Rohstoffe

Unser Energiebedarf wird heute weitgehend durch Verbrennungsreaktionen gedeckt. Als Brennstoffe dienen Kohle, Erdgas und Erdölprodukte (z. B. Heizöl, Benzin). Man gewinnt Wärmeenergie, elektrische und mechanische Energie. Bei der Verbrennung entstehende Stoffe belasten aber die Umwelt in hohem Maße.

Bereits vor etwa 150 Jahren hat man beim Erhitzen der Kohle wichtige Rohstoffe entdeckt. Zuerst wurden auf Grundlage dieser Rohstoffe Farbstoffe hergestellt, dann kam ein chemischer Industriezweig nach dem anderen hinzu. Heute haben Erdöl und Erdgas die Kohle weitgehend verdrängt. Aus ihnen werden wertvolle Grundstoffe für nahezu alle synthetischen Produkte der organischen Chemie gewonnen.

Die Moleküle der Stoffe, die sich aus Erdöl gewinnen lassen, sind überwiegend nur aus Kohlenstoff- und Wasserstoffatomen aufgebaut. Trotzdem gibt es eine Vielzahl von Verbindungen ähnlicher und sehr unterschiedlicher Eigenschaften. Wie dieses möglich ist, das wird in diesem Kapitel auch erklärt.

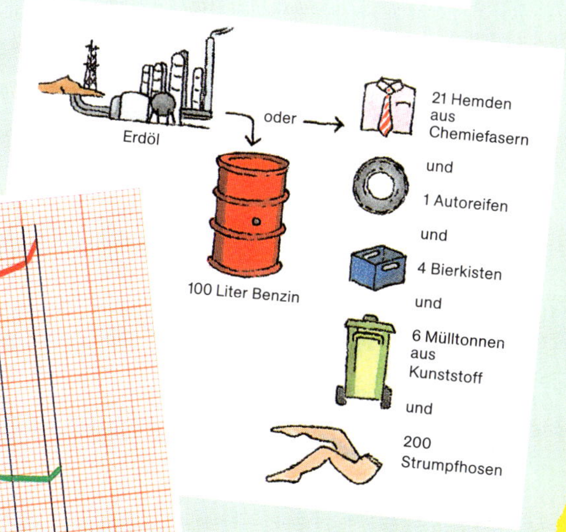

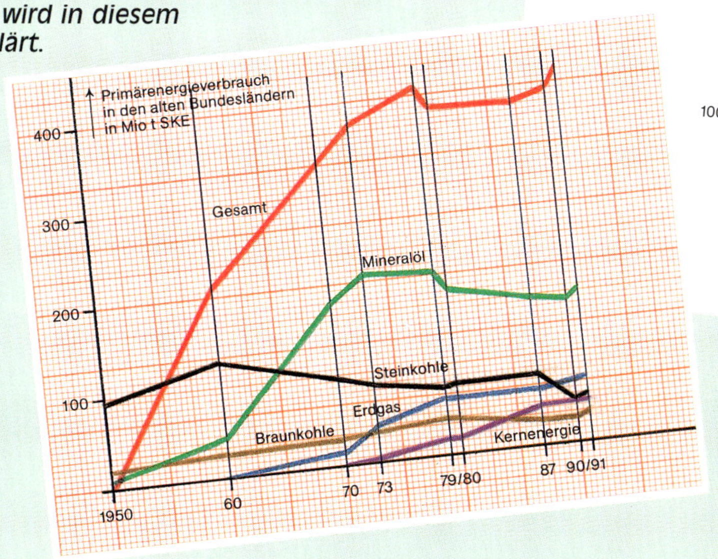

17.1 Kohle – Brennstoff und Rohstoff

B 1 Pflanzenabdruck in einer Braunkohleschicht

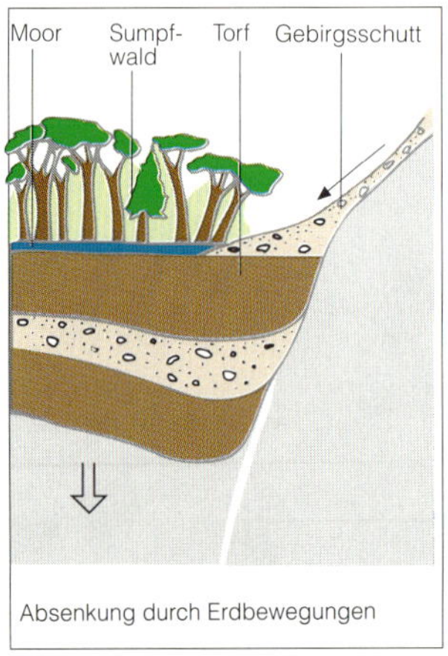

B 2 Entstehung von Kohle

V 1 In einem Reagenzglas werden kleine Stücke Steinkohle (z. B. Eierkohle) erhitzt. Die entstehenden Gase werden durch eine Kühlfalle geleitet und entzündet (Knallgasprobe!). (Abzug!)

A 1 Steinkohle entstand hauptsächlich vor 270 bis 350 Millionen Jahren. Die Geologen nennen dieses Zeitalter Karbon (von lat. carbo, Kohle). Aus der in 100 Jahren produzierten Biomasse eines Sumpfwaldes wurde eine etwa 2 cm dicke Schicht Steinkohle. Berechne das Alter der Sumpfwälder im Raum des heutigen Ruhrgebiets, wo Flöze eine durchschnittliche Dicke von etwa 1 m haben.

A 2 Warum sind Briketts billiger als Anthrazitkohle? Vergleiche Heizwerte und Abbaumöglichkeiten.

B 3 Kohlesorten. a) Braunkohle, b) Steinkohle, c) Anthrazit

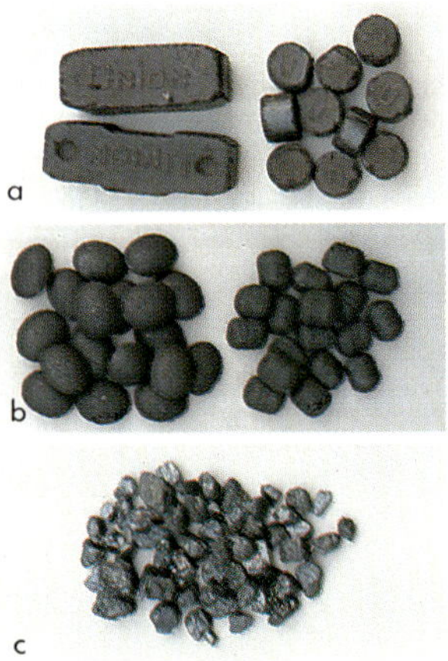

B 4 Kohlenstoffanteil und Heizwert von Brennstoffen

Brennstoff	Kohlenstoffanteil (%)	Heizwert in kJ/kg
Holz	50	13 600
Torf	56	15 700
Braunkohle	70	18 800
Steinkohle	85	31 400
Holzkohle	90	31 600
Anthrazit	92	34 300

Kohle ist der einzige Energieträger, von dem es in Deutschland große Lagerstätten gibt. Kohle kann aber nicht nur verbrannt werden, es können aus ihr auch wertvolle Chemikalien gewonnen werden.

Enstehung der Kohle. In allen Kohlevorkommen findet man Pflanzenabdrücke (▷ B 1). Sie entstammen versunkenen Sumpfwäldern. Zunächst entstand aus den abgestorbenen Pflanzen Torf. Die Torfschichten wurden von Gebirgsschutt und Sand überdeckt (▷ B 2). Der von diesen ausgeübte Druck und die dabei entstehende Wärme führten zu einer Verfestigung und Umwandlung der Torfschichten in Braunkohle. Erst bei Einwirkung von starkem tektonischem Druck und erhöhter Temperatur im Zusammenhang mit gebirgsbildenden Vorgängen entstand Steinkohle. Aus den organischen Verbindungen der Pflanzen bildeten sich in einem langen Prozess, *der Inkohlung*, die verschiedenen Kohlesorten (▷ B 3). Je weiter die Inkohlung fortgeschritten ist, desto höher ist der Kohlenstoffanteil der Kohle (▷ B 4).

Kohle als Energieträger. Lange Zeit war Kohle der bedeutendste Energielieferant. Heute steht sie vor allem in Konkurrenz zu Erdöl und Erdgas. Die verschiedenen Kohlesorten unterscheiden sich in ihrem *Heizwert*. Je höher ihr *Kohlenstoffanteil* ist, desto höher ist auch der *Heizwert* dieser Brennstoffe (▷ B 4). Wegen ihres hohen Heizwertes ist die Steinkohle immer noch einer der wichtigsten Energielieferanten in Deutschland, insbesondere zur Erzeugung elektrischen Stroms.
Braunkohle wird häufig am Förderort gleich zum Betrieb von Elektrizitätswerken verbrannt. Nur ein kleiner Teil wird entwässert und zu Briketts gepresst. Bei der Beheizung der Haushalte geht der Anteil aller Kohlesorten in Deutschland weiter zurück.

Umweltbelastung durch Kohle. Bei der Verbrennung von Kohle entstehen neben Kohlenstoffdioxid und Wasser viele Schadstoffe wie Staub, Schwefeldioxid und Stickstoffoxide. Die staubförmigen Bestandteile des Rauchgases, die giftige Schwermetallverbindungen enthalten können, werden mit Elektrofiltern zu mehr als 90 % abgeschieden. Damit kann die Emission auf 50 mg Staub je Kubikmeter Rauchgas herabgesetzt werden.

Im Gegensatz zu Heizöl und Erdgas lässt sich Kohle nur schwer „entschwefeln". Eine wirksame Direktentschwefelung bei der Verbrennung ist nur bei der Wirbelschichtfeuerung möglich. Dem Brennraum werden durch starke Luftströme Kohlestaub und Kalksteinmehl zugeführt (▷ B 5). In einer schwebenden Wirbelschicht aus Kohle und Kalk verbrennt die Kohle, das Schwefeldioxid reagiert mit dem Kalk und dem Sauerstoff zu Calciumsulfat (Gips), das mit der Asche abgezogen wird.

Die meisten Kraftwerke besitzen allerdings eine Rauchgasentschwefelungsanlage (↗ Kap. 15.7). In ihr wird Schwefeldioxid mit Kalkwasser bzw. einer Kalksuspension ausgewaschen. Das entstehende Calciumsulfit wird mittels eingeblasener Luft zu Gips oxidiert. Bei neuen Anlagen betragen die Schwefeldioxid-Emissionen nur noch 200 mg · m^{-3}. Stickstoffoxid-Emissionen lassen sich durch niedrige Verbrennungstemperaturen vermeiden. Der geforderte Grenzwert von 200 mg · m^{-3} lässt sich allerdings nur mit „Entstickungsanlagen" erreichen. Die Stickstoffoxide reagieren in ihnen mit zugesetztem Ammoniak an einem Katalysator bei ca. 350 °C zu Stickstoff und Wasser.

Die Verkokung der Steinkohle. Die *Eisengewinnung* hätte ohne *Koks aus Steinkohle* niemals die heutigen Ausmaße erreichen können. Bei der seit 1729 bekannten Verkokung wird Steinkohle unter Luftabschluss bei Temperaturen zwischen 1100 °C und 1400 °C (Hochtemperaturverkokung) in sehr schmalen, aber langen und hohen Kammern 16 bis 18 Stunden erhitzt. Hierbei entweichen bei einem Einsatz von 1 t Trockenkohle 350 bis 400 m^3 Gas, zurück bleibt als fester Rückstand **Koks**, der außer Kohlenstoff (95 bis 98 %) nur wenige mineralische Bestandteile enthält. Aus dem Gas kondensieren bei Abkühlung Ammoniak und eine braune Flüssigkeit, der **Steinkohlenteer** (▷ V 1, ▷ B 7).
Das nach der Kondensation übrig bleibende Gas, das überwiegend aus Wasserstoff (55 %) und Methan (20 %) besteht, wurde nach Zugeben eines Gemisches aus Kohlenstoffmonooxid und Wasserstoff als *Stadtgas* (früher auch „Leuchtgas" genannt) den Haushalten zugeführt. Heute wird es meist zur Aufheizung der Kokskammern oder Heißwinde im Hochofenbetrieb eingesetzt.

Die im Kondensat enthaltenen Stoffe lassen sich ebenfalls verwerten. Ammoniak ist ein Grundstoff zur Herstellung von Mineraldüngern. Besonders interessant ist aber der schwarzbraune, zähe *Steinkohlenteer* (aus 1 t Steinkohle entstehen etwa 50 kg). Dieser enthält allein über 300 wichtige Verbindungen, überwiegend Benzol und dem Benzol verwandte Verbindungen. Auf deren Entdeckung beruht die Entwicklung synthetischer organischer Farbstoffe. Mit ihrer Produktion wurde Steinkohlenteer in der zweiten Hälfte des vorigen Jahrhunderts zur Basis der in Mitteleuropa aufblühenden organisch-chemischen Großindustrie.

Aus Kohle lassen sich aber auch Benzin und Dieselöl gewinnen. Besonders während des 2. Weltkrieges wurden Kraftstoffe aus Kohle in Deutschland eingesetzt. In den Nachkriegsjahren konnte das Benzin aus Kohle mit dem Benzin aus Erdöl aus Kostengründen nicht mehr konkurrieren. Ob in der Zukunft die Benzingewinnung aus Kohle noch einmal eine bedeutende Rolle spielen wird, lässt sich zum jetzigen Zeitpunkt nicht voraussagen.

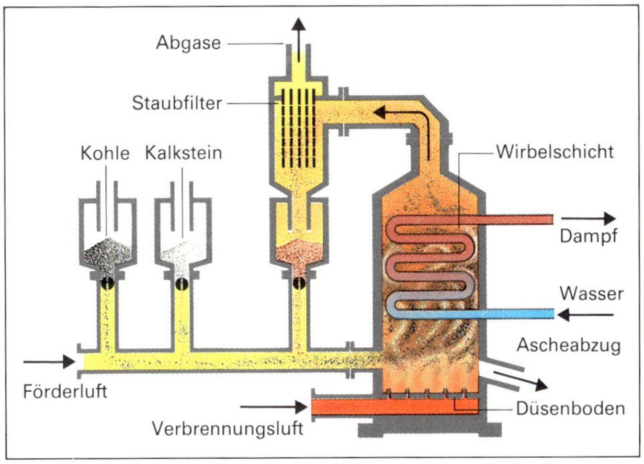

B 5 Wirbelschichtfeuerung schematisch

B 6 Kokereianlage. Der aus den Verkokungskammern ausgestoßene Koks glüht noch

B 7 Trockene Destillation von Steinkohle. Teer und Ammoniakwasser kondensieren, brennbares Kokereigas entweicht

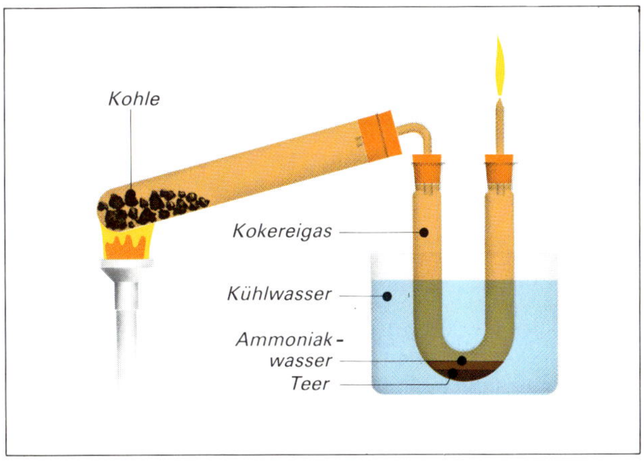

17.2 Erdöl und Erdgas

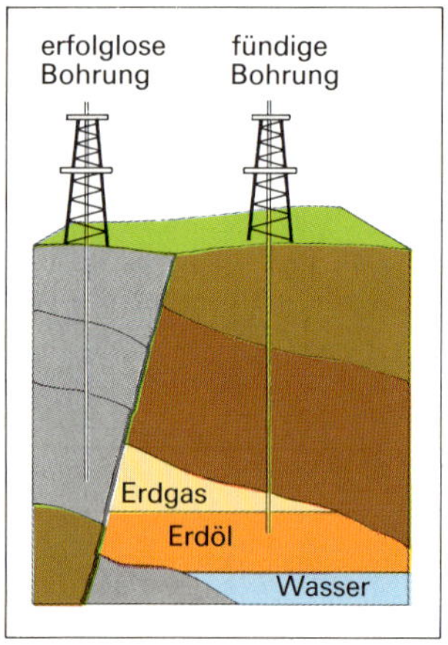

B 1 Erdöllagerstätte im Schnitt

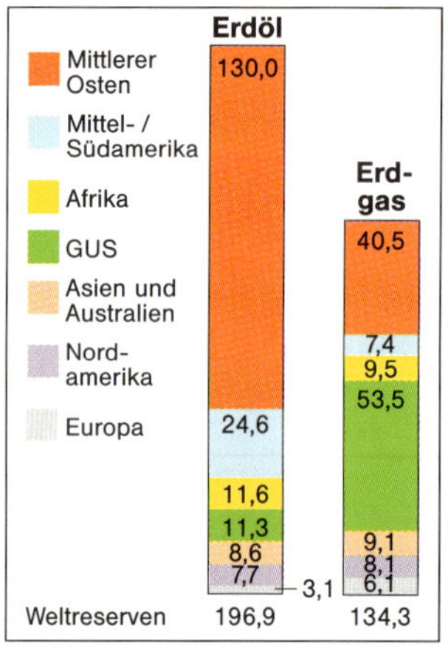

B 2 Erdöl- und Erdgasvorräte 1. 1. 1992 (in Mrd. t SKE)

B 3 Ölbohrinsel in der Nordsee

Alle der Erde entstammenden organischen, brennbaren, flüssigen oder gasförmigen Stoffe zählt man zum *Erdöl* oder *Erdgas*. Kommen beide in einem Gebiet gemeinsam vor, so kann für beide von einem gleichen Entstehungsprozess ausgegangen werden.

Entstehung. Nach dem heutigen Kenntnisstand sind Erdöl und Erdgas aus den Kohlenhydraten, Eiweißstoffen und Fetten von winzigen Wassertieren und Wasserpflanzen entstanden, die vor Jahrmillionen in riesiger Anzahl flache, küstennahe Gewässer besiedelten. Aus absterbenden Mikroorganismen und Sanden, Tonen und Kalken, die meist von Flüssen in die Gewässer verfrachtet wurden, bildete sich eine mächtige, sauerstoffarme Faulschlammschicht. Nach Überdeckung mit weiteren Sedimenten wandelten sich die organischen Bestandteile der Faulschlammschicht unter dem Einfluss von Druck, Wärme, Bakterien sowie mineralischen und organischen Katalysatoren in die Verbindungen des Erdgases und Erdöls um. Erdgas kann auch im Zusammenhang mit der Bildung von Kohle entstehen.

Lagerstätten und Förderung. Erdöl und Erdgas findet man in porösen Sedimentgesteinen, die von undurchlässigen Schichten abgeschlossen sind. In die *Speichergesteine* sind sie häufig erst aus ihren weit entfernten Entstehungsorten hineingewandert.

Auf der Suche nach dem Erdöl und Erdgas müssen die Bohrungen bis zu den Lagerstätten vorgetrieben werden. Wird das Erdölspeichergestein angebohrt, kann das Erdöl durch den Druck des begleitenden Erdgases und Wassers (▷ B 1) von selbst aus der Bohrmündung fließen. Genügt der Lagerstättendruck nicht oder lässt er im Laufe der Förderung nach, wird das Erdöl an die Erdoberfläche gepumpt.

Auf der Suche nach neuen Erdgas- und Ölquellen dringt man in immer unwegsamere Gebiete und immer größere Tiefen vor. Besonders aufwendig ist die Erschließung und Förderung von Erdöl- und Erdgasvorkommen unter dem Meeresspiegel (▷ B 3).

Die größten *Erdöl- und Erdgasreserven* lagern nach dem heutigen Kenntnisstand im Mittleren Osten und in der Gemeinschaft Unabhängiger Staaten (GUS) (▷ B 2). Bei gleich bleibender Förderung reichen diese Weltvorräte voraussichtlich nur noch wenige Jahrzehnte.

Transport. Die meisten Erdölquellen liegen weit entfernt von den Verbraucherzentren. Das frisch geförderte *Rohöl* wird an Ort und Stelle in großen Tanks gespeichert und durch Rohrleitungen (Pipelines) zur nächsten Erdölraffinerie zur Weiterverarbeitung oder zum nächsten Hafen transportiert. Vor dem Transport muss das Rohöl *entgast* (von gelöstem Erdgas befreit), *entwässert* und wegen der Korrosionsgefahr auch *entsalzt* werden.

Rohöl kann bis zu 0,2 % Wasser und 0,02 % Salze gelöst enthalten. Hochseetanker, die heute eine Transportkapazität von bis zu 500 000 Tonnen erreichen, transportieren das Rohöl zu den Häfen der Verbraucherländer.

Das manchmal mit dem Erdöl geförderte *Erdgas* wird häufig einfach *abgefackelt*. Rohstoff- und Energieknappheit und damit steigende Preise führen jedoch dazu, das Erdgas zu Verbraucherzentren zu befördern oder

Größte Ölpest der Geschichte

MÜNCHEN. Am Samstag, dem 19. Januar 1991, hat Saddam Hussein als eine seiner Verteidigungsmaßnahmen im Golfkrieg die Öffnung von Ölquellen vorgenommen und so skrupellos die größte Ölpest aller Zeiten ausgelöst. Mitte Februar trieb ein 160 Kilometer langer und 60 Kilometer breiter Ölteppich an der Küste Saudi-Arabiens entlang. In dem rund 1000 Kilometer langen, aber im Schnitt nur 35 Meter tiefen Wasserkorridor bis zur Straße von Hormuz sind Seevögel, Fische, Delfine und Schildkröten massenhaft verendet. Bereits in den ersten beiden Kriegswochen flossen aus zwölf Quellen 1,8 Milliarden Liter Rohöl ins Meer, das ist rund 40-mal so viel wie bei der Exxon-Valdez-Katastrophe vor Alaska.

B 4 Zeitungsbericht über die Ölkatastrophe am Persischen Golf 1991

B 5 Erdgastanker

es in die Lagerstätten zurückzudrücken und damit zu speichern. Die umfangreichen Erdgasreserven des Mittleren Ostens und Nordafrikas konnten bisher kaum in die Verbraucherzentren Nordamerikas und Europas exportiert werden, weil Erdgas schwieriger als Erdöl zu transportieren ist. Gasförmig ist Erdgas nur in Rohrleitungen wirtschaftlich transportfähig. Um über weite Entfernungen in Schiffen transportiert zu werden, muss Erdgas vom gasförmigen in den flüssigen Zustand versetzt und dadurch auf ein Sechshundertstel seines ursprünglichen Volumens verdichtet werden. Dieses geschieht, indem man Erdgas auf −162 °C abkühlt. In Spezialschiffen, deren Tanks besonders gut isoliert sind, wird das flüssige Erdgas zum Bestimmungshafen transportiert und dort in das Versorgungsnetz eingespeist. Enthält Erdgas *Schwefelwasserstoff*, muss es von diesem befreit werden, um genutzt werden zu können.

Gefährdung der Weltmeere. Mit der Größe der Tanker, der wachsenden Anzahl der Bohrinseln und durch Tankerspülungen gelangen nach Schätzungen insgesamt jährlich 5 bis 10 Millionen Tonnen Erdöl in die Weltmeere. Durch eine *Ölpest* (▷ B 4) werden Fischbestände und Muschelbänke zerstört, Seevögel gehen zugrunde. Badestrände werden oft kilometerweit verschmutzt.

B 6 Luftaufnahme einer Erdölraffinerie. Das Rohöl wird auf dem Wasserweg angeliefert, die Erdölprodukte werden über Bahnlinien und Straßen abtransportiert

Land	Deutschland			Niederlande	Frankreich
Fördergebiet	Weser-Ems Löningen	Emsland Bentheim	Elbe-Weser	Groningen/ Slochteren	Lacq
Methan	91,1	85,7	62,8	81,4	69,3
Ethan	5,1	1,2	12,3	2,7	3,1
Propan	2,1	0,4	9,1	0,4	1,1
Butan	0,8	0,2	4,2	0,2	0,6
Pentan	0,4	–	0,9	0,1	0,7
Stickstoff	0,4	6,5	8,9	14,3	0,4
Kohlenstoffdioxid	0,1	5,6	1,8	0,9	9,6
Schwefelwasserstoff	–	–	–	Spuren	15,2
Sauerstoff	–	0,4	–	–	–

B 1 Zusammensetzung einiger Naturgase (Erdgase) (Volumenanteile in Prozent)

B 2 Methangewinnung durch bakterielle Zersetzung organischer Stoffe

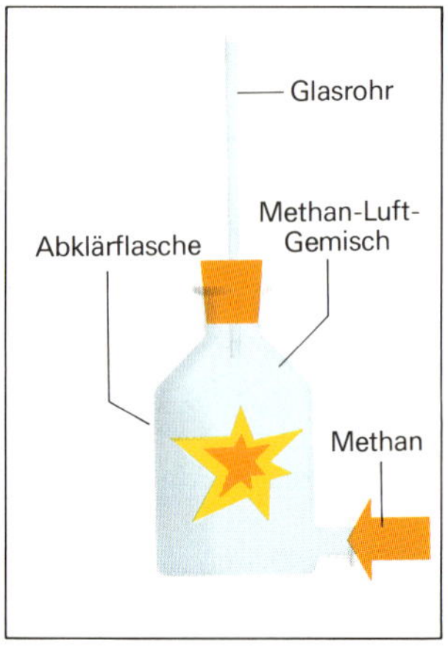

Schweres Grubenunglück in der Türkei

KOZLU. Nach einer Grubengasexplosion, die sich am Dienstagabend, dem 3. März 92, in Kozlu am Schwarzen Meer ereignete, wurden bis Mittwoch 122 Bergarbeiter tot geborgen. Für die noch 148 Vermissten bestehen nur noch geringe Überlebenschancen. Erst 20 Sekunden vor der Explosion soll der Methananteil in den Stollen den kritischen Wert von 5 Vol. % überschritten haben. Einige der Bergleute seien durch die Brände oder Druckwellen ums Leben gekommen, die meisten aber an Kohlenstoffmonooxid-Vergiftung gestorben.

B 3 Methan-Luft-Gemische sind explosiv. Links: Demonstrationsexperiment. Rechts: Meldung über Grubengasunglück

Strom und Wärme aus Mist

Liebenau, Bodenseekreis. Bei der Großviehhaltung auf Bauernhöfen entsteht eine ganze Menge Mist. Eine einzige Kuh erzeugt pro Tag 10 bis 20 kg organische Biomasse. Im Musterhof Liebenau, wo mit staatlicher Förderung neue Energie- und Verfahrenstechniken in der landwirtschaftlichen Praxis erprobt werden, gewinnt man daraus Energie. In großen, heizbaren Gärbehältern (Bild) wird Rinder- und Schweinegülle unter Luftabschluss durch Einwirkung von Methanbakterien zersetzt. Dabei bildet sich Biogas, das aus etwa 60 % Methan und 35% Kohlenstoffdioxid besteht. Es dient als Brennstoff für das hofeigene Kraftwerk. Dort wird von Verbrennungsmotoren mit angekoppelten Generatoren Strom erzeugt. Die Abwärme der Motoren wird für Heizzwecke genutzt. Der Dung einer Kuh liefert auf diese Weise pro Jahr so viel Energie wie 300 Liter Heizöl. Das ausgefaulte Substrat wird gesammelt. Es ist praktisch geruchsfrei und als aufgewerteter Naturdünger verwendbar.

Blick auf die Biogasanlage. Das Gas wird in drei verschiedenen Reaktoren (Hintergrund rechts) erzeugt und in einem gemeinsamen Speicherballon drucklos gesammelt. Ist dieser gefüllt, springt automatisch ein Verdichter an und pumpt das Gas mit einem Druck von 15 bar in einen der Stahltanks im Vordergrund.

In immer mehr Haushalten wird zum Kochen und zur Beheizung der Wohnung Erdgas eingesetzt. Auch in Heizkraft- und Elektrizitätswerken hat es Kohle und Öl teilweise verdrängt. Erdgas ist ein Gemisch verschiedener Stoffe (▷ B 1).

Vorkommen von Methan. Hauptbestandteil des Erdgases ist Methan. Auch das in Steinkohlelagern eingeschlossene *Grubengas* enthält hauptsächlich Methan.

Beim Faulen organischer Stoffe unter Luftabschluss in Sümpfen oder am Grunde stark verschmutzter Gewässer bildet sich *Sumpfgas*, ein Gemisch aus Methan und Kohlenstoffdioxid. Heute wird die bakterielle Zersetzung organischer Verbindungen zunehmend wirtschaftlich genutzt, indem man aus Mist und Gülle (▷ B 2) Klärschlamm oder aus organischem Müll *Biogas* gewinnt. Biogas besteht überwiegend aus Methan (ca. 60 %) und Kohlenstoffdioxid (ca. 35 %), daneben enthält es noch Wasserstoff, Stickstoff und Schwefelwasserstoff. Die vermehrte Herstellung von Biogas aus Gülle kann dazu beitragen, dass die Umweltbelastung der Felder und Gewässer vermindert wird und wertvolle Rohstoffe geschont werden.

Eigenschaften des Methans. Methan ist ein farb- und geruchloses Gas, dessen Dichte kleiner ist als die von Luft. Es ist brennbar, unterhält die Verbrennung aber nicht (▷ V 1). Mit Sauerstoff bildet es hochexplosive Gemische (▷ V 2, ▷ B 3 links). Durch unbemerktes Ausströmen von Erdgas kommt es immer wieder zu folgenschweren Gasexplosionen. Auch die gefürchteten Grubengasexplosionen in Kohlebergwerken („schlagende Wetter") sind auf Methan-Luft-Gemische zurückzuführen (▷ B 3 rechts).

Die Molekülformel des Methans. Bei der Verbrennung von Methan entstehen Kohlenstoffdioxid und Wasser (▷V 3). Dies ist Nachweis dafür, dass am Aufbau eines Methanmoleküls Kohlenstoff- und Wasserstoffatome beteiligt sind. Kennt man außer den Atomen, die ein Methanmolekül aufbauen, noch seine Masse, so lassen sich Rückschlüsse auf die Molekülformel ziehen.

Die Ermittlung der Molekülmasse für ein Methanmolekül (▷V 4) ergibt die Masse 16 u. Am Aufbau eines Methanmoleküls kann nur 1 Kohlenstoffatom beteiligt sein; bei 2 Kohlenstoffatomen müsste die Masse schon größer als 24 u sein. Aus der Differenz von 16 u und 12 u ergibt sich, dass 4 Wasserstoffatome am Aufbau eines Methanmoleküls beteiligt sind. Damit lautet die Molekülformel C_1H_4.

Der räumliche Aufbau des Methanmoleküls. Im Methanmolekül bildet *jeweils* ein Außenelektron des Kohlenstoffatoms mit dem Elektron *jeweils* eines Wasserstoffatoms ein bindendes Elektronenpaar. Werden die vier bindenden Elektronenpaare so um den Atomrumpf des Kohlenstoffatoms angeordnet, dass ihre gegenseitige Abstoßung minimal ist, ergibt sich daraus eine tetraedrische Anordnung der Wasserstoffatome um das Kohlenstoffatom (▷B 4 rechts).

Das *Kugel-Stab-Modell* (▷B 4 links) gibt die räumliche Anordnung der Atome im Molekül zueinander wieder. Bei einer zeichnerischen Darstellung in der Ebene ist die räumliche Wiedergabe nur unzulänglich möglich oder umständlich.
Am häufigsten und einfachsten bedient man sich der Strukturformel. Diese kann man sich als Schattenprojektion des Kugel-Stab-Modells (▷B 5) entstanden denken.

V 1 Man führt in einen mit Methan gefüllten und mit der Öffnung nach unten eingespannten, dickwandigen Zylinder rasch eine brennende Kerze ein und zieht sie wieder heraus. (Schutzbrille! Schutzscheibe!) Erkläre die Beobachtungen. ⚠

V 2 Man leitet nach ▷B 3 in eine dickwandige Abklärflasche Methan ein und entzündet es nach negativem Ausfall der Knallgasprobe am Ende des Glasrohrs ($l \approx 25$ cm, $d \approx 1$ cm). Nach kurzer Zeit wird die Gaszufuhr unterbrochen und das Gaseinleitungsrohr aus der Flasche entfernt. (Schutzbrille! Schutzscheibe!) Erkläre die Beobachtungen. ⚠

V 3 Man verbrennt Methan unter einem Trichter und saugt die Verbrennungsgase durch ein gekühltes U-Rohr und eine Waschflasche mit Kalkwasser. Mit der Flüssigkeit im U-Rohr führt man den Wassernachweis durch.

V 4 Sauge mit einem Kolbenprober ca. 200 ml Luft aus einer Gaswägekugel. Bestimme die Masse der Gaswägekugel, fülle anschließend 100 ml Methan in die Gaswägekugel und wäge erneut. Berechne die Dichte und mit der Gleichung $M = \varrho \cdot V_m$ die molare Masse des Methans ($V_m = 24\,l \cdot mol^{-1}$). Gib die Masse für ein Molekül Methan an. Wie viele Kohlenstoffatome sind in einem Methanmolekül? Wie lautet die Molekülformel?

A 1 Warum wird das Erdgas mit einem Geruchsstoff versetzt, bevor es dem Verbraucher zugeleitet wird?

A 2 Welche Edelgasatome weisen die gleichen Elektronenanordnungen wie die Wasserstoffatome und das Kohlenstoffatom im Methanmolekül auf?

B 4 Kugel-Stab-Modell des Methanmoleküls (links). Das Kohlenstoffatom bildet die Mitte eines Tetraeders (rechts)

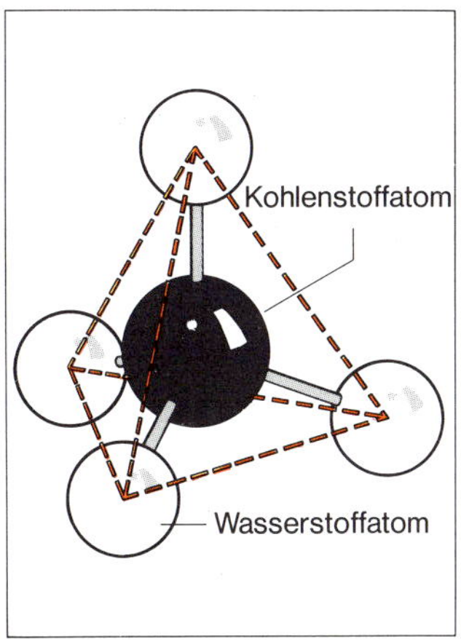

B 5 Ableitung der Strukturformel des Methanmoleküls aus der Schattenprojektion des Kugel-Stab-Modells

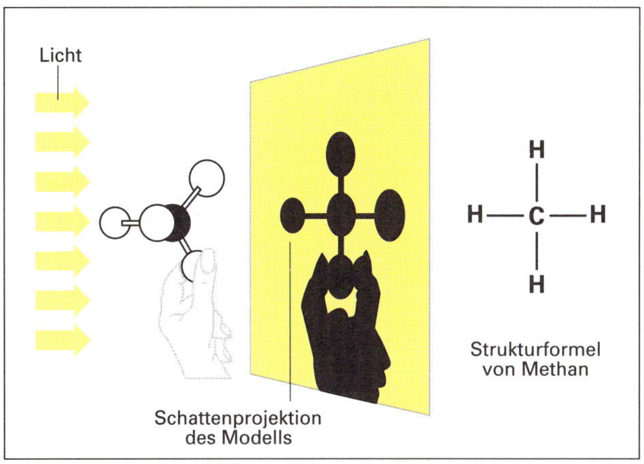

17.4 Butan – Feuerzeug- und Campinggas

B 1 Butan als Feuerzeugfüllung

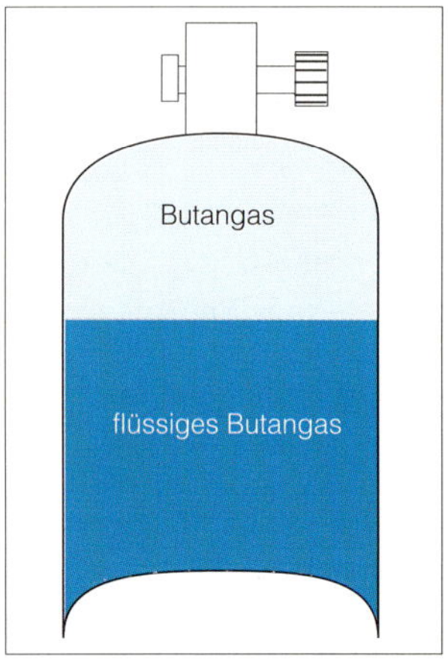

B 2 Butan-Druckbehälter

V 1 Man führt ▷V 3 aus ↗Kap. 17.3 mit Butan anstelle von Methan durch.

V 2 Man führt ▷V 4 aus ↗Kap. 17.3 mit Butan anstelle von Methan durch.

A 1 Warum darf eine Stahlflasche mit „Flüssiggas" nicht im Keller gelagert werden?

A 2 Im Umgang mit „Flüssiggas" muss man sehr vorsichtig sein, denn bei liegenden Flaschen oder Kartuschen, die noch weitgehend gefüllt sind, kann beim Öffnen des Ventils flüssiges Butan aus dem Behältnis gepresst werden. Wird es entzündet, wirkt es wie ein Flammenwerfer. Warum wird aus aufrecht gestellten gasförmiges und aus liegenden Behältnissen flüssiges Butan herausgepresst?

B 3 Zwei Molekülsorten mit derselben Molekülformel, aber unterschiedlichen Strukturformeln

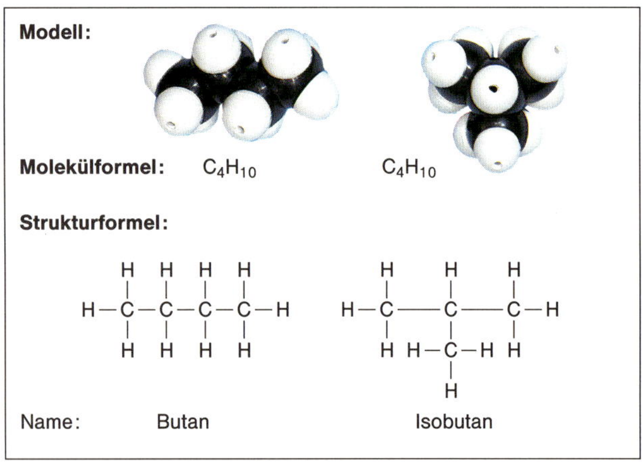

Schüttelt man ein Gasfeuerzeug, erkennt man, dass es eine leicht bewegliche Flüssigkeit enthält. Öffnet man das Ventil, strömt ein süßlich riechendes Gas aus. Auf den Nachfüllpackungen für Gasfeuerzeuge ist manchmal zu lesen: „Enthält Butan" (▷B 1).

Eigenschaften und Verwendung von Butan. Butan ist bei Zimmertemperatur und Normdruck gasförmig, seine Siedetemperatur beträgt −1 °C. Es lässt sich durch geringen Druck verflüssigen und kommt deshalb als *„Flüssiggas"* in Stahlflaschen oder Kartuschen für den Betrieb von Campingkochern oder Lötlampen in den Handel. In den Behältern mit flüssigem Butan verdampft immer ein Teil der Flüssigkeit (▷B 2), bis ein bestimmter Überdruck herrscht. Dieser Druck steigt beim Erwärmen stark an. In den Handel gebrachte Behälter müssen dem bei 50 °C erreichten Druck noch sicher standhalten.
Da flüssiges, aber auch gasförmiges Butan eine deutlich höhere Dichte als Luft aufweist, muss „Flüssiggas" so gelagert werden, dass es bei Undichtigkeiten der Behälter nach unten abfließen kann. „Flüssiggas" kann auch anstelle von Benzin zum Antrieb von Kraftfahrzeugen verwendet werden. In einigen Nachbarländern wie den Niederlanden oder Dänemark ist das Tankstellennetz für Flüssiggas dichter als in Deutschland. Häuser ohne Anschluss an die öffentliche Gasversorgung werden häufig mit „Flüssiggas" beheizt.

Die Zusammensetzung von Butan. Butan reagiert bei vollständiger Verbrennung zu Kohlenstoffdioxid und Wasser. Damit ist nachgewiesen, dass am Aufbau der Butanmoleküle Atome der Elemente Kohlenstoff und Wasserstoff beteiligt sind. Andere Elemente lassen sich nicht nachweisen. Die Masse eines Butanmoleküls beträgt 58 u. Baut man ein Modell des Moleküls dieser Masse und beachtet dabei, dass ein Wasserstoffatom eine Elektronenpaarbindung und ein Kohlenstoffatom vier Elektronenpaarbindungen bilden können, ergibt sich für das *Butanmolekül* die *Molekülformel* C_4H_{10}.

Beim Bau des Molekülmodells kann man auch bemerken, dass es zwei unterschiedliche Anordnungen der Atome gibt, denen auch zwei Strukturformeln (▷B 3) entsprechen. Das eine Molekül ist aus einer Kette von vier Kohlenstoffatomen aufgebaut, das andere aus einer Kette von drei, wobei das mittlere mit einem weiteren Kohlenstoffatom verknüpft ist. Da die Eigenschaften eines Stoffes auch vom räumlichen Aufbau seiner Moleküle abhängen, folgt daraus, dass es *zwei verschiedene Molekülsorten* mit der *Molekülformel* C_4H_{10} gibt, nämlich *Butan* und *Isobutan*. Neben Butan sind meist auch Isobutan und eine weitere Verbindung, Propan (Molekülformel: C_3H_8), im „Flüssiggas" enthalten.

17.5 Erdgas, Heizgas für viele Haushalte

In vielen Orten werden die Verbraucher aufgefordert ihre Heizung auf Erdgas umzustellen. Es wird unter anderem damit geworben, dass Erdgas einen Beitrag zum Umweltschutz leiste. Der Verbraucher wiederum ist an einer bequemen, preisgünstigen und sicheren Energieversorgung interessiert.

Erdgas als Energieträger. 1990 wurden die *sicher gewinnbaren Welterdgasvorräte* auf etwa 120 000 Milliarden m^3 geschätzt. Weitere 230 000 Milliarden wurden als wahrscheinlich und als wirtschaftlich förderbar eingestuft. Zur gleichen Zeit betrug die Weltjahresförderung ca. 2000 Milliarden m^3. Umweltschäden, wie sie durch Unfälle von Öltankern oder durch ausgelaufenes Heizöl entstehen, treten beim Erdgas, das meist über Rohrleitungen transportiert wird, nicht auf. Durch Austritt von Erdgas aus undichten Leitungen kann es aber zu Explosionen kommen. Der Verbraucher kann Erdgas jederzeit der Leitung entnehmen, er benötigt z. B. keinen Tank. Die Erdgasbevorratung für den täglich und jahreszeitlich schwankenden Verbrauch wird von den Energieversorgungsunternehmen betrieben.

Der *Brennwert* des *Erdgases*, der experimentell bestimmt wird, hängt von seiner Zusammensetzung ab (▷B 2). Bei der Verbrennung von Methan entstehen Wasser und Kohlenstoffdioxid. Reaktionsprodukte, die man lange Zeit für umweltneutral hielt. Allerdings sieht man heute in der steigenden CO_2-Konzentration eine Ursache für die schleichende Erwärmung der Erdatmosphäre. Die Verbrennung von Erdgas verursacht aber, bezogen auf die gleiche Energiemenge, geringere Kohlenstoffdioxid-Emissionen als die Verbrennung von Heizöl und Kohle. Da Erdgas kaum Schwefelverbindungen enthält oder diese weitgehend entfernt werden können, entsteht bei seiner Verbrennung nur sehr wenig Schwefeldioxid. Erdgas enthält keine Stickstoffverbindungen. Allerdings wird zur Verbrennung dem Erdgas Luft zugeführt. Bei hohen Flammentemperaturen wird ein Teil des Stickstoffs oxidiert. Eine Verringerung der Emissionen der Stickstoffoxide kann durch Flammenkühlung und Verbesserung der Brenner erreicht werden. Staub und Ruß fallen bei der Verbrennung von Erdgas kaum an.
Der Preis für Erdgas richtet sich nach dem Preis für Heizöl, mit dem es konkurriert.

Ermittlung des Verbrauchs

Zähler-Nr.	Verbrauchszeitraum	Tage
10537723	15. 2. 98 – 14. 2. 99	365

Zählerstände

Anfang	Ende	Differenz	Faktor
31 322 m^3	34 744 m^3	3422 m^3	11,63 $kWh \cdot m^{-3}$

Verbrauch

Rechn.-Jahr	Vorjahr	Veränderung
39 798 kWh	37 595 kWh	+ 2203 kWh

Ermittlung des Rechnungsbetrages

Arbeitspreis:	
3,9 Pf/kWh · 39 798 kWh	= 1552,12 DM
Grundpreis:	
27,50 DM/Monat · 12 Monate	= 330,00 DM
	1882,12 DM
Mehrwertsteuer 16 %	301,14 DM
Gesamtbetrag:	**2183,26 DM**

B 1 Jahresabrechnung über den Erdgasverbrauch eines Haushalts

A 1 a) Zur Verbrennung von 1 m^3 Erdgas L werden mindestens 10 m^3 Luft benötigt, für Erdgas H sogar 12 m^3. Warum ist zur Verbrennung von Erdgas H mehr Luft notwendig? b) Begründe mit ▷B 2, warum Erdgas H einen höheren Brennwert als Erdgas L hat.

A 2 Wie lange reichen die sicheren bzw. die als wahrscheinlich und als wirtschaftlich förderbar eingestuften Erdgasvorräte bei unverändertem Verbrauch?

B 2 Erdgas H, Erdgas L – Zusammensetzung

Zusammensetzung	Erdgas L	Erdgas H
	Volumenanteil in %	
Methan	82	86
Ethan, Propan u. a.	5	12
Stickstoff	13	1
Kohlenstoffdioxid	1	2
Brennwert ($kWh \cdot m^{-3}$)	9,5	11,2

B 3 Begriffe aus der Gaswirtschaft

Erdgas L: „L" steht für das engl. Wort low = niedrig, niedriger Brennwert

Erdgas H: „H" steht für das engl. Wort high = hoch, hoher Brennwert

Brennwert: Der Brennwert ist die auf die Menge des Brennstoffs bezogene Energie, die bei vollständiger Verbrennung frei wird; er wird experimentell bestimmt.

Einheit der Energie: In der Gaswirtschaft verwendet man als Einheiten für die Energie: Joule (J) bzw. Kilojoule (kJ) bzw. Megajoule (MJ) und Kilowattstunde (kWh).
1 kWh = 3600 kJ = 3,6 MJ

B 4 Erdgas-Bezugsquellen Deutschlands 1996

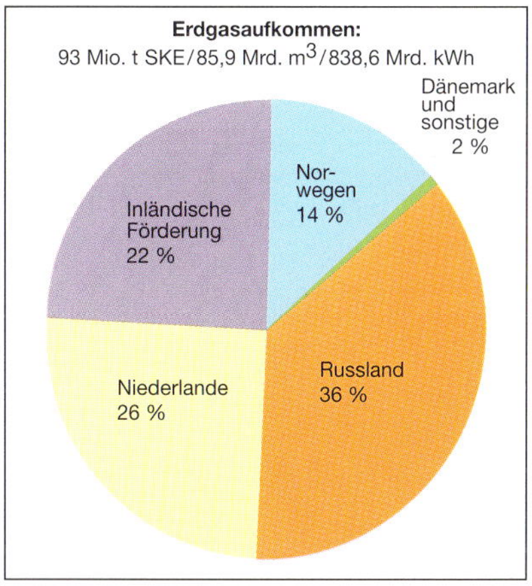

17.6 Die Alkane – eine homologe Reihe

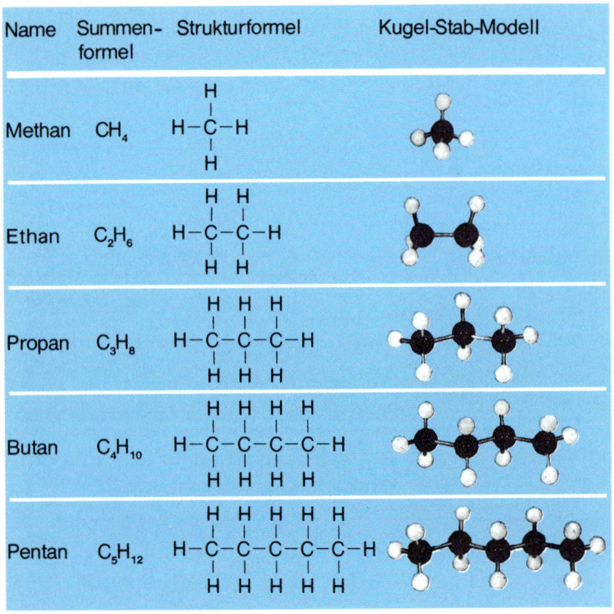

B1 Die ersten Glieder der homologen Reihe der Alkane in Modell- und Formeldarstellung

A 1 Baue Molekülmodelle, die der Molekülformel C_5H_{12} entsprechen, und stelle die Strukturformeln auf.

A 2 Formuliere die Halbstrukturformeln für Ethan, Propan, die Butane und Pentane.

A 3 Ein Alkanmolekül hat die Masse 44 u. Um welches Molekül handelt es sich?

B2 Homologe Reihe der Alkane

Name des Alkans	Molekülformel
Methan	C_1H_4
Ethan	C_2H_6
Propan	C_3H_8
Butan	C_4H_{10}
Pentan	C_5H_{12}
Hexan	C_6H_{14}
Heptan	C_7H_{16}
Octan	C_8H_{18}
Nonan	C_9H_{20}
Decan	$C_{10}H_{22}$
Undecan	$C_{11}H_{24}$

B3 Struktur- und Halbstrukturformel eines Alkans

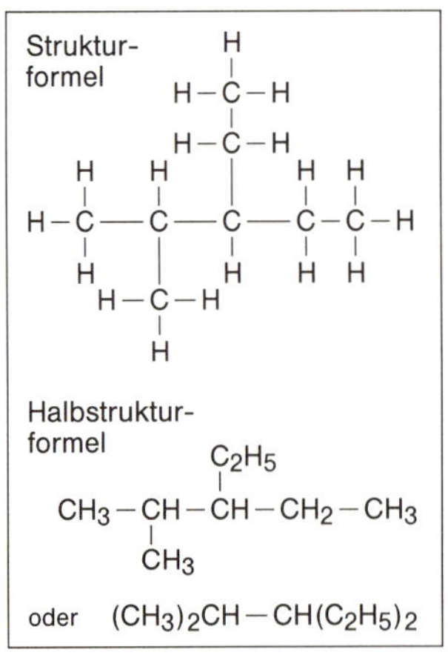

Erdgas enthält neben Methan häufig noch kleine Anteile weiterer Verbindungen wie Ethan, Propan und Butan. Auch deren *Moleküle* sind *nur* aus *Kohlenstoff-* und *Wasserstoffatomen* aufgebaut, diese Verbindungen gehören damit zu den **Kohlenwasserstoffen**.

Homologe Reihe. Ein Vergleich der Kohlenwasserstoffmoleküle in ▷B1 zeigt, dass jedes Glied dieser Reihe eine CH_2-Gruppe mehr aufweist als das vorhergehende Molekül. Eine solche Reihe von Verbindungen, bei denen sich die Moleküle aufeinander folgender Glieder jeweils um eine CH_2-Gruppe unterscheiden, nennt man eine **homologe Reihe**. Bei bekannter Anzahl „*n*" der Kohlenstoffatome eines Moleküls kann man die Anzahl der im Molekül gebundenen Wasserstoffatome mit „$2n+2$" berechnen. Daraus ergibt sich die allgemeine **Molekülformel** (Summenformel): C_nH_{2n+2}.

Die Kohlenwasserstoffe, deren Moleküle sich nach dieser Formel aufbauen lassen, heißen **Alkane**. Man erkennt sie an der *Endsilbe -an*. Für die ersten Glieder dieser homologen Reihe haben sich die traditionellen Namen erhalten, ab fünf Kohlenstoffatomen im Molekül werden die Namen aus dem griechischen oder lateinischen Wort für die Zahl der Kohlenstoffatome und der Nachsilbe „-an" gebildet (▷B2). In der organischen Chemie gibt es weitere homologe Reihen für verschiedene Stoffklassen; ihr Aufbau und die Benennung ihrer Glieder lassen sich von den Alkanen ableiten.

Isomerie. Der Molekülformel C_4H_{10} entsprechen zwei, der Molekülformel C_5H_{12} drei mögliche Strukturformeln und damit eine entsprechende Anzahl von Verbindungen.

Moleküle, die bei gleicher Summenformel unterschiedliche Strukturformeln haben, bezeichnet man als Isomere.

Die Isomere können jeweils unter dem Namen zusammengefasst werden, der sich aus der Mehrzahl des Grundnamens ergibt, also Butane für alle Verbindungen der Molekülformel C_4H_{10}, Pentane für alle Verbindungen der Molekülformel C_5H_{12} usw. Zur deutlicheren Unterscheidung des Moleküls mit der unverzweigten Kette der Kohlenstoffatome von seinen Isomeren wird häufig vor den Namen noch ein „n" gesetzt, also n-Butan usw. (von „normales" Butan oder Normalbutan).

Halbstrukturformeln. Da eine Molekülformel ab vier C-Atomen sich nicht mehr einem Molekül allein zuordnen lässt, ist man zur eindeutigen Kennzeichnung eines Moleküls auf die Strukturformel angewiesen. Statt der oft sperrigen und unübersichtlichen Strukturformeln verwendet man auch *vereinfachte Strukturformeln*, die **Halbstrukturformeln**. In ihnen werden nach jeweiligem Bedarf Molekülteile wie in Molekülformeln zusammengefasst (▷B3). Die Art der Atomverknüpfungen muss dabei eindeutig erkennbar bleiben.

17.7 Die Ermittlung des Namens eines Alkans

Da die Zahl der Isomeren mit zunehmender Zahl der Kohlenstoffatome (▷ B 1) rasch zunimmt, sind zur Benennung von Verbindungen eindeutige Regeln notwendig.

Nomenklatur der Alkane. Zunächst betrachtet man die Struktur- bzw. Halbstrukturformeln der Moleküle. Die Benennung erfolgt nach Regeln, die in der folgenden Reihenfolge anzuwenden sind (▷ B 2).

1. Es wird die *längste, durchlaufende* Kette gesucht. Die Zahl der Kohlenstoffatome dieser Hauptkette bestimmt den *Stammnamen* des Alkans.

2. *Seitenketten* erhalten ebenfalls ihren Namen nach der Zahl der Kohlenstoffatome. Anstelle der Endung „-an" erhalten die Seitenketten die Endung „-yl". Allgemein wird der aus einem Alkanmolekül durch formale Abspaltung eines Wasserstoffatoms hervorgehende „Molekülrest" als *Alkyl*-Rest oder *Alkyl*-Gruppe bezeichnet. Der Name der *Seitenkette* wird dem *Stammnamen* vorangestellt. Zur Angabe der Verknüpfungsstellen zwischen Hauptkette und den Seitenketten wird die Hauptkette so durchnummeriert, dass die Verknüpfungsstellen kleinstmögliche Zahlen erhalten. Die Zahlen werden den Namen der Alkylreste vorangestellt.

3. Wenn *gleiche Seitenketten mehrfach* auftreten, so werden zunächst die Verknüpfungsstellen durch die entsprechenden Zahlen angegeben, die Anzahl der gleichen Alkylgruppen wird durch das entsprechende griechische Zahlwort (di-, tri-, tetra-) als Vorsilbe gekennzeichnet. Sind *verschiedene Seitenketten* vorhanden, werden sie nach alphabetischer Reihenfolge ihres Namens (ohne Beachtung der griech. Zahlwörter) aufgeführt.

Die Regeln zur Benennung der Alkane bilden auch die Grundlage zur Benennung von Verbindungen anderer homologer Reihen.

A 1 Benenne Isobutan nach der systematischen Nomenklatur.

A 2 a) Stelle die Halbstrukturformeln für die Moleküle der folgenden Verbindungen auf: 3,3-Dimethylhexan, 2-Methylhexan, 3-Ethylhexan, 3-Ethyl-2-methylpentan, 2,3,4-Trimethylhexan.
b) Welche der Moleküle und Verbindungen sind isomer zueinander?

A 3 Wende am folgenden Beispiel die Nomenklaturregeln an:

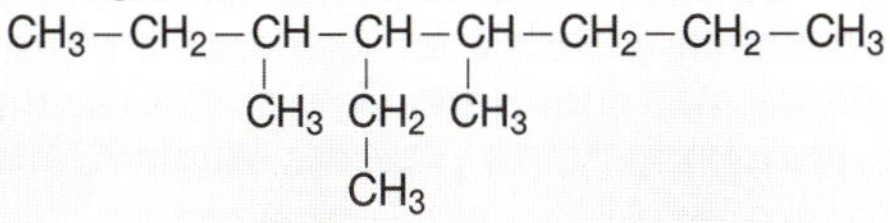

Summenformel	C_4H_{10}	C_5H_{12}	C_6H_{14}	C_7H_{16}	C_8H_{18}	C_9H_{20}	$C_{10}H_{22}$
Anzahl der Isomeren	2	3	5	9	18	35	75

B 1 Anzahl der Isomeren in der Reihe der Alkane

B 2 Benennung eines Alkans. Die Länge der Hauptkette bestimmt den Grundnamen der Verbindung

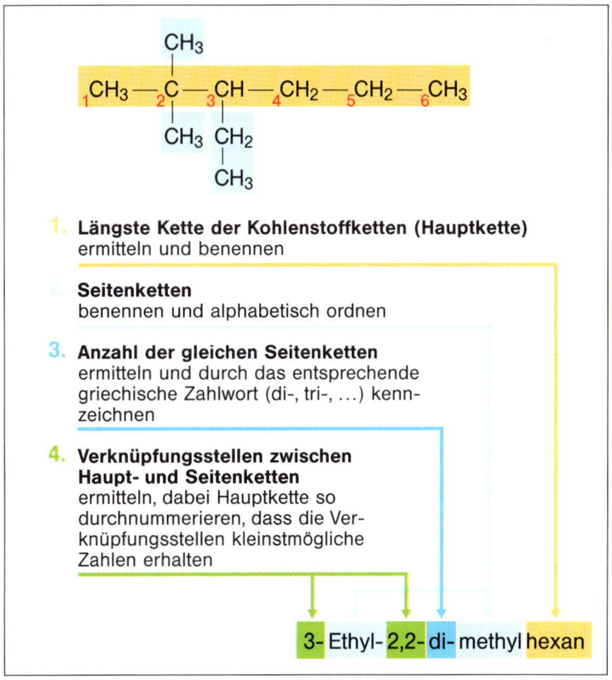

B 3 Die Isomeren des Hexans. Isomere Verbindungen haben unterschiedliche Siedetemperaturen

Halbstrukturformel	Name	Siedetemp. (°C)
$CH_3-CH_2-CH_2-CH_2-CH_2-CH_3$	Hexan	69
$CH_3-CH(CH_3)-CH_2-CH_2-CH_3$	2-Methylpentan	60
$CH_3-CH_2-CH(CH_3)-CH_2-CH_3$	3-Methylpentan	63
$CH_3-C(CH_3)_2-CH_2-CH_3$	2,2-Dimethylbutan	50
$CH_3-CH(CH_3)-CH(CH_3)-CH_3$	2,3-Dimethylbutan	58

17.9 Die Reaktionen der Alkane

B 1 Flammenvergleich (von links: Methan, Butan, Benzin, Paraffinöl)

V 1 a) Man schüttelt Heptan mit konz. Schwefelsäure, Heptan mit Kaliumpermanganat-Lösung, Heptan mit Natronlauge; anschließend erwärmt man die Lösungen vorsichtig. b) Man schüttelt eine stark schwefelsaure Kaliumpermanganat-Lösung mit einigen Tropfen Paraffinöl. (Schutzbrille!)

A 1 Formuliere für die (vollständige) Verbrennung von Pentan die Reaktionsgleichung. Wie lassen sich die Reaktionsprodukte nachweisen?

A 2 Warum ist das Rauchen beim Umgang mit Benzin gefährlicher als beim Umgang mit Dieselöl?

A 3 Formuliere für die Reaktion(en) von Methan mit Chlor die Reaktionsgleichung(en). Benenne die Reaktionsprodukte.

B 2 Flammtemperaturbestimmung. Bei langsamem Erwärmen wird die Temperatur der Flüssigkeit abgelesen, bei der sich die Dämpfe über ihr erstmals entflammen lassen

Alkane reagieren mit vielen als besonders reaktionsfähig bekannten Stoffen, wie z. B. Salzsäure, Schwefelsäure, Natronlauge (▷ V 1 a), Natrium oder Kaliumpermanganat (▷ V 1 b) nicht oder nur sehr schwach. Die Alkane wurden deshalb früher auch als *Paraffine* bezeichnet. Dieser Name bedeutet sinngemäß „reaktionsträge“. Heute wird er nur noch für die festen Alkane beibehalten (z. B. Paraffinkerzen). Es gibt jedoch Reaktionspartner, mit denen die Alkane sogar sehr heftig reagieren können.

Brennbarkeit. Alle Alkane sind brennbar. Bei genügender Sauerstoffzufuhr verbrennen sie zu Kohlenstoffdioxid und Wasser. Die Verbrennung von Alkanen wird meist durchgeführt, um die dabei frei werdende Wärmeenergie zu nutzen. Verbrennen Alkane an der Luft, so nehmen innerhalb der homologen Reihe die Leuchtkraft der Flamme und die Rußentwicklung zu (▷ B 1). Das Leuchten der Flamme ist auf das Glühen winziger Kohlenstoffkörnchen zurückzuführen, die bei unvollständiger Verbrennung entstehen und erst am Flammensaum mit Luftsauerstoff zu Kohlenstoffdioxid reagieren. Da der Anteil der Kohlenstoffatome in den Alkanmolekülen innerhalb der homologen Reihe zunimmt, findet bei gleich bleibendem Sauerstoffangebot eine zunehmend unvollständigere Verbrennung statt. Die Kohlenstoffkörnchen gelangen zum Teil unverbrannt bis in kältere Randbereiche der Flamme, wo sie nicht mehr reagieren und als Ruß in Erscheinung treten.

Brennbare Flüssigkeiten werden nach ihrer **Flammtemperatur** in *Gefahrenklassen* für Transport und Lagerung eingeteilt. Als *Flammtemperatur* (▷ B 2) bezeichnet man die niedrigste Temperatur bei einem Luftdruck von 1013 hPa, bei der sich aus einer Flüssigkeit genügend Dämpfe entwickeln, so dass sie mit der über der Flüssigkeit stehenden Luft ein durch Fremdzündung entflammbares Gemisch ergeben. Niedere Alkane lassen sich leicht entflammen, da sie bereits bei Zimmertemperatur stark verdunsten. Allgemein gilt:
Je niedriger die Siedetemperatur, umso größer die Verdunstung bei Zimmertemperatur, umso tiefer die Flammtemperatur, umso höher die Feuergefährlichkeit.

Gasförmige und leicht verdunstende *Alkane* können mit *Luft* bzw. *Sauerstoff explosive Gasgemische* bilden (z. B. bei Grubengas-, Erdgasexplosionen). Eine Explosion kann erfolgen, wenn der Anteil des brennbaren Gases zwischen zwei Extremwerten liegt, die *untere* und *obere Explosionsgrenze* genannt werden. Ein explosives Gemisch liegt z. B. vor, wenn der Volumenanteil von Methan in Luft zwischen 5 % und 15 % liegt.

Halogenierung der Alkane. Gibt man Brom zu Hexan (▷V 2a), so entsteht zunächst eine rotbraune Lösung, die im Dunkeln beständig ist, sich jedoch im Licht langsam entfärbt (▷B 3). Oberhalb der Flüssigkeit erfolgt an feuchter Luft Nebelbildung, die auf entstehenden Bromwasserstoff zurückzuführen ist, der auch die Rotfärbung des feuchten Indikatorpapiers hervorruft.
Im Reaktionsgefäß bleibt eine farblose Flüssigkeit zurück. Gibt man einige Tropfen dieser Flüssigkeit auf einen ausgeglühten Kupferblechstreifen und hält ihn dann in die nicht leuchtende Brennerflamme (▷V 2b), so wird diese grün bis blau. Diese *Grün- bis Blaufärbung* ist ein *Nachweis* für *organische Halogenverbindungen* (▷B 5) *(Beilsteinprobe)*. Die Flammenfärbung der Beilsteinprobe beruht auf der Bildung flüchtiger Kupferhalogenide (▷V 3).

Bei der Reaktion des Hexans mit dem Brom können im Hexanmolekül ein oder mehrere Wasserstoffatome durch Bromatome *ersetzt (substituiert)* werden. Wird nur ein Wasserstoffatom durch ein Bromatom ersetzt, können neben dem Bromwasserstoff schon drei verschiedene Bromhexanmoleküle gebildet werden. Werden mehrere Wasserstoffatome durch Bromatome ersetzt, nimmt die Zahl der möglichen Reaktionsprodukte sehr stark zu.

Eine Reaktion, bei der Atome (oder Atomgruppen) durch andere Atome (oder Atomgruppen) ersetzt werden, nennt man Substitution.

Die Reaktionsprodukte, die aus Alkanen und Halogenen gebildet werden können, heißen *Halogenalkane*. Mit Chlor und Brom reagieren die Alkane unter Einwirkung von Licht oder bei höheren Temperaturen. Mit Fluor reagieren Alkane selbst im Dunkeln explosionsartig.

B 3 Reaktion von Hexan mit Brom. Die Lösung von Brom in Hexan (links) entfärbt sich bei Belichtung rasch. Die Bromwasserstoff-Nebel färben den Indikator (rechts)

V 2 a) Man gibt zu Hexan einige Tropfen Brom (Schutzbrille! Abzug!) und stellt den Kolben auf einen Tageslichtprojektor. Dann hält man ein feuchtes Universalindikatorpapier über die Öffnung des Kolbens.
b) Zur Entfernung von gelöstem Bromwasserstoff und Brom gibt man einen Teil des Kolbeninhalts in einen Schütteltrichter mit verd. Natronlauge und schüttelt. Nach Trennung der org. Flüssigkeit von der wässrigen Lösung gibt man einige Tropfen der org. Flüssigkeit auf einen ausgeglühten Kupferblechstreifen und hält diesen in die nicht leuchtende Flamme. (Abzug!)

V 3 Tauche ein ausgeglühtes Magnesiastäbchen a) in Kupferchlorid und b) in Kupferbromid. Erhitze es in der Flamme (Abzug!). Deute die Beobachtungen.

B 4 Substitution eines Wasserstoffatoms am Hexanmolekül durch ein Bromatom. Es bilden sich Bromhexan und Bromwasserstoff

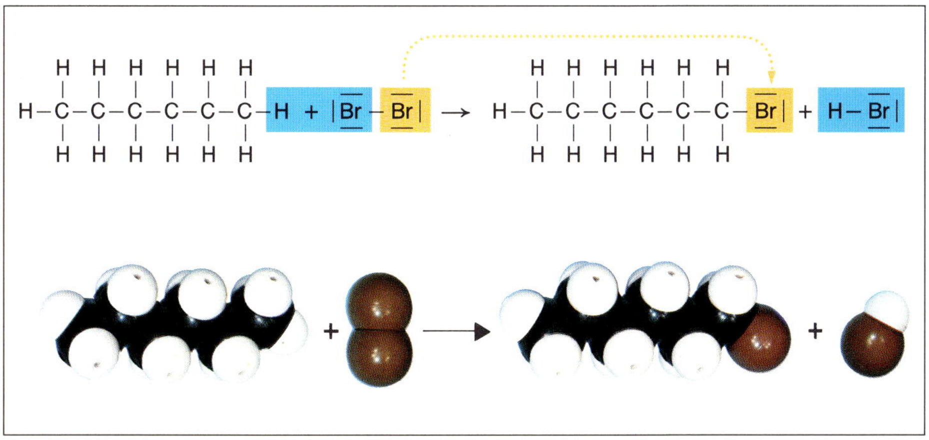

B 5 Beilsteinprobe zum Nachweis organischer Halogenverbindungen

17.12 Gewinnung von Kohlenwasserstoffen aus Erdöl

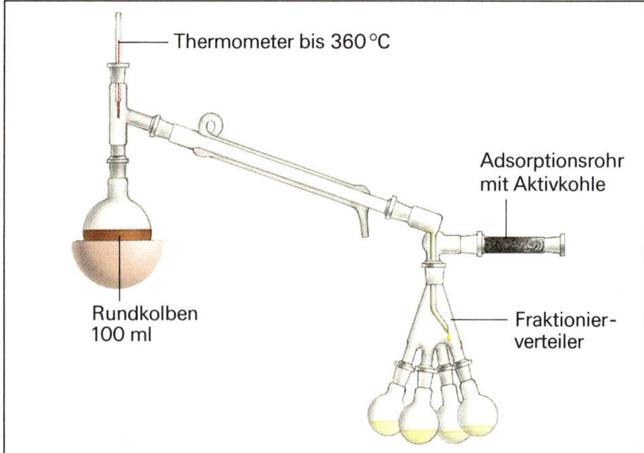

B 1 Rohöldestillation im Schulversuch

⚠ **V 1** a) In den Destillationskolben der Apparatur ▷ B 1 werden etwa 40 ml Erdöl, einige Siedesteinchen und etwas Entschäumer gegeben. Die Pilzheizhaube und die Kühlwasserzufuhr werden angestellt. Während der gesamten Destillation wird der Temperaturverlauf beobachtet. Sobald die Temperatur über 70 °C ansteigt, wird durch Drehen der Schliffhülse des Fraktionierverteilers der zweite Spitzkolben zum Eintropfen des Destillats bereitgestellt. Bei 150 °C und 180 °C verfährt man in gleicher Weise. Bei 180 °C wird die Kühlwasserzufuhr abgestellt, bei 250 °C wird die Pilzheizhaube ausgeschaltet. (Schutzscheibe! Schutzbrille! Keine offenen Flammen!)
b) Die Fraktionen werden auf Aussehen, Geruch, Viskosität und Entflammbarkeit untersucht.

B 2 Destillationstürme einer Raffinerie

Das je nach seiner Herkunft hellbraune bis pechschwarze, dünn- bis dickflüssige Rohöl ist ein *Gemisch* aus weit mehr als tausend *verschiedenen Kohlenwasserstoffen*. Neben diesen enthält es noch geringe Anteile an organischen Sauerstoff-, Stickstoff- und Schwefelverbindungen und einige anorganische Verbindungen.
Erst durch die Aufarbeitung des Rohöls erhält man die gewünschten *Produkte* wie z. B. Benzin, Heizöl und Schmieröl. Diese Stoffe können durch Destillation von Rohöl gewonnen werden.

Destillation von Rohöl. Wird Rohöl in einer Destillationsapparatur (▷ B 1, ▷ V 1 a) erhitzt, steigt die Temperatur an, gleichzeitig verdampft ständig etwas Rohöl und Dampf kondensiert. Das kontinuierliche Ansteigen der Temperatur während der Destillation weist darauf hin, dass Rohöl durch diese Destillation nicht in einzelne Reinstoffe, sondern nur in *Gemische* von Stoffen *mit ähnlichen Siedetemperaturen*, in **Fraktionen**, getrennt werden kann. Die bei der Destillation erhaltenen Fraktionen unterscheiden sich in ihren Eigenschaften (▷ V 1 b). Würden die einzelnen Fraktionen erneut destilliert, könnten sie weiter aufgetrennt werden. Eine *stufenweise Destillation* des Rohöls in Fraktionen, die **fraktionierte Destillation**, wird in großem Umfang in der *Erdölraffinerie* durchgeführt.

Fraktionierte Destillation. In den Raffinerien wird das Rohöl in einem *Röhrenofen* sofort auf 360 °C bis 400 °C erhitzt, wobei es zum größten Teil verdampft. Das Dampf-Flüssigkeits-Gemisch wird seitlich in den unteren Teil des **Destillationsturmes** (▷ B 3) geleitet. Dieser ist in seinem Innern durch zahlreiche *Zwischenböden („Glockenböden")* stockwerkartig unterteilt.
Entsprechend der von unten nach oben abnehmenden Temperatur sammeln sich die Bestandteile des Rohöls mit den höheren Siedetemperaturen auf den unteren, die niedriger siedenden auf den oberen Böden. Zur besseren Trennung werden die aufsteigenden Dämpfe durch die über die Durchlässe gestülpten Glocken so umgeleitet, dass sie durch die Flüssigkeitsschichten auf den Böden strömen.
In der Flüssigkeit gelöste noch niedriger siedende Bestandteile verdampfen; im Dampf enthaltene höher siedende Verbindungen kondensieren. Steigt das Niveau der Flüssigkeit über die Oberkante des Durchlassrohres, so läuft sie in den nächsttieferen Boden zurück. So findet zwischen zwei Böden ständig eine Destillation statt. Die Kondensate werden auf bestimmten Böden gesammelt und in Vorratstanks abgeleitet.

Je nach Aufbau des Destillationsturmes und je nach Betriebsbedingungen fallen verschiedene Rohölfraktionen an.

Rohölfraktionen. Am Kopf des Destillationsturmes werden die *gasförmigen Kohlenwasserstoffe* abgezogen. Sie werden z. T. zu Heizzwecken in der Raffinerie verbrannt, Propan und die Butane kommen auch als „Flüssiggase" in den Handel. Ein Teil der Gase wird *abgefackelt*. Die Fackel ist eine Sicherheitseinrichtung, um bei möglichem Überdruck austretende Gase kontrolliert zu verbrennen.

Benzine und *Mitteldestillate* müssen vor ihrer Weiterverwendung noch aufbereitet werden. Wichtig ist die *Entfernung der Schwefelverbindungen*, da bei deren Verbrennung Schwefeldioxid entsteht. Am Boden des Destillationsturmes verbleibt der bei etwa 400 °C und 1013 hPa nicht mehr verdampfbare *Rückstand*. Ein Teil davon wird als schweres Heizöl eingesetzt.

Vakuumdestillation. Die Verbindungen des Rückstandes würden sich beim Erhitzen über 400 °C zersetzen; den Rückstand leitet man deshalb nach erneutem Aufheizen in einen zweiten Destillationsturm, in dem eine Destillation unter *vermindertem Druck* (etwa 50 hPa) stattfindet. Durch die Verminderung des Drucks werden die Siedetemperaturen der Verbindungen des Rückstandes um bis zu 150 °C gesenkt, so dass der Rückstand schon bei niedrigeren Temperaturen in weitere Fraktionen aufgetrennt werden kann. Bei dieser **Vakuumdestillation** gewinnt man *Schmieröle* und *feste Kohlenwasserstoffe*, die z. B. zu Bohnerwachs und Kerzen (Paraffinkerzen) weiterverarbeitet werden können. Der Rückstand der Vakuumdestillation, das *Bitumen*, wird für Isolieranstriche, Straßenbeläge und Dachpappe verwendet.

B 3 Fraktionierte Destillation von Rohöl. Bei der Destillation unter Atmosphärendruck (links) und der Vakuumdestillation (rechts) werden Fraktionen für sehr verschiedene Verwendungszwecke gewonnen

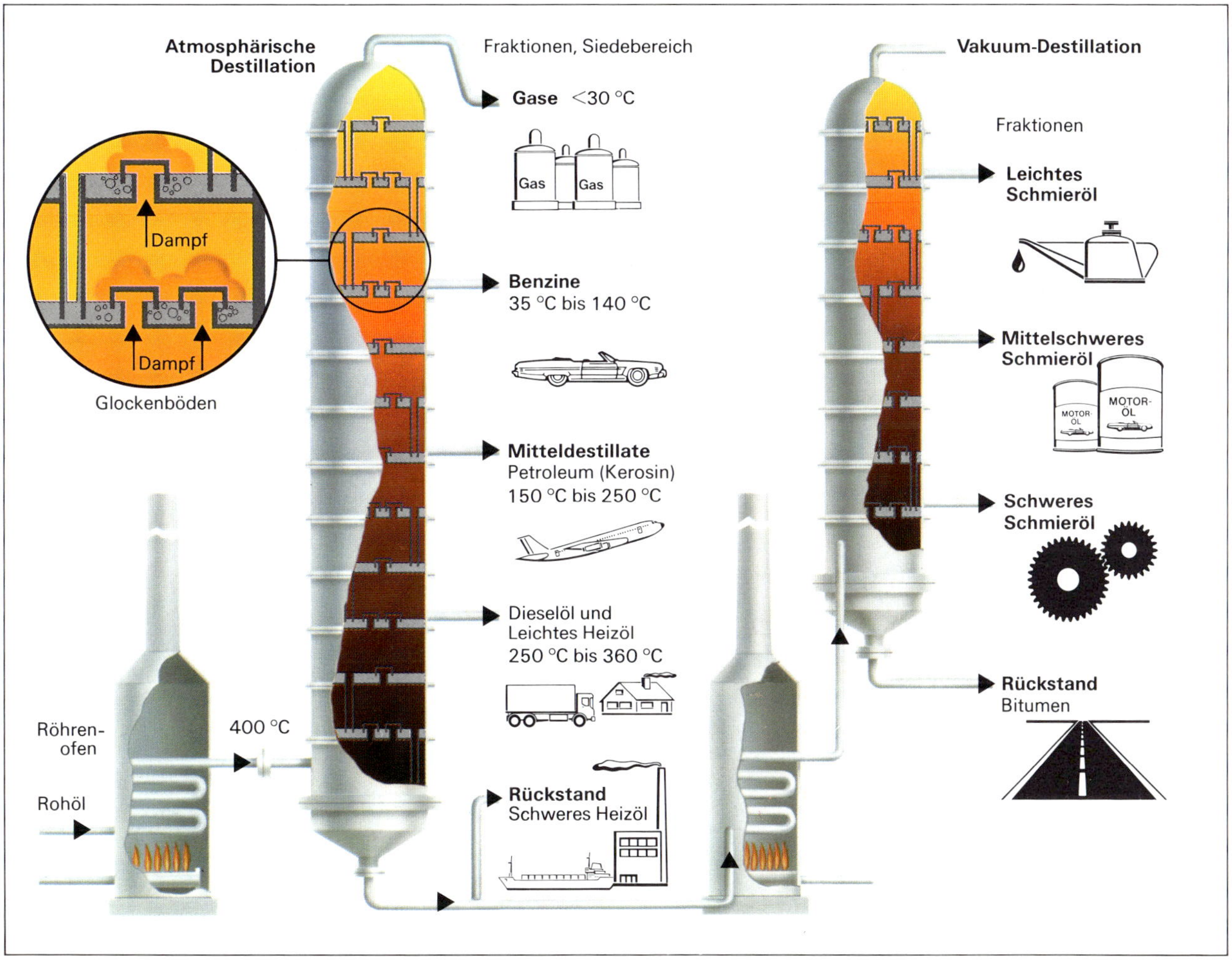

17.13 Projekt: Viskosität von Ölen

B 1 Der Schmierfilm des Öls vermindert den Verschleiß

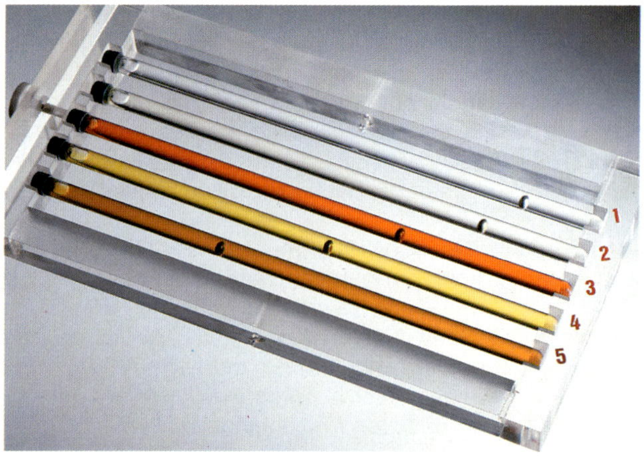

B 2 Viskositätsvergleich von Benzin (1), Petroleum (2), Heizöl (3), Fahrradöl (4) und Motorenöl (5)

In einem Motor oder Getriebe verhindert Öl oder Fett, dass sich die bewegenden Metallteile berühren. Die Reibung ungeschmierter Metallteile führt zu ihrer Erwärmung und raschen Abnutzung. Die Schmierfähigkeit eines Motorenöls hängt im Wesentlichen von seiner **Viskosität** *(Zähflüssigkeit)* ab. Sie muss immer groß genug sein, so dass ein ausreichender Schmierfilm an den Oberflächen bewegter Motorenteile bestehen bleibt.
Kohlenwasserstoffe, die aus der Vakuum-Destillation des Erdöls stammen, sind die Grundsubstanzen für Motorenöle. Ihre verschiedenen Viskositäten beruhen auf ihren unterschiedlichen Zusammensetzungen.

Kettenlänge und Viskosität.
Die *Viskosität* bezeichnet das *Fließverhalten* einer *Flüssigkeit.* Eine *hohe Viskosität* bedeutet *Dickflüssigkeit*, eine *niedrige Dünnflüssigkeit.* Beim Fließen gleiten Moleküle der Flüssigkeit aneinander vorbei. Die Moleküle gleiten umso schwerer aneinander vorbei, je größer die zwischenmolekularen Kräfte sind. Da zwischen längerkettigen Kohlenwasserstoffmolekülen größere Anziehungskräfte herrschen als zwischen kurzkettigen, ist die Viskosität eines höheren flüssigen Kohlenwasserstoffs größer als die eines mittleren oder niederen Kohlenwasserstoffs. Mit steigender Temperatur nimmt die Viskosität einer Flüssigkeit ab.

Mehrbereichsöle.
Winteröle zeichnen sich bei tiefen Temperaturen durch niedrige Viskositäten, d. h. durch gutes Kaltstartverhalten aus. Sommeröle besitzen auch noch bei höheren Temperaturen eine genügend hohe Viskosität, so dass der Schmierfilm nicht reißt. Sie sind optimal im Heißbetrieb. Heute werden überwiegend Mehrbereichsöle eingesetzt, die die positiven Eigenschaften eines Sommer- und eines Winteröls aufweisen.

Versuch Vergleich der Viskositäten verschiedener Kohlenwasserstoff-Gemische bei unterschiedlichen Temperaturen

Information: Die Viskositäten von Flüssigkeiten lassen sich vergleichen, wenn man die Auslaufzeiten gleicher Volumina verschiedener Flüssigkeiten misst. Eine weitere direkte Vergleichsmöglichkeit bieten parallele Röhren, in denen gleichgroße Kugeln unterschiedlich schnell abwärts laufen (▷ B 2).

Geräte und Chemikalien: 8 Reagenzgläser, Reagenzglasgestell, 4 Pipetten (10 ml) mit möglichst gleichem Auslauf, Pipettierhilfe, Thermometer, 2 Bechergläser (250 ml), 3 Reagenzglasstopfen, Stoppuhr, Petroleumbenzin, Octan, Paraffinöl (dünnflüssig), Paraffinöl (dickflüssig), Eiswasser, heißes Wasser

Durchführung: 1. Sauge jeweils 10 ml a) Petroleumbenzin, b) Octan, c) Paraffinöl (dünnflüssig) und d) Paraffinöl (dickflüssig) in eine Pipette und lass die Flüssigkeiten in je ein Reagenzglas abfließen. Halte die Pipette dazu senkrecht. Miss die Auslaufzeit mit der Stoppuhr und notiere die Zeiten.
2. Gib in je ein Reagenzglas ca. 11 ml a) Petroleumbenzin, b) Octan, c) Paraffinöl (dünnflüssig), d) Paraffinöl (dickflüssig) und stelle die vier Reagenzgläser einige Minuten in Eiswasser. Wiederhole dann die Versuchsreihe mit den vier Flüssigkeiten.
3. Wiederhole die 2. Versuchsreihe. Die Reagenzgläser – mit Ausnahme des Petroleumbenzins – mit den Flüssigkeiten werden dieses Mal aber in heißes Wasser (ca. 70 °C) gestellt. Verschließe die Reagenzgläser jeweils locker mit einem Stopfen.

Aufgabe: Vergleiche die Auslaufzeiten und deute sie.

17.14 Benzin durch Cracken

Der Anteil an Benzin, Dieselkraftstoff und leichtem Heizöl ist im Erdöl wesentlich niedriger als der Anteil am tatsächlichen Bedarf (▷ B 1). In den Raffinerien werden daher die hochsiedenden Fraktionen zu Benzin und Dieselkraftstoff bzw. leichtem Heizöl weiterverarbeitet.

Da die Verbindungen des Benzins, Dieselkraftstoffs bzw. leichten Heizöls aus kleineren Kohlenwasserstoffmolekülen als die des schweren Heizöls und des Rückstandes der fraktionierten Destillation bestehen, müssen die großen Kohlenwasserstoffmoleküle in kleinere zerlegt werden. Diese Zerlegung nennt man *Cracken* (von engl. to crack, aufbrechen).

Crackverfahren. In der Technik werden verschiedene Crackverfahren angewandt.

Beim *thermischen Cracken* werden die hochsiedenden Fraktionen (z. B. schweres Heizöl aus der atmosphärischen Destillation) unter Druck auf etwa 450 bis 500 °C erhitzt. Hohe Temperaturen führen dazu, dass die großen Moleküle in so starke Schwingungen geraten, dass die C – C-Bindungen aufbrechen.

Beim *katalytischen Cracken*, das bei etwa 500 °C in Gegenwart eines Katalysators erfolgt, wird ein wesentlich höheres Umwandlungsergebnis und eine bessere Qualität erreicht.

Neben dem Benzin werden beim Cracken, besonders beim katalytischen Cracken, gasförmige gesättigte und ungesättigte Kohlenwasserstoffe (▷ V 1, ▷ B 2) und auch Kohlenstoff gewonnen, der sich auf dem Katalysator niederschlägt. Zur Trennung des Kohlenwasserstoffgemisches schließt sich eine Destillation an. Damit der Katalysator erneut verwendet werden kann, wird der Kohlenstoff abgebrannt.

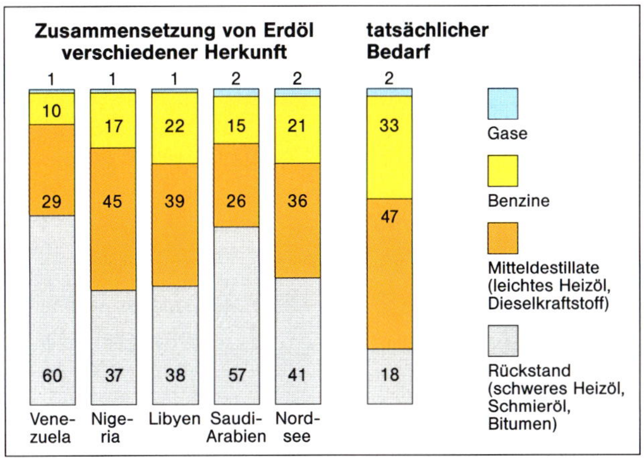

B 1 Bedarf an Erdölbestandteilen und deren Vorkommen (in Prozent)

V 1 Man erhitzt in einer Apparatur nach ▷ B 2 zunächst den Perlkatalysator und bringt dann das Paraffinöl zum Sieden.

a) Die entweichenden Dämpfe werden durch eine Kühlfalle geleitet und nach Durchführung der Knallgasprobe über einer Glasrohrspitze entzündet.

b) In der gekühlten Vorlage sammelt sich eine Flüssigkeit. Prüfe Entflammbarkeit, Viskosität und Geruch. Vergleiche mit Benzin und Paraffinöl.

c) Man gibt zu einem Teil der entstandenen Flüssigkeit etwas Bromwasser und vergleicht mit Heptan.

A 1 Worauf ist die Schwarzfärbung des Katalysators in ▷ V 1 zurückzuführen?

B 2 Cracken von Paraffinöl mit einem Katalysator

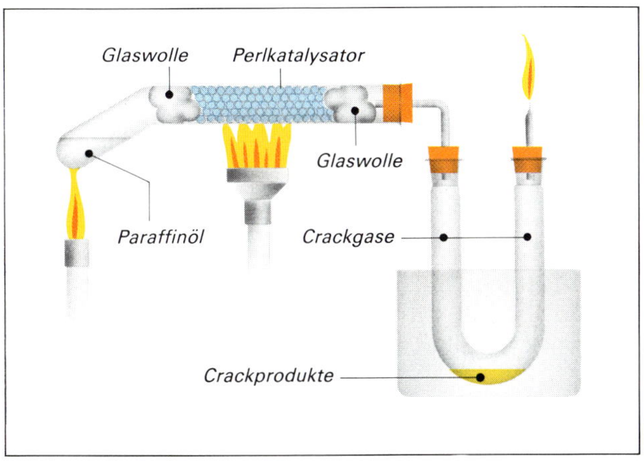

B 3 Cracken schematisch. Lange Moleküle werden unter dem Einfluss von Druck und Temperatur in kleinere gespalten

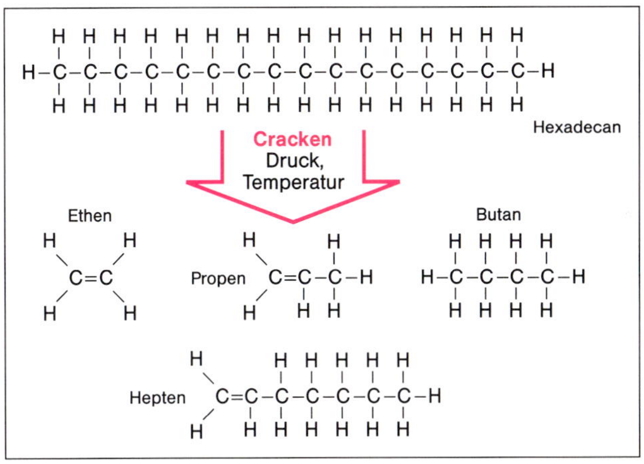

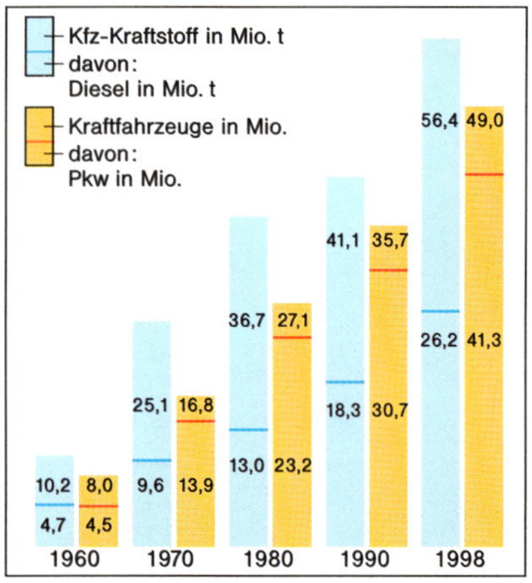

B 1 Kraftstoffverbrauch und Kfz-Bestand in Deutschland (1960 – 1990, alte Bundesländer)

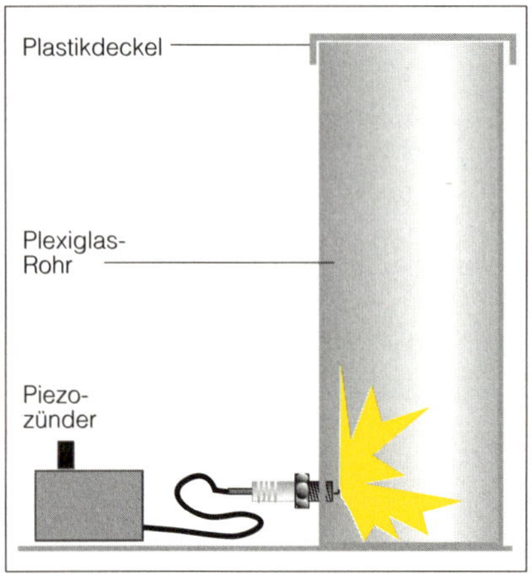

B 2 Apparatur zur Demonstration der Explosion von Benzin-Luft-Gemischen
B 3 Messung von Schadstoffanteilen im Autoabgas

Benzin wird hauptsächlich als *Treibstoff für Motoren* verwendet (▷ B 1). In diesen wird es verbrannt und die dabei frei werdende Energie wird zu einem Teil in Bewegungsenergie überführt.

Chemische Reaktion im Verbrennungsmotor. Beim einfachen Otto-Motor wird in die Zylinder des Motors ein Gemisch aus Benzin und Luft gesaugt (▷ V 1). Dieses wird durch den Kolben verdichtet (komprimiert). Dabei erwärmt es sich stark und wird schließlich durch einen Funken der Zündkerze entzündet. Die entstehenden Verbrennungsgase beanspruchen wegen der Verbrennungswärme einen viel größeren Raum als das Ausgangsgemisch. Der Druck im Zylinder wächst deshalb an und drückt den Kolben weg. Durch eine gleichmäßig fortschreitende Verbrennung steigt der Druck zwar rasch, aber nicht schlagartig an; dadurch bewegt sich der Kolben relativ „weich“ nach unten.

Beim Verbrennen des Benzins entstehen nicht nur *Kohlenstoffdioxid* und *Wasser*. So bildet sich durch unvollständige Verbrennung auch *Kohlenstoffmonooxid*. Ein geringer Teil des Benzins verbrennt überhaupt nicht, sondern wird zu neuen *Kohlenwasserstoffen* umgewandelt. Außerdem reagiert bei den hohen Temperaturen im Zylinder ein Teil des Stickstoffs der eingesaugten Luft zu *Stickstoffoxiden*. Diese Nebenprodukte sind giftig und die Stickstoffoxide werden auch für das Waldsterben mitverantwortlich gemacht (↗ Kap. 15.7). Es ist deshalb dringend erforderlich den Anteil dieser Schadstoffe in den Autoabgasen so gering wie möglich zu halten.

Abgasreinigung. Durch den Einsatz von *Katalysatoren* ist es möglich den Schadstoffanteil der Abgase eines Benzinmotors zu verringern. Ein Abgaskatalysator besteht aus einem Keramikwabenkörper (▷ B 4). Auf der rauhen Oberfläche der dünnen Kanäle ist Platin oder ein anderes Edelmetall (Iridium, Rhodium, Palladium) in fein verteilter Form aufgetragen. Für einen Katalysator werden etwa zwei Gramm des Edelmetalls benötigt. Die vom Motor kommenden Abgase strömen durch die Kanäle des Keramikwabenkörpers und kommen mit dem Edelmetall, dem eigentlichen Katalysator, in Berührung. An der Oberfläche laufen die Reaktionen der Schadstoffe zu dem weniger gefährlichen Kohlenstoffdioxid sowie den ungefährlichen Verbindungen Wasser und Stickstoff ab.

B 4 Schemabild eines Abgaskatalysators mit elektronenmikroskopischer Aufnahme des platinbeschichteten Trägers

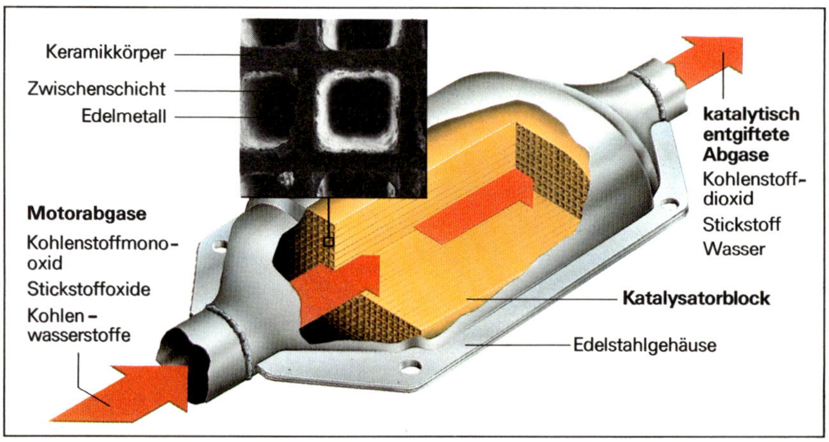

Die klopfende Verbrennung. Das im Motorzylinder verdichtete Benzin-Luft-Gemisch wird durch den Funken der Zündkerze gezündet. Die Flammfront breitet sich in den Zylinder aus und verdichtet und erwärmt das noch unverbrannte Benzin-Luft-Gemisch. Dies kann zur Zündung von Gemischbestandteilen führen, bevor diese von der Flammfront, die von der Zündkerze ausgeht, erreicht werden. Durch solche unerwünschten Sekundärzündungen (▷ B 5) steigt der Druck im Zylinder plötzlich an. Die harten Druckstöße erzeugen *Klopfgeräusche*, verringern die Leistung des Motors und erhöhen den Verschleiß.

Klopffestigkeit und Octanzahl. Die Klopffestigkeit des Benzins ist von seiner Zusammensetzung abhängig. In Motorbenzinen können mehr als 150 verschiedene Kohlenwasserstoffe nachgewiesen werden. Alkane aus kettenförmigen, unverzweigten Molekülen sind klopffreudig, da sie sich schon bei niedrigen Temperaturen entzünden. Alkane sind umso klopffester, je mehr Verzweigungen ihre Moleküle aufweisen.

Um die Klopffestigkeit von Benzinen vergleichen zu können, benutzt man das besonders klopffeste 2,2,4-Trimethylpentan (Isooctan) als *Maß für die Klopffestigkeit*. Es erhielt die Octanzahl 100, das klopffreudige Heptan die **Octanzahl** 0 (▷ B 6). Verhält sich ein Kraftstoff in einem Prüfmotor wie ein Gemisch aus 20 % Heptan und 80 % Isooctan, so hat er die Octanzahl 80. In Deutschland weist Normalbenzin mindestens die Octanzahl 91 und Superbenzin mindestens die Octanzahl 95 auf.

Erhöhung der Klopffestigkeit. Die bei der Erdöldestillation gewonnenen Benzinfraktionen haben zumeist zu niedrige Octanzahlen. Um die Klopffestigkeit zu erhöhen, leitet man das Benzin bei etwa 500 °C und unter Druck über Platinkatalysatoren. Dabei werden kettenförmige und unverzweigte Kohlenwasserstoffmoleküle in verzweigte und ringförmige Moleküle umgewandelt.

Auf diesen Prozess, das **Reformieren**, ist es zurückzuführen, dass Benzin einen hohen Anteil an dem klopffesten Benzol (Octanzahl 106) und den Benzolabkömmlingen enthält. Die höhere Klopffestigkeit wird also durch einen höheren Anteil an dem Krebs erzeugenden Benzol erreicht. Um den Anteil an den teuren Kohlenwasserstoffen mit den hohen Octanzahlen niedrig zu halten, setzte man früher dem Benzin *organische Bleiverbindungen* zu, die allerdings sehr giftig sind. In einer Übergangszeit (von 1988 bis 1996) gab es noch „verbleites" Superbenzin. Dieses Benzin wurde noch von älteren Fahrzeugen mit hochverdichtenden Motoren benötigt. Kraftfahrzeuge mit Abgaskatalysatoren müssen mit bleifreiem Benzin betrieben werden, da Bleiverbindungen den Katalysator schädigen. Benzin kann auch durch andere Zusätze als Benzol und Bleiverbindungen klopffest gemacht werden.

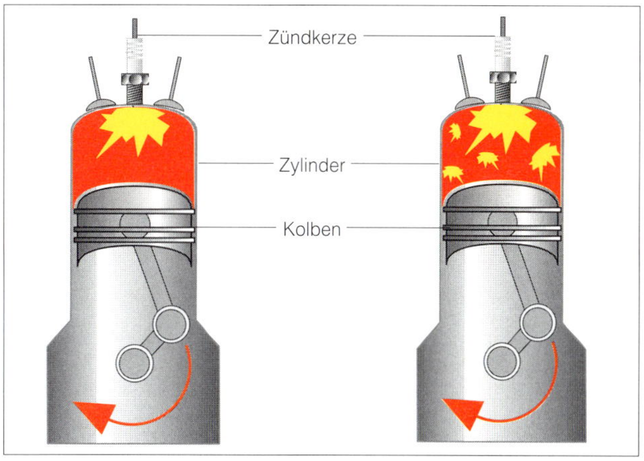

B 5 Verbrennung im Otto-Motor

V 1 Man gibt einige Tropfen Petrolether in ein Zündkerzen-Explosionsrohr wie in ▷ B 2 und verschließt mit dem Deckel. Wenn die Flüssigkeit völlig verdunstet ist (Beschleunigung durch ein Stückchen Pappe im Rohr und kräftiges Schütteln), wird durch Drücken des Piezozünders ein Zündfunke erzeugt. Danach wird der Versuch mit geringerer und größerer Tropfenzahl wiederholt. Nach jedem Versuch muss das Rohr kräftig mit Luft ausgeblasen werden. (Schutzscheibe! Schutzbrille!)

A 1 Seit dem 1. 2. 1988 darf in Deutschland verbleites Normalbenzin nicht mehr abgegeben werden. Was sollte durch dieses Verbot bewirkt werden?

B 6 Octanzahl und Verzweigung. Je mehr Verzweigungen ein Alkanmolekül hat, desto höher ist seine Octanzahl

Isomere von Heptan	Octanzahl
 n-Heptan	0
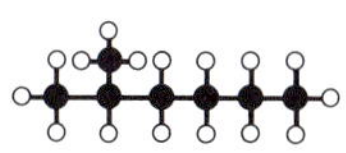 2-Methylhexan	46
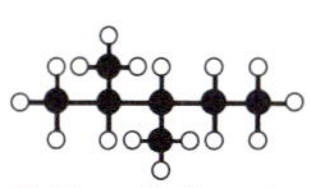 2,3-Dimethylpentan	88

Isomere von Octan	Octanzahl
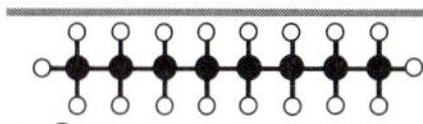 n-Octan	<0
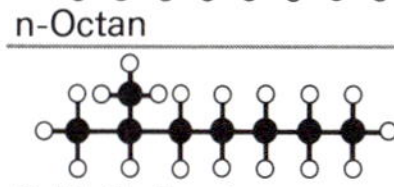 2-Methylheptan	24
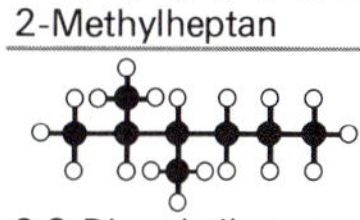 2,3-Dimethylhexan	79
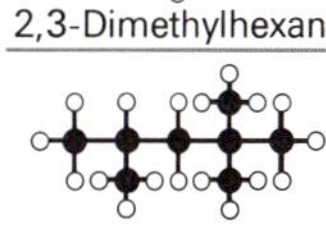 2,2,4-Trimethylpentan (Isooctan)	100

17.16 Brennstoffe und Treibhauseffekt

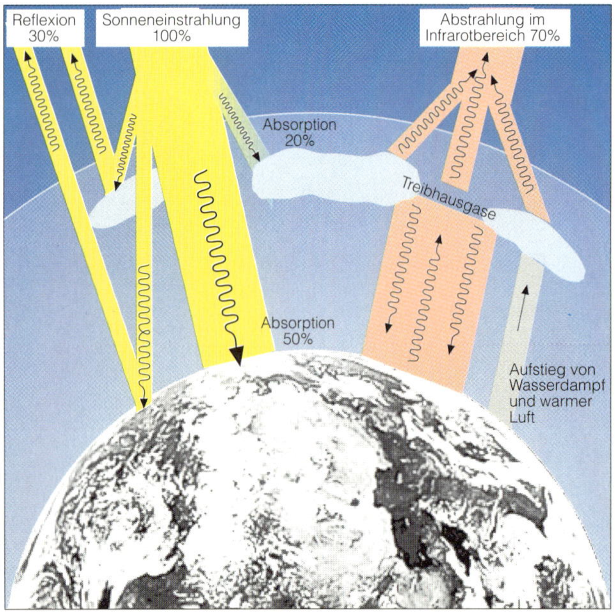

Von der Sonne erhält jeder Quadratmeter der Erdöberfläche in der Sekunde im Mittel eine Energiemenge von 342 J; diese ist in der Zeichnung gleich 100 % gesetzt. Die Erdoberfläche, die Wolken und die Atmosphäre reflektieren davon 30 % in das Weltall zurück, den größten Anteil (70 %) absorbieren sie.

Diese absorbierte Energie führt einerseits zur Erwärmung der Erdoberfläche, andererseits zum Verdunsten von Wasser und zum Aufsteigen des Wasserdampfs und warmer Luft.

Die Erdoberfläche strahlt die Wärme wieder ab, doch nur ein kleiner Teil kann direkt in das Weltall entweichen. Der überwiegende Teil wird von Wolken und Treibhausgasen absorbiert und zurückgestrahlt.

Die im Bereich der Erde „gefangene" Energie wird verzögert an das Weltall abgegeben.

B 1 Energiebilanz der Erde. Die Atmosphäre ist ein bedeutender Wärmespeicher

B 2 Wichtige Begriffe zur Sonneneinstrahlung

Sonnenlicht. 7 % der von der Sonne ausgesandten Strahlung liegen im Bereich des ultravioletten Lichts, 46 % im sichtbaren und 47 % im infraroten Bereich.

Absorption. Unter Absorption versteht man einen Vorgang, bei dem Materie Strahlungsenergie aufnimmt und in andere Energieformen, z. B. Wärme, umwandelt. In der Atmosphäre absorbieren im Wesentlichen drei Gase: Ozon (O_3), Kohlenstoffdioxid (CO_2) und Wasserdampf (H_2O). Das Ozon absorbiert den größten Teil des ultravioletten Lichts der Sonnenstrahlung. Aus dem infraroten Teil werden durch Kohlenstoffdioxid und vor allem Wasserdampf erhebliche Strahlungsmengen absorbiert. Aus dem sichtbaren Bereich wird kaum etwas absorbiert.

Reflexion. Bei der Reflexion wird ein mehr oder weniger großer Teil der auf eine Oberfläche auftreffenden Strahlung zurückgeworfen. Schnee und Eis der Erdoberfläche werfen z. B. auftreffende Sonnenstrahlung weitgehend zurück. Innerhalb der Atmosphäre erfolgt Reflexion an den Wassertröpfchen und Eiskristallen der Wolken.

Schon seit einigen Jahrzehnten vermuten Klimaforscher, dass die zunehmende Verbrennung von Kohlenstoffverbindungen (fossile Brennstoffe) zu Klimaveränderungen führen wird, deren verheerende Auswirkungen nur abschätzbar sind.

Der Treibhauseffekt. Die Sonne ist die Energiequelle für alle Klimaabläufe auf der Erde. Das Klima der Erde hängt hauptsächlich von der Energie der Sonneneinstrahlung ab, die vom Erdboden und der Atmosphäre absorbiert wird. Dabei wird die Absorption in der Atmosphäre von der Art und der Konzentration einiger Gase bestimmt. Ohne diese Gase läge die globale Jahresmitteltemperatur auf der Erde bei −18 °C und nicht, wie tatsächlich gemessen, bei +15 °C. Dieser Temperaturunterschied von 33 °C entsteht im Wesentlichen durch die *Treibhauswirkung der Gase Wasserdampf* (ca. 21 °C), *Kohlenstoffdioxid* (ca. 7 °C) und *bodennahes Ozon* (ca. 2,5 °C), die nur zu einem geringen Anteil in der Atmosphäre vorhanden sind *(Spurengase)*.

Die gegenüber der Umgebung höhere Temperatur in einem Treibhaus (Glashaus, Gewächshaus) beruht im Wesentlichen auf folgenden Vorgängen: Das sichtbare Sonnenlicht durchdringt das Glas nahezu ohne Absorption. Im Innern des Treibhauses wird es von Boden und Pflanzen zum größten Teil absorbiert. Dadurch erwärmen sich diese und geben nun ihrerseits zunehmend Wärmestrahlung ab. Diese wird aber vom Glas des Treibhauses nur z. T. durchgelassen. Damit ist ein Teil der ursprünglich in Form von sichtbarem Licht zugeführten Sonnenenergie „gefangen". Im Innern des Treibhauses steigt dadurch die Temperatur.

Treibhaus Erde. Beim Treibhaus Erde übernehmen einige Spurengase die Rolle des Glases. Etwa 30 % der einfallenden Sonnenstrahlung werden von der Erde, der Atmosphäre und den Wolken in den Weltraum reflektiert. Die verbleibenden 70 % werden zunächst von der Erdoberfläche und der Atmosphäre absorbiert. Der von der Erdoberfläche absorbierte Anteil führt zur Verdunstung von Wasser, zur Erwärmung und zum Aufsteigen der bodennahen Luftschicht und wird als Wärmestrahlung abgegeben. Diese Wärmestrahlung aber wird zum Teil in den Weltraum abgestrahlt, der Rest bleibt im Bereich der Erde „gefangen".
Wird die Konzentration der Treibhausgase geändert, so verändert sich die Temperatur in Bodennähe. Eine Erhöhung des Anteils der Treibhausgase kann sowohl durch eine Erhöhung der natürlich vorkommenden Gase als auch durch das Einbringen neuer Gase erfolgen.

Treibhauseffekt und Kohlenstoffdioxid. Vor allem die steigende Kohlenstoffdioxid-Konzentration verhindert zunehmend die Wärmeabstrahlung. In den natürlichen Kreisläufen wird zwischen Atmosphäre und Kontinenten bzw. Ozeanen ungefähr so viel Kohlenstoffdioxid abgegeben wie aufgenommen. Die Erhöhung der Kohlenstoffdioxid-Konzentration in der Atmosphäre wird durch die Vernichtung von Wäldern durch Brandrodung und Verfeuerung fossiler Brennstoffe hervorgerufen. Bei der Verbrennung von 1 t Kohlenstoff entstehen 3,67 t Kohlenstoffdioxid. Gegenwärtig nimmt die Atmosphäre jährlich etwa 11 bis 12 Milliarden Tonnen Kohlenstoffdioxid (dieses entspricht etwa 3 Milliarden Tonnen Kohlenstoff) zusätzlich auf. Anhand von Modellrechnungen geht man bei einer Steigerung der Kohlenstoffdioxid-Konzentration auf 600 ml · m^{-3} von einer globalen Erwärmung um 2 bis 4 °C aus. Bei den heutigen Zuwachsraten wäre dieses im Jahre 2050 erreicht. Die Folgen dieser Temperaturerhöhung können u. a. eine Verschiebung der Klimazonen, ein Ansteigen des Meeresspiegels und die Zunahme extremer Wetterereignisse sein. Die Beobachtungen aus den letzten 100 Jahren stimmen weitgehend mit den Berechnungen der Klimaforscher überein. Die Temperatur ist um 0,7 °C angestiegen, der Meeresspiegel um 15 cm. Allerdings liegt diese Temperaturerhöhung noch innerhalb der natürlichen Klimaschwankung von +/− 1 °C.

Um die bei der Verbrennung gebildeten Kohlenstoffdioxidmengen abzufangen, werden mehrere Möglichkeiten in Erwägung gezogen. Neu angepflanzte Wälder könnten der Atmosphäre Kohlenstoffdioxid entziehen. Einige Wissenschaftler diskutieren auch das Gas in Tiefseegräben oder in erschöpfte Erdgaslager zu pumpen. Allerdings sind die anfallenden Mengen riesengroß.

B 5 Der Kohlenstoffdioxidkreislauf. Die Zahlenangaben beziehen sich auf den Kohlenstoffanteil in Milliarden Tonnen und die jährlichen Kohlenstoff-Flüsse.

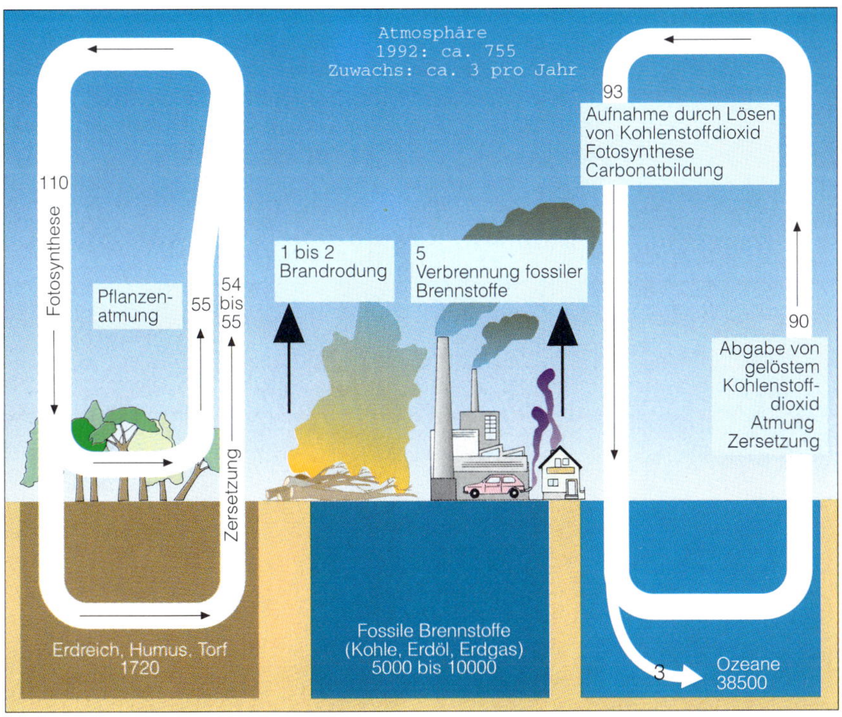

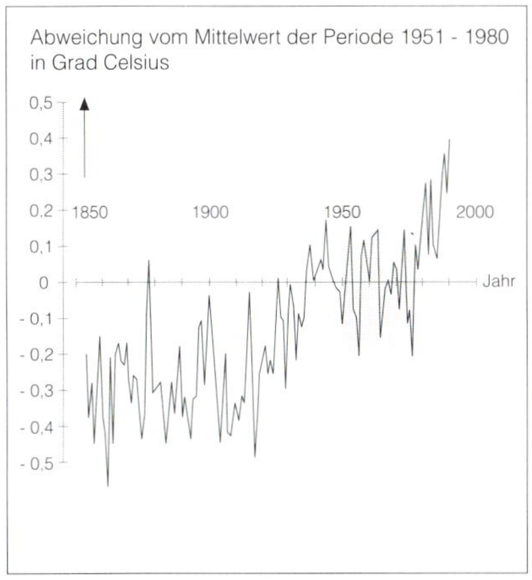

B 3 Die Entwicklung der globalen Durchschnittstemperatur in Bodennähe

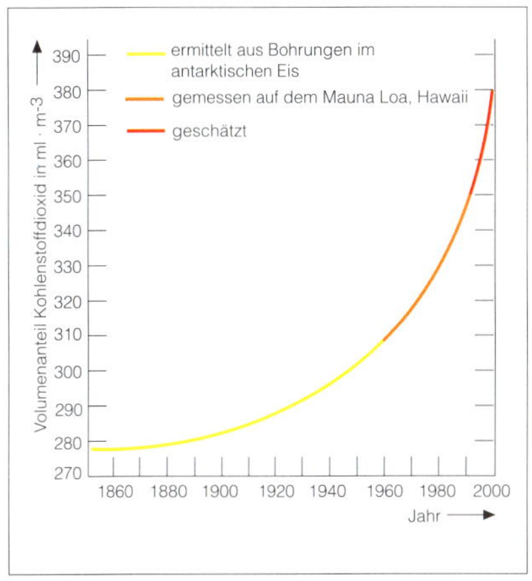

B 4 Der Kohlenstoffdioxidanstieg in der Atmosphäre

A 1 Welcher Unterschied besteht in der Zusammensetzung der von der Sonne kommenden Strahlung und der von der Erdoberfläche abgegebenen Strahlung?

A 2 Auch Methan und Ammoniak in der Atmosphäre tragen zum Treibhauseffekt bei. Ihre Konzentrationen in der Atmosphäre nehmen zu. Aus welchen Quellen stammen diese Spurengase?

A 3 Nenne einige Möglichkeiten zur Verminderung der Kohlenstoffdioxidabgabe.

17.17 Ozonschicht und Halogenkohlenwasserstoffe

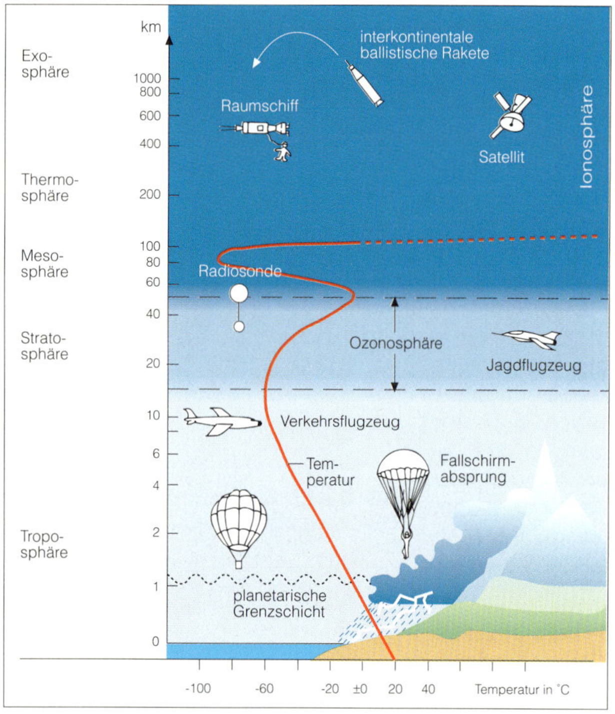

B 1 Die Lage der Ozonschicht in der Atmosphäre

A 1 Warum sind selbst bei einem sofortigen Verbot des Einsatzes von Halogenkohlenwasserstoffen erst in 10 bis 20 Jahren positive Auswirkungen zu erwarten?

A 2 Zur örtlichen Betäubung wird Chlorethan in feinem Strahl auf die Haut gesprüht, wo es sofort verdunstet. Die besprühte Hautpartie wird „vereist“ und dadurch empfindungslos. Worauf beruht die „Vereisung“ der besprühten Hautpartien?

Die die Erde in einer Höhe von ca. 15 bis 50 km umgebende *Ozonschicht* (▷ B 1) schützt Pflanzen, Tiere und Menschen *vor der ultravioletten Strahlung* der Sonne. Ozon absorbiert weitgehend diese Strahlung, die das Erbmaterial in Zellen schädigen und Krebs verursachen kann. Amerikanische Wissenschaftler alarmierten 1974 die Weltöffentlichkeit mit der Hypothese, dass der fortgesetzte Einsatz großer Mengen einiger Halogenkohlenwasserstoffe zu einem Abbau der Ozonschicht führe. Warum gelangen gerade diese Stoffe von der Erdoberfläche in so große Höhen und zerstören das Ozon?

Eigenschaften von Halogenkohlenwasserstoffen. In einem Kohlenwasserstoffmolekül kann jedes Wasserstoffatom durch ein Halogenatom ersetzt werden. Es gibt deshalb eine Vielzahl von Halogenkohlenwasserstoffen. Sie sind gute Lösungsmittel für Fette, sie sind *lipophil*. Sie haben eine höhere Siedetemperatur als vergleichbare Kohlenwasserstoffe. Der Ersatz eines Wasserstoffatoms durch ein Halogenatom führt zu einer Erhöhung der Dichte der Verbindung. Die Brennbarkeit ist umso schlechter, je mehr Wasserstoffatome durch Halogenatome ersetzt sind. Ebenso nimmt die Reaktionsträgheit mit steigendem Anteil an Halogenatomen im Molekül zu.

Verwendung. Von Methan und Ethan leiten sich eine Reihe von Halogenalkanen ab, die in Technik und Alltag vielfältige Anwendung fanden und z. T. noch finden. Zum Extrahieren pflanzlicher Fette wurde früher z. B. Trichlormethan (Chloroform) verwendet. Da es vermutlich Krebs erzeugend ist, darf es nicht mehr verwendet werden. Heute werden für die Gewinnung von Lebensmitteln in Deutschland keine Halogenalkane mehr eingesetzt. Zur Extraktion von Fetten kann z. B. Hexan verwendet werden.

B 2 Ozonloch. Satellitenmessungen der Ozonschicht 1979 und 1992

Das Ozonloch lässt sich anschaulich an Darstellungen von Satellitenmessungen zeigen, bei denen Gebiete gleicher Ozonschichtdicke gleichfarbig wiedergegeben werden. Dabei wird diese in der Stratosphäre über dem betreffenden geographischen Ort in Dobson-Einheiten angegeben (100 Dobson-Einheiten entsprechen 1 mm reiner Ozonschicht bei 0 °C und 1013 hPa). Deutlich sichtbar ist die Zone sehr niedriger Ozonkonzentration über der Antarktis, die sich von 1979 bis 1992 weiter ausbreitete.

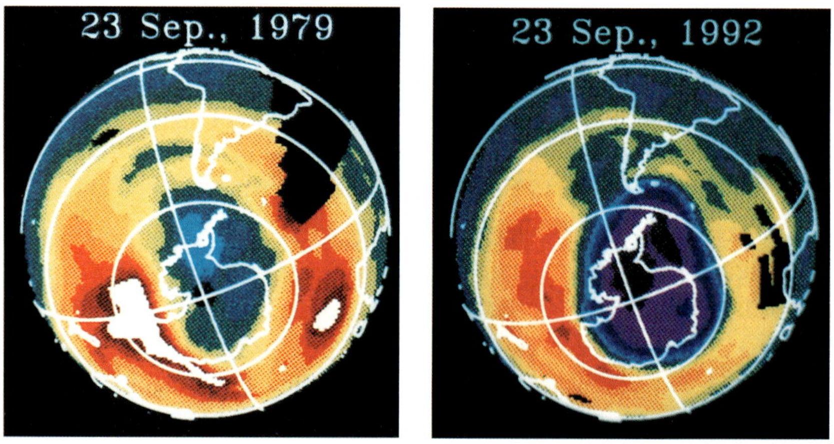

Zum Entfetten von Blechen und Elektronikteilen und in der chemischen Reinigung werden noch Halogenalkane benutzt. Im Lauf der 90er Jahre sollen auch diese durch neue Stoffe oder durch neue Techniken ersetzt werden. Dieses gilt auch für den Einsatz von Halogenalkanen zum Aufschäumen von Kunststoffen. Als Treibmittel in Spraydosen werden Halogenalkane nicht mehr eingesetzt.

Halogenalkane, deren Moleküle Fluoratome meist neben anderen Halogenatomen enthalten, sind größtenteils hitzebeständige, unbrennbare Gase, die sich durch geringen Druck verflüssigen lassen. Einige dieser Halogenalkane wurden oder werden noch als Kältemittel in Kühlschränken und Klimaanlagen verwendet. *Halone* sind wichtige Feuerlöschmittel. *Halothan* vermischt mit Lachgas sorgt bei Operationen für einen tiefen und schmerzfreien Schlaf.
Die in der Schule anfallenden kleinen Mengen an Halogenkohlenwasserstoffen müssen ebenso wie die aus den Kühlschränken der Haushalte und die aus den Lösungsmitteln der Industrie gesammelt und entsorgt werden.

Ozonloch. Aufgrund ihrer Reaktionsträgheit reichern sich Chlorfluorkohlenwasserstoffe (CFKW; häufig noch FCKW genannt) über Jahre hinweg an und gelangen allmählich in die Stratosphäre, wo sie an der Zerstörung der Ozonschicht beteiligt sind. Selbst bei sofortigem Herstellungsstopp von CFKWs würde es mindestens 50 Jahre dauern, bis der Großteil dieser in der Luft angehäuften Stoffe abgebaut ist. Das stets im antarktischen Frühling zwischen August und November zu beobachtende Ozonloch hatte 1986 über dem Südpol bereits eine Fläche von der Größe der Vereinigten Staaten erreicht.

B 5 Sammelbehälter für Halogenkohlenwasserstoffe

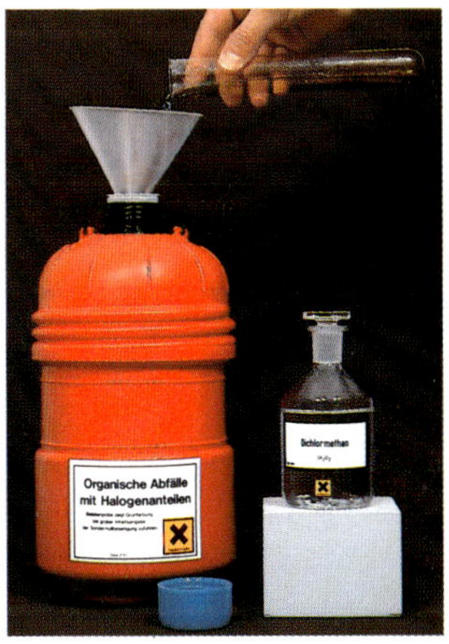

B 6 Meldung aus einer Tageszeitung

Trinkwasserbrunnen stillgelegt

Ein Trinkwasserbrunnen darf nicht mehr weitersprudeln. Er ist mit chlorierten Kohlenwasserstoffen verseucht. Die Behörden sind mittlerweile auf der Suche nach den Verursachern der Verschmutzung. Die Schadstoffquelle muss im Industriegebiet liegen. Chlorkohlenwasserstoffe werden in großen Mengen als Lösungsmittel zum Entfetten von Metallteilen und Schafwolle verwendet. Sie rufen beim Einatmen Übelkeit hervor. Einige stehen auch im Verdacht, Krebs erregend zu wirken. Vorsicht ist also angebracht.

Bildung und Zerfall von Ozon in der Stratosphäre:

a) $O_2 \xrightarrow{\text{UV-C-Strahlung}} 2\,O$ b) $O + O_2 \longrightarrow O_3$

Ozonmoleküle bilden sich, wenn a) Sauerstoffmoleküle durch sehr energiereiche ultraviolette Sonnenstrahlung (UV-C-Strahlung) gespalten werden und b) sich die dabei gebildeten Sauerstoffatome mit anderen Sauerstoffmolekülen verbinden.

c) $O_3 \xrightarrow{\text{UV-B-Strahlung}} O + O_2$ d) $O_3 + O \longrightarrow 2\,O_2$

Ozonmoleküle werden c) unter der Einwirkung von etwas weniger energiereicher ultravioletter Sonnenestahlung (UV-B-Strahlung) in Sauerstoffatome und Sauerstoffmoleküle gespalten. Auch durch die Reaktion d) mit Sauerstoffatomen können Ozonmoleküle wieder zerfallen.

Zerstörung von Ozon in der Stratosphäre:

a) $CFCl_3 \xrightarrow{\text{UV-C-Strahlung}} CFCl_2 + Cl$ b) $Cl + O_3 \longrightarrow ClO + O_2$

a) Durch die ultraviolette Sonnenstrahlung werden von den Molekülen der Chlorfluorkohlenwasserstoffe Chloratome abgespalten. b) Ein reaktionsfreudiges Chloratom reagiert mit einem Ozonmolekül zu einem Sauerstoffmolekül und einem Chlormonooxidmolekül. c) Dieses wiederum reagiert anschließend mit einem Sauerstoffatom, das bei der Spaltung eines Ozonmoleküls durch UV-Licht gebildet worden ist.

c) $ClO + O \longrightarrow O_2 + Cl$

Das Chloratom wird frei und kann erneut ein Ozonmolekül zerstören. Auf diese Weise kann ein einziges Chloratom bis zu 100 000 Ozonmoleküle zerstören.

B 3 Chemische Reaktionen in der Stratosphäre, die zur Zerstörung der Ozonschicht führen

B 4 Einige wichtige Halogenalkane (Dichten im Flüssigkeitszustand)

Name, Kennzeichen in Industrie/Technik	Molekülformel	Siedetemp. (°C)	Dichte (g/cm^3)	Hauptsächliche Verwendung
Trichlorfluormethan, F 11	CCl_3F	25	1,49	Kältemittel, Treibgas, Lösungsmittel
Dichlordifluormethan F 12	CCl_2F_2	−30	1,33	Kältemittel, Treibgas, Lösungsmittel, Feuerlöscher
Chlordifluormethan, F 22	$CHClF_2$	−41	1,21	Kältemittel, Treibgas, Lösungsmittel, Fluorkunststoffe
1,1,2-Trichlor-1,2,2-trifluorethan, F 113	CCl_2F-$CClF_2$	−48	1,58	Lösungsmittel, chem. Reinigung von Leder, Pelzen und Textilien, Reinigung in der Elektronik-Industrie
Bromchlordifluormethan, F 12 B 1 (Halon 1211)	$CBrClF_2$	−4	1,83	Feuerlöschmittel in Handfeuerlöschern
Bromtrifluormethan, F 13 B 1 (Halon 1301)	$CBrF_3$	−59	1,57	Feuerlöschmittel in Raumschutzanlagen, Kältemittel
2-Brom-2-chlor-1,1,1-trifluorethan, Halothan	CF_3-$CHBrCl$	50	1,87	Narkosemittel
Chlorethan, Ethylchlorid	C_2H_5Cl	12	0,92	zur örtlichen Betäubung (Vereisung)

17.18 Überprüfung und Vertiefung

Fraktionen	Siedebereich (°C)	Flammtemperaturbereich (°C)	Dichtebereich (g/cm³)	Viskosität
Benzine:				
Leichtbenzin	40 bis 80	−55 bis −35	0,63 bis 0,68	nimmt zu
Mittelbenzin	80 bis 110	−35 bis −15	0,68 bis 0,73	
Schwerbenzin	110 bis 140	−15 bis 21	0,73 bis 0,78	
Mitteldestillate:				
Petroleum/Kerosin	150 bis 250	21 bis 55	0,77 bis 0,83	
Dieselöl/ Leichtes Heizöl	250 bis 360	55 bis 100	0,81 bis 0,86	
Schweres Heizöl	nur im Vakuum unzersetzt destillierbar	100 bis 270	0,90 bis 0,98	
Schmieröle		> 200	0,80 bis 0,95	

B 1 Eigenschaften einiger Rohölfraktionen im Vergleich. Zu Aufgabe 2

Name des Treibhausgases (Molekülformel)	Konzentration in der Atmosphärenschicht bis 12 km Höhe (ml · m⁻³)	Anteil an dem von den Menschen verursachten Treibhauseffekt (Abschätzung)	Relativer Treibhauseffekt pro Molekül (Abschätzung)
Kohlenstoffdioxid (CO_2)	350	50 %	1
Methan (CH_4)	1,7	17 %	20
Distickstoffoxid (N_2O)	0,31	5 %	200
Ozon (O_3)	0,02	10 %	2 000
Chlorfluorkohlenwasserstoffe (CFKW)	0,00052	18 %	16 000
	(Gewichtete Mittelwerte verschiedener CFKWs)		

B 2 Zu Aufgabe 4

1 Bei der Reaktion eines Moleküls eines unbekannten Kohlenwasserstoffs mit Sauerstoffmolekülen werden 132 u Kohlenstoffdioxid und 54 u Wasser gebildet.
a) Stelle die Summen- und Strukturformel für dieses Molekül auf.
b) Zu welcher Stoffklasse gehört dieser Kohlenwasserstoff?

2 a) Warum weist Leichtbenzin (▷ B 1) einen Siedebereich und nicht eine Siedetemperatur auf?
b) Warum steigen die Siedetemperatur und die Viskosität von den Benzinen über die Mitteldestillate zum schweren Heizöl an (▷ B 1)?

B 3 Zu Aufgabe 5

3 Wirft man ein brennendes Streichholz in eine Porzellanschale mit Dieselöl, erstickt die Flamme. Benzin aber würde sofort entflammen. Gib eine Erklärung für diesen Sachverhalt.

4 Zum Treibhauseffekt tragen neben Kohlenstoffdioxid noch weitere Stoffe bei (▷ B 2). Obwohl die Konzentration der Chlorfluorkohlenwasserstoffe in der Atmosphäre sehr gering ist, sind sie ganz erheblich am Treibhauseffekt beteiligt. Erkläre diesen scheinbaren Widerspruch.

5 Für Beleuchtungszwecke wurden früher Carbidlampen (▷ B 3) verwendet. Sie enthalten Calciumcarbid (CaC_2), das in der Lampe mit Wasser reagiert. Dabei entsteht ein Gas, das an der Luft mit hell leuchtender Flamme verbrennt.
a) Welches Gas entsteht bei dieser Reaktion?
b) Wozu wird dieses Gas heute noch verwendet?

6 Chlorethan kann sowohl durch eine Additions- als auch eine Substitutionsreaktion hergestellt werden. Suche nach den Ausgangsstoffen für die beiden Wege und formuliere die Reaktionsgleichungen.

Wichtige Begriffe

- Verkokung von Steinkohle
- Zusammensetzung von Erdgas und Erdöl
- Heizwert
- homologe Reihe
- Alkane
- Isomerie
- hydrophil, hydrophob
- lipophil, lipophob
- Flammtemperatur
- Substitutionsreaktion
- Halogenierung
- Additionsreaktion
- gesättigte und ungesättigte Kohlenwasserstoffe
- Ethen, Ethin
- fraktionierte Destillation
- Vakuumdestillation
- Rohölfraktionen
- Viskosität
- Cracken
- Reformieren
- Octanzahl
- Treibhauseffekt
- Kohlenstoffdioxidkreislauf
- Ozonloch
- Halogenkohlenwasserstoffe
- FCKW, CFKW

Alkohole – Carbonsäuren – Ester

In diesem Kapitel werden wir eine Reihe von Stoffen näher kennen lernen, denen wir im Alltag fast täglich begegnen und die uns vor allem aus dem Lebensmittelbereich vertraut sind. Darüber hinaus haben manche dieser Stoffe eine große Bedeutung in der Technik. Viele kommen auch in der Natur vor.
Dies trifft auch für den Alkohol zu, der in alkoholischen Getränken enthalten ist. Er ist heute ein wichtiger Grundstoff der Industrie. Der Bedarf an Alkohol für technische Zwecke ist viel größer als für alkoholische Getränke. Außer diesem Alkohol gibt es eine ganze Gruppe von Stoffen, die unter der Bezeichnung „Alkohole" zusammengefasst werden.

Carbonsäuren sind organische Säuren. Zu ihnen gehört beispielsweise die Essigsäure, die in stark verdünnter Form im Speiseessig zu finden ist, der eines der ältesten Würz- und Konservierungsmittel darstellt.
Andere Carbonsäuren sind z. B. für den sauren Geschmack vieler Früchte verantwortlich.
Diese und andere Carbonsäuren finden auch als Lebensmittelzusatzstoffe Verwendung.

Ester sind Reaktionsprodukte aus Alkoholen und Carbonsäuren und stellen unter anderem wichtige Duft- und Aromastoffe dar.

Die Vertreter der einzelnen Stoffgruppen weisen charakteristische Strukturmerkmale in ihren Molekülen auf, die für die jeweilige Stoffgruppe typisch sind. Über die genauere Betrachtung der Moleküle können wir viele Eigenschaften der betreffenden Stoffe erklären und ableiten.

18.5 Eigenschaften und Verwendung von Ethanol

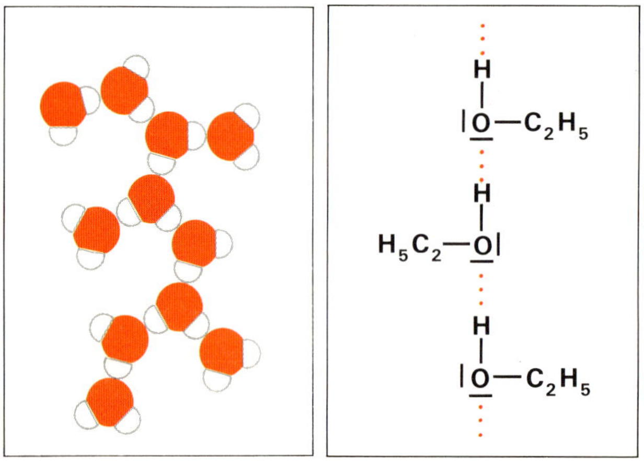

B 1 Wasserstoffbrücken zwischen Wassermolekülen (links) und zwischen Ethanolmolekülen (rechts)

V 1 Gib in je ein Reagenzglas etwas Wasser bzw. Benzin und füge etwa die gleiche Menge Ethanol (Brennspiritus) zu und schüttle.

V 2 Stelle in je einem Reagenzglas wenige Milliliter einer Lösung aus Ethanol in Wasser (80 %, 50 %, 40 %) her und verschließe die Reagenzgläser. Entferne das Vorratsgefäß. Gib die jeweiligen Mischungen in eine Porzellanschale und versuche sie mit einem Streichholz zu entzünden (Schutzbrille!).
(Vorsicht, brennbare Materialien entfernen, beim Entzünden nicht über die Porzellanschale beugen!)

A 1 Nenne jeweils Eigenschaften des Ethanols, die auf den Einfluss der Hydroxyl- bzw. Ethylgruppe zurückzuführen sind und begründe.

B 2 Struktur und Löslichkeit. Ethanol löst sich aufgrund seines Molekülbaus in Wasser und Benzin

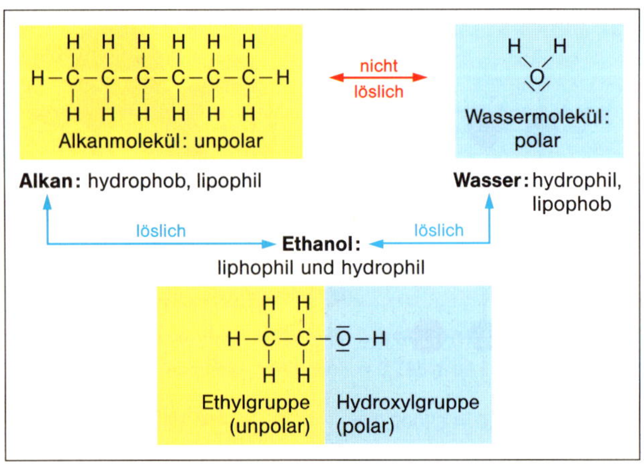

Außer als Bestandteil alkoholischer Getränke ist Ethanol in vielen Bereichen des täglichen Lebens und in der Technik zu finden. Seine Anwendungsbereiche sind auf einige seiner besonderen Eigenschaften zurückzuführen. Diese Eigenschaften des Ethanols lassen sich durch den Aufbau der Ethanolmoleküle erklären.

Auswirkungen der Hydroxylgruppe. Das Ethanolmolekül besitzt eine Atomgruppe, die wir schon vom Wassermolekül kennen, die OH- oder Hydroxylgruppe. Wie im Wassermolekül ist die Bindung zwischen dem Wasserstoff- und Sauerstoffatom aufgrund der unterschiedlichen Elektronegativitäten stark polar, mit einer positiven Teilladung am Wasserstoffatom und einer negativen am Sauerstoffatom. Aufgrund der gewinkelten Struktur des Ethanolmoleküls liegt ein Dipolmolekül vor (↗ Kap. 13.3). Zwischen Ethanolmolekülen können sich, wie bei Wassermolekülen, Wasserstoffbrücken ausbilden (▷ B 1 und ↗ Kap. 13.4). Jedes Ethanolmolekül kann jedoch im Gegensatz zu einem Wassermolekül nur eine Wasserstoffbrücke zum Nachbarmolekül ausbilden. Die zwischenmolekularen Kräfte sind insgesamt schwächer als beim Wasser. Dementsprechend ist auch die Siedetemperatur mit 78 °C tiefer. Sie ist allerdings wesentlich höher als die Siedetemperaturen von Stoffen, deren Moleküle unpolar sind und zwischen denen ähnlich große Van-der-Waals-Kräfte wirken wie zwischen Ethanolmolekülen (z. B. Kohlenstoffdioxid). Auch die Tatsache, dass Ethanol in Wasser löslich ist (▷ V 1), ist auf die polare Hydroxylgruppe zurückzuführen. Zwischen Ethanol- und Wassermolekülen können sich ebenfalls Wasserstoffbrücken ausbilden.

Ethanol als Lösungsmittel. Die Farben mancher Filzstifte lassen sich nicht mit Wasser, dagegen sehr gut mit Ethanol entfernen. Versuche zum Lösungsverhalten des Ethanols (▷ V 1) ergeben, dass es nicht nur in Wasser, sondern auch in Benzin löslich ist. Dieses Verhalten ist erstaunlich, da Wasser und Benzin sich nicht ineinander lösen.
Benzin setzt sich zusammen aus Molekülen, an deren Aufbau nur Wasserstoff- und Kohlenstoffatome beteiligt sind. Solche Stoffe sind die **Kohlenwasserstoffe**. Im einfachsten Fall sind in diesen Molekülen alle Atome durch Einfachbindungen verbunden, wobei alle Kohlenstoffatome tetraedrisch von anderen Atomen umgeben sind (↗ Kap. 17.6, ▷ B 1).

Stoffe, deren Moleküle dieses Bauprinzip aufweisen, gehören zu der Stoffgruppe der **Alkane**. Aufgrund ihres räumlichen Baus sind Alkanmoleküle unpolar. Zwischen ihnen wirken nur Van-der-Waals-Kräfte (↗ Kap. 13.4).

Eigenschaften und Verwendung von Ethanol

Ein Teil des Ethanolmoleküls, die C_2H_5-Gruppe, zeigt dasselbe Bauprinzip wie die Alkanmoleküle. Dieser Molekülteil ist ebenfalls unpolar und verantwortlich für die Löslichkeit von Ethanol in Benzin.

Das Lösungsverhalten von Ethanol wird also bestimmt durch die unterschiedlichen Eigenschaften seiner beiden Molekülteile. Stoffe lösen sich in solchen Lösungsmitteln, deren Moleküle ähnliche Strukturen und damit ähnliche Polarität besitzen wie der gelöste Stoff (▷B2). Man sagt: **„Ähnliches löst sich in Ähnlichem“.**
Zur Charakterisierung des Lösungsverhaltens eines Stoffes gegenüber Wasser verwendet man häufig den Begriff **hydrophil (wasserfreundlich)** für Stoffe mit guter Wasserlöslichkeit und **hydrophob (wassermeidend)** für ein gegenteiliges Lösungsverhalten. Außer den Alkanen zählen vor allem Fette und Öle zu den ausgesprochen hydrophoben Stoffen. Fettlösliche Stoffe bezeichnet man als **lipophil** (von griech. lipos, Fett), wenig fettlösliche als **lipophob**. Ethanol ist demnach sowohl hydrophil als auch lipophil.

Verwendung von Ethanol. Eine Eigenschaft, die das Ethanol mit den Kohlenwasserstoffen gemeinsam hat, ist die Brennbarkeit. Außer bei der Verwendung als Brennspiritus wird diese Eigenschaft bei der im ↗Kap. 18.7 beschriebenen Verwendung von Ethanol als Energieträger genutzt. Auch Lösungen mit Wasser sind bis zu einer Alkoholkonzentration von ca. 50 % noch brennbar (▷V2).

Der Bedarf an Ethanol zur industriellen Verwendung ist sehr groß. Der größte Teil dieses Ethanols wird jedoch nicht über eine alkoholische Gärung hergestellt, sondern durch Reaktion eines aus Erdöl hergestellten Kohlenwasserstoffs mit Wasser (technischer Alkohol). Über diese Reaktion werden in Deutschland jährlich etwa 100 000 t Ethanol hergestellt.

Aufgrund seiner Eigenschaft, sowohl hydrophile als auch hydrophobe Stoffe lösen zu können, wird Ethanol in vielen Bereichen als hervorragendes Lösungsmittel verwendet. Diese Eigenschaft ist besonders dann gefragt, wenn *gleichzeitig* hydrophile und hydrophobe Stoffe, z. B. Wirkstoffe in einem Arzneimittel, gelöst werden sollen (▷B3). Ein weiterer Vorteil ist, dass solche Lösungen noch bis zu einem bestimmten Grad mit Wasser verdünnbar sind, bevor sich eine Emulsion bildet (▷V3). Außer in der pharmazeutischen Industrie nutzt man dies bei der Herstellung von Kosmetika, wie Rasier-, Gesichts-, Mund- und Duftwasser sowie in der Lack- und Farbenindustrie (▷B4). Auch viele Filzstifte und Tinten enthalten Ethanol als Lösungsmittel. Ferner wird es als Extraktions-, Reinigungs-, Desinfektions- und Konservierungsmittel verwendet. Für nicht allzu hohe Temperaturen kann Ethanol als Thermometerfüllung das giftige Quecksilber ersetzen (▷B3).

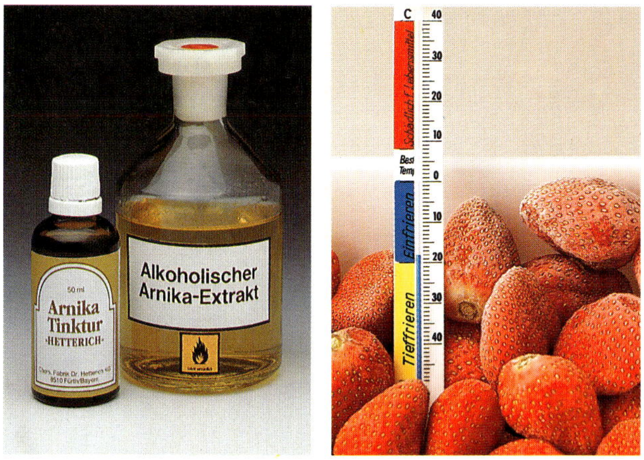

B3 Verwendung von Ethanol als Lösungsmittel für Pflanzenwirkstoffe (links) und Thermometerfüllung (rechts)

V 3 a) Gib in ein Reagenzglas zu 1 ml Benzin 5 ml Brennspiritus und schüttle. Füge anschließend tropfenweise Wasser hinzu, bis eine bleibende Veränderung eintritt.
b) Gib in ein Reagenzglas etwas Anisextrakt (alkoholische Lösung) und füge tropfenweise Wasser hinzu.

A 2 a) Welche zwischenmolekularen Kräfte sind hauptsächlich für die Höhe der Siedetemperaturen von Wasser bzw. Ethanol verantwortlich?
b) Erkläre, warum die Siedetemperatur von Ethanol unter der von Wasser liegt.

A 3 Welche Eigenschaften von Ethanol nutzt man bei seiner Verwendung in „Kölnischwasser“?

B4 Verwendung von Alkohol in Produkten des Alltags

18.6 Homologe Reihe der Alkanole

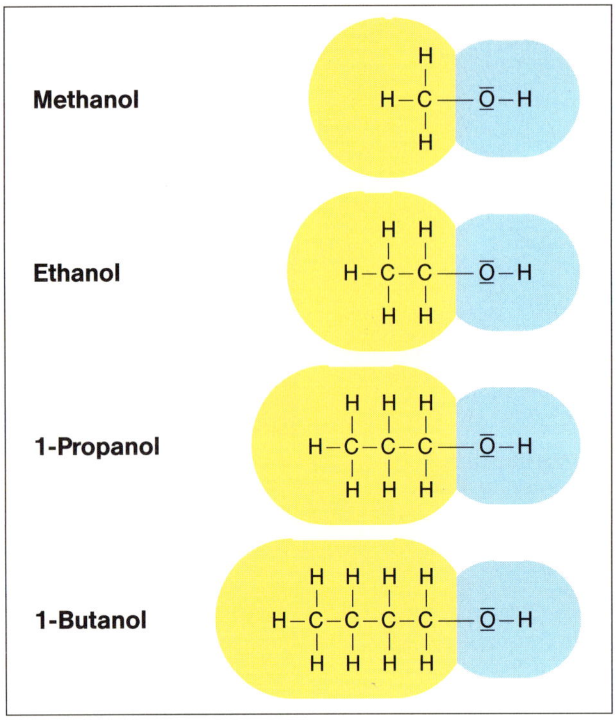

B 1 Strukturformeln einiger Alkoholmoleküle

B 2 Benennung eines Alkanols

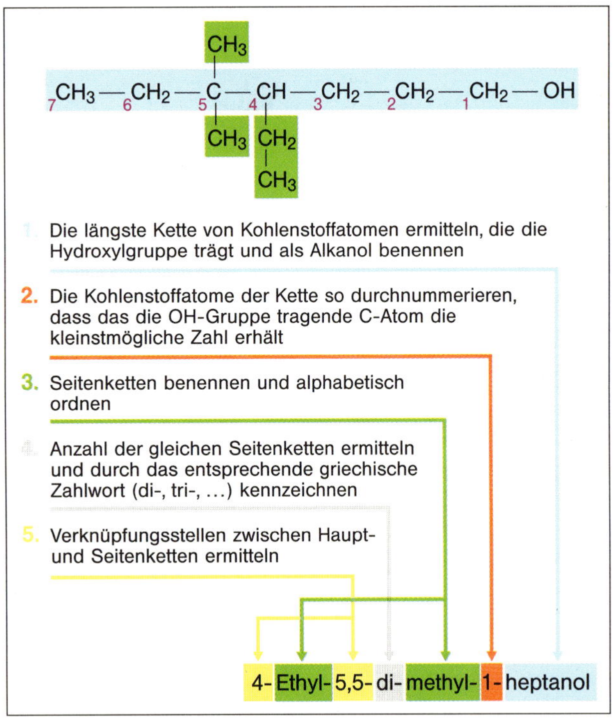

Außer Ethanol gibt es noch weitere Stoffe, deren Moleküle ebenfalls eine Hydroxylgruppe aufweisen. Da diese Atomgruppe wesentliche Auswirkungen auf Stoffeigenschaften hat, sind sich diese Stoffe in vielen Eigenschaften und Reaktionen ähnlich. Aus diesem Grund fasst man diese Stoffe zu einer Stoffgruppe zusammen, die man als **Alkohole** bezeichnet. Die charakteristische Hydroxylgruppe nennt man die **funktionelle Gruppe** der Alkoholmoleküle.

Homologe Reihe der Alkanole. Die verschiedenen Alkohole unterscheiden sich im Wesentlichen durch den unpolaren Teil ihrer Moleküle, der, wie beim Ethanol, aus Kohlenstoff- und Wasserstoffatomen aufgebaut ist. Wegen der Fähigkeit der Kohlenstoffatome sich miteinander zu verbinden und damit beliebig lange Ketten zu bilden, lassen sich die Alkohole zunächst einfach nach der Anzahl der Kohlenstoffatome ihrer Moleküle unterscheiden. In ▷ B 1 sind einige Alkoholmoleküle mit ihren **Strukturformeln** dargestellt. Diese geben die Art der Verknüpfung der einzelnen Atome an.
Im einfachsten Fall sind die Kohlenstoffatome kettenförmig angeordnet. Über die noch verbleibenden Bindungen sind Wasserstoffatome gebunden.
Da dieser Molekülteil gleich gebaut ist wie ein Alkanmolekül (↗ Kap. 17.6), werden Alkohole mit solchen Molekülen **Alkanole** genannt. Die Endung „-ol" bedeutet, dass im Molekül eine OH-Gruppe als funktionelle Gruppe vorhanden ist, der Stoff somit zur Stoffgruppe der Alkohole gehört. Der alkanähnliche Molekülteil, der im Vergleich mit dem entsprechenden Alkanmolekül ein Wasserstoffatom weniger besitzt, wird als **Alkylgruppe** oder **Alkylrest** bezeichnet. Die Alkanole lassen sich zu einer Reihe anordnen (▷ B 1). Aufeinander folgende Glieder dieser Reihe unterscheiden sich dadurch, dass ihre Moleküle jeweils einen um eine CH_2-Gruppe erweiterten Alkylrest aufweisen. Eine solche Anordnung nennt man **homologe Reihe** (▷ B 4).

Benennung der Alkanole. Der Name eines Alkanols wird dadurch gebildet, dass man an den Namen des Alkans, dessen Moleküle die gleiche Anzahl von Kohlenstoffatomen enthalten wie der Alkylrest des Alkanolmoleküls, die Endung „-ol" anfügt (▷ B 4). Während die Namen der ersten vier Alkanole der homologen Reihe auf historische Bezeichnungen zurückgehen, lassen sich die Namen der darauf folgenden Glieder aus dem griechischen oder lateinischen Wort für die Anzahl der Kohlenstoffatome des Alkylrests ableiten (z. B. von griech. penta, fünf). In ▷ B 4 sind für die Alkanolmoleküle vereinfachte Strukturformeln angegeben. In solchen **Halbstrukturformeln** können nach dem jeweiligen Bedarf Molekülteile zusammengefasst werden.

Isomerie und Nomenklatur. Das Propanolmolekül besteht aus der OH-Gruppe und einem Alkylrest (Propylrest). Die OH-Gruppe und der Propylrest können unterschiedlich verknüpft sein (▷ B 3a). Außer diesen beiden Möglichkeiten gibt es keine weiteren Propanolmoleküle. Die beiden Propanolmoleküle besitzen zwar *dieselbe Summenformel*, jedoch eine unterschiedliche *Verknüpfung der Atome (Struktur)*. Solche Moleküle bezeichnet man als **Isomere**. Die Stoffe, die aus diesen unterschiedlichen Molekülen bestehen, haben verschiedene Eigenschaften.

Besteht der Alkylrest aus mehr als drei Kohlenstoffatomen, so können sich die isomeren Moleküle nicht nur durch die Stellung der OH-Gruppe unterscheiden, sondern auch durch eine verschiedene Verknüpfung der Kohlenstoffatome untereinander (▷ B 3b). Mit zunehmender Anzahl der Kohlenstoffatome nimmt die Anzahl der isomeren Moleküle sehr stark zu. Um die Isomere eindeutig zu benennen und gleichzeitig aus dem Stoffnamen Rückschlüsse auf die Struktur der Moleküle ziehen zu können, gibt es feste Regeln (▷ B 2).

Trägt das Kohlenstoffatom, das die Hydroxylgruppe bindet, nicht mehr als *eine* Alkylgruppe, spricht man auch von einem *primären Alkanol*. Sind zwei oder drei Alkylgruppen gebunden, liegt ein *sekundäres* bzw. *tertiäres* Alkanol vor.

Es gibt auch Alkohole, deren Moleküle mehr als eine OH-Gruppe besitzen, sie werden als **mehrwertige Alkohole** bezeichnet. Die Anzahl der OH-Gruppen wird durch das entsprechende griechische Zahlwort (di, tri, tetra ...) angegeben. Zweiwertige Alkanole nennt man Alkandiole, dreiwertige Alkantriole usw. (▷ B 3c). In der Regel kann an *ein* Kohlenstoffatom nur *eine* OH-Gruppe gebunden sein (Erlenmeyer-Regel).

B 4 Homologe Reihe der Alkanole. Der Alkylrest wird jeweils um eine CH_2-Gruppe vergrößert

Name	Halbstrukturformel
Methanol	CH_3-OH
Ethanol	CH_3-CH_2-OH
1-Propanol	$CH_3-CH_2-CH_2-OH$
1-Butanol	$CH_3-CH_2-CH_2-CH_2-OH$
1-Pentanol	$CH_3-CH_2-CH_2-CH_2-CH_2-OH$
1-Hexanol	$CH_3-CH_2-CH_2-CH_2-CH_2-CH_2-OH$
1-Heptanol	$CH_3-CH_2-CH_2-CH_2-CH_2-CH_2-CH_2-OH$
1-Octanol	$CH_3-CH_2-CH_2-CH_2-CH_2-CH_2-CH_2-CH_2-OH$
1-Nonanol	$CH_3-CH_2-CH_2-CH_2-CH_2-CH_2-CH_2-CH_2-CH_2-OH$
1-Decanol	$CH_3-CH_2-CH_2-CH_2-CH_2-CH_2-CH_2-CH_2-CH_2-CH_2-OH$

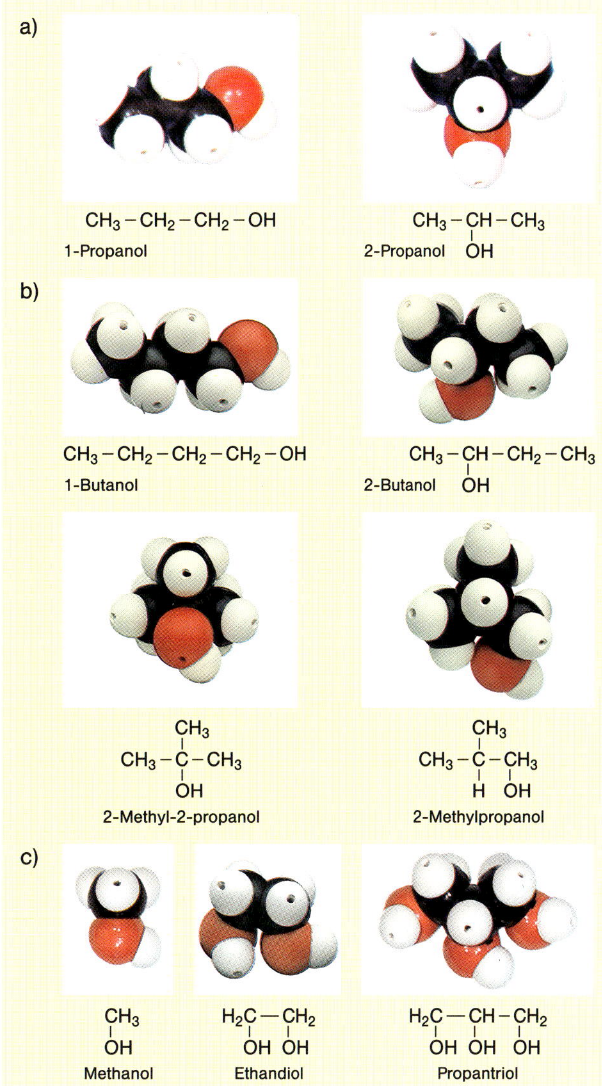

B 3 Strukturen verschiedener Alkoholmoleküle. Molekülmodelle und Halbstrukturformeln

A 1 a) Baue mit einem Molekülbaukasten alle möglichen Alkanolmoleküle mit der Formel C_4H_9OH.
b) Welche davon sind primäre, sekundäre bzw. tertiäre Alkohole?

A 2 a) Wende am folgenden Beispiel die Regeln zur Benennung eines Alkanols an:

$$CH_3-\underset{\displaystyle OH}{\underset{|}{CH}}-\underset{\displaystyle OH}{\underset{|}{CH}}-CH_3$$

b) Zeichne die Strukturformel des Moleküls von 3-Methyl-1,3,5-pentantriol.

18.7 Eigenschaften und Verwendung von Alkoholen

Name	Schmelztemp. (°C)	Siedetemp. (°C)	Löslichkeit in Wasser	Löslichkeit in Benzin	Viskosität
Methanol	−98	65	nimmt ab ↓	nimmt zu ↓	nimmt zu ↓
Ethanol	−114	78			
Propanol	−126	97			
Butanol	−89	117			
Pentanol	−79	138			
Hexanol	−47	157			
⋮					
Dodecanol	26	256			
⋮					
Hexadecanol	50	344			

B1 Die homologe Reihe der Alkanole. Zusammenhang zwischen Struktur und Eigenschaften

V 1 Gib zu kleinen Portionen verschiedener Alkanole tropfenweise Wasser und prüfe, ob sich eine Lösung bildet. Erkläre die Unterschiede.

V 2 Zu einigen Millilitern Methanol bzw. Ethanol gibt man in einer Porzellanschale jeweils etwas Borax und entzündet die Proben.

A 1 Hexanol ist eine Flüssigkeit, Hexanhexaol dagegen ein Feststoff. Begründe.

A 2 Erkläre die Zunahme der Siedetemperaturen innerhalb der homologen Reihe der Alkanole.

A 3 1-Octanol und Ethandiol besitzen ungefähr dieselbe Siedetemperatur. Vergleiche die zwischenmolekularen Kräfte.

B2 Glykol wird in Frostschutzmitteln verwendet

B3 Sorbit als Zuckeraustauschstoff

Die Eigenschaften eines Alkohols werden sowohl von der OH-Gruppe als auch von dem Alkylrest geprägt.

Homologe Reihe und Eigenschaften. Innerhalb der homologen Reihe wird der Alkylrest immer größer. Damit nehmen auch die Van-der-Waals-Kräfte zu, die Siedetemperaturen steigen an (▷ B 1). Aus demselben Grund werden die Alkanole auch immer *zähflüssiger*. Der erste bei Zimmertemperatur feste Alkohol ist Dodecanol. Innerhalb der homologen Reihe gewinnt außerdem der Alkylrest gegenüber der Hydroxylgruppe zunehmend an Einfluss auf die Stoffeigenschaften. Dies wirkt sich z. B. auf die *Löslichkeit* der Alkanole in Wasser aus (▷ V 1). Nur die ersten drei Glieder der homologen Reihe besitzen eine unbegrenzte Löslichkeit in Wasser. Mit zunehmender Länge der Alkylgruppen nimmt die Löslichkeit ab (▷ B 1). In Benzin und anderen hydrophoben Lösungsmitteln sind Alkanole dagegen in allen Verhältnissen löslich.

Methanol ist das erste Glied der homologen Reihe und besitzt die am einfachsten gebauten Moleküle. In Geruch, Geschmack und Aussehen ähnelt es stark dem Ethanol, ist jedoch weitaus giftiger. Die Aufnahme von 5 bis 10 Millilitern Methanol führt zu Erblindung und Gehirnschädigungen, bereits 20 bis 50 Milliliter Methanol sind tödlich. Die Giftwirkung zeigt sich jedoch erst nach 15 bis 20 Stunden, zunächst hat Methanol eine ähnlich berauschende Wirkung wie Ethanol. Methanol und Ethanol lassen sich durch die Boraxprobe (▷ V 2) leicht voneinander unterscheiden, wobei mit Methanol sofort eine grüne Flammenfärbung entsteht.

Methanol ist sowohl in Wasser als auch in Benzin löslich. Es selbst vermag sowohl hydrophile als auch hydrophobe Stoffe zu lösen und wird deshalb als wichtiges Lösungsmittel eingesetzt. Der größte Teil des Methanols wird zur Herstellung von Ausgangsstoffen für die Kunststoffproduktion benötigt.

Methanol ist brennbar. Bei der Verwendung in Verbrennungsmotoren zeigt sich im Vergleich zu Benzin ein geringerer Schadstoffausstoß.

2-Propanol („Isopropylalkohol") ist in vielen Eigenschaften dem Ethanol sehr ähnlich und ersetzt dieses in vielen technischen Anwendungsbereichen, da es wesentlich preiswerter ist. 2-Propanol befindet sich wegen seiner guten Lösungseigenschaften, seiner die Hautdurchblutung anregenden und desinfizierenden Wirkung in vielen Kosmetika wie Gesichts- und Haarwässern sowie in Körpersprays. Auch in vielen Farben und Lacken findet es als Lösungsmittel Verwendung.

Ethandiol, der einfachste zweiwertige Alkohol, ist eine dickflüssige, giftige, süß schmeckende Flüssigkeit, die auch Glykol (von griech. glykys, süß) genannt wird. Da die Moleküle jeweils zwei OH-Gruppen besitzen (↗ Kap. 18.6, ▷B 3), herrschen relativ starke zwischenmolekulare Kräfte (H-Brücken). Diese verleihen dem Ethandiol im Vergleich zu Ethanol eine deutlich höhere Siedetemperatur (198 °C) und Viskosität.
Ethandiol kann als Frostschutzmittel in Kühlern von Kraftfahrzeugen eingesetzt werden, da seine wässrigen Lösungen eine tiefe Erstarrungstemperatur besitzen und andererseits Ethandiol aus der heißen Kühlerflüssigkeit nicht verdampft. Außerdem ist es ein wichtiger Grundstoff für die Herstellung von Kunststoffen.

Propantriol. Da Propantriolmoleküle drei Hydroxylgruppen tragen (↗ Kap. 18.6, ▷ B 3), ist Propantriol im Vergleich zu Ethandiol noch zähflüssiger. Auch seine Siedetemperatur (290 °C) liegt weit höher. Propantriol ist in Wasser unbegrenzt löslich, ungiftig und besitzt einen süßen Geschmack. Daher rührt auch die Bezeichnung *Glycerin*. Wegen seiner hygroskopischen Wirkung wird Glycerin z. B. als Zusatz in Cremes, Zahnpasten, Druck- und Stempelfarben verwendet und sorgt dort für genügend Feuchtigkeit. Wie Ethandiol dient es als Frostschutzmittel. Es ist Grundstoff für die Kunststoff- und Sprengstoffindustrie („Nitroglycerin", Dynamit). Glycerin fällt als wertvolles Nebenprodukt bei der Herstellung von Seife aus Fetten an.

Hexanhexaol (Sorbit), ein sechswertiger Alkohol, ist ein weißer, süß schmeckender, fester Stoff. Er kommt in der Natur in vielen Früchten und Beeren vor (z. B. Äpfel, Birnen, Kirschen und Vogelbeeren). Wie bei Glykol und Glycerin ist auch hier der süße Geschmack auf die Anhäufung von OH-Gruppen im Molekül zurückzuführen. Wegen dieser Hydroxylgruppen ist Sorbit wasserlöslich und wie Glycerin hygroskopisch. Es wird deshalb als Weichhaltungsmittel für Süß- und Backwaren eingesetzt. Wegen seines süßen Geschmacks findet Sorbit auch als Zuckeraustauschstoff für Diabetikersüßwaren Verwendung (▷ B 3). Sorbit besitzt zwar nur ungefähr die halbe Süßkraft von Zucker, wirkt allerdings nicht wie dieser Karies fördernd. Bonbons und Schokolade mit hohem Sorbitanteil („Eiskonfekt, Eisbonbons") wirken kühl auf der Zunge, da Sorbit zum Lösen in Wasser Energie benötigt, die der Umgebung entzogen wird. Ähnliche Eigenschaften wie Sorbit bei gleicher Süßkraft wie Zucker besitzt *Pentanpentaol (Xylit)*.

Methanol und Ethanol als Treibstoffe

Seit Beginn der 80er Jahre wird der Einsatz von Methanol und Ethanol als Treibstoffe in der Praxis erprobt. Beide Alkohole können aufgrund ihrer Eigenschaften dem Benzin beigemischt (z. B. 15 % Methanol: M 15 oder 20 % Ethanol: E 20) oder nahezu als Reinsubstanzen (z. B. mind. 90 % Methanol: M 100) eingesetzt werden. Allerdings kann aus den Alkoholen nur etwa die Hälfte der Energie gewonnen werden wie aus der gleichen Menge Benzin. Die Folge ist ein entsprechend höherer Kraftstoffverbrauch. Bei der Verwendung von reinen Alkoholen müssen größere Veränderungen an Vergaser und Einspritzpumpen vorgenommen werden, u. a. weil die Alkohole wesentlich schlechter verdunsten und die Motoren deshalb ein ungünstigeres Kaltstartverhalten zeigen. Besonders günstig ist allerdings der geringe Schadstoffausstoß der Reinalkohol-Motoren. Die Alkohole verbrennen zwar wie Benzin zu Kohlenstoffdioxid und Wasserdampf. Wegen der geringeren Verbrennungstemperatur im Motor ist der Ausstoß an Stickstoffoxiden geringer, die Motoren sind damit umweltfreundlicher.

Der Einsatz der Alkohole hilft auch die Abhängigkeit von Erdölimporten zu mindern und führt so zu einem längeren Erhalt der Vorräte dieses wertvollen Chemierohstoffes. Einer breiten Anwendung stehen jedoch zur Zeit deutlich höhere Kosten entgegen.

Methanol wird heute großtechnisch aus Erdgas hergestellt, kann jedoch auch aus Kohle („Kohlevergasung") gewonnen werden. Dies ist vor allem für Länder mit großen Kohlevorkommen interessant, die über keine eigenen Erdöllagerstätten verfügen. Während die Produktion von Methanol von den Vorräten her auf begrenzten Rohstoffen basiert, spricht man bei den Rohstoffen zur Gewinnung von „Bioethanol" (Ethanol durch Gärung) von *ständig nachwachsenden Rohstoffen*, wie z. B. Zuckerrohr, Mais usw. Diese Verwendung kann in Ländern mit einer Überschussproduktion an zucker- und stärkehaltigen Agrarprodukten zu deren Beseitigung genutzt werden. Die Rohstoffe können aber auch speziell für die Treibstoffherstellung angebaut werden. Am konsequentesten führt dies Brasilien seit 1975 mit dem „Proalcool-Programm" vor allem auf der Basis von Zuckerrohr durch. Der verstärkte Zuckerrohranbau mit staatlicher Abnahmegarantie führt allerdings dazu, dass immer mehr Flächen, die ursprünglich der Nahrungsmittelproduktion dienten, miteinbezogen wurden. Dies hatte einen Zug der Landbevölkerung ohne Grundbesitz in die Slums der Großstädte zur Folge und führte dazu, dass Brasilien heute Grundnahrungsmittel importieren muss. Die Intensivierung des Zuckerrohranbaus brachte auch eine ständig steigende Düngung mit all ihren negativen Folgen mit sich.

B 4 Methanol als Treibstoff (Erprobung)

B 5 Ethanol als Treibstoff

18.8 Oxidation von Alkoholen

Oxidation von Ethanol. Taucht man eine heiße, durch Kupferoxid an der Oberfläche geschwärzte Kupferdrahtnetzrolle in Ethanol (▷ V 1a), so zeigt die Farbänderung, dass das Kupferoxid zu Kupfer reduziert worden ist (▷ B 1). Ethanol muss also oxidiert worden sein. Das Reaktionsschema und die Reaktionsgleichung für diese Redoxreaktion lauten:

Ethanol + Kupferoxid ⟶ Ethanal + Kupfer + Wasser

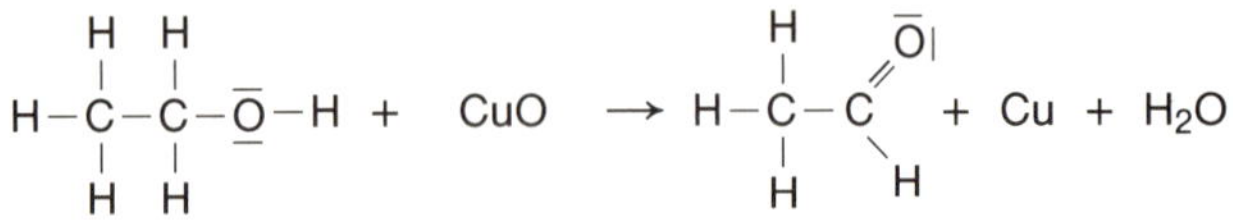

Ethanal ist auch unter dem Namen *Acetaldehyd* bekannt und gehört zur Stoffgruppe der **Aldehyde**. Die Bezeichnung Aldehyd ist ein aus „**al**cohol **dehyd**rogenatus" gebildetes Kunstwort und bedeutet: Alkohol, dem Wasserstoff entzogen worden ist.

Ein Vergleich der Strukturformeln des Ethanols und Ethanals zeigt, dass ein Ethanalmolekül zwei Wasserstoffatome weniger aufweist als ein Ethanolmolekül.

Oxidation primärer und sekundärer Alkohole. Nicht nur Ethanol lässt sich zu einem Aldehyd oxidieren, sondern alle *primären Alkohole* können durch *Oxidation* bzw. *Dehydrierung* in *Aldehyde* überführt werden. Diejenigen Aldehyde, die aus *primären Alkanolen* gebildet werden können, heißen mit dem systematischen Namen **Alkanale**. Ihre Benennung erfolgt durch Anhängen der *Silbe „-al"* an den Namen des entsprechenden Alkans.
Wird der sekundäre Alkohol *2-Propanol* oxidiert bzw. dehydriert, so entsteht *Propanon (Aceton)*.

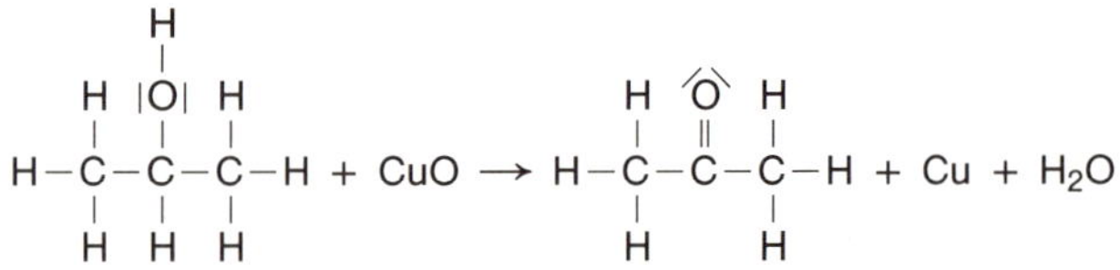

Propanon gehört zur Stoffgruppe der **Ketone**. Die Ketone, die sich von sekundären Alkanolen ableiten lassen, werden **Alkanone** genannt. Sie werden durch die *Endsilbe „-on"* gekennzeichnet, die dem Namen des entsprechenden Alkans angehängt wird.

Aldehyd- und Ketonmoleküle weisen die **Carbonylgruppe** >C=O als *funktionelle Gruppe* auf.

Da sich bei den tertiären Alkoholen eine solche Gruppe mit einer Kohlenstoff-Sauerstoff-Bindung nicht ohne Spaltung einer C–C-Bindung bilden kann, können tertiäre Alkohole nicht auf diese Weise oxidiert bzw. dehydriert werden.

Aldehyde können weiteroxidiert werden (▷ V 2). Die Reaktion erfolgt an der **Aldehydgruppe** 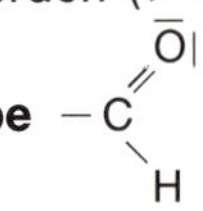 (vereinfacht –CHO).

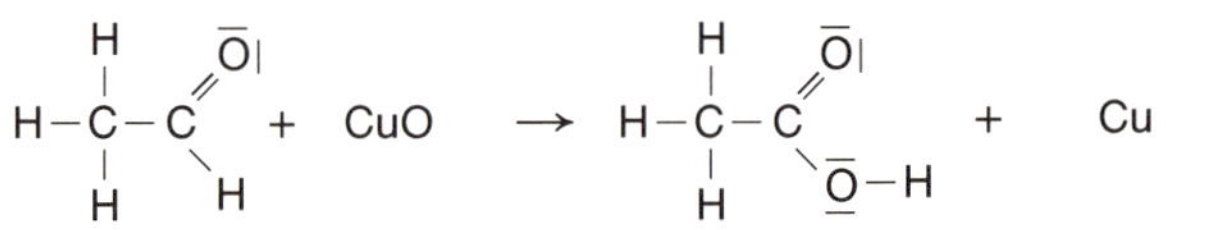

Ethanal + Kupferoxid ⟶ Ethansäure + Kupfer

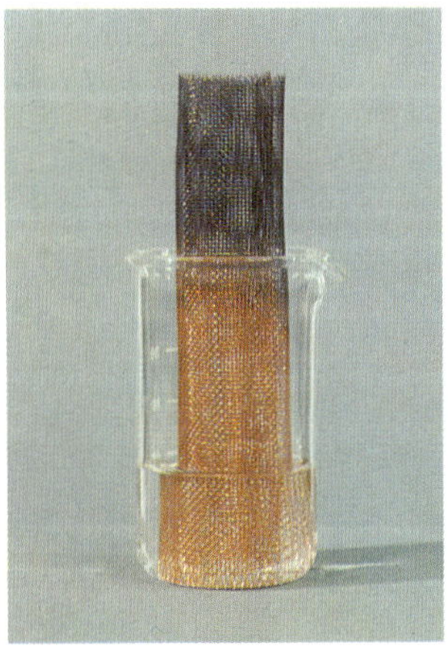

B 1 Oxidation von Ethanol durch Kupferoxid

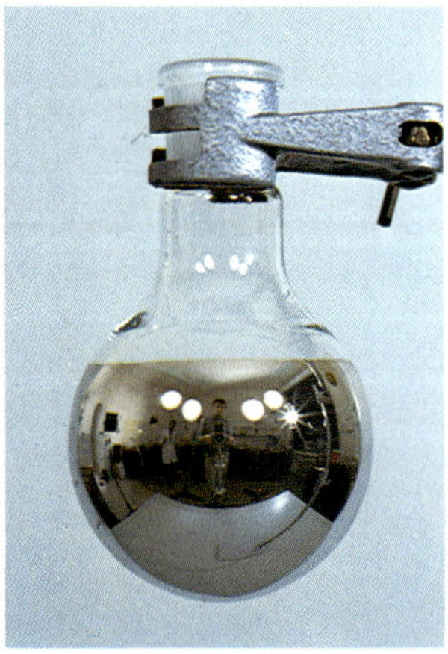

B 2 Silberspiegelprobe. Aldehyde wirken reduzierend

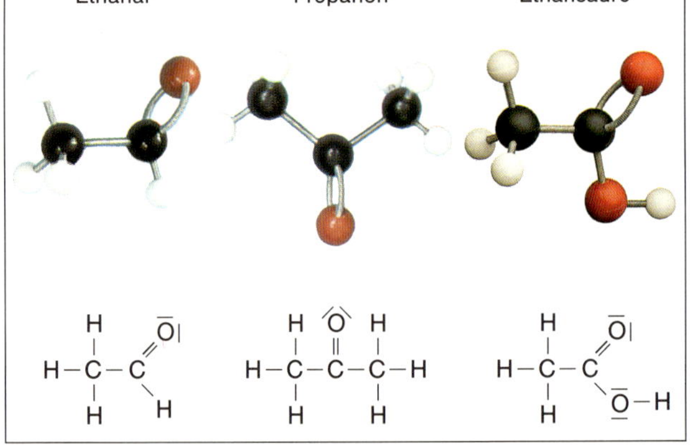

B 3 Moleküle von Ethanal, Propanon und Ethansäure in Modell und Formeldarstellung

Oxidation von Alkoholen

Ethansäure ist auch unter der Bezeichnung Essigsäure bekannt und gehört zur Stoffgruppe der **Carbonsäuren**. Deren Moleküle besitzen die **Carboxylgruppe** –COOH als funktionelle Gruppe.

Primäre Alkohole lassen sich zu Aldehyden, sekundäre zu Ketonen oxidieren. Aldehyde können weiter zu Carbonsäuren oxidiert werden.

Einige wichtige Alkanale und Alkanone. *Methanal (Formaldehyd)* H–CHO ist ein stechend riechendes Gas (Siedetemperatur –21 °C), das gut wasserlöslich ist. Eine 35 - 40 %ige wässrige Lösung wird *Formalin* genannt. Methanal dient als Desinfektionsmittel, zur Herstellung von Kunststoffen und zur Konservierung biologischer Objekte. Die desinfizierende Wirkung des Räucherns wird auf geringe Anteile von Methanal im Holzrauch zurückgeführt. Auch Zigarettenrauch enthält Methanal. Methanal steht im Verdacht Krebs erregend oder fördernd zu sein.

Ethanal (Acetaldehyd) CH_3–CHO ist eine leicht verdunstende Flüssigkeit (Siedetemperatur 21 °C) mit stechendem, betäubendem Geruch. In der Leber des Menschen läuft die Oxidation von Ethanol über das giftige Ethanal ab. In der chemischen Industrie ist Ethanal ein wichtiges Zwischenprodukt und wird zu Essigsäure, Farbstoffen, Arzneimitteln sowie zu synthetischem Kautschuk verarbeitet. Auch Ethanal steht im Verdacht Krebs erregend oder fördernd zu sein.

Das erste und wichtigste Glied in der Reihe der Alkanone ist *Propanon (Aceton)*. Da Propanon sowohl mit Wasser als auch mit hydrophoben Stoffen in allen Verhältnissen Lösungen (▷ V 3) ergibt, ist es in Industrie und Technik ein viel verwendetes Lösungsmittel. Früher wurde Propanon als Nagellackentferner eingesetzt. Als Propanon-Ersatz ist in vielen Fällen *Butanon* verwendbar.

Aldehydnachweise. Die Aldehyde wirken aufgrund der Aldehydgruppe, die zur Carboxylgruppe oxidiert werden kann, reduzierend.
Darauf beruht der Nachweis von Aldehyden durch die *Silberspiegelprobe* (▷ B 2). Aus einer ammoniakalischen Silbernitratlösung (▷ V 4) entsteht hier elementares Silber, das zum Teil in sehr feiner Verteilung vorliegt und der Flüssigkeit eine schwarze Färbung verleiht und zum Teil als Silberspiegel der Gefäßwand anliegt.
Nach Zugabe eines Aldehyds zu *Fuchsinschwefliger Säure* tritt eine rotviolette bis blauviolette Farbe auf. Dieser Aldehydnachweis beruht jedoch nicht auf der reduzierenden Wirkung der Aldehyde, er ist daher wenig spezifisch.

V 1 a) Man erhitzt eine Rolle aus Kupferdrahtnetz in der Brennerflamme, bis es an der Oberfläche oxidiert ist, und taucht es heiß in ein Becherglas mit Ethanol. (Vorsicht, brennbare Dämpfe! Abzug!)
Deute die Versuchsbeobachtungen.
b) Man wiederholt den Versuch mit 1-Propanol.
c) Man wiederholt den Versuch mit 2-Propanol.

V 2 Man wiederholt ▷ V 1 mit Ethanal. In die Dämpfe hält man ein feuchtes Universalindikatorpapier. (Abzug!)

V 3 Versuche Wasser, Benzin, Ethanol und Fett in Propanon (Aceton) zu lösen.

V 4 Gib in einem Reagenzglas zu etwa 5 ml einer 5 %igen Silbernitratlösung einige Tropfen verdünnte Natronlauge und dann tropfenweise so viel Ammoniaklösung, bis der anfangs entstandene Niederschlag sich gerade auflöst. Füge einige Tropfen Ethanallösung (Abzug! Handschuhe!) zu, schüttle um und stelle das Reagenzglas für einige Minuten in ein Becherglas mit warmem Wasser.

A 1 Wie verhalten sich primäre, sekundäre und tertiäre Alkanole gegenüber (milden) Oxidationsmitteln?

Spieglein, Spieglein ...
Eine spiegelnde Wasseroberfläche ergab wohl die erste Möglichkeit, wie der Mensch sein eigenes Abbild erkennen und betrachten konnte. Das Erlangen der Fähigkeit Metalle zu gewinnen und zu bearbeiten ermöglichte die Herstellung von polierten Metallflächen, die bereits im Altertum als Spiegel dienten. Durch Funde ist belegt, dass die Römer die Kunst beherrschten Spiegel aus mit Zinn oder Blei beschichtetem Glas herzustellen. Im Mittelalter wurden Spiegel von geschickten Handwerksmeistern durch Aufgießen von geschmolzenem Metall auf heißes Glas hergestellt. Von Mitte des 15. bis zum Beginn des 20. Jahrhunderts hielt sich ein Verfahren, nach dem Glasspiegel mit Hilfe einer Quecksilber-Zinn-Legierung hergestellt wurden. Aus dieser Zeit wird von immer wieder auftretenden Quecksilbervergiftungen beim Produktionsprozess berichtet. Der Quecksilberspiegel wurde durch den Silberspiegel ersetzt, der nach einem chemischen Versilberungsverfahren hergestellt wird, das bereits 1856 von JUSTUS V. LIEBIG entdeckt wurde. Trotz immer perfekterer technischer Durchführung ist die chemische Grundlage auch heute noch dieselbe: Mit Hilfe eines Reduktionsmittels wird aus einer ammoniakalischen Silbernitratlösung eine gleichmäßige Silberschicht auf einer Glasplatte abgeschieden. Als Reduktionsmittel dienen Stoffe, deren Moleküle eine Aldehydgruppe tragen, z. B. Traubenzucker.
Ein anderes heute verwendetes Verfahren ist das Aufbringen dünner Metallschichten, z. B. aus Silber oder Aluminium, durch Resublimation von Metalldämpfen.

18.9 Essig und Essigsäure

Oxidation von Ethanol. Wein ohne Konservierungsstoffe, der einige Zeit in einem offenen Gefäß an der Luft gestanden hat, schmeckt *sauer* und riecht nach **Essig** (▷B 1, ▷V 1). An der Oberfläche der Flüssigkeit hat sich eine dünne, graue Haut von Essigsäurebakterien gebildet. Enzyme dieser Bakterien katalysieren die *Oxidation* des im Wein enthaltenen *Ethanols* mit dem Sauerstoff der Luft zu **Essigsäure**.

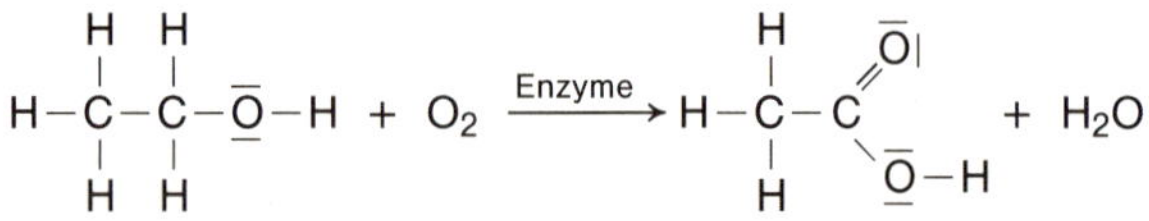

Die *funktionelle Gruppe* des Essigsäuremoleküls ist die **Carboxylgruppe —COOH** (**Carb**onylhydr**oxyl**gruppe); sie bestimmt im Wesentlichen die Eigenschaften und das Reaktionsverhalten der Essigsäure. Verbindungen, deren Moleküle die Carboxylgruppe aufweisen, heißen **Carbonsäuren**.

Der *systematische Name* für die Essigsäure lautet **Ethansäure**.

Die industrielle Essig- und Essigsäureherstellung. *Essig* wird auch heute noch durch *enzymatische Oxidation von Ethanol* gewonnen. Dazu lässt man aus einem Spritzrad Wein, Most (Obstwein) oder andere Flüssigkeiten, die Ethanol enthalten, über Buchenholzspäne, die mit Essigsäurebakterien geimpft sind, rieseln. Von unten strömt im Gegenstrom die zur Oxidation benötigte Luft entgegen (▷B 2). Die Flüssigkeit wird mehrmals umgepumpt, bis das gesamte Ethanol zu Essigsäure oxidiert worden ist. Vor dem Abfüllen wird der Essig so verdünnt, dass der Massenanteil der Essigsäure 3,5 % bis 7 % beträgt.

Im modernen Verfahren sind die Buchenholzspäne durch Schaum ersetzt, der durch Einblasen von Luft erzeugt wird. Da der Schaum eine größere Oberfläche besitzt, können darauf mehr Essigsäurebakterien angesiedelt werden. Dadurch verläuft die Oxidation des Ethanols schneller.

Der überwiegende Teil der Essigsäure wird durch Oxidation von Kohlenwasserstoffen aus Erdöl hergestellt. Der größte Teil der Essigsäure dient der chemischen Industrie zur Herstellung von Lösungsmitteln, Kunstseide (Acetatseide), Kunststoffen und Medikamenten.

Verwendung von Essig. Haushaltsessig ist eine verdünnte Lösung von Essigsäure. Die Lösung ist sauer, da Essigsäuremoleküle in Wasser in $H^+(aq)$-Ionen und Säurerestionen zerfallen (↗ Kap. 14.1). Vor allem darauf beruht die Verwendung von Essig zum Konservieren von Nahrungsmitteln, z. B. Gewürzgurken und Heringen. In 2- bis 3 %iger Essigsäurelösung sind viele Bakterien nicht mehr lebensfähig. Da jedoch saure Lösungen mit vielen Metallen unter Bildung von löslichen Salzen reagieren, sind Metallgefäße, sofern ihre Oberfläche nicht besonders geschützt ist, zur Aufbewahrung saurer Konserven wenig geeignet. Häufig werden deshalb Glasgefäße verwendet.

Zum Würzen von Speisen werden verschiedene Essigsorten verwendet, die aus unterschiedlichen alkoholischen Lösungen gewonnen werden, z. B. *Obstessig* aus Apfelwein. *Weinessig* wird nur aus Wein hergestellt. *Branntweinessig (Tafelessig)* entsteht aus Alkohol, der aus Korn, Kartoffeln oder Zuckerrüben gewonnen wurde. Durch Einwirkung von Tafelessig auf Kräuter lassen sich verschiedene Arten von *Kräuteressig* herstellen. Der Massenanteil von Essigsäure in Essig beträgt meist 5 % bis 6 %, in *„Essigessenz"* 25 %. Sie muss vor Gebrauch verdünnt werden.

B 1 Essig aus Wein. Wein wird an der Luft sauer

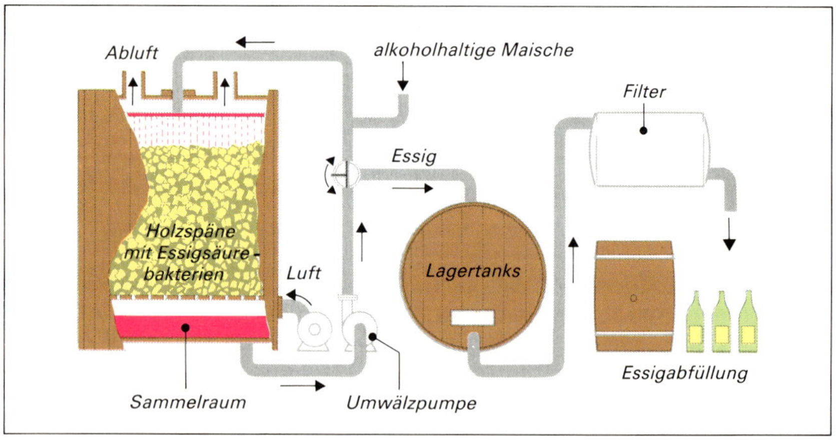

B 2 Industrielle Herstellung von Speiseessig. Ethanol wird durch Essigsäurebakterien mit Hilfe von Luftsauerstoff zu Essigsäure oxidiert

Senf wird ebenfalls unter Verwendung von Essig hergestellt.
Viele Haushaltsreiniger enthalten Essig, da die saure Lösung Kalkflecken entfernt (↗ Kap. 15.10) und desinfizierend wirkt. Essigsäurelösungen werden auch zur Rostentfernung verwendet (↗ Kap. 18.10), da diese mit den Eisenoxiden reagieren. Dabei entstehen lösliche Salze.

Essig in früherer Zeit. Essig war schon im Altertum bekannt, da bei der Herstellung von Wein dieser rasch von selbst zu Essig wurde. Essig ist die älteste verwendete saure Lösung. Bei Griechen und Römern wurde das Wort „Säure“ in der gleichen Bedeutung gebraucht wie das Wort „Essig“. Die Verwendung von Essig als Konservierungs- und Desinfektionsmittel hat sich bis heute gehalten.

Mit Wasser verdünnter und durch Kräuter aromatisierter Weinessig war das Erfrischungsgetränk römischer Legionäre. Als solches wird es bereits in der Bibel erwähnt, ebenso wie die Reaktion dieser sauren Lösung mit Kalk. Frühere Forscher glaubten sogar, dass Hannibal bei seinem Zug über die Alpen Essig verwendet habe, um an schwierigen Stellen Felsen auf diese Weise zu beseitigen. Die hauptsächliche Wirkung dieses Verfahrens bestand jedoch wohl in der starken Abkühlung, die durch Begießen von zuvor erhitztem Gestein mit Wasser entstand. Dem zugesetzten Essig schrieb man eine besonders „kühlende“ Wirkung zu.

Der römische Geschichtsschreiber PLINIUS d. J. berichtet von einer Wette Kleopatras mit Antonius. Danach behauptete Kleopatra, die sich über dessen tägliche Schlemmereien lustig machte, sie könne eine Mahlzeit im Wert von 10 Millionen Sesterzen verzehren. Sie gewann die Wette, indem sie eine der beiden wertvollsten Perlen der damaligen Zeit in ein Gefäß mit Essig warf. Da Perlen zum größten Teil aus Kalk bestehen, entstand eine Lösung, die Kleopatra trinken konnte.

Vom Altertum bis ins Mittelalter wurde Essig einfach durch Stehenlassen von Wein an der Luft hergestellt. Im 14. Jahrhundert entwickelte sich zuerst in Frankreich die Zunft der „Essigsieder“, die durch spezielle Herstellungsverfahren die Essigbildung beschleunigen und die Qualität des Essigs verbessern konnten. Außerdem stellten sie in ihren „Essigstuben“ daraus Saucen, Senf und pharmazeutische Produkte her. Diese Räume lagen an der warmen Südseite der Häuser und waren beheizbar. Die Wände waren aus Gips, da der sonst übliche Kalkmörtel mit Essigdämpfen reagiert hätte.
Bis ins letzte Jahrhundert war auch die häusliche Essigbereitung in sogenannten Essigtöpfen üblich (▷ B 4).

B 3 Essigverkäufer im 17. Jahrhundert

V 1 Stelle ein Glas mit nicht konserviertem Weißwein einige Tage offen an einen warmen Ort. Untersuche auf Geruch und prüfe mit Universalindikator.

A 1 Welche Rolle spielt die eingeblasene Luft bei der industriellen Gewinnung von Essig?

A 2 Beschreibe die chemischen Reaktionen, die bei der Herstellung von Branntweinessig, ausgehend von Getreide, ablaufen.

A 3 Aus welchem Grund wurden die „Essigstuben“ gerade an der Südseite der Häuser eingerichtet?

A 4 Wie viel Essigessenz benötigt man, um sich damit z. B. einen Liter Kräuteressig mit w(Essigsäure) = 5 % herzustellen?

B 4 „Immerwährender Essigkrug“ der Landleute in einigen Gegenden Deutschlands (Text von 1863)

Man hat zwei beliebig große Gefäße, von Holz oder nicht mit Blei glasiertem Steinzeug (A und B), die leicht zugedeckt werden. Diese Gläser sind mit einem Hahn zum Abziehen versehen und werden an einen mäßig warmen Ort, z. B. in die Nähe eines geheizten Ofens, gestellt.

Gefäß A wird mit starkem fertigen Essig vollgefüllt. In Gefäß B gießt man ebenfalls fertigen Essig, macht dasselbe aber nicht voll damit.

Gebraucht man Essig, so zieht man ihn vom Gefäß B ab, und gießt wieder eben so viel von Gefäß A in Gefäß B. Im Gefäß A aber ersetzt man das Weggenommene durch essiggebende Flüssigkeit, z. B. Überreste von Wein, Bier, Branntwein, Obst oder eine Mischung von 1 Teil Weingeist und 12 Teilen Wasser. Auf diese Art kann man Jahre, ja Jahrhunderte lang in diesen Gefäßen Essig erzeugen.

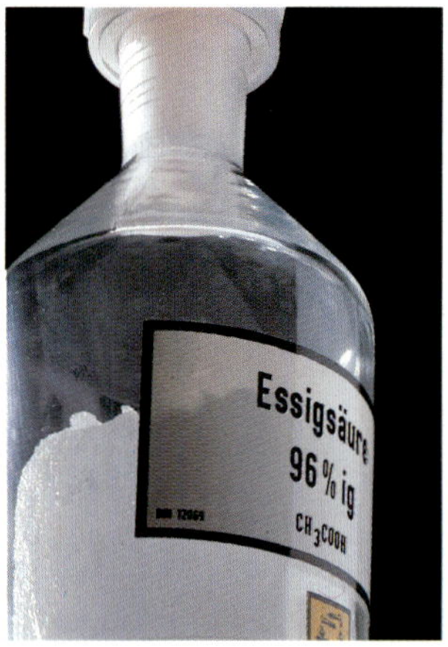

B 5 Eisessig. Reine Essigsäure ist unter 16 °C fest

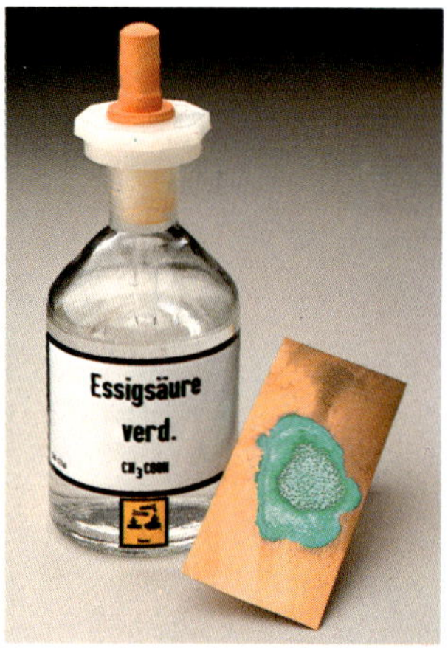

B 6 Grünspan, ein giftiges Salz der Essigsäure

V 2 a) Man untersucht die elektrische Leitfähigkeit von Eisessig und verdünnt dabei langsam mit Wasser.
b) Man vergleicht die elektrische Leitfähigkeit von verdünnter Essigsäure und Salzsäure gleicher Konzentration.

V 3 a) Gib in ein Reagenzglas eine Spatelspitze Eisenpulver, in ein weiteres Kupferpulver und in ein drittes schwarzes Kupferoxid und setze jeweils verdünnte Essigsäure zu. Erhitze das zweite und dritte Reagenzglas vorsichtig.
(Siedesteinchen, Schutzbrille!)
b) Stelle ein blank geschmirgeltes Kupferblech so für einige Tage in verdünnte Essigsäure, dass das Blech etwa zur Hälfte in die Flüssigkeit eintaucht.

B 7 Essigsaure Tonerde (Aluminiumacetat) wirkt entzündungshemmend

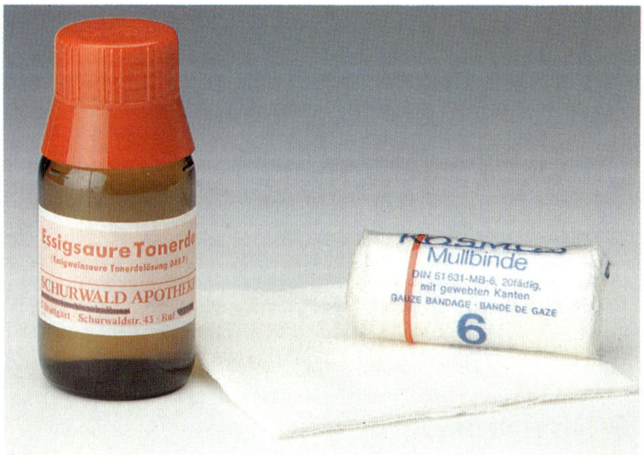

Eigenschaften der Essigsäure. Reine 100 %ige Essigsäure ist ein farbloser, ätzend wirkender und stechend riechender Stoff, der bei 118 °C siedet und bei 16 °C erstarrt (▷ B 5) und *Eisessig* genannt wird.
Essigsäure weist im Vergleich zu 1-Propanol (Siedetemperatur 97 °C) und Propanal (Siedetemperatur 49 °C) eine hohe Siede- und Schmelztemperatur auf, obwohl die Moleküle aller drei Stoffe ähnliche Kettenlängen und Moleküloberflächen aufweisen. Diese hohe Siede- und Schmelztemperatur sind auf die stark *polare Carboxylgruppe* zurückzuführen. Die Carboxylgruppe enthält die polare C – O-Doppelbindung und die polare O – H-Bindung. Zwei Essigsäuremoleküle können deshalb durch zwei Wasserstoffbrückenbindungen untereinander verknüpft sein.

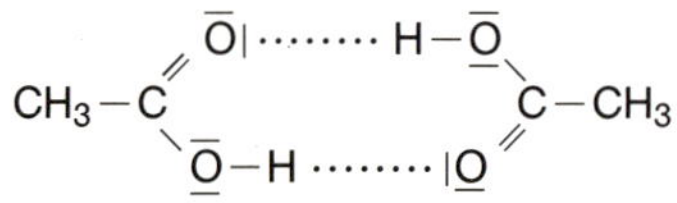

Verdünnte Essigsäure leitet im Gegensatz zu Eisessig den elektrischen Strom (▷ V 2a). In verdünnter Essigsäure liegen Ionen vor, deren Bildung durch die folgende Reaktionsgleichung beschrieben werden kann:

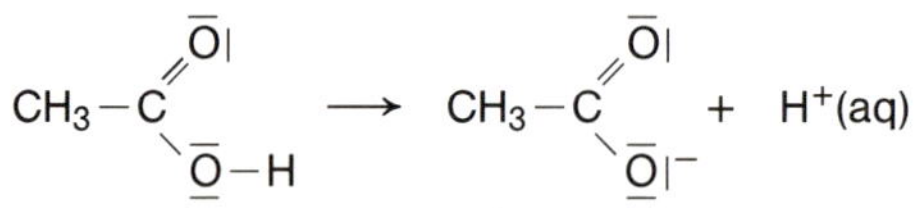

Ein Essigsäuremolekül kann ein Wasserstoffion, das von der stark polaren OH-Gruppe der Carboxylgruppe abgespalten wird, abgeben. Das dabei gebildete Anion heißt **Acetation** (von lat. acetum, Essig) oder mit dem systematischen Namen *Ethanoation*.
Allerdings weist die im Vergleich zu Salzsäure geringe elektrische Leitfähigkeit (▷ V 2b) darauf hin, dass in verdünnter Essigsäure überwiegend Essigsäuremoleküle, aber nur wenige $H^+(aq)$- und Acetationen vorliegen. Auch der Geruch von verdünnter Essigsäure beruht auf dem Vorhandensein der Essigsäuremoleküle, die die Lösung verlassen und in die Luft übertreten.

Salze der Essigsäure. Verdünnte Essigsäure reagiert wie verdünnte Salzsäure oder Schwefelsäure mit unedlen Metallen, mit Metalloxiden (▷ V 3a) und alkalischen Lösungen; dabei entstehen *Acetate (Ethanoate)*. Aluminiumacetat ist „essigsaure Tonerde" (▷ B 7); mit ihr getränkte Umschläge wirken entzündungshemmend und beschleunigen damit die Wundheilung. *Kupferacetat* ist Bestandteil des giftigen „Grünspans" (▷ B 6), der sich bildet, wenn Kupfer oder Messing mit verdünnter Essigsäure und Luft in Berührung kommt (▷ V 3b).

18.10 Projekt: Essig im Alltag

Essig wird im Haushalt nicht nur zum Würzen von Speisen verwendet, sondern findet auch in anderen Bereichen Verwendung, z. B. als Bestandteil von Essigreinigern, zum Entkalken und als Rostentferner.

Versuch 1 Essig als Entkalker

Grundlagen: Kalk reagiert mit vielen sauren Lösungen unter Bildung von wasserlöslichen Verbindungen und Kohlenstoffdioxid. Die Verwendung von Essig zu diesem Zweck ist besonders preiswert und umweltfreundlich.

Geräte und Materialien: Becherglas (100 ml), Objektträger mit Kalkflecken (vorbereitet durch Eintauchen in Kalkwasser und Trocknen an der Luft), Essig oder Essigreiniger, Indikatorpapier

Durchführung: a) Prüfe Essig und Essigreiniger mit einem Indikatorpapier.
b) Tauche den Objektträger zur Hälfte einige Minuten in die saure Lösung, spüle anschließend mit Wasser ab und betrachte das Glas.

Versuch 2 Bestimmung des Essigsäuregehalts in Essig, Essigreiniger und Essigessenz

Grundlagen: Essigsäure reagiert mit alkalischen Lösungen zu Wasser und Acetaten. Bei Verwendung einer alkalischen Lösung bekannter Konzentration kann man mit einem geeigneten Indikator den Essigsäuregehalt einer Lösung aus dem Verbrauch an zugetropfter alkalischer Lösung bestimmen, da *ein* Hydroxidion mit *einem* Essigsäuremolekül reagiert.

Geräte und Materialien: Schutzbrille, Weithals-Erlenmeyerkolben (250 ml), Bürette mit Natronlauge ($c = 1\ \text{mol} \cdot \text{l}^{-1}$), Messpipette (10 ml), Pipettierhilfe, Essig, Essigreiniger, Essigessenz, Phenolphthaleinlösung, dest. Wasser

Durchführung: Gib mit Hilfe der Pipette 10 ml Essig oder Essigreiniger bzw. 5 ml Essigessenz in den Erlenmeyerkolben und verdünne mit dest. Wasser auf ca. 50 ml. Füge einige Tropfen Phenolphthaleinlösung hinzu. Notiere den Anfangsstand in der Bürette und tropfe langsam unter Umschwenken Natronlauge zu der sauren Lösung, bis eine bleibende Rosafärbung auftritt. Notiere den Flüssigkeitsstand in der Bürette.

Auswertung: Berechne zunächst den Verbrauch an Natronlauge in Milliliter und mit Hilfe der Beziehung $n = c \cdot V$ die Stoffmenge $n(\text{OH}^-)$. Diese ist identisch mit $n(\text{CH}_3\text{COOH})$ in der Probe. Mit der Beziehung

$$m(\text{Essigsäure}) = M(\text{CH}_3\text{COOH}) \cdot n(\text{CH}_3\text{COOH})$$

erhält man die Masse der Essigsäure in der Probe. Berechne die Masse der Essigsäure in 100 ml Probe und daraus den Massenanteil der Essigsäure, $w(\text{Essigsäure})$, in %:

$$w(\text{Essigsäure}) = \frac{m(\text{Essigsäure})}{m(\text{Probe})}$$

Nimm dazu vereinfacht an, dass die Probe eine Dichte von $\varrho = 1\ \text{g} \cdot \text{ml}^{-1}$ besitzt.

Versuch 3 Essig als Rostentferner

Grundlagen: Essigsäure bildet mit Rost wasserlösliche Salze.

Geräte und Materialien: Schutzbrille, kleines Becherglas, rostiges Eisenstück (Nagel, Schraube, Blech usw.), Pinzette, (Papier-)Tuch, Essig oder Essigessenz

Durchführung: Gib den rostigen Gegenstand in Essig oder Essigessenz. Schüttle nach einigen Minuten vorsichtig und beobachte. Lass den Versuchsansatz bis zur nächsten Chemiestunde stehen. Entnimm dann den Gegenstand mit der Pinzette, spüle ihn mit Wasser und reibe ihn mit dem Tuch ab.

B 1 Essigsorten in Haushalt und Labor

B 2 Entfernen von Kalkablagerungen mit Essigessenz

B 3 Essigreiniger enthält Essig und waschwirksame Substanzen

18.11 Homologe Reihe der Alkansäuren

B 1 Ameisen produzieren Ameisensäure

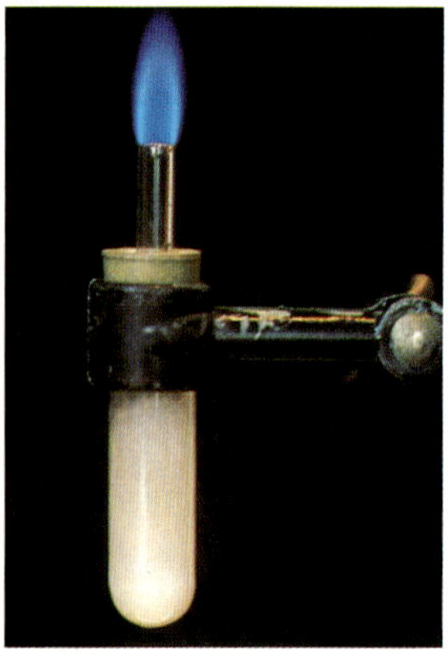

B 2 Kohlenstoffmonooxid aus Methansäure

V 1 Zerreibe Brennnesseln in Wasser. Destilliere und prüfe das Destillat mit Universalindikator.

V 2 Man gibt zu 2 ml Methansäure konzentrierte Schwefelsäure und erwärmt (Abzug! Schutzbrille!). Das entstehende Kohlenstoffmonooxid wird an einem aufgesetzten Glasrohr entzündet.

V 3 Man verdünnt Methansäure und Ethansäure im Verhältnis 1 : 1 mit Wasser und vergleicht ihre Säurewirkung mit Hilfe von Universalindikator und mit einem Stück Magnesiumband.

V 4 Gib zu einer Spatelspitze Magnesium- oder Calciumcarbonat verdünnte Methansäure. Schildere und deute die Beobachtungen.

B 3 Einige Alkansäuren mit Strukturformel und Molekülmodell

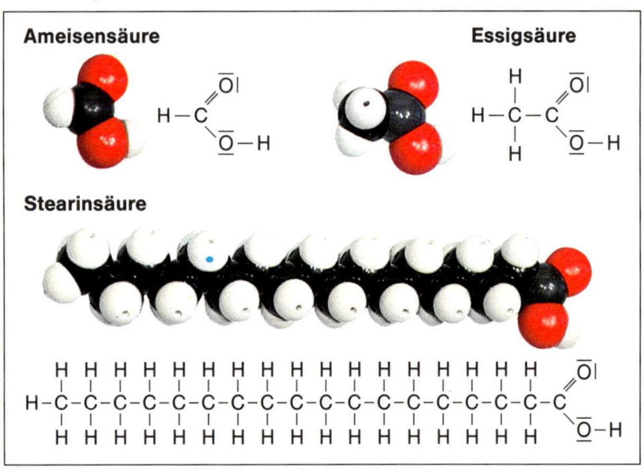

Wie Ethanol lassen sich auch andere Alkohole zu Carbonsäuren oxidieren. Die bei der Oxidation von *Alkanolen* entstehenden Carbonsäuren nennt man **Alkansäuren**. Der homologen Reihe der Alkanole entspricht eine *homologe Reihe der Alkansäuren*.

Zur systematischen Benennung wird die Endung „-säure" an den Stammnamen angehängt. Der Stammname ergibt sich aus der längsten durchlaufenden Kohlenstoffkette, wobei das Kohlenstoffatom der Carboxylgruppe mitgezählt wird.
Viele Alkansäuren sind schon sehr lange bekannt und ihre gebräuchlichen Namen weisen auf ihre Herkunft und ihr Vorkommen hin.

Methansäure (Ameisensäure) ist die am einfachsten gebaute Alkansäure. Der Name *Ameisensäure* deutet bereits darauf hin, dass das Gift der Ameisen diese Säure enthält (▷ B 1). Manche Ameisenarten besitzen bis zu 20 % ihrer Körpermasse an Ameisensäure. Auch das Gift vieler Insekten wie Bienen und das Gift in den Nesselkapseln mancher Hohltiere (Quallen) sowie die Brennhaare der Brennnesseln enthalten diese Säure (▷ V 1). Ameisensäure riecht stechend und wirkt ätzend. Im Labor kann Methansäure zur Herstellung von Kohlenstoffmonooxid verwendet werden, das mit blauer Flamme brennt (▷ V 2, ▷ B 2). Dabei wird einem Methansäuremolekül ein Wassermolekül entrissen, zurück bleibt ein Kohlenstoffmonooxidmolekül.
Eine Lösung von Methansäure ist stärker sauer als die von Ethansäure gleicher Konzentration (▷ V 3). Sie reagiert wie verdünnte Ethansäure mit unedlen Metallen, Metalloxiden und Natronlauge. Die dabei entstehenden Salze heißen *Methanoate* oder *Formiate* (von lat. formica, Ameise).
Als relativ starke und preiswerte organische Säure wird Methansäure zum Entkalken von Warmwasserbereitern, Wasserkesseln u. a. (▷ V 4) verwendet. Sie wird auch als Konservierungsmittel für Fruchtsäfte und Silofutter eingesetzt.

Propansäure (Propionsäure) ist in der Natur ziemlich selten. Sie entsteht z. B. bei der Reifung mancher Käsesorten durch Propansäurebakterien. Ein weiteres Produkt dabei ist Kohlenstoffdioxid, das für die Lochbildung in diesen Käsesorten verantwortlich ist. Propansäure bzw. ihre Salze werden auch als Konservierungsmittel verwendet, da sie z. B. bei Brot die Schimmelbildung verhindert.

Butansäure (Buttersäure) wird beim Ranzigwerden der Butter frei und verursacht den typischen unangenehmen Geruch. Auch der Schweiß von Säugetieren und von Menschen enthält Buttersäure. Ihr Geruch wird noch in geringen Konzentrationen von Blut saugenden Insekten

(z. B. Zecken) und vielen anderen Tieren wahrgenommen. Ein Hund riecht noch ein Billionstel Gramm (10^{-12}g) Buttersäure in einem Kubikmeter Luft. Buttersäure entsteht auch durch Gärung von Stärke mit Hilfe von Buttersäurebakterien (▷ V 5).

Die höheren Alkansäuren sind fest und können aus Fetten gewonnen werden; sie werden deshalb auch als **Fettsäuren** bezeichnet. Es sind dies vor allem die *Dodecansäure (Laurinsäure)*, die *Hexadecansäure (Palmitinsäure)* und die *Octadecansäure (Stearinsäure)*. Technisches Stearin ist im Wesentlichen ein Gemisch aus Palmitin- und Stearinsäure und wird z. B. zur Herstellung von Kerzen, in kosmetischen Präparaten und in der Seifen- und Gummiindustrie verwendet.

Eigenschaftsänderungen innerhalb der homologen Reihe. Am stärksten werden die Eigenschaften der ersten vier Alkansäuren durch die polare Carboxylgruppe bestimmt. Die Moleküle können mit anderen geeigneten Molekülen, wie z. B. Wassermolekülen, *Wasserstoffbrückenbindungen* eingehen. Diese Säuren lösen sich in jedem Verhältnis in Wasser (▷ V 6). Bei Zugabe einer niederen Alkansäure zu Wasser findet neben dem Lösungsvorgang auch eine Abspaltung von Wasserstoffionen statt, so dass neben den Alkansäuremolekülen auch in geringer Konzentration Säureanionen und $H^+(aq)$-Ionen in der Lösung vorliegen.

Ab der Pentansäure lösen sich die Alkansäuren nur wenig in Wasser, da mit zunehmender Länge der Kohlenstoffkette die Wirkung der polaren Carboxylgruppe gegenüber der sich ständig vergrößernden Alkylgruppe zurückgeht. Diese Alkansäuren sind zunehmend hydrophob. Schon ab der Ethansäure bilden die Säuren mit Benzin in jedem Verhältnis eine Lösung; die bei Zimmertemperatur festen Alkansäuren lösen sich beim Erwärmen in Benzin.

Die *Siedetemperaturen* der Alkansäuren liegen wegen der polaren Carboxylgruppe deutlich über denen der Alkanole mit Molekülen vergleichbarer Kettenlänge und Moleküloberfläche. Auch bei den Alkansäuren steigen mit wachsender Kettenlänge der Moleküle die Siedetemperaturen.

Der *Geruch* verändert sich vom stechenden Geruch der Methan- und Ethansäure zum widerwärtigen Geruch der Butansäure und der folgenden Säuren. Höhere Alkansäuren riechen wegen ihrer geringen Flüchtigkeit kaum.

B 4 Homologe Reihe der Alkansäuren und ihre Salze

Name (Trivialname)	Formel	Schmelztemp. (°C)	Siedetemp. (°C)	Löslichkeit in Wasser	Löslichkeit in Benzin	Namen der Salze
Methansäure (Ameisensäure)	HCOOH	8	100			Methanoate (Formiate)
Ethansäure (Essigsäure)	CH_3COOH	16	118			Ethanoate (Acetate)
Propansäure (Propionsäure)	C_2H_5COOH	–21	141			Propanoate (Propionate)
Butansäure (Buttersäure)	C_3H_7COOH	–7	164	nimmt ab	nimmt zu	Butanoate (Butyrate)
⋮						
Dodecansäure (Laurinsäure)	$C_{11}H_{23}COOH$	44	225 *			Dodecanoate (Laurate)
⋮						
Hexadecansäure (Palmitinsäure)	$C_{15}H_{31}COOH$	63	269 *			Hexadecanoate (Palmitate)
⋮						
Octadecansäure (Stearinsäure)	$C_{17}H_{35}COOH$	69	287 *			Octadecanoate (Stearate)

* bei 133 hPa

V 5 Schneide aus einer Kartoffel einen Kegel und gib in die Vertiefung Erde. Setze den Kegel wieder ein, lege die Kartoffel in ein Einmachglas, dessen Boden mit Wasser bedeckt ist, und schließe den Deckel. Nach einigen Tagen erkennt man am Geruch die Bildung von Buttersäure.

V 6 Man prüft die Löslichkeit verschiedener Glieder der homologen Reihe der Alkansäuren:
a) in Wasser, b) in Benzin.

A 1 Welche Sicherheitsvorschriften sind bei der Verwendung von methansäurehaltigen Kalklösern zu beachten?

A 2 Wenn Ethansäure siedet, verlassen nicht einzelne Moleküle, sondern Doppelmoleküle die Flüssigkeit. Deute den Sachverhalt.

A 3 Warum besitzt Essigsäure eine höhere Siedetemperatur als Ethanol?

18.12 Ungesättigte Fettsäuren

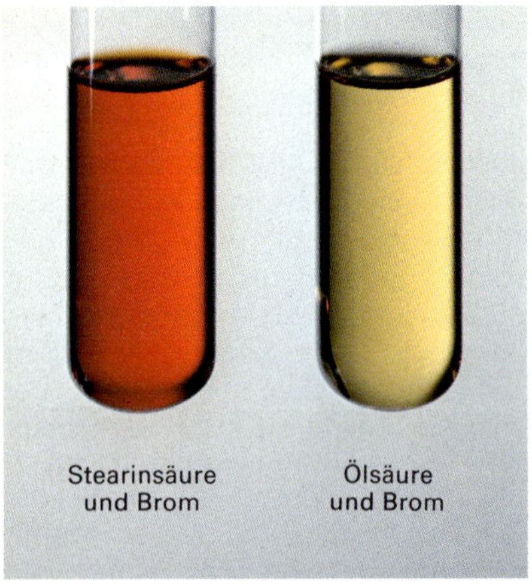

B 1 Ungesättigte Fettsäuren addieren Brom

V 1 Man gibt zu Lösungen von Ölsäure in 1-Propanol und Stearinsäure in 1-Propanol tropfenweise eine Lösung von Brom in 1-Propanol (frisch ansetzen) und schüttelt. (Abzug!)

A 1 Formuliere die Reaktionsgleichungen für die Hydrierung von a) Ölsäure und b) Linolsäure. Benenne jeweils das Reaktionsprodukt.

Es gibt Carbonsäuren, deren Moleküle in ihrem Kohlenwasserstoffrest eine oder mehrere Doppelbindungen aufweisen. Drei wichtige Säuren, die aus Fetten, auch flüssigen Fetten, den fetten Ölen, gewonnen werden können, sind die *Öl-*, die *Linol-* und die *Linolensäure*. Da aufgrund der Doppelbindung weitere Atome in das Molekül aufgenommen werden können, bezeichnet man sie auch als **ungesättigte Fettsäuren**. So reagieren sie z. B. rasch mit einer Bromlösung (▷ B 1, ▷ V 1), die dadurch entfärbt wird. Durch Reaktion mit Wasserstoff („Hydrieren") können diese Säuren in gesättigte Fettsäuren überführt werden (▷ B 2).

Schmelztemperatur und Molekülaufbau. Obwohl ein Ölsäuremolekül (Molekülformel $C_{17}H_{33}COOH$) nur *zwei* Wasserstoffatome weniger aufweist als ein Stearinsäuremolekül (Molekülformel $C_{17}H_{35}COOH$), liegt die *Schmelztemperatur* der Stearinsäure wesentlich höher als die der Ölsäure. Ölsäure ist bei Zimmertemperatur flüssig, Stearinsäure fest.

Im festen Zustand liegen die Moleküle eines Stoffes dicht aneinander; je besser sie zusammenpassen, desto stärker wirken sich die zwischenmolekularen Kräfte aus und desto höher liegt die Schmelztemperatur.

Die Molekülketten der *gesättigten* Fettsäuren können eine *linear gestreckte* Form annehmen und sich so gut zusammenlagern. Die Moleküle der *ungesättigten* Fettsäuren weisen an den Doppelbindungen *Knicke* auf (▷ B 2). In dieser Stellung sind die Kohlenstoffatom-Ketten fixiert, da die Doppelbindung eine Drehung des Moleküls um die C–C-Bindungsachse verhindert. Wegen der gewinkelten Form können sich die Moleküle nicht so gut aneinander lagern. Die zwischenmolekularen Kräfte wirken sich schwächer aus, die Schmelztemperatur ist niedriger (▷ B 3).

Die *mehrfach ungesättigten* Fettsäuren Linol- und Linolensäure (mehrere Doppelbindungen im Molekül) sind für den menschlichen Körper lebensnotwendig (essenziell) und müssen mit der Nahrung, z. B. durch Pflanzenöle, aufgenommen werden, da sie vom Körper selbst nicht gebildet werden können.

B 2 (oben) **Hydrieren ungesättigter Fettsäuren** führt zu gesättigten Fettsäuren
B 3 (unten) **Wichtige ungesättigte Fettsäuren.** Die Doppelbindungen sind in den Formeln rot unterlegt

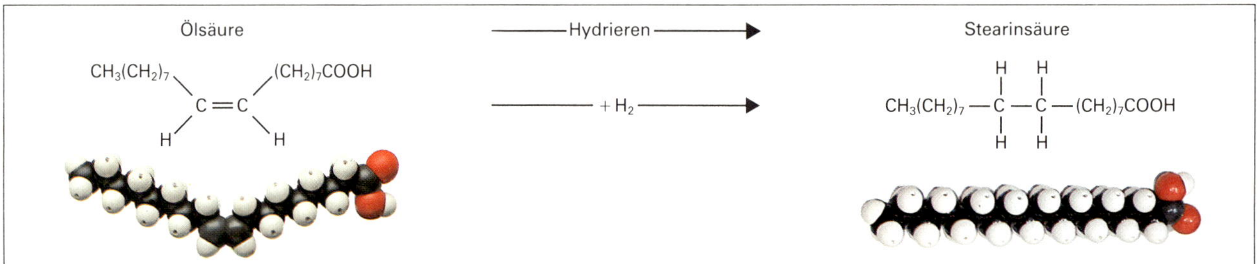

Name	Molekülformel	vereinfachte Strukturformel	Schmelztemperatur (°C)	Namen der Salze
Ölsäure	$C_{17}H_{33}COOH$	$CH_3(CH_2)_7$ CH=CH $(CH_2)_7COOH$	16	Oleate
Linolsäure	$C_{17}H_{31}COOH$	$CH_3(CH_2)_4$ CH=CH CH_2 CH=CH $(CH_2)_7COOH$	–10	Linolate
Linolensäure	$C_{17}H_{29}COOH$	CH_3CH_2 CH=CH CH_2 CH=CH CH_2 CH=CH $(CH_2)_7COOH$	–11	Linolenate

18.13 Carbonsäuren in der Natur

Außer den Alkansäuren, wie z. B. Essigsäure und Buttersäure, kommen in der Natur noch viele weitere Carbonsäuren vor. Ihre Moleküle sind meist komplizierter gebaut und dadurch gekennzeichnet, dass sie nicht nur *eine* funktionelle Gruppe tragen (▷ B 1). Häufig sind zusätzlich weitere Carboxylgruppen *(Di- und Tricarbonsäuren)* sowie Hydroxylgruppen *(Hydroxycarbonsäuren)* vorhanden. Viele dieser Säuren findet man in Pflanzen bzw. Pflanzenteilen, z. B. Früchten *(Fruchtsäuren)*. Auch im Stoffwechsel von Tieren und Menschen sind solche Säuren zu finden.

Milchsäure. Sie entsteht bei der Vergärung von Zuckern durch bestimmte Bakterien, z. B. beim Sauerwerden von Milch, und befindet sich deshalb in Produkten wie Jogurt, Kefir und Buttermilch. Auch bei der Herstellung von Sauerkraut und Silofutter bildet sich Milchsäure, ferner tritt sie beim Abbau des Kohlenhydrats Glykogen im arbeitenden Muskel auf.

Oxalsäure. Sie ist die einfachste Dicarbonsäure und bildet farblose Kristalle. Da jedes Oxalsäuremolekül zwei Wasserstoffionen abspalten kann, bildet Oxalsäure zwei Reihen von Salzen, die *Hydrogenoxalate* und die *Oxalate*. Der saure Geschmack von Sauerklee (oxalis acetosella), Sauerampfer, Rhabarber und Stachelbeeren wird überwiegend durch Kaliumhydrogenoxalat ($HOOC-COO^-K^+$) hervorgerufen. Oxalsäure ist giftig. 5 g davon können tödlich wirken, da sich mit Calciumionen schwer lösliches Calciumoxalat bildet, das die feinen Nierenkanälchen verstopft. Auch Harn- und Nierensteine enthalten häufig Calciumoxalat.

Fruchtsäuren sind Feststoffe, die in Früchten in gelöster Form vorliegen. Die meisten haben ihren Namen nach einer Frucht erhalten, in der sie überwiegend vorkommen. So kommt **Weinsäure** in Weintrauben vor. Als Dicarbonsäure kann auch sie zwei Reihen von Salzen bilden, die *Hydrogentartrate* und die *Tartrate* (von frz. tartre, Weinstein). Der sich beim Lagern von Wein abscheidende *Weinstein* ist ein Gemisch aus Kaliumhydrogen- und Calciumtartrat. **Citronensäure** findet man nicht nur in Zitronen (im Saft: w(Citronensäure) = 5 % bis 7 %), sie ist als eine der wichtigsten Fruchtsäuren auch in vielen anderen Früchten wie Orangen, Ananas und Preiselbeeren enthalten. Auch im menschlichen Stoffwechsel kommt Citronensäure vor. Die Salze der Citronensäure heißen *Citrate*. Die **Äpfelsäure** ist neben der Citronensäure die verbreitetste Fruchtsäure. Sie kommt in vielen Obstarten wie Äpfeln, Birnen, Quitten, Aprikosen, Kirschen und Pflaumen vor. Die Salze der Äpfelsäure sind die *Malate* (von lat. malus, Apfel).

B 1 Carbonsäuren finden sich vielfach in der Natur. Bezeichnungen und vereinfachte Strukturformeln

Vitamin C gegen Skorbut

Vitamin C, auch Ascorbinsäure genannt, ist eine organische Säure mit kompliziertem Molekülbau. Sie ist für den menschlichen Körper unentbehrlich, kann von ihm jedoch selbst nicht gebildet werden und muss in der Nahrung enthalten sein. Besonders Hagebutten, Sanddorn, schwarze Johannisbeeren, Kiwi, Paprika, Petersilie und Grünkohl sind reich an Vitamin C. Eine unzureichende Versorgung mit Vitamin C führt zu speziellen Mangelkrankheiten. Eine Folge extremen Vitamin-C-Mangels, der *Skorbut*, war in den früheren Jahrhunderten bei Seefahrern eine gefürchtete Krankheit. Sie war darauf zurückzuführen, dass vor allem wegen fehlender Konservierungsmöglichkeiten auf langen Reisen kein frisches Obst und Gemüse zur Verfügung stand. Später wurde dem Skorbut z. B. durch Verzehr von Sauerkraut oder Zitronensaft begegnet.
Schilderung von Skorbut (Scharbock) während einer Schiffsreise (1740):

Drittens hatten auch viele den Scharbock, welches eine schmertzliche Kranckheit ist, und auf dem Land selten gefunden wird. Es fanget zuerst in denen Zähnen an, daß das Zahnfleisch gantz faul wird, und man den gantzen Kiefer wegnehmen kan; sie werden gantz steiff an dem gantzen Leib, daß sie sich weder wenden noch regen können; sie bekommen auch faul Fleisch an dem Leib, daß man gantze Stücker ausschneiden kan.

18.14 Organische Säuren als Lebensmittel-Zusatzstoffe

B 1 Warensortiment. Vielen Lebensmitteln werden organische Säuren zugesetzt

V 1 Gib etwas Sorbinsäure oder Benzoesäure in Wasser und erwärme, bis eine klare Lösung entsteht. Tränke damit die Hälfte einer Weißbrotscheibe und lege sie dann in eine feuchte Kammer (Petrischale). Beobachte einige Tage.

V 2 Reibe einen Apfel und/oder eine Kartoffel zu Mus und verteile dies auf zwei Schälchen. Vermische eine der beiden Proben sofort nach dem Reiben mit ca. zwei Messerspitzen Vitamin C. Beurteile die beiden Proben nach deren Aussehen nach 20 – 30 Minuten.

A 1 Überlege, warum nach dem Lebensmittelgesetz Höchstwerte für den Zusatz von Konservierungsstoffen in Lebensmitteln festgelegt werden.

B 2 Konservierungsstoffe. Einige sind Carbonsäuren

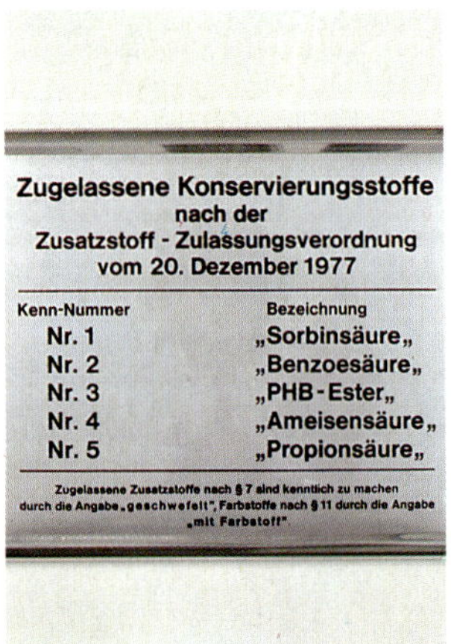

B 3 Sorbinsäure hemmt das Wachstum von Schimmelpilzen

Organische Säuren sind nicht nur Bestandteile vieler Naturprodukte, sie finden auch in vielen Bereichen des Alltags und der Technik weitere Verwendung. Außer als Bestandteil z. B. von Entkalkern und industriellen Reinigern für Metalloberflächen in der Elektronikindustrie (Citronensäure) oder Rost- und Tintenfleckentfernern (Oxalsäure), werden organische Säuren wegen ihrer besonderen Eigenschaften vielen Lebensmitteln zugesetzt (▷ B 1). Die Auswahl und erlaubten Mengen sind durch das Lebensmittelgesetz geregelt (▷ B 2).

Organische Säuren als Konservierungsstoffe. Viele leicht verderbliche Nahrungsmittel können durch Zusatz von organischen Säuren haltbarer gemacht werden. Sie verhindern, dass z. B. durch Fäulnisbakterien und Schimmelpilze Giftstoffe in diesen Lebensmitteln entstehen können. Zur Verhinderung der Schimmelbildung in Brot wird vielfach *Sorbinsäure* (Formel: C_5H_7COOH) zugesetzt (▷ B 3, ▷ V 1), eine ungesättigte Carbonsäure, die im Körper des Menschen vollständig abgebaut wird. *Benzoesäure* (Formel: C_6H_5COOH) ist für saure Lebensmittel zugelassen und wird z. B. Fleischsalat und Fischkonserven zugesetzt. *Propionsäure* als Konservierungsstoff wird wegen der erforderlichen hohen Dosierung und der dadurch entstehenden Geschmacksveränderung zunehmend durch Sorbinsäure ersetzt.

Säuerungsmittel. Sauer schmeckende Getränke wirken besonders erfrischend. Zu diesem Zweck werden Fruchtsaftgetränken, Nektaren und Limonadengetränken organische Säuren als Säuerungsmittel zugesetzt. Hierbei finden vor allem die *Citronensäure*, *Weinsäure* und *Äpfelsäure* Verwendung. In Brausepulver dient der Zusatz von Citronen- bzw. Weinsäure sowohl dem Geschmack wie auch der Entwicklung von Kohlenstoffdioxid durch die Reaktion mit Natriumhydrogencarbonat (↗ Kap. 15.10). Da es sich um feste Säuren handelt, erfolgt diese Reaktion erst nach Zusatz von Wasser. Dies gewährleistet eine lange Lagerfähigkeit in trockenem Zustand. Dies ist auch bei der Verwendung dieser Säuren in Backpulver ausschlaggebend (↗ Kap. 15.10).

Oxidationshemmer. Beim Stehen an der Luft verändern viele Lebensmittel ihre Farbe und bekommen ein unappetitliches Aussehen (z. B. „Grauwerden" von Fleisch und Wurst, Dunkelfärbung von Apfelmus). Dies ist auf eine Reaktion von natürlichen Inhaltsstoffen mit Sauerstoff vor allem an der Oberfläche zurückzuführen. Durch Zusatz von „Antioxidantien", z. B. *Vitamin C*, kann die Bildung solcher (z. T. farbiger) Oxidationsprodukte verhindert werden. Vitamin C wirkt reduzierend.

18.15 Projekt: Organische Säuren in Lebensmitteln

Versuch 1 Fällung der Calciumsalze

Grundlagen: Oxalsäure, Weinsäure und Citronensäure bilden mit Calciumionen schwer lösliche Salze.

Geräte und Materialien: Schutzbrille, Reagenzgläser, Bechergläser (250 ml), Spatel, Dreifuß, Keramik-Drahtnetz, Gasbrenner, 2 Messpipetten (10 ml), Pipettierhilfe, Siedesteinchen, Oxal-, Wein- und Citronensäure, Calciumchloridlösung ($w = 20\,\%$), Kalkwasser, Rhabarbersaft, Zitronensaft, Brausepulver

Durchführung:
a) Löse eine Spatelspitze Oxalsäure in wenig Wasser und gib etwas Calciumchloridlösung zu. Wiederhole den Versuch mit ca. 5 ml Rhabarbersaft (zuvor filtriert).
b) Löse jeweils eine Spatelspitze Wein- bzw. Citronensäure in wenig Wasser und füge jeweils 40 ml Kalkwasser zu. Gib zu dem Ansatz mit Citronensäure Siedesteinchen und koche auf.
c) Prüfe entsprechend ca. 5 ml Brausepulverlösung (zur Entfernung von Kohlenstoffdioxid vorher auskochen) auf Weinsäure und ca. 1 ml Zitronensaft auf Citronensäure.

Versuch 2 Säuregehalt von Milch und Milchprodukten

Grundlagen: Durch Abbau von Milchzucker durch Milchsäurebakterien entsteht in der Milch Milchsäure. Bei Frischmilch gibt der Milchsäuregehalt einen Hinweis auf Alter und Lagerung der Milch. Bei Sauermilchprodukten ist ein bestimmter Milchsäuregehalt erwünscht. Da Milch außer Milchsäure in geringem Umfang andere Säuren enthält, gibt man zur Beurteilung den Gesamtsäuregehalt an, der durch Titration mit Natronlauge bestimmt wird. Die Angabe erfolgt durch die sog. Soxhlet-Henkel-Zahl (SHZ). Sie gibt das Volumen der Natronlauge (in ml) der Konzentration $c = 0{,}25$ mol/l an, die für die Titration von 100 ml Probe gebraucht wird.
Beispiele für einige Produkte (SHZ in Klammern):
süße Milch (5 – 8), „ansaure Milch" (9 – 12), Sauermilch (35 – 45), Jogurt (45 – 55).

Geräte und Materialien: Schutzbrille, Weithals-Erlenmeyerkolben (200 ml), Stativmaterial, Bürette, Messzylinder, Natronlauge ($c = 0{,}1$ mol/l), Phenolphthaleinlösung ($w = 2\,\%$), verschiedene (flüssige) Milchprodukte

Durchführung: Gib jeweils 25 ml des Milchprodukts in den Erlenmeyerkolben, verdünne auf ca. 50 ml und setze 5 Tropfen Phenolphthaleinlösung zu. Titriere bis zu einer bleibenden Rosa-Orange-Färbung.

Auswertung: Berechne die jeweilige SHZ der Probe.

Versuch 3 Bestimmung des Vitamin-C-Gehalts

Grundlagen: Vitamin C wirkt reduzierend. Durch Reaktion mit Iod wird dieses zu Iodid reduziert. Der Gehalt an Vitamin C kann somit durch den Verbrauch an Iod ermittelt werden. Der Endpunkt der Titration wird durch die Iod-Stärke-Reaktion angezeigt (Blaufärbung).

Geräte und Materialien: Schutzbrille, Stativmaterial, Bürette, Messzylinder, 2 Messpipetten (10 ml), Pipettierhilfe, Weithals-Erlenmeyerkolben (200 ml), Iodlösung (2,5 g Iod und 5 g Kaliumiodid in 1 l Lösung; $c \approx 0{,}01$ mol/l), Salzsäure ($c = 1$ mol/l), Stärkelösung ($w = 1\,\%$), Vitamin-C-Teststäbchen, Ascorbinsäure oder Vitamin-C-Tablette, Zitronensaft (frisch und Konserve), Orangensaft, Apfelsaft, Kiwisaft, Vitamin-C-Bonbons (vorher zu 25 ml Lösung in Wasser lösen), evtl. weitere Vitamin-C haltige Getränke

Durchführung:
a) Bestimme den Vitamin-C-Gehalt der Proben mit Teststäbchen.
b) Gib 2 ml Salzsäure und 5 ml Stärkelösung zu 25 ml der Probe und titriere.
c) Stelle mit Ascorbinsäure oder einer Vitamin-C-Tablette (Gehaltsangabe auf der Packung beachten) eine Standardlösung her, die 100 mg Ascorbinsäure in 100 ml Lösung enthält. Titriere diese Lösung wie in b.

Auswertung:
Zu c: Trage in ein Diagramm (Abszisse: V(Iodlösung) in ml; Ordinate: m (Vitamin C) in der Probe in mg) die Werte für die Standardlösung ein. Zeichne eine Ursprungsgerade durch diesen Punkt. Ermittle aus dieser Eichkurve den Vitamin-C-Gehalt der übrigen Proben unter Verwendung der Ergebnisse von b.
Zu a und b: Vergleiche die verschiedenen Proben hinsichtlich der Gehaltsangaben (Teststäbchen) und aufgrund des Verbrauchs an Iodlösung.

B 1 Bestimmung des Säuregehalts von Lebensmitteln durch Titration

18.16 Esterbildung – eine Kondensationsreaktion

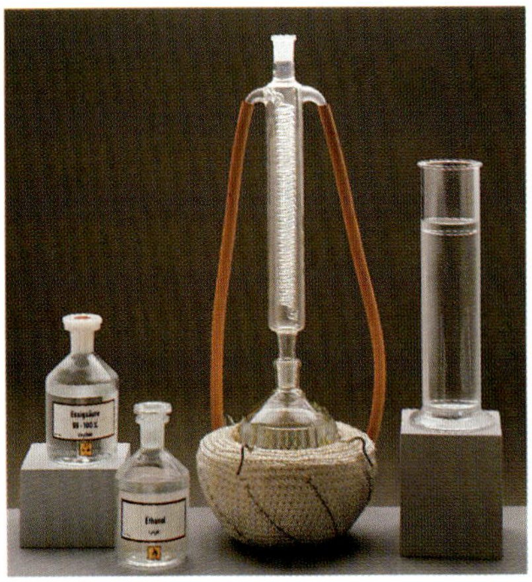

B 1 Herstellung von Ethansäureethylester. Es bilden sich zwei Flüssigkeitsschichten (rechts)

V 1 Man erhitzt ein Gemisch aus 20 ml Eisessig, 20 ml Ethanol und 3 ml konz. Schwefelsäure (Vorsicht! Schutzbrille!) ca. 10 Minuten am Rückflusskühler. Anschließend wird das Gemisch in einen Standzylinder mit Wasser gegossen. Man prüft den Geruch vor und nach der Reaktion.

V 2 Man stellt in Reagenzgläsern die folgenden Gemische her: a) 2 ml 1-Pentanol und 2,5 ml Ethansäure b) 2,5 ml Ethanol und 2 ml Butansäure c) 2,5 ml 1-Pentanol und 2,5 ml Pentansäure.
Zu jedem der Gemische gibt man einige Tropfen konz. Schwefelsäure (Vorsicht! Schutzbrille!), schüttelt und erwärmt kurz. Man lässt jedes Reagenzglas einige Minuten verschlossen stehen und schüttet den Inhalt anschließend in ein Becherglas mit stark verdünnter Natronlauge und prüft den Geruch.

A 1 Stelle für die Reaktion von 1-Butanol mit Essigsäure die Reaktionsgleichung auf und benenne die Produkte.

A 2 Aus Salicylsäure und Methanol bildet sich ein Ester (Kaugummiaroma). Formuliere die Reaktionsgleichung.

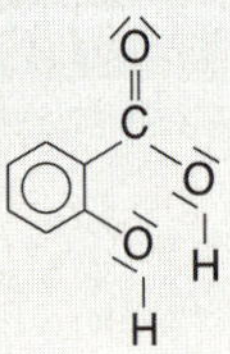

Die funktionellen Gruppen sind reaktionsfähige Stellen organischer Moleküle. Sie beeinflussen entscheidend die Eigenschaften und das Reaktionsverhalten der Stoffe. Durch Reaktionen zwischen Molekülen mit verschiedenen funktionellen Gruppen lässt sich eine Vielfalt neuer Stoffe synthetisieren. Als eine mögliche Kombination betrachten wir die Reaktion eines Alkohols mit einer Carbonsäure am Beispiel von Ethanol und Ethansäure. Dieses *Prinzip der organischen Synthese* lässt sich auch auf andere Stoffgruppen anwenden.

Herstellung von Ethansäureethylester. Erhitzt man ein Gemisch von Ethansäure, Ethanol und konzentrierter Schwefelsäure (▷V 1) und gießt das Gemisch in einen Standzylinder mit Wasser (▷B 1), so bilden sich sofort zwei Flüssigkeitsschichten und ein eigenartiger Geruch, der an Alleskleber erinnert, ist deutlich wahrnehmbar. Da die Ausgangsstoffe in Wasser löslich sind, muss eine chemische Reaktion stattgefunden haben, bei der wenigstens ein neuer Stoff entstanden ist.
Ethansäure und Ethanol reagieren unter dem katalysierenden Einfluss von konzentrierter Schwefelsäure zu *Ethansäureethylester* und Wasser (▷B 2, oben). Ohne Katalysator verläuft die Reaktion von Ethansäure und Ethanol selbst bei Temperaturen zwischen 70 °C und 90 °C nur sehr langsam.
Auch andere Alkohole und Carbonsäuren reagieren zu **Estern** und Wasser (▷B 2, unten). Die Esterbildung gehört zu den Kondensationsreaktionen.

Eine Reaktion, bei der sich Moleküle unter Abspaltung von Wassermolekülen oder anderen kleinen Molekülen verbinden, heißt Kondensation. Bei der Kondensation von Säuren mit Alkoholen entstehen Ester.

Alle Estermoleküle enthalten die *charakteristische Gruppe*:

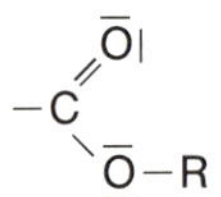

vereinfacht: –COOR (R: Alkylrest des Alkohols)

Den Namen eines Esters kann man bilden aus dem Namen der Carbonsäure, dem Namen für den Alkylrest des Alkohols und der Bezeichnung „-ester“.

B 2 Esterbildung. Oben: Darstellung der Bildung von Ethansäureethylester. Unten: Allgemeine Esterbildung

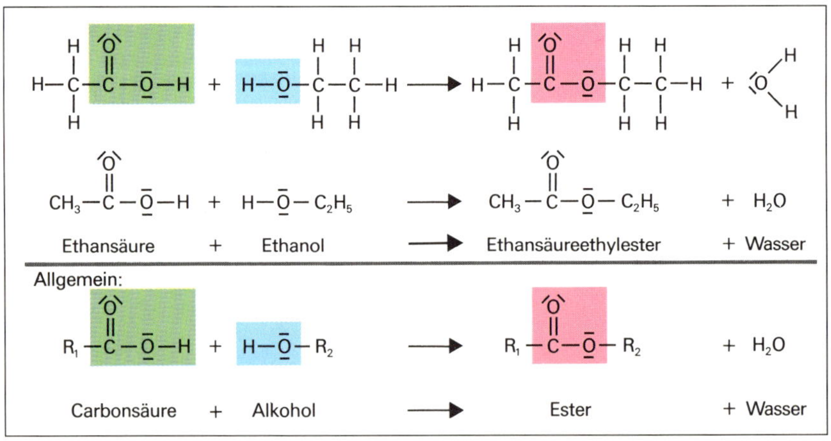

18.17 Ester – Eigenschaften und Verwendung

Bei der Esterbildung sind Moleküle mit einer neuen funktionellen Gruppe entstanden, die die Eigenschaften der Ester beeinflusst. Die Ester unterscheiden sich stark von den Stoffen, aus denen sie gebildet wurden.

Eigenschaften. Ethansäureethylester ist in Wasser begrenzt löslich (8,5 g in 100 g Wasser), mit Benzin bildet er in jedem Verhältnis eine Lösung. Dies liegt daran, dass die unpolare Methyl- und Ethylgruppe den Einfluss der polaren CO-Gruppe in den Estermolekülen übertreffen. Da die Estermoleküle keine Hydroxylgruppen aufweisen, können sie untereinander keine Wasserstoffbrückenbindungen bilden. Die Siedetemperaturen der Ester liegen deshalb weit niedriger als die der Alkohole und Carbonsäuren, die aus Molekülen ähnlicher Kettenlänge bestehen. Ester, die aus niederen Carbonsäuren und niederen Alkoholen gewonnen werden können, sind leichtflüchtig und haben einen angenehm fruchtartigen oder blumigen Geruch, ganz im Gegensatz zum stechenden Geruch der Carbonsäuren, die an ihrer Bildung beteiligt sind.

Vorkommen und Verwendung. Ester *niederer* Carbonsäuren sind vielfach *Duft- und Aromastoffe* (▷ B 1), die in der Natur vorkommen, aber auch synthetisch hergestellt werden. Manche werden auch als *Lösungsmittel* für organische Stoffe und zum Verdünnen von Lacken und Anstrichfarben eingesetzt. Ethansäureethylester ist der Hauptbestandteil der Nagellackentferner, Ethansäurebutylester ein Lösungsmittel vieler Klebstoffe. Die Lösungsmitteldämpfe dürfen nicht in größeren Mengen und über einen längeren Zeitraum eingeatmet werden, da dabei Leberschäden und eine bleibende Schädigung des Gehirns auftreten können.

Ester *höherer* Carbonsäuren und höherer Alkohole sind die *Wachse*, die in Natur (Schutzschicht auf Blättern, Nadeln, Blüten, Früchten) und Technik eine große Rolle spielen. Der Hauptbestandteil des *Bienenwachses* ist ein Ester der Palmitinsäure mit einem höheren Alkohol („C_{30}-Alkohol“). *Fette* sind die Ester des Propantriols (Glycerin) mit den Fettsäuren (↗ Kap. 19.6).

Aus Di- und Triolen und Dicarbonsäuren werden *Kunststoffe („Polyester“)* hergestellt (↗ Kap. 21.3).

Ester lassen sich spalten. Durch Reaktion mit Wasser können Ester wieder in Alkohol und Säure gespalten werden. Die Reaktion ist ein Beispiel für eine **Hydrolyse** und zugleich die *Umkehrung der Esterbildung.*

$$\text{Säure} + \text{Alkohol} \underset{\text{Spaltung}}{\overset{\text{Bildung}}{\rightleftharpoons}} \text{Ester} + \text{Wasser}$$

Die Esterbildung (Kondensationsreaktion) und die Esterspaltung (Hydrolyse) sind ein Beispiel für *umkehrbare Reaktionen.*

Butansäuremethylester
$C_3H_7-COOCH_3$

Butansäureethylester
$C_3H_7-COOC_2H_5$

Pentansäurepentylester
$C_4H_9-COOC_5H_{11}$

Ethansäurehexylester
$CH_3-COOC_6H_{13}$

B 1 Aromen von Früchten. Manche werden von Estern geprägt

A 1 Methansäuremethylester ist in Wasser besser löslich als Ethansäureethylester. Erkläre.

Aromastoffe

Zwiebel oder Apfel? Mit zugehaltener Nase fällt es uns schwer zu unterscheiden, ob wir ein Kartoffel-, Zwiebel- oder Apfelstückchen auf der Zunge haben. Auch bei Schnupfen „schmeckt“ vieles ähnlich.
Bei der Kontrolle unserer Nahrungsaufnahme spielen Aromastoffe eine entscheidende Rolle. Das Gesamtaroma entsteht meist durch die Kombination von vielen flüchtigen Stoffen. So sind z. B. am Aroma der Erdbeere mehr als 300 Stoffe beteiligt. Aber auch viele Reinstoffe erzeugen oft einen typischen Geruchseindruck. Häufig sind dies, v. a. bei Früchten, Ester von Carbonsäuren (▷ B 1).
Für manche Lebens- und Genussmittel ist der Zusatz von Aromastoffen erlaubt. Dabei unterscheidet man drei Gruppen:

Natürliche Aromastoffe werden aus den entsprechenden Pflanzenteilen gewonnen. Es handelt sich dabei meist um Stoffgemische.

Naturidentische Aromastoffe werden zwar synthetisch hergestellt, kommen jedoch auch in der Natur vor. Ein bekanntes Beispiel ist das Vanillin.

Künstliche Aromastoffe haben keine Entsprechung in der Natur und wurden in Laboratorien entwickelt. Sie sind als Zusätze nur für bestimmte Lebensmittel, wie z. B. Pudding, Kunstspeiseeis oder Zuckerwaren, erlaubt und müssen einzeln auf der Verpackung angegeben werden.

18.18 Überprüfung und Vertiefung

B 1 Zu Aufgabe 3

E 124	Cochenillerot A
E 200	Sorbinsäure
E 210	Benzoesäure
E 214	**p-H**ydroxy**b**enzoesäuremethyl-ester (PHB-Ester)
E 220	Schwefeldioxid
E 236	Ameisensäure
E 260	Essigsäure
E 270	Milchsäure
E 280	Propansäure
E 296	Äpfelsäure
E 300	Vitamin C
E 330	Citronensäure
E 334	Weinsäure
E 420	Sorbit
E 422	Glycerin

B 2 Zu Aufgabe 6

Herstellung von Senf

Grundlagen: Essig dient in Senf gleichzeitig als Würz- und Konservierungsmittel.

Geräte und Materialien: Kaffeemühle, Waage, kleine Schüssel, elektrisches Rührgerät, Messzylinder (50 ml); gelbe oder schwarze Senfkörner (ca. 50 g), Weinessig, Speisesalz, Zucker, Wasser, evtl. Estragon, Knoblauch oder Rosmarin.

Durchführung: Zermahle ca. 50 g Senfkörner in einer Kaffeemühle (öfters abschalten, um eine für das Aroma schädliche Temperaturerhöhung auszuschließen). Evtl. gewünschte Kräuter wie Estragon, Knoblauch oder Rosmarin können gleich mitgemahlen werden. Gib das fein gemahlene Senfmehl zusammen mit ca. 5 g Speisesalz (1 Teelöffel), ca. 10 g Zucker (1 Esslöffel) sowie 30 ml Weinessig und 40 ml Wasser in eine kleine Schüssel und rühre (mit einem elektrischen Rührgerät), bis die Masse „glatt" ist (ca. 3 bis 5 Minuten).

1 Benzin und Wasser sind zwei ineinander nicht lösliche Flüssigkeiten. Fügt man jedoch dem Gemisch aus beiden eine größere Portion Ethanol zu, so entsteht eine homogene Lösung. Erkläre dies.

2 Paraffinöl (ein Alkangemisch) und Glycerin (1,2,3-Propantriol) sind beides farb- und geruchlose, zähflüssige Flüssigkeiten. Wie lassen sie sich durch einen einfachen Versuch unterscheiden?

3 In Entkalkern wird statt Essigsäure vielfach auch Citronensäure als wirksame Substanz verwendet (▷ B 1). Ein solcher Entkalker lässt sich leicht selbst herstellen. Hierzu stellt man eine Lösung aus 10 g Citronensäure und 100 ml Wasser her. Versuche damit Kalkablagerungen auf Geräten zu entfernen.

4 Salicylsäure kann mit Ethansäure zur Reaktion gebracht werden. Der dabei entstehende Stoff ist unter der Bezeichnung „Acetylsalicylsäure" (Aspirin, ASS) als wirksame Substanz in Schmerztabletten enthalten.
a) Formuliere die Reaktionsgleichung für die Herstellung dieses Stoffes mit Strukturformeln und gib an, zu welcher Stoffgruppe er gehört.
b) Bei längerer, unsachgemäßer Lagerung solcher Tabletten (Überschreiten des Verfallsdatums, feuchter Ort) riechen sie nach Essig. Gib dafür eine Erklärung.

5 Konservendosen für Sauerkraut oder Essiggurken müssen auf der Innenseite lackiert sein. Manche, beim Transport eingedellten Dosen weisen nach längerer Lagerung nach außen gewölbte Deckel auf.
a) Gib eine Erklärung für die notwendige Lackierung und die Aufwölbung des Deckels.
b) Warum sollte der Inhalt solcher Dosen nicht mehr verzehrt werden?

6 Um die Lebensmittelgesetze der Staaten der EU anzugleichen und dadurch einen problemloseren Austausch von Lebensmitteln zu ermöglichen, wurde eine Liste von Lebensmittelzusatzstoffen erstellt, die als unbedenklich gelten. Diese Liste wird ständig aktualisiert. Zur Angabe dieser Stoffe in Lebensmitteln müssen entweder die Stoffnamen oder die EU-Nummern („E-Nummern") aufgeführt werden (▷ B 2). Konservierungsstoffe besitzen z. B. Nummern von E 200 bis E 290, Farbstoffe Nummern von E 100 bis E 180, Emulgatoren und Stabilisatoren Nummern zwischen E 322 und E 494.
Informiere dich auf verschiedenen Lebensmittelverpackungen über die jeweiligen Zusatzstoffe.

Wichtige Begriffe

Alkoholische Gärung
Alkoholmissbrauch
Hydroxylgruppe
hydrophil, hydrophob
lipophil, lipophob
homologe Reihe, funktionelle Gruppe
Alkohole als Treibstoffe
Essig und Essigsäure
Alkansäuren, Carbonsäuren
Fettsäuren, Carboxylgruppe
Fruchtsäuren, Vitamin C
Lebensmittelzusatzstoffe
Ester
Kondensation, Hydrolyse

Nährstoffe

Zur Ernährung steht eine Vielzahl von Lebensmitteln zur Verfügung.
Sie sind aus ganz unterschiedlichen Stoffen zusammengesetzt. Wichtige Inhaltsstoffe sind Kohlenhydrate, Fette und Eiweißstoffe.

Kohlenhydrate werden durch Fotosynthese von grünen Pflanzen gebildet. Dem menschlichen Körper dienen sie vor allem als Energielieferanten.
Fette können tierischen oder pflanzlichen Ursprungs sein. Bei ihrem Abbau im Körper wird besonders viel Energie frei.
Eiweißstoffe können mit tierischer oder pflanzlicher Nahrung aufgenommen werden. Sie sind unentbehrliche Bestandteile jeder lebenden Zelle und werden beispielsweise zum Bau von Enzymen und zur Bildung von Muskelfleisch benötigt.

Das Ziel einer ausgewogenen Ernährung ist es Kohlenhydrate, Fette und Eiweißstoffe dem Körper zusammen mit anderen wichtigen Stoffen, z. B. Mineralstoffen und Vitaminen, im richtigen Verhältnis zueinander zuzuführen.

In diesem Kapitel wird untersucht, welche typischen Eigenschaften diese Nährstoffe besitzen. Außerdem wird dargestellt, wie ihre Moleküle aufgebaut sind und welche Funktionen sie im Stoffwechsel ausüben.

Kohlenstoffdioxid + Wasser
⟶ Traubenzucker + Sauerstoff

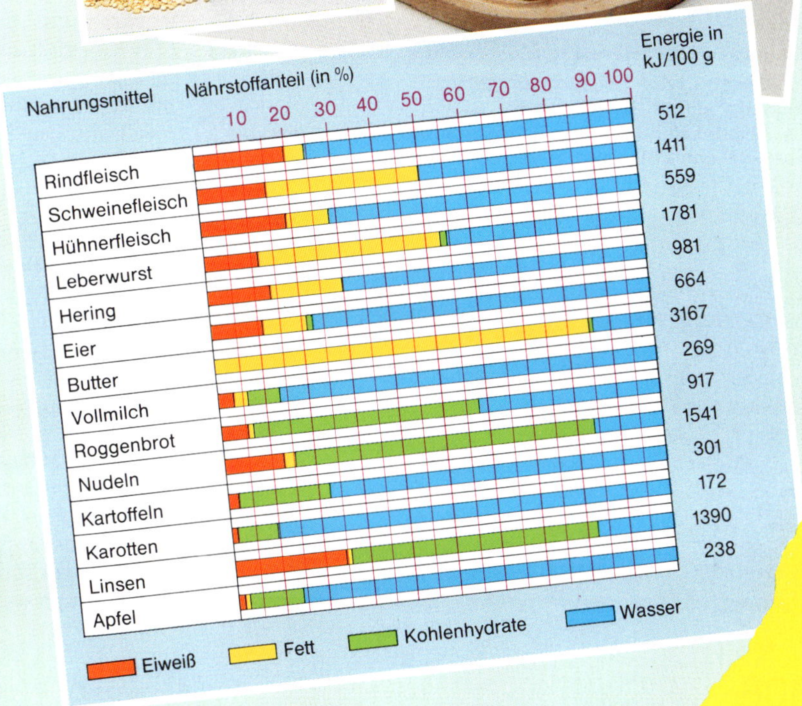

B 1 Reichhaltiges Warenangebot. Wichtig ist es die richtige Auswahl zu treffen

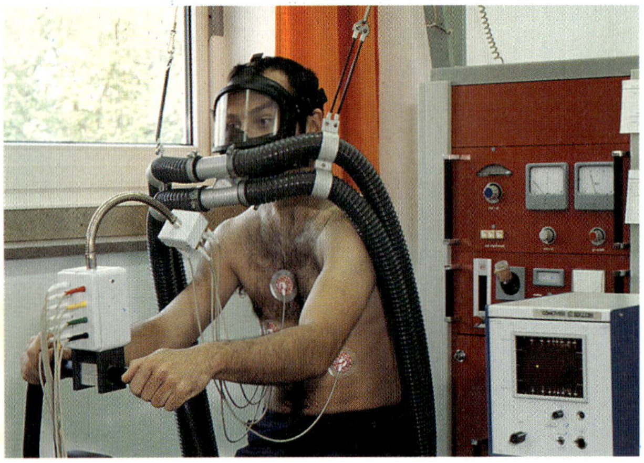

B 2 Messung des Leistungsumsatzes. Er wird aus dem Sauerstoffverbrauch berechnet

B 3 Abwechslungsreiches Frühstück. Angegeben sind die physikalischen Brennwerte der Lebensmittel

Lebensmittel	Spezifischer Brennwert in kJ/g	Portion	Brennwert der Portion in kJ
Brötchen	10,76	40 g	430,4
Mischbrot	9,40	1 Scheibe, 25 g	235,0
Vollkornbrot	8,64	1 Scheibe, 35 g	302,4
Butter	31,56	10 g	315,6
Margarine	30,23	10 g	302,3
Nusscreme	22,13	10 g	221,3
Marmelade	11,19	10 g	111,9
Honig	13,61	10 g	136,1
Schnittkäse	14,81	1 Scheibe, 30 g	444,3
Fleischwurst	12,41	1 Scheibe, 25 g	310,3
Müsli	16,47	60 g	988,2
Jogurt	2,54	150 g	381,0
Apfel	2,19	150 g	328,5
Milch	2,67	1 Glas, ca. 200 g	534,0
Orangensaft	2,03	1 Glas, ca. 200 g	406,0
Tee mit Zucker	0,84	1 Glas, ca. 200 g	168,0

Durch Hunger und Durst meldet der Körper seinen Nahrungsbedarf an. Die meisten Menschen in Deutschland verdienen genügend Geld, um die benötigten Nahrungsmittel beschaffen zu können. Viele Menschen essen und trinken sogar ständig mehr, als ihr Körper braucht. Die Folge ist Übergewicht, das zu ernsthaften Folgen für die Gesundheit führen kann. Es ist wichtig sich richtig zu ernähren.

Der Energiebedarf. Die Umwandlung der in der Nahrung enthaltenen Energie ermöglicht alle Funktionen des Körpers. Dazu gehören nicht nur die Muskelarbeit, sondern auch alle übrigen Tätigkeiten, z. B. die der Sinnes- und Verdauungsorgane und des Nervensystems, ebenso die Aufrechterhaltung der Körpertemperatur. Die dazu notwendige Energie wird vor allem durch die Oxidation von Fetten und Kohlenhydraten (Zucker, Stärke) zur Verfügung gestellt.

Der Energiebedarf eines ruhenden Menschen wird **Grundumsatz** genannt. Er wird 12 Stunden nach der letzten Nahrungsaufnahme in einem Raum mit einer Temperatur von 20 °C aus dem Verbrauch an Sauerstoff bei der Atmung bestimmt. Der Grundumsatz ist abhängig von Alter und Geschlecht des Menschen, aber auch von seiner Körperoberfläche (Größe, Gewicht).
Addiert man zum Grundumsatz den Energiebedarf für berufliche Tätigkeiten und Freizeitaktivitäten, den **Leistungsumsatz** (▷ B 2), erhält man den Gesamtumsatz. Er beträgt für männliche Jugendliche durchschnittlich ca. 12 500 kJ/Tag, für weibliche ca. 10 000 kJ/Tag.

Gesamtumsatz = Grundumsatz + Leistungsumsatz

Bestimmung des Energieinhaltes von Nahrungsmitteln. Um den Energieinhalt zu ermitteln, verbrennt man genau abgewogene Proben von Nahrungsmitteln in einem mit Wasser umgebenen Gefäß (Kalorimeter). Aus der Erhöhung der Temperatur des Wassers und seiner Masse lässt sich der spezifische Brennwert (physikalischer Brennwert) rechnerisch ermitteln.

Energiegleichgewicht. Eine wichtige Aufgabe der Ernährung ist es dem Körper genau so viel Energie zuzuführen, wie es für den täglichen Gesamtumsatz notwendig ist.
Bewegungsarme Lebensweise und zu reichliche Ernährung stören das Gleichgewicht und führen zu erhöhtem Fettansatz.

Der Nährstoffbedarf. Eine Versorgung des Körpers nur unter dem Gesichtspunkt des Brennwertes der Nahrungsmittel ist nicht ausreichend. Dem Körper müssen auch andere Stoffe zugeführt werden, die nicht der Energieversorgung dienen. Sie erfüllen unterschiedliche Aufgaben im menschlichen Körper (▷ B 4).

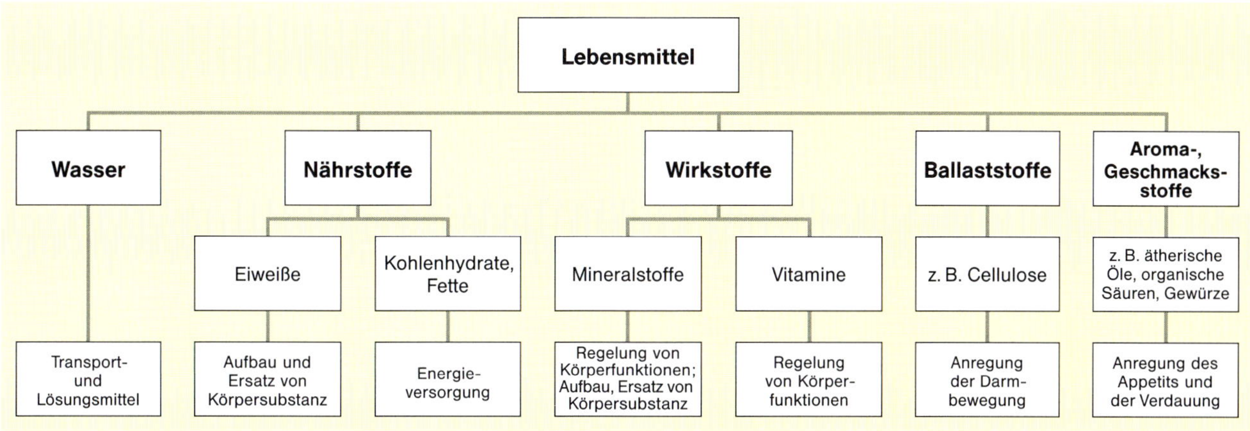

B 4 Inhaltsstoffe der Nahrung. Einteilung und Aufgaben im Körper

Die Ernährung muss eine Vielzahl von Stoffen aus diesen Gruppen in einem ganz bestimmten Verhältnis zueinander zur Verfügung stellen. Diese Bedingung erfüllt kein einziges Lebensmittel allein, es enthält jeweils nur einen Teil der benötigten Stoffe. Je abwechslungsreicher die Ernährung zusammengestellt wird (▷ B 5), desto besser lässt sich die Unterversorgung an einem bestimmten Stoff vermeiden. Da manche Nahrungsmittel auch unerwünschte Stoffe enthalten, die bei einseitiger Ernährung dem Körper Schaden zufügen können, ergibt sich ein zweiter Vorteil einer ausgewogenen Ernährung.

Getränke. Jeden Tag gibt unser Körper etwa 2,5 l Flüssigkeit mit dem Harn, dem Schweiß und der Atemluft ab. Dieser Flüssigkeitsverlust muss ersetzt werden. Über feste Nahrung wird etwa 1 l zugeführt, die restlichen 1,5 l liefern Getränke. Dabei ist es nicht egal, welche Getränke genossen werden. Sie können einerseits dem Körper wichtige Stoffe zuführen, andererseits können sie in erheblichem Maße zur Deckung des Energiebedarfs beitragen. So können 1 l Cola, Limonade oder Orangensaft ca. 15 – 20 % der täglichen Energiezufuhr liefern. Neben übermäßigem Essen ist in vielen Fällen die Wahl der Getränke mitverantwortlich für Übergewichtigkeit.

Zubereitung der Mahlzeiten. Von großer Bedeutung für eine vollwertige Ernährung ist die Zubereitung der Nahrungsmittel. Sie sollten zwar möglichst naturbelassen verzehrt werden, allerdings werden manche Stoffe erst durch Erhitzen gut verdaulich bzw. verträglich. Dabei sollte auf eine möglichst kurze Garungszeit geachtet werden. Speisen, die lange und mit viel Wasser gekocht oder warm gehalten werden, verlieren durch chemischen Abbau oder Herauslösen wichtige Inhaltsstoffe (z. B. Vitamine).

A 1 Gib an, wie der Energiebedarf des menschlichen Körpers ermittelt wird.

A 2 Stelle aus den Nahrungsmitteln, die in ▷ B 3 aufgeführt sind, ein Frühstück mit Pausenbrot für den eigenen Bedarf zusammen. Es soll etwa $\frac{1}{3}$ des täglichen Energiebedarfs decken und auf jeden Fall Obst/Saft und Milch/Milchprodukt enthalten.

A 3 Nenne Faktoren, die zur Übergewichtigkeit eines gesunden Menschen führen können.

A 4 Warum ist es wichtig die Ernährung abwechslungsreich zu gestalten?

B 5 Der Ernährungskreis. Anteil verschiedener Lebensmittel bei einer guten Ernährung

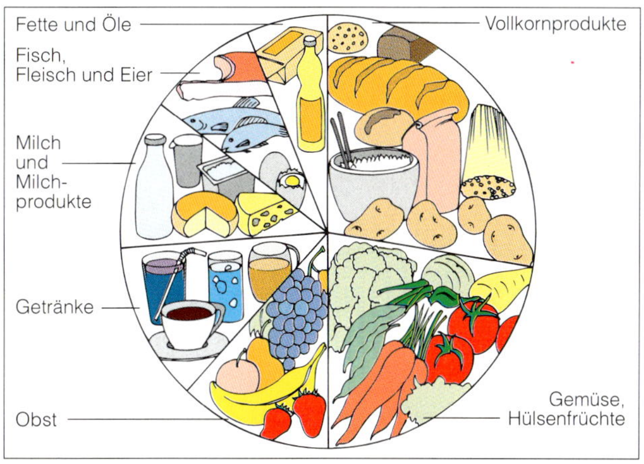

19.2 Glucose und Fructose

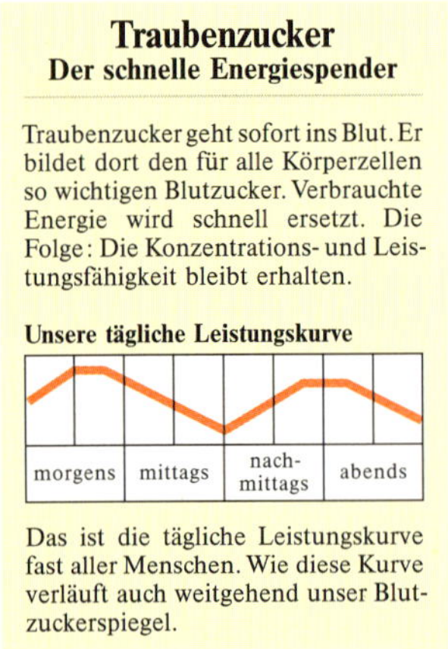

B 1 Glucose ist ein wichtiger Energiespender

B 2 Fructose schmeckt stärker süß als Glucose

V 1 Erhitze Glucose im Reagenzglas zuerst vorsichtig mit kleiner Flamme, dann kräftiger (Abzug!). Beobachte die Veränderungen.

V 2 Führe mit einer kleinen Probe Glucose die Silberspiegelprobe (↗ Kap. 18.8, ▷ B 2, ▷ V 4) aus.

V 3 Gib je 2 ml der Lösungen Fehling I und II in ein Reagenzglas und schüttle. (Schutzbrille! Vorsicht, das Fehling-Reagenz ist stark alkalisch!). Füge zu der tiefblauen Lösung eine kleine Portion Glucose und erwärme im Wasserbad.

A 1 Wie kann sicher nachgewiesen werden, dass ein süß schmeckender Saft Glucose enthält?

Viele Nahrungsmittel (z. B. Früchte und Honig) schmecken süß. Sie enthalten Zucker. Es gibt aber nicht nur *eine* Zuckerart, sondern verschiedene Arten, z. B. Glucose (Traubenzucker) und Fructose (Fruchtzucker). Sie werden von Fotosynthese treibenden Pflanzen hergestellt und dienen dem Menschen als wichtige Energiequelle.

Eigenschaften und Molekülbau von Glucose. Glucose ist ein kristalliner, farbloser Stoff, der in Wasser gut löslich, in Benzin und anderen Kohlenwasserstoffen dagegen unlöslich ist. Von dem ebenfalls löslichen Kochsalz unterscheidet er sich dadurch, dass seine Lösung den elektrischen Strom nicht leitet. Glucose ist ein molekularer Stoff, dessen Moleküle hydrophile Gruppen enthalten. Wenn man eine Probe Glucose erhitzt (▷ V 1), so entsteht zunächst eine braune Schmelze, die bei höherer Temperatur unter Bildung von Wasserdampf verkohlt. In den Molekülen sind C-, H- und O-Atome enthalten. Die Molekülformel lautet $C_6H_{12}O_6$.
Das kettenförmige Molekül weist fünf Hydroxylgruppen und eine Aldehydgruppe auf (▷ B 3, links). Diese Gruppen bedingen die gute Löslichkeit in Wasser.

Neben dem offenkettigen Molekül gibt es noch zwei ringförmige Glucosemoleküle. Die Ringe werden aus fünf C-Atomen und einem O-Atom gebildet. Nach der Position der Hydroxylgruppe am C-Atom 1 unterscheidet man zwischen α-Glucose- und β-Glucosemolekülen (▷ B 3, Mitte und rechts). In wässrigen Lösungen liegen Moleküle aller drei Formen nebeneinander vor. Dabei beträgt der Anteil der Moleküle in den Ringformen 99 %. Aufgrund der Bindungswinkel liegen die ringförmigen Moleküle in Anordnungen vor, die denen des Cyclohexans entsprechen. Der Ring wird meistens in einer vereinfachten ebenen Form dargestellt.

B 3 Strukturformeln von Glucosemolekülen. Das Molekül in der offenen Form weist eine Aldehydgruppe auf. Die beiden ringförmigen Moleküle unterscheiden sich durch die Stellung der OH-Gruppe am Kohlenstoffatom 1

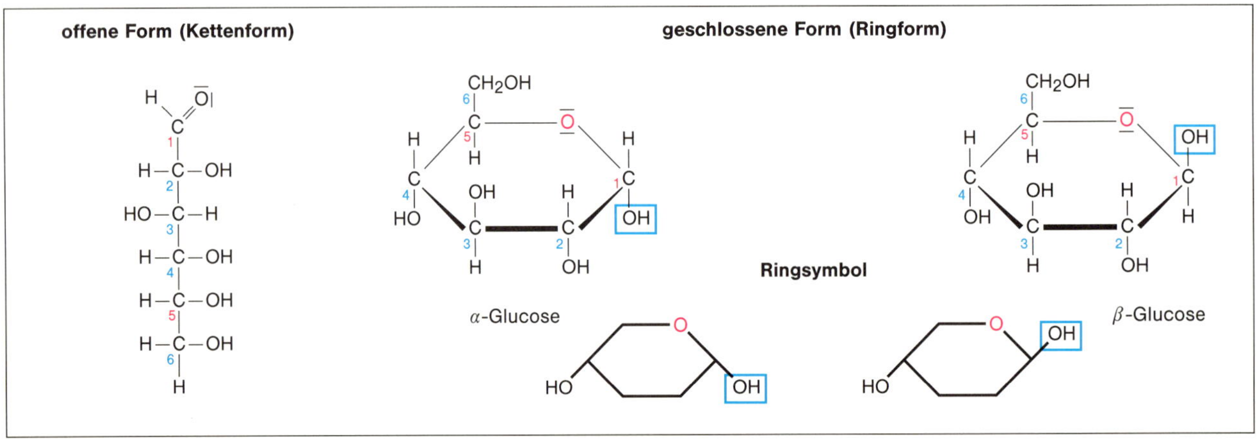

Nachweis von Glucose. Zum Nachweis der Glucose können verschiedene Reaktionen benutzt werden. Eine davon ist die Silberspiegelprobe (▷V 2). Häufig wird auch die Fehling'sche Probe ausgeführt (▷B 4, ▷V 3). Aus gleichen Teilen Fehling'scher Lösung I und II entsteht ein tiefblaues Reagenz. Mit Glucose bildet sich in der Hitze ein ziegelroter Niederschlag, der aus rotem Kupferoxid (Cu_2O) besteht.
Diese beiden Nachweisreaktionen sind auf den reduzierenden Einfluss der Aldehydgruppe des Glucosemoleküls zurückzuführen. Sie sind deshalb nicht spezifisch und ergeben auch für andere Stoffe positive Reaktionen. Anders ist dies bei dem in der Medizin üblichen Glucosetestverfahren (▷B 5). Die Teststreifen enthalten ein nur mit Glucose reagierendes Enzym, dessen Tätigkeit durch das Entstehen eines Farbstoffes angezeigt wird.

Glucosemoleküle kommen in isomeren Formen vor. Das offenkettige Molekül trägt eine Aldehydgruppe.

Bedeutung für den Stoffwechsel. Glucose dient dem menschlichen Organismus als Energielieferant für die Zellatmung (spezifischer Brennwert = 15,64 kJ/g).

$$C_6H_{12}O_6 + 6\,O_2 \longrightarrow 6\,CO_2 + 6\,H_2O$$

Aufgenommene Glucose geht sehr schnell ins Blut über. Manche Sportler nehmen sie deshalb kurz vor dem Wettkampf als ein schnell wirkendes Stärkungsmittel zu sich.

Fructose (Fruchtzucker). In vielen Eigenschaften ist Fructose der Glucose sehr ähnlich. Sie kristallisiert allerdings aus wässrigen Lösungen schlecht aus und bildet stattdessen sirupartige Flüssigkeiten. Fructoselösungen schmecken bei gleichem Massenanteil wesentlich stärker süß als die von Glucose.
Fructose hat wie Glucose die Molekülformel $C_6H_{12}O_6$. Fructosemoleküle kommen ebenfalls in verschiedenen Formen vor (▷B 6): als offenkettiges Molekül und als Ringmolekül. In der offenkettigen Form trägt das Molekül aber keine Aldehydgruppe, sondern eine Ketogruppe am benachbarten zweiten Kohlenstoffatom. Die Ringform wird aus nur vier Kohlenstoff- und einem Sauerstoffatom gebildet.
Überraschend ist, dass Fructose gegenüber dem Fehling-Reagenz reduzierend wirkt und dass auch die Silberspiegelprobe positiv ausfällt. Aus den Fructosemolekülen können nämlich unter dem katalytischen Einfluss der in den Reagenzien enthaltenen Hydroxidionen Glucosemoleküle mit einer Aldehydgruppe entstehen.
Die spezifische Glucotestreaktion verläuft bei Fructose negativ.

Das offenkettige Molekül der Fructose trägt eine Ketogruppe.

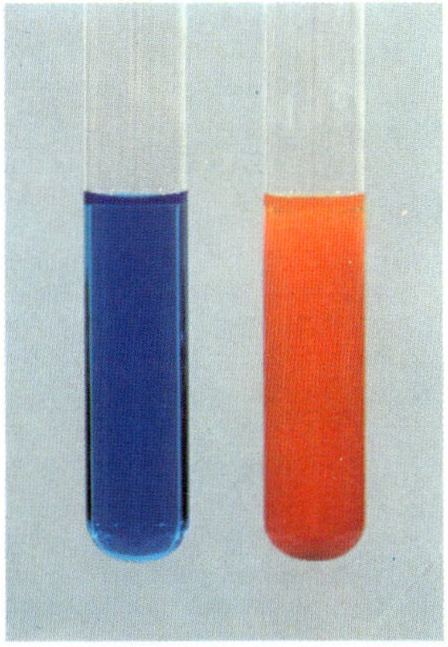

B 4 Fehling'sche Probe (rotbrauner Niederschlag)

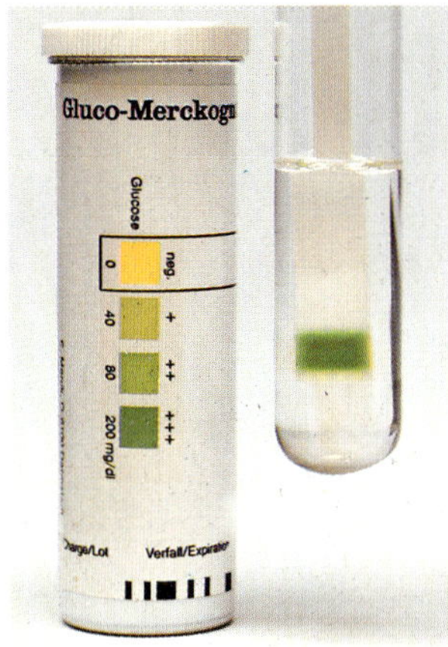

B 5 Glucosenachweis mit Glucoteststreifen

V 4 Wiederhole ▷V 3 mit Fructose. Deute das Versuchsergebnis.

V 5 Teste Lösungen von Glucose bzw. Fructose mit Glucotestpapier.

V 6 Prüfe Proben von Äpfeln, Weintrauben, Rosinen und Honig, ob sie Glucose enthalten.

A 2 Fructosemoleküle haben keine Aldehydgruppe. Warum verläuft die Fehling-Probe trotzdem positiv?

A 3 Glucose und Fructose haben jeweils die Summenformel $C_6H_{12}O_6$. Wodurch unterscheiden sich die kettenförmigen Moleküle beider Stoffe?

B 6 Strukturformeln von Fructosemolekülen, Ketten- und Ringform

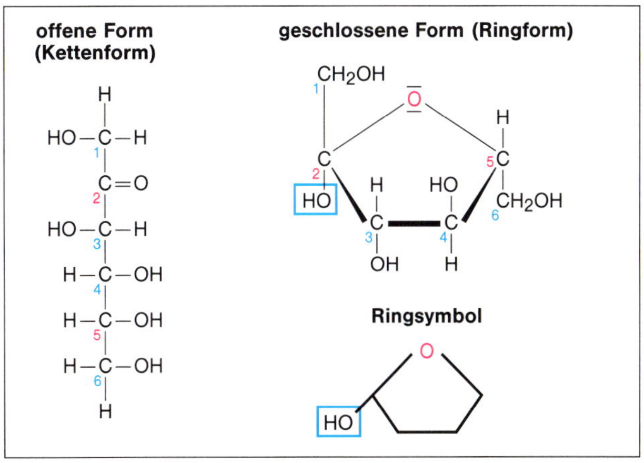

19.3 Zucker aus Zuckerrüben

B 1 Zuckerrohrernte auf Jamaika

B 2 Zuckerrübe, Rohstoff der Zuckerindustrie

V 1 Führe entsprechend ▷V 3, ↗Kap. 19.2, mit Saccharose die Probe nach Fehling durch (Schutzbrille! Vorsicht, das Fehling-Reagenz ist stark alkalisch!).

A 1 Gib die Schritte an, in denen aus Zuckerrüben Raffinadezucker hergestellt wird.

B 3 Zuckerherstellung aus Zuckerrüben. Wichtige Schritte sind Extraktion, Ausfällen der Begleitstoffe, Eindampfen und Zentrifugieren

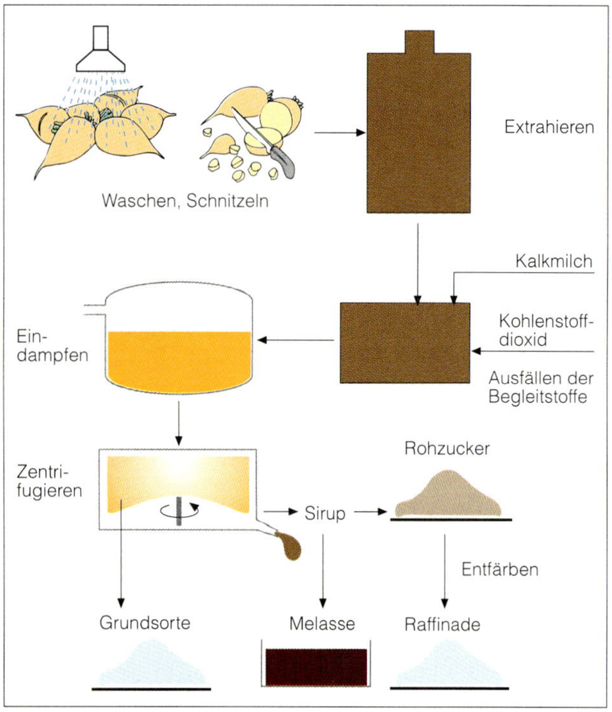

Das heute am häufigsten verwendete Süßungsmittel ist Haushaltszucker (Saccharose).

Die Geschichte des Zuckers. In früheren Jahrhunderten stand als preiswertes Süßungsmittel nur Honig zur Verfügung. Der aus dem Orient importierte Zucker war ein Luxusartikel. Er wurde aus Zuckerrohr („Rohrzucker") gewonnen, einer Grasart, die nur in tropischen Gebieten gedeiht und bis zu 5 m hoch wird (▷B 1). Breiten Bevölkerungsschichten stand Zucker erst zur Verfügung, nachdem es gelungen war ihn aus Runkelrüben („Rübenzucker") herzustellen.

Im Jahre 1747 entdeckte der Berliner Chemiker MARGGRAF, dass in der Runkelrübe Zucker vorkommt, der dem bis dahin bekannten Rohrzucker völlig gleicht. Durch Züchtung gelang es im Laufe der Zeit den Zuckergehalt der Rüben, der ursprünglich einem Massenanteil von ca. 5 % entsprach, wesentlich zu steigern. Heutige Zuckerrüben (▷B 2) enthalten bis zu 20 % Zucker.

Die Gewinnung von Rübenzucker. Nach einer äußerlichen Reinigung werden die Rüben geschnitzelt. Anschließend wird der Zucker mit heißem Wasser extrahiert. Die so gewonnene Zuckerlösung, der Rohsaft, enthält neben Zucker auch noch andere Stoffe wie Eiweiße, Salze, Säuren und pflanzliche Farbstoffe.
Durch Zusatz einer wässrigen Calciumhydroxidsuspension (Kalkmilch) und Kohlenstoffdioxid wird ein großer Teil der Begleitstoffe ausgefällt und anschließend abfiltriert. Das Filtrat wird zu einem dicken Sirup eingedampft, aus dem sich beim Abkühlen Zuckerkristalle ausscheiden (Grundsorte). Sie werden durch Zentrifugieren vom dunkelbraunen Sirup abgetrennt.
Durch erneutes Eindampfen des Sirups wird Rohzucker gewonnen. Er ist braun gefärbt, klebrig und hat einen

Süßstoffe. Von vielen Menschen werden Getränke oder Süßwaren bevorzugt, die künstlich hergestellte Süßstoffe enthalten. Sie besitzen eine stärkere Süßkraft als Rohrzucker, aber keinen entsprechenden Brennwert und tragen deshalb kaum zur Energieversorgung bei. Darin liegt ihre Bedeutung im Einsatz als Diät-Süßungsmittel. Da nicht sicher auszuschließen ist, dass von ihrem Genuss gesundheitliche Schäden ausgehen, hat die Weltgesundheitsorganisation (WHO) Höchstmengen festgesetzt, die täglich mit der Nahrung ohne Risiko aufgenommen werden können.
Sie werden **ADI-Werte** (**A**cceptable **d**aily **i**ntake) genannt und in mg pro kg Körpergewicht angegeben.

Süßstoff	ADI-Wert	tägl. Höchstaufnahme bei 60 kg Körpergew.	ersetzte Zuckerportion
Acesulfam	15 mg/kg	900 mg	180 g
Aspartam	40 mg/kg	2400 mg	480 g
Cyclamat	11 mg/kg	660 mg	26 g
Saccharin	2,5 mg/kg	150 mg	60 g

Beigeschmack. Bei der nachfolgenden Reinigung (Raffination) wird der Rohzucker erneut aufgelöst. Nach der Behandlung mit Aktivkohle (Entfärberkohle) kristallisiert weißer Raffinadezucker aus.
Der letzte Rest des bei der Zuckergewinnung anfallenden Rübensaftes wird Melasse genannt. Sie ist für den menschlichen Genuss nicht geeignet und wird zur Gewinnung von Futtermitteln weiter verarbeitet.

Haushaltszucker kommt in verschiedenen Formen in den Handel (▷B 4). Brauner Zucker wird aus weißem Zucker unter Zusatz von Karamell hergestellt.

Molekülbau und Eigenschaften. Saccharose hat die Summenformel $C_{12}H_{22}O_{11}$. Ihre Moleküle sind jeweils aus einem α-Glucose- und einem Fructosering aufgebaut. Wenn ein Glucose- und ein Fructosemolekül miteinander reagieren, entsteht unter Abspaltung eines Wassermoleküls ein Saccharosemolekül. Saccharose wird deshalb als Doppelzucker **(Disaccharid)** bezeichnet. Dementsprechend bezeichnet man Glucose und Fructose als Monosaccharide. In Wasser ist Saccharose sehr gut löslich. Die Wasserlöslichkeit bei 20 °C beträgt etwa 204 g/(100 g). Beim Erhitzen auf 170 °C schmilzt Saccharose und bildet eine allmählich braun werdende Schmelze („Karamell"). Die wässrige Lösung wird als *Zuckercouleur* zum Anfärben von Lebensmitteln (z. B. von Cola-Getränken) verwendet. Mit Fehling'scher Lösung reagiert Saccharose nicht.
Durch Einwirkung von Säuren oder Enzymen lässt sich Saccharose in ein Gemisch aus Glucose und Fructose aufspalten. Bienenhonig enthält ein Glucose-Fructose-Gemisch, das durch Enzyme der Bienen aus Saccharose entstanden ist. Auch im menschlichen Verdauungstrakt ist ein saccharosespaltendes Enzym vorhanden.

Gesundheitsgefährdung. Der vermehrte Genuss von Zucker ist gesundheitlich nicht unbedenklich und kann zu Übergewicht führen. Zucker wird häufig als „leerer Energieträger" bezeichnet, da er im Vergleich mit anderen Lebensmitteln keine weiteren Stoffe, z. B. Vitamine und Mineralstoffe, enthält. Bei hohem Anteil von Haushaltszucker in der Ernährung können deshalb trotz ausreichender Energieversorgung Mangelerscheinungen auftreten.
Der Kariesbefall der Zähne wird durch den erhöhten Genuss von zuckerhaltigen Nahrungsmitteln begünstigt. Schon wenige Stunden nach dem letzten Zähneputzen entsteht auf den Zähnen ein dünner Belag aus Bakterien. Ihnen dient u. a. Zucker als Nahrungsquelle, den sie unter Bildung von Säuren abbauen. Diese greifen den Zahnschmelz an. Es entstehen Löcher. Am stärksten wirken Dauerlutscher und Bonbons. Zur Verhütung von Karies ist eine gründliche Zahnreinigung nach jeder Mahlzeit ratsam.

B 4 Haushaltszucker in verschiedenen Handelsformen

Diabetes mellitus, Zuckerkrankheit.

Diabetes mellitus (von lat. mellitus, honigsüß) ist eine Stoffwechselkrankheit, bei der das Hormon Insulin nicht oder nicht im erforderlichen Maße von der Bauchspeicheldrüse hergestellt wird. Insulin senkt die Glucosekonzentration des Blutes (Blutzuckerspiegel), indem es den Eintritt von Glucose in die Körperzellen ermöglicht. Dort kann dann die Oxidation der Glucose stattfinden.

Fehlt Insulin, steigt der Blutzuckerspiegel, Glucose kann nicht verwertet werden und wird mit dem Harn ausgeschieden. Sehr stark erhöhter Blutzuckerspiegel kann Bewusstlosigkeit („Koma") und Tod zur Folge haben. Häufig auftretende Langzeitfolgen von Diabetes sind Veränderungen der Blutgefäße, die zur mangelhaften Durchblutung von Organen führen.
Eine Behandlung der Krankheit kann durch Insulin erfolgen, das ins Blut gespritzt wird, oder durch Medikamente, die über den Mund aufgenommen werden und die Bauchspeicheldrüse aktivieren.

Diabetiker müssen eine Diät einhalten, bei der sie die Zufuhr von Nahrungsmitteln, die Glucose enthalten oder bei der Verdauung freisetzen (Saccharose, Stärke), genau kontrollieren. Als Zuckeraustauschstoff wird häufig Fructose eingesetzt, da sie ohne Abhängigkeit von Insulin in Zellen eintreten und dort oxidiert werden kann. Außerdem werden künstlich hergestellte Süßstoffe (Zuckerersatzstoffe) verwendet.

Aufgrund erblicher Voraussetzungen tragen manche Menschen ein erhöhtes Risiko an Diabetes zu erkranken. Auslöser für das Auftreten der Krankheit können Überernährung, Bewegungsmangel, aber auch Stress und seelische Belastung sein. Durch eine entsprechende Lebensweise kann das Risiko an Diabetes zu erkranken verringert werden.

B 1 Speisestärke findet vielseitige Verwendung

B 2 Stärkenachweis mit Iodlösung

V 1 Gib zu Stärkelösung einige Tropfen Iodlösung und erwärme vorsichtig.

V 2 Prüfe verschiedene Nahrungsmittel (z. B. Kartoffeln, Mehl, Bohnen) darauf, ob sie Stärke enthalten.

A 1 Begründe, warum auch bei völlig zuckerfreier Ernährung der Blutzuckerspiegel ansteigen kann.

B 3 Ausschnitt aus einem Stärke- bzw. Cellulosemolekül. Bauelemente sind α-Glucose bzw. β-Glucoseeinheiten

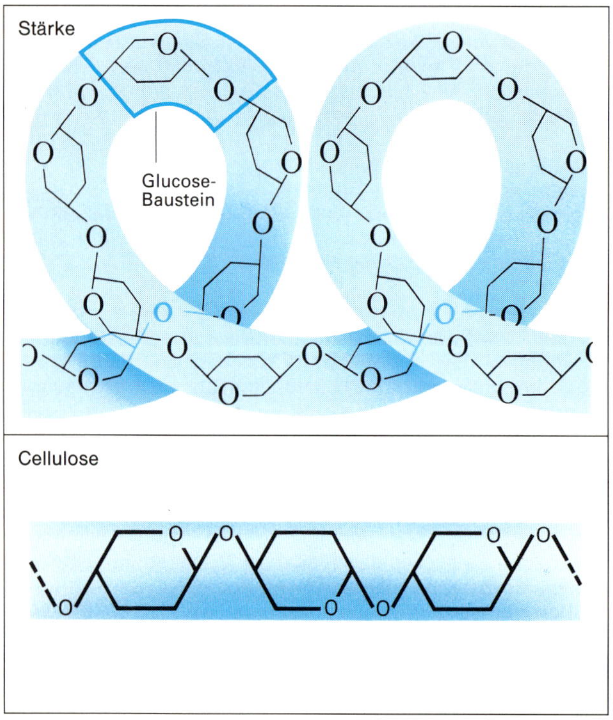

Als Reservestoff wird von vielen Pflanzen Stärke gebildet. Sie ist Hauptbestandteil vieler Pflanzensamen (z. B. Getreidekörner) und wird auch in unterirdischen Teilen von Pflanzen (z. B. Kartoffelknollen) abgelagert. Keimenden Pflanzen dient Stärke als Energiequelle und Baumaterial. Sie ist ein wichtiger Nährstoff für den Menschen und in vielen Lebensmitteln pflanzlicher Herkunft enthalten (▷ B 1).

Eigenschaften von Stärke. In kaltem Wasser ist Stärke nicht löslich. Bei Behandlung mit heißem Wasser zeigt sich, dass Stärke kein einheitlicher Stoff ist. Sie besteht aus der wasserlöslichen Amylose („lösliche Stärke") und dem lediglich aufquellenden Amylopektin. Ein empfindliches Reagenz auf Stärke ist Iodlösung. Mit Amylose entsteht eine tiefblaue, mit Amylopektin eine rotbraune Färbung.
Mit Fehling'scher Lösung reagiert Stärke nicht.

Molekülbau. Stärkelösung ist nicht klar. Das kommt daher, dass Stärkemoleküle sehr groß sind, es sind **Makromoleküle**. Sie bestehen aus zahlreichen α-Glucose-Molekülen, die sich unter Wasserabspaltung miteinander verbunden haben und eine schraubenförmig gewundene Kette bilden (▷ B 3). Die angenäherte Summenformel ist $(C_6H_{10}O_5)_n$ mit $n \approx 300$. Amylosemoleküle bestehen somit aus etwa 300 Glucoseeinheiten. Die Moleküle des Amylopektins sind aus mehreren Tausend Glucoseeinheiten zusammengesetzt und bilden verzweigte Ketten. Stärke ist ein **Polysaccharid** (von griech. polys, viel).

Bei der Iod-Stärke-Reaktion werden Iodmoleküle in die Hohlräume der „Stärkeschraube" eingelagert. Die entstehende farbige Verbindung ist in der Hitze nicht beständig (▷ V 1).

Stärke als Nährstoff. Wenn man Brot nach dem Kauen noch einige Zeit im Mund behält, bemerkt man einen süßen Geschmack. Verdauungsenzyme des Speichels (Amylasen) bauen die Stärkemoleküle ab unter Bildung von *Malzzucker, Maltose.* Es ist ein Disaccharid, das aus zwei Glucoseeinheiten aufgebaut ist. Bei der weiteren Verdauung entsteht daraus Glucose, die ins Blut aufgenommen wird. Stärke ist somit ein wichtiger Nährstoff, der der Energieversorgung des Körpers dient. Stärke wird zusammen mit den verschiedenen Zuckerarten zu den **Kohlenhydraten** gezählt.

Werden dem Körper mehr Kohlenhydrate zugeführt als zur Energieversorgung erforderlich sind, wird in der Leber und in den Muskeln Glycogen als Reservesubstanz gebildet. Glycogenmoleküle sind ähnlich gebaut wie die des Amylopektins. Bei anhaltender Überernährung wird Fett als Reservesubstanz gebildet.

Die wichtigste Gerüstsubstanz der Pflanzen ist Cellulose. Sie ist der Hauptbestandteil der Zellwand. Holz enthält ca. 40 bis 60 % Cellulose; manche Pflanzenfasern, z. B. Baumwolle, bestehen aus fast reiner Cellulose. Vollkornprodukte und Hülsenfrüchte sind Lebensmittel, die einen hohen Celluloseanteil besitzen.

Eigenschaften und Molekülbau der Cellulose. Die in Wasser unlösliche Cellulose ist ähnlich wie Stärke ein Polysaccharid, dessen Makromoleküle aus einigen Tausend Glucoseeinheiten aufgebaut sind. Trotz dieses übereinstimmenden Bauprinzips zeigen sich deutliche Unterschiede in den Eigenschaften im Vergleich mit Stärke. Cellulose reagiert z. B. nicht mit Iodlösung.
Dies ist darauf zurückzuführen, dass im Gegensatz zu Stärke die Cellulosemoleküle nur aus β-Glucoseeinheiten (↗ Kap. 19.2, ▷ B 3) aufgebaut sind. Dadurch bildet sich keine schraubige, sondern eine gestreckte Molekülgestalt aus.
Parallel ausgerichtete Moleküle können untereinander durch Wasserstoffbrücken verbunden sein. Bereiche mit kristalliner Ordnung wechseln sich ab mit solchen, in denen Cellulosemoleküle miteinander verknäuelt sind. Der Molekülverband zeichnet sich durch Elastizität und Festigkeit aus. Diese Eigenschaften werden auch bei Holz als Baustoff geschätzt.

Bedeutung der Cellulose für die Ernährung. Cellulose wird wie Stärke zu den Kohlenhydraten gezählt. Sie kann allerdings nicht zur Energieversorgung herangezogen werden, da sie unverdaulich ist. Das liegt daran, dass Enzyme des menschlichen Verdauungstraktes die Verbindungen zwischen den β-Glucoseeinheiten nicht angreifen können. Dazu sind nur bestimmte Mikroorganismen in der Lage, z. B. die im Pansen der Rinder lebenden Bakterien. Sie wandeln die Cellulose in Stoffe um, die durch die Wand des Pansens aufgenommen und anschließend verdaut werden können.

Auch durch Säuren können Cellulosemoleküle aufgespalten werden (Celluloseverzuckerung). Bisher gibt es allerdings kein Verfahren für den menschlichen Genuss geeignete und preiswerte Lebensmittel aus Cellulose herzustellen.

Bis vor wenigen Jahren wurde Cellulose als ein für den Menschen völlig unnötiger Stoff („Ballast") angesehen, weil sie unverdaut und offenbar ohne Wirkung den menschlichen Darm passiert. Inzwischen hat sich jedoch herausgestellt, dass ihr in der Ernährung eine wichtige Rolle zukommt. Als **Ballaststoff** gibt sie dem Darm die nötige Füllung und aktiviert ihn, indem sie die Darmbewegung fördert. Ballaststoffreiche Nahrung beugt zahlreichen Krankheiten vor.

B 4 Papierherstellung

Cellulosegewinnung. Der wichtigste Rohstoff ist Nadelholz. Aus ihm wird mit einem rotierenden Schleifstein Holzschliff gewonnen. Er enthält Fasern von 1 bis 4 mm Länge. Durch Kochen mit Chemikalien (z. B. Calciumhydrogensulfit-Lösung) wird das im Holz enthaltene Lignin in eine lösliche Verbindung überführt. Die hierbei gewonnenen Cellulosefasern (Zellstoff) werden zur Herstellung von Papier verwendet.

Die Papiermaschine. Kernstück der industriellen Herstellung von Papier ist die Papiermaschine. Sie kann eine Breite bis zu 10 m und eine Länge bis zu 200 m haben. Verschiedene Faserstoffe (z. B. Holzschliff, Zellstoff und Altpapier) werden zusammen mit Füll- und Hilfsstoffen zu einer stark verdünnten wässrigen Mischung angerührt (Massenanteil des Wassers ca. 90 %). Sie wird durch einen Schlitz (Stoffauflauf) gleichmäßig über die volle Breite der Maschine auf ein umlaufendes Sieb verteilt. Während das Wasser durch das Sieb abtropft, lagern sich die Fasern ab und verfilzen miteinander zu einer einheitlichen Papierbahn. Am Ende des Siebes wird das Papier abgehoben und zur weiteren Entfernung des Wassers gepresst. Anschließend wird es über bis zu 100 dampfbeheizte Zylinder geführt und getrocknet. Am Ende wird es zu Rollen aufgewickelt.

Einsatz von Altpapier. Theoretisch wäre es möglich Papier in einem geschlossenen Kreislauf ausschließlich aus Altpapier herzustellen. Da sich aber bei jedem Umlauf die Faserqualität verschlechtert, muss ständig frisches Material zugefügt werden. Die Einsatzquote des Altpapiers liegt bei über 40 %.

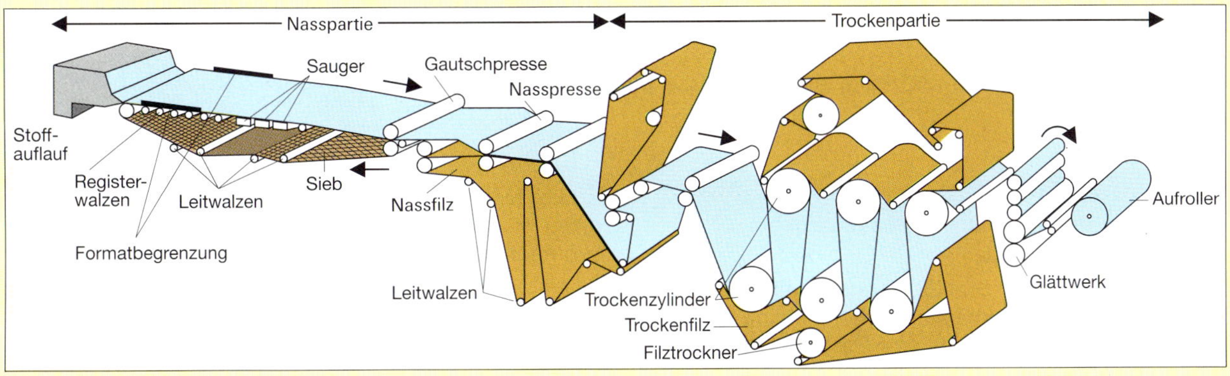

19.5 Projekt: Kohlenhydrate

B 1 Einige Nahrungsmittel, die in diesem Projekt untersucht werden

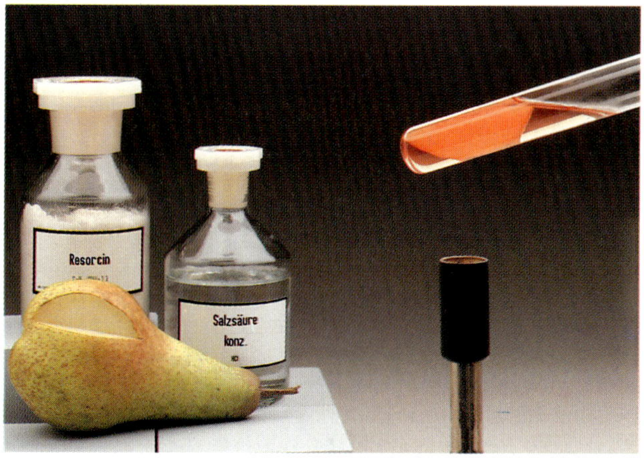

B 2 Fructosenachweis mit Resorcin in salzsaurer Lösung. Die Rotfärbung zeigt Fructose an

Versuch 1 Prüfung von Lebensmitteln auf Glucose und Fructose

Geräte und Materialien:
Schutzbrille, Brenner, Dreifuß, Reagenzgläser, Becherglas (250 ml), Löffel, Messer, Glucose, Fructose, Fehling'sche Lösungen I und II, Resorcin, Salzsäure ($c = 2$ mol/l), Glucoteststäbchen, Äpfel, Birnen, Rosinen, Honig usw.

Durchführung:
a) Fehling-Reaktion: Gib in einige Reagenzgläser je 2 ml der Lösungen Fehling I und Fehling II und schüttle um (Schutzbrille! Vorsicht! Das Fehling-Reagenz ist stark alkalisch!). Füge jeweils eine kleine Probe der zu untersuchenden Nahrungsmittel hinzu. Stelle die Gläser in ein Wasserbad mit heißem Wasser.
b) Nachweis von Fructose: Gib in einige Reagenzgläser jeweils ca. 3 ml Salzsäure (Vorsicht! Schutzbrille!) und einige Kristalle Resorcin. Füge kleine Proben von Glucose, Fructose oder den zu untersuchenden Nahrungsmitteln zu. Stelle die Gläser in ein Wasserbad mit siedendem Wasser.
c) Nachweis von Glucose: Prüfe Proben der zur Verfügung stehenden Nahrungsmittel mit Glucoteststäbchen.

Auswertung:
Protokolliere die Versuche und halte die Ergebnisse in Tabellenform fest.

Versuch 2 Untersuchung von Saccharose

Geräte und Chemikalien:
Schutzbrille, Brenner, Dreifuß, Reagenzgläser, Becherglas (250 ml), Spatel, Indikatorpapier, Fehling'sche Lösungen I und II, Salzsäure ($c = 2$ mol/l), Natronlauge ($c = 2$ mol/l), Resorcin, Glucoteststäbchen, Saccharose

Durchführung:
a) Führe entsprechend Versuch 1 die Fehling'sche Probe mit Saccharose durch (Sicherheitshinweise beachten!).
b) Gib eine Spatelspitze Saccharose zu etwa 3 ml Salzsäure (Vorsicht! Schutzbrille!) und erwärme 10 Minuten im Wasserbad. Verteile die saure Lösung auf zwei Reagenzgläser. Gib in eines der beiden einige Kristalle Resorcin und stelle es ins siedende Wasserbad. Neutralisiere den Inhalt des anderen mit Natronlauge, tauche ein Glucoteststäbchen hinein und führe anschließend die Fehling'sche Probe aus (Sicherheitshinweise beachten!).
(Hinweis zur Fehling'schen Probe: Es darf nur so wenig von der neutralisierten Zuckerlösung zu dem fertigen Fehling-Reagenz gegeben werden, dass die tiefblaue Färbung erhalten bleibt.)

Auswertung:
Halte die Versuchsergebnisse in übersichtlicher Form fest und erkläre die Ergebnisse der Experimente.

Versuch 3 Prüfung auf Stärke

Geräte und Chemikalien:
Brenner, Reagenzgläser, Iodlösung (Iod in Kaliumiodidlösung), Kartoffeln, Mehl, Reis, verschiedene Früchte, Zucker

Durchführung:
Erhitze kleine Mengen der zu untersuchenden Nahrungsmittel in einem Reagenzglas mit Wasser zum Sieden. Gib nach dem Abkühlen jeweils einige Tropfen Iodlösung hinzu.

Auswertung:
Stelle tabellarisch zusammen, welche der untersuchten Lebensmittel Stärke enthalten.

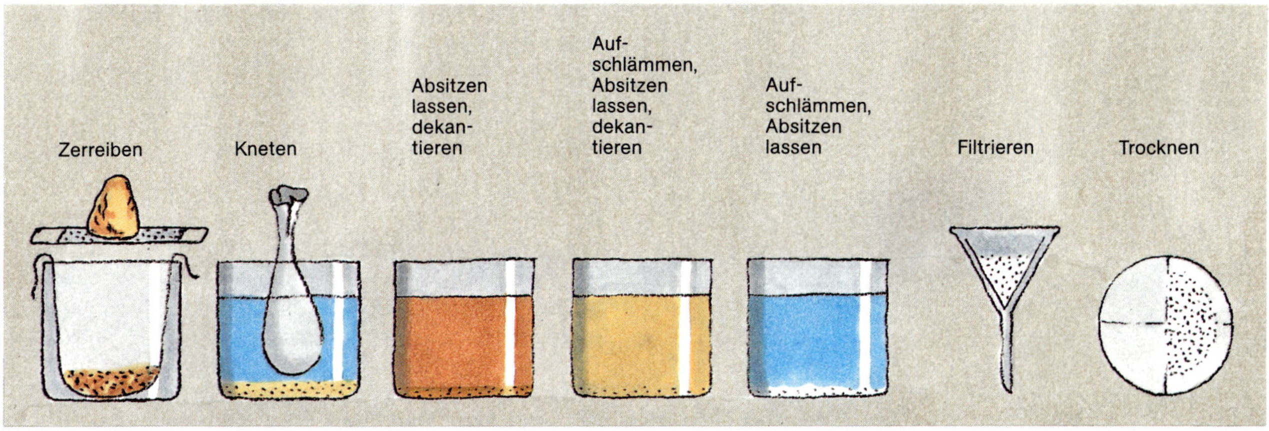

B 3 Gewinnung von Stärke aus Kartoffeln. Es können mehrere Reinigungsschritte notwendig sein, um ein rein weißes Produkt zu erhalten

Versuch 4 Gewinnung von Stärke aus Kartoffeln

Geräte und Chemikalien: Kartoffelreibe, Schüssel, Leinentuch (Küchenhandtuch), Becherglas (1000 ml), Filterpapier, Glastrichter, Iodlösung (Iod in Kaliumiodidlösung)

Durchführung: a) Herstellung von Kartoffelmus. Zerreibe zwei oder drei geschälte Kartoffeln (ca. 150 g) über einer Schüssel, die mit einem Leinentuch ausgekleidet ist. Das Tuch soll über den Schüsselrand hinaushängen.
b) Extraktion der Stärke. Schließe das Kartoffelmus durch Eindrehen in das Tuch dicht ein. Gib den durch das Tuch hindurchgetretenen Kartoffelsaft und etwa 600 ml kaltes Wasser in das Becherglas. Hänge das Tuch mit dem Kartoffelmus hinein und knete es etwa 5 Minuten unter Wasser gut durch. Drücke das Tuch zum Schluss kräftig aus.
c) Reinigung des Extraktes. Lass das Glas zum Sedimentieren der Stärke etwa 10 Minuten stehen und dekantiere dann die überstehende braune Flüssigkeit. Schlämme die Stärke noch mindestens zweimal mit ca. 400 ml kaltem Wasser auf und dekantiere jeweils nach ca. 10 Minuten. Spüle die zurückbleibende weiße Stärke in ein Filter, wasche mit Wasser nach und breite anschließend die Stärke zum Trocknen aus.

Auswertung: Prüfe eine Probe der Stärke mit Iodlösung.

Versuch 5 Unterscheidung von Amylose und Amylopektin

Geräte und Chemikalien: Brenner, Dreifuß, Becherglas (250 ml), Waage, Chromatografiepapier, Schere, Glasstab, Tropfpipette mit Gummihütchen, Petrischale, Kartoffelstärke, verd. Iodlösung (helle Lösung von Iod in Kaliumiodidlösung)

Durchführung: Gib 0,1 g der gewonnenen Kartoffelstärke in 100 ml Wasser und erhitze unter ständigem Umrühren. Lass den Inhalt 10 Minuten sieden. Nimm einen kleinen Teil der Flüssigkeit in eine Tropfpipette auf, setze sie mit der Spitze auf ein Stückchen Chromatografiepapier und lass langsam Flüssigkeit auslaufen, so dass sich ein Fleck von ca. 1,5 cm Durchmesser ergibt. Gib eine kleine Portion der verdünnten gelben Iodlösung auf ein Uhrglas und benetze das vorbehandelte Papier damit.

Auswertung: Betrachte die Vorder- und Rückseite des Papiers und erkläre die Beobachtungen.

Versuch 6 Verdauung von Stärke

Geräte und Chemikalien: Brenner, Dreifuß, Becherglas (250 ml), Becherglas (100 ml), Reagenzgläser, Glasstab, Spatel, Thermometer, Stärke, Pankreatin-Tablette, Mörser, Iodlösung (Iod in Kaliumiodidlösung)

Durchführung: Gib 1 g Kartoffelstärke aus Versuch 4 zu 10 g kaltem Wasser und erwärme im heißen Wasserbad, bis sich ein Stärkekleister bildet.
Zerstoße eine Pankreatin-Tablette im Mörser, füge eine Spatelspitze davon zu dem auf ca. 35 °C abgekühlten Stärkekleister und rühre mit einem Glasstab um. Entnimm sofort eine kleine Probe (ca. 0,5 ml), gib sie in ein Reagenzglas mit ca. 10 ml Wasser und füge zwei Tropfen Iodlösung hinzu. Lass die Verdauungsenzyme einwirken und wiederhole die Prüfung mit Iodlösung im Abstand von jeweils 5 Minuten.

Auswertung: Vergleiche die Konsistenz des Breies vor und nach Zugabe des Pankreatins und gib an, welche Veränderung die Stärke unter dem Einfluss der Verdauungsenzyme erfährt.

19.6 Aufbau und Zusammensetzung der Fette

B 1 Einige Speisefette und -öle tierischer und pflanzlicher Herkunft

V 1 Gib Proben verschiedener Fette (z. B. Butter, Schweineschmalz und Kokosfett) in je ein Reagenzglas. Erwärme die Proben im Wasserbad und ermittle den Schmelztemperaturbereich.

A 1 Zu welchen Stoffklassen gehören die Verbindungen des Heizöls bzw. des Salatöls?

A 2 Wie viele verschiedene Fettsäureglycerinester können bei der Reaktion von Glycerin mit einem Gemisch aus Palmitin- und Stearinsäure gebildet werden? Stelle die verschiedenen Fettmoleküle schematisch wie in ▷ B 3 dar.

A 3 Erläutere durch Auswertung der Tabelle ▷ B 5, wovon es abhängt, ob ein Fett bei Zimmertemperatur fest, halbfest oder flüssig ist.

Fette kommen in vielen Lebensmitteln tierischer und pflanzlicher Herkunft (▷ B 1) vor.
Nach ihrem Aggregatzustand bei Zimmertemperatur teilt man die Fette in feste, halbfeste und flüssige Fette ein (▷ B 1). Die flüssigen Fette bezeichnet man auch als fette Öle, um sie eindeutig von den Mineralölen zu unterscheiden, bei denen es sich um Kohlenwasserstoffgemische handelt.

Aufbau der Fettmoleküle. Fette und Öle, wie sie für die menschliche Ernährung in Frage kommen, lassen sich chemisch durch eine Reaktion mit Natronlauge zerlegen. Dabei entstehen der dreiwertige Alkohol Propantriol (Glycerin) und Natriumsalze langkettiger Carbonsäuren (Fettsäuren). Die Reaktion ist eine Esterspaltung. Fette sind **Fettsäureglycerinester** (▷ B 2).

Es gibt Fettmoleküle, in denen ein Glycerinmolekül mit drei gleichen Fettsäuremolekülen verestert ist, weit häufiger kommen jedoch Fettmoleküle vor, in denen ein Glycerinmolekül mit zwei (▷ B 3) oder drei verschiedenen Fettsäuremolekülen verestert ist.
Die Fettsäureglycerinester werden nach dem systematischen Namen als **Acylglycerine** bezeichnet. Wenn alle drei Hydroxylgruppen der Glycerinmoleküle mit Fettsäuremolekülen verestert sind, heißen die Ester Triacylglycerine. Sie werden häufig auch *Triglyceride* genannt. Die Triacylglycerine stellen von der Menge her die größte und bedeutendste Gruppe dar. Di- und Monoacylglycerine (Di- und Monoglyceride) kommen in der Natur seltener vor.

Fette sind Ester bestimmter langkettiger Carbonsäuren (Fettsäuren) und Glycerin. Natürlich vorkommende Fette sind Gemische verschiedener Fettsäureglycerinester.

B 2 Aufbau eines Fettmoleküls. Die drei Fettsäuren können unterschiedlich sein

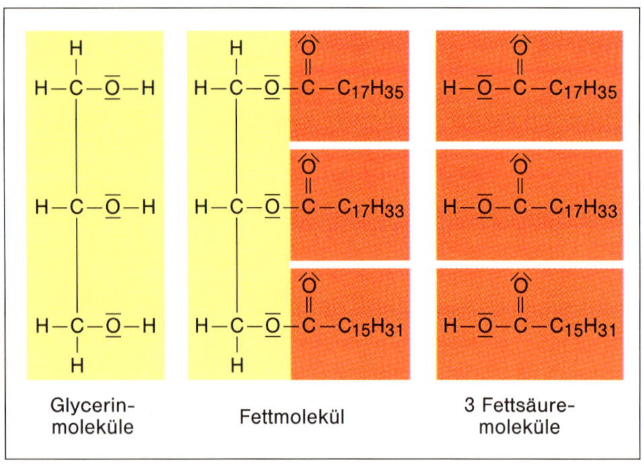

B 3 Fettmolekül. Oben: Kalottenmodell mit verschiedenen Fettsäureresten. Unten: Aufbauschema

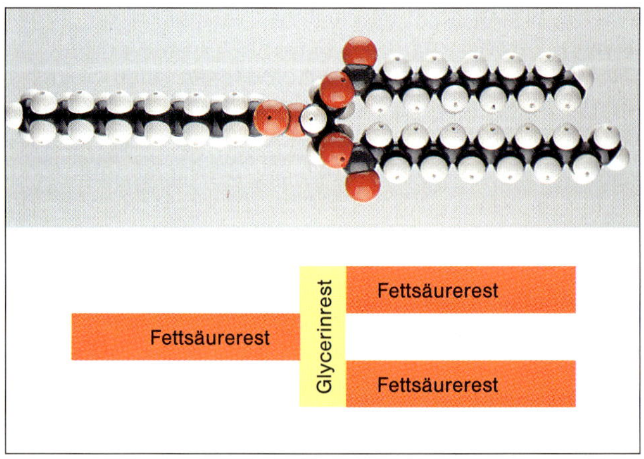

Zusammensetzung von Fetten. Bei Temperaturerhöhung erweichen Fette allmählich. Für die in der Natur vorkommenden Fette kann deshalb kein exakter Wert der Schmelztemperatur angegeben werden, sondern nur ein **Schmelztemperaturbereich**. Dies deutet darauf hin, dass die Fette keine Reinstoffe, sondern Gemische verschiedener Glycerinester sind. Ihre Moleküle enthalten Fettsäurereste, die aus einer unterschiedlichen, aber geraden Anzahl von C-Atomen (meist zwischen 12 und 18) aufgebaut sind. Dabei handelt es sich nicht nur um gesättigte Fettsäuren (Alkansäuren), sondern auch um solche, deren Moleküle C=C-Doppelbindungen aufweisen. Man spricht von einfach oder mehrfach ungesättigten Fettsäuren (▷ B 4).
Die Geradzahligkeit ist darauf zurückzuführen, dass im Stoffwechsel der Lebewesen die Fettsäuremoleküle aus Baueinheiten, die zwei C-Atome enthalten, zusammengefügt werden.

Aus der Zahl der in Frage kommenden gesättigten und ungesättigten Fettsäuren, ihren Kombinationsmöglichkeiten und dem Anzahlverhältnis der verschiedenen Molekülarten zueinander ergibt sich eine Vielzahl verschiedener Fette.
Es ist daher verständlich, dass jede Pflanzen- oder Tierart bestimmte arteigene Fette besitzt. Selbst die Organe *eines* Lebewesens enthalten verschiedene Fette.

Es ist schwierig aus einem Fett die verschiedenen Fettsäureglycerinester zu isolieren. Zur Charakterisierung eines Fettes spaltet man es in Glycerin und Fettsäuren und gibt den Massenanteil der einzelnen Fettsäuren an, die hierbei entstehen (▷ B 5).

Aggregatzustand der Fette. Die Eigenschaften eines Fettes werden von der Kettenlänge der Fettsäuremoleküle beeinflusst und davon, ob es überwiegend aus Fettsäureglycerinestern gesättigter oder ungesättigter Fettsäuren besteht. Mit steigender durchschnittlicher Kettenlänge der Fettsäurereste steigt der Schmelztemperaturbereich. Je mehr Fettsäureglycerinester gesättigter Fettsäuren ein Fett enthält, desto härter ist es. Öle enthalten einen hohen Anteil von Estern der ungesättigten Fettsäuren Öl-, Linol- und Linolensäure.

Iodzahl. Ungesättigte Fettsäuren und ihre Ester reagieren mit Brom- und auch mit Iodlösung. Dabei tritt eine Entfärbung der Halogenlösung auf (↗ Kap. 17.10).
Aus dem Volumen der entfärbten Iodlösung wird in der Lebensmittelchemie die Iodzahl bestimmt. Sie gibt an, wie viel Gramm Iod von 100 g Fett gebunden werden. Fette mit einem hohen Anteil an Estern ungesättigter Fettsäuren besitzen eine hohe Iodzahl.

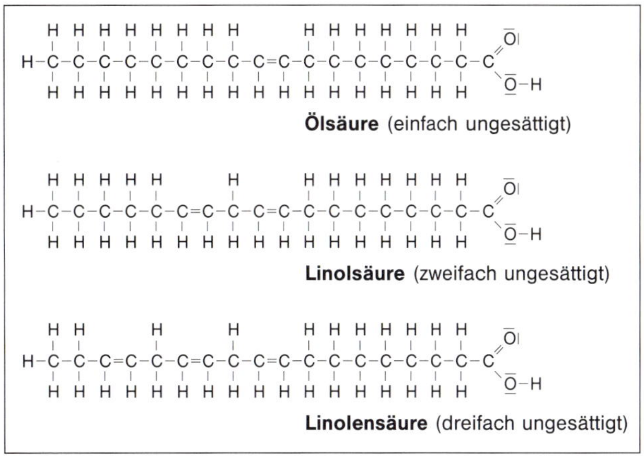

B 4 Moleküle ungesättigter Fettsäuren mit gleicher Anzahl von C-Atomen

V 2 Man löst je 1 g Kokosfett, Butter, Margarine, Olivenöl, Leinöl und Ölsäure in je 10 ml 1-Propanol. Aus einer Bürette lässt man so lange frisch zubereitete Bromlösung (ca. 1 bis 2 ml Brom in 50 ml 1-Propanol) zufließen, bis die Bromfarbe etwa 2 Minuten bestehen bleibt (Abzug!). Man vergleicht den Bromverbrauch.

B 5 Fettsäureanteile einiger Nahrungsfette (Massenanteile in Prozent). Nicht alle vorkommenden Fettsäuren sind dargestellt

Name	tierische Fette		pflanzliche Fette			
Summenformel	Butterfett	Schweinefett	Kokosfett	Olivenöl	Sonnenblumenöl	Leinöl
gesättigte Fettsäuren:						
Buttersäure C_3H_7COOH	3	–	–	–	–	–
Laurinsäure $C_{11}H_{23}COOH$	3	–	48	–	–	–
Myristinsäure $C_{13}H_{27}COOH$	9	2	15	2	–	–
Palmitinsäure $C_{15}H_{31}COOH$	24	27	9	15	5	7
Stearinsäure $C_{17}H_{35}COOH$	13	14	3	2	2	3
ungesättigte Fettsäuren:						
Ölsäure $C_{17}H_{33}COOH$	30	45	6	71	27	18
Linolsäure $C_{17}H_{31}COOH$	2	8	2	8	65	14
Linolensäure $C_{17}H_{29}COOH$	1	–	–	–	–	58
Iodzahl	35	65	7	80	130	180
Schmelzbereich (°C)	31 bis 36	36 bis 42	23 bis 28	–3 bis 0	–18 bis –11	–20 bis –16

19.7 Eigenschaften und Bedeutung der Fette

B 1 Flüssiges Fett brennt mit stark rußender Flamme

B 2 Fettbrand. Keinesfalls mit Wasser löschen

V 1 Presse Nusskerne, Sonnenblumenkerne oder Mohn zwischen zwei Filterpapieren.

V 2 Untersuche die Löslichkeit von Speiseöl und Kokosfett in Benzin, Propanon (Aceton), Wasser und Ethanol. Erwärme die Proben im Wasserbad.

V 3 Schüttle ein Gemisch aus Speiseöl und Wasser kräftig. Beobachte die Entmischung der Emulsion. Setze dem Gemisch etwas Eigelb zu und wiederhole den Versuch.

A 1 Fleckenpasten werden eingesetzt, um Fettflecken zu entfernen. Worauf beruht ihre Wirkung?

B 3 Milch unter dem Mikroskop. Emulgiertes Fett

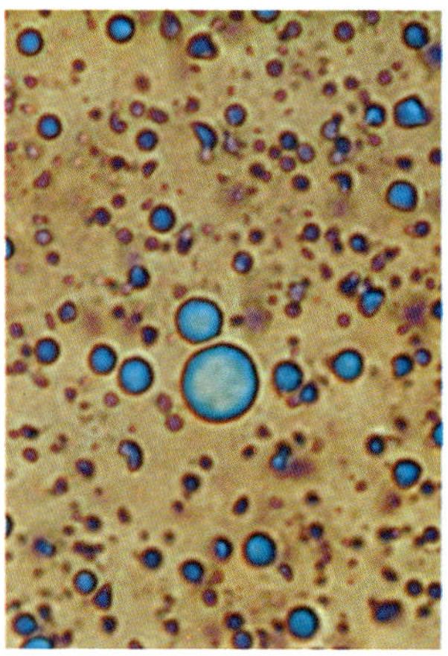

B 4 Herstellung von Mayonnaise

Fettnachweis. Fette verdunsten nur langsam. Sie bilden daher auf saugfähigem Papier bleibende Flecke. Durch eine einfache Fettfleckprobe (▷ V 1) können Fette z. B. in Pflanzensamen nachgewiesen werden.

Brennbarkeit. Flüssiges Fett lässt sich bei Zimmertemperatur nicht mit einem Streichholz entzünden. In einem Docht steigt Fett leicht auf und lässt sich durch die Wärme des brennenden Streichholzes verdampfen. Fettdampf brennt mit stark rußender Flamme (▷ B 1).

Gerät heißes Fett z. B. in einer Pfanne in Brand (▷ B 2), darf es keinesfalls mit Wasser gelöscht werden. Gibt man Wasser zu heißem oder brennendem Fett, sinkt ein Teil des Wassers wegen der größeren Dichte unter das Fett. Aufgrund der hohen Temperatur des Fettes verdampft das Wasser schlagartig (1 l Wasser verdampft zu etwa 1700 l Wasserdampf), mit dem Wasserdampf wird heißes, brennendes Fett emporgeschleudert, das in der feinen Verteilung besonders heftig mit dem Sauerstoff der Luft reagiert. Fettbrände werden durch Abdecken gelöscht. Dadurch wird der Zutritt des zur Verbrennung notwendigen Sauerstoffs verhindert.

Löslichkeit. In Wasser sind Fette nicht löslich, da ihre Moleküle keine hydrophilen Gruppen besitzen. Wegen der langen Alkylreste ihrer Moleküle sind Fette nur in lipophilen Lösungsmitteln wie Benzin löslich (▷ V 2). In Ethanol lösen sie sich nur bei höheren Temperaturen. Zum Entfernen eines Fettflecks benutzt man deshalb lipophile Lösungsmittel. Fleckenwasser sind Gemische solcher Lösungsmittel. Fleckenpasten enthalten neben dem Lösungsmittel noch ein Bindemittel, z. B. Magnesiumoxid. Es nimmt beim Verdunsten des Lösungsmittels das extrahierte Fett auf und lässt sich ausbürsten.

Mischt man ein flüssiges Fett und Wasser durch kräftiges Schütteln, bildet sich eine Emulsion, die sich bald wieder entmischt. Da die Dichte des Fettes kleiner ist als die des Wassers, schwimmt das Fett auf dem Wasser. Fügt man der Mischung Eigelb zu, dauert der Entmischungsvorgang wesentlich länger (▷ V 3).

Stoffe, die die Entstehung einer Emulsion fördern und die Entmischung verzögern oder verhindern, nennt man Emulgatoren.

Die Entmischung der Fett-Wasser-Emulsion Milch (▷ B 3) wird durch Eiweiße verzögert, welche die kleinen Fetttröpfchen von etwa $\frac{1}{1000}$ bis $\frac{1}{100}$ mm Durchmesser umhüllen. Zur Buttergewinnung muss man diese Eiweißumhüllungen durch Schlagen zerstören, so dass die Fett-Tröpfchen zusammenfließen können. Bei der Mayonnaiseherstellung (▷ B 4) werden Speiseöl und Wasser emulgiert, wobei Eigelb als Emulgator dient. Wird Mayonnaise tiefgekühlt, friert das Wasser aus, die Emulsion entmischt sich.

Bei der Herstellung vieler Nahrungsmittel werden Mono- bzw. Diacylglycerine als Emulgatoren eingesetzt.

Fette als Energiespender. Für den Körper sind Fette eine wichtige Energiequelle. Sie sind in vielen Nahrungsmitteln enthalten, nicht nur als sichtbares Fett in Butter, Margarine oder Öl, sondern auch als verstecktes Fett, z. B. in Käse, Wurst, Kartoffelchips, Erdnüssen und Schokolade (▷ B 5). Bei ihrem Abbau wird mehr als doppelt so viel Energie frei wie bei einer Zuckerportion gleicher Masse. Der tägliche Energiebedarf von Erwachsenen und Jugendlichen sollte nur zu etwa 30 bis 35 % durch den Verzehr von Fetten gedeckt werden. Dies entspricht je nach Körpergröße und -belastung einer Aufnahme von ca. 60 bis 80 g Fett pro Tag. In Deutschland werden aber täglich pro Einwohner mehr als 150 g Fett verzehrt. Das ist etwa das Doppelte des Bedarfs. Der erhöhte Fettverzehr führt zum Aufbau von Reservefett und ist eine Ursache für das Übergewicht vieler Menschen. Viele Krankheiten, z. B. Herzleiden, können als Folge von zu fettreicher Nahrung auftreten. Es ist wichtig den Fettverzehr zu senken.

Weitere Aufgaben von Fetten. Fett stellt für den menschlichen Körper nicht nur ein Energiedepot dar. Es isoliert auch gegen Wärmeverlust und schützt empfindliche Organe vor Stößen.
Obwohl Fette als Energiespender durch Kohlenhydrate ersetzbar sind und auch Körperfett aus Kohlenhydraten aufgebaut werden kann, erkranken Menschen bei einer völlig fettfreien Ernährung. Einige der in den Fetten gebundenen Fettsäuren werden zur Aufrechterhaltung wichtiger Körperfunktionen benötigt, können aber nicht vom menschlichen Stoffwechsel hergestellt werden. Diese **essenziellen Fettsäuren** müssen mit der Nahrung zugeführt werden. Zu ihnen gehört die Linolsäure zusammen mit anderen mehrfach ungesättigten Fettsäuren. Der tägliche Bedarf eines Menschen an diesen essenziellen Fettsäuren wird mit 10 g angegeben. Es ist deshalb notwendig, dass mit der Nahrung Fette aufgenommen werden, in denen ein hoher Anteil an Glycerinestern mit essenziellen Fettsäuren vorhanden ist (▷ B 6).
Eine zusätzliche Aufgabe haben Fette in Verbindung mit dem Vitaminstoffwechsel. Bestimmte Vitamine können nur zusammen mit Fetten aufgenommen werden, da sie fett-, aber nicht wasserlöslich sind. Dazu gehören die Vitamine A, D und E.

Alterung von Fetten. Bei längerem Lagern verderben Fette unter dem Einfluss von Licht, Sauerstoff und Mikroorganismen. Sie werden ranzig. Dabei werden die Fette in Glycerin und Fettsäuren gespalten. Frei werdende kurzkettige Fettsäuren, z. B. Buttersäure, verursachen den typischen, unangenehmen Geruch und Geschmack. Als weiterer Schritt erfolgt der Abbau der Fettsäuren, wobei ebenfalls unangenehm riechende und schmeckende Stoffe entstehen. Fette mit einem hohen Anteil an ungesättigten Fettsäuren verderben besonders schnell.

Nahrungsmittel	Fettanteil in g/(100 g)	Spezifischer Brennwert in kJ/(100 g)
Erdnüsse	49,4	2450
Leberwurst	41,2	1759
Kartoffelchips	39,4	2254
Bratwurst	32,4	1433
Vollmilchschokolade	30,0	2200
Edamer (45 % Fett i. Tr.)	28,6	1481
Fleischwurst	27,1	1241
Aal, geräuchert	26,8	1309
Schmelzkäse (45 % Fett i. Tr.)	23,6	1130
Rührkuchen	22,0	1747
Heringsfilet	15,0	842
Pommes frites	14,5	1105
Kotelett	13,0	808
Eiscreme	10,0	680

B 5 Versteckte Fette. Fettanteil und spezifischer Brennwert einiger Lebensmittel (Durchschnittswerte)

V 4 Gib etwas ranzige Butter in heißes Wasser und schüttle. Prüfe mit Universalindikator.

A 2 Nenne möglichst viele Funktionen von Fetten im menschlichen Körper.

A 3 Was geschieht, wenn Fette ranzig werden?

A 4 Berechne unter Verwendung der Angaben aus ▷ B 5 die Massen der Portionen von Erdnüssen, Kartoffelchips bzw. Vollmilchschokolade, die allein ausreichen, um den täglichen Energiebedarf (↗ Kap. 19.1) von weiblichen bzw. männlichen Jugendlichen zu decken.

B 6 Zusammensetzung der Fettsäuren von Nahrungsfetten. Oben: Tierische Fette; unten: Pflanzliche Fette

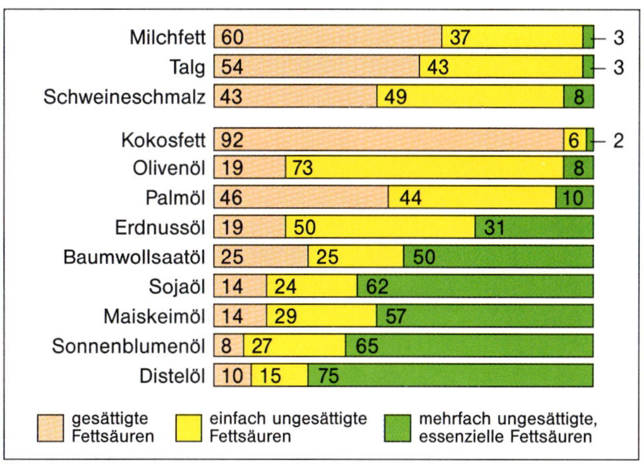

19.8 Fettgewinnung und Margarineherstellung

B 1 Fetthaltige Samen und Früchte zur Gewinnung von Pflanzenfetten

B 2 Ölgewinnung im 16. Jahrhundert

V 1 Ölhaltige Samen werden zerkleinert und in einem Rundkolben mit Heptan am Rückflusskühler gekocht. Nach 5 bis 10 Minuten wird das Gemisch filtriert und aus dem Filtrat das Heptan abdestilliert. Mit dem zurückbleibenden Öl macht man die Fettfleckprobe. Heptan ist brennbar. (Schutzbrille!)

A 1 Spielt es für die Margarineherstellung eine Rolle, ob die festen Fette von Natur aus hart sind, wie z. B. das Kokosfett, oder durch „künstliches" Härten (Hydrieren) von fetten Ölen gewonnen werden? Begründe.

A 2 Auf manchen Margarinepackungen ist zu lesen, dass die Margarine essenzielle Fettsäuren enthalte. Ist diese Aussage völlig korrekt?

B 3 Gewinnung pflanzlicher Fette und Öle in schematischer Darstellung

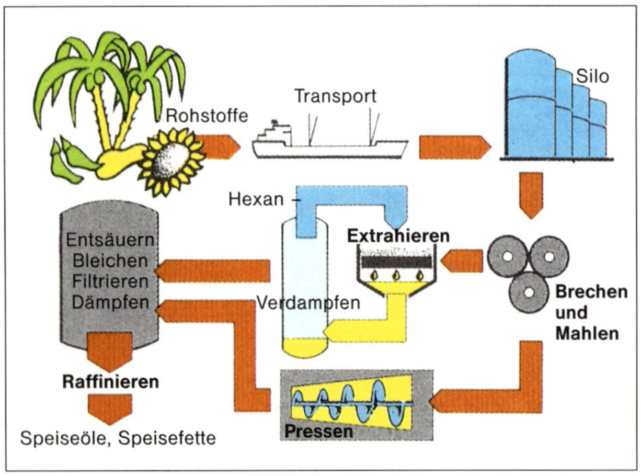

Zur Gewinnung von Fetten tierischer bzw. pflanzlicher Herkunft werden verschiedene Verfahren angewandt.

Fett- und Ölgewinnung. Tierische Fette (Schweineschmalz, Rindertalg) werden vorwiegend durch **Ausschmelzen** (Auslassen) gewonnen. Pflanzliche Fette und Öle erhält man durch Anwendung der folgenden Verfahren.

1. Auspressen: Die erste Pressung bei niedrigen Temperaturen (30 bis 40 °C) liefert das sog. kaltgepresste Öl. Durch die schonende Behandlung ist es reich an Vitaminen. Ein nachfolgender Pressvorgang bei höheren Temperaturen liefert zusätzlich Öl, das aber nicht so hochwertig ist, da ein Teil der Vitamine zerstört wird.

2. Extrahieren: Mit einem Lösungsmittel, z. B. Heptan, wird das Fett aus der gemahlenen Ölsaat herausgelöst. Nach dem Filtrieren wird das Lösungsmittel abdestilliert (▷ V 1).

Raffination. Die meisten pflanzlichen Öle werden einem Reinigungsverfahren, der Raffination, unterzogen. Hierbei werden freie Fettsäuren mit Natronlauge neutralisiert und entfernt. Durch Zugabe von Aluminium-magnesium-silicat (Bleicherde) und anschließende Filtration werden unerwünschte Begleitstoffe entfernt. Mit Wasserdampf wird das Öl von Resten störender Geschmacks- und Geruchsstoffe befreit.

Härtung. Ein Teil der gewonnenen Öle wird einer Härtung unterzogen mit dem Ziel aus flüssigen Pflanzenölen härtere, streichfähige Fette zu gewinnen. Öle, die Glycerinester ungesättigter Fettsäuren enthalten, werden unter dem Einfluss von Nickel als Katalysator mit Wasserstoff behandelt (Hydrierung). Dadurch werden ungesättigte in gesättigte Fettsäuren umgewandelt. Der Anteil essenzieller Fettsäuren sinkt dadurch.

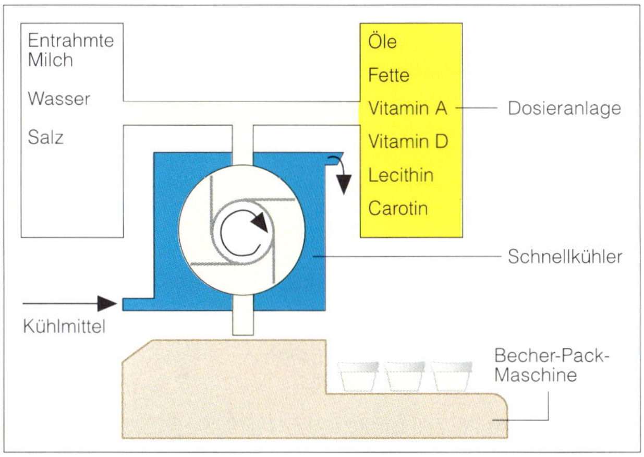

B 4 Schema der technischen Herstellung von Margarine. Die hergestellte Margarine ist keimfrei und lange haltbar

Rezept zur Herstellung von Margarine

Zutaten: 15 g Kokosfett, 1 Esslöffel Olivenöl, 1 Teelöffel fettarme Milch, 1 Teelöffel Eigelb, 1 Prise Salz, 1 Becherglas, 1 Schüssel mit eisgekühltem Wasser.

Erwärme im Becherglas das Kokosfett über kleiner Flamme, bis es geschmolzen ist. Nimm das Becherglas von der Flamme und gib unter Rühren das Olivenöl zu. Stelle das Becherglas in das Eiswasser und füge unter ständigem Rühren Milch und Eigelb zu und je nach Geschmack eine Prise Salz. Rühre kräftig, bis die Masse steif ist. Prüfe Streichfähigkeit und Geschmack auf einer Brötchenhälfte.

B 5 Margarine kann man selber herstellen. Sie ist nicht steril und muss bald verzehrt werden

Margarine ist ein beliebtes Speisefett. Manche Sorten sind nach Aussehen und Geschmack kaum von Butter zu unterscheiden.

Margarineherstellung. Zu den wichtigsten Rohstoffen der Margarine zählen folgende pflanzliche Öle/Fette: Sojaöl, Sonnenblumenöl, Erdnussöl, Baumwollsaatöl, Palmöl, Rapsöl, Kokosfett und Palmkernfett. Die ausgewählten Fette und Öle werden in einem bestimmten Mischungsverhältnis (Fettkomposition) unter leichtem Erwärmen zusammengegeben. Einige Zutaten wie z. B. fettlösliche Vitamine werden zugefügt.
Getrennt von dieser Fettphase wird eine wässrige Phase hergestellt. Sie enthält entrahmte Milch oder Sauermilch und Kochsalz.
Beide Phasen werden im Mischungsverhältnis 4 : 1 in einen Schnellkühler gegeben und unter Luftabschluss miteinander vermischt. Unter dem Einfluss von Emulgatoren (z. B. Lecithin) entsteht in wenigen Minuten unter ständigem Rühren und Kneten eine stabile Emulsion. Mit automatischen Packmaschinen wird die Margarine in Becher abgefüllt.

Der Fettgehalt der fertigen Margarine entspricht einem Massenanteil von 80 %. Die restlichen 20 % entfallen auf Wasser und Zusatzstoffe. Halbfettmargarine hat einen Fettgehalt von nur 40 % und kann als diätetisches Lebensmittel eingesetzt werden.
Die gelbe Farbe der Margarine rührt von dem Farbstoff Carotin her, der z. B. im Palmöl enthalten ist, aber auch zugesetzt werden kann.

Wegen des hohen Anteils an Fettsäureglycerinestern essenzieller Fettsäuren und der Vitaminzusätze ist Margarine ein vollwertiges Speisefett.

Zur Geschichte der Margarine. In den Jahrhunderten vor der Industrialisierung wurden in Europa zur Fettversorgung vor allem *Schlachtfette* wie Speck, Schmalz, Rindertalg und Hammelfett und die durch Schlagen des Milchrahms gewonnene *Butter* verwendet. Durch den Anstieg der Bevölkerung wurde die Fettversorgung zunehmend schwieriger. Vor allem nahm die Nachfrage nach Streichfetten zu, da die in den Fabriken arbeitenden Menschen keine warmen Mahlzeiten einnehmen konnten und auf bestrichene Brote angewiesen waren. Fett wurde Mangelware und für breite Bevölkerungsschichten unerschwinglich. Der Ruf nach einem *preiswerten Streichfett* wurde immer lauter; die Lösung wurde in Frankreich gefunden.
Kaiser NAPOLEON III. wollte die Vormachtstellung Frankreichs auf dem europäischen Kontinent zurückgewinnen. Dazu gehörte aber eine ausreichende Versorgung der breiten Bevölkerung, des Heeres und der Seestreitkräfte mit Nahrungsfett. Er beauftragte deshalb 1869 den Wissenschaftler H. MÈGE-MOURIÈS nach einem preiswerten, streichfähigen und haltbaren Nahrungsfett als Ersatz für die teure Butter zu suchen.
MÈGE-MOURIÈS ging dem Geheimnis der Fetterzeugung im Körper der Kuh nach und beobachtete, dass Kühe selbst dann noch Milch und Milchfett erzeugen, wenn sie tagelang kein Futter erhalten. Er folgerte, dass das Milchfett aus dem *Reservefett* der Tiere, dem Rindertalg, stamme; er schmolz aus diesem das reine Fett heraus, presste daraus die weichen, öligen Bestandteile aus und „verbutterte" sie mit Magermilch. Das Produkt war ein streichbares und haltbares Speisefett von gutem Geschmack. Wegen seines perligen Schimmers wurde das neue Streichfett „Margarine" (von griech. margaron, Perle) genannt.

19.9 Projekt: Untersuchung von Wurst

B 1 **Wurstsorten**, deren Fettgehalt bestimmt werden kann

Westfälische Salami
40 %
weniger Fett

Nährwertgehalt

	pro 100 g	je Scheibe
Fett:	27 g	1,5 g
Eiweiß:	24 g	1,3 g
Kohlenhydrate:	1 g	0,1 g
kcal:	343	19
kJ:	1440	80

Austausch von 18 g Speck durch mageres Fleisch

Einwaage: 100 g
Zutaten: Rind- und Schweinefleisch, Speck, Nitritpökelsalz, Zuckerstoffe, Gewürze, Natriumascorbat, Rauch

B 2 **Wurstetikett**. Die Zutaten sind angegeben

B 3 Schritte zur Bestimmung des Fettgehaltes von Wurst

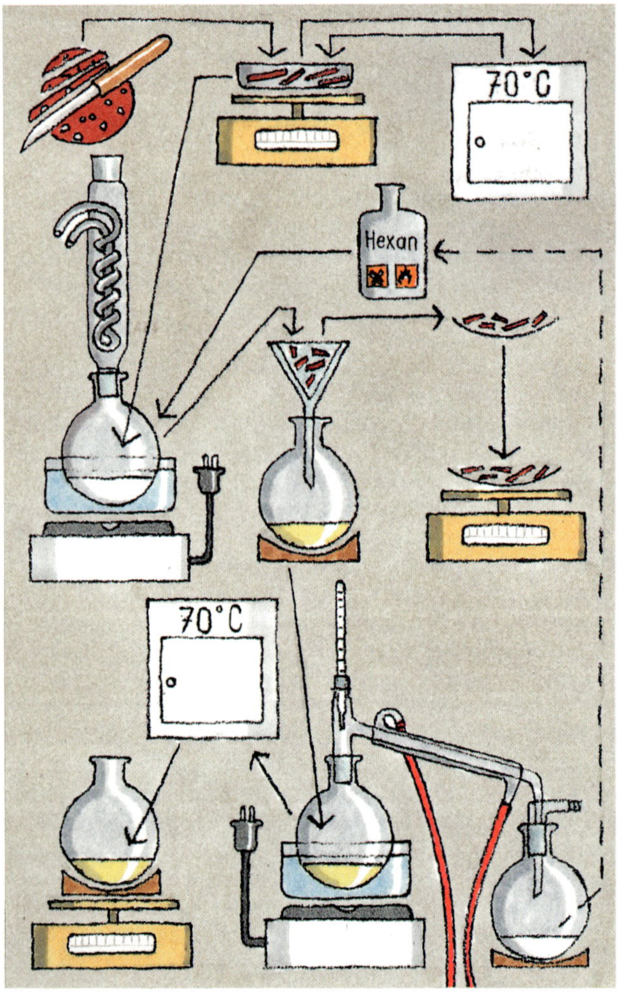

Versuch Untersuchung von Salami

Geräte und Materialien:
Petrischale, Waage, Pinzette, Heizplatte, Kristallisierschale aus Jenaer Glas (als Wasserbad) oder Heizhaube, 2 Rundkolben (250 ml), Rückflusskühler, Glastrichter, Filterpapier, Liebigkühler, Schläuche, Muffen, Klemmen

Chemikalien:
Hexan

Durchführung:
1. *Bestimmung des Wassergehaltes.* Schneide etwa 20 g Salami in Streifen und gib sie auf eine Petrischale mit bekannter Masse. Notiere die Masse der Schale und die der Salami. Stelle die Salami für 48 Std. bei 70 °C in den Trockenschrank. Ermittle durch erneute Wägung den Gewichtsverlust.
2. *Extraktion des Fettes.* Gib die getrockneten Salamistreifen in einen Rundkolben und füge 50 ml Hexan (Vorsicht! Feuergefährlich!) hinzu. Benutze einen Teil des Hexans, um das auf der Petrischale verbliebene Fett mit in den Kolben zu spülen. Setze einen Rückflusskühler auf den Kolben (Schliff nicht fetten!) und beginne mit der Extraktion. Benutze als Wärmequelle ein durch die Elektroplatte beheiztes Wasserbad. (Vorsicht! In der Nähe dürfen keine offenen Flammen sein!). Extrahiere 20 Minuten und entferne dann das Wasserbad.
Wiege einen leeren Rundkolben und notiere die Masse. Dekantiere vorsichtig die nicht mehr siedende Flüssigkeit durch ein Filter in den gewogenen Rundkolben.
Wiederhole den Extraktionsvorgang mit ca. 20 ml Hexan (Extraktionszeit 5 Minuten) und gieße den zweiten Extrakt ebenfalls durch das Filter in den Kolben.
3. *Abtrennung des Lösungsmittels.* Gib den fettfreien Rückstand auf ein Uhrglas und stelle es in den Abzug. Wiege, wenn das Hexan verdunstet ist, den Rückstand und notiere die Masse.
Setze auf den mit dem Wurstextrakt gefüllten Kolben einen Liebigkühler mit Vorlage und entferne durch Destillation das Lösungsmittel. Benutze als Wärmequelle wieder das durch die Elektroplatte beheizte Wasserbad. Zerlege die Apparatur, wenn kein Destillat mehr übergeht. Stelle den Kolben zuerst in den Abzug und dann für 24 Std. bei 70 °C in den Trockenschrank, um Reste des Hexans, das im Öl gelöst ist, zu entfernen. Ermittle durch Wägung die Masse des extrahierten Öls.

Auswertung:
Führe ein genaues Protokoll, in dem die Ergebnisse aller Wägungen festgehalten sind. Berechne die Masse des Wassers, des Fettes und des Rückstandes. Addiere die ermittelten Werte und vergleiche die Summe mit der Masse der eingewogenen Wurstportion. Berechne auch den jeweiligen Massenanteil in Prozent.

19.10 Eiweiße

Die Bezeichnung Eiweiß leitet sich vom Eiklar (Eiweiß) des Hühnereis ab. Eiweiße sind lebenswichtige Bestandteile der Zellen. Enzyme, manche Hormone und der Blutfarbstoff Hämoglobin sind Eiweiße. Auch Muskelfleisch enthält einen hohen Anteil an Eiweiß. Sportler, die einen verstärkten Muskelansatz erzielen wollen, müssen sich besonders eiweißreich ernähren. Eiweiße werden auch **Proteine** genannt (von griech. protos, der Erste, Ursprüngliche).

Eigenschaften. Die Eiweiße bilden eine Gruppe von Stoffen mit unterschiedlichen Eigenschaften (▷B 1). Viele Eiweiße sind wasserlöslich (Globuline, Albumine). Erhitzt man eine Eiweißlösung, so flockt das Eiweiß aus, es gerinnt. Das Eiweiß des Blutes gerinnt z. B. bei 42 °C, das des Hühnereis bei 60 °C und das der Milch erst bei 100 °C. Auch Ethanol, Salzlösungen oder saure Lösungen können ein Ausflocken bewirken.

Nachweis von Eiweiß. Eiweiße können an bestimmten Farbreaktionen sicher erkannt werden. Eine alkalische Eiweißlösung wird nach Zusatz einer Kupfersulfatlösung violett (▷V 5, ▷B 2; Biuretreaktion). Mit konzentrierter Salpetersäure entsteht eine Gelbfärbung (Xanthoproteinreaktion). Dieser Nachweis kann auch mit festem Eiweiß durchgeführt werden (▷V 6, ▷B 3).

Elementare Zusammensetzung. Erhitzt man eine Portion trockenes Eiweiß (▷V 4), so verkohlt es. Außerdem entstehen Wasserdampf und Ammoniak. Es sind also die Elemente Kohlenstoff, Wasserstoff, Sauerstoff und Stickstoff am Aufbau von Eiweiß beteiligt. Außerdem lässt sich Schwefel nachweisen, denn Eiweiß, das sich zersetzt, riecht meist nach Schwefelwasserstoff („Geruch nach faulen Eiern").

V 1 Gib das Eiklar eines Hühnereis in 100 ml Wasser, dekantiere vom ungelösten Anteil ab und bewahre die Lösung für weitere Experimente auf. (Eiklar ist kein Reinstoff und enthält zum Teil in Wasser unlösliche Eiweiße.)

V 2 Erhitze eine kleine Probe der Lösung aus ▷V 1 und beobachte die auftretende Veränderung.

V 3 Versetze kleine Proben der Lösung aus ▷V 1 mit einigen Tropfen Salzsäure, Ethanol bzw. einer kleinen Portion Kochsalz. (Die Reaktion kann mit Verzögerung eintreten.)

V 4 Erhitze eine kleine Portion getrocknetes Eiweiß (z. B. Albumin) im Reagenzglas und halte feuchtes Universalindikatorpapier über die Öffnung des Glases. (Abzug!)

V 5 Gib zu 5 ml einer Eiweißlösung 5 ml verdünnte Natronlauge und füge einen Tropfen einer verdünnten Kupfersulfatlösung hinzu.

V 6 Man gibt auf Eiklar oder ein Stückchen eines hart gekochten Eis einen Tropfen konz. Salpetersäure. (Schutzbrille! Abzug!)

V 7 Zerkleinere Proben verschiedener Nahrungsmittel (Brot, Erbsen, Kartoffeln, Äpfel, Nüsse), stelle wässrige Suspensionen her und prüfe mit einer geeigneten Methode auf Eiweiß.

A 1 Nenne Stoffe, die bei der thermischen Zersetzung von Eiweiß entstehen. Welche Rückschlüsse lassen sich daraus ziehen?

B 1 Einige wichtige Proteine. Vorkommen und Eigenschaften

Bezeichnung	Eigenschaften	Vorkommen
Albumine	in Wasser löslich, gerinnen bei 65 °C	im Eiklar, Blut, Fleischsaft, in Milch, Kartoffeln
Globuline	löslich in Salzlösung, nicht löslich in Wasser	im Eiklar, Blutplasma (Fibrinogen), in Muskeln, Milch, Pflanzensamen
Skleroproteine (Gerüsteiweiß)	unlöslich in Wasser und in Salzlösungen	Bindegewebe, Knorpel, Knochen, Federn, Haare, Nägel, Naturseide

B 2 Biuretreaktion. Violettfärbung von Kupfersulfatlösung weist Eiweiß nach

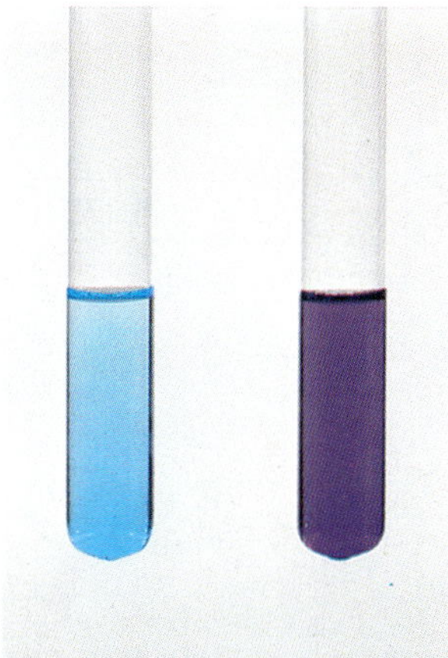

B 3 Xanthoproteinreaktion. Salpetersäure färbt Eiweiß gelb

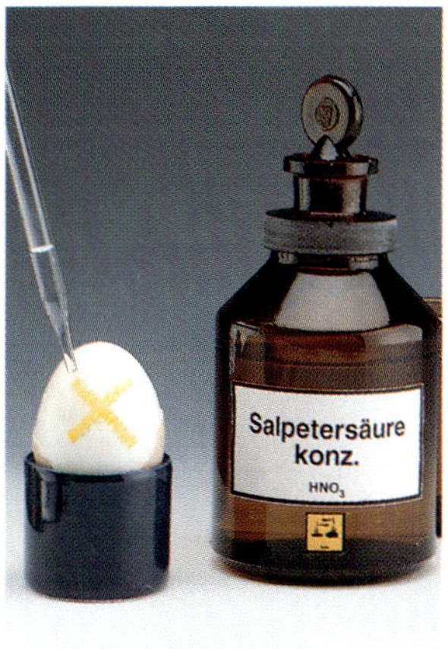

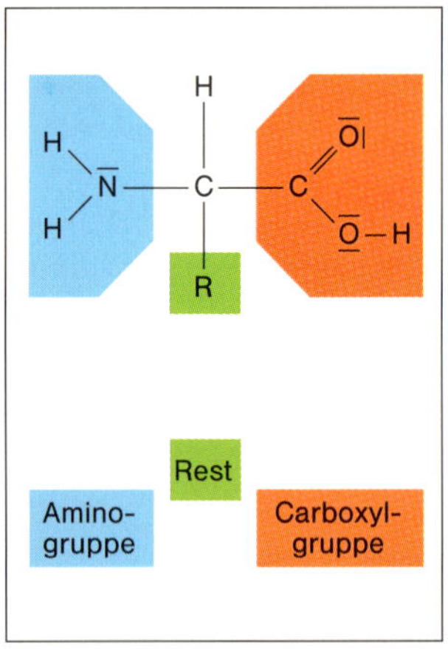

B 4 Allgemeines Bauprinzip der Aminosäuren

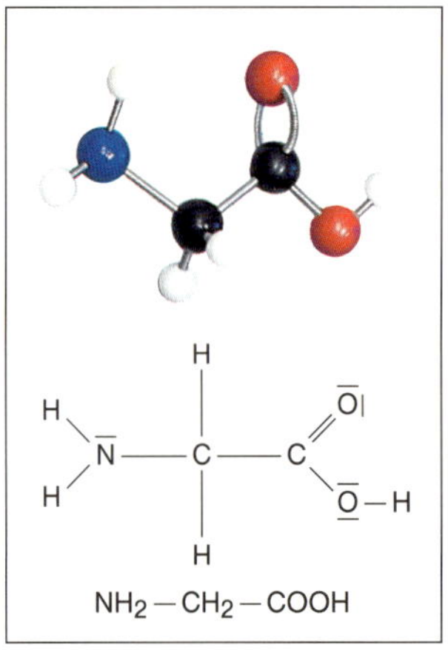

B 5 Glycin, die einfachste Aminosäure

Aminosäure Name	Kurzzeichen	Rest Formel	Bildsymbol
Glycin	Gly	$-H$	
Alanin	Ala	$-CH_3$	
*Valin	Val	$-CH(CH_3)_2$	
Serin	Ser	$-CH_2OH$	
*Threonin	Thr	$-CH(OH)-CH_3$	
Histidin	His	$-CH_2-$	
Cystein	Cys	$-CH_2-SH$	
Asparaginsäure	Asp	$-CH_2-COOH$	
*Phenylalanin	Phe	$-CH_2-CH_2-$	
*Lysin	Lys	$-CH_2-(CH_3)_2-NH_2$	

B 6 Einige wichtige Aminosäuren. Für den Menschen essenzielle Aminosäuren sind mit * gekennzeichnet

B 7 Bildung eines Dipeptids unter Wasserabspaltung

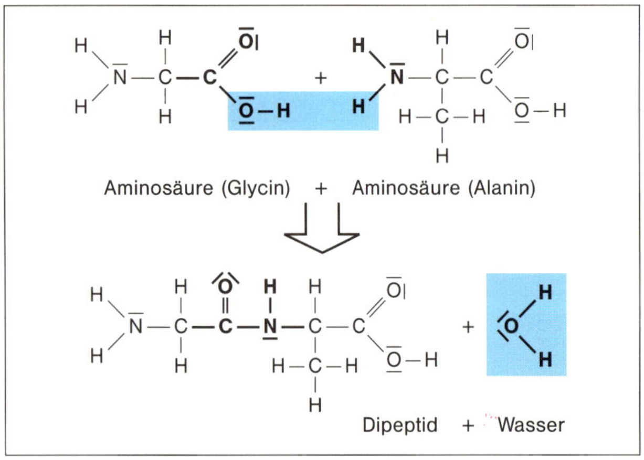

Aminosäuren. Die Moleküle der Eiweißstoffe sind Makromoleküle. Sie lassen sich chemisch in Bausteine zerlegen, die man als Aminocarbonsäuren, kurz Aminosäuren, bezeichnet. Der Name drückt aus, dass neben der Carboxylgruppe $-COOH$ eine weitere funktionelle Gruppe, die Aminogruppe $-NH_2$, am Aufbau des Moleküls beteiligt ist (▷B 4). Es gibt etwa 20 verschiedene Aminosäuren von biologischer Bedeutung. Sie unterscheiden sich voneinander durch einen charakteristischen Molekülrest (▷B 6). Die meisten Aminosäuren können vom menschlichen Stoffwechsel hergestellt werden. Einige müssen ihm allerdings mit der Nahrung zugeführt werden. Man nennt sie **essenzielle Aminosäuren**.

Aminosäuren bilden Ketten. Zwei Aminosäuremoleküle können unter Abspaltung eines Wassermoleküls miteinander reagieren. Dabei bildet sich aus der Carboxylgruppe des einen Moleküls und der Aminogruppe des anderen Moleküls eine Peptidgruppe (▷B 7), die die beiden Aminosäureeinheiten miteinander verbindet. Es entsteht ein **Dipeptid**. Durch Verknüpfung weiterer Aminosäuremoleküle entstehen **Polypeptide** (von griech. polys, viel). Polypeptide mit biologischer Funktion, deren Moleküle aus mehr als 100 Aminosäureeinheiten aufgebaut sind, nennt man **Proteine**.
Aus den etwa 20 biologisch wichtigen Aminosäuren lassen sich unvorstellbar viele verschiedene Polypeptidmoleküle aufbauen. Sie unterscheiden sich in Art, Anzahl und Reihenfolge (Sequenz) ihrer Aminosäureeinheiten.

Räumliche Gestalt. Polypeptidmoleküle nehmen komplizierte räumliche Strukturen ein. Hierfür sind u. a. Wasserstoffbrücken und Bindungen zwischen den Schwefelatomen zweier Cysteinmoleküle zuständig.

B 8 Spiralstruktur (Helix) einer Polypeptidkette

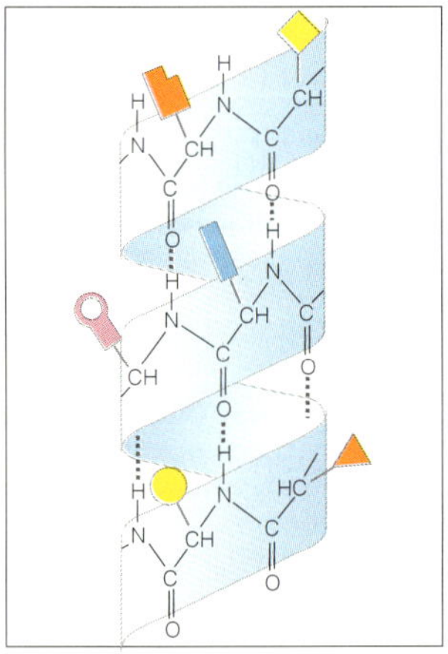

B 9 Faltblattstruktur von Polypeptidketten

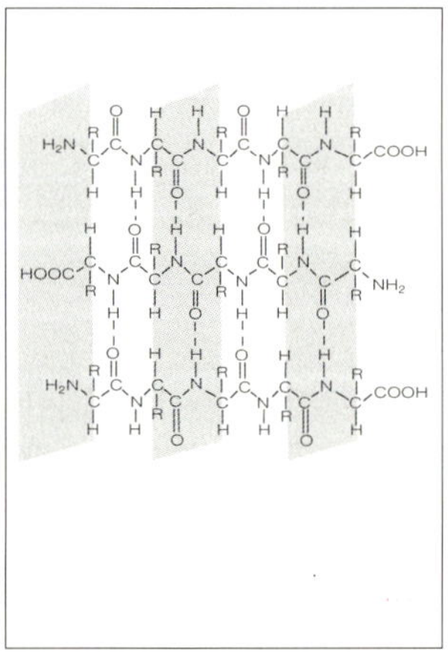

Viele Eiweißmoleküle, z. B. die des Muskeleiweißes Myoglobin, kommen in der Form einer Spirale („Helix") (▷ B 8) vor. Andere, z. B. die des Seideneiweißes Fibroin, liegen in gewinkelten Ketten vor und bilden eine Faltblattstruktur (▷ B 9).
Durch Erwärmen oder Einwirkung von Chemikalien kann die Gestalt der Polypeptidmoleküle zerstört werden. Eiweißlösungen gerinnen; man sagt, das Eiweiß wird denaturiert. Schwermetallionen können Eiweiß ebenfalls denaturieren.

Auch das Molekül des Hormons Insulin ist ein Polypeptid. Es ist aus zwei Peptidketten mit 21 bzw. 30 Aminosäureeinheiten aufgebaut. Sie werden durch Schwefelbrücken zusammengehalten (▷ B 10).

Eiweißbedarf. Während in weiten Teilen der Welt nicht genügend Eiweiß als Nährstoff zur Verfügung steht, wird in den Industrieländern mehr Eiweiß als nötig verbraucht. Eiweiß ist ein unentbehrlicher Nährstoff, der regelmäßig zugeführt werden muss, da er im Körper nicht gespeichert werden kann. Es dient in erster Linie als Baustoff. Während der Wachstumszeit ist deshalb eine ausreichende Zufuhr von Eiweiß besonders wichtig. Auch der Körper des ausgewachsenen Menschen braucht diesen Nährstoff, da einmal aufgebautes Körpereiweiß ständig wieder abgebaut wird und durch neues ersetzt werden muss. Der tägliche Eiweißbedarf wird mit ca. 45 g bis 60 g angegeben. Bei zu geringer Eiweißzufuhr wird Muskulatur abgebaut, es kommt zu Störungen der körperlichen und geistigen Entwicklung. Die Widerstandskraft gegen Infektionen sinkt.

Biologischer Wert verschiedener Eiweiße. Eiweiß, das mit der Nahrung aufgenommen worden ist, wird durch Verdauungsenzyme in Aminosäuren gespalten, aus denen dann körpereigenes Eiweiß aufgebaut wird. Allerdings hat kein Nahrungseiweiß genau die richtige Zusammensetzung an Aminosäuren, die der menschliche Körper braucht. Einige Aminosäuren sind im Übermaß vorhanden, andere in zu geringer Menge. Überschüssige Aminosäuremoleküle werden dem Energiestoffwechsel zugeführt. Fehlende Aminosäuremoleküle können z. T. vom menschlichen Körper hergestellt werden. Das trifft nicht für die essenziellen Aminosäuren zu. Ist eine von ihnen nicht in dem benötigten Maße vorhanden, kann nur entsprechend wenig Körpereiweiß aufgebaut werden. Die betreffende aufgenommene Eiweißart hat eine geringe biologische Wertigkeit.
Verschiedene Lebensmittel können sich gegenseitig ergänzen, wenn in ihren Eiweißen jeweils eine andere essenzielle Aminosäure mit zu geringem Anteil vertreten ist (biologischer Ergänzungswert von Eiweiß). Mahlzeiten mit Fleisch (Fisch) und Reis bzw. Brot und Käse enthalten Eiweißkombinationen mit gutem Ergänzungswert.

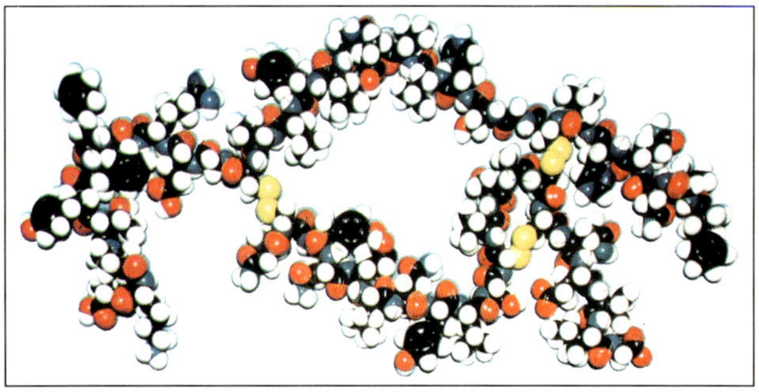

B 10 Molekülmodell des Insulins. Schwefelbrücken halten die A-Kette (unten) und die B-Kette (oben) zusammen

A 2 Was sind essenzielle Aminosäuren? Worin liegt ihre besondere Bedeutung für die menschliche Ernährung?

A 3 Eiweiß dient dem menschlichen Körper in erster Linie als Baustoff. Wieso benötigt ein ausgewachsener Mensch eine regelmäßige Zufuhr davon?

B 11 Bedeutung der Aminosäuresequenz

Ebenso wie aus den 26 Buchstaben des Alphabets eine riesige Anzahl von Wörtern gebildet wird, kann man sich aus den 20 verschiedenen Aminosäuremolekülen unvorstellbar viele Peptidmoleküle hergestellt denken. So wie jeweils nur eine ganz bestimmte Reihenfolge von Buchstaben ein sinnvolles Wort ergibt, ist die Reihenfolge der Aminosäureeinheiten **(Aminosäuresequenz)** entscheidend für die biologische Funktion eines Peptidmoleküls. Der Einbau von nur *einer* falschen Aminosäureeinheit in ein Polypeptidmolekül kann dazu führen, dass es seine biologische Funktion verliert. Peptidmoleküle müssen also nach einem exakten Syntheseplan aufgebaut werden, der im Erbgut verankert ist.

Andererseits weisen bei verschiedenen Arten von Lebewesen Peptidmoleküle mit gleicher Funktion Unterschiede der Aminosäuresequenz auf. Dies trifft z. B. für die Insulinmoleküle verschiedener Tierarten zu.

Aus Anzahl und Art der Abweichung lassen sich Rückschlüsse auf die stammesgeschichtliche Verwandtschaft ziehen.

Position in der A-Kette des Insulins	7	8	9	10	11
Mensch	Cys	Thr	Ser	Ile	Cys
Rind	Cys	Ala	Ser	Val	Cys
Elefant	Cys	Thr	Gly	Val	Cys
Huhn	Cys	His	Asp	Thr	Cys

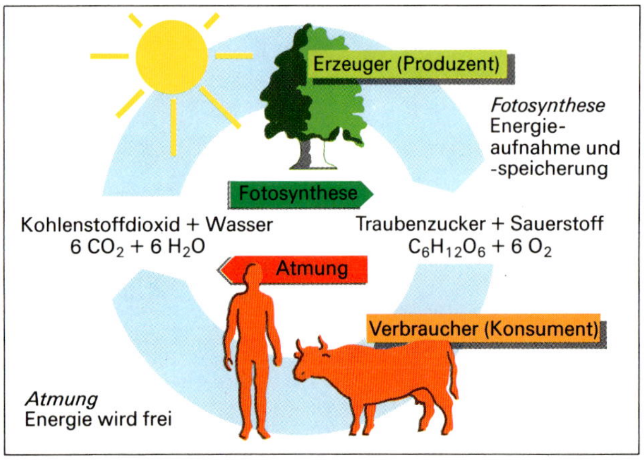

B 1 Zu Aufgabe 2

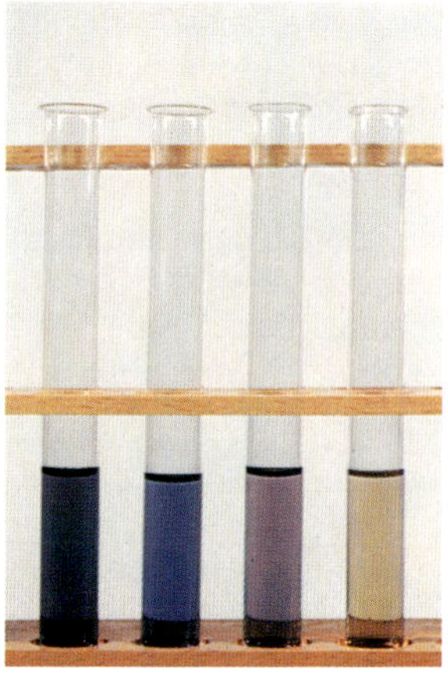

B 2 Zu Aufgabe 7

B 3 Zu Aufgabe 9

1 Stelle mit Hilfe der Tabellen dieses Kapitels zwei Tagesrationen zusammen, deren Brennwert etwa 12 500 kJ (10 000 kJ) beträgt. Dies entspricht dem durchschnittlichen Bedarf eines männlichen (einer weiblichen) Jugendlichen zwischen 15 und 19 Jahren.

2 Grüne Pflanzen bilden unter dem Einfluss von Sonnenlicht Traubenzucker, der dann zum weiteren Aufbau von Kohlenhydraten, Fetten und Eiweißen dient. Interpretiere den in ▷ B 1 dargestellten Kreislauf. Sind auch Fleisch fressende Pflanzen von den Fotosyntheseprodukten der Pflanzen abhängig?

3 Identifiziere den Stoff, dessen Molekül in ▷ B 4 abgebildet ist. Wie verhält sich der Stoff gegenüber dem Fehling-Reagenz? Welche Reaktion läuft ab, wenn er mit Salzsäure behandelt wird? Wie lassen sich die Endprodukte nachweisen?

4 Wie kann nachgewiesen werden, dass Nahrungsmittel Traubenzucker, Stärke oder Eiweiß enthalten?

5 Erläutere, warum brennendes Fett nicht mit Wasser gelöscht werden darf. Wie löscht man im Haushalt brennendes Fett?

6 Welche biologischen Funktionen haben Fette? Warum führt der übermäßige Genuss von Teigwaren zu einem erhöhten Fettansatz, obwohl sie nur einen geringen Fettanteil haben?

7 Stärkelösung wurde im Wasserbad auf 40 °C erwärmt und mit Speichel versetzt. In kurzen Zeitabständen wurden Proben entnommen, denen jeweils Iodlösung zugesetzt wurde. Das Ergebnis des Experimentes ist in ▷ B 2 dargestellt. Wie ist es zu deuten?

B 4 Zu Aufgabe 3

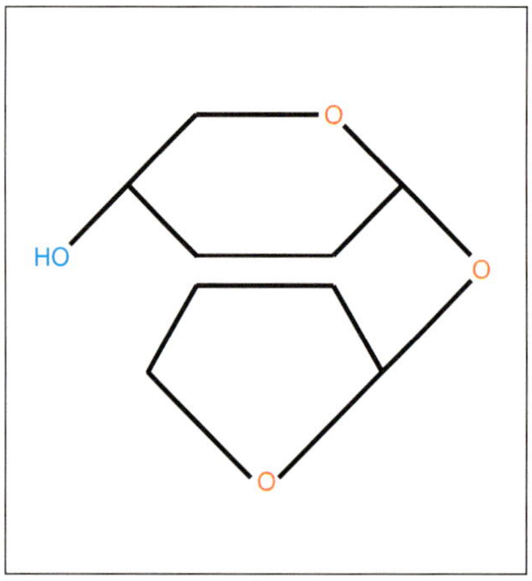

8 Erläutere, was unter der biologischen Wertigkeit von Eiweiß zu verstehen ist. Weshalb kommt den essenziellen Aminosäuren eine besondere Bedeutung zu?

9 Viele Proteinmoleküle, deren Aminosäurekette zu einer Helix aufgewunden ist, bilden komplizierte räumliche Strukturen aus (▷ B 3) und erhalten dadurch eine charakteristische Gestalt, die für ihre biologische Funktion notwendig ist. Wodurch wird das schleifenartig gewundene Molekül in seiner Form gehalten?

Wichtige Begriffe

Aufbau- und Energiestoffwechsel
physikalischer Brennwert
Grundumsatz, Leistungsumsatz
Molekülbau von Glucose, Fructose, Saccharose, Stärke, Cellulose
Zuckergewinnung
Reaktion nach Fehling, Glucotest
Aufbau von Fettmolekülen
essenzielle Fettsäuren
Ölgewinnung, Emulgator
Aufbau von Eiweißmolekülen
Aminosäuren, Proteine
essenzielle Aminosäuren
Biuret-, Xanthoproteinreaktion

Tenside

Tenside sind Stoffe, die es ermöglichen, dass sich Fette und fettähnliche Stoffe mit Wasser mischen lassen.

Das am einfachsten aufgebaute Tensid ist die Seife. Sie ist schon seit mehr als 4000 Jahren bekannt; man benutzte sie zunächst allerdings eher zur Schönheitspflege als zum Waschen. Seit dem Mittelalter wurde sie von Seifensiedern hergestellt und hatte eine große wirtschaftliche Bedeutung.

Heute werden Tenside für verschiedene Einsatzbereiche gezielt entwickelt und hergestellt. Als waschaktive Substanzen (WAS) findet man sie in Waschmitteln, als Emulgatoren in Kosmetika und Backwaren. Tenside werden beim Spülen, in der Lederpflege, beim Lackieren und in der Metallverarbeitung gebraucht. Sogar bei der Aufbereitung von Erzen und der Ölförderung werden Tenside eingesetzt.

Die in großem Umfang synthetisch hergestellten Tenside bergen auch Gefahren für die Umwelt. Schaumberge auf den Flüssen sorgten in den 50er Jahren für Aufregung. Der Schaum stammt von schwer abbaubaren Tensiden, deren Verwendung heute in Deutschland verboten ist. Moderne Tenside werden nach dem OECD-Test überprüft, ob sie ihre Wirkung nach einer bestimmten Zeit verloren haben.

In diesem Kapitel soll gezeigt werden, wie Tenside Fett und Wasser zusammenbringen. Wir werden sehen, welche Bedeutung sie für das Zustandekommen einer Creme haben und wie sie in Waschmitteln wirken.

20.1 Tenside verbinden Fett und Wasser

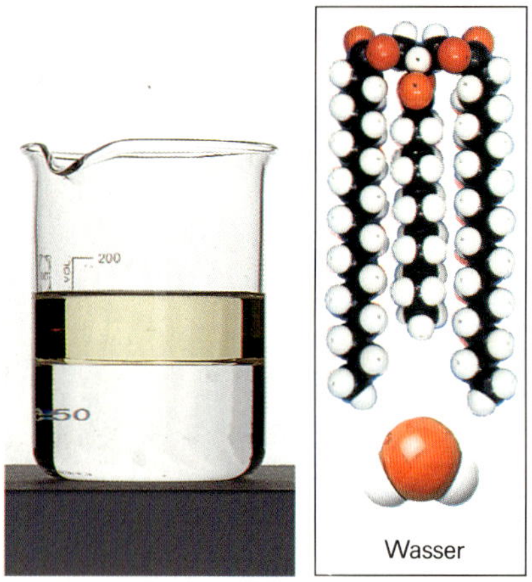

B 1 Öl und Wasser lösen sich nicht ineinander

V 1 Gib im Reagenzglas zu etwa 5 ml Wasser ca. 2 ml Speiseöl. Schüttle und schildere deine Beobachtung.

V 2 Fülle ein enges Reagenzglas mit Wasser. Gib mit Hilfe einer Pipette vorsichtig weitere Wassertropfen hinzu. Wiederhole den gleichen Versuch mit Heptan oder Speiseöl statt Wasser.

A 1 Weshalb hat Wasser eine größere Oberflächenspannung als z. B. Heptan?

Gibt man Öl zu Wasser, bildet das Öl auf dem Wasser eine Schicht, schüttelt man die Mischung, trennen sich die beiden Flüssigkeiten schnell wieder voneinander (▷B 1, ▷V 1). Offenbar haben Wasser und Öl unterschiedliche Eigenschaften, die ihre Vermischung verhindern.

Fett und Wasser – Gegensätze. Fette und Wasser lassen sich aufgrund der unterschiedlichen Struktur ihrer Moleküle nicht ineinander lösen.
Fette und fette Öle sind Ester von *Fettsäuren* und Glycerin (↗ Kap. 19.6). Die Eigenschaften der Fettsäureester werden überwiegend von den unpolaren Kohlenwasserstoffresten ihrer Moleküle bestimmt. Wassermoleküle dagegen sind polar.
Zwischen gleichartigen Molekülen wirken Anziehungskräfte stärker als zwischen ungleichartigen. So werden die Fettmoleküle vorwiegend von den relativ schwachen Van-der-Waals-Kräften, die Wassermoleküle von den starken Wasserstoffbrückenbindungen zusammengehalten.

Die Grenzflächenspannung des Wassers. Der Zusammenhalt einer Flüssigkeit beruht auf den zwischen den Molekülen wirkenden Anziehungskräften *(Kohäsionskräfte)*. Ein Molekül im Innern einer Flüssigkeit ist überall von Nachbarmolekülen umgeben. Die zwischen den Molekülen wirkenden Anziehungskräfte heben sich deshalb insgesamt auf (▷B 3). Ein Molekül an der *Oberfläche, der Grenzfläche zur Luft* oder einem anderen Gas ist dagegen nur an den Seiten und zum Innern der Flüssigkeit hin von Nachbarmolekülen umgeben. Die Anziehungskräfte heben sich deshalb nicht auf, sondern setzen sich zu einer resultierenden Kraft zusammen, die senkrecht zur Oberfläche in das Flüssigkeitsinnere gerichtet ist.
Da alle Moleküle an der Oberfläche zum Innern der Flüssigkeit gezogen werden, sie diesem Zug wegen der dort schon vorhandenen Moleküle jedoch nicht folgen können, erscheint die Oberfläche wie eine gespannte, elastische Haut (▷B 2). Man nennt diese Erscheinung *Oberflächenspannung*. Da diese Bedingungen ebenso an Grenzflächen zu anderen Flüssigkeiten oder zu festen Stoffen gelten, spricht man allgemein von der **Grenzflächenspannung**. Die Größe der Grenzflächenspannung hängt von den Anziehungskräften zwischen den Molekülen ab. Daher hat Wasser eine große, Heptan z. B. dagegen eine kleine Grenzflächenspannung.

B 2 Wassertropfen auf hydrophobem Gewebe

B 3 Kohäsionskräfte zwischen den Teilchen einer Flüssigkeit

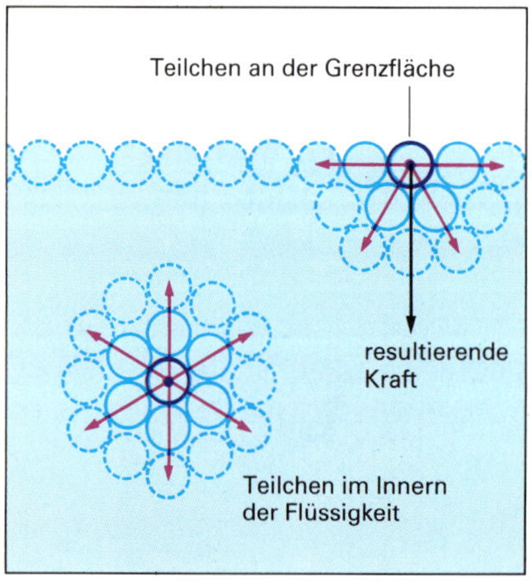

B 4 Wasserläufer. Er nutzt die hohe Grenzflächenspannung des Wassers

Tenside verbinden Fett und Wasser

Auf die Grenzflächenspannung des Wassers ist es zurückzuführen, dass ein Glas ein wenig über den Rand hinweg gefüllt werden kann und ein Wasserläufer sich auf der Wasseroberfläche bewegen kann (▷V2, ▷B4). Aufgrund seiner hohen Grenzflächenspannung ist Wasser nicht in der Lage hydrophobe Stoffe wie z. B. Fette oder Öl zu benetzen. Aus einer mit Öl gefüllten enghalsigen Flasche, die in ein mit Wasser gefülltes Glas gestellt wird, kann das Öl trotz seiner geringeren Dichte nicht auslaufen. Setzt man dem Wasser jedoch Seifen- oder Spülmittellösung zu, so steigt das Öl ungehindert nach oben (▷B5, ▷V3). Die Seife bzw. das Spülmittel setzen die Grenzflächenspannung des Wassers herab. Solche Stoffe nennt man **Tenside** (von lat. tensio, Spannung).

Die Struktur der Seifenanionen. Tenside wirken an der Grenzfläche zwischen Wasser und einem hydrophoben Stoff, wie z. B. Fett. Sie müssen also sowohl Eigenschaften des Wassers wie des Fettes besitzen. Seifen sind Salze der Fettsäuren (▷V4). Mit der Carboxylatgruppe besitzen die Seifenanionen einen den Wassermolekülen ähnlichen polaren (hydrophilen) Teil, mit dem langen Alkylrest einen den Fettmolekülen ähnlichen unpolaren (lipophilen) Teil. Seifenanionen besitzen **sowohl einen polaren als auch einen unpolaren Teil im selben Molekül** (▷B6). Dieses Strukturmerkmal haben alle Tenside gemeinsam.

Die Grenzflächenaktivität der Seifenanionen. Wird Seife zu Wasser gegeben, ordnen sich die Seifenanionen so an der Oberfläche an, dass jedes Anion mit seinem hydrophilen Teil in das Wasser eintaucht. Die lipophilen oder hydrophoben Kohlenwasserstoffreste weisen von der Wasseroberfläche weg (▷B7). Die Kohlenwasserstoffreste an der Wasseroberfläche bewirken eine Herabsetzung der Grenzflächenspannung; sie können so eine Verbindung zwischen den polaren Wassermolekülen und den unpolaren Fettmolekülen herstellen. Seifenanionen sind wie alle Tenside *grenzflächenaktiv*.

Seifenanionen können aufgrund des langen Alkylrestes nur schwer als einzelne Teilchen in Wasser gelöst werden. Sind alle Grenzflächen besetzt, bilden sie im Wasser Teilchenverbände, *Micellen*, in denen die negativ geladenen Carboxylat-Köpfe nach außen gerichtet sind. Die unpolaren Kohlenwasserstoff-Enden weisen in das Innere einer Kugel. Diese negativ geladenen Kugeln werden von Wassermolekülen umhüllt (▷B7).

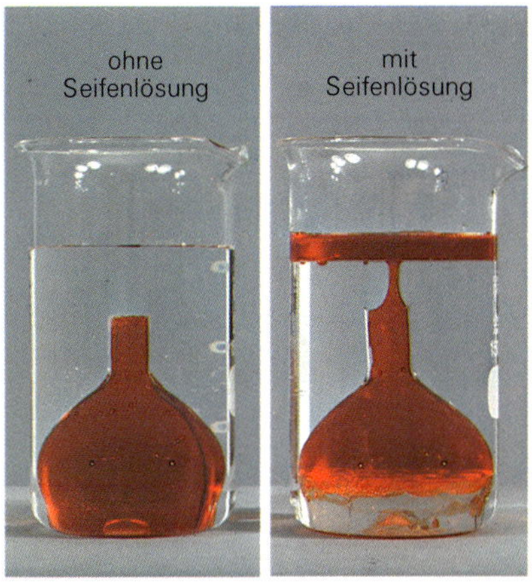

B5 Seifenanionen verringern die Grenzflächenspannung zwischen Öl und Wasser

V 3 Fülle eine enghalsige Flasche mit Öl, das vorher mit Sudanrot angefärbt wurde. Stelle die Flasche in ein mit Wasser gefülltes Becherglas. Gib einige Tropfen Spülmittel über dem Öl ins Wasser.

V 4 Stelle aus Schmierseife und Wasser eine Seifenlösung her. Prüfe die elektrische Leitfähigkeit dieser Lösung.

A 2 Warum leitet eine Seifenlösung den elektrischen Strom?

B6 Von der Strukturformel zum Streichholzmodell eines Seifenanions

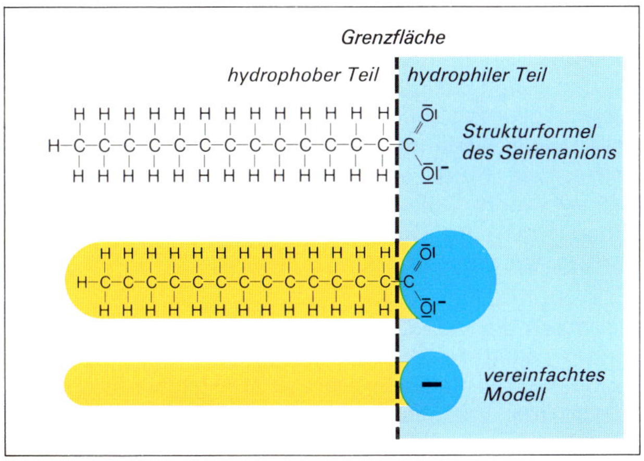

B7 Schemabild der Vorgänge beim Lösen von Seife. Das hydrophile Ende wird dem Wasser zugekehrt

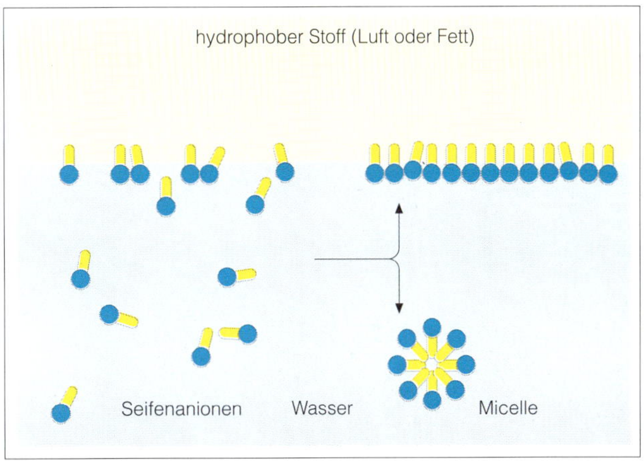

20.2 Exkurs: Die Geschichte der Seife

B 1 Tontafel der Sumerer. Das älteste Dokument über die Herstellung von Seife

B 2 Beim Seifensieder. Handwerkliche Seifenherstellung im 18. Jahrhundert

B 3 Industrielles Seifensieden 1929

Sich mit Seife zu waschen gehört heute zu den selbstverständlichen und alltäglichen Verrichtungen. Die Seifenherstellung ist zwar schon sehr alt, doch erst seit dem 19. Jahrhundert, als man Seife in großen Mengen preiswert herstellen konnte, wurde sie zum unentbehrlichen Bestandteil der Hygiene in den Industrieländern.

Schon die Sumerer stellten um 2500 v. Chr. Seife her. Auf einem am Euphrat gefundenen Tontäfelchen findet man ein Rezept: „Zur Seifenherstellung nehme man einen Liter Öl und fünfeinhalb Liter Pottasche." Von einer anderen Tontafel weiß man, dass Seife zum Waschen von Wolle verwendet wurde.

Im 2. Jahrhundert n. Chr. beschreibt GALENUS, ein griechischer Arzt in Rom, den Gebrauch der „sapo", der Seife. Sie wurde durch Kochen von „Aschenlauge" und Fett gewonnen und sollte zum Reinigen der Kleidung und des Körpers verwendet werden. Die Römer kannten die Seife aus Gallien und Germanien. PLINIUS DER ÄLTERE schreibt, dass sie hier als Haarpomade benutzt worden sei.

Vom Mittelalter bis ins 19. Jahrhundert wurde Seife von Seifensiedern hergestellt. Dazu wurden tierische und pflanzliche Fette (z. B. Trane, Talg, Knochenfett, Leinöl, Olivenöl) mit alkalischen Lösungen zu Seifenleim, einer klaren Masse umgesetzt (gesiedet), aus der man einen festen Seifenkern gewann. Nach dem Abkühlen wurde dieser in Blöcke und Riegel geschnitten. Zentren der Seifenherstellung waren zunächst vor allem in Ländern um das Mittelmeer zu finden. Hier konnte man auf Olivenöl als Rohstoff für die Seifenherstellung zurückgreifen. Die Kunst des Seifensiedens wurde von den Arabern nach Spanien gebracht, wo man aus Olivenöl und der Asche von Meerespflanzen, der Barilla, feste Seifen machte. Bis ins 16. Jahrhundert waren die spanischen Städte Alicante, Carthagena und Sevilla für ihre Seifen berühmt. In Südfrankreich, wo man schon früh Duftpflanzen anbaute, entwickelte sich im 16. Jahrhundert eine blühende Seifenindustrie mit dem Zentrum Marseille, die den Höfen die beliebten Duftseifen lieferte. In Mitteleuropa bildeten sich im 14. Jahrhundert die ersten Seifensiederzünfte in Augsburg, Prag, Wien und Ulm. In Nordeuropa wurde vor allem Schmierseife hergestellt und exportiert, Duftseifen wurden aus Südeuropa importiert. Hamburg, Stettin, Magdeburg und Berlin waren Zentren der Schmierseifenproduktion.

Erst durch die industrielle Produktion seit dem 19. Jahrhundert steht Seife allen Bevölkerungsschichten zur Verfügung. Die dadurch ermöglichte Hygiene trug maßgeblich zum Verschwinden von früher weit verbreiteten Seuchen und Krankheiten bei.

20.3 Die Seifenherstellung

Zwei Arten der Gewinnung von Seife lassen sich unterscheiden: die Spaltung von Fetten und die Neutralisation von Fettsäuren mit Laugen.

Herstellung von Seifen durch Fettspaltung. Ausgangsstoffe für die Seifenherstellung sind vor allem verschiedene pflanzliche Öle und Fette, in geringem Maße auch tierische Fette. Die Fette werden mit Natron- oder Kalilauge stundenlang in Kesseln gekocht (▷B 1). Dabei erfolgt eine Spaltung des Fettes in Glycerin (Propantriol) und den *Natrium- oder Kaliumsalzen der Fettsäuren*, den **Seifen**. Nach dieser Reaktion nennt man die alkalische Spaltung eines Esters **Verseifung**.

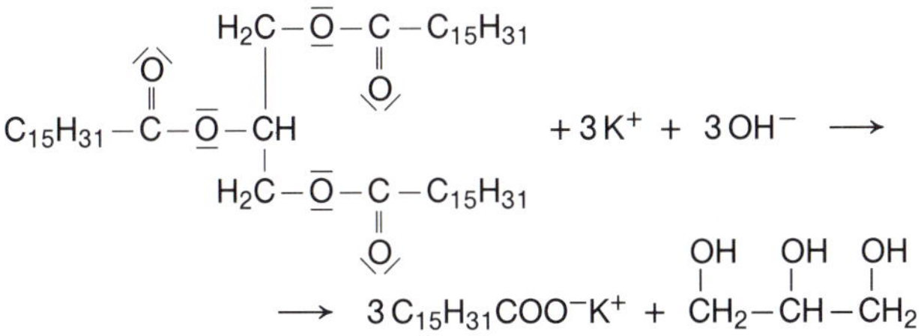

Die Benennung der Seifen erfolgt wie bei anderen Salzen der Carbonsäuren, so heißt z. B. das Kaliumsalz der Palmitinsäure ($C_{15}H_{31}COOH$) Kaliumpalmitat.

> Seifen sind Salze, die aus Natrium- oder Kaliumkationen und Fettsäureanionen aufgebaut sind.

Bei der geschilderten Art der Seifenherstellung erhält man einen dickflüssigen bis steifen Seifenleim, der aus Wasser, Glycerin und Seife besteht. Durch Zugabe von Kochsalz („Aussalzen") flockt die Seife aus. Sie kann dann von der wässrigen Lösung aus Salz und Glycerin getrennt werden. Der feste *Seifenkern* wird nach der Trennung von der *Unterlauge* noch einmal gereinigt, getrocknet und kann nach Zugabe von Farb- und Duftstoffen zu Stücken gepresst werden.
Die Verseifung mit Kalilauge führt zu weichen *Schmierseifen* (Kaliseifen), die mit Natronlauge zu festen *Kernseifen* (Natronseifen) (▷V 2).

Herstellung von Seifen aus Fettsäuren. In modernen Verfahren zur Seifenherstellung rührt man Fettsäuren in siedende Sodalösung ein. Die Fettsäuren reagieren mit der Natriumcarbonatlösung zu Seife, Kohlenstoffdioxid und Wasser (▷B 2).
Um die Fettsäuren zu gewinnen, lässt man Fette zunächst mit 180 °C heißem Wasserdampf in Druckkesseln reagieren. Die bei dieser *Hydrolyse* entstehenden Fettsäuren lassen sich nach dem Abkühlen leicht vom Glycerin abtrennen.
Fettsäuren erhält man ebenso durch katalytische Oxidation von langkettigen Kohlenwasserstoffen (Paraffinen) aus Erdöl.

B 1 Seifensieden in einer Seifenfabrik

V 1 Unter vorsichtigem Erwärmen gibt man unter Umrühren im Becherglas zu ca. 10 g Fett (Margarine, Öl) und 10 ml Ethanol portionsweise 30 ml Natronlauge ($w = 20\,\%$), bis die Mischung homogen ist. (Vorsicht, Spritzgefahr! Schutzbrille! Schutzhandschuhe!) Das verdampfte Wasser wird fortlaufend ersetzt. Nach dem Erkalten wird das Gemisch in 100 ml gesättigte Kochsalzlösung eingerührt. Anschließend wird die Lösung abgegossen und die Seife zwischen saugfähigem Papier trockengepresst.

V 2 Löse einige Kernseifenflocken in wenig destilliertem Wasser. Prüfe mit Hilfe der Flammenfärbung auf Natriumionen. Prüfe die elektrische Leitfähigkeit der Lösung. Vergleiche mit ▷V 4, ↗Kap. 20.1.

B 2 Schematische Darstellung der Seifenherstellung

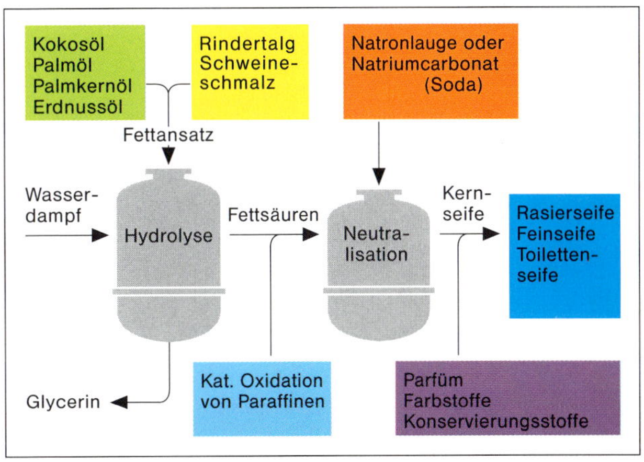

20.4 Waschen mit Tensiden

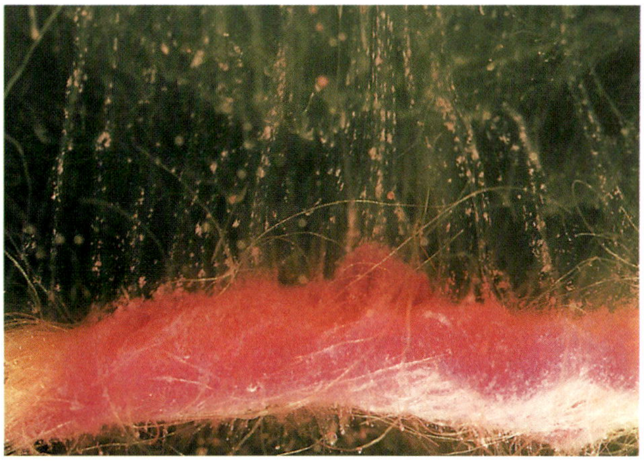

B 1 Ölige Faser in Tensidlösung. Der Schmutz wird abgelöst und emulgiert

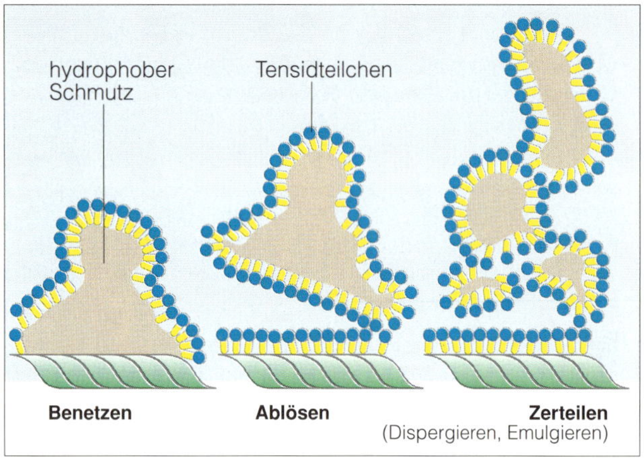

B 2 Schematische Darstellung der Wirkung von Tensidteilchen beim Waschprozess

V 1 Gib in einem Reagenzglas zu Wasser bzw. zu Seifen- oder Spülmittellösung etwas Öl und schüttle kräftig. Vergleiche die Emulsionen.

V 2 Reibe ein Reagenzglas mit etwas Margarine ein. Tauche es in Wasser bzw. in Spülmittellösung.

V 3 Schüttle Holzkohlepulver mit Leitungswasser bzw. mit Tensidlösung. Vergleiche die Suspensionen. Filtriere die Suspensionen und vergleiche die Filtrate.

V 4 Tauche einen öl- oder rußverschmutzten Wollfaden in Wasser bzw. Tensidlösung. Erwärme die Lösungen etwas.

A 1 Erläutere die emulgierende und dispergierende Wirkung einer Seifenlösung.

Im ↗ Kap. 20.1 haben wir kennen gelernt, dass Tenside die Oberflächenspannung des Wassers herabsetzen. In diesem Kapitel werden wir erfahren, wie Tenside die Ablösung des Schmutzes beim Waschen bewirken.

Die Wirkungsweise der Tenside. Schüttelt man eine Mischung aus Öl und Wasser, dem man einige Tropfen Spülmittel zugegeben hat (▷ V 1), beobachtet man, wie sich das Öl in viele kleine Tröpfchen zerteilt, die sich nur langsam und unvollständig vom Wasser trennen. Es ist eine **Emulsion** entstanden. Die in Wasser nicht löslichen Öltropfen sind von den Tensidteilchen eingehüllt worden. Das lipophile Ende des Tensidteilchens taucht dabei in das Öl ein, während der hydrophile Kopf dem Wasser zugewandt ist. Durch das Schütteln werden die Tropfen weiter zerteilt. Sie stoßen sich aufgrund der gleichnamigen Ladung der äußeren Hüllen gegenseitig ab und bleiben so in der Schwebe. Beim Waschen oder Spülen können die emulgierten Fett-Teilchen nun abtransportiert werden. Die mechanische Bewegung unterstützt die Vorgänge.

Tensidteilchen erniedrigen die Grenzflächenspannung des Wassers, das dadurch auch hydrophobe Flächen benetzen kann. So perlt Wasser an fettigen Flächen ab, eine Tensidlösung dagegen fließt als Film über die Fläche (▷ V 2). Die an der Oberfläche des Wassers angeordneten Tensidteilchen stellen eine Verbindung zwischen diesem und der hydrophoben, zu benetzenden Oberfläche her. So können auch hydrophobe Teilchen und fettige Schmutzteilchen umhüllt werden (▷ V 3, ▷ V 4). Es bilden sich beständige **Suspensionen**. Mit Hilfe von mechanischer Bewegung können die Teilchen fein verteilt, dispergiert, werden (▷ B 1, ▷ B 2). Je feiner verteilt eine Tensid haltige Suspension ist, umso beständiger ist sie. Das gleiche gilt auch für Emulsionen.

Tenside bewirken, dass Fette und Öle emulgiert, hydrophobe Stoffe benetzt und dispergiert werden.

Nachteile der Seife beim Waschen. Seifen kann man aus natürlichen Rohstoffen herstellen, sie sind in der Umwelt leicht abbaubar und besitzen in vielen Fällen ausgezeichnete Waschwirkung. Einige Eigenschaften schränken jedoch die Eignung der Seifen als Tenside zum Waschen ein.

Löst man eine Seife, z. B. Natriumstearat, in Wasser, erhält man eine *alkalische Lösung* (▷ B 3, ▷ V 5). Die Lösung muss also Hydroxidionen enthalten. Sie werden gebildet durch die Reaktion eines Teils der Fettsäureanionen mit Wassermolekülen.

$$CH_3-[CH_2-]_{14}COO^-(aq) + H_2O(l) \longrightarrow CH_3-[CH_2-]_{14}COOH(s) + OH^-(aq)$$

Bei hohen Seifenkonzentrationen wie z. B. beim Händewaschen kann ein pH-Wert von mehr als 9 erreicht werden.

Die Hydroxidionen erleichtern zwar den Schmutzablösevorgang, greifen aber die menschliche Haut an. Man merkt das, wenn die Haut glitschig wird. Diese besitzt einen „natürlichen Säureschutzmantel" von pH = 5,5, der von der alkalischen Seifenlösung zerstört wird. Selbst bei guter Spülung benötigt er nach jedem Waschen etwa 30 Minuten zur Regeneration. Der hohe pH-Wert der *Seifenlauge* ist auch für das Brennen in den Augen verantwortlich.

Wäscht man mit Seife in hartem Wasser, fällt ein Teil der Seifenanionen für die Waschwirkung aus. Mit den Calcium- und Magnesiumionen im Leitungswasser bilden sich die unlöslichen *Kalkseifen*, die sich z. B. im Badewasser an der Oberfläche absetzen und einen grauweißen schmierigen Feststoff bilden (▷ B 4, ▷ V 6). Kalkseifen führen beim Wäschewaschen zu Verkrustungen des Gewebes und zu „Grauschleiern", die Wäsche wird hart und brüchig. Durch die so gebundenen Seifenanionen hat man in hartem Wasser einen höheren Seifenverbrauch.

$$2\,CH_3-[CH_2-]_{14}COO^-(aq) + Ca^{2+}(aq) \longrightarrow (CH_3-[CH_2-]_{14}COO^-)_2Ca(s)$$

Will man im Haushalt Flächen mit Kalk- oder Wasserflecken reinigen, ist Seife ungeeignet. Kalk- und Wasserflecken werden durch saure Lösungen beseitigt. In saurer Lösung entstehen jedoch aus den Seifenanionen Fettsäuremoleküle. Die in Wasser unlöslichen Fettsäuren sind kaum grenzflächenaktiv und hinterlassen einen Schmierfilm (▷ V 7).

$$CH_3-[CH_2-]_{14}COO^-(aq) + H^+(aq) \longrightarrow CH_3-[CH_2-]_{14}COOH(s)$$

In den in Bad und Küche verwendeten sauren Reinigern müssen also andere Tenside vorliegen, die nicht mit den Wasserstoffionen in der sauren Lösung reagieren.

Synthetische Tenside. Die Nachteile der Seifen führten zur Entwicklung synthetischer Tenside, deren Eigenschaften auf ihren jeweiligen Einsatzbereich abgestimmt sind. Sie werden in Waschmitteln, Geschirrspülmitteln und Haushaltsreinigern eingesetzt. Auch bei ihnen findet man das Aufbauprinzip der Seifen: Die Moleküle besitzen ein hydrophobes, aber lipophiles Kohlenwasserstoffende und einen hydrophilen Kopf.

Der polare Kopf bestimmt die Zuordnung der Stoffe zu vier **Tensidklassen** (▷ B 5):
- Die anionischen Tenside. Ihre Teilchen haben eine negativ geladene polare Gruppe. Zu ihnen gehört auch die Seife.
- Die kationischen Tenside. Ihre Teilchen haben eine positiv geladene polare Gruppe.
- Die amphoteren Tenside. Ihre Teilchen haben eine positiv und eine negativ geladene polare Gruppe.
- Die nichtionischen Tenside. Ihre Teilchen enthalten ungeladene polare Gruppen.

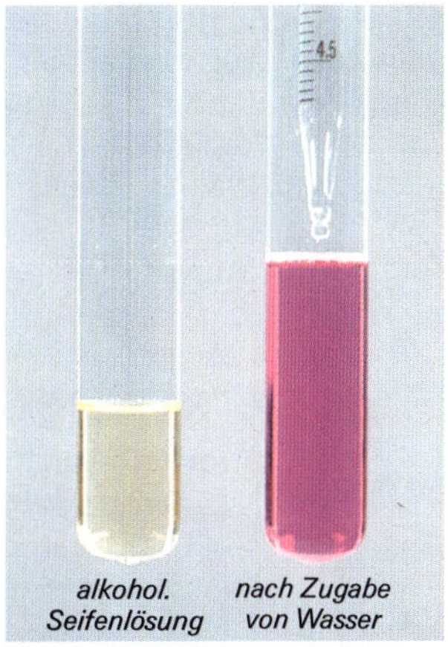

B 3 Wässrige Seifenlösung ist alkalisch

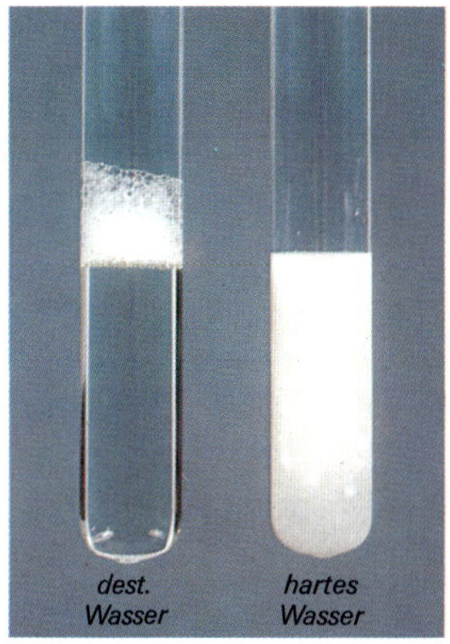

B 4 Hartes Wasser und Seife. Rechts: Kalkseife-Niederschlag

V 5 Gib zu einer Lösung von Seife in Ethanol 1 Tropfen Phenolphthaleinlösung und anschließend portionsweise dest. Wasser.

V 6 Gib in je ein Reagenzglas 5 bis 10 ml dest. Wasser bzw. Kalkwasser. Füge tropfenweise bis zur Schaumbildung Seifenlösung zu. Schüttle nach jeder Zugabe und vergleiche.

V 7 Gib zu Seifenlösung einige Tropfen verdünnte Säure. Schüttle. Schildere deine Beobachtungen.

A 2 Erkläre, wie die Ablagerungen im Waschbecken nach dem Waschen mit Seife entstehen. Warum bilden sich beim Baden mit Badezusatz (Schaumbad) keine Schmutzränder?

B 5 Tensidklassen

Tensidklasse	Modell	Beispiel
Anionische Tenside	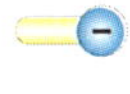	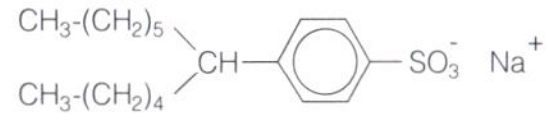
Kationische Tenside	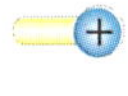	$CH_3-(CH_2)_{14}-CH_2-N^+(CH_3)_3$ Cl^-
Amphotere Tenside	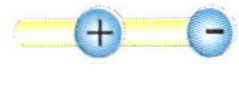	$CH_3-(CH_2)_{10}-CH_2-N^+(CH_3)_2-CH_2-COO^-$
Nichtionische Tenside		$CH_3-(CH_2)_{10}-CH_2-(O-CH_2-CH_2)_{10}-OH$

20.5 Waschmittel – Zusammensetzung und Wirkung

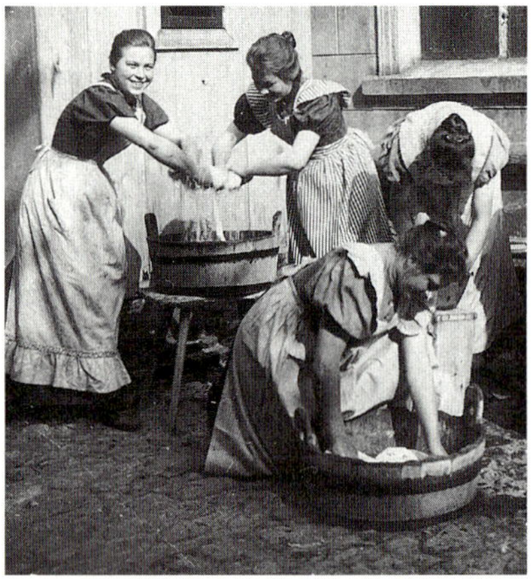

B1 Waschen früher. Der Waschtag war mit viel Arbeit verbunden, ...

Früher brauchte man zum Wäschewaschen sehr viel Kraft. Die Wäschestücke mussten im Wasser gerieben oder geschlagen werden, damit der Schmutz aus dem gelockerten Gewebe weggeschwemmt werden konnte. Weiße Wäsche erhielt man, indem man die Wäsche auf der Bleichwiese ausbreitete, Flecken wurden durch die Sonne ausgebleicht.
Erst im 19. Jahrhundert wurde das Waschpulver erfunden, das die mechanische Reinigung unterstützte und so das Waschen erleichterte. „Bleichsoda" oder „Universal-Waschmittel" hießen die Gemische aus Kernseife, Wasserglas (Natriumsilicat) und kalzinierter Soda (Natriumcarbonat), in deren Lösungen man die Wäsche kochte und rieb (▷B 1).

Moderne Waschmittel müssen mehr leisten als die Waschpulver von früher. Das Waschen in Trommelwaschmaschinen erfolgt ohne unsere Mitwirkung. Die Entwicklung synthetischer Fasern erfordert auf diese abgestimmte Waschmittel. Seifen lassen sich wegen ihrer verschiedenen Nachteile nicht gut als Tenside verwenden. In modernen Waschmitteln werden verschiedene synthetische Tensidarten eingesetzt. Neben den Tensiden enthalten Waschmittel bis zu 14 weitere Wirkstoffe, die im Waschprozess allein oder im Zusammenwirken mit anderen Komponenten jeweils verschiedene Aufgaben zu erfüllen haben (▷B 3).

B2 ... die heute die Waschmaschine übernimmt: **Waschen heute**

Enthärter. Hartes Wasser enthält Calcium- und Magnesiumionen. Synthetische anionische Tenside bilden zwar nicht so leicht schwer lösliche Calcium- oder Magnesiumsalze wie die Seifen, jedoch ist hartes Wasser beim Waschen aus weiteren Gründen ungeeignet. Durch Reaktion der im Wasser vorhandenen Hydrogencarbonationen bei erhöhter Temperatur zu Carbonationen (▷V 1) kommt es mit Calcium- und Magnesiumionen zu Ablagerungen auf der Wäsche und in der Waschmaschine. Kalk auf den Heizstäben führt zu schlechter Wärmeübertragung, so dass die Heizstäbe durchbrennen können. Weiterhin sind auch moderne Waschmittel nicht ganz seifenfrei. Seifen werden in Waschmitteln für Waschmaschinen als Schaumregulatoren eingesetzt.
Zum Entfernen der härtebildenden Ionen wurden früher ausschließlich Phosphate verwendet. Phosphate tragen jedoch zur Eutrophierung von Flüssen und Seen bei (↗ Kap. 16.5). Deshalb trat 1980 ein Gesetz über die Umweltverträglichkeit von Wasch- und Reinigungsmitteln in Kraft, das eine Phosphat-

B3 Inhaltsstoffe moderner Waschmittel. Die Zahlen in den Klammern geben die Massenanteile an

Anionische Tenside:
Hauptkomponenten der waschaktiven Substanzen im Waschmittel (5 - 10 %)

Nichtionische Tenside:
vor allem für das Waschen synthetischer Fasern bei niedrigeren Temperaturen (1 - 5 %)

Schaumregulatoren:
spezielle Seifen für das Waschen in Trommelwaschmaschinen (1 - 5 %)

Natriumcarbonat:
für die alkalische Waschlauge (5 - 10 %) (unterstützt die Tensidwirkung, enthärtet das Wasser)

Enthärter:
Zeolithe (Sasil), Polycarboxylate, Soda.

Bleichmittel:
Natriumperborat (20 - 30 %), zur Entfernung bleichbarer Flecken wie z. B. Obstflecken

Stabilisatoren:
Magnesiumsilicat, sorgt für gleichmäßige und langsam ablaufende Bleiche (0,2 - 2 %)

Aktivatoren:
lassen Bleichmittel schon bei niedrigen Temperaturen wirken (2 - 4 %)

Enzyme:
zum Entfernen von Blut- und Eiweißflecken (bis 0,1 %)

Vergrauungsinhibitoren: Cellulosederivate, verstärken das Schmutztragevermögen der Tenside (0,5 - 2 %)

Korrosionsinhibitoren: Silicate, verhindern das Rosten der Waschmaschinenteile (3 - 5 %)

Stellmittel: Salze, z. B. Natriumsulfat, verbessern die Rieselfähigkeit (5 - 15 %)

Optische Aufheller: Farbstoffe, die ultraviolettes Licht in sichtbares Licht umwandeln können (0,1 - 0,3 %)

Duftstoffe: Parfümöle, überdecken unangenehme Laugengerüche, geben der Wäsche angenehmen Duft (0,1 - 0,2 %)

reduzierung verfügte. In den Waschmitteln wurden daher Phosphate größtenteils durch Zeolithe (Sasil = *S*odium-*a*luminium-*sil*icate) ersetzt, die die Wasserenthärtung übernehmen.

Bleichmittel. Obstflecken in der Wäsche können mit Tensiden allein nicht entfernt werden. Sie müssen „ausgebleicht“ werden. Bleichmittel oxidieren die Farbstoffe zu farblosen Stoffen (▷V 2). Ein geeignetes Bleichmittel ist Wasserstoffperoxid, mit dem man z. B. auch die Haare „platinblond“ entfärben kann. Wasserstoffperoxid wird beim Waschen durch Zerfall von Natriumperborat ($NaBO_2 \cdot 2\,H_2O_2$) erzeugt. Die Bleichwirkung setzt bei ca. 60 °C ein und nimmt mit steigender Temperatur zu, doch setzen Spuren von Schwermetallionen wie Kupfer-, Eisen- oder Manganionen die Zerfallstemperatur deutlich herab, so dass es dann durch eine überstarke Bleiche zu Faserschädigungen kommen kann. Aus diesem Grund werden Vollwaschmitteln Bleichmittelstabilisatoren zugesetzt, die die Schwermetallionen binden. Soll umgekehrt die Bleichwirkung schon unter 60 °C eintreten, müssen Bleichmittelaktivatoren zugesetzt werden.

Waschmitteltypen. Je nachdem bei welcher Temperatur gewaschen werden soll, welche Textilien gewaschen werden, ob im Haushalt oder in Wäschereien gewaschen wird, werden Waschmittel unterschiedlicher Zusammensetzung benötigt. Da man in den meisten Fällen jedoch die genauen Einsatzbedingungen nicht kennt, besteht die Gefahr einer **Überdosierung** einzelner Wirkstoffe. Durch Dosierungsempfehlungen versucht man ihr entgegenzuwirken (▷B 5). Eine Alternative zu an „normaler“ Wäsche orientierten Waschpulvergemischen besteht im Einsatz von Mehrkomponentensystemen, Waschmitteln in Form von „Bausteinen“, in denen verschiedene Wirkstoffkombinationen getrennt vorliegen (z. B. ▷B 4). Sie können individuell, den jeweiligen Bedingungen entsprechend, dosiert werden.

Umweltbelastung. Durch Waschmaschinen und moderne Waschmittel ist Waschen leicht und bequem geworden. Das hat dazu geführt, dass wesentlich mehr gewaschen wird als früher. Nicht nur die Belastung der Gewässer mit Phosphaten, Tensiden und erhöhten Salzfrachten, auch der erhöhte Verbrauch von Trinkwasser und Energie führen zu einer Beeinträchtigung der Umwelt. Abhilfe ist nur durch eine Verhaltensänderung zu schaffen: z. B. bessere Ausnutzung der Waschmaschine, weniger häufiges Waschen.

V 1 Erhitze eine klare, gesättigte Lösung von Calciumhydrogencarbonat zum Sieden. Beobachte. Wiederhole den Versuch nach Zugabe von Wasserenthärter.

V 2 Gib kleine Stoffreste mit Tinten-, Obst- oder Grasflecken in 3 %ige Wasserstoffperoxidlösung, in Natriumperboratlösung und in die Lösung eines Vollwaschmittels und erhitze unter Umrühren. (Schutzbrille!)

V 3 Bariumsulfat ist in Wasser kaum löslich und dient deshalb als Nachweis für Sulfationen. Gib etwas Bariumchloridlösung zu einer zum Sieden erhitzten und filtrierten Lösung eines Vollwaschmittels in dest. Wasser.

A 1 Warum sollte man sich genau an die Dosierungsempfehlungen der Waschmittelhersteller halten?

A 2 Warum ist ein Enthärter notwendig, wenn Seifen als Schaumregulatoren eingesetzt werden sollen?

A 3 Beschreibe das Zusammenwirken der Komponenten eines Vollwaschmittels beim Waschen.

B 4 Ein „ökologisches Waschmittel“ im Baukastensystem. Als Tenside werden vorwiegend Seifen verwendet

Basis-Waschmittel: flüssiges Waschmittel mit Sonnenblumenöl-Kaliseife, Kokosfett-Kaliseife, Palmkernöl-Kaliseife, Glycerin, Wasser (> 10 %); Sojaöl-Kaliseife, Rapsöl-Kaliseife, Rizinus-Kaliseife, Citrat, Pottasche (Kaliumcarbonat), Alkohol (1 - 10 %)

Enthärter-Baustein: Zeolith, Citrat (> 10 %); Quellton (1 - 10 %)

Bleich-Baustein: Natriumperborat (100 %)

Waschduft-Baustein: Alkohol (> 10 %); Bergamotteöl (1 - 10 %); Lemongrasöl, Balsamterpentinöl, Geraniumöl (< 1 %)

Flecken-Gallseife zur Vorbehandlung hartnäckiger Flecken: Palmkernfett-Natronseife, Kokosfett-Natronseife (> 10 %); Rindergalle (1 - 10 %); Chlorophyll (< 1 %)

B 5 Waschmitteldosierung, abgestimmt auf die Wasserhärte (in °dH)

Härtebereich*	Wasserhärte*	nur Hauptwäsche (ohne Vorwäsche)	Vorwäsche + Hauptwäsche
		Anzahl der Messbecher	
1	0 – 7 (weich)	$2\frac{1}{2}$	$1\frac{1}{4}$ + $1\frac{1}{4}$
2	7 – 14 (mittel)	3	$1\frac{1}{2}$ + $1\frac{1}{2}$
3	14 – 21 (hart)	$3\frac{1}{2}$	$1\frac{1}{4}$ + $1\frac{3}{4}$
4	über 21 (sehr hart)	4	2 + 2

* Den Härtebereich bzw. die Wasserhärte in Grad deutscher Härte erfahren Sie bei Ihrem zuständigen Wasserwerk

20.6 Tenside als Emulgatoren

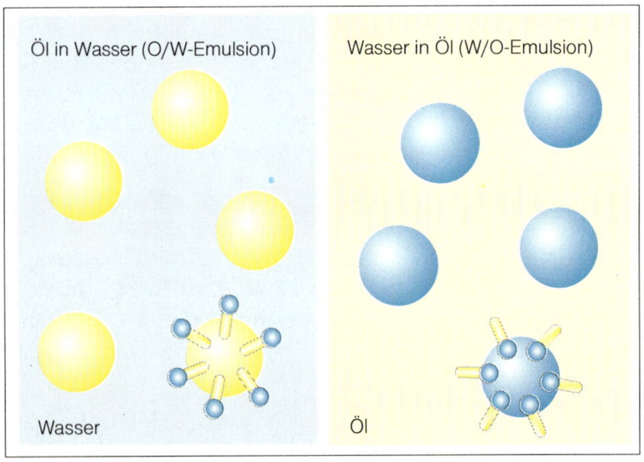

B 1 Emulsionstypen. Links: Öl in Wasser (O/W). Rechts: Wasser in Öl (W/O)

V 1 Trage auf einer glatten Fläche (z. B. Glasplatte) Hautcreme oder Margarine und Körperlotion oder Pflegebalsam nebeneinander auf. Halte die Platte unter einen ruhig fließenden Wasserstrahl.

V 2 Streue einige Körnchen eines Gemisches aus dem hydrophilen Farbstoff Methylenblau und dem lipophilen Farbstoff Sudanrot (Mischungsverhältnis 1 : 1) auf Proben von Hautpflegemitteln, verrühre sie evtl. mit einem Glasstab. Gib an, ob es sich um eine O/W- oder eine W/O-Emulsion handelt.

A 1 Warum erreicht man beständige Emulsionen nur durch starkes mechanisches Vermischen? Beschreibe die Vorgänge.

B 2 Zusammensetzung von Emulsionen für kosmetische Cremes. Auch W/O-Emulsionen können viel Wasser enthalten

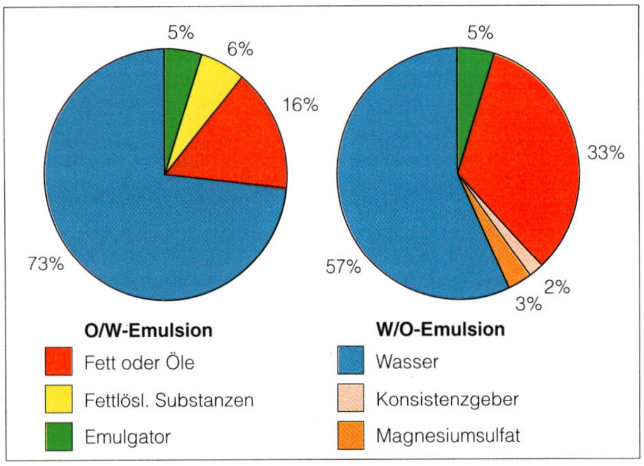

Nicht nur zum Waschen und Spülen, auch zur Hautpflege und bei der Herstellung von Lebensmitteln werden Tenside gebraucht. In beiden Fällen dienen sie zum Erzeugen von *Emulsionen*, fein verteilten Gemischen von Ölen bzw. Fetten und Wasser. Die zum Herstellen von Emulsionen verwendeten Tenside heißen *Emulgatoren*.

Emulsionen in der Hautpflege. Man cremt die Haut ein, um ihr Feuchtigkeit zuzuführen und sie mit Hilfe von Fetten und fettlöslichen Pflegemitteln vor äußeren Einflüssen zu schützen. Cremes oder Lotionen, die man hierzu verwendet, sind Emulsionen.
Man unterscheidet zwischen **Wasser-in-Öl-Emulsionen** (W/O), wie z. B. Butter, oder **Öl-in-Wasser-Emulsionen** (O/W), wie z. B. Milch, je nachdem, ob Öltröpfchen in Wasser oder Wassertröpfchen in Öl verteilt sind (▷ B 1). In einer Emulsion sind die Tröpfchen so klein, dass man sie nur noch unter dem Mikroskop erkennen kann (↗ Kap. 19.7, ▷ B 3). Man kann beide Emulsionstypen einfach voneinander unterscheiden: Nur eine O/W-Emulsion lässt sich mit Wasser von einer glatten Fläche abspülen (▷ V 1). Beim Farbstofftest wird die O/W-Emulsion nur von einem hydrophilen Farbstoff, die W/O-Emulsion nur von einem lipophilen Farbstoff angefärbt (▷ V 2).

Emulgatoren sind Hilfsmittel, die dafür sorgen, dass sich eine Emulsion nicht entmischt. Je nach Emulsionstyp und Anwendungsbereich benötigt man unterschiedliche Emulgatoren; es kommt auf die Wechselwirkung der zu emulgierenden Stoffe mit dem hydrophilen und dem lipophilen Teil des Tensidmoleküls an. Als Emulgatoren in Cremes und Backwaren kann man z. B. Tenside verwenden, die Bestandteilen von Nahrungsmitteln ähnlich sind. Dazu gehören z. B. Mono- oder Diacylglycerine von Fettsäuren, also nicht vollständig hydrolysierte Fette (↗ Kap. 19.6). Ihre grenzflächenaktive Wirkung beruht auf den freien OH-Gruppen des Glycerinanteils im Emulgatormolekül als hydrophilem Kopf und den Alkylketten als lipophilem Ende.

Anwendungsbeispiele für Emulgatoren findet man in vielen Bereichen. Außer in der Kosmetik werden Emulsionen in der Pharmazie oder auch der Lederindustrie zur Verarbeitung wasserunlöslicher Wirkstoffe eingesetzt. Bei „Wasserlacken" und Dispersionsfarben werden die Farb- und Pigmentstoffe aus Emulsionen und Suspensionen auf die zu färbende Oberfläche aufgebracht. Auch Margarine kann ohne Emulgatoren nicht hergestellt werden, da sich Wasser und Fett voneinander trennen würden. Speiseeis wäre ohne Emulgatoren nicht cremig, sie unterbinden die Bildung größerer Eiskristalle. Bei der Herstellung von Schokolade verhindern sie die Bildung von „Fettreif", bei der Wurstherstellung helfen sie das Fett in der Wurstmasse zu halten. Brot bleibt bei Verwendung von Emulgatoren länger knusprig, Kuchen erhalten ein größeres Volumen durch Vergrößerung der Poren.

20.7 Projekt: Kosmetika aus dem Schullabor

Versuch 1 Waschemulsion für normale Haut

Geräte und Materialien:
Becherglas (150 ml), Becherglas (300 ml), 2 Spatel, Glasstab, Messzylinder (50 ml), 2 Tropfpipetten, Thermometer, Waage, Stativgerät, Dreifuß, Keramik-Drahtnetz, Brenner, Papierhandtücher, PE-Flasche (100 ml), heißes Wasser, dest. Wasser, *Rewoderm HT, Sanfteen, Kollagentensid HT (Lamepon S), Glycintensid*, Parfüm (ätherisches Öl), Zitronensaft (Konzentrat)

Durchführung: (für ca. 100 ml Waschemulsion)

Alle Geräte und Materialien müssen sorgfältig gereinigt sein!

Gieße 50 ml dest. Wasser in das kleine Becherglas und erwärme es im Wasserbad (ca. 50 °C). Rühre in das warme Wasser 3 bis 4 g (bzw. 3 bis 4 ml) *Rewoderm HT* (sehr zäh!) und 2 bis 3 g (bzw. 2 bis 3 ml) *Sanfteen* (sehr zäh!). Füge anschließend unter gleichmäßigem Weiterrühren 20 ml *Kollagentensid* und 20 ml *Glycintensid* zu. Tropfe 5 bis 20 Tropfen Parfüm (ätherisches Öl) zu und rühre weiter. Füge zum Schluss noch 5 Tropfen Zitronenkonzentrat zu und rühre noch einige Minuten. Fülle die Waschemulsion in die PE-Flasche.

Versuch 2 Shampoo für normales Haar

Geräte und Materialien:
Becherglas (150 ml), Becherglas (300 ml), 2 Spatel, Glasstab, 2 Messzylinder (10, 100 ml), 2 Tropfpipetten, Thermometer, Waage, Stativgerät, Dreifuß, Keramik-Drahtnetz, Brenner, Papierhandtücher, PE-Flasche (100 ml), heißes Wasser, dest. Wasser, *Rewoderm HT, Sanfteen, Kollagentensid HT (Lamepon S), Zetesol HT, Haarquat*, Parfüm (ätherisches Öl), *Nutrilan*, Zitronensaft (Konzentrat)

Durchführung: (für ca. 100 ml Shampoo)

Alle Geräte und Materialien müssen sorgfältig gereinigt sein!

Gieße 55 ml dest. Wasser in das kleine Becherglas und erwärme es im Wasserbad (ca. 50 °C). Rühre in das warme Wasser 4 g (bzw. 4 ml) *Rewoderm HT* (sehr zäh!) und 2 bis 3 g (bzw. 3 bis 4 ml) *Sanfteen* (sehr zäh!). Füge anschließend 35 ml *Kollagentensid* und 10 ml *Zetesol* zu und rühre gleichmäßig, bis sich beide Stoffe gut verteilt haben. Gib die folgenden Stoffportionen nacheinander zu: 4 ml *Haarquat*, 5 bis 20 Tropfen Parfüm (ätherisches Öl), 30 Tropfen *Nutrilan* und 5 Tropfen Zitronenkonzentrat. Nach jeder Zugabe wird der Stoff zunächst in das vorliegende Gemisch eingerührt. Gieße das Shampoo in die PE-Flasche.

Information: Waschemulsion und Haarshampoo sind nach der Herstellung 6 – 8 Wochen haltbar. Durch die Zugabe von 10 Tropfen *Paraben K* (Konservierungsmittel) kann die Haltbarkeit auf 3 Monate verlängert werden.

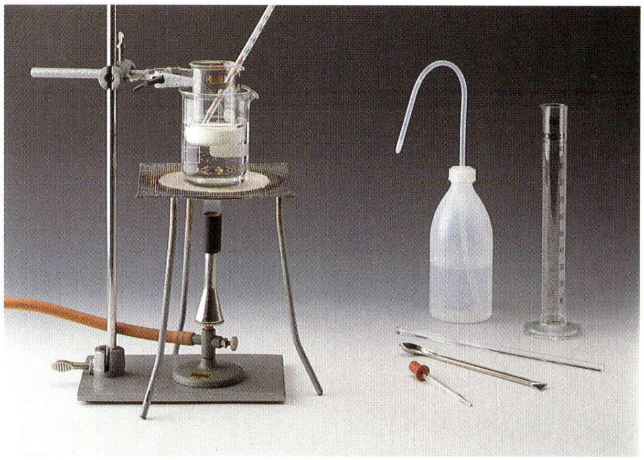

B 1 Arbeitsplatz für die Herstellung von Kosmetika

Versuch 3 Tagescreme für normale Haut

Geräte und Materialien:
2 Bechergläser (100 ml), Becherglas (600 ml), 2 Spatel, Glasstab, Holzspatel, Messzylinder (50 ml), Tropfpipette, Thermometer, Waage, Stativgerät (2 Klammern), Dreifuß, Keramik-Drahtnetz, Brenner, Papierhandtücher, Cremedöschen, heißes Wasser, dest. Wasser, *Tegomuls 90 S*, Mandelöl, Walratersatz, *Paraben K*, *Elastin*pulver, Parfümöl, Zitronensaft (Konzentrat)

Durchführung: (für ca. 40 g Creme)

Alle Geräte und Materialien müssen sorgfältig gereinigt sein!

Gib in ein Becherglas 2,5 g *Tegomuls* (Emulgator), 6 g Mandelöl und 2 g Walratersatz (Konsistenzgeber). Fülle in das zweite Becherglas 30 ml dest. Wasser. Erwärme beide Bechergläser im Wasserbad auf 70 °C. Rühre dabei die Fettphase im ersten Becherglas sorgfältig mit dem Glasstab, bis sie vollkommen klar ist.
Nimm anschließend beide Bechergläser aus dem Wasserbad und gieße unter ständigem Umrühren einige Tropfen heißes Wasser in die Fettphase. Gieße nach den ersten Tropfen das restliche Wasser in feinem Strahl zur Fettphase, während des Zugießens muss ständig gerührt werden. Rühre weiter, bis die Creme handwarm ist (ca. 30 °C). Gib dann unter weiterem Umrühren 4 Tropfen *Paraben K* (Konservierungsmittel), 1 Tropfen Zitronenkonzentrat, 2 bis 3 Tropfen Parfümöl und 0,3 g *Elastin*pulver zu. Ist die Creme auf Raumtemperatur abgekühlt, fülle sie in das Cremedöschen. Die Creme ist so 4 bis 6 Wochen haltbar, nimmt man 8 Tropfen *Paraben K*, hält sie ca. 3 Monate.
Das Becherglas, in dem sich die Creme befand, sowie alle Geräte, die mit ihr in Berührung gekommen sind, werden anschließend zunächst mit dem Papierhandtuch gereinigt. Daraufhin werden sie gespült.

20.8 Überprüfung und Vertiefung

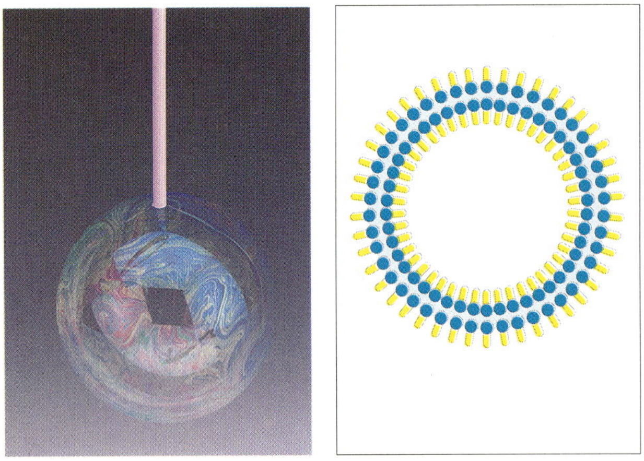

B1 Zu Aufgabe 1

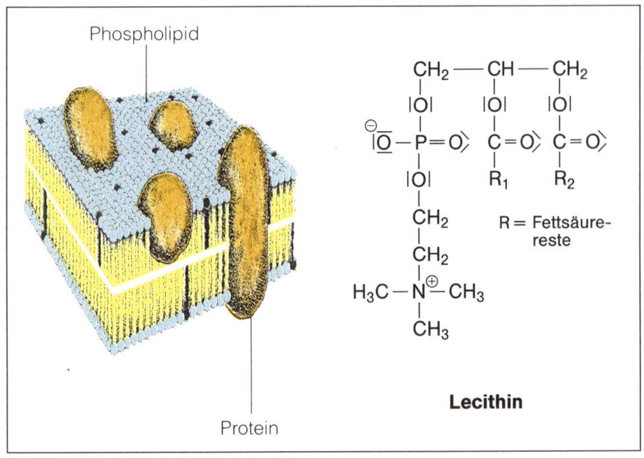

B2 Zu Aufgabe 2

1 Lösungen von Seifen oder anderen Tensiden schäumen, wenn man hineinbläst. Den Schaum kann man sich aus vielen **Seifenblasen** zusammengesetzt denken. In einer Seifenblase ist ein dünner Wasserfilm von Tensidmolekülen nach innen und außen abgeschlossen (▷ B 1). Sie ist im Idealfall kugelförmig, weil die eingeschlossene Luft nach allen Seiten den gleichen Druck ausübt. Mit der Zeit fließt das eingeschlossene Wasser nach unten, die Haut wird an den übrigen Stellen immer dünner, die Seifenblase platzt. Hier ein Rezept zur Herstellung von langlebigeren Seifenblasen: 2 Teile Shampoo (z. B. für Autos), 1 Teil destilliertes Wasser, 1 Teil Glycerin. Je größer der Durchmesser des verwendeten Trinkhalms zum Blasen ist, desto größer werden die Seifenblasen.

2 Auch die Membranen der Zellen enthalten Tensidmoleküle in einer Doppelschicht (▷ B 2). Ein Bestandteil der Zellmembran sind die Lecithine. Zu welcher Tensidklasse gehören sie? Mit welchen Stoffen sind sie verwandt?

3 Im Schaumbad bewirkt Seife, dass der Schaum zusammenfällt. Warum werden Vollwaschmitteln Seifen zugesetzt?

4 Nach dem Waschmittelgesetz vom 28. 8. 1975 sind die Hersteller von Waschmitteln verpflichtet Dosierempfehlungen auf die Verpackungen zu drucken. Die Dosierung des Waschmittels richtet sich nach den Härtebereichen 1 (weich) bis 4 (sehr hart). Im Härtebereich 1 reicht die Konzentration der härtebildenden Ca^{2+}- und Mg^{2+}-Ionen bis 1,3 mmol/l, im Härtebereich 4 beträgt die Konzentration dieser Ionen mehr als 3,8 mmol/l. Die Wasserversorgungsunternehmen müssen den für ihr Gebiet gültigen Härtebereich einmal jährlich bekannt geben (▷ B 3). Warum hat man diese Vorschriften erlassen?

B3 Zu Aufgabe 4

5 Gießt man geschmolzene Stearinsäure auf warmes Wasser und lässt erkalten, so entsteht eine Stearinsäureplatte, die auf der Unterseite benetzbar ist, auf deren Oberseite das Wasser aber abperlt. Versuche eine Erklärung.

6 In Gegenden mit hartem Wasser braucht man zum Waschen wesentlich mehr Seife, um Schaum zu entwickeln, als in solchen mit weichem Wasser. Erkläre.

7 Welche Aufgabe haben rückfettende Bestandteile in Körperreinigungsmitteln?

8 Schüttelt man ein Gemisch aus Wasser und Öl und lässt es dann stehen, trennen sich die beiden Phasen schnell. Zugabe von etwas Tensid führt jedoch zu einer über längere Zeit haltbaren Emulsion. Erkläre.

Wichtige Begriffe
Grenzflächenspannung, Tensid, hydrophil/hydrophob, lipophil, Verseifung von Fetten, Seife, Kalkseife, Seifenlauge, Seife und saure Lösung, benetzen/emulgieren/dispergieren, Emulgator/Emulsion, Tensidklassen, Vollwaschmittel, Wasserenthärtung, Gewässerbelastung

Kunststoffe

Kunststoffe gehören zu unserem Alltag. Die meisten Dinge, mit denen wir umgehen, enthalten Kunststoffe oder bestehen vollständig aus ihnen.

Einige Kunststoffe kannte man bereits in der zweiten Hälfte des 19. Jahrhunderts. Ihre stürmische Entwicklung begann jedoch erst Anfang des 20. Jahrhunderts. In zunehmendem Maße ersetzten sie natürliche Werkstoffe wie Seide, Baumwolle, Leder, Holz, Glas und Metall.

Heute ist es möglich gezielt Kunststoffe mit den unterschiedlichsten Stoffeigenschaften für ganz spezielle Verwendungszwecke herzustellen. Sie lassen sich zu feinsten Garnen, aber auch zu so unterschiedlichen Dingen wie Geschirr, Sportgeräten, Schallplatten, Baustoffen und Verpackungsmaterial verarbeiten. Füller, Filzstifte und Lineale, aber auch Surfbretter, Turnschuhe und Drachen bestehen aus Kunststoffen. In der Elektrotechnik werden sie zum Isolieren verwendet. Inzwischen gibt es sogar Kunststoffe, die den elektrischen Strom leiten.

Weil die Herstellung und Verarbeitung vieler Kunststoffe einfach und preiswert ist, eignen sie sich vor allem zur Herstellung von Massenware. Sie sind damit zu den wichtigsten Werkstoffen unserer Zeit geworden.

Die massenhafte Verwendung und die Langlebigkeit von Kunststofferzeugnissen schafft aber auch Probleme. So beansprucht Kunststoffmüll z. B. übermäßig viel Deponieraum. Man versucht daher durch verschiedene Recyclingverfahren, durch Pyrolyse und durch Verbrennen zur Energieerzeugung die Kunststoffe soweit wie möglich noch einmal zu verwerten.

Wir werden in diesem Kapitel verschiedene Arten von Kunststoffen kennen und unterscheiden lernen und ihre besonderen Eigenschaften mit ihrem molekularen Aufbau erklären. Auch die Möglichkeiten der Entsorgung des Kunststoffmülls sind ein Thema dieses Kapitels.

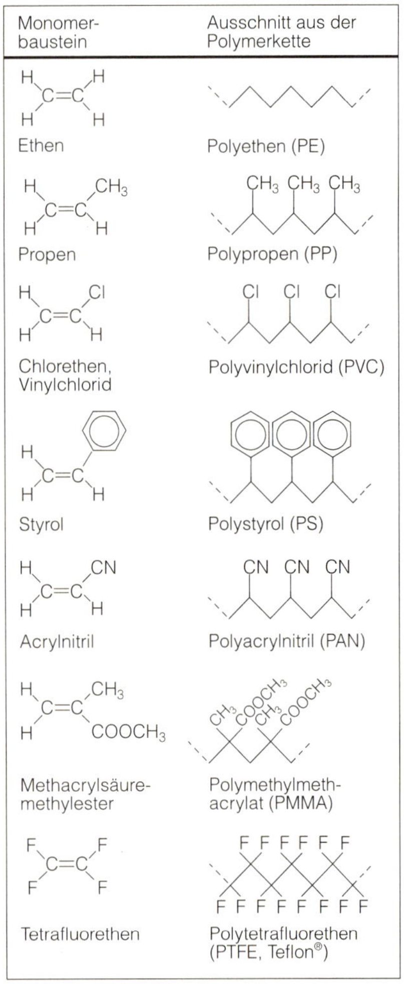

B1 Kunststoffe, die man durch Polymerisation erhält

B2 Polykondensation. Herstellung eines Nylonfadens

Die Herstellung von Kunststoffen erfolgt immer durch Verknüpfung vieler kleiner Moleküle, den Monomermolekülen, zu ketten- oder netzförmigen Riesenmolekülen, den Polymermolekülen. Je nachdem welcher Art die Monomermoleküle sind, lassen sie sich auf verschiedene Weisen verknüpfen: durch *Polymerisation, Polykondensation* oder *Polyaddition*.

Polymerisation. Monomere, die Kunststoffe durch Polymerisation bilden, besitzen mindestens eine Doppelbindung im Molekül. Bei der Polymerisation werden die Monomerbausteine durch Zufuhr von Wärme oder Strahlung, erhöhtem Druck im Reaktionsgefäß oder durch Katalysatoren aktiviert. Die aktivierten Moleküle verbinden sich untereinander oder mit schon gebildeten Kettenmolekülen (▷B 3). Je nach der Art der Reaktionsbedingungen können harte oder weiche Kunststoffe hergestellt werden. Da die Verknüpfung über die Doppelbindung erfolgt, kann man sich die entstehenden Polymermoleküle vom Ethen abgeleitet denken (▷B 1).

Das einfachste Beispiel für einen derartigen Kunststoff ist das **Polyethen** (PE). Unter Aufspaltung der Doppelbindung reagieren Ethenmoleküle zu Polyethen. Je nach den Reaktionsbedingungen unterscheidet man zwischen Hochdruck- oder Niederdruckpolyethen. Die entstehenden Polymermoleküle sind lange Kohlenwasserstoffketten, die bis zu 200 000 Kohlenstoffatome enthalten können. Zwischen den Kohlenstoffatomen liegen nur Einfachbindungen vor. Polyethen ist demnach ein Gemisch äußerst *langkettiger Alkane*.
Das gleiche gilt für **Polypropen** (PP). Ähnlich wie Polyethen wird es aus Propen hergestellt. Das entstandene Polypropenmolekül besitzt an jedem zweiten C-Atom in der Kette eine Methylgruppe. Es handelt sich demnach um ein *verzweigtes Alkan*.
Aus kettenförmigen Molekülen wie denen des Polyethens und Polypropens besteht auch **Polyvinylchlorid** (PVC). Dessen Moleküle sind wie die des Polypropens aufgebaut, nur dass statt der Methylgruppen Chloratome an die Kohlenstoffatome der Kette gebunden sind. In den Molekülen von **Polystyrol** (PS) und **Polyacrylnitril** (PAN, Dralon) sind diese Positionen durch Phenyl- bzw. durch Cyanogruppen besetzt (▷B 1).

Polykondensation. Von Kondensation sprechen wir immer dann, wenn größere Moleküle unter Austritt kleiner Moleküle wie Wasser- (H_2O) oder Chlorwasserstoffmoleküle (HCl) verknüpft werden. Ein Beispiel für eine

B3 Schema der Polymerisation. Monomere verbinden sich zu Polymeren

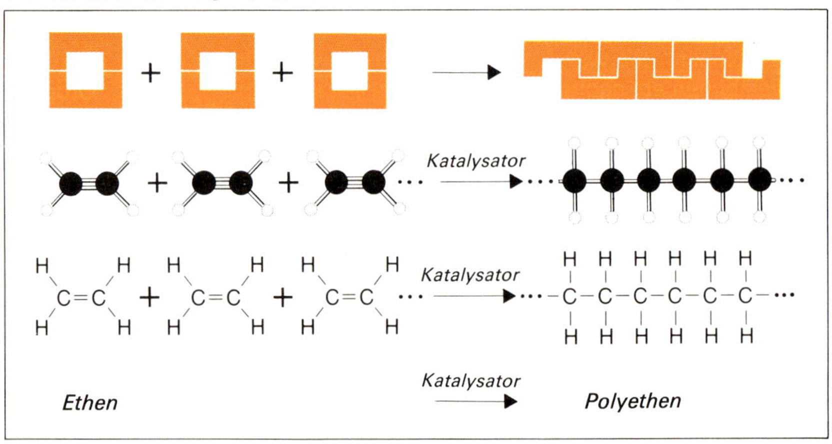

Kondensationsreaktion ist die Veresterung einer Carbonsäure mit einem Alkohol. Haben die Moleküle der reagierenden Carbonsäure zwei COOH-Gruppen und die des Alkohols zwei OH-Gruppen, sind beide also *bifunktionell*, kann die Kondensation an beiden Seiten des Moleküls immer wieder erfolgen: es entsteht ein kettenförmiges Makromolekül (▷ B 4). Verzweigte oder vernetzte Makromoleküle können entstehen, wenn die Monomermoleküle mehr als zwei funktionelle Gruppen tragen.

Aus Dicarbonsäuren (Alkandisäuren) und Diolen (zweiwertigen Alkoholen) entstehen so lineare **Polyester**. Der aus Terephthalsäure (1,4-Benzoldicarbonsäure) und Glycol (1,2-Ethandiol) gebildete Polyester wird außer zu Textilfasern (Trevira, Diolen) zu Getränkeflaschen (PET) verarbeitet.

Polyamide entstehen aus Dicarbonsäuren und Diaminen (▷ B 2). Das bekannteste Polyamid ist Nylon, ein Kunststoff, der besonders reiß- und bruchfest ist. Nylon entsteht aus der Hexandisäure (Adipinsäure) und 1,6-Diaminohexan (Hexamethylendiamin).

Die duroplastischen **Phenoplaste** erhält man ebenfalls durch Polykondensation. Der als Bakelit bekannt gewordene Phenoplast entsteht aus Phenol und Methanal (Formaldehyd). Phenoplaste werden in der Regel mit Füllstoffen verarbeitet. Ein Phenoplast hält in Spanplatten die Sägespäne zusammen.

Polyaddition. Auch bei der Polyaddition werden wie bei der Polykondensation Monomere mit mindestens zwei funktionellen Gruppen eingesetzt. Sie werden jedoch zu Makromolekülen addiert, ohne dass Moleküle abgespalten werden. Zu den wichtigsten, durch Polyaddition hergestellten Kunststoffen gehören die **Polyurethane** (PU). Man findet sie z. B. in Schuhsohlen, Schaumstoffmaterial von Polstermöbeln und Matratzen und als Stabilisierungsschaum beim Hausbau. Wenn eine Komponente mit Wasser unter Abspaltung von Kohlenstoffdioxid reagiert, führt Wasserzusatz zum Reaktionsgemisch zum Aufschäumen der Masse (▷ B 5, ▷ V 3). In den Poren des entstandenen Schaumstoffs befindet sich das sehr schlecht wärmeleitende Kohlenstoffdioxid. Man schäumt daher Kühlschränke und auch Hauswände zur Isolierung mit Polyurethanen aus. Ob Hart- oder Weichschaumstoff entsteht, hängt von der Art der Monomeren ab.

V 1 1 g 1,6-Diaminohexan wird in 10 ml verd. Natronlauge gelöst und in einem Becherglas (50 ml) vorsichtig mit einer Lösung von 1 ml Sebacinsäuredichlorid in 10 ml Heptan überschichtet. An der Grenzfläche wird das Produkt herausgezogen und aufgespult.

V 2 Zu 3 ml Glycerin gibt man 3 g Phthalsäureanhydrid und erhitzt die Mischung etwa 20 min vorsichtig (Abzug!). Das zunächst recht dünnflüssige Gemisch wird zunehmend zäher und beim Abkühlen schließlich fest.

V 3 In einen großen Jogurtbecher gibt man etwa 1 cm (3,3 g) hoch Desmophen®-Aktivator-Gemisch, dann etwa 1 cm hoch (5 g) Desmodur®. Die Mischung wird mit einem Holzstab gerührt, bis die Reaktion einsetzt. (Vorsicht! Hautkontakt vermeiden! Abzug!)

A 1 Formuliere mit Hilfe von Strukturformeln den ersten Schritt der Polykondensation von 1,4-Butandisäure und 1,4-Butandiol. Zeichne einen Ausschnitt aus einem Molekül des Polyesters.

A 2 Zeichne einen Ausschnitt aus einer Molekülkette des im Text beschriebenen Polyamids Nylon.

B 4 Bildung eines Polyesters durch Polykondensation. Die Monomere werden über ihre funktionellen Gruppen verbunden. Wasser wird abgespalten

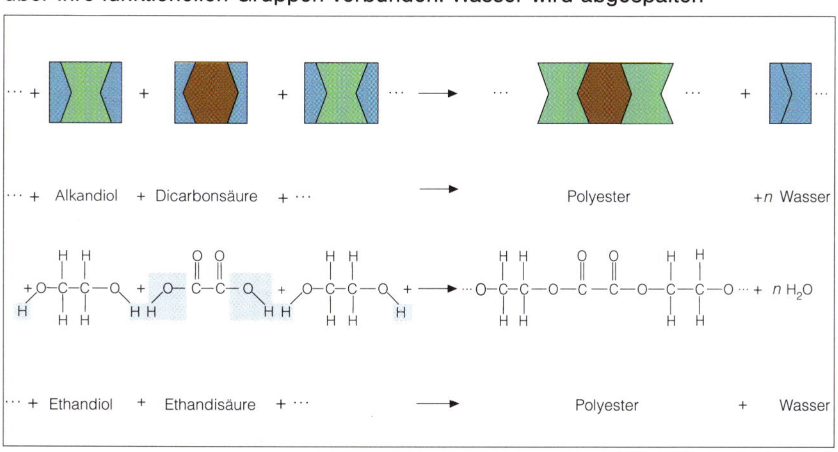

B 5 Polyaddition. Herstellung eines Polyurethanschaumstoffs

21.4 Die Struktur bestimmt das Verhalten

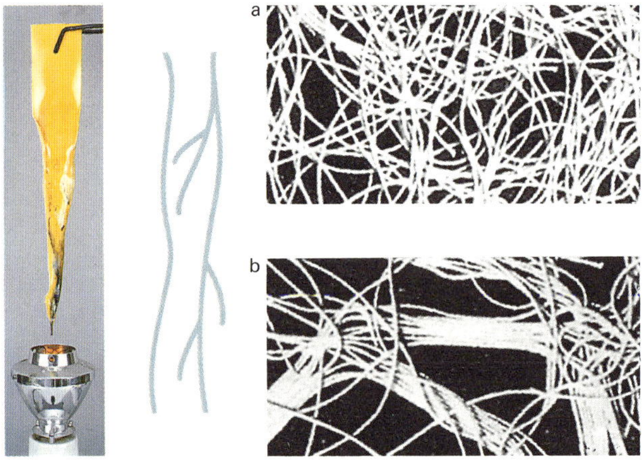

B 1 Thermoplaste. Die linearen oder verzweigten Molekülketten können verknäuelt (oben) oder teilkristallin (unten) vorliegen. Thermoplaste können schmelzen

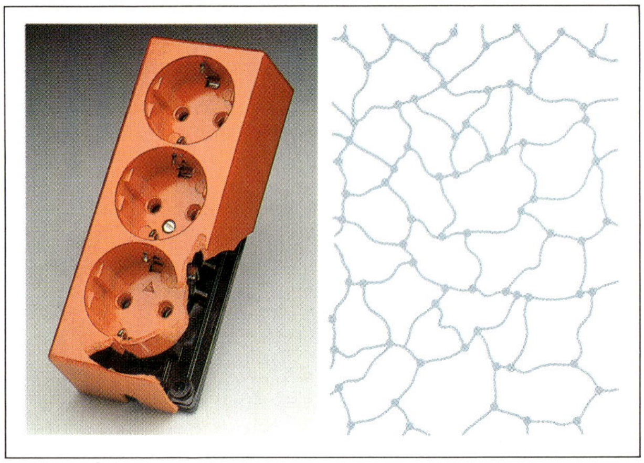

B 2 Duroplaste bestehen aus räumlich eng vernetzten Makromolekülen. Sie sind spröde

B 3 Elastomere bestehen aus räumlich weitmaschig vernetzten Makromolekülen. Sie sind gummielastisch

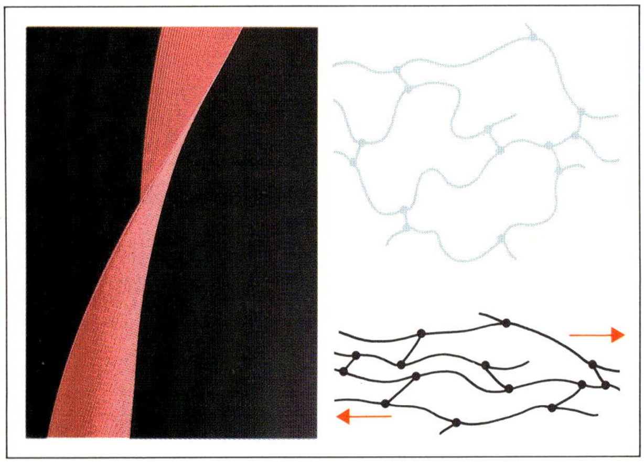

Kunststoffe können weich, hart, spröde und elastisch sein. Diese Eigenschaften hängen von der Anordnung der Makromoleküle im Kunststoff ab.

Thermoplaste bestehen aus vielen linearen (fadenförmigen) oder verzweigten Makromolekülen. Die Fäden können wirr verknäuelt, aber auch streng geordnet vorliegen. Aus dieser Anordnung der Makromoleküle ergibt sich das Verhalten des Kunststoffs.

Zwischen den Riesenmolekülen von Thermoplasten wirken vorwiegend Van-der-Waals-Kräfte. Diese wirken als oberflächenabhängige Kräfte besonders gut, wenn die Fadenmoleküle wie Spagetti in der Tüte *parallel ausgerichtet* sind. Derartige Bereiche nennt man *kristallin* (▷ B 1 b). Wegen der großen Anziehungskräfte in den kristallinen Bereichen ist z. B. Niederdruckpolyethen zäh bis hart.

Die Anziehungskräfte können weniger gut wirksam werden, wenn die Fadenmoleküle *verknäuelt* wie die Fasern im Filz oder Wattebausch vorliegen. Diesen Zustand nennt man *amorph* (▷ B 1 a). Kunststoffe, deren Polymermoleküle verknäuelt vorliegen, sind weich, sie haben eine geringere Dichte. So hat das eher weiche Hochdruckpolyethen eine Dichte von 0,92 bis 0,94 g/cm^3, während die Dichte von Niederdruckpolyethen 0,94 bis 0,96 g/cm^3 beträgt. Niederdruckpolyethen wird zur Fertigung von Flaschentransportkästen, Benzintanks und druckfesten Rohren eingesetzt, aus Hochdruckpolyethen werden Folien, Kabelummantelungen und flexible Flaschen hergestellt.

Die Anziehungskräfte zwischen den einzelnen Fadenmolekülen können durch deren Bewegung bei höherer Temperatur weniger wirksam werden. Beim Erwärmen werden die thermoplastischen Kunststoffe weich, sie schmelzen.

Will man harte Kunststoffe flexibel machen, versetzt man sie mit *Weichmachern*. Wie die Ölzugabe bei Spagetti bewirken diese, dass die Fadenmoleküle leichter aneinander „vorbeigleiten" können. Die Anziehungskräfte zwischen ihnen werden herabgesetzt.

In **Duroplasten** sind die Makromoleküle engmaschig vernetzt. Beim Erwärmen können sich die Bestandteile dieses Netzes nicht bewegen, der duroplastische Kunststoff schmilzt nicht (▷ B 2). Bei hohen Temperaturen werden die Atombindungen gespalten, der Kunststoff zersetzt sich. Duroplaste werden in Schichtwerkstoffen verwendet. Zusammen mit Glasfasern oder Kohlefasern liefern sie sehr leichte, aber extrem zu beanspruchende Platten, Rohre und Stäbe, die z. B. im Schiffs- und Flugzeugbau sowie bei Sportgeräten eine wichtige Rolle spielen.

Elastomere bestehen aus weitmaschig verknüpften Makromolekülnetzen. Die Molekülteile sind in Grenzen gegeneinander beweglich (▷ B 3). Elastomere sind gummielastisch.

21.5 Die Verarbeitung von Kunststoffen

Die Verarbeitung von Thermoplasten erfolgt meist bei Temperaturen unterhalb von etwa 300 °C, Temperaturen, bei denen die Polymere plastisch sind. Der Kunststoff wird vom Hersteller als *Granulat*, kleine zylinderförmige Stäbchen, geliefert. Man unterscheidet zwischen verschiedenen Verfahren.

Extrudieren ist ein kontinuierlich ablaufendes Verfahren, das u. a. zur Herstellung von Rohren und Profilen dient. In einem beheizten Zylinder dreht sich eine Schnecke, die das Kunststoffgranulat einzieht und es zum Werkzeug, der Form, befördert. Auf diesem Wege wird es verdichtet und geschmolzen (plastifiziert). Beim Durchgang durch das Werkzeug nimmt der Kunststoff die gewünschte Form an, die er durch sofortiges Abkühlen beibehält. Auf diese Art werden z. B. Rohre und Fensterprofile aus PVC hergestellt (▷ B 1).

Das **Spritzgießen** liefert Massenartikel wie z. B. Verschlüsse von Flaschen, aber auch komplizierte Formteile von hoher Messgenauigkeit, die nicht mehr nachgearbeitet werden müssen. In der Spritzgießmaschine befindet sich wie im Extruder eine Schnecke, die jedoch hin- und herbeweglich ist. Sie zieht das Granulat ein, plastifiziert es und fördert die Kunststoffschmelze nach vorn. Dort wird sie in ein entsprechend geformtes Werkzeug eingespritzt. Während sich die Schnecke zurückbewegt, um neues Granulat einzuziehen, wird das gekühlte Formteil aus dem Werkzeug ausgestoßen (▷ B 2).

Durch **Kalandrieren**, dem Breitwalzen zwischen mehreren, immer enger stehenden Walzen, den Kalandern, erzeugt man Folien verschiedener Wandstärke. Die plastische Kunststoffmasse wird zwischen den beheizten Walzen zu einem endlosen Folienband gewalzt, das anschließend z. B. durch Prägen mit Ledernarbung oder Bedrucken weiterbearbeitet werden kann. Neben Kunstleder werden aus Kalanderfolien z. B. Schlauchboote und Taschen hergestellt (▷ B 3).

Hohlkörper wie Flaschen, Fässer, Spielzeug oder Surfbretter werden durch **Extrusionsblasformen** hergestellt. Ein plastifizierter Schlauch wird dabei mit Luft oder Stickstoff aufgeblasen und an die gekühlten Innenwände des Werkzeugs gepresst. Durch **Tiefziehen** stellt man Becher, Verpackungen und Wannen her. Dazu werden Kunststofftafeln erwärmt und durch eine Presse oder durch Unterdruck in die vorgegebene Form gebracht.
Die Herstellung von Fasern für die Textilindustrie erfolgt durch verschiedene **Spinnverfahren**. So wird z. B. beim Schmelzspinnen eines Polyamids die Schmelze des Polymers durch feine Düsen in einen Stickstoffstrom gepresst. Die abgekühlten Fasern werden dann „endlos" aufgewickelt. Durch ein Verstrecken der Fasern kann deren Festigkeit verstärkt werden, da sich dabei die Makromoleküle parallel ausrichten.

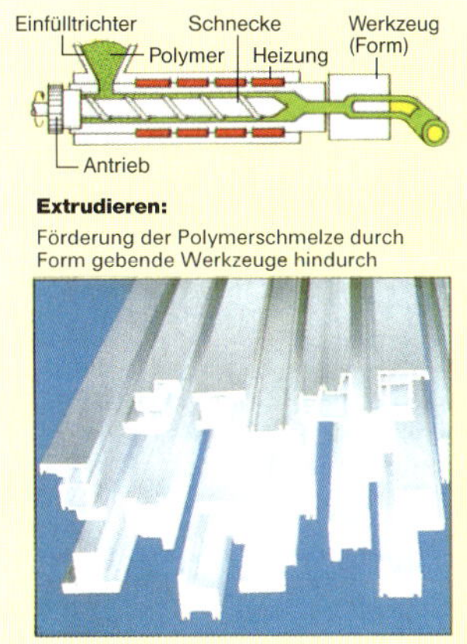

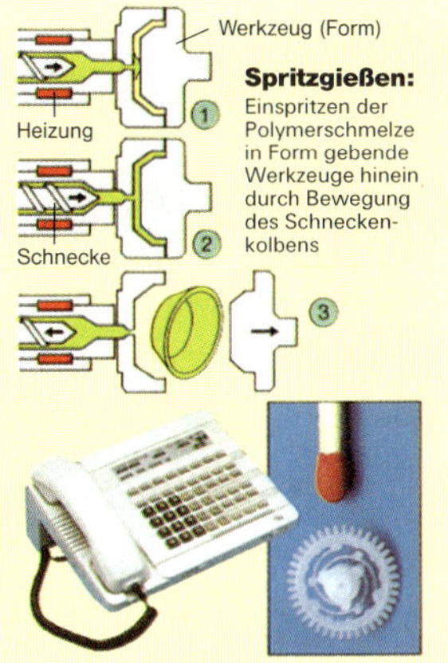

B 1 Extrudieren. Polymerschmelze wird durch Form gebende Werkzeuge gedrückt

B2 Spritzgießen. Polymerschmelze wird in Form gebende Werkzeuge hineingespritzt

A 1 Ordne den Arbeitsschritten 1, 2, 3 in ▷ B 2 den Produktionsablauf zu.

A 2 Warum müssen Thermoplaste nach der Formgebung rasch abgekühlt werden?

A 3 In ▷ B 4 wird die Herstellung von Schaumstoffen gezeigt. Welcher Gruppe (Thermoplaste, Duroplaste, Elastomere) kann man den Kunststoff zuordnen?

A 4 Polyesterharze erhält man durch Polymerisation von Polyestern, die Doppelbindungen enthalten. Das Lösungsmittel Styrol wird in das Harz miteingebaut. Die erhaltenen Duroplaste werden z. B. als Gießharz und zum Verbinden von Glasfasermatten im Bootsbau verwendet. Nenne wichtige Unterschiede bei der Verarbeitung von Thermo- und Duroplasten.

B 3 Kalandrieren. Die Polymerschmelze wird breitgewalzt

B4 Schäumen durch Gasentwicklung in Form gebenden Werkzeugen

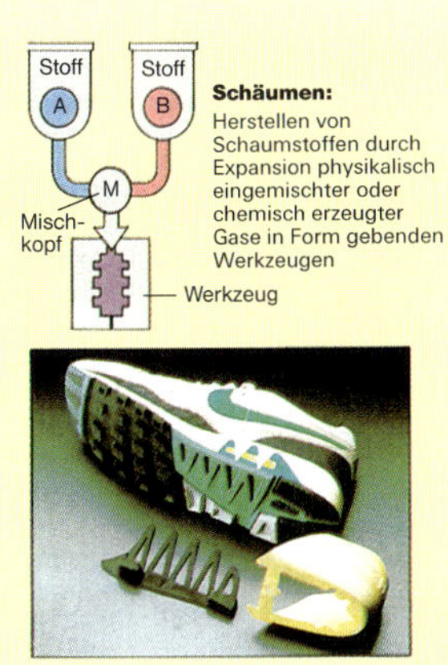

21.6 Kunststoffe als Abfall

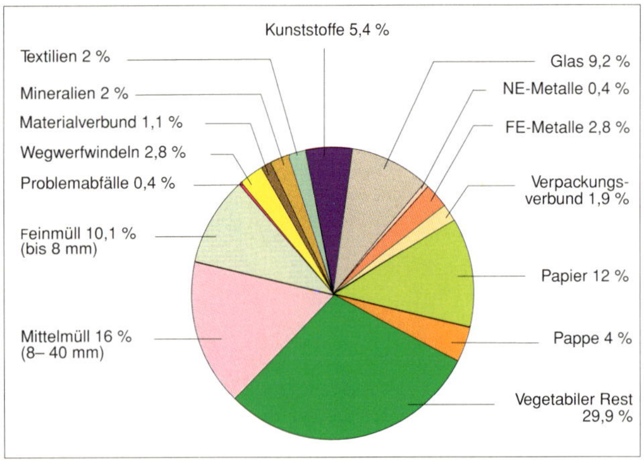

B 1 Kunststoffe im Hausmüll

B 2 Gebrauchte Kunststoffverpackungen vor dem Recycling
B 3 Materialrecycling am Beispiel Polypropen. Die mit jeder Aufarbeitung schlechter werdenden Eigenschaften können durch Mischen mit Neumaterial ausgeglichen werden

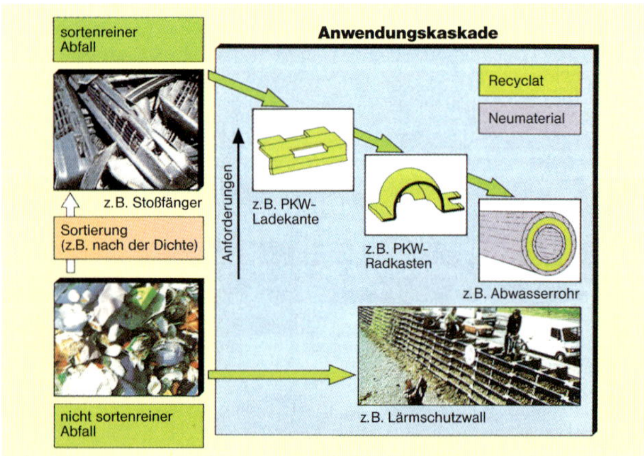

In Deutschland gab es 1990 2,55 Millionen Tonnen Kunststoffabfälle. Am gesamten Abfallaufkommen sind sie mit einem Massenanteil von 1 % beteiligt. Ihr Massenanteil am Hausmüll beträgt ca. 7 % (▷ B 1). Der Volumenanteil der Kunststoffe im Hausmüll ist wegen ihrer geringen Dichte noch weit größer. Aufgrund ihrer Langlebigkeit nehmen Kunststoffe auf lange Zeit viel Platz auf den Deponien ein. Es müssen daher Wege gefunden werden die Rohstoffe, die in den Polymeren stecken, zurückzugewinnen oder auf andere Weise zu verwerten.

Sortenreine Kunststoffabfälle. Abfall, der in kunststoffverarbeitenden Betrieben anfällt, ist unproblematisch wiederzuverwerten. Die thermoplastischen Polymere sind sortenrein, ihre Zusammensetzung ist bekannt, sie sind wenig verschmutzt. In speziellen Recyclingbetrieben werden sortenreine Kunststoffe eingeschmolzen und zu Granulat verarbeitet, aus dem neue Produkte hergestellt werden können. Recyclat-Kunststoffe aus gebrauchten Kunststoffen haben durch Verunreinigungen und Schädigungen beim Einschmelzen häufig nicht mehr die gleichen Eigenschaften wie solche aus neuem Material. Sie müssen daher in anderen Anwendungsbereichen eingesetzt werden (▷ B 3). Zur Erkennung und sortenreinen Trennung kennzeichnet man die Produkte mit einem Recyclingsymbol und der Abkürzung für den Kunststoff, aus dem sie bestehen (▷ B 4). Die sortenreine Trennung und die Verschmutzungen verursachen die meisten Probleme beim Recycling gebrauchter Kunststoffe.

Gemischte Kunststoffabfälle. Problematischer sind die Gemische verschiedener Kunststoffe (▷ B 2), wie sie an Sammelstellen anfallen. Verunreinigungen verschiedenster Art erschweren die Wiederverarbeitung außerdem. Man stellt aus Kunststoffgemischen, die sich noch eignen, durch Schmelzen bzw. Pressen z. B. Lärmschutzwände und Blumenkübel her (▷ B 3). Für gemischte Kunststoffabfälle setzt sich in zunehmendem Maße die Pyrolyse durch, ein Verfahren, bei dem man durch Erhitzen der Polymere unter Luftausschluss diese in kleinere Bruchstücke aufspaltet. Man erhält ein Öl, das durch Destillation aufgetrennt werden kann (▷ B 6).

Die einfachsten Verfahren zur Beseitigung von Kunststoffabfällen sind zugleich auch die am wenigsten umweltverträglichen: die Verbrennung und die Deponierung. Die Verbrennung von Kunststoffabfällen liefert Energie; 1 kg der gebrauchten Kunststoffe hat etwa den gleichen Heizwert wie 1 l Heizöl. Da bei der Verbrennung von Kunststoffen umwelt- und gesundheitsschädliche Stoffe entstehen können, erfordert diese Art der Entsorgung jedoch einen großen Aufwand bei der Abgasreinigung. Bei der Deponierung entfällt nicht nur der Rohstoffwert der Kunststoffe; wegen ihrer geringen Dichte und ihrer Verrottungsfestigkeit wird auf lange Zeit viel Deponieraum verbraucht.

Kunststoffe als Abfall

Kunststoffe in Verpackungen. Viele Kunststoffe werden in Verpackungen verwendet, die lediglich zwischen der Herstellung der Ware und deren Kauf gebraucht werden. Nach der Verpackungsverordnung vom 8. 5. 1991 müssen Transportverpackungen seit 1992 und andere Verpackungen seit 1993 zurückgenommen und verwertet werden. Dies unternimmt eine besondere Gesellschaft. Verpackungen, die recycling*fähig* sind und für die die Produzenten eine Entsorgungsgebühr bezahlen, sind mit einem „Grünen Punkt" versehen. Die vom übrigen Hausmüll gesondert gesammelten Verpackungen werden in Sortieranlagen getrennt und in Recyclingbetrieben aufbereitet. Durch den Druck von Gesetzen und den Problemen bei der Beseitigung von Kunststoffen werden in zunehmendem Maße Verfahren zu ihrer Wiederaufarbeitung entwickelt. Einige Verfahren werden bereits industriell durchgeführt, die meisten sind jedoch heute noch Pilotprojekte.

04

Bedeutung der Ziffern:

01	PET	Polyethenterephthalat
02	PE-HD	Polyethen hoher Dichte („high densitiy")
04	PE-LD	Polyethen niedriger Dichte („low densitiy")
03	PVC	Polyvinylchlorid
05	PP	Polypropen
06	PS	Polystyrol
07	O	Sonstige („others")

B 4 Recyclingsymbole helfen Kunststoffe zu sortieren

B 5 Kunststoffgranulat aus gebrauchten Verpackungen

Als Konsequenz aus den Problemen, die durch Kunststoffe entstehen, muss die **Vermeidung von Kunststoffabfall** stehen. Verpackungen sollten nach Möglichkeit mehrfach genutzt werden (Mehrweg-Prinzip). Man sollte immer überlegen, ob eine Verpackung überhaupt nötig ist.

B 6 Schema einer Pyrolyseanlage zur Verwertung von Kunststoffabfall

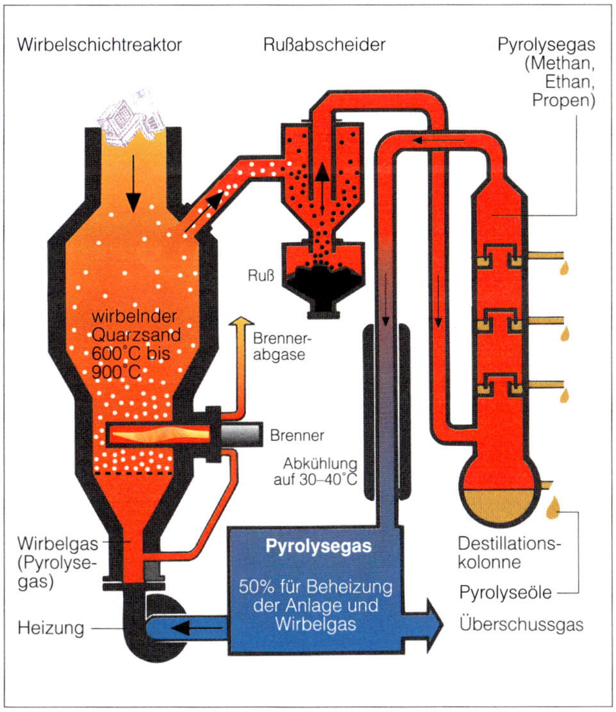

V 1 Schneide einen großen Jogurtbecher bzw. den zugehörigen Deckel (gekennzeichnet mit PP bzw. PE) in kleine Stücke. Gib die Stücke in einen Aluminiumbecher für Teelichte und erhitze sie **sehr vorsichtig**, bis der gesamte Inhalt geschmolzen ist. Entferne nach dem Abkühlen die neu gewonnene Kunststoffplatte aus dem Becher.

A 1 Schreibe einen Tag lang, z. B. von Mittag zu Mittag, auf, welche Kunststoffabfälle in eurem Haushalt anfallen.

A 2 Welches umweltgefährliche Gas kann bei der Verbrennung von Kunststoffen entstehen (vgl. ↗ Kap. 21.1)? Welcher Kunststoff verursacht die Probleme?

A 3 Schreibe auf, wie man Gemische aus Duroplasten und Thermoplasten entsorgen kann. Welches Recyclingverfahren scheidet aus? Begründe.

A 4 Warum stören Verunreinigungen die Wiederverwertung von Styropor?

A 5 Stelle Argumente zusammen, die für und gegen eine Verpackung mit Kunststoffen sprechen.

A 6 Kunststoff aus gebrauchten PVC-Fenstern kann man wieder aufarbeiten. Er wird granuliert und erneut, mit neuem PVC vermischt, zu Fensterprofilen extrudiert. Die äußere Schicht der Profile besteht nur aus neuem PVC. Warum muss man neues PVC zugeben?

A 7 Massenkunststoffe als Verpackungsmaterial werden in großen Mengen aus preiswerten Rohstoffen hergestellt. Warum besteht unter diesen Bedingungen kein Zwang zum Recycling? Wodurch wird der Zwang zum Recycling dennoch verursacht?

21.7 Überprüfung und Vertiefung

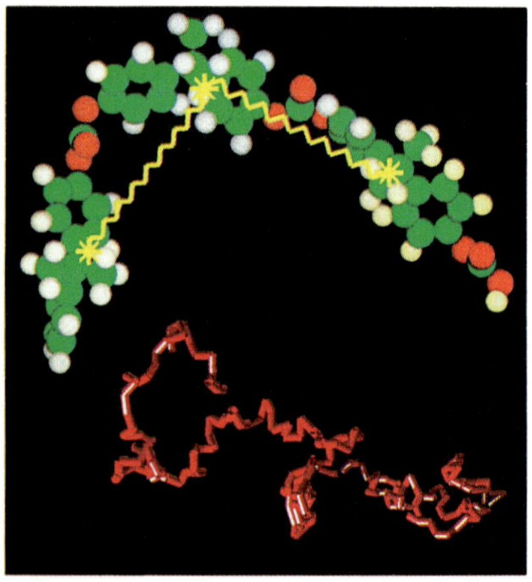

B1 Zu Aufgabe 1

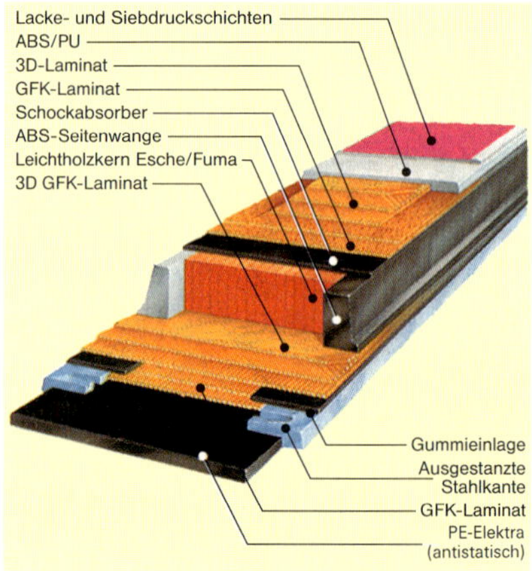

B2 Zu Aufgabe 2

B3 Zu Aufgabe 3

1 Die Materialeigenschaften eines Kunststoffs werden im Wesentlichen durch das Zusammenspiel der langen Molekülketten bestimmt. Die Suche nach neuen Kunststoffen für bestimmte Einsatzzwecke ist schwierig, sie wird weitgehend von Erfahrung und Probieren bestimmt. Im Rahmen des „molecular modelling", dem Konstruieren von „Molekülen" am Computer, bemüht man sich heute Computermodelle zum Verhalten von Polymermolekülen auf leistungsfähigen Rechnern zu entwickeln. Am Bildschirm sollen die Eigenschaften der Kunststoffe auf Molekülebene simuliert werden.
Wegen der vielen tausend Atome bereits in einem Polymermolekülfaden muss man vereinfachte Modelle einsetzen. ▷B1 zeigt oben einen Ausschnitt eines Polymers als Strukturmodell. Die als effektive Monomere bezeichneten, gelb eingezeichneten Kettenglieder sind die Grundlage des unten dargestellten vergröberten Computermodells des Polymers. Aus welcher Kunststoffklasse stammt der Kunststoff?

2 Moderne Skier bestehen nur noch zum Teil aus Holz oder Metall. Um einen Leichtholzkern werden Schichten aus schlagfesten Duroplasten gepresst, in die elastische Kunststoff-Fasern eingelagert sind (▷B 2). Welche Vorteile bieten diese Skier gegenüber den früher verwendeten?

3 Das Recycling von Autos beschränkte sich bisher hauptsächlich darauf, die metallischen Bestandteile zurückzugewinnen. 500 000 t Kunststoffe, Gummi und andere nicht metallische Werkstoffe gelangen pro Jahr mangels wirtschaftlicher Aufbereitungsverfahren auf die Deponie. Da Deponieflächen immer knapper werden, bemüht man sich möglichst viele Kunststoffe am Auto wiederzugewinnen. Ziel eines Pilotprojektes ist es Altautos so zu demontieren, dass thermoplastische Kunststoffe, aus denen z. B. Stoßfänger und Kraftstofftanks bestehen, möglichst wieder direkt in die Produktion zurückgeführt werden können. Um in Zukunft Autos möglichst voll „recycelbar" zu machen, müssen sie recycling-freundlich konstruiert werden, d. h. sie müssen gut demontierbar sein. Beschreibe die Schritte, die zum Recycling der in ▷B 3 dargestellten Autoteile notwendig sind.

B4 Zu Aufgabe 4

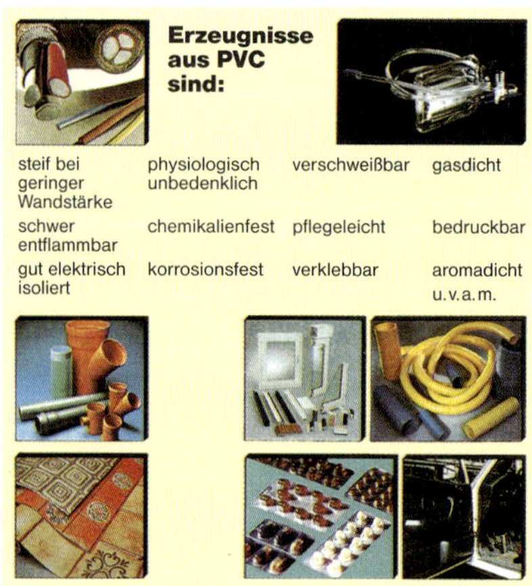

4 PVC ist ein vielseitig einsetzbarer Kunststoff (▷B 4). Über 50 % der aus PVC hergestellten Gegenstände werden im Hausbau und im Tiefbau verwendet. Nenne die Eigenschaften, die PVC zum günstigen Werkstoff in diesen Bereichen machen. Warum ist PVC trotzdem ständig in der Umweltdiskussion?

Wichtige Begriffe

Monomer, Polymer,
Thermoplaste, Duroplaste,
Elastoplaste, Elastomere,
Polymerisation, Polykondensation,
Polyaddition, Extrudieren,
Spritzgießen, Kalandrieren,
Schmelzspinnen,
Recycling von Kunststoffen,
Umweltproblematik von Kunststoffen

Chemische Reaktion und Energieumwandlung

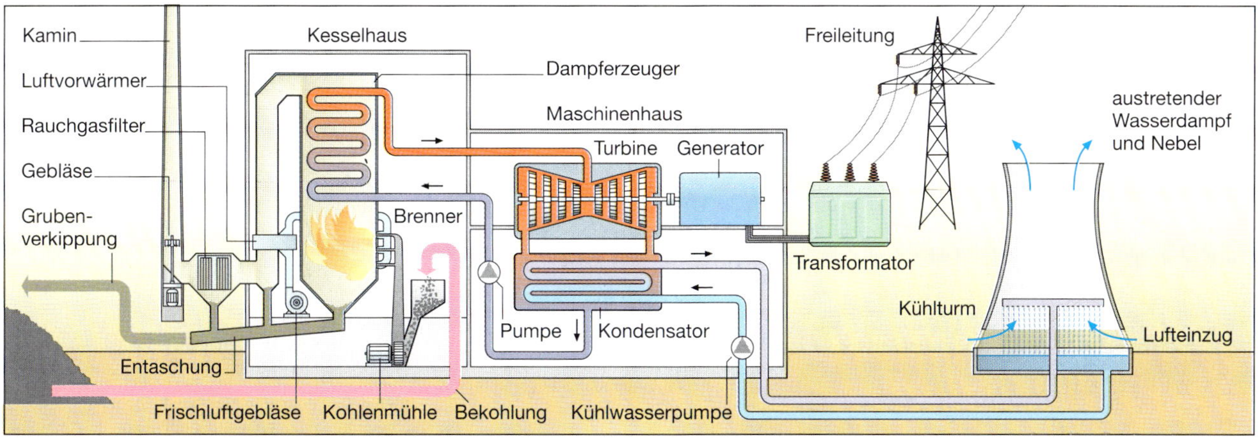

B 1 Gewinnung elektrischer Energie im Kohlekraftwerk

Beinahe jeden Tag hört und liest man, dass wir große Energieverbraucher oder sogar Energieverschwender seien. Ein Naturwissenschaftler aber spricht nicht vom Energieverbrauch; er geht davon aus, dass der folgende Satz allgemeine Gültigkeit hat: Energie kann weder erzeugt noch vernichtet werden. Daraus ergibt sich, dass die Energie des gesamten Universums sich nicht ändert, also erhalten bleibt. Wie lässt sich der scheinbare Widerspruch zwischen Energieerhaltung und „Energieverbrauch" auflösen?

Von der Kohle zum elektrischen Licht. Verbrennt Kohlenstoff, entsteht Kohlenstoffdioxid; gleichzeitig wird Energie in Form von Wärme an die Umgebung abgegeben. Der Energieinhalt von Kohlenstoff und Sauerstoff ist größer als der des Reaktionsproduktes Kohlenstoffdioxid bei gleicher Temperatur. In Deutschland werden etwa 40 % der elektrischen Energie aus Stein- und Braunkohle, die zum größten Teil aus Kohlenstoff bzw. Kohlenstoffverbindungen bestehen, „erzeugt". Dieses geschieht in Kohlekraftwerken. Die beim Verbrennen der Kohle frei werdende Wärme erhitzt Wasserdampf. Der Dampf treibt eine Turbine an, so dass Bewegungsenergie vorliegt. Diese wird im Generator in elektrische Energie umgewandelt. Dabei gilt allerdings, dass nur etwa ein Drittel der Differenz zwischen den Energieinhalten des Reaktionsgemisches aus Kohle und Sauerstoff und des Reaktionsproduktes als nutzbare elektrische Energie zum Verbraucher gelangt. Ein großer Teil der bei der chemischen Reaktion frei werdenden Wärme wird z. B. an das Kühlwasser abgegeben. Auch bei der Umwandlung von Bewegungsenergie im Generator erwärmt sich dieser.

Fließt die elektrische Energie zu den Haushalten, erwärmen sich die Leitungen. In einer Glühlampe wird elektrische Energie in Licht umgewandelt. Allerdings erwärmt sich die Glühlampe dabei sehr stark. Die Wärme fließt an die umgebende Luft ab. Weniger als 10 % der von der Glühlampe aufgenommenen elektrischen Energie werden in Licht umgewandelt.

Die bei der chemischen Reaktion im Kohlekraftwerk abgegebene Energie ist also nicht verbraucht worden, sondern bei den verschiedenen Umwandlungsstufen letztendlich nur an die Umgebung abgegeben worden. Die Energie kann dann allerdings z. B. nicht mehr zum Betrieb des Generators genutzt werden. Energie kann bei der Umwandlung in eine andere Form entwertet werden.

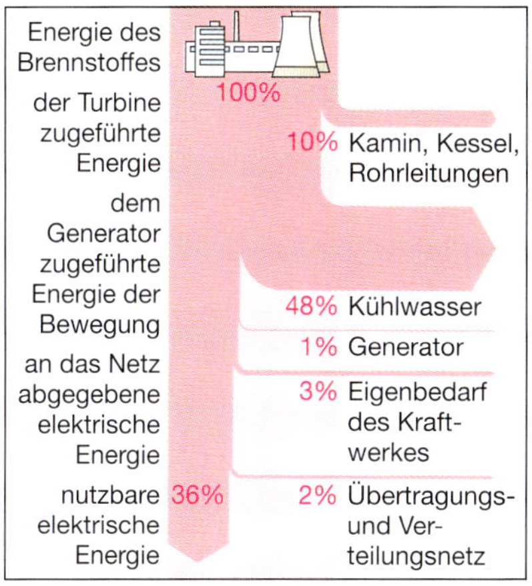

B 2 Verbleib der Energie des Kraftwerks

B 3 Nur ein kleiner Teil der elektrischen Energie wird in Licht umgewandelt

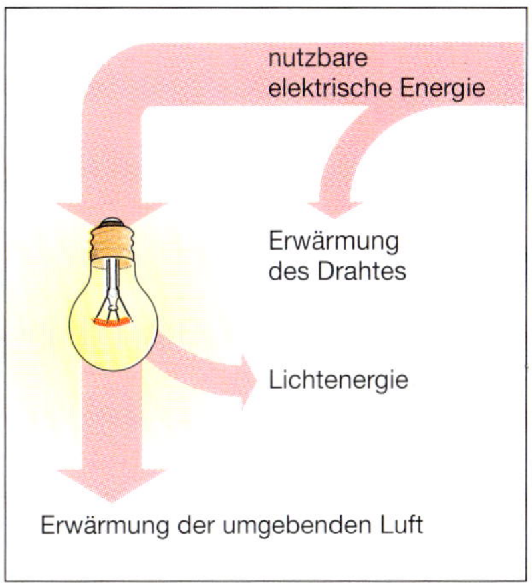

Zeichnerische Darstellung von Versuchsaufbauten

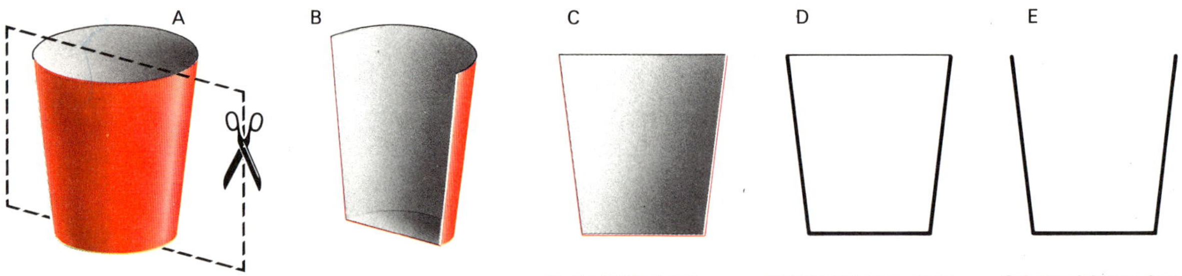

Becher (real) perspektivische Betrachtung mit eingezeichneter Schnittebene (Schnittrichtung)

Becherhälfte (real) perspektivische Betrachtung Innenansicht mit sichtbaren Kanten

Becherhälfte (real) Frontalansicht nur noch Schnittkanten und oberer Becherrand sichtbar

Schnittzeichnung eines Bechers Schnittkanten werden als dicke Linien, nicht geschnittene Kanten als dünne Linien gezeichnet

Schnittzeichnung (vereinfacht) nicht geschnittene Kanten entfallen, Gefäßöffnung dadurch besser sichtbar

B 1 Vom realen Gegenstand zur Schnittzeichnung

Chemische Experimente werden mit speziellen **Laborgeräten** durchgeführt. Werden *mehrere* solcher Geräte zu einer **Versuchsapparatur** zusammengebaut, kann eine *Skizze* den Aufbau und die Funktion der Apparatur verdeutlichen und eine Hilfe bei der Beschreibung und Auswertung des Experiments sein. Im Folgenden wird gezeigt, wie man Geräte und Apparaturen *zweckmäßig zeichnerisch darstellen* kann.

Die Schnittdarstellung (▷ B 1). Schneidet man einen Becher aus Pappe der Länge nach in der Mitte durch (A) und betrachtet die Innenseite einer Hälfte, erkennt man die Schnittkanten und Halbbögen der Becheröffnung und des Bodens (B). Bei *frontaler* Betrachtung (C) sieht man nur noch Schnittkanten und Becherrand (als gerade Linie). Diese Ansicht eignet sich gut für zeichnerische Zwecke: das Bild ist einfach und enthält alles Wesentliche. Schnittlinien werden dick, die übrigen sichtbaren Kanten dünn gezeichnet (D). Oft lässt man auch noch die dünnen Linien weg (E). Man erhält eine **einfache Schnittdarstellung.**

Zeichnung von Apparaturen. ▷ B 2 zeigt eine Destillationsapparatur als *Foto,* ▷ B 3 als *einfache Schnittdarstellung.* In der *Zeichnung* ist die Apparatur *nicht mit allen Einzelteilen* wiedergegeben. Das Stativmaterial fehlt ganz, da es nur zur Befestigung dient; die Zeichnung gewinnt dadurch an Übersichtlichkeit. Dagegen müssen die *entscheidenden Geräte* deutlich gezeichnet und benannt sowie ihre Verbindung untereinander dargestellt sein.
Bei manchen Geräten ist jedoch eine *exakte* Schnittdarstellung unnötig (z. B. Brenner) oder unzweckmäßig (z. B. Keramik-Drahtnetz, Thermometer, Dreifuß). Man stellt diese Geräte ebenfalls frontal betrachtet, aber in einer vereinfachten oder symbolhaften Form dar.

B 2 Foto einer Destillationsapparatur

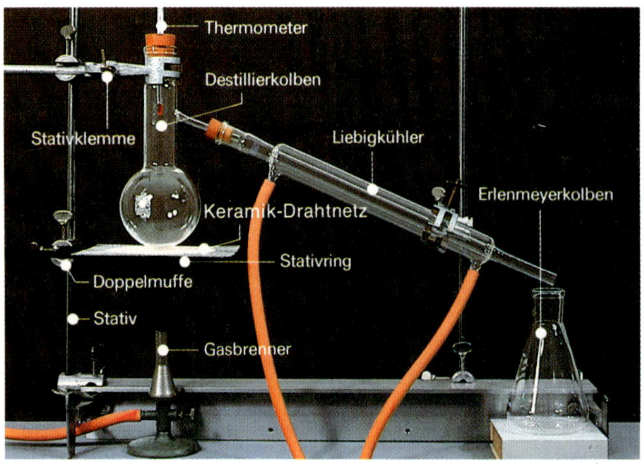

B 3 Schnittzeichnung einer Destillationsapparatur

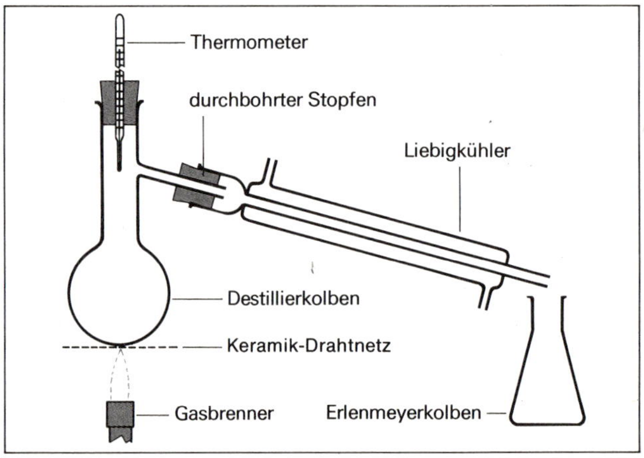

Laborgeräte

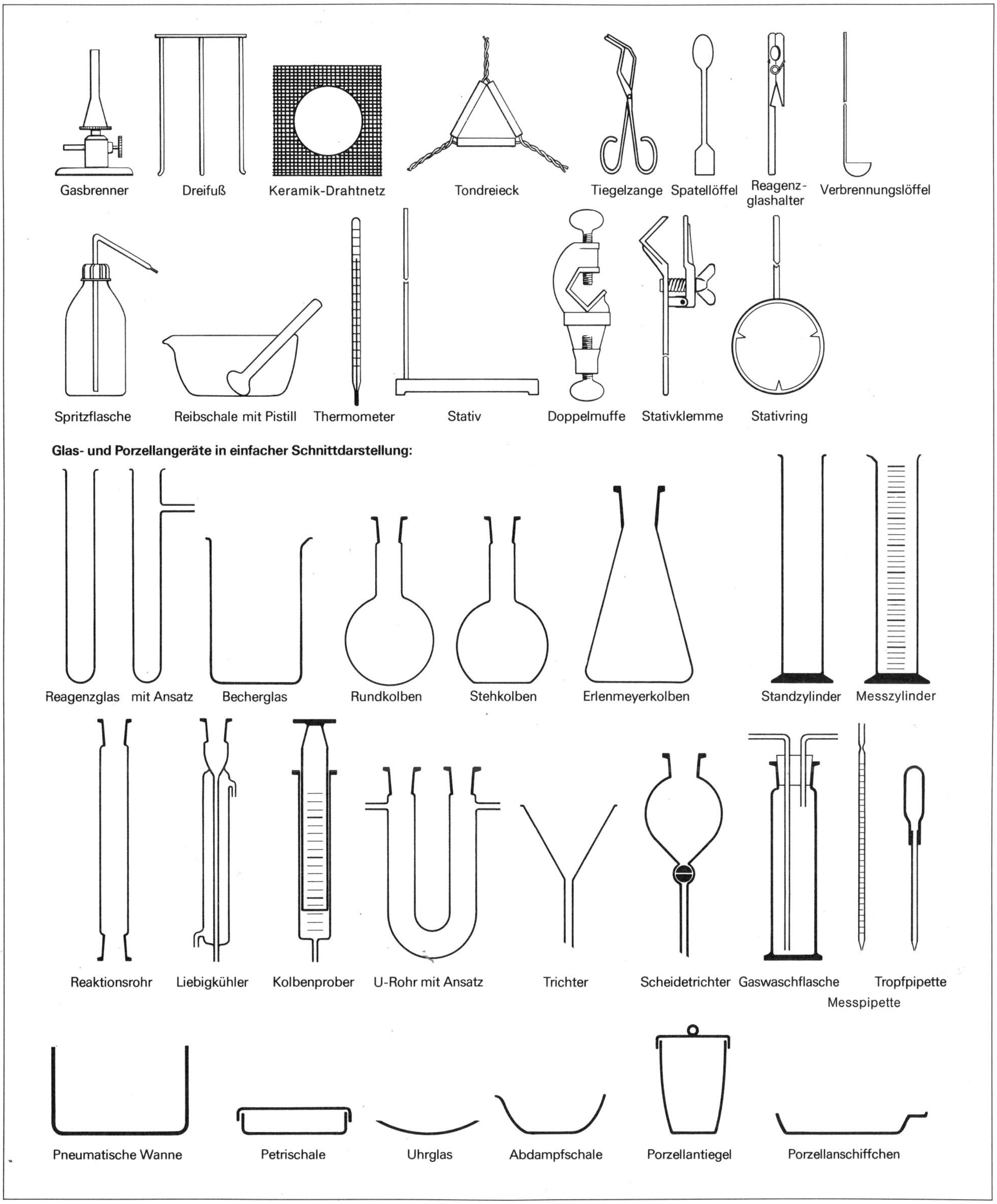

Tabellen

Dezimale Vielfache und Teile von Einheiten

Vorsatz		Faktor
p	Piko	10^{-12}
n	Nano	10^{-9}
µ	Mikro	10^{-6}
m	Milli	10^{-3}
c	Zenti	10^{-2}
d	Dezi	10^{-1}
da	Deka	10
h	Hekto	10^{2}
k	Kilo	10^{3}
M	Mega	10^{6}

Griechische Zahlwörter

(nach chemischer Nomenklatur)

½	hemi	10	deca
1	mono	11	undeca
2	di	12	dodeca
3	tri	13	trideca
4	tetra	14	tetradeca
5	penta	15	pentadeca
6	hexa	16	hexadeca
7	hepta	17	heptadeca
8	octa	18	octadeca
9	nona	19	enneadeca
10	deca	20	eicosa

Griechisches Alphabet

Α	α	Alpha	Ν	ν	Ny
Β	β	Beta	Ξ	ξ	Xi
Γ	γ	Gamma	Ο	ο	Omikron
Δ	δ	Delta	Π	π	Pi
Ε	ε	Epsilon	Ρ	ϱ	Rho
Ζ	ζ	Zeta	Σ	σ (ς)	Sigma
Η	η	Eta	Τ	τ	Tau
Θ	ϑ (θ)	Theta	Υ	υ	Ypsilon
Ι	ι	Jota	Φ	φ	Phi
Κ	ϰ	Kappa	Χ	χ	Chi
Λ	λ	Lambda	Ψ	ψ	Psi
Μ	μ	My	Ω	ω	Omega

Größen und Einheiten

Größe				Einheit(en)	
Name	Zeichen	Beziehung	Erläuterungen	Name	Zeichen
Masse	m			Gramm Kilogramm	g kg
Volumen	V		Produkt aus drei Längen	Kubik[zenti]meter Liter Milliliter	[c]m³ 1 l = 1 dm³ 1 ml = 1 cm³
Anzahl	N			Eins	1
Stoffmenge	n	$n = \frac{N}{N_A}$	$N_A = 6{,}022 \cdot 10^{23}$/mol (AVOGADRO-Konstante)	Mol	mol
Dichte	ϱ	$\varrho = \frac{m}{V}$	m: Masse der Stoffportion V: Volumen der Stoffportion		g/cm³ 1 g/l = 0,001 g/cm³
molare Masse	M	$M = \frac{m}{n}$	m: Masse der Reinstoffportion n: Stoffmenge der Reinstoffportion		g/mol
molares Volumen	V_m	$V_m = \frac{V}{n}$	V: Volumen der Reinstoffportion n: Stoffmenge der Reinstoffportion		l/mol
Stoffmengen-konzentration	c	$c = \frac{n}{V}$	n: Stoffmenge einer Teilchenart V: Volumen der Mischung		mol/l
Massenanteil	w	$w_1 = \frac{m_1}{m_s}$	m_1: Masse des Bestandteils 1 m_s: Summe aller Massen	Prozent	1 $1\% = \frac{1}{100}$
Volumenanteil	φ	$\varphi_1 = \frac{V_1}{V_s}$	V_1: Volumen des Bestandteils 1 V_s: Summe aller Volumina vor dem Mischen	Prozent	1 $1\% = \frac{1}{100}$
Kraft	F	$F = m \cdot a$	a: Beschleunigung	Newton	$1\,N = 1\,\frac{kg \cdot m}{s^2}$
Druck	p	$p = \frac{F}{A}$	A: Flächeninhalt	Pascal Bar Millibar	$1\,Pa = 1\,\frac{N}{m^2}$ $1\,bar = 10^5\,Pa$ mbar
Energie	E	$W = F \cdot s$	Energie ist Fähigkeit zur Arbeit W s: Weglänge	Joule Kilojoule	1 J = 1 N · m kJ
Celsiustemperatur	t, ϑ			Grad Celsius	°C
thermodynamische Temperatur	T	$T = t + 273{,}15\,K$		Kelvin	K
elektrische Ladung	Q			Coulomb	C
elektrische Stromstärke	I	$I = \frac{Q}{t}$	Q: Ladung t: Zeit	Ampere	$1\,A = 1\,\frac{C}{s}$

Chemische Elemente

Die Elemente mit den Ordnungszahlen 60 bis 71 und 93 bis 105 sind nicht aufgeführt.
Eine Zusammenstellung aller Elemente befindet sich im Periodensystem am Ende des Buches.

Elementname	Zeichen	Ordnungszahl	Atommasse in u	Dichte [1] in g/cm³ (Gase: g/l)	Schmelztemperatur in °C	Siedetemperatur in °C
Actinium	Ac	89	227,0278	10,1	1050	3200
Aluminium	Al	13	26,981539	2,70	660	2467
Antimon	Sb	51	121,757	6,68	630	1750
Argon	Ar	18	39,948	1,66	−189	−186
Arsen	As	33	74,92159	5,72	613 s	817 p
Astat	At	85	210,0	–	302	337
Barium	Ba	56	137,327	3,51	725	1640
Beryllium	Be	4	9,012182	1,85	1278	2970
Bismut	Bi	83	208,98037	9,8	271	1560
Blei	Pb	82	207,2	11,4	327	1740
Bor	B	5	10,811	2,34	2300	2550 s
Brom	Br	35	79,904	3,12	−7	59
Cadmium	Cd	48	112,411	8,65	321	765
Caesium	Cs	55	132,90543	1,88	28	669
Calcium	Ca	20	40,078	1,54	839	1484
Cer	Ce	58	140,116	6,65	799	3426
Chlor	Cl	17	35,4527	2,99	−101	−35
Chrom	Cr	24	51,9961	7,20	1857	2672
Cobalt	Co	27	58,9332	8,9	1495	2870
Eisen	Fe	26	55,847	7,87	1535	2750
Fluor	F	9	18,9984032	1,58	−219	−188
Francium	Fr	87	223,0	–	27	677
Gallium	Ga	31	69,723	5,90	30	2403
Germanium	Ge	32	72,61	5,32	937	2830
Gold	Au	79	196,96654	19,32	1064	3080
Hafnium	Hf	72	178,49	13,3	2227	4602
Helium	He	2	4,002602	0,17	−272 p	−269
Indium	In	49	114,818	7,30	156	2080
Iod	I	53	126,90447	4,93	113	184
Iridium	Ir	77	192,22	22,41	2410	4130
Kalium	K	19	39,0983	0,86	63	760
Kohlenstoff	C	6	12,0107	2,25 [2]	3650 [2]	4827
Krypton	Kr	36	83,80	3,48	−157	−152
Kupfer	Cu	29	63,546	8,92	1083	2567
Lanthan	La	57	138,9055	6,17	921	3457
Lithium	Li	3	6,941	0,53	180	1342
Magnesium	Mg	12	24,305	1,74	649	1107
Mangan	Mn	25	54,93805	7,20	1244	1962
Molybdän	Mo	42	95,94	10,2	2610	5560
Natrium	Na	11	22,989768	0,97	98	883
Neon	Ne	10	20,1797	0,84	−249	−246
Nickel	Ni	28	58,6934	8,90	1455	2730
Niob	Nb	41	92,90638	8,57	2468	4742
Osmium	Os	76	190,23	22,5	2700	5300
Palladium	Pd	46	106,42	12,0	1554	2970
Phosphor	P	15	30,973762	1,82 [3]	44 [3]	280
Platin	Pt	78	195,078	21,4	1772	3827
Polonium	Po	84	209,0	9,4	254	962
Praseodym	Pr	59	140,90765	6,77	931	3512
Protactinium	Pa	91	231,03588	15,4	–	–
Quecksilber	Hg	80	200,59	13,55	−39	356
Radium	Ra	88	226,0254	5,0	700	1140
Radon	Rn	86	222,0	9,23	−71	−62
Rhenium	Re	75	186,207	20,5	3180	5627
Rhodium	Rh	45	102,9055	12,4	1966	3727
Rubidium	Rb	37	85,4678	1,53	39	686
Ruthenium	Ru	44	101,07	12,3	2310	3900
Sauerstoff	O	8	15,9994	1,33	−219	−183
Scandium	Sc	21	44,95591	3,0	1541	2831
Schwefel	S	16	32,066	2,07 (rh)	119	444
Selen	Se	34	78,96	4,81	217	685
Silber	Ag	47	107,8682	10,5	962	2212
Silicium	Si	14	28,0855	2,32	1410	2355
Stickstoff	N	7	14,00674	1,17	−210	−196
Strontium	Sr	38	87,62	2,60	769	1384
Tantal	Ta	73	180,9479	16,6	2996	5425
Technetium	Tc	43	98,9062	11,5	2172	4877
Tellur	Te	52	127,60	6,0	449	990
Thallium	Tl	81	204,3833	11,8	303	1457
Thorium	Th	90	232,0381	11,7	1750	4790
Titan	Ti	22	47,88	4,51	1660	3287
Uran	U	92	238,0289	19,0	1132	3818
Vanadium	V	23	50,9415	5,96	1890	3380
Wasserstoff	H	1	1,00794	0,083	−259	−253
Wolfram	W	74	183,84	19,3	3410	5660
Xenon	Xe	54	131,29	5,49	−112	−107
Yttrium	Y	39	88,90585	4,47	1522	3338
Zink	Zn	30	65,39	7,14	419	907
Zinn	Sn	50	118,71	7,30	232	2270
Zirconium	Zr	40	91,224	6,49	1852	4377

1) Dichteangaben für 20 °C und 1013 hPa

2) Angaben gelten für Graphit; Diamant: Schmelztemp. 3550, Dichte 3,51

3) Angaben gelten für weißen Phosphor; Roter Phosphor: Schmelztemp. 590 p, Dichte 2,34

s = sublimiert
p = unter Druck
– = Werte nicht bekannt

Tabellen

Eigenschaften einiger Gase

Name, Formel	Dichte in g/l [1]	Siedetemp. in °C	Löslichkeit in Wasser [1] [2]
Wasserstoff (H_2)	0,090	-253	0,022
Helium (He)	0,178	-269	0,01
Stickstoff (N_2)	1,250	-196	0,024
Sauerstoff (O_2)	1,429	-183	0,05
Chlor (Cl_2)	3,214	-35	4,61
Ammoniak (NH_3)	0,771	-33,4	1175
Schwefelwasserstoff (H_2S)	1,539	-60	4,7
Chlorwasserstoff (HCl)	1,639	-85	525

Name, Formel	Dichte in g/l [1]	Siedetemp. in °C	Löslichkeit in Wasser [1] [2]
Kohlenstoffdioxid (CO_2)	1,977	-78,5	1,71
Luft	1,293	-194,4	0,03
Schwefeldioxid (SO_2)	2,926	-10	79,8
Methan (CH_4)	0,717	-161,5	0,056
Ethan (C_2H_6)	1,356	-88	0,099
Propan (C_3H_8)	2,020	-42,1	0,11
n-Butan (C_4H_{10})	2,703	-1	0,25
Ethen (C_2H_4)	1,260	-103,7	0,226
Ethin (C_2H_2)	1,16	-83,6	1,73

[1]) bei 0 °C und 1013 hPa

[2]) Quotient aus dem Volumen der (lösbaren) Gasportion und dem Volumen des Wassers (bei 0 °C und 1013 hPa)

Faktoren zur Umrechnung von Gasvolumina auf Normbedingungen

Temp. (°C)	Druck (hPa) 950	955	960	965	970	975	980	985	990	995	1000	1005	1010	1013	1015	1020	1025	1030	Wasserdampfdruck (temperaturabhängig): Temp. (°C)	Dampfdruck (hPa)
0	0,938	0,942	0,947	0,952	0,957	0,962	0,967	0,972	0,977	0,982	0,987	0,992	0,997	1,000	1,002	1,007	1,012	1,017	0	6
10	0,904	0,909	0,914	0,919	0,923	0,928	0,933	0,938	0,942	0,947	0,952	0,957	0,962	0,964	0,966	0,971	0,976	0,981	10	12
15	0,889	0,893	0,898	0,903	0,907	0,912	0,917	0,922	0,926	0,931	0,936	0,940	0,945	0,948	0,950	0,954	0,959	0,964	15	17
16	0,886	0,890	0,895	0,900	0,904	0,909	0,914	0,918	0,923	0,928	0,932	0,937	0,942	0,944	0,946	0,951	0,956	0,960	16	18
17	0,883	0,887	0,892	0,897	0,901	0,906	0,911	0,915	0,920	0,924	0,929	0,934	0,938	0,941	0,943	0,948	0,952	0,957	17	19
18	0,880	0,884	0,889	0,894	0,898	0,903	0,907	0,912	0,917	0,921	0,926	0,931	0,935	0,938	0,940	0,944	0,949	0,954	18	21
19	0,877	0,881	0,886	0,890	0,895	0,900	0,904	0,909	0,914	0,918	0,923	0,927	0,932	0,935	0,937	0,941	0,946	0,959	19	22
20	0,874	0,878	0,883	0,887	0,892	0,897	0,901	0,906	0,910	0,915	0,920	0,924	0,929	0,932	0,933	0,938	0,943	0,947	20	23
21	0,871	0,875	0,880	0,884	0,889	0,894	0,898	0,903	0,907	0,912	0,916	0,921	0,926	0,928	0,930	0,935	0,939	0,944	21	25
22	0,868	0,872	0,877	0,881	0,886	0,891	0,895	0,900	0,904	0,909	0,913	0,918	0,923	0,925	0,927	0,932	0,936	0,941	22	26
23	0,865	0,869	0,874	0,878	0,883	0,888	0,892	0,897	0,901	0,906	0,910	0,915	0,919	0,922	0,924	0,928	0,933	0,938	23	28
24	0,862	0,866	0,871	0,875	0,880	0,885	0,889	0,894	0,898	0,903	0,907	0,912	0,916	0,919	0,921	0,925	0,930	0,934	24	30
25	0,859	0,863	0,868	0,872	0,877	0,882	0,886	0,891	0,895	0,900	0,904	0,909	0,913	0,916	0,918	0,922	0,927	0,931	25	32
26	0,856	0,861	0,865	0,870	0,874	0,879	0,883	0,888	0,892	0,897	0,901	0,906	0,910	0,913	0,915	0,919	0,924	0,928	26	34
28	0,850	0,855	0,859	0,864	0,868	0,873	0,877	0,882	0,886	0,891	0,895	0,900	0,904	0,907	0,909	0,913	0,918	0,922	28	38
30	0,845	0,849	0,854	0,858	0,862	0,867	0,871	0,876	0,880	0,885	0,889	0,894	0,898	0,901	0,903	0,907	0,911	0,916	30	42
40	0,818	0,822	0,826	0,831	0,835	0,839	0,844	0,848	0,852	0,857	0,861	0,865	0,869	0,872	0,874	0,878	0,882	0,887	40	74
50	0,793	0,797	0,801	0,805	0,809	0,813	0,818	0,822	0,826	0,830	0,834	0,838	0,843	0,845	0,847	0,851	0,855	0,859	50	123
60	0,769	0,773	0,777	0,781	0,785	0,789	0,793	0,797	0,801	0,805	0,809	0,813	0,817	0,820	0,821	0,825	0,829	0,833	60	199
70	0,746	0,750	0,754	0,758	0,762	0,766	0,770	0,774	0,778	0,782	0,786	0,790	0,793	0,796	0,797	0,801	0,805	0,809	70	312
80	0,725	0,729	0,733	0,737	0,740	0,744	0,748	0,752	0,756	0,760	0,763	0,767	0,771	0,773	0,775	0,779	0,782	0,786	80	474
90	0,705	0,709	0,713	0,716	0,720	0,724	0,727	0,731	0,735	0,739	0,742	0,746	0,750	0,752	0,753	0,757	0,761	0,765	90	701
100	0,686	0,690	0,694	0,697	0,701	0,704	0,708	0,712	0,715	0,719	0,722	0,726	0,730	0,732	0,733	0,737	0,740	0,744	100	1013

Beispiel: Bei einer Temperatur von 20 °C und einem Luftdruck von 995 hPa wurde als Volumen V einer Gasportion 96 ml abgelesen.
Welches Volumen V_n hätte diese Gasportion bei Normbedingungen (0 °C, 1013 hPa)?
Lösung: $V_n = V \cdot$ Faktor (Tabelle) $= V \cdot 0{,}915 = 87{,}84$ ml (≈ 88 ml)

Hat man das Gas über Wasser aufgefangen, ist vom gemessenen Luftdruck vor Aufsuchen des Faktors der Wasserdampfdruck (rechter Tabellenteil) abzuziehen.

Gefahrstoffe

In der nachfolgenden Liste werden Gefahrstoffe aufgeführt, die in den Versuchsanleitungen des vorliegenden Buches vorkommen. Die in der zweiten Spalte stehenden Kennbuchstaben sind den Gefahrensymbolen zugeordnet (↗ S. 9). Die Bedeutungen der Kurzdarstellungen der R- und S-Sätze sind im Anschluss aufgeführt. Aus der Nichterwähnung eines Stoffes darf nicht auf seine Unbedenklichkeit geschlossen werden. Vielmehr ist mit Chemikalien grundsätzlich besonnen umzugehen.

Bezeichnung des Stoffes	Kennbuchstabe des Gefahrensymbols	Gefahrenhinweise (R-Sätze)	Sicherheitsratschläge (S-Sätze)
Aceton	F	11	(2)-9-16-23-33
Aluminium, Grieß		10-15	(2)-7/8-43
Aluminium, Pulver (nicht stabilisiert)	F	15-17	(2)-7/8-43
Aluminium, Pulver (phlegmatisiert)		10-15	(2)-7/8-43
Ammoniak, wasserfrei	T, N	10-23-34-50	(1/2)-9-16-26-36/37/39-45-61
Ammoniaklösung, $w \geq 10\,\%$	C	34	(1/2)-7-26-36/37/39-45-61
Ammoniaklösung, $5\,\% \leq w < 10\,\%$	Xi	36/37/38	
Ammoniumchlorid	Xn	22-36	(2)-22
Ammoniumnitrat	O	8-9	15-16-41
Benzin, siehe Hexan			
Blei(II)-acetat-Trihydrat	T	61-62-33-48/22	53-45
Blei(II)-chlorid	T	61-62-20/22-33	53-45
Brom	T+, C	26-35	(1/2)-7/9-26-45
Butan	F+	12	(2)-9-16
Calciumcarbid	F	15	(2)-8-43
Calciumchlorid	Xi	36	(2)-22-24
Calciumhydroxid	Xi	41	(2)-22-24-26-39
Calciumoxid	Xi	41	(2)-22-24-26-36
Chlor	T, N	23-36/37/38-50	(1/2)-9-45-61
Chlorwasserstoff, wasserfrei	T, C	23-35	(1/2)-9-26-36/37/39-45
1,6-Diaminohexan (Hexamethylendiamin)	C	21/22-34-37	(1/2)-22-26-36/37/39-45
Eisen(III)-chlorid	Xn	22-38-41	(1/2)-26-39
Essigsäure (Eisessig)	C	10-35	(1/2)-23-26-45
Ethanal	F+, Xn	12-36/37-40	(2)-16-33-36/37
Ethandiol	Xn	22	(2)
Ethanol	F	11	(2)-7-16
Ethen (Ethylen)	F+	12	(2)-9-16-33
Ethin (Acetylen)	F+	5-6-12	(2)-9-16-33
Fehling'sche Lösung II	C	35	(1/2)-26/37/39-45
Heptan	F	11	(2)-9-16-23-29-33
Hexan	F, Xn	11-48/20	(2)-9-16-24/25-29-51
1-Hexanol	Xn	22	(2)-24/25
Indikator-Puffertabletten	Xn	22	
Iod	Xn	20/21	(2)-23-25
Kalium	F, C	14/15-34	(1/2)-5-8-43-45
Kaliumchromat	T, N	49-46-36/37/38-43-50/53	53-45-60-61
Kaliumhydrogensulfat	C	34-37	(1/2)-26-36/37/39-45
Kaliumnitrat	O	8	16-41
Kaliumpermanganat	O, Xn	8-22	(2)
Kaliumpermanganatlösung, $w \geq 25\,\%$	Xn	22	(2)
Kaliumsulfid	C	31-34	(1/2)-26-45
Kaliumthiocyanat	Xn	20/21/22-32	(2)-13
Kalkwasser, gesättigt	Xi	41	(2)-24/25-26-39
Kohlenstoffdioxid			3-7
Kohlenstoffmonooxid	F+, T	61-12-48/23	53-45
Königswasser [1]	T, C	23-35	(1/2)-26-36/37/39-45
Kupfer(II)-bromid	C	34	(2)-26-36/37/39-45
Kupfer(II)-chlorid-Dihydrat	Xn	25-36/37/38	26
Kupfer(II)-oxid, Pulver	Xi	36/37/39	26-36
Kupfer(II)-sulfat, wasserfrei o. Pentahydrat	Xn	22-36/38	(2)-22
Lithium	F, C	14/15-34	(1/2)-8-43-45
Magnesium, Pulver (nicht stabilisiert)	F	15-17	(2)-7/8-43
Magnesium, Pulver (phlegmatisiert)	F	11-15	(2)-7/8-43
Magnesium, Späne	F	11-15	(2)-7/8-43
Methan	F+	12	(2)-9-16-33
Methanol	F, T	11-23/25	(1/2)-7-16-24-45
Methansäure	C	35	(1/2)-23-26-45
Methylenblau	Xn	22	22-24/25
Natrium	F, C	14/15-34	(1/2)-5-8-43-45
Natriumcarbonat	Xi	36	(2)-22-26
Natriumhydroxid	C	35	(1/2)-26-37/39-45
Natriumhydroxidlösung, $w \geq 5\,\%$	C	35	(1/2)-26-37/39-45
Natriumhydroxidlösung, $2\,\% \leq w < 5\,\%$	C	34	(1/2)-26-37/39-45
Natriumhydroxidlösung, $0{,}5\,\% \leq w < 2\,\%$	Xi	36/38	(1/2)-26-37/39-45
Natronlauge, siehe Natriumhydroxidlösung			
Natriumperborat-Trihydrat	Xn	22-36	(2)-25-26
Octan	F	11	(2)-9-16-29-33
Oxalsäure	Xn	21/22	(2)-24/25
Pentan	F	11	(2)-9-16-29-33
1-Pentanol	Xn	10-20	(2)-24/25
Pentansäure (Valeriansäure)	C	34	(1/2)-26-36-45
Petroleumbenzin	F	11	9-16-29-33
Phenolphthaleinlösung (in Ethanol)		10	
Phosphor, rot	F	11-16	(2)-7-43
Phosphorpentaoxid	C	35	(1/2)-22-26-45
Phosphorsäure, $w \geq 25\,\%$	C	34	(1/2)-26-45
Phthalsäureanhydrid	Xi	36/37/38	(2)
1-Propanol	F	11	(2)-7-16
2-Propanol	F	11	(2)-7-16
Propanon, siehe Aceton			
Propansäure	C	34	(1/2)-23-36-45
Propen	F+	12	(2)-9-16-33
Salpetersäure, $w \geq 70\,\%$	O, C	8-35	(1/2)-23-26-36-45
Salpetersäure, $20\,\% \leq w < 70\,\%$	C	35	(1/2)-23-26-36-45
Salzsäure, $w \geq 25\,\%$	C	34-37	(1/2)-26-45
Salzsäure, $10\,\% \leq w < 25\,\%$	Xi	36/37/38	(1/2)-26-45
Sauerstoff	O	8	(2)-17
Schwefeldioxid	T	23-34	(1/2)-9-26-36/37/39-45
Schwefelsäure, $w \geq 15\,\%$	C	35	(1/2)-26-30-45
Schwefelsäure, $5\,\% \leq w < 15\,\%$	Xi	36/38	(1/2)-26-30-45
Schweflige Säure (5 bis 6 %)	Xi	36/37/38	(2)-24-26
Sebacinsäuredichlorid	C	34	(1/2)-26-36/37/39-45
Silbernitrat	C	34	(1/2)-26-45
Silbernitratlösung, $c = 0{,}1$ mol/l ($w = 1{,}7\,\%$)	keine Einstufung mehr, kein Gefahrstoff		
Silberoxid	Xi, O	8-41-44	(1/2)-26-39
Sorbinsäure	Xi	36/37/38	2-26-36
Stickstoffdioxid	T+	26-34	(1/2)-9-26-28-36/37/39-45
Strontiumnitrat	O	8	22-24/25
Thioharnstoff (Thiocarbamid)	Xn, N	22-40-51/53	(2)-22-24-36/37-61
Universalindikatorlösung		10	
Wasserstoff	F+	12	(2)-9-16-33
Zinkpulver (nicht stabilisiert)	F	15-17	(2)-7/8-43
Zinkpulver (phlegmatisiert)		10-15	(2)-7/8-43
Zinkchlorid	C	34	(1/2)-7/8-28-45

1) Nicht aufbewahren, da sich Chlor bildet (Druckanstieg)!

Hinweise auf besondere Gefahren: R-Sätze

R 1	In trockenem Zustand explosionsgefährlich
R 2	Durch Schlag, Reibung, Feuer oder andere Zündquellen explosionsgefährlich
R 3	Durch Schlag, Reibung, Feuer oder andere Zündquellen besonders explosionsgefährlich
R 4	Bildet hochempfindliche explosionsgefährliche Metallverbindungen
R 5	Beim Erwärmen explosionsfähig
R 6	Mit und ohne Luft explosionsfähig
R 7	Kann Brand verursachen
R 8	Feuergefahr bei Berührung mit brennbaren Stoffen
R 9	Explosionsgefahr bei Mischung mit brennbaren Stoffen
R 10	Entzündlich
R 11	Leicht entzündlich
R 12	Hoch entzündlich
R 14	Reagiert heftig mit Wasser
R 15	Reagiert mit Wasser unter Bildung hoch entzündlicher Gase
R 16	Explosionsgefährlich in Mischung mit Brand fördernden Stoffen
R 17	Selbstentzündlich an der Luft.
R 18	Bei Gebrauch Bildung explosionsfähiger / leicht entzündlicher Dampf/Luft-Gemische möglich
R 19	Kann explosionsfähige Peroxide bilden
R 20	Gesundheitsschädlich beim Einatmen
R 21	Gesundheitsschädlich bei Berührung mit der Haut
R 22	Gesundheitsschädlich beim Verschlucken
R 23	Giftig beim Einatmen
R 24	Giftig bei Berührung mit der Haut
R 25	Giftig beim Verschlucken
R 26	Sehr giftig beim Einatmen
R 27	Sehr giftig bei Berührung mit der Haut
R 28	Sehr giftig beim Verschlucken
R 29	Entwickelt bei Berührung mit Wasser giftige Gase
R 30	Kann bei Gebrauch leicht entzündlich werden
R 31	Entwickelt bei Berührung mit Säure giftige Gase
R 32	Entwickelt bei Berührung mit Säure sehr giftige Gase
R 33	Gefahr kumulativer Wirkungen
R 34	Verursacht Verätzungen
R 35	Verursacht schwere Verätzungen
R 36	Reizt die Augen
R 37	Reizt die Atmungsorgane
R 38	Reizt die Haut
R 39	Ernste Gefahr irreversiblen Schadens
R 40	Irreversibler Schaden möglich
R 41	Gefahr ernster Augenschäden
R 42	Sensibilisierung durch Einatmen möglich
R 43	Sensibilisierung durch Hautkontakt möglich
R 44	Explosionsgefahr bei Erhitzen unter Einschluss
R 45	Kann Krebs erzeugen
R 46	Kann vererbbare Schäden verursachen
R 48	Gefahr ernster Gesundheitsschäden bei längerer Exposition
R 49	Kann Krebs erzeugen beim Einatmen
R 50	Sehr giftig für Wasserorganismen
R 51	Giftig für Wasserorganismen
R 52	Schädlich für Wasserorganismen
R 53	Kann in Gewässern längerfristig schädliche Wirkungen haben
R 54	Giftig für Pflanzen
R 55	Giftig für Tiere
R 56	Giftig für Bodenorganismen
R 57	Giftig für Bienen
R 58	Kann längerfristig schädliche Wirkungen auf die Umwelt haben
R 59	Gefährlich für die Ozonschicht
R 60	Kann die Fortpflanzungsfähigkeit beeinträchtigen
R 61	Kann das Kind im Mutterleib schädigen
R 62	Kann möglicherweise die Fortpflanzungsfähigkeit beeinträchtigen
R 63	Kann das Kind im Mutterleib möglicherweise schädigen
R 64	Kann Säuglinge über die Muttermilch schädigen

Beispielhafte Kombinationen der R-Sätze (Auszug)

R 14/15	Reagiert heftig mit Wasser unter Bildung leicht entzündlicher Gase
R 15/29	Reagiert mit Wasser unter Bildung giftiger und leicht entzündlicher Gase
R 20/21	Gesundheitsschädlich beim Einatmen und bei Berührung mit der Haut
R 20/22	Gesundheitsschädlich beim Einatmen und Verschlucken
R 20/21/22	Gesundheitsschädlich beim Einatmen, Verschlucken und bei Berührung mit der Haut
R 21/22	Gesundheitsschädlich bei Berührung mit der Haut und beim Verschlucken
R 23/24/25	Giftig beim Einatmen, Verschlucken und bei Berührung mit der Haut
R 26/27/28	Sehr giftig beim Einatmen, Verschlucken und bei Berührung mit der Haut
R 36/37/38	Reizt die Augen, Atmungsorgane und die Haut
R 39/23	Giftig: ernste Gefahr irreversiblen Schadens durch Einatmen
R 39/24	Giftig: ernste Gefahr irreversiblen Schadens bei Berührung mit der Haut
R 39/25	Giftig: ernste Gefahr irreversiblen Schadens durch Verschlucken
R 39/23/24	Giftig: ernste Gefahr irreversiblen Schadens durch Einatmen und Berührung mit der Haut
R 39/23/25	Giftig: ernste Gefahr irreversiblen Schadens durch Einatmen und durch Verschlucken
R 39/24/25	Giftig: ernste Gefahr irreversiblen Schadens bei Berührung mit der Haut und durch Verschlucken
R 39/23/24/25	Giftig: ernste Gefahr irreversiblen Schadens durch Einatmen, bei Berührung mit der Haut und durch Verschlucken
R 39/26/27	Sehr giftig: ernste Gefahr irreversiblen Schadens durch Einatmen und bei Berührung mit der Haut
R 39/26/28	Sehr giftig: ernste Gefahr irreversiblen Schadens durch Einatmen und durch Verschlucken
R 39/27/28	Sehr giftig: ernste Gefahr irreversiblen Schadens bei Berührung mit der Haut und durch Verschlucken
R 39/26/27/28	Sehr giftig: ernste Gefahr irreversiblen Schadens durch Einatmen, bei Berührung mit der Haut und durch Verschlucken
R 40/22	Gesundheitsschädlich: Möglichkeit irreversiblen Schadens durch Verschlucken
R 40/20/21	Gesundheitsschädlich: Möglichkeit irreversiblen Schadens durch Einatmen und bei Berührung mit der Haut
R 40/20/22	Gesundheitsschädlich: Möglichkeit irreversiblen Schadens durch Einatmen und durch Verschlucken

Sicherheitsratschläge: S-Sätze

S 1	Unter Verschluss aufbewahren
S 2	Darf nicht in die Hände von Kindern gelangen
S 3	Kühl aufbewahren
S 4	Von Wohnplätzen fernhalten
S 5	Unter ... aufbewahren (geeignete Flüssigkeit vom Hersteller anzugeben)
S 6	Unter ... aufbewahren (inertes Gas vom Hersteller anzugeben)
S 7	Behälter dicht geschlossen halten
S 8	Behälter trocken halten
S 9	Behälter an einem gut gelüfteten Ort aufbewahren
S 12	Behälter nicht gasdicht verschließen
S 13	Von Nahrungsmitteln, Getränken und Futtermitteln fernhalten
S 14	Von ... fernhalten (inkompatible Substanzen vom Hersteller anzugeben)
S 15	Vor Hitze schützen
S 16	Von Zündquellen fernhalten – Nicht rauchen
S 17	Von brennbaren Stoffen fernhalten
S 18	Behälter mit Vorsicht öffnen und handhaben
S 20	Bei der Arbeit nicht essen und trinken
S 21	Bei der Arbeit nicht rauchen
S 22	Staub nicht einatmen
S 23	Gas / Rauch / Dampf / Aerosol nicht einatmen (geeignete Bezeichnung[en] vom Hersteller anzugeben)
S 24	Berührung mit der Haut vermeiden
S 25	Berührung mit den Augen vermeiden
S 26	Bei Berührung mit den Augen gründlich mit Wasser abspülen und Arzt konsultieren
S 27	Beschmutzte, getränkte Kleidung sofort ausziehen
S 28	Bei Berührung mit der Haut sofort abwaschen mit viel ... (vom Hersteller anzugeben)
S 29	Nicht in die Kanalisation gelangen lassen
S 30	Niemals Wasser hinzugießen
S 33	Maßnahmen gegen elektrostatische Aufladung treffen
S 35	Abfälle und Behälter müssen in gesicherter Weise beseitigt werden
S 36	Bei der Arbeit geeignete Schutzkleidung tragen
S 37	Geeignete Schutzhandschuhe tragen
S 38	Bei unzureichender Belüftung Atemschutzgerät anlegen
S 39	Schutzbrille / Gesichtsschutz tragen
S 40	Fußboden und verunreinigte Gegenstände mit ... reinigen (vom Hersteller anzugeben)
S 41	Explosions- und Brandgase nicht einatmen
S 42	Beim Räuchern / Versprühen geeignetes Atemschutzgerät anlegen (geeignete Bezeichnung[en] vom Hersteller anzugeben)
S 43	Zum Löschen ... (vom Hersteller anzugeben) verwenden (wenn Wasser die Gefahr erhöht, anfügen: „Kein Wasser verwenden")
S 44	Bei Unwohlsein ärztlichen Rat einholen (wenn möglich, dieses Etikett vorzeigen)
S 45	Bei Unfällen oder Unwohlsein sofort Arzt zuziehen (wenn möglich, dieses Etikett vorzeigen)
S 46	Bei Verschlucken sofort ärztlichen Rat einholen und Verpackung oder Etikett vorzeigen
S 47	Nicht bei Temperaturen über ... °C aufbewahren (vom Hersteller anzugeben)
S 48	Feucht halten mit ... (geeignetes Mittel vom Hersteller anzugeben)
S 49	Nur im Originalbehälter aufbewahren
S 50	Nicht mischen mit ... (vom Hersteller anzugeben)
S 51	Nur in gut gelüfteten Bereichen verwenden
S 52	Nicht großflächig für Wohn- und Aufenthaltsräume zu verwenden.
S 53	Exposition vermeiden. Vor Gebrauch besondere Anweisung einholen.
S 56	Nicht in die Kanalisation oder die Umwelt ableiten, an genehmigte Sondermüllsammelstelle abgeben.
S 57	Durch geeigneten Einschluss Umweltverschmutzungen vermeiden.
S 58	Als gefährlichen Abfall entsorgen.
S 59	Informationen zur Wiederverwendung / Wiederverwertung beim Hersteller / Lieferanten erfragen.
S 60	Dieser Stoff und / oder sein Behälter sind als gefährlicher Abfall zu entsorgen.
S 61	Freisetzung in die Umwelt vermeiden. Besondere Anweisungen einholen / Sicherheitsdatenblatt zu Rate ziehen
S 62	Bei Verschlucken kein Erbrechen herbeiführen. Sofort ärztlichen Rat einholen und Verpackung oder dieses Etikett vorzeigen

Beispielhafte Kombinationen der S-Sätze (Auszug)	
S 1/2	Unter Verschluss und für Kinder unzugänglich aufgewahren
S 3/7/9	Behälter dicht geschlossen halten und an einem kühlen, gut gelüfteten Ort aufbewahren
S 3/9	Behälter an einem kühlen, gut gelüfteten Ort aufbewahren
S 3/14	An einem kühlen Ort entfernt von ... aufbewahren (die Stoffe, mit denen Kontakt vermieden werden muss, sind vom Hersteller anzugeben)
S 3/9/14	An einem kühlen, gut gelüfteten Ort, entfernt von ... aufbewahren (die Stoffe, mit denen Kontakt vermieden werden muss, sind vom Hersteller anzugeben)
S 3/9/49	Nur im Originalbehälter an einem kühlen, gut gelüfteten Ort aufbewahren
S 3/9/14/49	Nur im Originalbehälter an einem kühlen, gut gelüfteten Ort, entfernt von ... aufbewahren (die Stoffe, mit denen Kontakt vermieden werden muss, sind vom Hersteller anzugeben)
S 7/8	Behälter trocken und dicht geschlossen halten
S 7/9	Behälter dicht geschlossen an einem gut gelüfteten Ort aufbewahren
S 20/21	Bei der Arbeit nicht essen, trinken, rauchen
S 24/25	Berührung mit den Augen und der Haut vermeiden
S 36/37	Bei der Arbeit geeignete Schutzkleidung und Schutzhandschuhe tragen
S 37/39	Bei der Arbeit geeignete Schutzhandschuhe und Schutzbrille / Gesichtsschutz tragen
S 36/37/39	Bei der Arbeit geeignete Schutzkleidung, Schutzhandschuhe und Schutzbrille / Gesichtsschutz tragen
S 47/49	Nur im Originalbehälter bei einer Temperatur von nicht über ... °C (vom Hersteller anzugeben) aufbewahren

Entsorgung von Chemikalienabfällen

B 1 Lagerung von Sondermüll in einer Untertage-Deponie
B 2 Umgang mit Abfällen beim Experimentieren

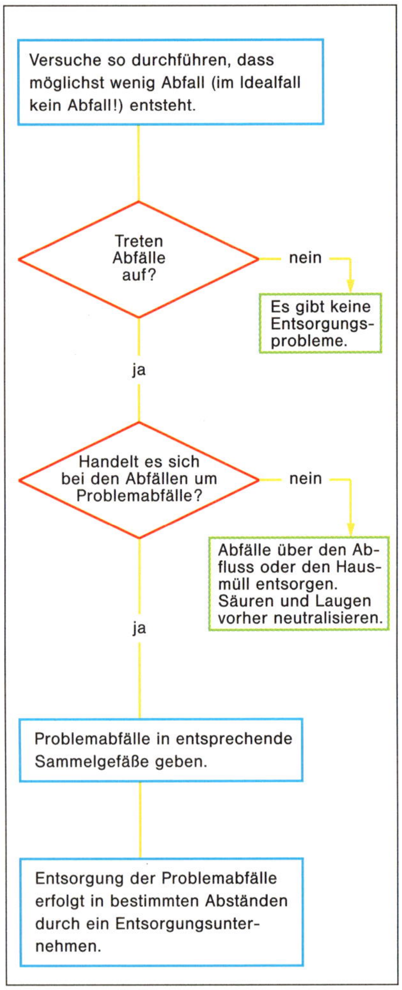

Nach der Durchführung von Experimenten bleiben oft Abfälle (z. B. Chemikalienreste oder Reaktionsprodukte) zurück. Diese Abfälle können gesundheits-, luft- oder wassergefährdend, explosionsgefährlich oder brennbar sein. Nach dem **Abfallgesetz** werden solche Abfälle als **Problemabfälle** bezeichnet. Zur Entsorgung der Problemabfälle stehen im Chemieraum geeignete Sammelgefäße zur Verfügung.
Bleiben z. B. nach einem Experiment Benzinreste zurück, so dürfen diese nicht einfach in den Ausguss gegeben werden, da sie auf diese Weise über das Abwasser in die Umwelt gelangen würden. Die Benzinreste müssen deshalb in ein Sammelgefäß für organische Lösungsmittel gegeben werden. Die gesammelten Abfälle werden in bestimmten Abständen von einem Entsorgungsunternehmen abgeholt und wiederaufbereitet oder als Sondermüll beseitigt (Müllverbrennung oder Sondermüll-Deponierung ▷ B 1).

Möglichst wenig Abfälle. Besonders im Chemieunterricht gilt der Grundsatz Abfälle möglichst zu vermeiden. Gerade die Entsorgung von Problemabfällen ist oft schwierig und mit Umweltgefährdungen verbunden. Bei der Versuchsdurchführung sind deshalb nur möglichst kleine Stoffportionen zu verwenden. In der Regel wird ein Versuchsergebnis durch die Verwendung größerer Stoffportionen nicht verbessert. Entscheidend ist die sorgfältige und genaue Durchführung der Versuche.

Wassergefährdungsklassen. Viele Problemabfälle aus dem Chemieunterricht sind flüssig. Werden sie über den Ausguss beseitigt, können sie unterschiedlich stark die Umwelt belasten. Zur Unterscheidung der Wassergefährdung teilt man die Chemikalien in **vier Wassergefährdungsklassen (WGK)** ein. Chemikalien, die ungiftig und biologisch abbaubar sind, gehören der Wassergefährdungsklasse 0 an, alle anderen werden je nach ihrem Gefährdungsgrad in die Klasse 1 bis 3 eingestuft.

WGK 0: im Allgemeinen nicht wassergefährdend, z. B. Alkohol (Ethanol) oder Kochsalzlösung
WGK 1: schwach wassergefährdend, z. B. Säuren oder Laugen
WGK 2: wassergefährdend, z. B. Dieselöl oder Benzin
WGK 3: stark wassergefährdend, z. B. Quecksilber oder Quecksilberverbindungen

Nur Chemikalien, die der Wassergefährdungsklasse 0 angehören, dürfen in kleinen Mengen in den Ausguss gegeben werden. Alle anderen Chemikalien müssen zunächst gesammelt und dann entsorgt werden.

Kennzeichnung der Sammelgefäße. Da viele Chemikalienabfälle Gefahrstoffe sind, müssen die Sammelgefäße mit den international gebräuchlichen Gefahrensymbolen gekennzeichnet werden. Bestehen die Abfälle aus einem Gemisch unterschiedlicher Gefahrstoffe, wird mit dem Gefahrensymbol gekennzeichnet, das den gefährlichsten Stoff des Gemisches angibt.

Entsorgungsplan. Bei der Sammlung der Abfälle ist ein Entsorgungsplan nützlich, der in übersichtlicher Form zeigt, in welcher Weise die Chemikalienreste gesammelt und entsorgt werden. Der abgebildete Entsorgungsplan zeigt beispielhaft, wie Chemikalienabfälle gesammelt und weitergeleitet werden können. Fallen im Unterricht noch weitere Abfälle an, muss der Plan ergänzt oder abgeändert werden.

Entsorgung von Chemikalienabfällen

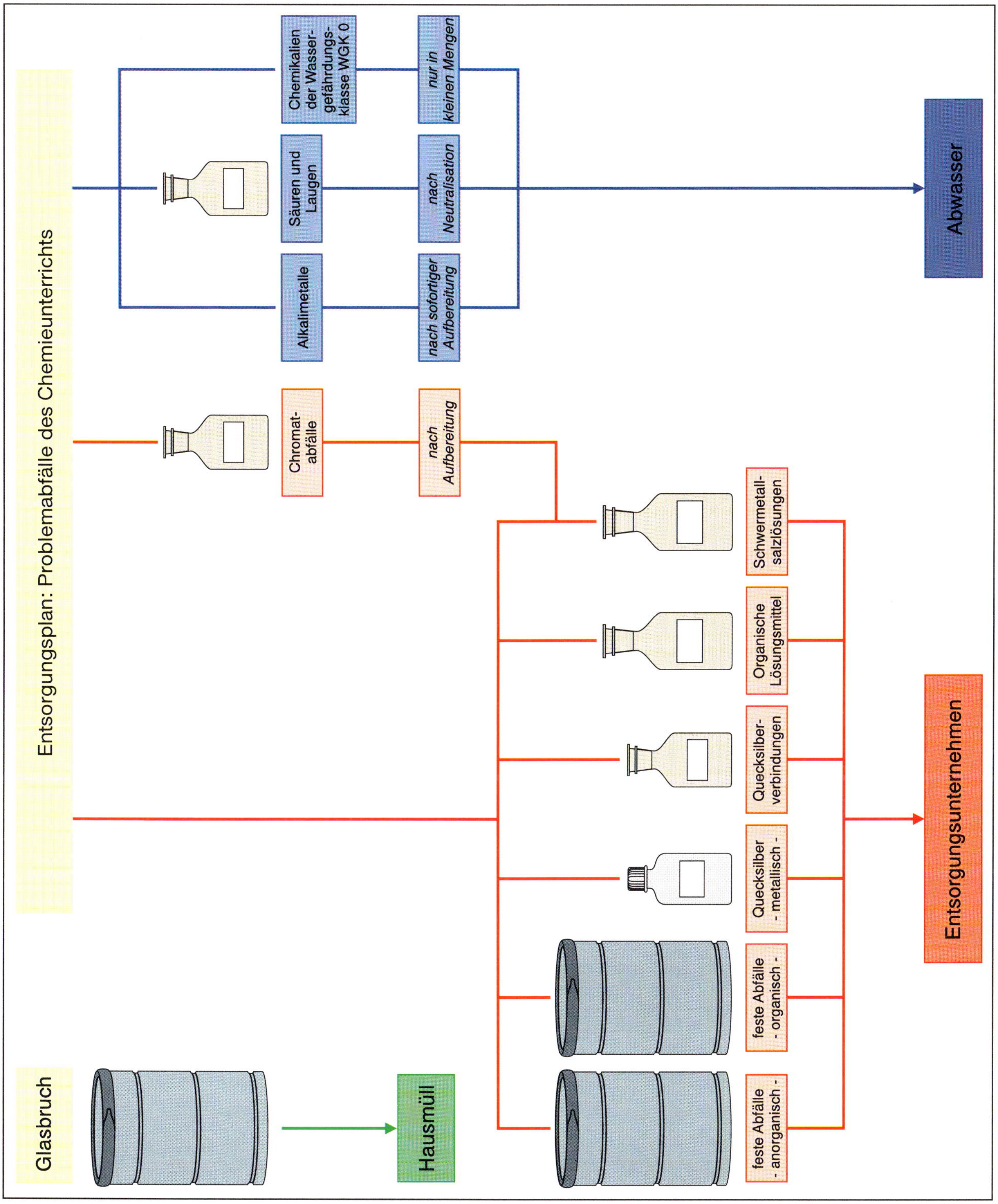

Stichwortverzeichnis

Stichwortverzeichnis

Stichwortverzeichnis

Stichwortverzeichnis

Bildquellenverzeichnis

7 Bayer Diagnostic GmbH, München; BASF AG, Ludwigshafen; **9.4** Riedel-de Haën, Seelze; **11.3** Boverie, Hanau; **12** Horst Haitzinger, München; **13** Bayer AG, Leverkusen; Gühring, Albstadt; Grindler, Sindelfingen; **14.3** Florian Karly, München; Hermann Eisenbeiss, München; **17.1** Bayer AG, Leverkusen; **18.2** Angermayer (Pfletschinger), Holzkirchen; **24.1** Medenbach, Witten, Hahn, Bopfingen; **26.2** Florian Karly, München; **27.1** Mineralogische Staatssammlung, München; **27.2** Archiv für Kunst und Geschichte, Berlin; **28.1** Helga Lade Fotoagentur (H. R. Bramaz), Frankfurt/M.; **28.2** Zinkberatung e. V., Düsseldorf; **28.3** Hans-Gert Bachmann, Hanau; **28.(4)** Deutsches Museum, München; **30.1** Bavaria, Gauting; Hermann Eisenbeiss, München; **30.2** Hopfer, Neusäß; **30.3** E. Merck, Darmstadt; **33** Mauritius (Rawi), Mittenwald; dpa (Haring), Frankfurt/M.; Bundesverband der dt. Gas- und Wasserwirtschaft e. V., Bonn; **35.5** BHS, Bad Reichenhall; **35.6** Bavaria, Gauting; **37.6** Gesellschaft für technische Zusammenarbeit, Eschborn; **39.5** Claus Kaiser, Stuttgart; **39.7** Moog, Essen; **41.3** Degussa AG, Frankfurt/M.; **41.4** Mauritius (Dr. E. Pott), Mittenwald; **45.2** dpa (Haid), Frankfurt/M.; **45.3** Mauritius (Albinger), Mittenwald; **48.2** Bavaria (Otto), Gauting; **48.3** ZEFA (Biedermann), Düsseldorf; **49** Manfred Kage, Lauterstein; Zeiss, Optisches Museum, Oberkochen; **50.(3)** Ford-Werke AG, Köln; **51.3** Manfred Kage (Fuchs), Lauterstein; **57** Anthony Verlag, Starnberg; **65** Helga Lade Fotoagentur, Frankfurt/M.; **69.7** Drägerwerk, Lübeck; **69.8** Messer, Griesheim; **69.9** Linde AG, Höllriegelskreuth; **69.10** Bildarchiv Huber, Garmisch-Partenkirchen; **70.4** Florian Karly, München; **71.6** Messer, Griesheim; **74.5** AGEFKO, Düsseldorf; **74.7** Musik und Show (A. Diessel), Hamburg; **76.4** DVA, Stuttgart; **78.1** ZEFA, Düsseldorf; **78.4** Winnendener Foto, Winnenden; **78.6** Dieter Röseler, Köln; **82.1** Landesdenkmalamt, Münster; **83.4** Amt für Klimatologie, Stuttgart; **83.5** actionpress, Hamburg; **87** Krupp-Stahl-AG, Bochum; Deutsches Museum, München; Salzgitter AG, Salzgitter; **89.2** Elektro-Thermit, Essen; **90.2** Preussag AG, Salzgitter; **91.4** Hoesch AG, Dortmund; **93.1** Uni-Dia-Verlag, Großhesselohe; **94.3** Mannesmann AG, Duisburg; **95.5** Thyssen Stahl AG, Duisburg; **95.6** Verlag Stahleisen GmbH, Düsseldorf; **97** Kraftwerke Oberhasli, Innerkirchen; U. S. Information Service, Bonn; dpa, Frankfurt/M.; Georg Gerstner, Zumikon; **99.5** Mauritius, Mittenwald; **100.1** dpa, Frankfurt/M.; **102.3** Daimler Benz AG, Stuttgart; **103.1** Prof. Dr. Peter Menzel, Esslingen; **103.2** Deutsches Museum, München; **106.1** The Mansell Collection Ltd., London; **118.2** Deutsches Museum, München; **125** Molto GmbH, Löhnberg, Tony Stone Worldwide, München; **133.4** Prof. Dr. Peter Menzel, Esslingen; **136.2** Zimnik, Stuttgart; **137** Tony Stone Worldwide, München; Weiser, Bräunlingen; **142.1** Informationsdienst dt. Salzindustrie, Bonn; **142.2** Südwestsalz, VertriebsGmbH, Bad Friedrichshall; **143.4** Kali und Salz AG, Kassel; **147.4** Firma Horn, Stuttgart; **150.3** Deutsches Museum, München; **150.4** Universitätsbibliothek, Tübingen; **155.5, 156.2, 3** Deutsches Museum, München; **171.7** Mauritius, Mittenwald; **172.(4)** Aesculap AG, Tuttlingen; **178.1** Deutsches Museum, München; **181.1** Florian Karly, München; **191.1** Leitz, Wetzlar; **191.5** Graphitwerke, Kropfmühl, München; **192.1** Zeiss, Optisches Museum, Oberkochen; **192.2** Franz Lazi, Stuttgart; **197** Realfoto, Weil der Stadt; **204.(1)** dpa, Frankfurt/M.; **210.(1)** Deutsches Museum, München, Det Kongelige Bibliothek, Kopenhagen; **213** Tony Stone Worldwide, München; Heinz Reinhard, Heiligkreuzsteinach; Knauf, Iphofen; **217.3** Lurgi GmbH, Frankfurt/M.; **220.2** Werner Lieber, Heidelberg; **221.4** links: Medenbach, Witten; **221.6** Knauf, Iphofen; **222.1** links: BASF AG, Ludwigshafen; **224.3** Wagner, Oberboihingen; **225.4** EVS, Stuttgart; **228.2** Michael Sternberg, Warendorf; **229.3** Hoa-qui, Paris; **233.2** Pfeiffer, Wieden; **233.3** Franz Lazi, Stuttgart; **233.4** Cillichemie GmbH, Heilbronn; **236.1** dpa, Frankfurt/M.; **237** BASF AG, Ludwigshafen; Deutsches Museum, München; Hans Reinhard, Heiligkreuzsteinach; **238.2** AgriMedia (Hapo), Pinneberg; **240.1** Studio Schreiber/Wirth, Frankfurt/M.; **240.2** links: BASF AG, Ludwigshafen; rechts: Fachverband dt. Stickstoffindustrie, Düsseldorf; **241.1** BASF-VST, Limburgerhof/Ludwigshafen; **242.4** Silvestris, Kastl; **244.2** Universität Hohenheim, Prof. Dr. Babel, Stuttgart; **246.2** BASF AG, Ludwigshafen; **247** Deutsches Museum, München; **252.1** Oekentorp, Münster; **253.6** Gesamtverband des dt. Steinkohlebergbaus, Essen; **254.3** Deutsche Shell AG, Hamburg; **255.5** dpa (Schlereth), Frankfurt/M.; **255.6** Deutsche Luftbild, Hamburg; **256.2** Schmitt-Reutter, Köln; **267.(4)** links: Mauritius (Vidler), Mittenwald; rechts: Mauritius (Cupak), Mittenwald; **267.6** Grindler, Sindelfingen; **270.2** Lurgi GmbH, Frankfurt/M.; **274.4** Degussa AG, Frankfurt/M.; **278.2** U. S. Information Service, Bonn; **281** Haarmann & Reimer GmbH, Holzminden; **282.1** Deutsches Museum, München; **282.2** Manfred Kage, Lauterstein; **282.3** Helga Lade Fotoagentur (Dr. Lorenz), Frankfurt/M.; **291.5** Tony Morrison, South American Pictures, Woodbridge; **295.3** Bibliothèque Nationale, Paris; **297.3** Hannelore Gloger, Ingelfingen; **298.1** Baumann, Gomadingen; **298.2** Kemper, Sindelfingen; **307** Mauritius (Rosenbach), Mittenwald; **308.1** Mauritius (H. Hoffmann), Mittenwald; **308.2** Jürgen Lichtenberger, Bielefeld; **312.1** ZEFA, Düsseldorf; **312.2** Kleinwanslebener Saatzucht; Einbeck; **320.3** Manfred Kage, Lauterstein; **322.1, 2** Margarineinstitut, Hamburg; **329** Henkel KGaA, Werksarchiv, Düsseldorf; Fachverband der chemischen Industrie, Frankfurt/M.; Mauritius, Mittenwald; **330.2** Bayer AG, Leverkusen; **330.4** Hermann Eisenbeiss, München; **332.1** Henkel KGaA, Werksarchiv, Düsseldorf; **332.2** Deutsches Museum, München; **332.3** Keystone, Hamburg; **334.1** Henkel KGaA, Werksarchiv, Düsseldorf; **336.1** Ullstein Bilderdienst, Berlin; **336.2** Henkel KGaA, Werksarchiv, Düsseldorf; **341** Mauritius, Mittenwald; Bayer AG, Leverkusen; **342.1** Deutsches Museum, München; **342.4, 5** Hoechst AG, Frankfurt/M.; **248.1** Deutsche Kunststoffindustrie, Frankfurt/M.; **349.1-4** Fonds der chemischen Industrie, Frankfurt/M.; **350.2** Wacker Chemie GmbH, München; **350.3** Fonds der chemischen Industrie, Frankfurt/M.; **352.1** Johannes-Gutenberg-Universität, Mainz; **352.2** erbacher-Ski+Tennis AG, Erbach; **352.3** Opel AG, Rüsselsheim; **352.4** Fonds der chemischen Industrie, Frankfurt/M.; **362.1** BASF AG, Ludwigshafen

Werkstatt Fotografie, Stuttgart: 7, 8.1, 14.3, 18.3, 25.1, 32.3, 33 (2 x), 42.1, 42.2, 46.1, 47.4, 49, 54.1, 55.5, 55.6, 57, 74.6, 80.3, 97, 110.1, 110.2, 129.4, 132.1, 147.2, 148.2, 178.3, 180.1, 180.3, 187.(4), 195.1, 195.2, 198.1, 198.2, 212.(1), 230.(1), 234.1, 248.2, 248.3, 272.1, 287.3 li., 287.4, 296.7, 297.2, 301.1, 302.1, 303.1, 305.1, 306.1 (3), 318.1, 318.3, 320.4, 323.5, 324.1, 325.3, 329, 330, 336.3, 339.1, 340.1, 343.7 oben, 344.1

Alle weiteren Fotos stammen von Ralph Grimmel, Stuttgart; B. Heinze, Stuttgart; Harald Kaiser, Alfdorf; Eberhard Theophel, Gießen oder aus dem Archiv des Ernst Klett Verlages.

Bildperiodensystem: Autor: Prof. Dr. Peter Menzel, Esslingen; Fotos: B. Heinze, Stuttgart

Umschlaggestaltung: Conrad Höllerer, Stuttgart, unter Verwendung eines Fotos „Chromatografie von Lebensmittelfarbstoffen“ von Heinz H. Bussemas, Dortmund

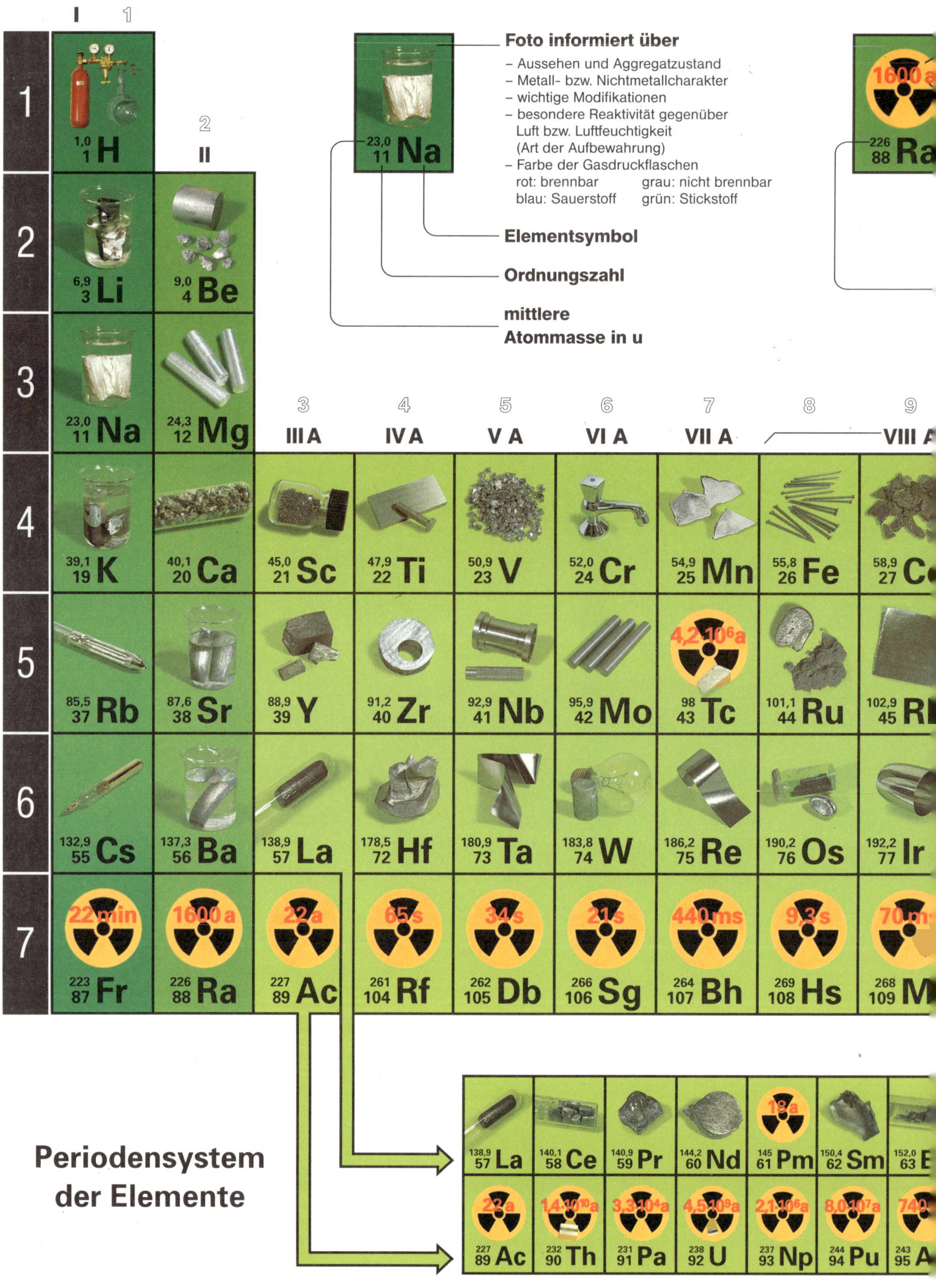

Periodensystem der Elemente